● 中学数学拓展丛书

本册书是湖南省教育厅科研课题"教育数学的研究"（编号06C310）成果之九

数学竞赛采风

Shuxue Jingsai Caifeng

沈文选　杨清桃　著

哈尔滨工业大学出版社
HARBIN INSTITUTE OF TECHNOLOGY PRESS

内容提要

本书共分 9 章:第 1 章 数学竞赛活动的教育价值,第 2 章 从数学竞赛到竞赛数学,第 3 章 竞赛数学研究采风,第 4 章 专题培训 1:三角形的垂心图,第 5 章 专题培训 2:角的内切圆图,第 6 章 专题培训 3:完全四边形,第 7 章 专题培训 4:卡尔松不等式,第 8 章 专题培训 5:一类三元不等式,第 9 章 专题培训 6:利用函数特性证明不等式.

本书可作为高等师范院校、教育学院、教师进修学院数学专业及国家级、省级中学数学骨干教师培训班的教材或教学参考书,也可作为高中数学竞赛培训班的教材或教学参考书,还可作为广大中学数学教师及数学爱好者的数学视野拓展读物.

图书在版编目(CIP)数据

数学竞赛采风/沈文选,杨清桃著. —哈尔滨:哈尔滨工业大学出版社,2018.1
(中学数学拓展丛书)
ISBN 978-7-5603-6734-7

Ⅰ.数… Ⅱ.①沈… ②杨… Ⅲ.①中学教学课-教学参考资料 Ⅳ.G633.603

中国版本图书馆 CIP 数据核字(2007)第 147364 号

策划编辑	刘培杰 张永芹
责任编辑	李广鑫
封面设计	孙茵艾
出版发行	哈尔滨工业大学出版社
社　　址	哈尔滨市南岗区复华四道街 10 号 邮编 150006
传　　真	0451 - 86414749
网　　址	http://hitpress.hit.edu.cn
印　　刷	哈尔滨市工大节能印刷厂
开　　本	787mm×1092mm 1/16 总印张 29 总字数 705 千字
版　　次	2018 年 1 月第 1 版 2018 年 1 月第 1 次印刷
书　　号	ISBN 978-7-5603-6734-7
定　　价	68.00 元

(如因印装质量问题影响阅读,我社负责调换)

序

我和沈文选教授有过合作,彼此相熟。不久前,他发来一套数学普及读物的丛书书目,内容涉及数学眼光、数学思想、数学应用、数学模型、数学方法、数学史话等,洋洋大观。从论述的数学课题来看,该丛书的视角新颖,内容充实,思想深刻,在数学科普出版物中当属上乘之作。

阅读之余,忽然觉得公众对数学的认识很不相同,有些甚至是彼此矛盾的。例如:

一方面,数学是学校的主要基础课,从小学到高中,12年都有数学;另一方面,许多名人在说"自己数学很差"的时候,似乎理直气壮,连脸也不红,好像在暗示:数学不好,照样出名。

一方面,说数学是科学的女王,"大哉数学之为用",数学无处不在,数学是人类文明的火车头;另一方面,许多学生说数学没用,一辈子也碰不到个函数,解不了一个方程,连相声也在讽刺"一边向水池注水,一边放水"的算术题是瞎折腾。

一方面,说"数学好玩",数学具有和谐美、对称美、奇异美,歌颂数学家的"美丽的心灵";另一方面,许多人又说,数学枯燥、抽象、难学,看见数学就头疼。

数学,我怎样才能走近你,欣赏你,拥抱你? 说起来也很简单,就是不要仅仅埋头做题,要多多品味数学的奥秘,理解数学的智慧,抛却过分的功利,当你把数学当作一种文化看待的时候,数学就在你心中了。

我把学习数学比作登山,一步步地爬,很累,很苦,但是如果你能欣赏山林的风景,那么登山就是一种乐趣了。

登山有三种意境。

首先是初识阶段。走入山林,爬得微微出汗,坐拥山色风光,体会"明月松间照,清泉石上流"的意境。当你会做算术,会记账,能够应付日常生活中的数学的时候,你会享受数学给你带来的便捷,感受到好似饮用清泉那样的愉悦。

其次是理解阶段。爬到山腰,大汗淋漓,歇足小坐。环顾四周,云雾环绕,满目苍翠,心旷神怡。正如苏轼名句:"横看成岭侧成峰,远近高低各不同。不识庐山真面目,只缘身在此山中。"数学理解到一定程度,你会感觉到数学的博大精深,数学思维的缜密周全,数学的简洁之美,你对符号运算有爱不释手的感受。不过,理解了,还不能创造。"采药山中去,云深不知处。"对于数学的伟大,还莫测高深。

最后是登顶阶段。攀岩涉水,越过艰难险阻,到达顶峰的时候,终于出现了"会当凌绝顶,一览众山小"的局面。这时,一切疲乏劳顿、危难困苦,全部抛到九霄云外。"雄关漫道真如铁",欣赏数学之美,是需要代价的。当你破解了一道数学难题,"蓦然回首,那人却在灯火阑珊处"的意境,是语言无法形容的快乐。

好了,说了这些,还是回到沈文选先生的丛书。如果你能静心阅读,它会帮助你一步步攀登数学的高山,领略数学的美景,最终登上数学的顶峰。于是劳顿着,但快乐着。

信手写来,权作为序。

张奠宙

2017 年 11 月 13 日

于沪上苏州河边

附 文

(文选先生编著的丛书,是一种对数学的欣赏。因此,再次想起数学思想往往和文学意境相通,曾在《文汇报》发表一篇短文,附录于此,算是一种呼应。)

数学和诗词的意境

张奠宙

数学和诗词,历来有许多可供谈资的材料。例如:

一去二三里,烟村四五家;

亭台六七座,八九十枝花。

把十个数字嵌进诗里,读来琅琅上口。郑板桥也有咏雪诗:

一片二片三四片,五片六片七八片;

千片万片无数片,飞入梅花总不见。

诗句抒发了诗人对漫天雪舞的感受。不过,以上两诗中尽管嵌入了数字,却实在和数学没有什么关系。

数学和诗词的内在联系,在于意境。李白的题为《送孟浩然之广陵》诗云:

故人西辞黄鹤楼,烟花三月下扬州。

孤帆远影碧空尽,唯见长江天际流。

数学名家徐利治先生在讲极限的时候,总要引用"孤帆远影碧空尽"这一句,让大家体会一个变量趋向于 0 的动态意境,煞是传神。

近日与友人谈几何,不禁联想初唐诗人陈子昂的题为《登幽州台歌》中的名句:

前不见古人,后不见来者;

念天地之悠悠,独怆然而涕下。

一般的语文解释说:上两句俯仰古今,写出时间绵长;第三句登楼眺望,写出空间辽阔;在广阔无垠的背景中,第四句描绘了诗人孤单寂寞、悲哀愁闷的情绪,两相映照,分外动人。然而,从数学上看来,这是一首阐发时间和空间感知的佳句。前两句表示时间可以看成是一条直线(一维空间)。陈老先生以自己为原点,前不见古人指时间可延伸到负无穷大,后不见来者则意味着未来的时间是正无穷大。后两句则描写三维的现实空间:天是平面,地是平面,悠悠地张成三维的立体几何环境。全诗将时间和空间放在一起思考,感到自然之伟大,产生了敬畏之心,以至怆然涕下。这样的意境,数学家和文学家是可以彼此相通的。进一步说,爱因斯坦的四维时空学说,也能和此诗的意境相衔接。

贵州六盘水师专的杨老师告诉我他的一则经验。他在微积分数学中讲到无界变量时,用了宋朝叶绍翁《游园不值》中的诗句:

满园春色关不住,一枝红杏出墙来。

学生每每会意而笑。实际上,无界变量是说,无论你设置怎样大的正数 M,变量总要超出你的范围,即有一个变量的绝对值会超过 M。于是,M 可以比喻成无论怎样大的园子,变量相当于红杏,结果是总有一枝红杏越出园子的范围。诗的比喻如此恰切,其意境把枯燥的数学语言形象化了。

数学研究和学习需要解题,而解题过程需要反复思索,终于在某一时刻出现顿悟。例如,做一道几何题,百思不得其解,突然添了一条辅助线,豁然开朗,欣喜万分。这样的意境,想起了王国维用辛弃疾的词来描述的意境:"众里寻它千百度,蓦然回首,那人却在,灯火阑珊处。"一个学生,如果没有经历过这样的意境,数学大概是学不好的了。

前言

音乐能激发或抚慰情怀,绘画使人赏心悦目,诗歌能动人心弦,哲学使人获得智慧,科技可以改善物质生活,但数学却能提供以上的一切。

——Klein

数学就是对于模式的研究。

——A. N. 怀特海

甚至一个粗糙的数学模型也能帮助我们更好地理解一个实际情况,因为我们在试图建立数学模型时被迫考虑了各种逻辑可能性,不含混地定义了所有的概念,并且区分了重要的和次要的因素。一个数学模型即使导出了与事实不符合的结果,它也可能是有价值的,因为一个模型的失败可以帮助我们去寻找更好的模型。应用数学和战争是相似的,有时一次失败比一个胜利更有价值,因为它帮助我们认识到我们的武器或战略的不适当之处。

——A. Renyi

人们喜爱音乐,因为它不仅有神奇的乐谱,而且有悦耳的优美韵律!

人们喜爱画卷,因为它不仅描绘出自然界的壮丽,而且可以描绘人间美景!

人们喜爱诗歌,因为它不仅是字词的巧妙组合,而且有抒发情怀的韵律!

人们喜爱哲学,因为它不仅是自然科学与社会科学的浓缩,而且使人更加聪明!

人们喜爱科技,因为它不仅是一个伟大的使者或者桥梁,而且是现代物质文明的标志!

而数学之为德,数学之为用,难以用旋律、美景、韵律、聪明、标志等词语来表达!

你看,不是吗?

数学精神,科学与人文融合的精神,它是一种理性精神,一种求简、求统、求实、求美的精神!数学精神似一座光辉的灯塔,指引数学发展的航向!数学精神似雨露阳光滋润人们的心田!

数学眼光,使我们看到世间万物充满着带有数学印记的奇妙的科学规律,看到各类书籍和文章的字里行间有着数学的踪迹,使我们看到满眼绚丽多彩的数学洞天!

数学思想,使我们领悟到数学是用字母和符号谱写的美妙乐曲,充满着和谐的旋律,让人难以忘怀,难以割舍;让我们在思疑中启悟,在思辨中省悟,在体验中领悟!

数学方法,人类智慧的结晶,它是人类的思想武器;它像画卷一样描绘着各学科的异草奇葩般的景象,令人目不暇接;它的源头又是那样地寻常!

数学解题,人类学习与掌握数学的主要活动,它是数学活动的一个兴奋中心;数学解题理论博大精深,提高其理论水平是永远的话题!

数学技能,在数学知识的学习过程中逐步形成并发展的一种大脑操作方式。它是一种智慧,是数学能力的一种标志!操握数学技能是我们追求的一种基础性目标!

数学应用,给我们展示出了数学的神通广大,在各个领域与角落闪烁着人类智慧的火花!

数学建模,呈现出了人类文明亮丽的风景,特别是那呈现出的抽象彩虹——一个个精巧的数学模型,璀璨夺目,流光溢彩!

数学竞赛,是许多青少年喜爱的一种活动,这种数学活动有着深远的教育价值,它是选拔和培养数学英才的重要方式之一。这种活动可以激励青少年对数学学习的兴趣,可以扩大他们的数学视野,促进创新意识的发展。数学竞赛培训中的专题培训内容展示了数学竞赛亮丽的风采!

数学测评,检验并促进数学学习效果的重要手段。测评数学的研究是教育数学研究中的一朵奇葩。测评数学的深入研究正期待着我们!

数学史话,充满了前辈们创造与再创造的诱人的心血机智,让我们可以从中汲取丰富的营养!

数学欣赏,是对数学喜爱情感的流淌。这是一种数学思维活动的崇高情感表达。数学欣赏,引起心灵震撼!真、善、美在欣赏中得到认同与升华!从数学欣赏中领略数学智慧的美妙!从数学欣赏走向数学鉴赏!从数学文化欣赏走向文化数学研究!

因此,我们可以说,你可以不信仰上帝,但不能不信仰数学。

从而,提高我国每一个人的数学文化水平及数学素养,是提高我国各个民族整体素质的重要组成部分,这也是数学基础教育中的重要目标。为此,笔者构思了这套《中学数学拓展丛书》。

这套书是笔者学习张景中院士的教育思想,对一些数学素材和数学研究成果进行再创造并以此为指导思想来撰写的;是献给中学师生,试图为他们扩展数学视野、提高数学素养以响应张奠宙教授的倡议:建构符合时代需求的数学常识、数学智慧的书籍。

不积跬步,无以至千里;不积小流,无以成江河;没有积累便没有丰富的素材,没有整合创新便没有鲜明的特色。这套书的写作,是笔者在多年资料的收集、学习笔记的整理及笔者已发表的文章的修改并整合的基础上完成的。因此,每册书末都列出了尽可能多的参考文献,在此,衷心地感谢这些文献的作者。

这套书,作者试图以专题的形式,对中小学中典型的数学问题进行广搜深掘来串联,并以此为线索来写作。

本册是《数学竞赛采风》。

数学竞赛活动是起步最早,规模最大,种类、层次较多的学科竞赛活动。在我国有各省市的初、高中竞赛,有全国的初、高中联赛,还有西部竞赛、女子竞赛、希望杯邀请赛等各种各样的邀请赛、通讯赛。

世界上一些文化比较发达的国家和地区,除了举办本国或本地区的各类各级的数学奥林匹克外,越来越多地积极参加国际数学奥林匹克。这是一种有着深刻内涵的全球文化现象,这是一种深厚文化品质的反映。

数学竞赛活动的教育价值是十分深远的,该书在这方面做了较深入的探讨。

在解决数学竞赛问题中所体现出来的能力,其实质是能根据问题情景重组已有的数学知识,能正确、迅速地检索、选择和提取相关数学内容知识并及时转化为适当的操作程序,从而使问题从初始状态转变为目的状态。显然,如果一个长时记忆中缺乏相关的数学内容知识,那么,相应的知识检索、选择、提取、重组等活动就失去了基础。丰富、系统的数学知识不仅是解题创新所不可或缺的材料,而且还能直接激发解题创新的直觉或灵感。

抓好数学竞赛培训是开展数学竞赛活动的关键环节。培训有各种方式方法,但专题培训在关键时刻能发挥重要作用。为此,该书在这方面进行了一些尝试,介绍了几个典型的专题培训内容。这是《数学竞赛采风》的重点内容。由于数学竞赛涉及的数学内容比较广,我们只是进行了某些侧面介绍,更多的方面可参见作者的其他著作(如由湖南师范大学出版社出版的《分级精讲与测试系列》《初级教程系列》《专题研究系列》《解题金钥匙系列》《解题思路方法系列》《专家讲坛系列》以及浙江大学出版社出版的《解题策略系列》等)。

开展好数学竞赛活动的另一重要方面,就是进行竞赛数学研究。竞赛数学是基础性的综合数学,是发展性的教育数学,是创造性的问题数学,是富于挑战的活数学。本书在这方面也做了一些探讨。当然,深入地探讨也有待于与同行的继续努力。

忠心感谢张奠宙教授在百忙中为本书作序!

忠心感谢刘培杰数学工作室,感谢刘培杰老师、张永芹老师、责任编辑老师等诸位老师,是他们的大力支持,精心编辑,使得本书以这样的面目展现在读者面前!

忠心感谢我的同事邓汉元教授,我的朋友赵雄辉、欧阳新龙、黄仁寿,我的研究生们:羊明亮、吴仁芳、谢圣英、彭熹、谢立红、陈丽芳、谢美丽、陈淼君、孔璐璐、邹宇、谢罗庚、彭云飞等对本书编写工作的大力协助,还要感谢我的家人对我们写作的大力支持!

从事竞赛数学研究也是进行数学教育研究中的一个方面。在这套书中,作者撰写此书也想表明这个观点,本书对竞赛数学的研究只展现了小小的层面,以望读者谅解。

沈文选　杨清桃
2017 年 11 月于岳麓山下

第1章 数学竞赛活动的教育价值

1.1 数学竞赛活动有利于发现和培养青少年数学人才 ……… 2
1.2 数学竞赛活动有利于激发学生形成锲而不舍的钻研精神和科学
     态度 ……………………………………………………………… 5
1.3 数学竞赛活动有利于学生人性品质的完善 …………………… 9
1.4 数学竞赛活动有利于促进学生创新意识的全面发展 ………… 10
1.5 数学竞赛活动有利于学生数学能力的提高 …………………… 20
1.6 数学竞赛活动有利于中学数学教育的改革和发展 …………… 26

第2章 从数学竞赛到竞赛数学

2.1 竞赛数学的体系特点 …………………………………………… 30
  2.1.1 竞赛数学是基础性的综合数学 …………………………… 30
  2.1.2 竞赛数学是发展性的教育实验数学 ……………………… 30
  2.1.3 竞赛数学是创造性的问题数学 …………………………… 31
  2.1.4 竞赛数学是富于挑战性的活数学 ………………………… 31
2.2 竞赛数学的主要内容 …………………………………………… 31
2.3 竞赛数学的问题特征 …………………………………………… 32
  2.3.1 竞技性和艺趣性 …………………………………………… 32
  2.3.2 新颖性和挑战性 …………………………………………… 38
  2.3.3 开放性和创造性 …………………………………………… 40
  2.3.4 背景性和探索性 …………………………………………… 41

第3章 竞赛数学研究采风

3.1 探索研究竞赛数学的着眼点 …………………………………… 49
  3.1.1 着眼于教材数学 …………………………………………… 49
  3.1.2 着眼于趣味数学 …………………………………………… 51
  3.1.3 着眼于生活数学 …………………………………………… 52
  3.1.4 着眼于高等数学 …………………………………………… 52
3.2 竞赛试题的命制原则 …………………………………………… 53
  3.2.1 科学性原则 ………………………………………………… 53
  3.2.2 新颖性原则 ………………………………………………… 54
  3.2.3 甄别性原则 ………………………………………………… 56

目录
CONTENTS

  3.2.4 能力性原则 …………………………………………………… 56
  3.2.5 界定性原则 …………………………………………………… 57
 3.3 竞赛试题的命制方法、方式 ……………………………………………… 57
  3.3.1 演绎深化 ……………………………………………………… 57
  3.3.2 名题扮演 ……………………………………………………… 60
  3.3.3 陈题改造 ……………………………………………………… 62
  3.3.4 模型变换 ……………………………………………………… 64
 3.4 平面几何竞赛题的命制途径探寻 ………………………………………… 68
  3.4.1 基于基本图形，深入挖掘性质 ………………………………… 69
  3.4.2 立足基本性质，巧妙构造图形 ………………………………… 71
 3.5 竞赛试题的求解破题寻究 ………………………………………………… 72
  3.5.1 分析题设特点，发掘条件探究 ………………………………… 72
  3.5.2 探析题设背景，联想有关模型 ………………………………… 74
  3.5.3 剖析题设结构，试验提炼缩围 ………………………………… 79
 3.6 竞赛数学的教学与专题培训探讨 ………………………………………… 89

第4章 专题培训1：三角形的垂心图

 4.1 三角形垂心图的特性 ……………………………………………………… 91
 4.2 三角形垂心图性质的应用 ………………………………………………… 107
 4.3 三角形垂心图的演变及应用 ……………………………………………… 125
  4.3.1 垂心演变为高线上任一点 ……………………………………… 125
  4.3.2 三角形的高线及高线对应的边的演变 ………………………… 133
  4.3.3 三角形垂心图的反演 …………………………………………… 137

第5章 专题培训2：角的内切圆图

 5.1 角的内切圆图的特性 ……………………………………………………… 152
 5.2 角的内切圆性质的应用 …………………………………………………… 171
 5.3 角的内切圆图的切变及应用 ……………………………………………… 193
  5.3.1 角的内切圆图的反演 …………………………………………… 193
  5.3.2 角的内切圆图中角的两边可视为共点的两条根轴 …………… 194
  5.3.3 角的内切圆的外接圆与角内的外切圆 ………………………… 198
  5.3.4 邻补角的内切圆与对顶角的内切圆 …………………………… 202
  5.3.5 角内的多个内切圆 ……………………………………………… 205

第6章 专题培训3：完全四边形

 6.1 完全四边形的特性 ………………………………………………………… 217
 6.2 完全四边形性质的应用 …………………………………………………… 248
  6.2.1 应用完全四边形性质解题 ……………………………………… 248
  6.2.2 蕴含完全四边形性质的问题 …………………………………… 263
 6.3 完全四边形的特点及应用 ………………………………………………… 271
  6.3.1 完全四边形图的反演 …………………………………………… 271

  6.3.2 残缺的完全四边形图问题……………………………………272
  6.3.3 有约束条件的完全四边形图……………………………………277

第7章 专题培训4：卡尔松不等式

7.1 卡尔松不等式及推论………………………………………………300
7.2 卡尔松不等式的应用………………………………………………304
  7.2.1 构造矩阵或应用推论1处理问题………………………………304
  7.2.2 不构造矩阵或应用推论2处理问题……………………………313

第8章 专题培训5：一类三元不等式

8.1 舒尔不等式及一类三元不等式……………………………………335
8.2 舒尔不等式及其变形式的应用……………………………………337
8.3 舒尔不等式变形式的演变及应用…………………………………352
8.4 一类三元不等式的综合应用………………………………………359

第9章 专题培训6：利用函数特性证明不等式

9.1 利用二次函数的非负性……………………………………………371
9.2 利用函数的单调性…………………………………………………375
9.3 利用函数的凹凸性…………………………………………………386
9.4 利用切线函数………………………………………………………398
9.5 利用函数取最(极)值的策略………………………………………410
9.6 利用构造的预测函数的性质………………………………………413

参考文献……………………………………………………………………425

作者出版的相关书籍与发表的相关文章目录……………………………427

编后语………………………………………………………………………430

第1章 数学竞赛活动的教育价值

学数学需要解题,早期的数学著作,如古巴比伦的泥板文书、古埃及的草纸书、中国的《九章算术》等,均无一例外地用问题及其解决的形式记录人们研究数学的成果.进行解题比赛的活动也由来已久,古希腊有解几何难题比赛的记载;16世纪,有意大利塔尔塔利亚(Tartaglia)求解三次方程的激烈竞争;17世纪,有不少数学家喜欢提出一些问题向其他数学家挑战,如法国的费马(Fermat)提出的费马大定理,向人类的智慧挑战了三百多年;18世纪,法国曾经进行过独立的数学比赛;19世纪,法国科学院以悬赏的方式征求对数学难题的解答,常常获得一些重要的数学发现,数学王子高斯(Gauss)就是比赛的优胜者.解难题的比赛在数学的发展史上,留下了光辉的一页.

公开的解题竞赛无疑会引起数学家们的注意和激发更多人的兴趣.随着学校教育的发展,教育工作者开始考虑在中学生中间举办解数学难题的竞赛,以激发中学生对数学的兴趣和及早发现有数学才能的学生.1894年,匈牙利数学界为了纪念著名数学家、匈牙利数学会主席埃特沃斯(von Etövös)荣任匈牙利教育部部长而开了中学生数学竞赛之先河.匈牙利的数学竞赛造就了一批与其国土面积和人口数量都不成比例的数学大师,在早期的优胜者中,有大名鼎鼎的费耶(Fejér)、冯·卡门(von Kármán)、柯尼希(König)、哈尔(Haar)、里斯(Riesz)、塞格(Szegö)、拉多(Radó)……这些大师的纷纷登台,引起了欧洲和其他国家的强烈兴趣,分别于20世纪初叶至中叶,争相仿效.于是,第一届国际数学奥林匹克竞赛(IMO)1959年7月在罗马尼亚拉开了帷幕.

数学竞赛已成为国际公认的教育活动,从小学、中学到大学,参赛人数之多、范围之广、试题难度之高等均不比奥运会逊色.在国际数学奥林匹克竞赛中,中国学生的成绩已得到举世公认,这优异的成绩,是中华民族精神的体现,是国人潜质的反映,它突显民族的希望,折射国家的未来.进入新世纪,面临新挑战!如何继续使中国的数学奥林匹克事业漫步在繁荣发展的康庄大道上?这是摆在有志于这一事业的同仁面前的一个重要课题.苏淳教授指出:"……除了应吸引越来越多的人加入到这一事业中来,加强其群众性、组织和管理上的科学性之外,还应当努力地开展奥林匹克数学这一'已逐渐形成的特殊的数学学科'的广泛而深入的科学研究工作,应当花力气组织起一支既有广泛的群众基础又有其中坚力量的科学研究队伍,努力提高其研究水平."笔者是非常赞同如上观点的,同时也认为:事业要发展,一方面是整体有序性的加强,另一方面是局部自主性的发挥.数学奥林匹克事业整体有序性得以加强要靠奥林匹克数学理论的深入研究并使其体系更加完善,其自主性的积极发挥也要以卓有成效的数学奥林匹克教育为基础[①].

---

① 沈文选.奥林匹克数学研究与数学奥林匹克教育[J].数学教育学报,2002(3):21-25.

1.1　数学竞赛活动有利于发现和培养青少年数学人才

数学竞赛活动对发现人才、选拔人才、培养人才发挥了重要的作用.数学既是基础学科又是应用学科,对人类社会有着广泛而深刻的影响.当今所有经济大国和科技大国,无一例外地都是数学强国.中国是个具有优秀文化传统的国家,在"改革开放"的新形势下,要建设有中国特色的社会主义,提高全民族数学文化素养是重大战略任务.而数学竞赛的开展,肩负着发现和培养优秀人才的重任.要使中国成为数学强国,培养数学优秀人才的任务更加重大.一个数学人才的培养一般分为两个阶段:一个是早期的未定型阶段,另一个是选定数学为职业后的学习和研究阶段.这两个阶段的培优教育都是重要的,一些世界著名的数学家,除了他们的天赋之外,早期得到"伯乐"的指引的例子是很多的.

数学竞赛的最初目的就是及时发现和选拔具有优秀数学才能的青少年,并通过适当的方式加以特殊培养,因材施教,促进其健康成长.正如国际数学教育委员会(the International Commission on Mathematical Institution,ICMI)在其研究系列丛书之二——《九十年代的中小学数学》中所述:"中学生能够像数学家一样地从事活动,这一点已经由国际数学奥林匹克选手证明.如果给予机会,就是极为普通的学生也可以证明这一点.在国际数学奥林匹克中,选手们作为问题的解决者在活动,这是杰出的天才最容易显露的地方."

著名数学大师陈省身教授在《九十初度说数学》一书中指出:"中国在国际数学奥林匹克竞赛中,连续多年取得了很好的成绩.这项竞赛考察的是高中阶段的知识,不包括微积分,但题目需要思考.我相信我是考不过这些小孩子的.因此有人觉得,好的数学家未必长于这种考试,竞赛胜利者也未必是将来的数学家.这个意见似是而非.数学竞赛大约是百年前在匈牙利开始的,匈牙利产生了同它的人口数量不成比例的许多大数学家!"数学竞赛为匈牙利造就了一大批世界著名学者.美国航天之父冯·卡门在《航空航天时代的科学奇才》一书中指出:"据我所知,目前在国外的匈牙利著名科学家当中,有一半以上都是数学竞赛的优胜者,在美国的匈牙利科学家,如爱德华、泰勒、列夫·西拉得、G.波利亚、冯·诺伊曼等几乎都是数学竞赛的优胜者.我衷心希望美国和其他国家都能倡导这种数学竞赛."

在历届 IMO 的优胜者中,有 8 位获得过相当于诺贝尔奖的数学界最高荣誉——菲尔兹奖(Fields Medal),他们是:

1959 年银牌得主 Gregory Margulis(俄罗斯)于 1978 年获得菲尔兹奖;

1969 年金牌得主 Valdimir Drinfeld(乌克兰)于 1990 年获得菲尔兹奖;

1974 年金牌得主 Jean-Ghristophe Yoccoz(法国)于 1994 年获得菲尔兹奖;

1977 年银牌得主、1978 年金牌及特别奖得主 Richard Borcherds(英国)于 1998 年获得菲尔兹奖;

1981 年金牌得主 Timothy Gowers(英国)于 1998 年获得菲尔兹奖;

1982 年金牌得主 Grigori Perelman(俄罗斯)于 2006 年获得菲尔兹奖;

1985 年银牌得主 Laurant Lafforgue(法国)于 2002 年获得菲尔兹奖;

1986 年铜牌、1987 年银牌、1988 年金牌得主 Terence Tao(陶哲轩,澳大利亚)于 2006 年获得菲尔兹奖.

还有多位 IMO 优胜者获得其他数学大奖,如:

1963~1966 年金、银牌得主 Laszlo Lovasz 于 1999 年获得数学最高奖——沃尔夫奖（Wolf Prize），Lovasz 于 1965 年及 1966 年连续两年获得 IMO 特别奖；

1977 年银牌得主 Peter Shor 于 1998 年获得与计算机和信息科学有关的数学大奖——奈瓦林纳奖（Nevanlinna Prize）；

1979 年金牌得主 A. Razborow 于 1990 年获得奈瓦林纳奖（Nevanlinna Prize）；

1986 年金牌得主 S. Smirnov 获得 2001 年 Clay 数学研究奖；

1990 年金牌得主 V. Lafforgue 获得 2000 年欧洲数学联盟数学奖.

我国自 1986 年开始派选手参加 IMO，相信若干年以后，这批选手也可以大放异彩.

美国普特南大学数学竞赛的优胜者，大多数成为杰出的数学家、物理学家和工程师. 如：

Richard Feynman 获得 1965 年诺贝尔物理奖；

Kenneth Wilson 获得 1982 年诺贝尔物理奖；

John Milnor 获得 1962 年菲尔兹奖；

David Mumford 获得 1974 年菲尔兹奖；

Dannid Quillen 获得 1978 年菲尔兹奖.

上面这些事实足以说明数学竞赛教育确实具有良好的发现人才、培养人才的功能，是引导具有数学天赋的青少年步入科学殿堂的阶梯，是发现和培养新一代学者和科技人才的重要手段. 连任两届 IMO 主席的全苏数理化奥林匹克中心委员会主席、苏联科学院通信院士雅科夫列夫教授说："现在参赛的学生，10 年后将成为世界上握着知识、智慧金钥匙的劳动者，未来属于他们."

和奥运会不同的是，IMO 绝不是找出"世界上最优秀的数学家"，而是强调参与精神，希望借以鼓励更多的有数学才能的青少年成长. 这是一项十分广泛的群众性活动[①].

这也正如陶哲轩在致中国的数学奥林匹克活动爱好者的一封信中所说的：

"我很高兴自己有参加中学数学竞赛的经历（这个经历要追溯至 20 世纪 80 年代了！），与一群兴趣相同、水平相当的人一起竞赛，就像学校里任何其他的体育赛事一样，而且参加奥赛还可以有机会去国内外旅行，这种经历我想对所有的中学生强力推荐."

数学竞赛还证明一点：数学并不只是分数和考试. 但是数学竞赛同数学学习或者数学研究又迥然不同. 比如说，你不要指望在研究生学习阶段所遇到的问题会像奥数问题一样单纯.（尽管受过奥数训练的人也许能很快完成解题的一些步骤. 但是大部分解题步骤可能还是得经过阅读文献、运用已知技巧、尝试例题或特例、寻找反例等这样更需要耐心、更冗长的过程.）

此外，你在做奥数题时所学到的这种"传统"数学（例如，欧几里得几何、初等数论，等等）. 看起来可能迥异于你在本科生和研究生阶段所学习的"现代"数学. 虽然当你稍稍深入研究下去，你会发觉传统数学其实依旧陷含于现代数学的基础之中. 例如，欧氏几何学的传统定理提供了绝佳范例，开现代代数几何或微分几何之先河；同样，传统数论则为近世代数和数论之先端，等等诸如此类. 所以，在学习现代数学时，你得做好准备要大大改变你的数学视角.（但组合数学领域可能是一个例外，该领域还是有很多内容接近其传统根源，但这一块也在不断改变.）

---

① 朱华伟. 试论数学奥林匹克的教育价值[J]. 数学教育学报. 2007(2):12-15.

总而言之:要享受这些竞赛的乐趣,但不要忽视了你们数学教育中更为"枯燥"的内容,因为这些内容最终会显得更有用途.

附 陶哲轩致中国奥数爱好者的信:

To Chinese International Math Olympiad Enthuasists:

I greatly enjoyed my experiences with high school mathematics competitions (all the way back in the 1980!). Like any other school sporting event, there is a certain level of excitement in participating with peers with similar interests and talents in a competitive activity. At the olympiad levels, there is also the opportunity to travel nationally and internationally, which is an experience I strongly recommend for all high-school students.

Mathematics competitions also demonstrate that mathematics is not just about grades and exams. But mathematical competitions are very different activities from mathematical learning or mathematical research; don't expect the problems you get in, say, graduate study, to have the same cut-and-dried, neat flavour that an Olympiad problem does. (While individual steps in the solution might be able to be finished off quickly by someone with Olympiad training, the majority of the solution is likely to require instead the much more patient and lengthy process of reading the literature, applying known techniques, trying model problems or special cases, looking for counterexamples, and so froth.)

Also, the "classical" type of mathmatics you learn while doing Olympiad problems (e. g. Euclidean geometry, elementary number theory, etc.) can seem dramatically different from the "modern" mathematics you learn in undergraduate and graduate school, though if you dig a little deeper you will see that the classical is still hidden within the foundation of the modern. For instance, classical theorems in Euclidean geometry provide excellent examples to inform modern algebraic or differential geometry, while classical number theory similarly informs modern algebra and number theory, and so forth. So be prepared for a significant change in mathematical perspective when one studies the modern aspects of the subject. (One exception to this is perhaps the field of combinatorics, which still has large areas which closely resemble its classical roots, though this is changing also.)

In summary: enjoy these competitions, but don't neglect the more "boring" aspects of your mathematical education, as those turn out to be ultimately more useful.

Terence Tao 陶哲轩
James and Carol Collins Professor of Math
University of Californial Los Angeles
http://terrytao.wordpress.com/

陶哲轩 IMO 三次奖牌获得者,获得金牌年龄最小的一位,31 岁获得国际数学最高奖——菲尔兹奖.现为美国洛杉矶加利福尼亚大学教授.

1.2 数学竞赛活动有利于激发学生形成锲而不舍的钻研精神和科学态度

数学竞赛活动强化了能力培养的教育导向,培养了学生开拓探索型的智力和能力.数学教育中,能力的培养早已引起重视,而数学竞赛的崛起更强化了这种教育导向.开拓探索型的智力和能力依赖于开拓探究型思维习惯的养成和开拓探究型思维方法的掌握,竞赛数学的内容是以研究解决问题为主的开拓探究型认知体系,要求人们注重智力的开发与能力的发展.

数学竞赛内容从本质上激发了学生对科学的浓厚兴趣.兴趣是事业成功的起点和动力,兴趣是成就事业的沃土.数学竞赛题从结构到解法都充满着艺术的魅力和诱人的趣味,它吸引人们去进行积极的探索,而在探索中又亲自体验到数学思想的智慧光辉和数学方法的创造力量,更进一步产生向往感.数学竞赛采用"问题与解答"的方式,具有公开的竞争性,使它具有良好而鲜明的激励功能.

例 1 (2014 年全国初中数学联赛试题)设 n 为整数. 若存在整数 x,y,z 满足 $n = x^3 + y^3 + z^3 - 3xyz$,则称 n 具有性质 P.

A 卷:在 1、5、2 013、2 014 这四个数中,哪些数具有性质 P,哪些数不具有性质 P? 说明理由.

B 卷:(1)试判断 1,2,3 是否具有性质 P;

(2)在 $1,2,\cdots,2\,014$ 这 2 014 个连续整数中,不具有性质 P 的数有多少个?

解析 A 卷:取 $x=1, y=z=0$,得
$$1 = 1^3 + 0^3 + 0^3 - 3 \times 1 \times 0 \times 0$$

于是,1 具有性质 P.

取 $x=y=2, z=1$,得
$$5 = 2^3 + 2^3 + 1^3 - 3 \times 2 \times 2 \times 1$$

因此,5 具有性质 P.

接下来考虑具有性质 P 的数.

记 $f(x,y,z) = x^3 + y^3 + z^3 - 3xyz$,则
$$\begin{aligned}f(x,y,z) &= (x+y)^3 + z^3 - 3xy(x+y) - 3xyz\\ &= (x+y+z)^3 - 3z(x+y)(x+y+z) - 3xy(x+y+z)\\ &= (x+y+z)^3 - 3(x+y+z)(xy+yz+zx)\\ &= (x+y+z)(x^2+y^2+z^2-xy-yz-zx)\\ &= \frac{1}{2}(x+y+z)[(x-y)^2+(y-z)^2+(z-x)^2]\end{aligned}$$

即 $f(x,y,z) = \dfrac{1}{2}(x+y+z)[(x-y)^2 + (y-z)^2 + (z-x)^2]$

不妨设 $x \geq y \geq z$.

若 $x-y=1, y-z=0, x-z=1$,即

则
$$x = z+1, y = z$$
$$f(x,y,z) = 3z+1$$

若 $x-y = 0, y-z = 1, x-z = 1$,即
$$x = y = z+1$$
则
$$f(x,y,z) = 3z+2$$

若 $x-y = 1, y-z = 1, x-z = 2$,即
$$x = z+2, y = z+1$$
则
$$f(x,y,z) = 9(z+1) \quad (*)$$

由此,知形如 $3k+1$ 或 $3k+2$ 或 $9k(k \in \mathbf{Z})$ 的数均具有性质 P.

因此,1、5、2 014 均具有性质 P.

若 2 013 具有性质 P,则存在数 x、y、z,使得
$$2\ 013 = (x+y+z)^3 - 3(x+y+z)(xy+yz+zx)$$

注意到,$3 | 2\ 013$,则
$$3 | (x+y+z)^3 \Rightarrow 3 | (x+y+z)$$
$$\Rightarrow 9 | [(x+y+z)^3 - 3(x+y+z)(xy+yz+zx)]$$
$$\Rightarrow 9 | 2\ 013$$

但 $2\ 013 = 9 \times 223 + 6$,矛盾.

从而,2 013 不具有性质 P.

B 卷:(1)由 A 卷中解答知,1 具有性质 P.

取 $x = y = 1, z = 0$,得
$$2 = 1^3 + 1^3 + 0^3 - 3 \times 1 \times 1 \times 0$$

于是,2 具有性质 P.

若 3 具有性质 P,则存在整数 x, y, z,使得
$$3 = (x+y+z)^3 - 3(x+y+z)(xy+yz+zx)$$
$$\Rightarrow 3 | (x+y+z)^3 \Rightarrow 3 | (x+y+z)$$
$$\Rightarrow 9 | [(x+y+z)^3 - 3(x+y+z)(xy+yz+zx)]$$
$$\Rightarrow 9 | 3$$

这是不可能的.

因此,3 不具有性质 P.

(2)由 A 卷中的式(*),即
$$f(x,y,z) = 9(z+1)$$

由此,知形如 $3k+1$ 或 $3k+2$ 或 $9k(k \in \mathbf{Z})$ 的数均具有性质 P.

注意到
$$f(x,y,z) = (x+y+z)^3 - 3(x+y+z)(xy+yz+zx)$$

若 $3 | f(x,y,z)$,则
$$3 | (x+y+z)^3 \Rightarrow 3 | (x+y+z) \Rightarrow 9 | f(x,y,z)$$

综上,当且仅当 $n = 9k+3$ 或 $n = 9k+6(k \in \mathbf{Z})$ 时,整数 n 不具有性质 P.

因为 $2\ 014 = 9 \times 223 + 7$,所以,$1, 2, \cdots, 2\ 014$ 这 2 014 个连续整数中,不具有性质 P 的数共有 $224 \times 2 = 448$(个).

由上例可知，数学竞赛内容本身的美，激发了参与者的兴趣. 凡是美的东西，都容易引起人们的兴趣和追求. 对于那些善于欣赏数学内在美的人们来说，数学的内在美，比其他的美，感受要深刻得多.

数学竞赛的许多试题都呈现出对称、和谐、统一的美，其解答又具有简洁美，正是这些特性，给参与者以无穷无尽的魅力和美感.

例2 （《中等数学》奥林匹克数学问题高392号题）设 I 为 $\triangle ABC$ 中 $\angle A$ 内的旁心. 证明

$$\frac{AI^2}{CA\cdot AB}-\frac{BI^2}{AB\cdot BC}-\frac{CI^2}{BC\cdot CA}=1$$

证明 如图1.1，设圆 I 分别与边 BC、CA、AB 所在直线切于点 D、E、F. 记 $\angle AIF=\alpha$，$\angle BID=\beta$，$\angle CIE=\gamma$，则 $\alpha=\beta+\gamma$.

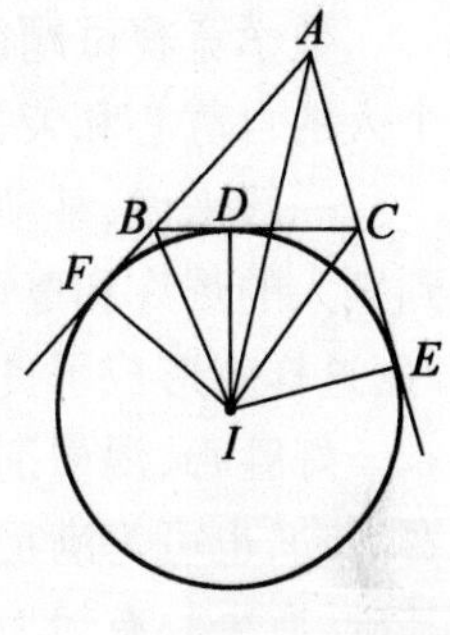

图1.1

不妨设 $ID=IE=IF=1$，则

$$AI^2=\frac{1}{\cos^2\alpha}$$

$$AB=AF-BF=\tan\alpha-\tan\beta$$

$$AC=AE-CE=\tan\alpha-\tan\gamma$$

故

$$\begin{aligned}\frac{AI^2}{CA\cdot AB}&=\frac{1}{\cos^2\alpha(\tan\alpha-\tan\beta)(\tan\alpha-\tan\gamma)}\\&=\cos^2\alpha\cdot\frac{\sin(\alpha-\beta)}{\cos\alpha\cdot\cos\beta}\cdot\frac{\sin(\alpha-\gamma)}{\cos\alpha\cdot\cos\gamma}\\&=\frac{1}{\tan\beta\cdot\tan\gamma}\end{aligned}$$

同理

$$\frac{BI^2}{AB\cdot BC}=\frac{1}{\tan\gamma\cdot\tan\alpha},\frac{CI^2}{BC\cdot CA}=\frac{1}{\tan\alpha\cdot\tan\beta}$$

故

$$\begin{aligned}&\frac{AI^2}{CA\cdot AB}-\frac{BI^2}{AB\cdot BC}-\frac{CI^2}{BC\cdot CA}\\&=\frac{1}{\tan\beta\cdot\tan\gamma}-\frac{1}{\tan\gamma\cdot\tan\alpha}-\frac{1}{\tan\alpha\cdot\tan\beta}\\&=\frac{1}{\tan\beta\cdot\tan\gamma}-\frac{1}{\tan\alpha}\cdot\frac{\tan\beta+\tan\gamma}{\tan\beta\cdot\tan\gamma}\\&=\frac{1}{\tan\beta\cdot\tan\gamma}-\frac{\tan(\beta+\gamma)}{\tan\alpha\cdot\tan\beta\cdot\tan\gamma}(1-\tan\beta\cdot\tan\gamma)\\&=\frac{1}{\tan\beta\cdot\tan\gamma}-\frac{1}{\tan\beta\cdot\tan\gamma}(1-\tan\beta\cdot\tan\gamma)\\&=1\end{aligned}$$

此例呈现出了内在的美：对称、和谐、统一、严密、巧妙，不得不让人产生强烈的美感，产生深深的激动和陶醉感、神秘感，从而激发参与者产生浓厚的兴趣.

对精巧的数学竞赛问题的欣赏使人兴奋和快乐，从而也激发人们对科学作品的欣赏. 有一个著名科学家曾说过："科学（作品）的美被智慧所创造出来，也只被智慧所欣赏."古往今来，人类创造了多少伟大的科学成就！元素周期律、相对论、量子力学、电子计算机、人造卫星等，这些科学精品，惊天地，泣鬼神！又如在数学中，人们都学过对数，可是究竟有多少人去认真体会过对数的妙不可言,去深深地赞叹过对数发明者的伟大呢?试想一下,在计算机不普及的时代,运用了对数,乘法除法变成了简单的加法减法,乘方开方变成了乘法除法.人类运用伟大的头脑,发明了这妙不可言的方法,多么简便,多么神奇!只有经常用这妙不可言的东西去激发学习者的好奇心,才有可能促使学习者产生兴趣.要知道,当年爱因斯坦就是因为看了一本《几何》以后,折服于欧几里得几何的庄严、精巧,推理的严密性和条件性,这最初的对科学的激动,决定了他一生的科学道路.没有对科学作品的激动,没有这种激动而产生的兴趣,光凭前途和责任的压力,是很难成为真正的科学家的.

对于人类在科学活动中表现出来的伟大智力的欣赏,对于各种各样的科学精品的欣赏,会使我们得到满足,得到快乐.这是激发人们产生兴趣的内在原因之一.

数学竞赛试题往往也发挥了如上的作用.不仅如此,在数学竞赛活动中,能充分满足一个人的自尊心和荣誉感.

一般来说,某项工作,某个行业,你比别人做得好,你就会产生兴趣.由于做得好,就会得到别人的赞许和尊重,你就会更感到满足,感到快乐,这种快乐促使你进一步努力以做得更好,这样就形成了良性循环,兴趣就更加浓厚.

好胜心、渴望别人的尊重、希望满足自己发展与成长的愿望,这是人所皆有的.而数学竞赛活动,也可为满足一个人的自尊心和荣誉感提供最广阔的活动舞台.只要参与者有一定的基础,有决心有毅力,根据自己的素质、条件,勤奋努力,总可以取得成绩,得到乐趣.

科学家贝弗里奇曾说过:"科学最大的报酬是新发现带来的激动,正如许多科学家所证明的,这是人生最大的乐趣之一,它产生一种巨大的感情上的鼓舞和极大的幸福与满足.不仅是新事实的发现,而且对一个普遍规律的突然领悟都能造成同样狂喜的情感."

数学竞赛活动还能满足人们的好奇心.

好奇产生兴趣.任何人都有好奇心,而好奇心则是促使兴趣产生的内在原因之一.对事物的惊讶,是探索和智慧的开端.亚里士多德说过:"惊异是推动人去进行哲学思维的动力,人首先惊异他所遇到的陌生事物,然后才渐渐去探索……的变化和事物的起源."

好奇心往往是产生兴趣的最初根源.对于青少年来说更是如此.许多伟大科学家几十年后都还能清楚地回忆童年时引起他最初的惊讶和激动的东西.幼年时的爱因斯坦曾惊讶于罗盘的指针永远指向北方,从而唤起了他对于科学研究的好奇心.牛顿也曾说过,"几十年后我还记得那本书(某本科学著作)给我带来的神秘感和好奇心."数学家帕普斯小时候请教数学家丢番图一道不定方程组的解法,被丢番图巧妙的解法所吸引,深受启发,使他从此坚定了毕生从事数学研究的志向.童年时遇到惊讶的事件、读到一本有趣的书,往往会决定一个人一生的科学道路,这样的事件数不胜数."任何一本好的入门书,它最成功的地方,就在于它能唤醒读者对该学科探索的对象产生一种惊异感,而并不在于它向读者灌输了多少知识."数学竞赛试题,数学竞赛培训读物往往也发挥了这样的作用.

由于计算机的出现,数学已不仅是一门科学,还是一种普适性的技术.从航空事业到家庭生活,从宇宙到原子,从大型工程到工商管理,无一不受益于数学技术.高科技本质上是一种数学技术.美国科学院院士格里姆(Gilmm)说:"数学对经济竞争力至为重要,数学是一种关键的普遍使用的,并授予人能力的技术."时至今日,数学已兼有科学与技术两种品质,这是其他学科少有的.数学对国家的贡献不仅在于强国,而且在于富民.因此,青少年学好数学对于他们将来学好各种学科,从事任何职业,几乎都是必要的.

孔子曰:"知之者不如好之者,好之者不如乐之者.""好"和"乐"就是愿意学,喜欢学,就是学习兴趣.这对于数学学习尤其重要,"乐"是主动性、积极性的起点,随着学习的深入及思想的发展,兴趣就可能上升为志趣和志向.

数学竞赛将公平竞争、重在参与的精神引进到青少年的数学学习之中,激发他们的竞争意识,激发他们的上进心和荣誉感,特别是近年来我国中学生在 IMO 中"连续获得团体冠军,个人金牌数也名列前茅,消息传来,全国振奋,我国数学现在有能人,后继有强手,国内外华人无不欢欣鼓舞."(王梓坤,1994)这对青少年学好数学无疑是极大的鼓舞和鞭策,将激发青少年学习数学的极大兴趣.

数学竞赛问题具有挑战性,有利于增强学生的好奇心、好胜心,有利于激发学生学习数学的兴趣,有利于调动学生学习的积极性和主动性.正如美国著名数学家波利亚所言:"如果他(指老师)把分配给他的时间都用来让学生操练一些常规运算,那么他就会扼杀他们的兴趣,阻碍他们的智力发展,从而错失良机.相反的,如果他用和学生的知识相称的题目来激发他们的好奇心,并用一些鼓励性的问题去帮助他们解答题目,那么他就能培养学生独立思考的兴趣,并教给他们某些方法."(波利亚,2002)

新颖而有创意的数学竞赛问题使学生有机会享受沉思的乐趣,经历"山重水复疑无路,柳暗花明又一村"的欢乐,"解数学题是意志的教育,当学生在解那些对他来说并不太容易的题目时,他学会了面对挫折且锲而不舍,学会了赞赏微小的进展,学会了等待灵感的到来,学会了当灵感到来后的全力以赴.如果在学校里有机会尝尽为求解而奋斗的喜怒哀乐,那么他的数学教育就在最重要的地方成功了."(波利亚,2002)在学生遇到困难问题时,帮助他们树立战胜困难的决心,不轻易放弃对问题的解决,鼓励他们坚持下去,这样做可以使学生逐步养成独立钻研的习惯,克服困难的意志和毅力,进而形成锲而不舍的钻研精神和科学态度.

1.3 数学竞赛活动有利于学生人性品质的完善

数学竞赛活动造就了学生追求科学发现的百折不挠的心理品质.解竞赛题需要的是意志坚强者,而淘汰意志薄弱者.参加竞赛使他们体验到:没有艰辛,就没有成功.

数学竞赛是奥林匹克精神在数学领域的体现,虽然从形式上看是一种智力的竞技活动,但其实质是体现奥林匹克的基本精神,发展人的创造性,最终实现人性的完善.

使人成为人才,这是教育的基本任务,也是数学竞赛的基本责任."把一个人在体力、智力、情绪、伦理各方面的因素综合起来,使他成为一个完善的人,这就是对教育目的的一个广义的界说."(联合国教科文组织国际教育发展委员会,1996)不能否认,数学竞赛教育是一种专业的智力教育,然而,数学竞赛教育作为一种教育活动不仅仅要培养某一领域的"专家",而首先要促进学生人性的完善.正如爱因斯坦所说的:"学校的目标始终应当是:当青年人离开学校时,是作为一个和谐的人,而不是作为一个专家."(爱因斯坦,1976)

"和谐的人"就是人性完善的人.

完善的人性是人的自然属性与社会属性的统一,它涉及人的德、智、体、美等各方面的素养,是人的整体的品性.人性完善的过程,必然是人的身体和精神各方面全面、统一、协调发展的过程.

促进学生人性的完善,是中国教育的优良传统.儒家经典《大学》中指出:"大学之道,在明明德,在新民,在止于至善.""明明德"就是"明其至德",它体现的就是人格整体的修养,是"真、善、美"和"知、情、意"的统一;"新民"就是"苟日新,日日新,又日新",就是要创新和发展人的创造性,而发展创造性的基础就是"明明德"."明明德"既是"新民"的基础,又是"新民"的内容,两者统一于创造性这个整体之中.只有这样,才能达到人性的完善和人的主体性的发展,从而建立一个理想的社会,达到"止于至善"的最高目标.可见,提升人的创造性是完善人性的题中之意.

数学竞赛教育中促进学生的人性完善的具体体现就是在智力的竞技活动中发展丰富的情感,发展合作、互助、团结意识,锻炼坚忍不拔、敢于挑战、敢于创新的意志和品质.

1.4 数学竞赛活动有利于促进学生创新意识的全面发展

数学竞赛活动有利于学生形成发展的认知结构.竞赛活动具有发展性和研究性,发展性是其时代特性,研究性是其内容与价值特性.数学竞赛的内容不是封闭在历史的数学中,不是以传授为主的模仿型认知体系.它渗透了今天的数学和数学的今天,求解数学竞赛问题没有样题,没有现成的解题程序,需经自己研究,独立去发现.在学生的认知体系中,注入独立学习、独立研究、独立发展的新的认知元素,使他们受到现代数学思想与文化的熏陶,为其认知结构的进一步更新与发展奠定良好的基础,促进了创新意识的全面发展及创造能力的逐步提高.

学生的创造性是其完善人性的集中体现,而完善的人性也是学生创造性发展的基础和保障.因而,培养学生的以完善人性为基础的创造性,是数学竞赛教育的根本任务.通过数学竞赛教育促进学生创造性的发展,应该是其全面发展的重要内涵和数学竞赛教育价值的集中体现.

人的全面发展的核心是劳动能力的发展.在全面发展的教育中,德、智、体、美等全面、统一、协调地发展,正是体现了人的精神和身体的全面发展,也就是集中体现了人的劳动能力的发展.创造性是人的劳动能力的最重要标志.因为,这种劳动能力在不同的历史时期和不同的社会条件下有着不同的含义,其发展的内涵和侧重点也就必然有所不同.随着社会的发展和生产力水平的提高,人类劳动的含义在不断地变化,劳动能力的内涵也不断丰富.在农业经济社会里,由于生产力水平低下,人的劳动能力以体力为主,体力是劳动能力的主要标志;在工业经济社会,由于科学技术的进步和工业的发展,人的劳动能力的主体由体力转化到技能、智能,智力成为劳动能力的决定要素;在知识经济社会中,由于人的工作方式是创造性的,人的创造力才是劳动能力的重要标志,同时,由于科学技术的高度综合,以及工业、经济的全球化趋势,合作变得越来越重要,它要求人们具有更高的社会化水平.可见,在知识经济时代,人的全面发展的核心就是人的创造性的发展.数学竞赛教育中所体现的创造能力,是学生劳动能力的特殊体现.

在数学竞赛教育中促进学生创造性的发展是其教育功能的集中体现.从本质上看,教育是培养人的社会性.从培养人的角度分析,教育既要满足人的素质性和发展性的要求,又要满足人的功能性和社会性的要求.这就要求教育将人的全面发展和社会发展有机地统一起来.促进人的全面发展从而促进社会的进步也正是教育功能的根本体现,而发展人的创造性不仅能满足人性发展和完善的需要,同时也是社会进步的必然要求.因此,数学竞赛教育对学生的创造性的发展,集中体现了教育的个体发展功能和社会性功能.

例3 (中等数学 2010(5) 数学训练试题) 如图 1.2,$\triangle ABC$ 的三条高线 AD、BE、CF 交于点 H,P 是 $\triangle ABC$ 内的任意一点. 求证:$\triangle APD$、$\triangle BPE$、$\triangle CPF$ 的外心 O_1、O_2、O_3 三点共线.

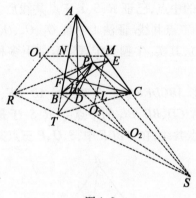

图 1.2

证法1 过点 P 作直线 $PR \perp PA$,$PS \perp PB$,$PT \perp PC$,与 $\triangle ABC$ 的三边 BC、CA、AB 所在的直线分别交于 R、S、T,联结 AR、BS、CT,则易知这三条线段的中点分别是 $\triangle APD$、$\triangle BPE$、$\triangle CPF$ 的外心 O_1、O_2、O_3.

首先证明:R、S、T 三点共线.

注意到:若平面上一个角的两边与另一个角的两边对应垂直,则这两个角相等或互补,可推之 $\angle BPT = \angle CPS$,$\angle APT = \angle CPR$,$\angle APS + \angle BPR = 360° - \angle APR - \angle BPS = 180°$,于是

$$\frac{BR}{RC} \cdot \frac{CS}{SA} \cdot \frac{AT}{TB} = \frac{S_{\triangle PBR}}{S_{\triangle PRC}} \cdot \frac{S_{\triangle PCS}}{S_{\triangle PSA}} \cdot \frac{S_{\triangle PAT}}{S_{\triangle PTB}} = \frac{S_{\triangle PCS}}{S_{\triangle PTB}} \cdot \frac{S_{\triangle PAT}}{S_{\triangle PRC}} \cdot \frac{S_{\triangle PBR}}{S_{\triangle PSA}}$$

$$= \frac{PC \cdot PS \cdot \sin\angle CPS}{PT \cdot PB \cdot \sin\angle BPT} \cdot \frac{PA \cdot PT \cdot \sin\angle APT}{PR \cdot PC \cdot \sin\angle CPR} \cdot \frac{PB \cdot PR \cdot \sin\angle BPR}{PS \cdot PA \cdot \sin\angle APS}$$

$$= 1$$

对 $\triangle BCA$ 应用梅涅劳斯定理的逆定理,知 R、S、T 三点共线.

接下来证明:O_1、O_2、O_3 三点共线.

作出 $\triangle ABC$ 的三边 BC、CA、AB 的中点,分别记为 L、M、N. 易知 M、N、O_1,N、L、O_2 和 L、M、O_3 分别三点共线,则

$$\frac{NO_1}{O_1M} = \frac{BR}{RC}, \frac{LO_2}{O_2N} = \frac{CS}{SA}, \frac{MO_3}{O_3L} = \frac{AT}{TB}$$

于是,$\frac{NO_1}{O_1M} \cdot \frac{LO_2}{O_2N} \cdot \frac{MO_3}{O_3L} = \frac{BR}{RC} \cdot \frac{CS}{SA} \cdot \frac{AT}{TB} = 1$. 对 $\triangle NLM$ 应用梅涅劳斯定理的逆定理知 O_1、O_2、O_3 三点共线.

如果运用点对圆的幂及根轴的知识,则有下述创新证法:

证法2 点 H 对 $\triangle APD$ 的外接圆的幂为 $HD \cdot HA$,对 $\triangle BPE$ 的外接圆的幂为 $HE \cdot HB$,对 $\triangle CPF$ 的外接圆的幂为 $HF \cdot HC$. 由 A、B、D、E 共圆,知 $HD \cdot HA = HE \cdot HB$.

同理，$HD \cdot HA = HE \cdot HB = HF \cdot HC$，即点 H 对三个圆的幂相同.

又显然点 P 对这三个圆的幂相同. 于是，直线 PH 是这三个圆中任意两个圆的根轴.

因此，$\triangle APD$、$\triangle BPE$、$\triangle CPF$ 的外接圆除点 P 外还有一个公共点 Q，且 PQ 通过点 H. 由连心线垂直平分公共弦知，O_1、O_2、O_3 三点均在线段 PQ 的垂直平分线上.

显然，证法 2 比较简捷，因为这是建立在深入探究和运用平台的基础之上. 对于证法 1，O_1、O_2、O_3 分别为 AR、BS、CT 的中点，已证 R、S、T 三点共线后，若应用平台（完全四边形的牛顿线定理），则知 O_1、O_2、O_3 三点共线. 证法 1 中证 O_1、O_2、O_3 三点共线，这实际上是牛顿线定理的一种证法（即证法 1），其实，牛顿线定理还有如下多种证法，这样我们便可得例 3 的多种创新证法.

牛顿线定理 完全四边形 $ABCDEF$ 的三条对角线 AD、BF、CE 的中点 M、N、P 共线[①].

证法 1 如图 1.3，分别取 CD、BD、BC 的中点 Q、R、S. 于是，在 $\triangle ACD$ 中，M、R、Q 三点共线；在 $\triangle BCF$ 中，S、R、N 三点共线；在 $\triangle BCE$ 中，S、Q、P 三点共线.

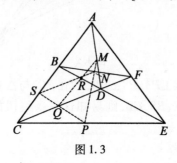

图 1.3

由平行线性质，有

$$\frac{MQ}{MR} = \frac{AS}{AB}, \frac{NR}{NS} = \frac{FD}{FC}, \frac{PS}{PQ} = \frac{EB}{ED}$$

对 $\triangle BCD$ 及截线 AFE 应用梅涅劳斯定理，有

$$\frac{AC}{AB} \cdot \frac{FD}{FC} \cdot \frac{EB}{ED} = 1$$

即有

$$\frac{MQ}{MR} \cdot \frac{NR}{NS} \cdot \frac{PS}{PQ} = 1$$

再对 $\triangle QRS$ 应用梅涅劳斯定理的逆定理，知 M、N、P 三点共线.

证法 2 如图 1.4，分别取 AF、AC、CF 的中点 R、S、Q，则 M、N、P 分别在直线 SR、RQ、SQ 上（即分别三点共线）.

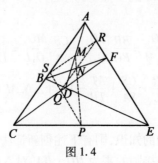

图 1.4

[①] 沈文选. 走进教育数学[M]. 北京：科学出版社，2009.

由三角形中位线性质,有
$$\frac{SM}{MR} \cdot \frac{RN}{NQ} \cdot \frac{QP}{PS} = \frac{CD}{DF} \cdot \frac{AB}{BC} \cdot \frac{FE}{EA}$$

对 $\triangle ACF$ 及截线 BDE 应用梅涅劳斯定理有
$$\frac{CD}{DF} \cdot \frac{FE}{EA} \cdot \frac{AB}{BC} = 1$$

从而
$$\frac{SM}{MR} \cdot \frac{RN}{NQ} \cdot \frac{QP}{PS} = 1$$

再对 $\triangle RSQ$ 应用梅涅劳斯定理的逆定理,知 M、N、P 三点共线.

证法3 如图1.5,作点 G、H,使 $DEAG$、$BEFH$ 均为平行四边形. 设 DG 与 FH 交于点 L.

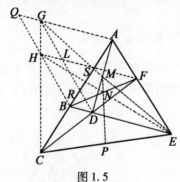

图1.5

对 $\triangle DEF$ 及截线 ABC 应用梅涅劳斯定理,有
$$\frac{DB}{BE} \cdot \frac{EA}{AF} \cdot \frac{FC}{CD} = 1$$

由平行四边形对边相等,有
$$\frac{LH}{HF} \cdot \frac{DG}{GL} \cdot \frac{FC}{CD} = 1$$

即
$$\frac{DG}{GL} \cdot \frac{LH}{HF} \cdot \frac{FC}{CD} = 1$$

再对 $\triangle DFL$ 应用梅涅劳斯定理的逆定理,知 G、H、C 三点共线. 于是 EG、EH、EC 的中点 M、N、P 三点共线.

证法4 如图1.5,作点 G、H,使四边形 $DEAG$、$BEFH$ 均为平行四边形.

设 DG 交 AC 于 R,FH 交 AC 于 S,则 $\frac{AR}{RC} = \frac{FD}{DC}$,$\frac{SB}{BC} = \frac{FD}{DC}$.

则 $\frac{AR}{RC} = \frac{SB}{BC}$,即有 $\frac{AR}{SB} = \frac{RC}{BC}$.

由 $\triangle AGR \sim \triangle SHB$,有 $\frac{AR}{SB} = \frac{GR}{BH}$,从而 $\frac{GR}{BH} = \frac{RC}{BC}$.

而 $\angle GRC = \angle HBC$,则 $\triangle GRC \sim \triangle HBC$.

即有 $\angle GCR = \angle HCB$. 从而 G、H、C 三点共线.

于是 EG、EH、EC 的中点 M、N、P 三点共线.

证法5 如图1.6,过 D 分别作 $DG \parallel AF$ 交 AB 于 G,作 $DH \parallel AB$ 交 AF 于点 H,则 $AGDH$

为平行四边形. 取 BH、BE 的中点 R、S.

由 $\triangle FHD \backsim \triangle DGC$,有
$$\frac{FH}{DG}=\frac{HD}{GC}$$

即 $\qquad HF \cdot GC = DG \cdot HD$

由 $\triangle GBD \backsim \triangle HDE$,有 $GB \cdot HE = HD \cdot DG$.

从而 $HF \cdot GC = GB \cdot HE$,即 $\dfrac{HF}{HE}=\dfrac{GB}{GC}$.

于是 $\dfrac{HF}{HE-HF}=\dfrac{GB}{GC-GB}$,即 $\dfrac{HF}{EF}=\dfrac{GB}{BC}$,亦即 $\dfrac{GB}{HF}=\dfrac{BC}{EF}$.

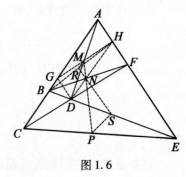

图 1.6

又 $MR \underline{\underline{/\!/}} \dfrac{1}{2}GB$,$RN \underline{\underline{/\!/}} \dfrac{1}{2}HF$,$NS \underline{\underline{/\!/}} \dfrac{1}{2}EF$,$SP \underline{\underline{/\!/}} \dfrac{1}{2}BC$,从而 $\angle MRN = \angle PSN$,且 $\dfrac{MR}{RN}=\dfrac{GB}{HF}$,$\dfrac{SP}{NS}=\dfrac{BE}{EF}$,故 $\triangle MRN \backsim \triangle PSN$,有 $\angle MNR = \angle PNS$.

又 R、N、S 在一条直线上($\triangle BEH$ 的中位线),故 M、N、P 三点共线.

证法 6 如图 1.7,作平行四边形 $BDFX$、$CDEY$,延长 FX 交 AB 于点 I,延长 EY 与 AC 的延长线相交于点 J.

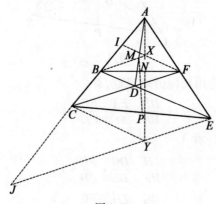

图 1.7

由 $BX /\!/ CF /\!/ JE$,$FX /\!/ EB /\!/ YC$,有
$$\frac{AJ}{AC}=\frac{AE}{AF}=\frac{AB}{AI}$$

令 $\qquad \dfrac{AC}{AI}=\dfrac{AJ}{AB}=k$

则知 $\triangle XIB$ 与 $\triangle YCJ$ 是位似的(即以 A 为位似中心,k 为位似比的位似形). 于是,A、X、Y 共线,从而 DA、DX、DY 的中点 M、N、P 三点共线.

证法 7 先看引理 1:在平行四边形 $ABCD$ 内取一点 P,过 P 引两邻边的平行线 EF、GH,交 AB 于 G,交 BC 于 F,交 CD 于 H,交 AD 于 E.

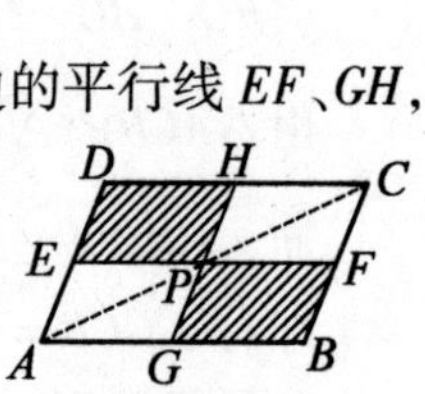

事实上,联结 AP、PC,则 $S_{\triangle AGP}=S_{\triangle AEP}$,$S_{\triangle PFC}=S_{\triangle PHC}$.

$S_{GBFP}=S_{EPHD} \Leftrightarrow S_{GBFP}+S_{\triangle AGP}+S_{\triangle PFC}=$

$S_{EPHD}+S_{\triangle AEP}+S_{\triangle PHC}=\dfrac{1}{2}S_{ABCD} \Leftrightarrow P$ 在 AC 上.

图 1.8

如图 1.9,分别过 C、B、D、F 作与 AC、AE 平行的直线,得到一系列平行四边形. 有关字母如图,由引理 1 知

$$S_{\square AD} = S_{\square DR}, S_{\square AD} = S_{\square DH}$$

从而

$$S_{\square DR} = S_{\square DH}$$

又由引理 1 知点 G 在对角线 DS 上,即 D、G、S 共线.

从而 DA、GA、SA 的中点 M、N、P 三点共线.

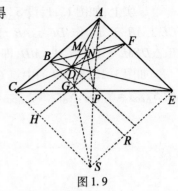

图 1.9

证法 8（张景中证法）由

$$\frac{EP}{CP} = \frac{S_{\triangle EMN}}{S_{\triangle CMN}} = \frac{\frac{1}{2}(S_{\triangle BEM} - S_{\triangle FEM})}{\frac{1}{2}(S_{\triangle ACN} - S_{\triangle DCN})}$$

$$= \frac{\frac{1}{2}S_{\triangle BEA} - \frac{1}{2}S_{\triangle FED}}{\frac{1}{2}S_{\triangle ACF} - \frac{1}{2}S_{\triangle DCB}} = \frac{S_{ABCD}}{S_{ABCD}} = 1$$

即知 $S_{\triangle EMN} = S_{\triangle CMN}$.

故 MN 过 EC 的中点 P,从而 M、N、P 三点共线.

证法 9 先看引理 2:过平行四边形 $ABCD$ 内一点 P 引与两邻边平行的直线,分别交 AB 于 E,交 DC 于 F,交 AD 于 G,交 BC 于 H,则三直线 GF、AC、EH 或者共点或者相互平行.

事实上,若 $GF \parallel AC$,则

$$\frac{DG}{GA} = \frac{DF}{FC}$$

由平行线性质即有

$$\frac{HC}{HB} = \frac{AE}{EB}$$

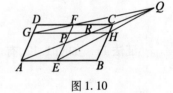

图 1.10

从而 $AC \parallel EH$. 故 GF、AC、EH 相互平行.

若 GF 与 AC 不平行,如图 1.10,设直线 GF 与 AC 交于点 Q,只须证:E、H、Q 三点共线即可.

运用梅涅劳斯定理的逆定理,只须证:对 $\triangle GPF$,有 $\dfrac{GH}{HP} \cdot \dfrac{PE}{EF} \cdot \dfrac{FQ}{QG} = 1$.

设 AC 与 GH 交于点 R. 由平行四边形性质,有 $\dfrac{DC}{AD} = \dfrac{GR}{AG}$,即 $\dfrac{DC}{GR} = \dfrac{AD}{AG}$,且有

$$\frac{GH}{HP} \cdot \frac{PE}{EF} \cdot \frac{FQ}{QG} = \frac{DC}{CF} \cdot \frac{GA}{AD} \cdot \frac{FC}{GR} = \frac{DC}{GR} \cdot \frac{AG}{AD} = 1$$

故引理 2 获证.

如图 1.5,作 $\square DEAG$、$\square BEFH$,延长 AG、BH 交于点 Q,则 $BEAQ$ 也为平行四边形. 由引理 2 知直线 GH、AB、FD 交于点 C,即知 G、H、C 三点共线,从而 EG、EH、EC 的中点 M、N、P 三点共线.

证法 10 先看引理 3:共底等高的两个三角形顶点联线被公共点所在直线平分.

事实上，如图1.11，设$S_{\triangle ABC}=S_{\triangle ABD}$. 联$CD$交直线$AB$于点$M$. 作$CE\perp AB$于$E$，作$DF\perp AB$于$F$，则$CE=DF$，从而$Rt\triangle CEM\cong Rt\triangle DFM$. 于是有$CM=MD$，即直线$AB$平分$CD$. 引理3获证.

图1.11

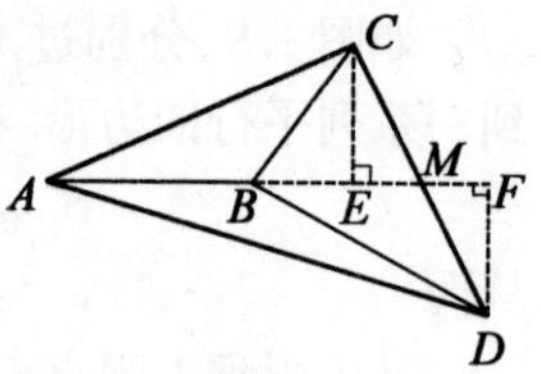

如图1.12，取BD的中点G，联GM、GN，则$GM/\!/CB$，$GN/\!/CD$，从而$S_{\triangle CGM}=S_{\triangle BGM}$，$S_{\triangle CGN}=S_{\triangle DGN}$. 设$AD$与$BF$所成的角为$\theta$，则

$$\begin{aligned}S_{\triangle CMN}&=S_{\triangle CGM}+S_{\triangle GMN}+S_{\triangle CGN}\\&=S_{\triangle BGM}+S_{\triangle GMN}+S_{\triangle DGN}\\&=S_{BDNM}=\frac{1}{2}BN\cdot DM\cdot\sin\theta\\&=\frac{1}{2}\cdot\frac{1}{2}BF\cdot\frac{1}{2}AD\cdot\sin\theta=\frac{1}{4}\cdot S_{ABCD}\end{aligned}$$

同理，$S_{\triangle EMN}=\frac{1}{4}S_{ABCD}$. 故$S_{\triangle CMN}=S_{\triangle EMN}$.

由引理3，知直线MN平分CE，即CE的中点P在直线MN上.

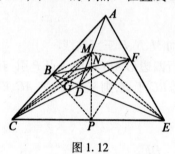

图1.12

证法11 如图1.12，有

$$\begin{aligned}&S_{BCNM}-S_{EFMN}\\&=S_{\triangle BCN}-S_{\triangle FEN}(\text{因 }S_{\triangle BNM}=S_{\triangle FNM})\\&=\frac{1}{2}S_{\triangle BCF}-\frac{1}{2}S_{\triangle FEB}=\frac{1}{2}(S_{\triangle BCF}-S_{\triangle FEB})\\&=\frac{1}{2}(S_{\triangle BCD}-S_{\triangle FED})\\&=S_{\triangle BCM}-S_{\triangle FEM}\\&=(S_{\triangle BCM}+S_{\triangle CMN})-(S_{\triangle FEM}+S_{\triangle EMN})+S_{\triangle EMN}-S_{\triangle CMN}\\&=S_{BCNM}-S_{EFMN}+S_{\triangle EMN}-S_{\triangle CMN}\end{aligned}$$

故$S_{\triangle CMN}=S_{\triangle EMN}$. 由引理3，可推知$CE$的中点$P$在直线$MN$上.

证法12 先看引理4：在四边形$ABCD$中，如果E为AD的中点，则

$$S_{\triangle EBC}=\frac{1}{2}(S_{\triangle ABC}+S_{\triangle DBC})$$

事实上，如图1.13，作$AG\perp BC$于G，$EF\perp BC$于F，$DH\perp BC$于H，则$AG+DH=2EF$. 从而

$$\frac{1}{2}BC\cdot AG+\frac{1}{2}BC\cdot DH=\frac{1}{2}BC\cdot 2EF$$

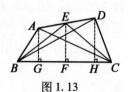

图1.13

故
$$S_{\triangle EBC} = \frac{1}{2}(S_{\triangle ABC} + S_{\triangle DBC})$$

引理 4 证毕.

如图 1.12,应用引理 4,由
$$S_{\triangle FMN} = \frac{1}{2} S_{\triangle FMB} = \frac{1}{4}(S_{\triangle ABF} - S_{\triangle DBF})$$
$$S_{\triangle FNP} = \frac{1}{2} S_{\triangle FBP} = \frac{1}{4}(S_{\triangle BFC} + S_{\triangle BFE})$$

又
$$S_{\triangle FMP} = \frac{1}{2}(S_{\triangle FMC} + S_{\triangle FME}) = \frac{1}{4}(S_{\triangle AFC} + S_{\triangle DFE})$$

从而
$$S_{\triangle FMN} + S_{\triangle FNP} = \frac{1}{4}(S_{\triangle ABF} + S_{\triangle BFC} + S_{\triangle BFE} - S_{\triangle DBF})$$
$$= \frac{1}{4}(S_{\triangle AFC} + S_{\triangle DFE})$$
$$= S_{\triangle FMP}$$

故 M、N、P 三点共线.

证法 13 如图 1.14,设直线 MN 交 CE 于 P',过 A、B、D、F 分别作直线 MN 的平行线交 CE 于 A'、B'、D'、F'.

$$\frac{S_{\triangle ABE}}{S_{\triangle ACF}} = \frac{AB \cdot AE}{AC \cdot AF} = \frac{B'A' \cdot A'E}{CA' \cdot A'F'}$$

$$\frac{S_{\triangle ACF}}{S_{\triangle BCD}} = \frac{CA \cdot CF}{CB \cdot CD} = \frac{CA' \cdot CF'}{CB' \cdot CD'}$$

$$\frac{S_{\triangle BCD}}{S_{\triangle DEF}} = \frac{DB \cdot DC}{DE \cdot DF} = \frac{B'D' \cdot CD'}{D'E \cdot D'F'}$$

$$\frac{S_{\triangle DEF}}{S_{\triangle ABE}} = \frac{ED \cdot EF}{EA \cdot EB} = \frac{D'E \cdot F'E}{A'E \cdot B'E}$$

以上四式连乘,并注意 $B'A' = D'F'$,$B'D' = A'F'$,化简得
$$1 = \frac{CF' \cdot F'E}{CB' \cdot B'E}$$

即 $CB' \cdot B'E = CF' \cdot F'E$,亦即 $(CE - B'E) \cdot B'E = F'E \cdot (CE - F'E)$.

即 $CE \cdot (B'E - F'E) - (B'E^2 - F'E^2) = 0$,亦即 $(B'E - F'E)(CE - F'E - B'E) = 0$.

于是 $B'F' \cdot (CB' - F'E) = 0$,即有 $CB' = F'E$.

又 $B'P' = P'F'$,则 $CP' = P'E$,即 P' 为 CE 中点. 亦即 P' 与 P 重合.

故 M、N、P 三点共线.

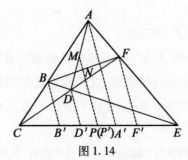

图 1.14

证法 14 如图 1.14,作图同上述证法.

对 △ACF 及截线 BDE 应用梅涅劳斯定理,有 $\dfrac{AB}{BC} \cdot \dfrac{CD}{DF} \cdot \dfrac{FE}{EA} = 1$,即有

$$\dfrac{B'A'}{CB'} \cdot \dfrac{CD'}{D'F'} \cdot \dfrac{F'E}{A'E} = 1$$

同理,对 △ABE 及截线 CDF,有

$$\dfrac{A'F'}{F'E} \cdot \dfrac{D'E}{B'D'} \cdot \dfrac{CB'}{CA'} = 1$$

此两式相乘,并且任意 $B'A' = D'F', B'D' = A'F'$,化简

$$\dfrac{CD' \cdot D'E}{CA' \cdot A'E} = 1$$

从而 $\qquad CD' \cdot (CE - CD') = (CE - A'E) \cdot A'E$

即 $\qquad CE(CD' - A'E) - (CD'^2 - A'E^2) = 0$

亦即 $\qquad (CD' - A'E) \cdot D'A' = 0$

从而 $CD' = A'E$.

又 $D'P' = P'A'$,则 $CP' = P'E$,即 P' 为 CE 中点,亦即 P' 与 P 重合.

故 M、N、P 三点共线.

例 4 (2005 年 IMO 46-5 题)给定凸四边形 $ABCD, BC = AD$,且 BC 不平行 AD,设点 E 和 F 分别在边 BC 和 AD 的内部,满足 $BE = DF$,直线 AC 和 BD 相交于点 P,直线 EF 和 BD 相交于点 Q,直线 EF 和 AC 相交于点 R,如图 1.15 所示,求证:当点 E 和 F 变动时,△PQR 的外接圆经过除点 P 外的另一个定点.

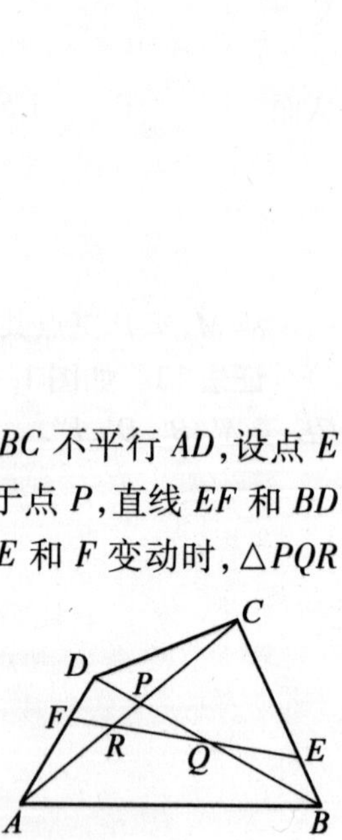

我们从四方面对此题进行探究:(1)圆过定点的位置;(2)一般情况下的证明;(3)把图形运动变化成任意四边形,推广该题;(4)该题的本质.

探究 1 特殊化图形,寻找 △PQR 的外接圆经过的定点.[①]

把四边形 ABCD 及点 E,F 的位置特殊化,即把四边形 ABCD 变为最特殊的情形,点 E,F 变为最特殊的情况,如图 1.16 所示.

四边形 ABCD 为等腰梯形,即 $AB // CD, AD = BC$,点 E,F 分别为 BC 和 AD 的中点,即 EF 为等腰梯形 ABCD 的中位线. 此时 R,Q 分别为 AC,BD 的中点. 作 △RPQ 的外接圆,根据对称性和直径上的圆周角的定理知,如图 1.16,OP 为直径,∠PRO = ∠PQO = 90°,即所作圆必经过线段 AC,BD 的垂直平分线的交点 O,作一般图形后验证确实如此.

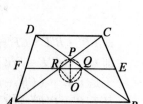

图 1.15

图 1.16

探究 2 一般化图形,给出严格证明.

根据上面的实验、观察、分析、验证(这是解决几何题的必要步骤),我们知道 △PQR 的外接圆必过线段 AC,BD 垂直平分线的交点,这样我们就把圆过定点问题转化为 P、R、O、Q 四点共圆问题,这是圆几何学中最常见的问题. 于是把一道具有探索猜想性质的问题,转化

[①] 徐红. 对第 46 届(2005 年)IMO 第 5 题的探究[J]. 中学教研(数学),2006(7):39-40.

为标准的几何证明题,如图 1.17 所示.

设线段 AC、BD 的垂直平分线相交于点 O.

下面证明,当点 E 和点 F 变动时 $\triangle PQR$ 的外接圆经过点 O.

联结 OA、OB、OC、OD、OE、OF,因为 $OA=OC$,$OB=OD$,$AD=BC$,所以 $\triangle ODA \cong \triangle OBC$.

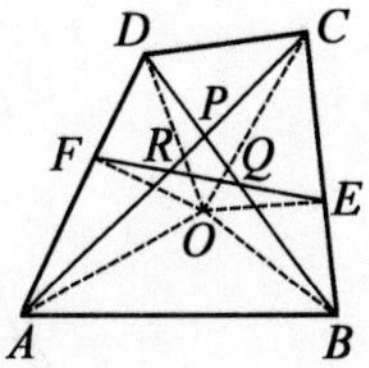

即 $\triangle OBC$ 可以绕点 O 旋转 $\angle BOD$ 后与 $\triangle ODA$ 重合.

又因为 $BE=DF$,所以,这个旋转使点 E 与点 F 重合,于是 $OE=OF$,且 $\angle EOF=\angle BOD=\angle COA$,所以 $\triangle EOF \backsim \triangle BOD \backsim \triangle COA$,故 $\angle OEF=\angle OFE=\angle OBD=\angle ODB=\angle OCA=\angle OAC$.

从而 O、B、E、Q 四点共圆,O、E、C、R 四点共圆. 因此 $\angle OQB=\angle OEB=\angle ORC$,故 P、Q、O、R 四点共圆.

图 1.17

综上所述,当点 E、F 变动时,PQR 的外接圆经过除 P 外的另一个点 O.

从以上证明中,我们可以看出,用到几何知识只是三角形全等、相似和四点共圆,但从特殊到一般地解决数学问题的思想方法起到了重要的作用.

探究 3 变动图形,把问题推广到任意四边形.

让我们作 AC、BD 的垂直平分线,设交点为 O,作 $\triangle PQR$ 的外接圆,点 O 在该圆上.

如图 1.18,拖动点 D,让四边形 $ABCD$ 由凸四边形变为凹四边形 $ABCD$,图形的其他条件保持不变,$\triangle PQR$ 的外接圆依然过点 O.

继续拖动点 D,如图 1.19 所示,使四边形 $ABCD$ 变为蝴蝶四边形(折线四边形),其他条件保持不变,$\triangle PQR$ 的外接圆依然过点 O.

让 A、B、C、D 四点在平面上任意运动,保持其他条件不变,我们看到了飘起来的四边形 $ABCD$,除了凸、凹、折 3 种典型图形之外,还有各种特殊的(退化的)四边形,如图 1.20 ~ 1.22 所示,但是都有所求的性质,这正是几何图形在运动变化中不变的性质. 由图 1.18、图 1.19 证明凸四边形的方法依然适用.

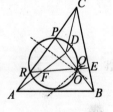

图 1.18

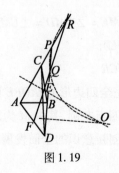

图 1.19

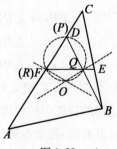

图 1.20

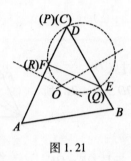
图 1.21

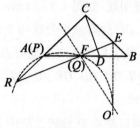
图 1.22

为什么会有以上的性质？这正是和四边形的定义有关. 在平面内,4 条线段首尾相接所形成的几何图形叫作四边形,凸四边形只不过是其中之一.

探究 4　寻找该题的本质.

该题中的这个定点究竟是一个什么特殊点呢？

如图 1.23,由 BC 不平行于 AD,可设直线 BC、AD 交于点 S,设 M 为完全四边形 $SDAPBC$ 的密克尔点,则 M 为定点,且为圆 ACP 与圆 BCP 的另一个交点. 联结 MA、MD、MB、MC. 有 $\triangle MDA \backsim \triangle MBC$,

亦有 $\dfrac{MD}{MB} = \dfrac{MA}{MC} = \dfrac{DA}{BC}$. 注意到 $\dfrac{DA}{BC} = \dfrac{DF}{BE}$,联结 ME、MF,可得 $\triangle MFD \backsim \triangle MEB$,即有 $\dfrac{MF}{ME} = \dfrac{FD}{EB}$. 于是由

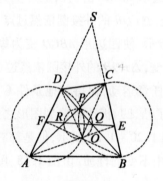
图 1.23

$$\angle FME = \angle FMD + \angle DME = \angle BME + \angle DME = \angle BMD = \angle CMA$$

有
$$\triangle MEF \backsim \triangle MBD \backsim \triangle MCA$$

亦有
$$\angle MBQ = \angle MEQ = \angle MCR$$

从而圆 $MBEQ$ 与圆 $MECR$ 相交于点 E、M,即 M 为完全四边形 $CPRQBE$ 的密克尔点(参见第六章完全四边形的特性中的性质 3). 故 Q、P、R、M 四点共圆,其中 M 为定点.

从上述两例可以看到:数学竞赛活动是有利于学生创新意识的全面发展的.

1.5　数学竞赛活动有利于学生数学能力的提高

学生在学习和掌握奥林匹克知识方法及其过程中,对发展其数学能力具有重要的教育

作用和意义. 数学奥林匹克是智力的竞赛, 它的一个重要目的是为了尽早地发现并培养有数学才能的青少年, 它考查的是学生的研究能力、综合素质和创新精神, 每年的题目都是新的, 没有考纲, 没有界定范围, 学生必须具备过硬的基本功和很强的思维能力. 因此, 数学奥林匹克的命题和培训选手的宗旨以数学能力为重点. 正如华罗庚教授所指出:"数学竞赛的性质和学校中的考试是不同的, 和大学的入学考试也是不同的, 我们的要求是参加竞赛的同学不但会代公式、会用定理, 而且更重要的是能够灵活地掌握已知的原则和利用这些原则去解决问题的能力, 甚至创造新的方法、新的原则去解决问题."

陶哲轩也深有体会地说:

"作为一名高中生, 通过数学竞赛, 我把数学作为一项运动来享受, 通过解答巧妙设计的数学趣味题和寻找好的'窍门'来开启其中的奥秘."

"刚看到一个数学问题时, 我们应该思考如何去接近它, 如何通过小心审慎的努力, 如何用分类处理经验去尝试某些想法和排除另一些想法, 以及如何稳步地处理. 最终, 这个问题就能够导致一个满意的解法."

数学能力的几个主要方面是思维能力、运算能力、空间想象能力、实践能力、创新意识等. 这些能力又常通过数学解题来培养, 因而求解数学竞赛试题对提高学生的数学能力有较大的帮助.

例5 (2008年中国西部地区数学奥林匹克试题)

设 $x,y,z \in (0,1)$, 满足 $\sqrt{\dfrac{1-x}{yz}} + \sqrt{\dfrac{1-y}{zx}} + \sqrt{\dfrac{1-z}{xy}} = 2$. 求 xyz 的最大值.

解法1 由条件等式及均值不等式, 有

$$2 = \sqrt{\frac{1}{3xyz}} \left[\sqrt{x(3-3x)} + \sqrt{y(3-3y)} + \sqrt{z(3-3z)} \right]$$

$$\leqslant \frac{1}{\sqrt{3xyz}} \left(\frac{3-2x}{2} + \frac{3-2y}{2} + \frac{3-2z}{2} \right)$$

$$= \frac{1}{\sqrt{3xyz}} \left[\frac{9}{2} - (x+y+z) \right] \leqslant \frac{1}{\sqrt{3xyz}} \left(\frac{9}{2} - 3\sqrt[3]{xyz} \right)$$

亦即

$$\frac{9}{2} \geqslant 2\sqrt{3xyz} + 3\sqrt[3]{xyz}$$

$$\geqslant 2\sqrt{2\sqrt{3xyz} \cdot 3\sqrt[3]{xyz}} = 2\sqrt{6\sqrt{3} \cdot \sqrt[6]{(xyz)^5}}$$

$$\Rightarrow \sqrt[6]{(xyz)} \leqslant \frac{9^2}{4^2 \cdot 6\sqrt{3}} = \frac{3^{\frac{3}{2}}}{2^5}$$

即

$$xyz \leqslant \left(\frac{3^{\frac{3}{2}}}{2^5}\right)^{\frac{6}{5}} = \frac{27}{64}$$

其中等号当且仅当 $x=y=z=\dfrac{3}{4}$ 时成立. 故 $(xyz)_{\max} = \dfrac{27}{64}$.

解法2 令 $\sqrt[6]{xyz} = u$,则由题设等式(其中 $\sum$ 表循环和)及均值不等式,可知

$$2u^3 = 2\sqrt{xyz} = \frac{1}{\sqrt{3}}\sum \sqrt{x(3-3x)} \leq \frac{1}{\sqrt{3}}\sum \frac{x+(3-3x)}{2}$$

$$= \frac{3\sqrt{3}}{2} - \frac{1}{\sqrt{3}}(x+y+z) \leq \frac{3\sqrt{3}}{2} - \sqrt{3}\cdot\sqrt[3]{xyz} = \frac{3\sqrt{3}}{2} - \sqrt{3}u^2$$

即
$$4u^3 + 2\sqrt{3}u^2 - 3\sqrt{3} \leq 0$$

亦即
$$(2u-\sqrt{3})(2u^2+2\sqrt{3}u+3) \leq 0$$

从而 $2u - \sqrt{3} \leq 0$,即 $u \leq \frac{\sqrt{3}}{2}$,亦即 $xyz \leq \frac{27}{64}$.

其中等号在 $x=y=z=\frac{3}{4}$ 时取到,故 $(xyz)_{\max} = \frac{27}{64}$.

解法3 由题设可令 $x=\sin^2\alpha, y=\sin^2\beta, z=\sin^2\gamma$.
$\alpha,\beta,\gamma \in (0°,180°)$,则条件式变为

$$\frac{\cos\alpha}{\sin\beta\cdot\sin\gamma} + \frac{\cos\beta}{\sin\alpha\cdot\sin\gamma} + \frac{\cos\gamma}{\sin\alpha\cdot\sin\beta} = 2$$

亦即
$$\frac{1}{2}\sin 2\alpha + \frac{1}{2}\sin 2\beta + \frac{1}{2}\sin 2\gamma = \frac{1}{2}\cdot 2\sin\alpha\cdot 2\sin\beta\cdot\sin\gamma$$

上式表明 α,β,γ 可作为一个三角形内角时的面积关系式,如图1.24所示. 于是,原求解问题转化求 $xyz = \sin^2\alpha\cdot\sin^2\beta\cdot\sin^2\gamma$ 的最大值. 而

$$\sin^2\alpha\cdot\sin^2\beta\cdot\sin^2\gamma \leq \left(\frac{\sin^2\alpha+\sin^2\beta+\sin^2\gamma}{3}\right)^3$$

$$\leq \left(\frac{\frac{9}{4}}{3}\right)^3 = \frac{27}{64}$$

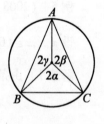

图1.24

其中等号当且仅当 $\sin^2\alpha=\sin^2\beta=\sin^2\gamma=\frac{3}{4}$ 时成立,故 $(xyz)_{\max}=\frac{27}{64}$.

上述3种解法对培养参赛学生的数学能力有很大的帮助,对培训新的参赛选手更是大有裨益. 不仅如此,在培训中,还可引发思考:xyz 取得最大值时,等号成立的条件与已知条件式右边的常数之间又有什么变化呢?

为讨论问题的方便,我们把原试题(即例5)称为命题1.

一般地,如果式关于字母 x、y、z 具有对称性,一般来说等号成立的条件是 $x=y=z$,对于问题1,我们已验证当 $x=y=z=\frac{3}{4}$ 时等号成立,且取得最大值. 能否将等号成立的"$\frac{3}{4}$"改为其他值呢? 经过探究得到如下的:

问题 2 设 x、y、$z \in (0,1)$,满足 $\sqrt{\dfrac{1-x}{yz}} + \sqrt{\dfrac{1-y}{zx}} + \sqrt{\dfrac{1-z}{xy}} = 3\sqrt{2}$,求 xyz 的最大值[①].

解析 将已知等式去分母得
$$\sqrt{x(1-x)} + \sqrt{y(1-y)} + \sqrt{z(1-z)} = 3\sqrt{2} \cdot \sqrt{xyz}$$

注意当 $x=y=z$ 时,代入上述等式得 $x=y=z=\dfrac{1}{2}$,于是由基本不等式得

$$3\sqrt{2} \cdot \sqrt{xyz} = \sqrt{x(1-x)} + \sqrt{y(1-y)} + \sqrt{z(1-z)} \leqslant \dfrac{1}{2} + \dfrac{1}{2} + \dfrac{1}{2} = \dfrac{3}{2} \Rightarrow xyz \leqslant \dfrac{1}{8}.$$

即
$$(xyz)_{\max} = \dfrac{1}{8}$$

等号成立当且仅当 $x=y=z=\dfrac{1}{2}$.

显然上述求解过程比问题 1 来得简单. 其原因在于代数式
$$\sqrt{x(1-x)} + \sqrt{y(1-y)} + \sqrt{z(1-z)}$$

可以直接利用基本不等式得到
$$\sqrt{x(1-x)} + \sqrt{y(1-y)} + \sqrt{z(1-z)}$$
$$\leqslant \dfrac{1}{2} + \dfrac{1}{2} + \dfrac{1}{2} = \dfrac{3}{2}$$

且等号成立的条件是 $x=y=z=\dfrac{1}{2}$,满足已知等式. 但对问题 1 显然不能直接利用基本不等式,因为当 $x=y=z=\dfrac{1}{2}$ 时不能满足已知等式.

基于以上问题 1、2 的研究,我们能否继续改变等号成立的条件,即能否将等号成立条件的 "$\dfrac{3}{4}$" 改为其他值呢? 如假设等号成立的条件是 $x=y=z=\dfrac{1}{3}$,有:

问题 3 设 x、y、$z \in (0,1)$,满足 $\sqrt{\dfrac{1-x}{yz}} + \sqrt{\dfrac{1-y}{zx}} + \sqrt{\dfrac{1-z}{xy}} = 3\sqrt{6}$,求 xyz 的最大值.

解析 采用与前面解法 1 相同的方法,由已知等式得
$$3\sqrt{6} \cdot \sqrt{xyz} = \sqrt{x(1-x)} + \sqrt{y(1-y)} + \sqrt{z(1-z)}$$

由于等号成立的条件是 $x=y=z=\dfrac{1}{3}$,将上式变形得
$$6\sqrt{3} \cdot \sqrt{xyz} = \sqrt{2x(1-x)} + \sqrt{2y(1-y)} + \sqrt{2z(1-z)}$$

上式利用基本不等有
$$6\sqrt{3} \cdot \sqrt{xyz} \leqslant \dfrac{2x+1-x}{2} + \dfrac{2y+1-y}{2} + \dfrac{2z+1-z}{2} = \dfrac{x+y+z}{2} + \dfrac{3}{2}$$

此时从上式易知 xyz 无最大值. 原因主要是 $x+y+z$ 的系数不是负数. 继续探究,将等号

[①] 卫福山. 对一道西部数学竞赛试题的深入研究[J]. 数学教学,2011(7):19-20.

成立的条件改为 $x=y=z=\dfrac{5}{8}$，有：

问题4 设 x、y、$z \in (0,1)$，满足 $\sqrt{\dfrac{1-x}{yz}}+\sqrt{\dfrac{1-y}{zx}}+\sqrt{\dfrac{1-z}{xy}}=\dfrac{6}{5}\sqrt{6}$，求 xyz 的最大值．

解析 将已知等式变形为

$$\dfrac{6}{5}\sqrt{6}\cdot\sqrt{xyz}=\sqrt{x(1-x)}+\sqrt{y(1-y)}+\sqrt{z(1-z)}$$

由于等号成立的条件是 $x=y=z=\dfrac{5}{8}$，将上式变形得

$$\dfrac{18}{5}\sqrt{10}\cdot\sqrt{xyz}=\sqrt{3x(5-5x)}+\sqrt{3y(5-5y)}+\sqrt{3z(5-5z)}$$

对上式利用基本不等式有

$$\dfrac{18}{5}\sqrt{10}\cdot\sqrt{xyz}\leqslant\dfrac{3x+5-5x}{2}+\dfrac{3y+5-5y}{2}+\dfrac{3z+5-5z}{2}$$

$$=-(x+y+z)+\dfrac{15}{2}\leqslant-3\sqrt[3]{xyz}+\dfrac{15}{2}$$

即 $\dfrac{18}{5}\sqrt{10}\cdot\sqrt{xyz}+3\sqrt[3]{xyz}\leqslant\dfrac{15}{2}\Rightarrow 2\sqrt{\dfrac{18}{5}\sqrt{10}\cdot\sqrt{xyz}\cdot 3\sqrt[3]{xyz}}\leqslant\dfrac{15}{2}$

计算整理得 $xyz\leqslant\dfrac{5^{3}}{2^{\frac{33}{5}}\times 30^{\frac{6}{5}}}$

而当 $x=y=z=\dfrac{5}{8}$ 时，$xyz=\left(\dfrac{5}{8}\right)^{3}$，显然有矛盾，问题出在哪里呢？仔细分析上述的解答过程，不等式 $2\sqrt{\dfrac{18}{5}\sqrt{10}\cdot\sqrt{xyz}\cdot 3\sqrt[3]{xyz}}\leqslant\dfrac{18}{5}\sqrt{10}\cdot\sqrt{xyz}+3\sqrt[3]{xyz}$ 中等号成立的条件是 $\dfrac{18}{5}\sqrt{10}\cdot\sqrt{xyz}=3\sqrt[3]{xyz}$，即 $xyz=\dfrac{5^{3}}{2^{9}\times 3^{6}}$，显然与 $x=y=z=\dfrac{5}{8}$ 矛盾，也即等号成立的条件不能都满足，因此问题4的最大值不是 $\dfrac{5^{3}}{2^{\frac{33}{5}}\times 30^{\frac{6}{5}}}$．

回过头来审视问题1的解答，其关键过程如下：把原式变形并利用基本不等式可以得到

$$2\sqrt{3}\cdot\sqrt{xyz}=\sqrt{x(3-3x)}+\sqrt{y(3-3y)}+\sqrt{z(3-3z)}\leqslant-(x+y+z)+\dfrac{9}{2}\leqslant-3\sqrt[3]{xyz}+\dfrac{9}{2}$$

从而 $2\sqrt{2\sqrt{3}\cdot\sqrt{xyz}\cdot 3\sqrt[3]{xyz}}\leqslant 2\sqrt{3}\cdot\sqrt{xyz}+3\sqrt[3]{xyz}\leqslant\dfrac{9}{2}$

故 $xyz\leqslant\dfrac{27}{64}$．

以上不等式中等号成立的条件是

$$\begin{cases}x=y=z=\dfrac{3}{4}\\ 2\sqrt{3}\cdot\sqrt{xyz}=3\sqrt[3]{xyz}\end{cases}\Rightarrow xyz=\dfrac{27}{64}$$

显然均吻合.

在以上讨论基础上,我们可以思考将问题 1 推广到一般化后对已知等式右边的常数的要求.

问题 5 设 $x 、y 、z \in (0,1), \lambda \in \left(\dfrac{1}{2}, 1\right)$,满足 $\sqrt{\dfrac{1-x}{yz}} + \sqrt{\dfrac{1-y}{zx}} + \sqrt{\dfrac{1-z}{xy}} = 3\sqrt{\dfrac{1-\lambda}{\lambda^2}}$,求 xyz 的最大值.

解析 采用完全类似的方法,首先由于已知等式的对称性易知当 $x = y = z = \lambda$ 时已知等式成立. 将原等式变形为

$$3\sqrt{\dfrac{(1-\lambda)^2}{\lambda^3}} \cdot \sqrt{xyz} = \sqrt{\dfrac{1-\lambda}{\lambda}x \cdot (1-x)} + \sqrt{\dfrac{1-\lambda}{\lambda}y \cdot (1-y)} + \sqrt{\dfrac{1-\lambda}{\lambda}z \cdot (1-z)}$$

应用基本不等式有

$$3\sqrt{\dfrac{(1-\lambda)^2}{\lambda^3}} \cdot \sqrt{xyz} \leqslant \dfrac{1-2\lambda}{2\lambda}(x+y+z) + \dfrac{3}{2} \leqslant \dfrac{1-2\lambda}{2\lambda} \cdot 3\sqrt[3]{xyz} + \dfrac{3}{2}$$

$$\Rightarrow 3\sqrt{\dfrac{(1-\lambda)^2}{\lambda^3}} \cdot \sqrt{xyz} + \dfrac{2\lambda-1}{2\lambda} \cdot 3\sqrt[3]{xyz} \leqslant \dfrac{3}{2}$$

$$\Rightarrow 2\sqrt{3\sqrt{\dfrac{(1-\lambda)^2}{\lambda^3}} \cdot \sqrt{xyz} \cdot \dfrac{2\lambda-1}{2\lambda} \cdot 3\sqrt[3]{xyz}} \leqslant \dfrac{3}{2}$$

$$\Rightarrow xyz \leqslant \dfrac{\lambda^3}{[8(1-\lambda)(2\lambda-1)]^{\frac{6}{5}}}$$

注意到等号成立的条件是

$$\begin{cases} x = y = z = \lambda \\ 3\sqrt{\dfrac{(1-\lambda)^2}{\lambda^3}} \cdot \sqrt{xyz} = \dfrac{2\lambda-1}{2\lambda} \cdot 3\sqrt[3]{xyz} \end{cases}$$

$$\Rightarrow \begin{cases} x = y = z = \lambda \\ xyz = \dfrac{(2\lambda-1)^6\lambda^3}{2^6(1-\lambda)^6} \end{cases}$$

从而有

$$\lambda^3 = \dfrac{(2\lambda-1)^6\lambda^3}{2^6(1-\lambda)^6} \Rightarrow \lambda = \dfrac{3}{4}$$

以上变形中不包含 $\lambda = \dfrac{1}{2}$,但 $\lambda = \dfrac{1}{2}$ 时即问题 2,显然是吻合的.

从问题 5 的讨论中我们可以得到如下更为深刻的结论:

问题 6 设 $x 、y 、z \in (0,1), \lambda \in (0,1)$,满足 $\sqrt{\dfrac{1-x}{yz}} + \sqrt{\dfrac{1-y}{zx}} + \sqrt{\dfrac{1-z}{xy}} = 3\sqrt{\dfrac{1-\lambda}{\lambda^2}}$,则 xyz 存在最大值的条件是 $x = y = z = \lambda$,且 $\lambda = \dfrac{1}{2}$ 或 $\dfrac{3}{4}$.

证明从以上问题的讨论中容易得出.

1.6 数学竞赛活动有利于中学数学教育的改革和发展

数学竞赛活动对中学数学课程与教材改革起到了促进作用,数学奥林匹克促进了中学数学教师的知识更新,数学奥林匹克为课堂内外增添了数学的内容,数学奥林匹克为初等数学研究开拓了新的前景,数学奥林匹克为方法论的研究注入了新血液……这些越来越被更多的人感悟到.

数学竞赛有利于中学数学课程内容的改革,数学竞赛教育作为较高层次的基础教育,从一定意义上说是某种数学教育试验,是中学数学课程改革的"试验区". 一些现代化的数学知识、思想、方法、技巧,通过数学竞赛教育进行"试验",得以筛选、过滤和简化,逐步普及和传播,再逐渐为中学师生所接受,稳妥地渗透和部分地移植到中学数学课本中. 这就为现代数学知识向中学数学课程渗透架设了桥梁,也为中学数学课程内容的改革提供了科学的测试,10 年、20 年数学竞赛中的热点问题和方法,如集合、映射、归纳、类比、分类讨论、24 点、一笔画、数字谜、数阵排布、奇偶分析、向量、覆盖、开放性问题、探索性问题等,今天已经开始走进中小学数学课堂,"旧时王榭堂前燕,飞入寻常百姓家",这也反映了数学普及的过程. 20 世纪 60 年代在欧美国家兴起的"新数学运动",没有达到预期的目的,一个重要的原因就是急于求成,缺少渐变的过程.

数学竞赛有利于中学数学教师的专业发展,是提高数学教师业务素质的重要途径,是数学教师继续教育的课堂.

数学竞赛内容广泛,不仅包含中学数学,还涉及趣味数学、数学分析、高等代数、近世代数、初等数论、组合数学、传统的初等数学内容和现代数学的思想方法,这就要求任课教师自身应该达到更高的水平,"有时候的确遇到这种情况,即学生不仅比他的老师更有才智,而且知识更加丰富,并且能够提出他自己不能解释的解决问题的直觉途径,这些途径教师简直不明白,也不能仿做一遍,要教师给这样的学生以正确的奖励或纠错,这是不可能的."(布鲁纳,1982)另一方面,"教师不仅是知识的传播者,而且是模范. 看不到数学妙处及威力的教师,就不见得会促使别人感到这门学科内在的刺激力. 不愿或者不能表现他自己的直觉能力的教师,要他在学生中鼓励直觉就不大可能有效."(布鲁纳,1982)面对这样的矛盾,教师必须积极地投身到知识更新的自觉学习之中,并且在自学能力和数学教研能力上下功夫. 数学竞赛中涉及的题目更新速度快、难度较高,这就要求教师不断搜集国内外最新资料,了解最新动态,研究命题趋势,通过不断自学探索和总结,教学相长,教师的自学能力和数学教研能力也就随之提高.

数学竞赛教学面对的是智力超常的学生,生硬、死板、灌输、说教的教学方式无疑会与学生富于创意、生动活泼的思维形式形成巨大的落差,这就要求教师在数学竞赛教学中应用新的教学方式,如数学交流、发现法教学、创造性教学等,激发学生学习数学的兴趣,为学生提供自主探究的学习空间,让学生体验数学创造的激情. 因而数学竞赛教学要求教师树立教育新理念,灵活运用教育、教学规律,掌握科学、活泼的教学艺术,大胆尝试现代教学方式,提高数学教学技能. 因此,数学竞赛为中学数学教师提供了发展、充实、提高和完善自己的课堂. 30 多年的实践证明,许多对数学竞赛有研究的中学教师都是数学教学的名师,数学教学水平高的学校或地区同时又是数学竞赛人才辈出的地方.

数学竞赛可以提高未来中学数学教师的数学鉴赏力,数学竞赛题没有生硬地引入中学生难以接受的概念与术语,却巧妙地把新的数学知识和新的数学思想融入其中,既源于中学数学又高于中学数学,既有一定的困难又并非高不可攀,其中有许多回味无穷、令人陶醉的好题目. 通过对这些问题的求解与探讨,学习数学、发现数学、运用数学、理解数学的思想,进而提高学生对数学问题、数学知识、数学思想、数学方法的鉴赏水平.

综上所述,数学竞赛的教育价值是毋庸置疑的. 但是,事物都有两面性. 凡事超过一定的限度,则会走向其反面. 最近一段时间,各种媒体对数学竞赛批评的较多,笔者认为这并不是数学竞赛本身的错,而是由于我们给数学竞赛挂上太多的"功利"符号,如升学、办班、"奥数应试"、"奥数经济"、菲尔兹奖等,这就超出了教育的范畴. 为数学竞赛"松绑",让数学竞赛回归"自然",回归到科学的发展轨道上来,才是我们的正确选择.

例 6 (1999 年全国高中数学联赛试题) 在四边形 $ABCD$ 中,对角线 AC 平分 $\angle BAD$,在 CD 上取一点 E, BE 与 AC 交于点 F,延长 DF 交 BC 于 G. 求证: $\angle GAC = \angle EAC$.

证法 1 如图 1.25,联结 BD 交 AC 于点 K,对 $\triangle BCD$ 应用塞瓦定理,有

$$\frac{CG}{GB} \cdot \frac{BK}{KD} \cdot \frac{DE}{EC} = 1$$

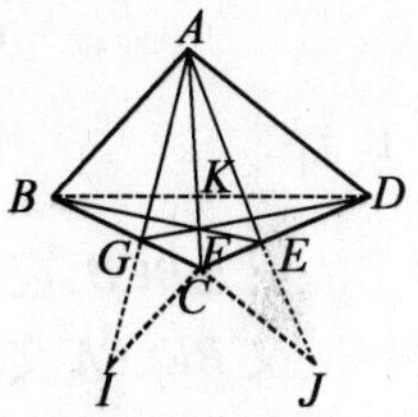

由 AK 平分 $\angle BAD$,有

$$\frac{BK}{KD} = \frac{AB}{AD}$$

从而

$$\frac{CG}{GB} \cdot \frac{AB}{AD} \cdot \frac{DE}{EC} = 1$$

图 1.25

过点 C 作 AB 的平行线交 AG 的延长线于点 I,过点 C 作 AD 的平行线交 AE 的延长线于点 J,则

$$\frac{CG}{GB} = \frac{CI}{AB}, \frac{DE}{EC} = \frac{AD}{CJ}$$

从而

$$\frac{CI}{AB} \cdot \frac{AB}{AD} \cdot \frac{AD}{CJ} = 1$$

即有

$$CI = CJ$$

由 $CI // AB, CJ // AD$,有

$$\angle ACI = 180° - \angle BAC = 180° - \angle DAC = \angle ACJ$$

因此 $\triangle ACI \cong \triangle ACJ$,故 $\angle GAC = \angle EAC$.

上述证法是最基本的,根据题设条件运用最基本的知识来证明. 如果我们的知识面更宽一些,则可得到如下一些证法:

证法 2 设 B、G 关于 AC 的对称点分别为 B'、G',易知 A、D、B' 三点共线. 联结 FB'、FG',如图 1.26,只需证 A、E、G' 三点共线即可.

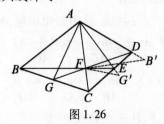

图 1.26

令 $\angle EFB' = \alpha$, $\angle DFE = \angle BFG = \angle B'FG' = \beta$, $\angle AFD = \angle GFC = \angle G'FC = \gamma$,则

$$\frac{DA}{AB'} \cdot \frac{B'G'}{G'C} \cdot \frac{CE}{ED} = \frac{S_{\triangle FDA}}{S_{\triangle FAB'}} \cdot \frac{S_{\triangle FB'G'}}{S_{\triangle FG'C}} \cdot \frac{S_{\triangle FCE}}{S_{\triangle FED}}$$

$$= \frac{FD \cdot \sin\gamma}{FB' \cdot \sin(\alpha+\beta+\gamma)} \cdot \frac{FB' \cdot \sin\beta}{FC \cdot \sin\gamma} \cdot$$

$$\frac{FC \cdot \sin(\alpha+\beta+\gamma)}{FD \cdot \sin\beta} = 1$$

由梅涅劳斯定理的逆定理, 知 A、E、G' 三点共线. 证毕.

证法 3 如图 1.27, 联结 BD 交 AC 于点 K, 设 $\angle DAE = \alpha$, $\angle CAE = \beta$, 作 $\angle CAG' = \beta$ 交 BC 于 G', 联结 DG', 则 $\angle BAG' = \alpha$.

因 AC 平分 $\angle BAD$, 则 $\dfrac{DK}{KB} = \dfrac{AD}{AB}$.

由三角形面积公式知(或三角形张角公式)

$$\frac{BG'}{G'C} = \frac{AB \cdot \sin\alpha}{AC \cdot \sin\beta}, \frac{CE}{ED} = \frac{AC \cdot \sin\beta}{AD \cdot \sin\alpha}$$

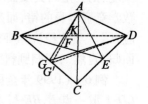

图 1.27

从而
$$\frac{BG'}{G'C} \cdot \frac{CE}{ED} \cdot \frac{DK}{KB} = 1$$

对 $\triangle BCD$, 应用塞瓦定理的逆定理, 知 BE、CK、DG' 三线共点.

又 BE、CA 交于点 F, 则 D、F、G' 共线, 即 G' 为 DF 与 BC 的交点, 所以 G' 与 G 重合. 故 $\angle GAC = \angle EAC$.

证法 4 如图 1.27, 记 $\angle BAC = \angle CAD = \theta$, $\angle GAC = \alpha$, $\angle EAC = \beta$, 注意对 $\triangle BCE$ 及截线 GFD 应用梅涅劳斯定理, 有

$$1 = \frac{BG}{GC} \cdot \frac{CD}{DE} \cdot \frac{EF}{FB} = \frac{S_{\triangle ABG}}{S_{\triangle AGC}} \cdot \frac{S_{\triangle ACD}}{S_{\triangle ADE}} \cdot \frac{S_{\triangle AEF}}{S_{\triangle AFB}}$$

$$= \frac{AB \cdot \sin(\theta-\alpha)}{AC \cdot \sin\alpha} \cdot \frac{AC \cdot \sin\theta}{AE \cdot \sin(\theta-\beta)} \cdot \frac{AE \cdot \sin\beta}{AB \cdot \sin\theta}$$

$$= \frac{\sin(\theta-\alpha) \cdot \sin\beta}{\sin\alpha \cdot \sin(\theta-\beta)}$$

从而 $\sin(\theta-\alpha) \cdot \sin\beta = \sin(\theta-\beta) \cdot \sin\alpha$

化简得 $\cos\alpha \cdot \sin\beta = \cos\beta \cdot \sin\alpha$

即 $\tan\alpha = \tan\beta$

因 $0 < \alpha, \beta < 90°$, 故 $\alpha = \beta$, 即 $\angle GAC = \angle EAC$.

如果知识面再宽限一些, 又可得如下证法:

证法 5 如图 1.27, 作 $\angle CAG' = \angle CAE$ 交 BC 于 G', 又需证 G'、F、D 三点共线即可. 设 $\angle BAC = \angle CAD = \theta$, $\angle CAG' = \angle CAE = \alpha$.

由 B、F、E, B、G、C, C、E、D 均三点共线, 且由张角定理, 有

$$\frac{\sin(\theta+\alpha)}{AF} = \frac{\sin\alpha}{AB} + \frac{\sin\theta}{AE}, \frac{\sin\theta}{AG'} = \frac{\sin\alpha}{AB} + \frac{\sin(\theta-\alpha)}{AC}, \frac{\sin\theta}{AE} = \frac{\sin\alpha}{AD} + \frac{\sin(\theta-\alpha)}{AC}$$

从而 $\dfrac{\sin(\theta+\alpha)}{AF} = \dfrac{\sin\alpha}{AB} + \dfrac{\sin\beta}{AE} = \dfrac{\sin\alpha}{AD} + \dfrac{\sin\theta}{AG'}$

由张角定理的逆定理, 知 G'、F、D 三点共线. 证毕.

证法 6 如图 1.27, 作 $\angle CAG' = \angle CAE$ 交 BC 于 G', 只需证 G'、F、D 三点共线即可. 此

时,由 AC 平分 $\angle BAD$,有 $\angle FAB = \angle CAD$, $\angle G'AC = \angle EAF$.

对 $\triangle BCD$ 应用梅涅劳斯定理的第二角元形式,有

$$\frac{\sin \angle BAG'}{\sin \angle GAC} \cdot \frac{\sin \angle CAD}{\sin \angle DAE} \cdot \frac{\sin \angle EAF}{\sin \angle FAB} = 1$$

从而知 G'、F、D 三点共线,证毕.

如果运用高等几何中的调和点列(线束)、戴沙格定理,又可得如下证法:

证法 7 如图 1.28,设直线 GE 与直线 BD 交于点 P(或无穷远点 P),且分别与 AC 交于点 Q、K,则在完全四边形 $CEDFBG$ 中,知 P、K 调和分割 DB,P、Q 调和分割 EG.

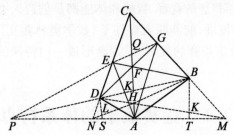

图 1.28

注意到 AC 平分 $\angle BAD$. 联结 PA,则由线段调和分割(或调和线束)的性质知 $AC \perp AP$.

此时,又应用线段调和分割(或调和线束)的性质,知 $\angle GAC = \angle EAC$.

证法 8 当 $AB = AD$ 时,四边形 $ABCD$ 是等形,结论显然成立.

当 $AB \neq AD$ 时,过 A 作 AC 的垂线与 CB、CD 的延长线分别交于点 M、N,如图 1.28,由 $\angle BAC = \angle DAC$,可证 BN、DM 的交点 H 在 AC 上.

在 $\triangle BNE$ 与 $\triangle DMG$ 中,因 BN 与 DM 的交点为 H,BE 与 DG 的交点为 F,NE 与 MG 的交点为 C,且 C、F、H 共线,则由戴沙格定理的逆定理知 BD、MN、EG 三线共点,设该点为 P.

设 EG 与 FC 交于点 Q,在完全四边形 $CEDFBG$ 中,P、Q 调和分割 EG,从而 AP、AQ、AE、AG 为调和线束,而 $AP \perp AQ$,故 AQ 平分 $\angle EAG$.

于是,$\angle GAC = \angle EAC$.

注 (1)设 BN 与 AC 交于点 H,只要证 D、H、M 三点共线即可.

联结 DH、HM,作 $BT \perp AM$ 于 T 交 HM 于 K,作 $DS \perp AN$ 于 S 交 NH 于点 L. 由 $AC \perp MN$ 及 AC 平分 $\angle BAD$,易知 $\triangle ASD \backsim \triangle ATB$,从而

$$\frac{DS}{BT} = \frac{SA}{TA} \qquad ①$$

又由 $DS \parallel CA \parallel BT$,有

$$\frac{DL}{DS} = \frac{CH}{CA} = \frac{BK}{BT}, \frac{LH}{BH} = \frac{SA}{TA} \qquad ②$$

由①、②有

$$\frac{DL}{BK} = \frac{LH}{BH}$$

又 $\angle HLD = \angle HBK$,则 $\triangle HLD \backsim \triangle HBK$,亦有 $\angle LHD = \angle BHK$.

从而 D、H、K 共线,故 D、H、M 共线.

(2)此例的证法还可参见 4.3.1 节中的命题 5 及 6.2.1 中例 1.

综上,我们可以看到:数学竞赛活动确实有利于中学数学教育的改革和发展.

第 2 章 从数学竞赛到竞赛数学

由于数学竞赛活动具有重要的教育价值,促使相当多的人员投入了极大的热情参与数学竞赛活动和研究数学竞赛活动.不是吗?参赛人数之多,范围之广,试题难度之高等均不比体育奥林匹克运动会逊色.体育奥林匹克运动会是青年体能的竞赛,数学解题比赛与体育奥林匹克相似,它是青少年智能的竞赛.智能和体能都是创造人类文明的必要条件.随着中学生数学竞赛活动的迅猛发展,前苏联人首创了"数学奥林匹克"这个名词.我国著名数学家王元院士指出:"随着数学竞赛的发展,已逐渐形成一门特殊的数学学科——竞赛数学,也可称为奥林匹克数学."

2.1 竞赛数学的体系特点

关于竞赛数学的体系特点,笔者认为有如下四个方面.

2.1.1 竞赛数学是基础性的综合数学

这是竞赛数学的本质性特点.中学数学竞赛根植于中学数学,锤炼了中学数学的重要内容,许多竞赛题目与中学数学课本中的例题、习题有一定的联系,有的甚至是课本例题、习题的直接延伸、发展和变化,数学竞赛中的每道试题虽然都有一定难度,但中学数学却是它的基础.基础不等于简单,也就是说保持了中学数学的精华和基本的数学思想方法,亦即从某个侧面反映了以现代数学为背景的中学数学或中学生所能接受的基本概念、基本原理、基本方法和基本应用.当然,中学数学的内容也随时代而变,20 世纪 60 年代增加了平面解析几何,80 年代增加了微积分初步,90 年代增加了概率统计初步,现在又增加了简单的逻辑知识、向量、矩阵等内容.

今天的竞赛数学也走上了从中学传统内容到现代数学前沿的道路,以传统的初等数学内容为起点,逐步挖掘传统内容的精华并加以改造,注入新的表现形式,用新的数学思想和方法重新处理,逐步增加现代数学内容,渗透现代数学的思想和观点,并且使所涉及的问题大多可用较初等的方法解决.它服务于培养数学竞赛选手及教练,服务并服从于数学竞赛的发展.它是一种大学数学的深刻思想与中学数学的精妙技巧相结合的基础性综合教学.

2.1.2 竞赛数学是发展性的教育实验数学

这是竞赛数学的时代性特点.数学竞赛教育从某种意义上说是一种数学教育实验,它对中学数学教育的改革产生巨大影响.通过竞赛,一些新的数学知识逐步普及,在这个普及过程中许多现代数学的新思想、新方法、新内容,不断地影响中学数学,从而促进中学数学课程的改革.当然,由于竞赛数学不是正规的数学教学改革,但由于它的内容不断更新、不断发展,它要求解题者具有相当的数学基本素质和训练技巧,它鼓励人们的探索精神和创造毅力,它把学生的数学思想引向深化,从而有助于提高学生观察问题、分析问题和解决问题的能力,这与中学数学教育改革的任务是完全一致的.

从如上的角度看,数学竞赛可以看成是数学教育的"泵",许多数学现代知识、数学思想和数学方法,通过竞赛,逐渐为师生所吸收消化,得以渗透和传播,进而普及和发展. 数学竞赛是数学教育改革的"试验区",现代数学知识、思想、方法技巧得以筛选、过滤、简化,以决定取舍,这就为现代数学知识的传播和普及提供了科学的测度,也为中学数学知识的更新架设了桥梁.

2.1.3 竞赛数学是创造性的问题数学

这是竞赛数学的标志性特点. 竞赛数学通过一道道千姿百态的问题和机智巧妙的解法,横跨传统数学与现代数学的各个领域,人们常以"内部生成"(即剖析已有问题,做出实质性改造、推广或迁移)和"外部嵌入"(即将较高层次的数学研究成果,经过加工创造而成)的创造方式命制出竞赛试题. 这试题也包含了传统数学的精华——数学历史上的著名问题,这是历代数学大师的光辉杰作,是人类文明的宝贵财富. 试题以别致、独创的构思,新颖奇巧的方法和精美、漂亮的结论,使人们赏心悦目,它们作为竞赛数学的辉煌成果、人类智慧结晶的宝贵财富留存在数学竞赛发展史上.

2.1.4 竞赛数学是富于挑战性的活数学

这是竞赛数学的特点. 由于众多的数学家直接参与数学竞赛活动,同时更由于竞赛本身的机制,竞赛数学具有很大的开放性、发展性和挑战性. 现代数学某些分支的发展,往往很快影响到竞赛数学的发展. 例如,组合几何这一既古老又新颖的分支在20世纪70年代后发展很快,形成了绚丽多彩的理论. 在数学竞赛中,这类问题也逐渐受到重视. 因此,竞赛数学的发展也体现了数学的发展. 单墫教授说过:竞赛数学是活的数学,它不断地吐故纳新,如果比较一下早期的赛题与近些年的赛题,就会发现两者有很大的不同,内容的深度、广度、题目的难度,都有了显著的变化,近些年的试题大多没有固定的模式可套,它要求学生自己探索、尝试,通过观察、思考、发现规律,找到解决问题的途径. 仅仅学习一些解题技巧是不够的,只有那些有较强的数学直觉,对数学的理解比其他人高出一等的学生才有希望夺取桂冠.

数学的学科特点及人才成长的规律,使得人们对早期未定型人才的培养的选拔,往往不以掌握知识的多少为尺度,而是注重数学才能的表现. 竞赛试题的高难挑战性,要求解题者能力之高是公认的. 挑战性的另一表现就是不允许参赛者有丝毫的疏漏,必须按照数学所具有的严谨性,丝丝入扣地解决问题. 挑战性并不意味着人为地增加难度,而表现在解题时需要有一个深入分析和探索的过程,这就要恰当地运用各种发现解题过程的探索方法. 由于挑战性,它给广大青少年数学爱好者提供了一个开动脑筋、积极探索、大胆猜想、寻求解决问题方法的进行创造性思维的实践机会. 通过这种实践活动,必定能提高他们的数学才能.

2.2 竞赛数学的主要内容

深入研究国际数学奥林匹克(IMO)所涉及的内容可知,目前已基本稳定在代数(数列、不等式、多项式、函数方程等)、几何、数论、组合等方面. 我国的全国高中数学联赛加试的4个题目,一般情况下,平面几何题、代数题、数论题、组合题各一道. 另外,注意到竞赛数学内容的两个方面,一方面如单墫教授所提出的:"'数学竞赛是才智的角逐'. 因此,一些有固定路线可以遵循的问题(如解一元二次方程)不属于数学竞赛,竞赛需要的是'巧',是出奇制胜的'野路子',竞赛促进中学数学加强薄弱环节,而每当一种方法越来越多地为中学教师与学生所掌握,它也就完成了自己的历史使命,脱离了竞赛数学,成为中学数学的一个部分." 另一方面如王元院士所指出的:"将高等数学下放到初等数学中去,用初等数学的语言来表达高等数学的问题,并用初等数学的方法来解决这些问题,这就是竞赛数学的任务." 因此,竞赛数学吸收了能用初等语言表述,并能用初等方法解决的高等数学中的某些问题. 这里的问题,甚至解法的背景往往来源于某些高等数学领域,渗透了高等数学中的某些内容、思想和方法,但竞赛数学又不同于这些数学领域. 另外,基础数学往往追求证明一些概括广泛的定理,而竞赛数学恰恰追求一些特殊的问题. 通常,基础数学追求建立一般的理论和方法,而竞赛数学则追求用特殊的方法来解决特殊问题,而不需要高深的数学工具,这些问题往往可以从思考角度、理解方法和解题思路方面获得一种广义的认识.

2.3 竞赛数学的问题特征

竞赛数学形成于数学竞赛活动,在这样的背景中形成的竞赛数学的知识形态是很特殊的,它没有完整的知识体系和严密的逻辑结构,但又具有相对稳定的内容,通过问题和解题将许多具有创造性、灵活性、探索性和趣味性的知识、方法综合在一起,这就决定了这门学科的主要研究对象是数学竞赛命题与解题的规律和艺术,并且有不同于其他数学学科的许多特点. 根据竞赛数学的体系特点,数学竞赛试题的命制应遵循科学性、新颖性、选拔性、能力性、界定性等原则. 因而,数学奥林匹克的题目风格迥异,各具特色,涉及知识领域宽阔,思维方法新颖. 认识试题的这些主要特征,可以为我们在数学竞赛教育中科学实施教学方略指明方向. 竞赛数学的问题有如下特征:

2.3.1 竞技性和艺趣性

竞技性和艺趣性,是指很多竞赛试题把现代化的内容与趣味性的陈述、独创性的技巧有机结合起来,充分展示问题的统一美、简单美、对称美与奇异美,展示艺术的构造或构造的艺术,竞赛试题常常又以其题型美、知识面广、解法灵活、技巧强、难度大来体现竞技性. 这种竞技性,还通过一个个千姿百态的问题和机智巧妙的解法,横跨传统数学与现代数学的各个领域,它与代数、几何、数论、组合、中学数学、趣味数学等保持着密切而自然的联系,但又不同于这些学科系统的专门研究,它可以随时吸收有趣味的、更有灵活性和创造性而又能为参赛者所接受的问题,而不受研究对象的限制,因此这门学科比其他学科的内容更为广泛,更有艺趣.

竞赛数学包含了传统数学的精华. 数学历史上的著名问题,是历代数学大师的光辉杰作,是人类文明的宝贵财富,它们以别致、独到的构思,新颖、奇巧的方法和精美、漂亮的结论使人们流连忘返. 由于种种原因,今天学校的课堂教学,没能提供机会让青少年接触这笔宝贵的数学遗产,而竞赛数学继承和发扬了这笔丰富的遗产,这既说明了那些传统名题的价值,又说明了竞赛数学的艺趣性. 在竞赛活动中,欣赏先辈们留下的璀璨夺目、光彩耀人的明珠以体验其艺趣.

例1 (1990年山西省初中数学竞赛试题)如图2.1,已知 P 为正 $\triangle ABC$ 外接圆弧 $\overset{\frown}{AB}$ 上一点,联结 PC 交 AB 于点 D. 求证: $\dfrac{1}{PA}+\dfrac{1}{PB}=\dfrac{1}{PD}$.

解析 要证明此结论,将此式变形,得

$$\frac{1}{PD}=\frac{1}{PA}+\frac{1}{PB}=\frac{PA+PB}{PA\cdot PB}$$

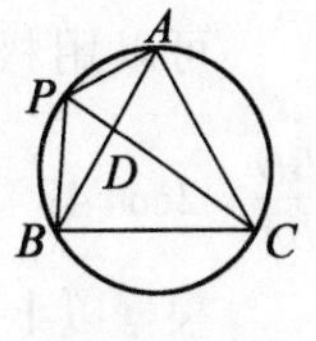

注意到,我们熟悉此图中有结论: $PA+PB=PC$.

则要证的问题变为 $\dfrac{1}{PD}=\dfrac{PC}{PA\cdot PB}$,即为 $PC\cdot PD=PA\cdot PB$.

图2.1

这又只需证明 $\triangle PAD\backsim\triangle PCB$ 即可.

由于 $\angle PAD=\angle PCB$,$\angle APD=60°=\angle CPB$. 结论获证.

于是可知,证明上述问题的关键是知结论: $PA+PB=PC$.

这实际上是涉及圆内接正三角形的一个有趣结论:

结论1 如图2.2,等边 $\triangle ABC$ 内接于圆 O,劣弧 $\overset{\frown}{BC}$ 上取一点 P,联结 PA、PB、PC,求证: $PB+PC=PA$.

此结论有多种证法:

证法1 如图2.2(a),将 $\triangle BCP$ 绕点 B 逆时针旋转 $60°$,使 C 和点 A 重合,点 P 落在 AP 上点 D 处,则 $AD=PC$,又易证 $\triangle BDP$ 是等边三角形,故 $PB=PD$,从而 $PB+PC=PA$.

证法2 如图2.2(b),将 $\triangle ABP$ 绕点 B 顺时针旋转 $60°$,使点 A 和点 C 重合,点 P 落在 CP 的延长线上点 D 处,则 $PA=DC$,又易证 $\triangle BDP$ 是等边三角形,故 $BP=PD$,从而 $PB+PC=PA$.

证法3 如图2.2(c),过点 A 作 $AE\perp PC$ 于点 E,再将 $Rt\triangle ACE$ 绕点 A 顺时针旋转 $60°$,使点 C 和点 B 重合,点 E 落在 BP 的延长线上点 D 处,则

$$BD=CE$$

又

$$\angle PAD=\angle PAE=30°$$

则

$$PD=PE=\frac{1}{2}PA$$

即

$$PB+PC=PD-DB+PE+CE=2PD=PA$$

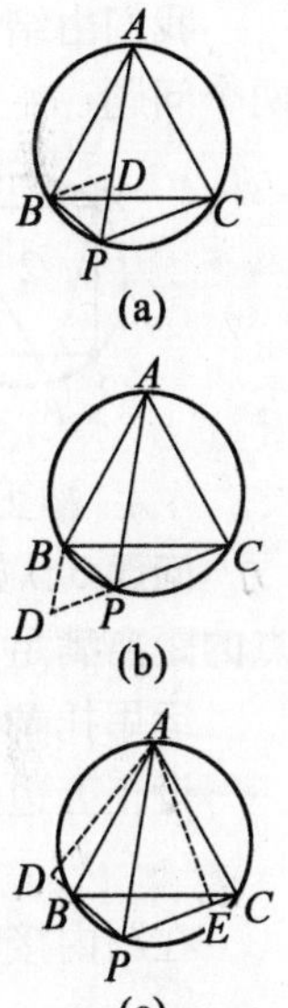

图2.2

如上证法1实质是截长,证法2实质是补短,证法3实质是在前两种证法的基础上一种折中的方法,取两条线段的平均长.

此外,还可以用正弦定理、余弦定理或托勒密定理来证,此处略.

因此,如上竞赛题的竞技性充分展现出来了,艺趣性也展示出来了. 结论1涉及了圆内接正三角形的优美特性,如果进行类比猜想,则可进一步展示它的艺趣性.

如果将上述结论 $PB+PC=PA$ 改为比式,则为 $\dfrac{PB+PC}{PA}=1$,我们可以类比猜想如下问题:

问题1 如图2.3,正方形 $ABCD$ 内接于圆 O,劣弧 $\overset{\frown}{BC}$ 上取一点 P,联结 PA、PB、PC,猜想 $\dfrac{PB+PD}{PA}$ 的值.

问题 2 如图 2.4,正六边形 $ABCDEF$ 内接于圆 O,劣弧 $\overset{\frown}{BC}$ 上取一点 P,联结 PA、PB、PF,猜想 $\dfrac{PB+PF}{PA}$ 的值.

可以用极端化的思想进行猜想,在图 2.3 中,当点 P 运动到点 B 时,$\dfrac{PB+PD}{PA} = \dfrac{BD}{BA} = 2\cos 45° = \sqrt{2}$,在图 2.4 中,当点 P 运动到点 B 时,$\dfrac{PB+PF}{PA} = \dfrac{PF}{AB} = 2\cos 30° = \sqrt{3}$.

根据以上的猜想,进一步可以得到一般性的结论.如图 2.5,正 n 边形 $A_1A_2A_3\cdots A_n$ 内接于圆 O,劣弧 $\overset{\frown}{A_2A_3}$ 上取一点 P,联结 $PA_1,PA_2,\cdots,PA_n$,则 $\dfrac{PA_2+PA_n}{PA_1} = 2\cos\dfrac{\pi}{n}$.

这个猜想可以借助于原问题的解决方法进行讨论,证明略.

其实,上面的结论,在一般图形中也成立.如图 2.6,设 $\angle PAB = \angle PAC = \alpha$,则 $\dfrac{PB+PC}{PA} = 2\cos\alpha$,显然在图 2.5 中的 $\alpha = \dfrac{\pi}{n}$.

我们由结论 1 可知,点 P 到正三角形的三个顶点的距离满足 $PB + PC = PA$,下面再探讨两个问题.

图 2.3　　　　　图 2.4　　　　　图 2.5　　　　　图 2.6

问题 3 如图 2.7,正五边形 $ABCDE$ 内接于圆 O,在劣弧 $\overset{\frown}{AE}$ 上取一点 P,点 P 到五个顶点的距离满足 $PA + PC + PE = PB + PD$.

运用托勒密定理证明:

设正五边形的边长和对角线分别为 a、b,在圆内接四边形 $PABE$ 中

$$PA\cdot b + PE\cdot a = PB\cdot a \qquad ①$$

在圆内接四边形 $PADE$ 中

$$PA\cdot a + PE\cdot b = PD\cdot a \qquad ②$$

①+②得

$$PA\cdot b + PE\cdot a + PA\cdot a + PE\cdot b = a(PB+PD) \qquad ③$$

在圆内接四边形 $PACE$ 中

$$PA\cdot b + PE\cdot b = PC\cdot a \qquad ④$$

将④代入③得　　　　$a(PA + PC + PE) = a(PB + PD)$

故　　　　　　　　　$PA + PC + PE = PB + PD$

问题 4 如图 2.8,正七边形 $ABCDEFG$ 内接于圆 O,在劣弧 $\overset{\frown}{AG}$ 上取一点 P,点 P 到七个顶点的距离满足

$$PA + PC + PE + PG = PB + PD + PF$$

同样用托勒密定理证明:

设正七边形的边长、较短的对角线和较长对角线分别为 a、b、c.

在圆内接四边形 $PABG$ 中
$$PA \cdot b + PG \cdot a = PB \cdot a \qquad ①$$
在圆内接四边形 $PAFG$ 中
$$PA \cdot a + PG \cdot b = PF \cdot a \qquad ②$$
①+②得
$$PA \cdot b + PG \cdot a + PA \cdot a + PG \cdot b = PB \cdot a + PF \cdot a \qquad ③$$
在圆内接四边形 $PABD$ 中
$$PA \cdot b = PB \cdot c - PD \cdot a \qquad ④$$
将④代入③得
$$PB \cdot c + PG \cdot a + PA \cdot a + PG \cdot b = a(PB + PD + PF) \qquad ⑤$$
在圆内接四边形 $PBDG$ 中
$$PB \cdot c + PG \cdot b = PD \cdot b \qquad ⑥$$
将⑥代入⑤,得
$$PA \cdot a + PG \cdot a + PD \cdot b = a(PB + PD + PF) \qquad ⑦$$
在圆内接四边形 $PCDE$ 中
$$PC \cdot a + PE \cdot a = PD \cdot b \qquad ⑧$$
将⑧代入⑦,得
$$a(PA + PC + PE + PG) = a(PB + PD + PF)$$
故
$$PA + PC + PE + PG = PB + PD + PF$$

根据上述两个问题,我们可以得到更一般性的结论:

结论 2 如图 2.9,正 $2k+1$ (k 为正整数)边形 $A_1A_2A_3A_4\cdots A_{2k+1}$ 内接于圆 O,劣弧 $\overparen{A_1A_{2k+1}}$ 上取一点 P,点 P 到 $2k+1$ 个顶点的距离满足
$$PA_1 + PA_3 + \cdots + PA_{2k+1} = PA_2 + PA_4 + \cdots + PA_{2k}$$

图 2.7　　　　　图 2.8　　　　　图 2.9

很显然再利用托勒密定理证明是难以解决的. 我们可以用正弦定理试一试. 设圆 O 的半径为 R,$\overparen{PA_1}$ 的度数为 2α,则
$$\angle PA_2A_1 = \alpha, \angle PA_3A_2 = \frac{\pi}{2k+1}\alpha, \angle PA_4A_3 = \frac{2\pi}{2k+1}+\alpha,\cdots,\angle PA_{2k+1}A_{2k} = \frac{(2k-1)\pi}{2k+1}+\alpha,$$
$$\angle PA_{2k}A_{2k+1} = \frac{\pi}{2k+1}-\alpha$$

由正弦定理得
$$PA_1 = 2R\sin\angle PA_2A_1 = 2R\sin\alpha$$
$$PA_2 = 2R\sin\angle PA_3A_2 = 2R\sin\left(\frac{\pi}{2k+1}+\alpha\right)$$

$$PA_3 = 2R\sin\angle PA_4A_3 = 2R\sin\left(\frac{2\pi}{2k+1}+\alpha\right)$$

$$\vdots$$

$$PA_{2k} = 2R\sin\angle PA_{2k+1}A_{2k} = 2R\sin\left[\frac{(2k-1)\pi}{2k+1}+\alpha\right]$$

$$PA_{2k+1} = 2R\sin\angle PA_{2k}A_{2k+1} = 2R\sin\left(\frac{\pi}{2k+1}-\alpha\right) = 2R\sin\left(\frac{2k\pi}{2k+1}+\alpha\right)$$

而
$$(PA_1+PA_3+\cdots+PA_{2k+1})-(PA_2+PA_4+\cdots+PA_{2k})$$
$$=\left[2R\sin\alpha+2R\sin\left(\frac{2\pi}{2k+1}+\alpha\right)+\cdots+2R\sin\left(\frac{2k\pi}{2k+1}+\alpha\right)\right]-$$
$$\left\{2R\sin\left\{\frac{\pi}{2k+1}+\alpha+\cdots+2R\sin\left[\frac{(2k-1)\pi}{2k+1}+\alpha\right]\right\}\right\}$$
$$=2R\left[\sin\alpha+\sin\frac{2\pi}{2k+1}\cos\alpha+\cos\frac{2\pi}{2k+1}\sin\alpha+\cdots+\sin\frac{2k\pi}{2k+1}\cos\alpha+\right.$$
$$\left.\cos\frac{2k\pi}{2k+1}\sin\alpha\right]-2R\left[\sin\frac{\pi}{2k+1}\cos\alpha+\cos\frac{\pi}{2k+1}\sin\alpha+\cdots+\right.$$
$$\left.\sin\frac{(2k-1)}{2k+1}\pi\cos\alpha+\cos\frac{(2k+1)\pi}{2k+1}\sin\alpha\right]$$
$$=2R\sin\alpha\left\{\left(1+\cos\frac{2\pi}{2k+1}+\cdots+\cos\frac{2k\pi}{2k+1}+\cdots+\cos\frac{2k\pi}{2k+1}\right)-\right.$$
$$\left.\left[\cos\frac{\pi}{2k+1}+\cdots+\cos\frac{(2k-1)\pi}{2k+1}\right]\right\}+2R\cos\alpha\left\{\left(\sin\frac{2\pi}{2k+1}+\cdots+\right.\right.$$
$$\left.\left.\sin\frac{2k\pi}{2k+1}\right)-\left[\sin\frac{\pi}{2k+1}+\cdots+\sin\frac{(2k-1)\pi}{2k+1}\right]\right\}$$
$$=2R\sin\alpha\left[1+\cos\frac{2\pi}{2k+1}+\cdots+\cos\frac{2k\pi}{2k+1}+\cos\frac{(2k+2)\pi}{2k+1}+\cdots+\cos\frac{4k\pi}{2k+1}\right]+$$
$$2R\cos\alpha\left[\sin\frac{2\pi}{2k+1}+\cdots+\sin\frac{2k\pi}{2k+1}+\sin\frac{(2k+2)\pi}{2k+1}+\cdots+\sin\frac{4k\pi}{2k+1}\right]=0$$

故 $PA_1+PA_3+\cdots+PA_{2k+1}=PA_2+PA_4+\cdots+PA_{2k}$

很容易发现,上面结论对圆的内接正 $2k$ 边形不成立. 这由圆内接正方形可以否定之.

将高等数学中的一些命题做通俗化处理,即不改变命题中对象之间关系结构的实质(每一个数学命题都是一种关系结构),而将抽象、晦涩的数学名词术语用恰当、风趣的生活用语(如游戏、通信、握手、相识、染色、球赛、跳舞、座位等)或通俗易懂的初等数学用语所代替,这样就将"冷若冰霜"、抽象高深的数学命题变形为"生动活泼"、简明具体的奥林匹克试题. 这种通俗化的工作反映了数学的普及过程.

例2 (第29届IMO预选题)一次聚会有 n 个人参加,每个人恰好有3个朋友,他们围着圆桌坐下. 如果每个人的两旁都有朋友,这种坐法便称为完善的. 证明:如果有一种完善的坐法,则必定还有另一种完善的坐法,它不能由前一种经过旋转或对称而得到.

如果我们把人看成"点",并且在每两个朋友之间连一条线,那么就得到一个图. 这个图的每个顶点都引出三条线,此为三正则图. 所谓完善的坐法就是图中的一个哈密顿(Hamilton)圈.

这个题目就是图论中下述关于三正则图的定理"三正则图如果有哈密顿圈,那么它必有另一个哈密顿圈"的通俗化.

例 3 (1989 年亚太地区数学奥林匹克试题)S 为 m 个正整数对 $(a,b)(a\geqslant 1,b\leqslant n,a\neq b)$ 所组成的集合 $((a,b)$ 与 (b,a) 被认为是相同的),证明:至少有 $\dfrac{4m}{3n}\left(m-\dfrac{n^2}{4}\right)$ 个三元数组 (a,b,c) 适合 (a,b)、(a,c) 及 (b,c) 都属于 S.

这个试题是由图论中的问题"设 G 是有 m 条边的 n 阶图,则 G 中三角形个数不小于 $\dfrac{4m}{3n}\left(m-\dfrac{n^2}{4}\right)$"用初等数学的语言表述得到的.

在数学竞赛的命题中,最适于通俗化的领域莫过于组合,这是因为组合题目可以不需要晦涩的名词术语,能够用日常用语或初等语言表述得通俗易懂,饶有趣味,虽然背景深刻、难度很大,但又不需要高深的数学工具,只需要敏锐的思考与深入细致的分析,这些正是数学奥林匹克题所应该具有的特点.

竞赛数学摄取了趣味数学中经典问题的营养,常常在趣味数学问题的情景中编拟新题或利用解决经典问题的思想方法编拟新题.

1985 年,首都师范大学数学科学学院周春荔教授为"五四青年智力竞赛"出过一个青蛙跳的问题:

地面 A,B,C 三点,一只青蛙恰位于地面上距 C 为 0.27 m 的点 P. 青蛙第一步从 P 跳到关于 A 的对称点 P_1,第二步从 P_1 跳到关于 B 的对称点 P_2,第三步从 P_2 跳到关于 C 的对称点 P_3,第四步从 P_3 跳到关于 A 的对称点 P_4,……,按这种跳法一直跳下去,若青蛙第 1 985 步跳落在点 $P_{1\,985}$. 问 P 与 $P_{1\,985}$ 的距离为多少?

后来中国科技大学常庚哲教授与吉林大学齐东旭教授在杭州开会时借休息之暇讨论此题,将青蛙"对称跳"推广到一定角度的"转角跳". 最后形成了 1986 年中国提供给 IMO 并被选中的一道试题:

例 4 (第 27 届国际数学奥林匹克试题)平面上给定 $\triangle A_1A_2A_3$ 及点 P_0,定义 $A_S=A_{S-3}$ $(S\geqslant 4)$,构造点列 $P_0,P_1,P_2,\cdots$ 使得 P_{K+1} 为 P_K 绕中心 A_{A+1} 顺时针旋转 $120°$ 时所达到的位置 $(K=0,1,2,\cdots)$. 若 $P_{1\,986}=P_0$,证明:$\triangle A_1A_2A_3$ 是正三角形.

这道题面目新颖,颇为有趣,用复数来解没有太大困难,由于不少国家缺少用复数解几何题的训练,恰恰被打中要害. 在此之后,各国加强了这方面的训练,各级竞赛中,效仿之作也纷纷出笼,但 IMO 中反倒不考了,这正是为避免众所周知的熟套子.

让我们看一个有趣的放硬币的游戏:

两个人相继轮流往一张圆桌上平放一枚同样大小的硬币(两人拥有同样多的硬币,且两人的硬币合起来足够铺满桌子),谁放下最后一枚而使对方没有位置再放,谁就获胜. 假设两人都是内行,试问是先放者获胜还是后放者获胜,怎样才能稳操胜券?

这是一个古老而值得深思的难题. 解答此题要用到所谓"对称策略",受这种解题模式的启发可以编拟出如下问题:

例 5 一个 8×8 的国际象棋盘,甲、乙两人轮流在格子里放上各自的象,使自己的象不会被对方吃掉,谁先不能放谁就输,如果策略正确,谁赢?提示:以棋盘的一条中线轴为对称轴,甲放一个象,乙就在对称的地方放一个象. 这样,必是甲先没处放,即乙必赢.

将上述模式应用于一些模型上,还可编拟出许多问题,如:

例6 (1989年列宁格勒数学奥林匹克试题)两人轮流在 10×10 的方格表中画十字或画圈(每人每次可以在一个小方格内画一个十字或画一个圈).如果在某人画过之后,方格表中出现了3个十字或3个圈相邻排列(可横向相邻,也可纵向相邻,也可沿对角线方向相邻),则该人为赢者.试问:两人中是否有一人可保证自己一定赢?如果有的话,是哪一位,是先动手画的,还是其对手?

例7 (1989年列宁格勒数学奥林匹克试题)今有一张 10×10 的方格表,在中心处的结点上放有一枚棋子,两人轮流移动这枚棋子,即将棋子由所在的结点移到别的结点,但要求每次所移动的距离大于对方刚才所移的距离.如果谁不能再按要求移动棋子,谁即告输,试问:在正确的玩法之下,谁会赢?

例8 (1981年基辅数学奥林匹克试题)8个小圆分别涂了4种颜色:2个红的、2个蓝的、2个白的、2个黑的,两个游戏者轮流把小圆放到立方体的顶点上,在所有的圆都放到立方体的各个顶点上去后,如果对立方体的每一个顶点都能找到一个过此顶点的棱,其两个端点上的圆有相同的颜色,则第一个放圆的人获胜,否则第二个人获胜,在这个游戏中谁将获胜?

例9 (第42届莫斯科数学奥林匹克试题)柯尼亚和维佳在无穷大的方格纸上做游戏,自柯尼亚开始,他们依次在方格纸上标出结点,他们每标出一个结点,都应当使所有已标出的结点全都落在某一个凸多边形的顶点上(自柯尼亚的第二步算),如果谁不能再按法则进行下去就判谁输.试问:按正常情况,谁能赢得这一游戏?

上述5题,从题面上看风格各异但却有相同的背景.有趣的是,2007年我国高中数学联赛加试第2题也是由放棋子游戏产生的.

2.3.2 新颖性和挑战性

新颖性和挑战性是指竞赛题中不少称为"适应性"的新颖试题,这种题往往是新定义一个概念:如新定义一个函数、一个集合、一个数列、一类数;或新定义一种符号、一种运算法则或者给出处理问题的规则和要求等,然后要求参赛者按新给的定义解题,或者设计出方案或给出实施方法.这类题的共同特点就是"新",以"新"体现挑战,从"新"中检验思想敏锐、肯于钻研、具有创新精神的一代新人.这类题是挑战参赛者接受新事物、适应新情况的能力的.

竞赛中的很多问题还渗透了现代数学思想,具有丰富的现代数学背景,体现了现代数学研究的热点,命题的新颖性由此可见一斑.不仅如此,在数学研究的前沿,还会有这样的有趣问题——它们可以用初等方法解决.这样也就产生了新颖的试题,这是"题海"的"源头活水".另外,命题者为了尽量保持竞赛的公平与挑战性,就要避免陈题的出现,就必须挖空心思地创作出新颖的题目.

例10 (2009年湖南省高中数学竞赛试题)如果一个数列 $\{a_n\}$ 的任意相邻三项 a_{i-1}, a_i, a_{i+1} 满足 $a_{i-1} \cdot a_{i+1} \leq a_i^2$,则称该数列为"对数性凸数列".设正项数列 $a_0, a_1, \cdots, a_n$ 是对数性凸数列,求证:

$$\left(\frac{1}{n+1}\sum_{i=0}^{n}a_i\right)\left(\frac{1}{n-1}\sum_{j=1}^{n-1}a_j\right) \geq \left(\frac{1}{n}\sum_{i=0}^{n-1}a_i\right)\left(\frac{1}{n}\sum_{j=1}^{n}a_j\right)$$

解析 此例新定义"对数性凸数列".要求应试者理解这个新概念,并由此处理问题.

记 $S = a_1 + a_2 + \cdots + a_n$,则欲证不等式可化归为
$$n^2(S + a_0 + a_n)S \geq (n^2 - 1)(S + a_0)(S + a_n)$$
即
$$(S + a_0)(S + a_n) \geq n^2 a_0 a_n \quad (*)$$

由数列 $\{a_n\}$ 为对数性凸数列,知 $\dfrac{a_0}{a_1} \leq \dfrac{a_1}{a_2} \leq \cdots \leq \dfrac{a_{n-1}}{a_n}$,即
$$a_0 a_n \leq a_1 a_{n-1} \leq a_2 a_{n-2} \leq \cdots$$

从而
$$S = \sum_{k=1}^{n-1} \dfrac{a_k + a_{n-k}}{2} \geq \sum_{k=1}^{n-1} \sqrt{a_k a_{n-k}} \geq (n-1)\sqrt{a_0 a_n}$$

又由 $a_0 + a_n \geq 2\sqrt{a_0 a_n}$,得
$$\begin{aligned}(S + a_0)(S + a_n) &= S^2 + (a_0 + a_n)S + a_0 a_n \\ &\geq S^2 + 2\sqrt{a_0 a_n}\, S + (\sqrt{a_0 a_n})^2 \\ &= (S + \sqrt{a_0 a_n})^2 \geq n^2 a_0 a_n\end{aligned}$$

于是,式($*$)成立,故原不等式获证.

例 11 (第 4 届中国数学奥林匹克试题)f 是定义在 $(1, +\infty)$ 上且在 $(1, +\infty)$ 中取值的函数,满足条件:对任何 $x, y > 1$ 及 $u, v > 0$,都成立
$$f(x^u y^v) \leq f(x)^{\frac{1}{4u}} f(y)^{\frac{1}{4v}}$$
试确定所有这样的函数 f.

这道题应归入"函数方程"那一类,但所给的条件却是以不等式的形式出现的. 在"函数方程"类的题目中,本题有新意、有特色.

例 12 (第 4 届中国数学奥林匹克试题)设 x 是一个自然数,若一串自然数 $x_0 = 1, x_1, x_2, \cdots, x_l = x$ 满足 $x_{i-1} < x_i, x_{i-1} | x_i (i = 1, 2, \cdots, l)$,则称 $|x_0, x_1, x_2, \cdots, x_l|$ 为 x 的一条因子链,称 l 为该因子链的长度. 我们约定以 $L(x)$ 和 $R(x)$ 分别表示 x 的最长因子链的长度和最长因子链的条数. 对于 $x = 5^k \times 31^m \times 1\,990^n (k, m, n$ 是自然),试求 $L(x)$ 和 $R(x)$.

这道题的背景是群论中的约当 – 霍尔德定理(Jordan-Holder theorem). 这里的最大因子链相当于子群论中的合成群列. 这道题的叙述采用了现代数学语言,形式新颖,但解答并不需要任何高深的知识,只要对整除性与组合计数有最基本的了解就行了.

例 13 (第 6 届中国数学奥林匹克试题)MO 牌足球由若干多边形皮块用三种不同的丝线缝制而成,有以下特点:

(1)任一多边形皮块的一条边恰与另一多边形皮块同样长的一条边用一种颜色的丝线缝合;

(2)足球上每一结点恰好是三个多边形的顶点,每一结点的三条缝线的颜色不同.

求证:可以在这 MO 牌足球的每一结点上放置一个不等于 1 的复数,使得每一多边形块的所有顶点上放置的复数的乘积都等于 1.

这道题与空间的定向及三正则图的 Tait 染色有关,形式新,解法妙,对参赛者的数学能力要求较高.

1960 年,Zirakzadeh 证明了一个有趣的几何不等式:

设 P、Q、R 分别位于 $\triangle ABC$ 的边 BC、CA、AB 上,且将 $\triangle ABC$ 的周界三等分,则

$$QR + RP + PQ \geq \frac{1}{2}(a+b+c)$$

式中,a,b,c 是 $\triangle ABC$ 的三边.

这一不等式在几何机器证明的研究中,引起了广泛的关注. 有人注意到,这一不等式反映的是内接于 $\triangle ABC$ 且将其周界三等分的 $\triangle PQR$ 与原 $\triangle ABC$ 周长之间的关系,那么"平行"地提出,这样的两个三角形的面积之间有何关系呢? 通过探讨,得到如下有趣的命题.

设 P、Q、R 分别位于 $\triangle ABC$ 的边 AB、BC、AC 上,且将其周长三等分,则

$$S_{\triangle PQR} > \frac{2}{9} S_{\triangle ABC}$$

这是一个新的问题,可变因素多,作为数学竞赛中几何试题似乎难度过高. 为此,限定 P、Q 在一条边上,大大降低了难度,就成为如下题目:

例 14 (1988 年全国高中数学联赛第二试第二题)在 $\triangle ABC$ 中,P、Q、R 将其周长三等分,且 P、Q 在 AB 边上. 求证:$S_{\triangle PQR} > \frac{2}{9} S_{\triangle ABC}$.

2.3.3 开放性和创造性

开放性和创造性是指为了考查参赛者的探究能力,某些试题呈现出各种情形的开放性,如只给出条件,而结论隐而未白,或指出一个探索方向和范围,结论需自己探究后做出判断. 求解这类题,仿佛攀登一座从未有人爬过的山,没有路,也没有向导,需要用自己的智慧和勇敢去开拓出一条路来. 在解答中需要有更多的独立思考与探求,要求对结论做出大胆合理的猜想,在解题方法上能出奇制胜、别出心裁. 有时还要善于剖析实例,发现结论;善于寻找反例,否定结论;善于合情推论,想象结论;善于运用原理,探索结论;善于辩证思维,发展结论等. 数学竞赛试题大多风格迥异,各具特色,解答这些试题尽管有一些使用频率较大的方法、技巧,但仅靠这些是远远不够的,在大多数情况下需要的是思维的开放,是异乎寻常的"野路子",是直觉力、洞察力和创造力的综合运用.

例 15 (2006 年湖南省高中数学竞赛试题)是否存在最小的正整数 x,使得不等式 $(n+1)^{n+t} > (1+n)^3 n^n t$ 对任何正整数 n 恒成立? 证明你的结论.

解析 此例需应试者通过试探寻找答案.

取 $(x,n) = (1,1),(2,2),(3,3)$ 试探,容易验证,当 $t=1,2,3$ 时均不符合要求.

当 $x=4$ 时,若 $n=1$,所给不等式显然成立.

若 $n \geq 2$,有

$$4^4 n^n (n+1)^3 = n^{n-2}(2n)^2(2n+2)^3 \cdot 2^3$$
$$\leq \left[\frac{(n-2)n + 2 \cdot 2n + 3(2n+2) + 2^3}{n+4}\right]^{n+4}$$
$$= \left(\frac{n^2 + 8n + 14}{n+4}\right)^{n+4} < \left(\frac{n^2 + 8n + 16}{n+4}\right)^{n+4}$$
$$= (n+4)^{n+4}$$

此时,所给不等式成立.

因此,$t=4$ 满足对任何正整数 n 所给不等式成立.

例 16 (第 24 届国际数学奥林匹克试题)设 a,b,c 分别为一个三角形的三边的长,求

证
$$a^2b(a-b)+b^2c(b-c)+c^2a(c-a)\geq 0$$
并指出等号成立的条件.

联邦德国选手伯恩哈德·里普只用一个等式
$$a^2b(a-b)+b^2c(b-c)+c^2a(c-a)$$
$$=a(b-c)^2(b+c-a)+b(a-b)(a-c)(a+b-c)$$
由轮换对称性,不妨设 $a\geq b,c$,即得到欲证不等式成立. 而且显然等号成立的充要条件是 $a=b=c$,即这个三角形为正三角形时等号成立.

里普的证法新颖、巧妙、简洁,与主试委员会提供的参考答案不同,他因此获得了该届的特别奖.

例17 (第3届中国数学奥林匹克试题)设有三个正实数 a,b,c,满足
$$(a^2+b^2+c^2)^2>2(a^4+b^4+c^4)$$
求证:(1) a,b,c 一定是某个三角形的三条边的长;

(2)设有 n 个正数 $a_1,a_2,\cdots,a_n$ 满足不等式
$$(a_1^2+a_2^2+\cdots+a_n^2)^2>(n-1)(a_1^4+a_2^4+\cdots+a_n^4)$$
式中,$n\geq 3$. 求证:这些数中的任何三个一定是某个三角形的三条边长.

证明 (1)(略).

(2)由对称性只需证 a_1,a_2,a_3 能组成三角形的三条边长. 由柯西不等式得
$$(n-1)(a_1^4+a_2^4+\cdots+a_n^4)<(a_1^2+a_2^2+a_3^2+a_4^2+\cdots+a_n^2)^2$$
$$=\left(\frac{a_1^2+a_2^2+a_3^2}{2}+\frac{a_1^2+a_2^2+a_3^2}{2}+a_4^2+\cdots+a_n^2\right)^2$$
$$\leq (n-1)\left[\left(\frac{a_1^2+a_2^2+a_3^2}{2}\right)^2+\left(\frac{a_1^2+a_2^2+a_3^2}{2}\right)^2+a_4^4+\cdots+a_n^4\right]$$
整理得
$$(a_1^2+a_2^2+a_3^2)>2(a_1^4+a_2^4+a_3^4)$$
由(1)知 a_1,a_2,a_3 是某个三角形的三边长.

这如上的简洁漂亮的证明是湖北选手罗小奎(潜江县向阳中学)给出的,他的总成绩名列前茅,而且又提供了这么一个优美的解法,所以他获得该届冬令营的特别奖.

这一证法的精巧之处在于受 $n-1$ 的启示,把 $a_1^2+a_2^2+a_3^2$ 这三项之和转化为两项 $\dfrac{a_1^2+a_2^2+a_3^2}{2}$ 之和,从而把题设不等式左边括号内的 n 项和变为 $n-1$ 项之和,这是简化证明的关键所在.

2.3.4 背景性和探索性

背景性和探索性是说竞赛题的很多题材,凝结了不少优秀数学家的心血和智慧,是某些高等数学或前沿领域的问题、方法通过"初等""特殊化""具体化"等移植而来,而且调动和活化了初等数学中很多潜在的知识、方法、原理,有重要的背景. 一方面,有些问题本身源于数学研究,是数学家潜心研究精心制作的产物. 这些精彩的题目以及参赛者们的创造性解法,是一份极为宝贵的财富;另一方面,有的问题由于它深刻和广阔的背景,其本身就具有启

示性、方向性和开拓性,往往为初等数学研究提出新课题,开拓新领域,提供有力的方法和工具. 更何况,对问题的认识也不可能一次彻底完成,一些问题也不可能解决得十全十美,总剩下一些工作可做,让有兴趣的人去探索.

例 18 (2010 年《数学周报》杯全国初中数学竞赛试题)将凸五边形 $ABCDE$ 的五条边和五条对角线染色,且满足任意有公共顶点的两条线段不同色. 求颜色数目的最小值.

这道试题具有背景性与探索性,可推广. 如果是凸 n 边形,会有什么结果呢? 于是,得到下面的推广.

推广 将凸 n 边形的 n 条边和每条对角线染色,且满足任意有公共点的两条线段不同色. 求颜色数目的最小值.

不失一般性,可以假设这个凸 n 边形是正 n 边形.

我们先以正五边形为例,寻找解题思路.

由于 BA、BC、CA、BD、BE 这五条线段中的任意两条都有公共点,所以,至少需要五种颜色.

可以构造出满足题目要求的凸五边形的边和对角线的颜色数目最小(等于 5)的一种染法,如图 2.10 所示.

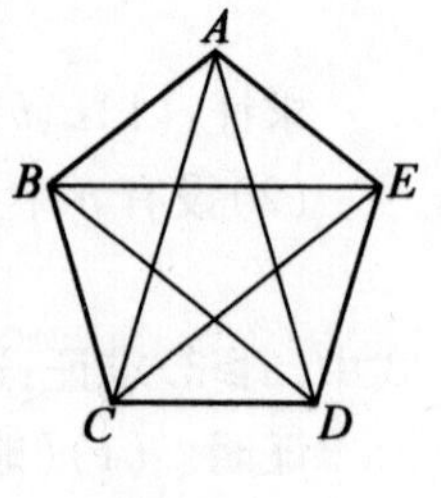

分析这种染法,可以理解为(设颜色为 1、2、3、4、5).

AB、CE 与 AB 成 $\dfrac{0\times 180°}{5}$,把 CE、AB 染成 1 号色;

图 2.10

BE、CD 与 AB 成 $\dfrac{1\times 180°}{5}$,把 BE、CD 染成 2 号色;

BD、AE 与 AB 成 $\dfrac{2\times 180°}{5}$,把 BD、AE 染成 3 号色;

BC、AD 与 AB 成 $\dfrac{3\times 180°}{5}$,把 BC、AD 染成 4 号色;

DE、AC 与 AB 成 $\dfrac{4\times 180°}{5}$,把 DE、AC 染成 5 号色.

下面用上述思路解决推广问题.

设 A、B、C 是正 n 边形三个相邻顶点,BA、BC、CA 和从点 B 引出 $n-3$ 条对角线,这 n 条线段,任意两条都有公共点.

由题意,至少需要 n 种颜色.

我们可以设计一种染法,使得用 n 种颜色可以满足要求.

为此,设有 $1,2,\cdots,n$ 种颜色.

将与边 AB 成角为 $\dfrac{(k-1)180°}{n}(k=1,2,\cdots,n)$ 的边和对角线染成第 k 种颜色,就可以符合要求.

例 19 (第 32 届国际数学奥林匹克试题)如图 2.11,在 $\triangle ABC$ 中,设 I 是它的内心,$\angle A$、$\angle B$、$\angle C$ 的内角平分线分别与其对边交于 A'、B'、C',求证

$$\dfrac{1}{4} < \dfrac{AI\cdot BI\cdot CI}{AA'\cdot BB'\cdot CC'} \leq \dfrac{8}{27}$$

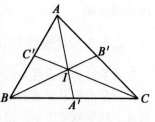

图 2.11

①

证法 1 记 $BC=a, CA=b, AB=c$，易证

$$\frac{AI}{AA'}=\frac{b+c}{a+b+c}, \frac{BI}{BB'}=\frac{a+c}{a+b+c}, \frac{CI}{CC'}=\frac{a+b}{a+b+c}$$

由平均值不等式可得

$$\frac{AI \cdot BI \cdot CI}{AA' \cdot BB' \cdot CC'}=\frac{b+c}{a+b+c} \cdot \frac{a+c}{a+b+c} \cdot \frac{a+b}{a+b+c}$$

$$\leqslant \left[\frac{1}{3}\left(\frac{b+c}{a+b+c}+\frac{a+c}{a+b+c}+\frac{a+b}{a+b+c}\right)\right]^2=\frac{8}{27}$$

另一方面，记 $x=\dfrac{b+c}{a+b+c}, y=\dfrac{a+c}{a+b+c}, z=\dfrac{a+b}{a+b+c}$，显然有 $x+y+z=2$. 由三角形两边之和大于第三边的性质可知 $x>\dfrac{1}{2}, y>\dfrac{1}{2}, z>\dfrac{1}{2}$，且 $|x-y|<|1-z|$，于是

$$\frac{AI \cdot BI \cdot CI}{AA' \cdot BB' \cdot CC'}=x \cdot y \cdot z > \frac{1}{2} \cdot \left(2-\frac{1}{2}-z\right) \cdot z$$

$$=\frac{1}{2}\left[-\left(z-\frac{3}{4}\right)^2+\frac{9}{16}\right]$$

又 $\dfrac{1}{2}<z<1$，所以

$$\frac{AI \cdot BI \cdot CI}{AA' \cdot BB' \cdot CC'}>\frac{1}{4}$$

这是主试委员会提供的证法. 从数学研究的角度来说，还应该考虑一下，能不能用其他方法给出证明. 下面给出另外三种证法.

证法 2 因为 CI 是 $\triangle AA'C$ 中 $\angle ACA'$ 的角平分线，所以

$$\frac{AI}{AA'}=\frac{b+c}{a+b+c}, \frac{BI}{BB'}=\frac{c+a}{a+b+c}, \frac{CI}{CC'}=\frac{a+b}{a+b+c}$$

因此只需证明

$$\frac{1}{4}<\frac{(a+b)(b+c)(c+a)}{(a+b+c)^3} \leqslant \frac{8}{27} \qquad ①$$

由平均值不等式，得

$$(a+b)(b+c)(c+a) \leqslant \left(\frac{a+b+b+c+c+a}{3}\right)^3=\frac{8}{27}(a+b+c)^3$$

即式①的右边成立.

又因为三角形两边之和大于第三边，所以

$$\frac{a+b}{a+b+c}>\frac{1}{2}, \frac{b+c}{a+b+c}>\frac{1}{2}, \frac{c+a}{a+b+c}>\frac{1}{2}$$

令 $\dfrac{a+b}{a+b+c}=\dfrac{1+\varepsilon_1}{2}, \dfrac{b+c}{a+b+c}=\dfrac{1+\varepsilon_2}{2}, \dfrac{c+a}{a+b+c}=\dfrac{1+\varepsilon_3}{2}$，式中，$\varepsilon_1, \varepsilon_2, \varepsilon_3$ 均为正数，且 $\varepsilon_1+\varepsilon_2+\varepsilon_3=1$，于是

$$\frac{(a+b)(b+c)(c+a)}{(a+b+c)^3}=\frac{(1+\varepsilon_1)(1+\varepsilon_2)(1+\varepsilon_3)}{8}$$

$$>\frac{1+\varepsilon_1+\varepsilon_2+\varepsilon_3}{8}=\frac{1}{4}$$

即式①的左边成立.

证法3 这里仅给出式①左边的另一种证法.

令 $a = y+z, b = z+x, c = x+y$, 那么

$$4(a+b)(b+c)(c+a) > (a+b+c)^3$$
$$\Leftrightarrow 4(x+y+z+x)(x+y+z+y)(x+y+z+z) > 8(x+y+z)^3$$
$$\Leftrightarrow (x+y+z)^3 + (x+y+z)^2(x+y+z) + xy + (yz+zx) \times (x+y+z) + xyz > 2(x+y+z)$$

因为 $x,y,z > 0$, 所以上式显然成立.

证法4 设 $\triangle ACB$ 各内角的半角为 α, β, γ, 内切圆的半径为 r, 则 $\alpha + \beta + \gamma = \frac{\pi}{2}, AI = \frac{r}{\sin \gamma}, IA' = \frac{r}{\sin(\alpha + 2\beta)}$, 从而

$$\frac{AI}{AA'} = \frac{1}{2}(1 + \tan\beta\tan\gamma), \frac{BI}{BB'} = \frac{1}{2}(1 + \tan\gamma\tan\alpha), \frac{CI}{CC'} = \frac{1}{2}(1 + \tan\alpha\tan\beta)$$

由平均值不等式得

$$\frac{AI \cdot BI \cdot CI}{AA' \cdot BB' \cdot CC'} = \frac{1}{8}(1 + \tan\alpha\tan\beta)(1 + \tan\beta\tan\gamma)(1 + \tan\gamma\tan\alpha)$$
$$\leq \frac{1}{8}\left[\frac{1}{3}(1+1+1+\tan\alpha\tan\beta+\tan\beta\tan\gamma+\tan\gamma\tan\alpha)\right]^3$$
$$= \frac{8}{27}$$

又

$$\frac{AI \cdot BI \cdot CI}{AA' \cdot BB' \cdot CC'} = \frac{1}{8}(1+\tan\alpha\tan\beta)(1+\tan\beta\tan\gamma)(1+\tan\gamma\tan\alpha)$$
$$> \frac{1}{8}(1+1) = \frac{1}{4}$$

上述证明利用了三角恒等式

$$\tan\alpha\tan\beta + \tan\beta\tan\gamma + \tan\gamma\tan\alpha = 1$$

式中

$$\alpha + \beta + \gamma = \frac{\pi}{2}$$

研究了多种证法之后, 自然考虑问题的加强或推广.

(1) 对式①右边而言, 条件 "I 是 $\triangle ABC$ 的内心" 可减弱为 "I 是 $\triangle ABC$ 内任一点", 其他条件不变, 结论仍然成立. 证明如下.

由三角形的面积关系易知

$$\frac{IA'}{AA'} + \frac{IB'}{BB'} + \frac{IC'}{CC'} = 1$$

所以

$$\frac{AI}{AA'} + \frac{BI}{BB'} + \frac{CI}{CC'} = 2$$

由平均值不等式得

$$\frac{AI \cdot BI \cdot CI}{AA' \cdot BB' \cdot CC'} \leq \left(\frac{\frac{AI}{AA'} + \frac{BI}{BB'} + \frac{CI}{CC'}}{3}\right)^3 = \frac{8}{27}$$

等号当且仅当 $\frac{AI}{AA'} = \frac{BI}{BB'} = \frac{CI}{CC'} = \frac{2}{3}$, 即 I 是 $\triangle ABC$ 的重心时成立.

(2)对于钝角△ABC,其他条件不变,不等式①的右边可加强为

$$\frac{AI \cdot BI \cdot CI}{AA' \cdot BB' \cdot CC'} \leq 1 - \frac{\sqrt{2}}{2}$$

即

$$\frac{(a+b)(b+c)(c+a)}{(a+b+c)^3} \leq 1 - \frac{\sqrt{2}}{2} \qquad ②$$

式②的证明要用到如下优超不等式:

若两实数组(x_1, x_2, x_3)和(y_1, y_2, y_3)符合:

(i) $x_1 \geq x_2 \geq x_3, y_1 \geq y_2 \geq y_3$;

(ii) $x_1 \leq y_1, x_1 + x_2 \leq y_1 + y_2, x_1 + x_2 + x_3 = y_1 + y_2 + y_3$.

则称(x_1, x_2, x_3)被(y_1, y_2, y_3)优超,记作$(x_1, x_2, x_3) < (y_1, y_2, y_3)$.

设$(x_1, x_2, x_3) < (y_1, y_2, y_3), x_i, y_i \in (a, b)(i = 1, 2, 3)$,则对$(a, b)$上的任意凸函数$f(x)$,有

$$f(x_1) + f(x_2) + f(x_3) \geq f(y_1) + f(y_2) + f(y_3) \qquad ③$$

证明 不妨设$a > b \geq c, p = \frac{1}{2}(a+b+c)$,构造数组$(\sqrt{2}-1)2p, (2-\sqrt{2})p, (2-\sqrt{2})p$,因△ABC为钝角三角形,故$a^2 > b^2 + c^2 \geq 2bc$,有$2a^2 > (b+c)^2, \sqrt{2}a > b+c, (\sqrt{2}+1)a > 2p$, $(\sqrt{2}-1)2p < a$,以及

$$(\sqrt{2}-1)2p + (2-\sqrt{2})p = \sqrt{2}p \leq \frac{a}{2} + p = a + \frac{b+c}{2} \leq a + b$$

$$(\sqrt{2}-1)2p + (2-\sqrt{2})p + (2-\sqrt{2})p = 2p = a+b+c$$

由上述各式可知

$$((\sqrt{2}-1)2p, (2-\sqrt{2})p, (2-\sqrt{2})p) < (a, b, c)$$

易知函数$f(x) = \ln(2p - x)$是凸函数,利用式③,得

$$\ln[2p - (\sqrt{2}-1)2p] + \ln[2p - (2-\sqrt{2})p] + \ln[2p - (2-\sqrt{2})p]$$
$$\geq \ln(2p-a) + \ln(2p-b) + \ln(2p-c)$$

此式整理后便得式②.

(3)在题设条件下,还有如下不等式成立:

$$\frac{5}{4} < \frac{AI \cdot BI}{AA' \cdot BB'} + \frac{BI \cdot CI}{BB' \cdot CC'} + \frac{CI \cdot AI}{CC' \cdot AA'} \leq \frac{4}{3} \qquad ④$$

证明 设$BC = a, CA = b, AB = c$,易得

$$\frac{AI}{AA'} = \frac{b+c}{a+b+c}, \frac{BI}{BB'} = \frac{c+a}{a+b+c}, \frac{CI}{CC'} = \frac{a+b}{a+b+c}$$

故只需证明

$$\frac{5}{4} < \frac{(b+c)(c+a) + (c+a)(a+b) + (a+b)(b+c)}{(a+b+c)^2} \leq \frac{4}{3}$$

$$\Leftrightarrow \frac{5}{4} < \frac{a^2 + b^2 + c^2 + 3ab + 3bc + 3ca}{(a+b+c)^2} \leq \frac{4}{3}$$

$$\Leftrightarrow \frac{1}{4} < \frac{ab + bc + ca}{(a+b+c)^2} \leq \frac{1}{3}$$

$$\Leftrightarrow 3(ab+bc+ca) \leqslant (a+b+c)^2 < 4(ab+bc+ca)$$
$$\Leftrightarrow ab+bc+ca \leqslant a^2+b^2+c^2 < 2ab+2bc+2ca \qquad ⑤$$

式⑤的左边是显然的. 下证右边.

因 $|a-b|<c$, 所以 $(a-b)^2<c^2$, $a^2+b^2-c^2<2ab$. 同理 $b^2+c^2-a^2<2bc$, $c^2+a^2-b^2<2ca$.

将上面三式相加便得式⑤的右边. 对不等式①右边而言, 条件" I 是 $\triangle ABC$ 的内心"可减弱为" I 是 $\triangle ABC$ 内任一点", 其他条件不变结论仍成立.

(4) 不等式①的右端可以推广为更一般的情形.

设 P 为 $\triangle ABC$ 内任意一点, AP、BP、CP 的延长线分别交 BC、CA、AB 于 A'、B'、C'. 记 $AP=x$, $BP=y$, $CP=z$, $PA'=u$, $PB'=v$, $PC'=w$, 则有

$$8(x+u)(y+v)(z+w) \geqslant 27xyz \geqslant 216uvw \qquad ⑥$$

$$\frac{x}{u}+\frac{y}{v}+\frac{z}{w} \geqslant 6 \qquad ⑦$$

$$\frac{xy}{uv}+\frac{yz}{vw}+\frac{zx}{wu} \geqslant 12 \qquad ⑧$$

$$\frac{u}{x}+\frac{v}{y}+\frac{w}{z} \geqslant \frac{3}{2} \qquad ⑨$$

$$\frac{uv}{xy}+\frac{vw}{yz}+\frac{wu}{zx} \geqslant \frac{3}{4} \qquad ⑩$$

$$\frac{uv}{(x+u)(y+v)}+\frac{vw}{(y+v)(z+w)}+\frac{wu}{(z+w)(x+u)} \leqslant \frac{1}{3} \qquad ⑪$$

不等式⑥~⑪中等号当且仅当 P 为 $\triangle ABC$ 的重心时成立. 其中⑧是北美大学生数学竞赛题.

证明 如图 2.12 所示, 设 $\triangle PBC$、$\triangle PCA$、$\triangle PAB$ 的面积分别为 S_1、S_2、S_3, 则由三角形面积比的性质知

$$\frac{u}{x+u}=\frac{S_1}{S_1+S_2+S_3} \qquad ⑫$$

$$\frac{v}{y+v}=\frac{S_2}{S_1+S_2+S_3} \qquad ⑬$$

$$\frac{w}{z+w}=\frac{S_3}{S_1+S_2+S_3} \qquad ⑭$$

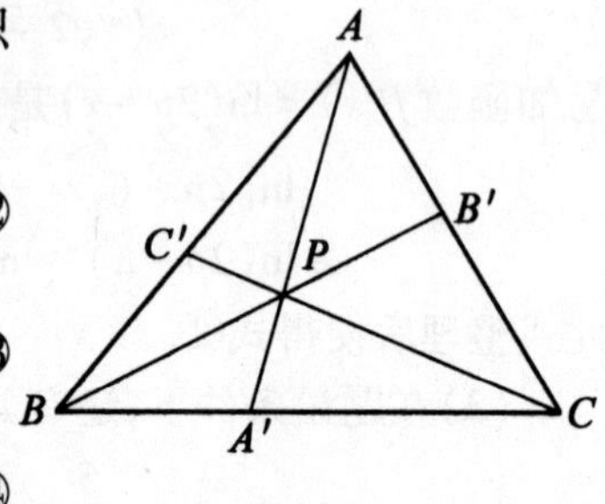

图 2.12

由⑫得

$$\frac{x}{u}+1=1+\frac{S_2+S_3}{S_1}$$

即

$$\frac{x}{u}=\frac{S_2+S_3}{S_1}$$

同理由⑬⑭得

$$\frac{y}{v}=\frac{S_3+S_1}{S_2}, \frac{z}{w}=\frac{S_1+S_2}{S_3}$$

于是

$$\frac{x}{u} \cdot \frac{y}{v} \cdot \frac{z}{w} = \frac{S_2+S_3}{S_1} \cdot \frac{S_3+S_1}{S_2} \cdot \frac{S_1+S_2}{S_3}$$

但 $S_2+S_3 \geq 2\sqrt{S_2S_3}$, $S_3+S_1 \geq 2\sqrt{S_3S_1}$, $S_1+S_2 \geq 2\sqrt{S_1S_2}$, 故

$$\frac{x}{u} \cdot \frac{y}{v} \cdot \frac{z}{w} \geq 8$$

即

$$xyz \geq 8uvw \qquad ⑮$$

式中, 等号当且仅当 $S_1 = S_2 = S_3$, 即 P 为 $\triangle ABC$ 的重心时成立.

将⑫⑬⑭三式相加得

$$\frac{u}{x+u} + \frac{v}{y+v} + \frac{w}{z+w} = 1 \qquad ⑯$$

由平均值不等式得

$$2 = \frac{x}{x+u} + \frac{y}{y+v} + \frac{z}{z+w} \geq 3\left[\frac{xyz}{(x+u)(y+v)(z+w)}\right]^{\frac{1}{3}}$$

从而

$$8(x+u)(y+v)(z+w) \geq 27xyz \qquad ⑰$$

式中, 等号当且仅当

$$\frac{x}{x+u} = \frac{y}{y+v} = \frac{z}{z+w} = \frac{2}{3}$$

即 P 为 $\triangle ABC$ 的重心时成立.

由式⑮⑯即知不等式⑥成立, 且其中等号当且仅当 P 为 $\triangle ABC$ 的重心时成立.

利用不等式⑮及平均值不等式即得不等式⑦和⑧.

将恒等式⑯去分母展开并整理得

$$xyz = 2uvw + xvw + ywu + zuv$$

因为

$$\frac{uv}{xy} + \frac{vw}{yz} + \frac{wu}{zx} = \frac{1}{xyz}(xvw + ywu + zuv)$$

$$= \frac{1}{xyz}(xyz - 2uvw) = 1 - \frac{2uvw}{xyz}$$

故由不等式⑮可得

$$\frac{uv}{xy} + \frac{vw}{yz} + \frac{wu}{zx} \geq \frac{3}{4} \qquad ⑱$$

式中, 等号当且仅当 P 为 $\triangle ABC$ 的重心时成立.

在熟知的不等式

$$(a_1+a_2+a_3)^2 \geq 3(a_1a_2+a_2a_3+a_3a_1) \qquad ⑲$$

(a_1, a_2, a_3 为实数) 中, 令 $a_1 = \frac{u}{x}, a_2 = \frac{v}{y}, a_3 = \frac{w}{x}$, 并利用不等式⑱可得

$$\left(\frac{u}{x} + \frac{v}{y} + \frac{w}{z}\right)^2 \geq \frac{9}{4}$$

从而

$$\frac{u}{x} + \frac{v}{y} + \frac{w}{z} \geq \frac{3}{2}$$

即得⑨, 而其中等号当且仅当 P 为 $\triangle ABC$ 的重心时成立.

在不等式⑲中，令 $a_1 = \dfrac{u}{x+u}, a_2 = \dfrac{v}{y+v}, a_3 = \dfrac{w}{z+w}$，并利用恒等式⑯即可得到不等式⑪．

不等式⑪中等号当且仅当 $\dfrac{x}{x+u} = \dfrac{y}{y+v} = \dfrac{z}{z+w} = \dfrac{2}{3}$ 及 $\dfrac{u}{x+u} = \dfrac{v}{y+v} = \dfrac{w}{z+w} = \dfrac{1}{3}$，即 P 为 $\triangle ABC$ 的重心时成立．

竞赛数学的这些不同于其他数学学科的特征，不仅体现了数学英才追求的培养目标，而且是为培养数学英才来对数学材料或成果进行再创造而形成的学科的特点. 因此，有理由说，竞赛数学是培养数学英才的教育数学.

在数学教育改革中，特别是当前的课程改革中，"以学生发展为本"已形成大家的共识. 这就是说，对数学学科有特殊兴趣或具有特殊天赋的学生，应当使他们有进一步发展的空间；发展英才教育是我国现代化建设的需要. 我们正处在高科技迅猛发展的时代，人才的竞争十分激烈，而人才竞争的焦点是顶尖人才的竞争，竞赛数学内容的学习对顶尖人才的培养具有重要意义.

从这一点上说，进行竞赛数学研究不仅是时代的要求，而且是非常现实的工作．

第 3 章 竞赛数学研究采风

竞赛数学的研究,本书试图从探讨研究竞赛数学的着眼点、竞赛试题的命制原则与方法研究、竞赛试题的求解破题寻究、竞赛培训专题内容探索等方面展开.

3.1 探讨研究竞赛数学的着眼点

命制数学竞赛问题是竞赛数学的中心环节,这样的问题对数学竞赛活动的开展带有指导作用,问题命制的好坏是数学竞赛成败的关键. 正如数学大师华罗庚教授所指出的:"出题比做题更难,题目要出得妙,出得好,要测得出水平."

如何命制数学竞赛问题呢? 这可从如下四个领域着眼:教材数学、趣味数学、生活数学、高等数学.

3.1.1 着眼于教材数学

数学竞赛中的每道试题虽然都有一定难度,但中学数学是它的基础. 特别是较低层次的竞赛,大多是与中学教材紧密结合、带有一点思维量的问题. 较高层次的竞赛大多也是从教材数学出发,演绎深化、推广改造来创设出新颖的数学竞赛问题.

例 1 1996 年中国数学奥林匹克的一道平面几何题.

题目 如图 3.1,设 H 是锐角 $\triangle ABC$ 的垂心,由 A 向以 BC 为直径的圆作切线 AP、AQ,切点分别为 P、Q. 求证:P、H、Q 三点共线.

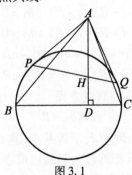

图 3.1

罗增儒教授提供的这道题目是源于解析几何中的一个熟知结论:

结论 1 设点 $A(a,b)$ 是圆 $x^2+y^2=R^2$ 外一点,过 A 作圆的切线 AP、AQ,则直线 PQ 的方程为

$$ax+by=R^2 \qquad ①$$

这个结论的证明很有趣.

证明 如图 3.2,以 BC 中点为坐标原点,BC 所在直线为 x 轴建立直角坐标系,则有 $B(-R,0)$,$C(R,0)$.

一方面,点 P、Q 在圆 $x^2+y^2=R^2$ 上;另一方面,点 P、Q 又在以 OA 为直径的圆 x^2-ax+

$y^2 - by = 0$ 上.

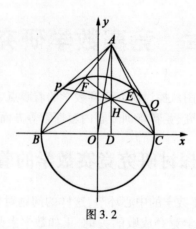

图 3.2

两圆方程相减(曲线系的思想),便得过两圆交点 P、Q 的曲线方程为
$$ax + by = R^2$$
这是一个直线方程,即直线 PQ 的方程.

在这个结论的基础上,可进一步看到有一个 $\triangle ABC$ ($\angle A$ 必为锐角),如图 3.2 所示,当作出高线 AD 时,必与直线 PQ 相交,记交点为 H. 再观察 H 的位置特征时发现,$BH \perp AC$,$CH \perp AB$,这就得到了 H 应为垂心. 从而有:

结论 2 设点 $A(a,b)$ 是圆 $x^2 + y^2 = R^2$ 外一点,B、C 为圆与 x 轴的交点,联结 AB、AC 顺次交圆于点 F、E. 过 A 作圆的切线 AP、AQ,则 PQ、BE、CF 三线共点.

证明 如图 3.2,由结论 1 知直线 PQ 的方程为
$$ax + by = R^2$$
又由于 $BE \perp AC$,$CF \perp AB$,于是,直线 BE、CF 的方程分别为
$$(a-R)(x+R) + by = 0$$
$$(a+R)(x-R) + by = 0$$
即
$$(a-R)x + by = R^2 - aR$$
$$(a+R)x + by = R^2 - aR$$
相加得过 BE、CF 交点(垂心 H)的直线方程
$$ax + by = R^2$$
这正是直线 PQ 的方程. 故直线 PQ、BE、CF 三线共点(垂心 H).

这就得到一道解析几何题,并且把圆改为椭圆也成立. 但作为数学竞赛题挑战性情境稍显不足,从而转换呈现方式,移植为综合几何题,即为 1996 年的中国数学奥林匹克试题.

为了保证点 A 在圆外,$\angle A$ 应为锐角. 而 $\angle B$、$\angle C$ 中有直角时,结论显然;$\angle B$、$\angle C$ 中有锐角时,证法类似. 为了阅卷方便,只证锐角三角形.

下面给出前面试题的证明.

证明 如图 3.3,设 BC 的中点为 O,联结 AO、PQ 相交于点 G,则有
$$PQ \perp AO \qquad ②$$

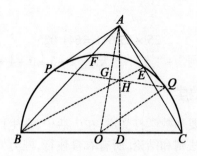

图 3.3

设直线 AH 交 BC 于 D,直线 BH 交 AC 于 E,则 AD、BE 为 $\triangle ABC$ 的两条高线,点 E 必在半圆上. 于是,有
$$\angle HEC = 90° = \angle HDC$$
从而,H、D、C、E 四点共圆.
据圆的切割线定理得
$$AQ^2 = AE \cdot AC = AH \cdot AD \qquad ③$$
联结 OQ,则 $OQ \perp AQ$.
在 $\text{Rt}\triangle AOQ$ 中,由射影定理有
$$AQ^2 = AG \cdot AO \qquad ④$$
由式③与式④得
$$AG \cdot AO = AH \cdot AD$$
于是,G、O、D、H 四点共圆. 联结 HG,由 $\angle HDO = 90°$,得 $\angle HGO = 90°$. 故
$$HG \perp AO \qquad ⑤$$
由于过 AO 上一点 G 的垂线是唯一的,由式②、式⑤知 GH 与 PQ 重合.
因此,P、H、Q 三点共线.

3.1.2 着眼于趣味数学

趣味数学是激发青少年对数学产生浓厚兴趣的领域之一. 张奠宙教授曾撰文倡议:为青少年构建符合时代需求的数学常识,享受充满数学智慧的精彩人生. 在数学竞赛活动中,竞赛试题的艺趣性也是值得特别关注的.

例 2 看下面的算式:
$$\overline{\text{神舟}} \times \overline{\text{神舟六号飞}} = \overline{\text{六号飞天神舟}}$$
相同的汉字代表相同的数字,不同的汉字代表不同的数字,而且已知"六"= 6,那么"神"+"舟"+"六"+"号"+"飞"+"天"=(   ).
  A. 18   B. 20   C. 27   D. 30

这是第 17 届"五羊杯"初中数学竞赛的初一试题,是一道与数论有关的趣味数学问题.

解 注意到"飞"×"舟"的个位数字是"舟",只有"飞"= 1 或 6. 但已有"六"= 6,所以"飞"= 1. 代入易化简得
$$\overline{\text{神舟}} \times \overline{\text{神舟6号}} = \overline{\text{6号飞天0}}$$
设"神舟"= x,则因 $27 \times 27 = 729$,"舟"$\neq 6$,$24 \times 2\,469 = 59\,256$,知只有 $x = 25$. 代入易得"号"= 4,"天"= 0.

题设算式为
$$25 \times 25\,641 = 641\,025$$
从而"神"+"舟"+"六"+"号"+"飞"+"天"$= 2+5+6+4+1+0 = 18$. 故选 A.

3.1.3 着眼于生活数学

人类生存的每时每刻都要和数学打交道,在生活中,在生产中,在社会生活的各个领域里,都在运用着数学的概念、法则和结论. 所有衣食住行,三万六千行,几乎没有一行不和数学有关. 由于对早期未定型人才的培养和选拔,往往不以掌握数学知识的多少为尺度,而是注重数学思维的表现. 因而在数学竞赛活动中,以生活数学为背景的试题受到人们的青睐.

例 3 $n(n \geq 2)$ 名乒乓球选手参加一次单打循环赛(即每两个都赛一场,每场都有胜负),赛后确定优秀选手. 对于选手 A 和 B,若有 A 胜 B 或 A 间接胜 B(即存在 C,使得 A 胜 C 且 C 胜 B),则称 A 优于 B. 若 A 优于其他所有选手,则称 A 为优秀选手. 求证:优秀选手一定存在.

此题为 1945 年匈牙利数学奥林匹克试题.

这是一道日常生活中关于体育比赛的问题,它令人印象深刻,这不仅仅在于题目是生活中的问题,还在于它有一个独特的证明方法.

证明 赛后,让所有参赛选手在休息室休息. 然后,任意指定一名选手 A_1,让 A_1 连同他的所有手下败将(即被 A_1 战胜的选手)全部退出休息室. 在此之后,如果休息室里不再有选手了,则 A_1 就是优秀选手. 否则,休息室里还有一些选手. 在这些选手里再任意指定一名选手 A_2,再让 A_2 连同他的所有手下败将都退出休息室. 于是,或者 A_2 为优秀选手,或者休息室中还有一些选手. 继续这个过程. 因为全部选手为有限多个. 所以,这样进行若干次后,必有 A_m 及其手下败将退出休息室之后,其中空无一人. 这样一来,A_m 为优秀选手.

实际上,最后与 A_m 一起退出的人都负于 A_m,而先前退出的 $m-1$ 组的领头人 A_1,A_2,$\cdots$,A_{m-1} 均未能带走 A_m,即都负于 A_m. 而被 A_1,A_2,$\cdots$,A_{m-1} 带走的选手显然都被 A_m 间接战胜. 所以,A_m 为优秀选手.

1987 年中国数学奥林匹克,也出了一道优秀选手问题,可以看成是例 3 的延续.

例 4 在例 3 的条件下,若优秀选手只有一人,则他必胜其他所有选手.

证明 赛后,让所有选手在休息室中休息. 若 A 是唯一的优秀选手,则让 A 带领他所有的手下败将退出休息室. 如果休息室仍有一些选手,则如例 3 那样,又可在若干次分批退出后断定最后一批退出的选手的领头人必是优秀选手,显然异于 A. 矛盾. 因此,在 A 与其手下败将全部退出之后,休息室中不能再有其他选手,即 A 全胜其他所有选手.

3.1.4 着眼于高等数学

将高等数学中的一些命题做通俗化处理,即不改变命题中对象之间关系结构的实质(每一个数学命题都是一种关系结构). 而将抽象、晦涩的数学名词术语用恰当、风趣的生活用语(游戏、通信、握手、相识、染色、球赛、跳舞、座位等)或通俗易懂的初等数学用语所代替,这样就将"冷若冰霜"、抽象高深的数学命题变形为"生动活泼"、简明具体的竞赛试题. 这种通俗化的工作反映了数学的普及过程.

1992 年北欧数学竞赛中有一道题是关于不可约多项式的.

例5 设 n 为大于 1 的正整数，$a_1, a_2, \cdots, a_n$ 为 n 个相异的整数. 证明：多项式
$$f(x) = (x-a_1)(x-a_2)\cdots(x-a_n) - 1$$
不能被任一次数为正且小于 n 的最高次项系数为 1 的整系数多项式整除.

证明 只需证明多项式 $f(x)$ 不能分解为两个次数大于零的整系数多项式之积.

假设 $f(x)$ 有一个真因式 $g(x) \in Z[x]$（所有最高次项系数为 1 的整系数多项式的全体），则
$$f(x) = g(x)h(x), h(x) \in Z[x]$$
且 $h(x)$ 的次数介于 0 和 n 之间.

显然，若 x 为整数，则 $g(x)$、$h(x)$ 也为整数.

因为 $g(a_i)h(a_i) = -1$，所以
$$g(a_i) + h(a_i) = 0, i = 1, 2, \cdots, n$$
因此，$g(x) + h(x)$ 有 n 个不同的根，这与 $g(x) + h(x)$ 的次数小于 n 矛盾.

故命题得证.

这是一个具有悠久历史，且背景深刻的问题，即著名的舒尔（Schur）问题.

例6 （第 19 届 IMO 预选题）一次聚会有 n 个人参加，每个人恰好有 3 个朋友，他们围着圆桌坐下. 如果每个人的两旁都有朋友，这种坐法便称为完善的. 证明：如果有一种完善的坐法，则必定还有另一种完善的坐法，它不能由前一种经过旋转或对称而得到.

证明 如果把人看成"点"，并且在每两个朋友之间连一条线，那么就得到一个图. 这个图的每个顶点都引出 3 条线，此为三正则图. 所谓完善的坐法就是图中的一个哈密顿圈.

这个题目就是图论中关于三正则图的定理："三正则图如果有哈密顿圈，那么它必有另一个哈密顿圈"的通俗化.

3.2 竞赛试题的命制原则

竞赛数学的命制原则与通常数学测评的命制原则（参见本丛书中的《数学测评探营》中 6.1 节）是一致的，但在灵活性和思维能力等方面有较高的要求. 我们认为竞赛数学的命题原则主要包括科学性原则、新颖性原则、甄别性原则、能力性原则和界定性原则[①].

3.2.1 科学性原则

1. 叙述的严谨性

题目的叙述应当要求语言精炼、文字流畅、术语规范、叙述准确、插图精确，涉及的概念和关系要明确，不能有产生两种不同理解的可能.

例7 （1991 年全国高中数学联赛试题）设 $S = \{1, 2, \cdots, n\}$，A 为至少含有两项的公差为正的等差数列，其项都在 S 中，且添加 S 的其他元素于 A 后均不能构成与 A 有相同公差的等差数列，求这种 A 的个数.

这里"添加 S 的其他元素于 A 后"的"后"字有两种理解，其一作时间状语理解，添加的元素在 A 中无位置约束，因而可以是新数列的首项或末项；其二作地点状语理解，添加的元

---

① 朱华伟. 从数学竞赛到竞赛数学[M]. 北京：科学出版社. 2009：388-406.

素在 A 中有位置约束,只能为末项,命题者的原意是前者,但后者也有道理. 这里为了使题目的叙述无歧义,应将"后"字改为"中".

2. 条件的恰当性

题目的条件应恰当,即题目的条件要充分、互容、不多余.

例 8 (1986 年全国高中数学联赛试题)已知实数列 $a_0, a_1, a_2, \cdots$ 满足 $a_{i-1} + a_{i+1} = 2a_i$ ($i = 1, 2, \cdots$). 求证:对于任何自然数 n,

$$P(x) = a_0 C_n^0 (1-x)^n + a_1 C_n^1 x (1-x)^{n-1} + \cdots + a_n C_n^n x^n$$

是 x 的一次多项式.

这个题目的条件是不充分的. 因为如果给出的数列是一个常数列,即 $a_0 = a_1 = a_2 = \cdots$,那么,虽然它满足条件 $a_{i-1} + a_{i+1} = 2a_i (i = 1, 2, \cdots)$,但是,此时 $P(x) = a_0 [(1-x) + x]^n = a_0$ 是一个常数,而不是 x 的一次多项式. 为了使例 8 的条件充分,需要添加一个条件:$a_0 \neq a_1$ 或者将结论改为 $P(x)$ 是 x 的一次多项式或零次多项式.

3. 结论的可行性

这里所谓"可行",就是证明题的结论是能够证明的;计算题的要求通过计算是能够达到的;平面几何中的作图题所要求作的图形是能够利用尺规作出来的.

例 9 (1981 年全国高中数学联赛试题)在圆 O 内,弦 CD 平行于弦 EF,且与直径 AB 交成 $45°$ 角,若 CD 与 EF 分别交直径 AB 于 P 和 Q,且圆 O 的半径长为 1. 求证:

$$PC \cdot QE + PD \cdot QF < 2$$

本题的图形有多种情况,当 CD、EF 在圆心 O 两侧,且有相等的弦心距,而点 C、E 也在直径 AB 的两侧时(图 3.4),结论不成立,应取等号.

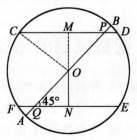

图 3.4

事实上,当 CD、EF 在弦心距相等时,有 $OM = ON$,$PC = QE$,$PD = QF$,$CM = MD$,又由 $\angle MPO = 45°$ 知,$PM = MO$,所以有

$$PC \cdot QE + PD \cdot QF = PC^2 + PD^2$$
$$= (CM + PM)^2 + (MD - PM)^2 = 2(CM^2 + MO^2)$$
$$= 2CO^2 = 2$$

故本题的结论是不可行的,应改为 $PC \cdot QE + PD \cdot QF \leq 2$.

3.2.2 新颖性原则

试题的新颖性是数学奥林匹克的基本特征之一,这在 2.3.2 节中已做了论述. 试题的关键在于创新,试卷必须由立意新颖、不落俗套的试题组成,以确保公平竞争,有利于考查选手的智力水平,提高学生学习数学的兴趣,不为题海战术开方便之门,遗憾的是要做到这一点是非常之难的. 在国内外数学竞赛中经常出现陈题,就连 IMO 这种最高级别的竞赛也不例外. 出现陈题就不公平了.

例 10 (2014 年全国高中数学联赛试题) 在锐角 $\triangle ABC$ 中, $\angle BAC \neq 60°$, 过点 B、C 分别作三角形的外接圆的切线 BD、CE, 且满足 $BD = CE = BC$. 直线 DE 与 AB、AC 的延长线分别交于点 F、G. 设 CF 与 BD 交于点 M, CE 与 BG 交于点 N. 证明: $AM = AN$.

这道题有点难度,但此题是一道陈题,是《中等数学》杂志 2012 年第 12 期数学奥林匹克高中训练题中的一道题. 因而是相当不公平的.

例 11 (2012 年全国高中数学联赛试题) 在锐角 $\triangle ABC$ 中, $AB > AC$, M、N 是边 BC 上不同的两点,使得 $\angle BAM = \angle CAN$. 设 $\triangle ABC$ 和 $\triangle AMN$ 的外心分别为 O_1、O_2. 证明: O_1、O_2、A 三点共线.

这道题虽不很难,但也不是很易. 可惜这道题也是一道陈题,笔者于 2011 年在全国许多培训班上曾讲过,且笔者又把它编在笔者于 2012 年 5 月由浙江大学出版社出版的《高中数学竞赛解题策略——几何分册》44 页中的性质 3 (上述试题是其必要性):

设 A_1、A_2 是 $\triangle ABC$ 的 BC 边上 (异于端点) 的两点, 令 $\angle BAA_1 = \alpha$, $\angle A_1AA_2 = \beta$, $\angle A_2AC = \gamma$, 则 $\alpha = \gamma$ 的充分必要条件是 $\triangle AA_1A_2$ 的外接圆与 $\triangle ABC$ 的外接圆内切于点 A.

例 12 求最小正数 λ, 使对任意 $n \in \mathbf{N}$ 和 $a_i, b_i \in [1, 2]$, $i = 1, 2, \cdots, n$, 且 $\sum_{i=1}^{n} a_i^2 = \sum_{i=1}^{n} b_i^2$, 都有

$$\sum_{i=1}^{n} \frac{a_i^3}{b_i} \leq \lambda \sum_{i=1}^{n} a_i^2$$

此题的答案是: $\frac{17}{10}$. 它曾作为《数学奥林匹克高中新版竞赛篇》(单墫, 1993) 35 页例 7, 然而 1996 年 IMO 中国国家集训队测试 2 第 3 题是:

对于自然数 n, 求最小正数 λ, 使得如果 $a_1, a_2, \cdots, a_n$ 是 $[1, 2]$ 中的任意实数, $b_1, b_2, \cdots, b_n$ 是 $a_1, a_2, \cdots, a_n$ 的一个排列, 则有

$$\frac{a_1^3}{b_1} + \frac{a_2^3}{b_2} + \cdots + \frac{a_n^3}{b_n} \leq \lambda (a_1^2 + a_2^2 + \cdots + a_n^2)$$

1998 年全国高中数学联赛第 2 试第 2 题是:

例 13 设 $a_1, a_2, \cdots, a_n, b_1, b_2, \cdots, b_n \in [1, 2]$ 且 $\sum_{i=1}^{n} a_i^2 = \sum_{i=1}^{n} b_i^2$, 求证:

$$\sum_{i=1}^{n} \frac{a_i^3}{b_i} \leq \frac{17}{10} \sum_{i=1}^{n} a_i^2$$

并问等号成立的充要条件是什么.

2001 年例 13 又被选为 IMO 新加坡国家队选拔考试题.

例 14 已知 H 是锐角 $\triangle ABC$ 的垂心, 以边 BC 的中点为圆心, 过点 H 的圆与直线 BC 相交于两点 A_1、A_2; 以边 CA 的中点为圆心, 过点 H 的圆与直线 CA 相交于两点 B_1、B_2; 以边 AB 的中点为圆心, 过点 H 的圆与直线 AB 相交于两点 C_1、C_2. 证明: A_1、A_2、B_1、B_2、C_1、C_2 6 点共圆.

此题是第 49 届 IMO 的第 1 题, 它是《近代欧氏几何学》226 页 (约翰逊, 1999) 的一个定

理.

随着竞争类型的增多,题目的重复现象已难于避免. 怎样创造新的题目已经引起专家们的极大关注. 为解决这一问题,应当有一批数学家参加命题,首先要建立相应层次并具有检索功能的题库,其次要在试题编拟和试题评论方面进行深入研究.

3.2.3 甄别性原则

数学竞赛的目的之一就是发现人才,所以试题必须具有良好的甄别功能,遵循甄别性原则. 在命制工作中,这一原则主要体现在试题的客观性、试题的难度与试题的区分度等方面. 关于难度、区分度的计算可参见本丛书中的《数学测评探营》1.1 节.

1. 试题的客观性

数学奥林匹克试题不应出现陈题(这在前面已有论述),应当照顾多数参赛者的知识水平,即尽可能地保证对绝大部分参赛者是均权的.

2. 试题的难易度

试题的难易度是根据参赛选手的水平及不同层次的数学奥林匹克的要求而确定的. 试题太难,则高水平的学生与低水平的学生都做不出;试题过于容易,则高水平的学生与低水平的学生都能做出,这样就很难区分不同水平的学生,不利于选拔人才. 例如,1989 年全国高中数学联赛试题,由于试题难度过低,结果选拔不出参加冬令营的选手,不得不在冬令营之前增加一次选拔考试,这在历史上是一次教训. 与此相反,1993 年全国高中数学联赛试题,尽管每道题都很精彩,但试卷分量太重,难度太大,与该项竞赛的普及性相悖. 其中第二试第 2 题的第 1 问是 Sperner 定理,做过此题的选手易如反掌,没有做过的选手则感到十分困难.

3. 试题的区分度

选拔的基础在于试题能够测定和区分出不同水平的学生. 试题的区分度是题目对于不同水平的选手加以区分的能力有多高的指标. 如果一个题目相对于水平高与水平低的学生其得分率差异不明显,那么这个题目的区分度是较低的.

3.2.4 能力性原则

数学竞赛的一个重要目的是为了尽早地发现并培养有数学才能的青少年,因此数学竞赛的命题应以数学能力为重点. 正如数学大师华罗庚教授所指出:"数学竞赛的性质和学校中的考试是不同的,和大学的入学考试也是不同的,我们的要求是参加竞赛的同学不但会代公式会用定理,而且更重要的是能够灵活地掌握已知的原则和利用这些原则去解决问题的能力,甚至创造新的方法、新的原则去解决问题."数学能力是一个人顺利完成数学活动的稳定的心理特征,那么数学能力的结构如何? 由哪些主要成分组成? 21 世纪以来国内外数学家、数学教育家、心理学家从不同的角度进行了探讨. 我们认为,如下的观点可以体现数学竞赛的特点,因而也是竞赛试题命制中的能力性要求.

前苏联心理学家克鲁捷茨基通过对各类学生的广泛实验研究,系统地研究了数学能力的性质和结构,从数学思维的基本特征出发,提出数学能力的组成成分为(克鲁捷茨基,1983):

①把数学材料形式化,把形式从内容中分离出来、从具体的数值关系和空间形式中抽象

出来,以及用形式的结构(即关系和联系的结构)来进行运算的能力.

②概括数学材料、使自己摆脱无关的内容而找出最重要的东西,以及在外表不同的对象中发现共同点的能力.

③用数字和其他符号来进行运算的能力.

④进行"连贯而适当分段的逻辑推理"的能力,这种推理是证明、形式化和演绎所必需的.

⑤缩短推理过程、用缩短的结构来进行思维的能力.

⑥逆转心理过程(从顺向的思维系列转到逆向的思维系列)的能力.

⑦思维的灵活性,即从一种心理运算转到另一种心理运算的能力,从陈规俗套的约束中解脱出来.思维的这一特性对一个数学家的创造性工作来说是重要的.

⑧数学记忆力.可以这样假定,它的特征也是从数学到科学的特定特征中产生的,是一种对于概括、形式化和逻辑模式的记忆力.

⑨形成空间概念的能力.它与数学的一个分支几何学(特别是立体几何学)存在直接关系.

我们认为:上述观点在目前看来还是有市场的,但需完善.关于能力结构的探讨,作者在本系列丛书中的《测评数学探营》的2.3.1中提出了关于数学注意力、观察力、记忆力、运算能力、空间想象力、思维力、数学化能力(包括数据处理能力)等的观点.

3.2.5 界定性原则

根据竞赛的不同类型和参加对象,对所命试题的范围和难度有所界定.如IMO,可在初等数学范围内任意命题,所命之题虽可有高等数学背景但必须可用初等方法来解.而全国高中数学联赛的命题范围则以高中数学竞赛大纲为上限,第一试的命题范围不超出中学数学大纲的范围,第二试命题的基本原则是向IMO靠拢,等等.

3.3 竞赛试题的命制方法、方式

3.3.1 演绎深化

从一个基本问题、基本定理、基本公式、基本图形、一组条件出发,进行逻辑推理,从易到难,逐步演绎深化出一个较难问题.解题中的观察、联想、类比、化归、变换、赋值、放缩、构造、一般化、特殊化、数形结合等方法或技巧,都可以从相反的方向用于演绎深化命题之中,所不同的是:

试题着眼于扩大条件和结论之间的距离,力图掩盖条件和结论之间联系的痕迹,而解题则反之;

试题从已有的知识、方法出发,演绎出新题.而解题则是把问题化归为与已有知识、方法有联系的问题;

试题是将较简单的问题、平凡的事实逐步演绎成复杂的、非平凡的问题,而解题则是把复杂的问题、非平凡的问题转化为简单的、基本的问题.

演绎深化的命制方法与通常的解题过程的思路恰好相反,德国著名数学奥林匹克命题专家 Arthur Engel 教授曾言:"设想遇到一个困难问题,你应当把它变成一个容易的题目,先解这个问题,进而得到那个难题的答案. 命题者通常遵循着相反的路线:从一个容易的问题开始把它转化为一个较难的问题. 把这个问题交给那些解题能手来做."

根据笔者的体验,竞赛试题的演绎深化命制方式可以有以下一些:

方式1 由恒等式去掉一些项或对已知恒等式某一端进行放大或缩小命制出不等式试题.

由恒等式
$$(a+b)^4 = a^4 + 4a^3b + 6a^2b^2 + 4ab^3 + b^4$$
$$(a-b)^4 = a^4 - 4a^3b + 6a^2b^2 - 4ab^3 + b^4$$

得恒等式
$$(a+b)^4 + (a+c)^4 + (a+d)^4 + (b+c)^4 + (b+d)^4 + (c+d)^4 +$$
$$(a-b)^4 + (a-c)^4 + (a-d)^4 + (b-c)^4 + (b-d)^4 + (c-d)^4$$
$$= 6(a^2 + b^2 + c^2 + d^2)^2$$

于是有
$$(a+b)^4 + (a+c)^4 + (a+d)^4 + (b+c)^4 + (b+d)^4 + (c+d)^4 \leq 6(a^2+b^2+c^2+d^2)^2$$

若再限制 $a^2 + b^2 + c^2 + d^2 \leq 1$,则得到:

试题1 (第28届IMO预选题)设 $a,b,c,d \in \mathbf{R}$,且满足 $a^2+b^2+c^2+d^2 \leq 1$,则
$$(a+b)^4+(a+c)^4+(a+d)^4+(b+c)^4+(b+d)^4+(c+d)^4 \leq 6$$

方式2 对于一个简单的基本图形,对其中的几何关系改变说法进行联想变化可命制出新的几何试题.

如图3.5,在 $\triangle BCD$ 中,点 F 为边 BD 上的高 AC 上任一点,BF 交 CD 于点 E,DF 交 BC 于点 G,联结 EA、GA,则 $\angle EAC = \angle GAC$(参见2.1.3节命题1).

这个基本图形曾多次作为竞赛题,由于 CA 为 DB 边上的高,可以说成"$CA \perp DB$ 于点 A". 但如果改变说法,说成为"CA 平分 $\angle DAB$",此时便可联想到小于平角的角,于是便得:

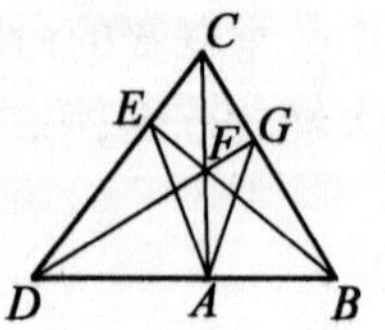

试题2 (1999年全国高中联赛题)在四边形 $ABCD$ 中,对角线 AC 平分 $\angle BAD$,在 CD 上取一点 E,BE 与 AC 交于 F,延长 DF 交 BC 于 G,求证:$\angle EAC = \angle GAC$(参见1.6节中例6).

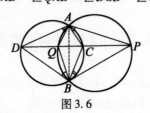

图3.5

方式3 对于一个基本图,去掉其中的部分图形,或用其他条件换掉图中的有关关系,也可命制出新的几何试题:

如图3.6,两圆相交于 A、B 两点,一直线依次交两圆于 D、C 和 Q、P,则
$$\angle PAC = \angle PAB - \angle CAB = \angle PQB - \angle CDB = \angle DBQ$$
$$\angle DAQ = \angle DAB - \angle QAB = \angle DCB - \angle QPB = \angle PBC$$

图3.6

如果将过点 P、A、B 的圆去掉,并给出另外的条件,便可得到:

试题 3 (2003 年全国数学联赛试题)过圆外一点 P 作圆的两条切线和一条割线,切点为 A、B. 所作割线交圆于 C、D 两点,C 在 P、D 之间,在弦 CD 上取一点 Q,使 $\angle DAQ = \angle PBC$. 求证:$\angle DBQ = \angle PAC$.

证明 如图 3.7,联结 AB,由
$$\angle BPC + \angle PBC = \angle BCD = \angle BAD = \angle BAQ + \angle DAQ$$

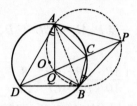

图 3.7

及已知 $\angle DAQ = \angle PBC$,有 $\angle BPC = \angle BAQ$,从而 B、Q、A、P 四点共圆,于是
$$\angle PAC = \angle PAB - \angle CAB = \angle PQB - \angle CDB = \angle DBQ$$

方式 4 对于一个熟悉的几何图形,深入挖掘其隐含的性质,进行演绎推导可命制出新的几何试题.

如图 3.8 所示,P 是 $\triangle ABC$ 内任一点,联结 AP、BP、CP 并且延长分别交三边于 D、E、F,则
$$\frac{PD}{AD} + \frac{PE}{BE} + \frac{PF}{CF} = 1 \qquad ①$$

我们可以推出进一步的结论,提出进一步的问题.

由式①,三个加项中至少有一个大于或者等于 $\frac{1}{3}$,也至少有一个小于或者等于 $\frac{1}{3}$,不妨设 $\frac{PD}{AD} \geq \frac{1}{3}$,$\frac{PE}{BE} \leq \frac{1}{3}$,则
$$\frac{AP}{PD} \leq 2, \frac{BP}{PE} \geq 2$$

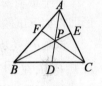

图 3.8

于是得到第 3 届 IMO 第 2 题:

试题 4 已知 $\triangle ABC$ 和其内的任一点 P,AP 交 BC 于 D,BP 交 AC 于 E,CP 交 AB 于 F,求证:$\frac{AP}{PD}$,$\frac{BP}{PE}$,$\frac{CP}{PF}$ 中至少有一个不大于 2,也至少有一个不小于 2.

此题还可以换个说法,设点 P 到周界最近一点的距离为 d_1,到最远一点的距离为 d_2,则
$$d_2 \geq BP \geq 2PE \geq 2d_1$$
即
$$d_1 \leq \frac{1}{2} d_2$$

于是有下题:

试题 5 $\triangle ABC$ 内任一点 P,它到周界的最近一点的距离不超过它到最远一点距离的一半.

试题 3 中式①还可变为
$$\frac{AP}{AD} + \frac{BP}{BE} + \frac{CP}{CF} = 2 \qquad ①$$

将①左边利用算术 – 几何平均值不等式缩小得

$$2 = \frac{AP}{AD} + \frac{BP}{BE} + \frac{CP}{CF} \geq 3\sqrt[3]{\frac{AP \cdot BP \cdot CP}{AD \cdot BE \cdot CF}}$$

即

$$\frac{AP \cdot BP \cdot CP}{AD \cdot BE \cdot CF} \leq \frac{8}{27}$$

于是得到:

试题 6 已给 $\triangle ABC$ 和其内任一点 P,AP 交 BC 于 D,BP 交 AC 于 E,CP 交 AB 于 F,求证:

$$\frac{AP \cdot BP \cdot CP}{AD \cdot BE \cdot CF} \leq \frac{8}{27}$$

特殊地,取 P 为内心,即为第 32 届 IMO 第 1 题(即第 2 章中例 19).

3.2.2 名题扮演

将高等数学定理中某些简单的命题,竞赛时鲜为人知(对参赛者而言)的初等数学名题,或高等数学研究成果中的初等结论,巧妙装扮作为数学竞赛试题,在过去几十年的数学竞赛命题中屡见不鲜. 而且由于数学竞赛的传播,使得这些问题逐步走向中学数学课堂或成为第二课堂的重要内容. 如切比雪夫不等式、Weitzen-böck 不等式、Nanson 不等式、蝴蝶定理、组合数学中的 Kaplansky 定理、拉姆赛问题等都曾被装扮用作数学竞赛题.

方式 5 将著名定理的特殊情形进行装扮作为竞赛题.

对于布利安香定理:圆外切六边形的三组对顶点的连线交于一点,取这个定理的特殊情形即得如下试题:

试题 7 (1995 年全国高中数学联赛试题)设菱形 $ABCD$ 的内切圆 Γ 与各边分别切于 E、F、G、H,在 $\overset{\frown}{EF}$ 与 $\overset{\frown}{GH}$ 上分别作圆 Γ 的切线交 AB 于 M,交 BC 于 N,交 CD 于 P,交 DA 于 Q. 求证:$MQ \parallel NP$.

事实上,如图 3.9,六边形 $AMNCPQ$ 为圆外切六边形,则 AC、MP、NQ 三线共点.

由 $AM \parallel CP$,$AQ \parallel CN$,则 $MQ \parallel NP$.

对于曼海姆定理:一圆切 $\triangle ABC$ 的两边 AB、AC 及外接圆于点 P、Q、T,则 PQ 必通过 $\triangle ABC$ 的内心(还可证内心即为 PQ 的中点).

取这个定理的特殊情形可得如下试题.

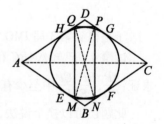

图 3.9

试题 8 (1978 年第 20 届国际数学奥林匹克试题)在 $\triangle ABC$ 中,边 $AB = AC$,有一个圆内切于 $\triangle ABC$ 的外接圆,并且与 AB、AC 分别相切于 P、Q. 求证:P、Q 两点连线的中点是 $\triangle ABC$ 的内切圆圆心.

方式 6 将著名定理的某个逆命题作为竞赛题.

对于九点圆定理:在锐角 $\triangle ABC$ 中,P 为其重心,三边的中点分别为 M、N、L,三边上的高的垂足分别为 D、E、F,三条线段 AP、BP、CP 的中点分别为 O_1、O_2、O_3,则这九个点共圆.

考虑九点圆的一个逆命题可得如下试题:

试题 9 (2007 年全国高中数学联赛试题)在锐角 $\triangle ABC$ 中,$AB < AC$,AD 是边 BC 上的高,P 是线段 AD 内一点,过 P 作 $PE \perp AC$,垂足为 E,作 $PF \perp AB$,垂足为 F,O_1、O_2 分别是 $\triangle BDF$、$\triangle CDE$ 的外心. 求证:O_1、O_2、E、F 四点共圆的充要条件为 P 是 $\triangle ABC$ 的重心(参见第 4 章例 10).

如果考虑勃罗卡定理"凸四边形 $ABDC$ 内接于圆 O,延长 AB、CD 交于点 M,延长 AC、BD 交于点 N,AD 与 BC 交于点 K,则 $OK \perp MN$"的逆命题,则可得:

试题 10 (2010 年全国高中数学联赛试题)锐角 $\triangle ABC$ 的外心为 O,K 是边 BC 上一点(不是边 BC 的中点),D 是线段 AK 延长线上一点,直线 BD 与 AC 交于点 N,直线 CD 与 AB 交于点 M. 求证:若 $OK \perp MN$,则 A、B、D、C 四点共圆(参见第 6 章 6.2 节例 11).

方式 7 将数学名著中的问题(包括习题)改变叙述作为竞赛题.

数学名著是数学知识海洋中的珍品,因此命题者常常从名著中寻找一些适合中学生知识水平的问题,拿来用作数学竞赛试题.

试题 11 (1986 年中国数学奥林匹克第 3 题)设 $z_1, z_2, \cdots, z_n$ 为复数,满足
$$|z_1| + |z_2| + \cdots + |z_n| = 1$$
求证:上述 n 个复数中,必存在若干个复数,它们的和的模不小于 $\dfrac{1}{6}$.

这是 Rudin 著《实与复分析》中的一个引理.

试题 12 (1986 年中国数学奥林匹克第 6 题)用任意的方式,给平面上的每一个点染上黑色或白色,求证:一定存在一个边长为 1 或 $\sqrt{3}$ 的正三角形,它的三个顶点是同色的.

这是 Tomeseu 著《组合与图论习题集》中的一个题目.

华罗庚大师的《数论导引》是数论方面的名著. 1983 年在法国举行的第 24 届 IMO 上,联邦德国提供的一道试题(作为正式试题的第 3 题)则是直接取自 1982 年由斯普林格出版社出版的英文版《数论导引》第 11~12 页中的一个习题,原题为(华罗庚,1957):

设 a,b,c 为三个正整数,且 $(a,b) = (b,c) = (c,a) = 1$,求不可由
$$bcx + cay + abz, x \geq 0, z \geq 0$$
表出的最大整数.

并给出了答案为 $2abc - ab - bc - ca$.

而正式试题只是将此题的叙述稍加改变:

试题 13 (第 24 届国际数学奥林匹克试题)设 a,b,c 为正整数,这三个数两两互素,证明:$2abc - ab - bc - ca$ 是不能表示为 $xbc + yca + zab$ 形式的整数中最大的一个,其中 x,y,z 为非负整数.

《数论导引》第 11 章第 6 节"商高定理之推广"中的习题 4 为:

关于商高定理 $3^2 + 4^2 = 5^2$,有次之推广 $10^2 + 11^2 + 12^2 = 13^2 + 14^2$. 一般而言,证明
$$(2n^2 + n)^2 + (2n^2 + n + 1)^2 + \cdots + (2n^2 + 2n)^2$$
$$= (2n^2 + 2n + 1)^2 + \cdots + (2n^2 + 3n)^2 \qquad \text{①}$$

将此题稍加"伪装"即成为:

试题 14 (第 29 届 IMO 预选题)设 k 是正整数,M_k 是 $2k^2 + k$ 与 $2k^2 + 3k$ 之间(包括这两个数在内)的所有整数所组成的集合,能否将 M_k 拆成两子集 A、B 使得 $\sum\limits_{x \in A} x^2 = \sum\limits_{x \in B} x^2$.

这里命制者只是将恒等式①隐藏起来,让选手自己去发现,从而增加了问题的难度.

3.3.3 陈题改造

在竞赛试题命制中,更多地是将陈题深入剖析,通过各种手段对陈题进行改造整合,使陈题"旧貌换新颜",命制出富有新意的赛题.

方式 8 将几道陈题改造整合为一道赛题.

笔者曾采用如下两道竞赛题:(1)(1990 年全国高中数学联赛试题)四边形 $ABCD$ 内接于圆 O,且圆心 O 不在四边形的边上,对角线 AC 与 BD 交于点 P,$\triangle OAB$、$\triangle OBC$、$\triangle OCD$、$\triangle ODA$ 的外心分别为 O_1、O_2、O_3、O_4. 求证:O_1O_3、O_2O_4 与 OP 三线共点.

(2)(2006 年全国女子数学奥林匹克试题)设凸四边形 $ABCD$ 的对角线交于 O,$\triangle OAD$、$\triangle OBC$ 的外接圆交于 O、M 两点,直线 OM 分别交 $\triangle OAB$、$\triangle OCD$ 的外接圆于 T、S 两点. 求证:M 是线段 TS 的中点.

将如上两道赛题改造整合得到:

试题 15 (2007 年国家集训队第 3 次测验题)凸四边形 $ABCD$ 内接于圆 O,BA、CD 的延长线交于点 H,对角线 AC、BD 相交于点 G,O_1、O_2 分别为 $\triangle AGD$、$\triangle BGC$ 的外心. 设 O_1O_2 与 OG 交于点 N,射线 HG 分别交圆 O_1、圆 O_2 于点 P、Q. 设 M 为 PQ 的中点,求证:$NO = NM$.

方式 9 将陈题进行各种变形(如易位、类比、加强、推广等).

试题 16 (1946 年普特南大学生竞赛题)设 K 表示半径为 1 的一个圆盘的圆周,令 k 表示联结 K 上两点 a,b 且含于圆盘内部的一条圆弧. 假设 k 把圆盘分成面积相等的两部分. 试证:k 的长度大于 2.

此题的条件、结论、表述同下述乔治·波利亚问题非常相似:

两端点在定圆周上,并且将此圆分成面积相等的两部分的曲线中,以该圆的直径为最短.

把波利亚问题中的定圆改为单位正方形即得到:

试题 17 (1979 年全国高中数学联赛试题)单位正方形周界上任意两点之间连一曲线,如果它把这个正方形分成面积相等的两个部分,试证:这个曲线段的长度不小于 1.

需要指出的是,波利亚问题中的定圆不仅可以改作单位正方形,而且可以改作任何中心对称图形,如正三角形、长方形、椭圆、中心对称的凸多边形等,其相应的结论仍成立.

类比球的情形,则可得到 1974 年美国数学奥林匹克第 3 题:

试题 18 (1974 年美国数学奥林匹克试题)如果包含在单位球内的一条曲线联结球面上的两点,且它的长度小于 2,则这条曲线完全包含在这个球的某个半球内.

1948 年美国的普特南数学竞赛中有一试题为:

设 $n \in \mathbf{N}$,求证:$[\sqrt{n} + \sqrt{n-1}] = [\sqrt{4n+2}]$.

而在 1987 年的加拿大中学生数学竞赛上则出现了它的加强形式:

试题 19 对每一整数 n,证明:

$$[\sqrt{n} + \sqrt{n+1}] = [\sqrt{4n+2}] = [\sqrt{4n+3}]$$

在我国的高中数学联赛中也使用过这种命题方法. 例如在 1978 年的八省市数学联赛中,其中第二试第 4 题为:

试题 20 设 $ABCD$ 为任意给定的四边形,边 AB、BC、CD、DA 的中点分别为 E、F、G、H,

证明:四边形 $ABCD$ 的面积 $\leq EG \cdot HF \leq \frac{1}{2}(AB+CD) \times \frac{1}{2}(AD+BC)$.

实际上这道试题源于 1953 年莫斯科第 16 届数学奥林匹克第二试八年级的一道试题:

已知:a,b,c,d 为四边形顺次四边之长,S 表示面积,证明:$S \leq \frac{1}{4}(a+c)(b+d)$.

不难看出前者不过是在后者的基础上又加入了一个中间结果,相当于加密了不等式"链",从而增大了问题的难度.

1963 年第 26 届莫斯科数学奥林匹克有这样一道试题.

若 a,b,c 为任意正数,求证:

$$\frac{a}{b+c}+\frac{b}{c+a}+\frac{c}{a+b} \geq \frac{3}{2} \qquad ①$$

而下面的题目是流传甚广的(1988 年被移用为第二届友谊杯数学竞赛题):

若 a,b,c 是三角形的三边,且 $2s=a+b+c$,则

$$\frac{a^2}{b+c}+\frac{b^2}{c+a}+\frac{c^2}{a+b} \geq s \qquad ②$$

这样一来,通过观察①②两式的结构特点,可归纳出下述问题:

试题 21 (第 28 届国际数学奥林匹克预选题)试证:若 a,b,c 是三角形的三边,且 $2s=a+b+c$,则

$$\frac{a^n}{b+c}+\frac{b^n}{c+a}+\frac{c^n}{a+b} \geq \left(\frac{2}{3}\right)^{n-2} s^{n-1}, n \geq 1 \qquad ①$$

运用归纳、类比的方法还可将式①做进一步推广.

观察式试题 20 中②,其左边是二阶循环的形式,我们联想到,若循环一阶会有怎样的结果? 通过推敲得到:

$$\frac{x_1^2}{x_2}+\frac{x_2^2}{x_3}+\frac{x_3^2}{x_1} \geq x_1+x_2+x_3 \qquad ②$$

式中,$x_1,x_2,x_3 > 0$.

又容易联想到

$$\frac{x_1^2}{x_2}+\frac{x_2^2}{x_1} \geq x_1+x_2 \qquad ③$$

由②③两式归纳出更一般的不等式:

试题 22 (1984 年全国高中数学联赛试题)设 $x_1,x_2,\cdots,x_n$ 都是正数. 求证:

$$\frac{x_1^2}{x_2}+\frac{x_2^2}{x_3}+\cdots+\frac{x_{n-1}^2}{x_n}+\frac{x_n^2}{x_1} \geq x_1+x_2+\cdots+x_n$$

再考虑将试题 20 中式①从三元 (a,b,c) 向 n 元 $(a_1,a_2,\cdots,a_n)$ 推广:

若 $a_1,a_2,\cdots,a_n$ 为正数,$n>1$,则

$$\frac{a_1}{a_2+a_3+\cdots+a_n}+\frac{a_2}{a_1+a_3+\cdots+a_n}+\cdots+\frac{a_n}{a_1+a_2+\cdots+a_{n-1}} \geq \frac{n}{n-1} \qquad ①$$

式①左边分式都是一次的,我们猜测能否升次,于是有:

试题 23 (第 30 届国际数学奥林匹克预选题)设 $k \geq 1, a_i(i=1,2,\cdots,n)$ 是正实数,证明:

$$\left(\frac{a_1}{a_2+a_3+\cdots+a_n}\right)^k+\left(\frac{a_2}{a_1+a_3+\cdots a_n}\right)^k+\cdots+\left(\frac{a_n}{a_1+a_2+\cdots+a_{n-1}}\right)^k \geq \frac{n}{(n-1)^k}$$

注意到试题20中式②,可变形为:正数a,b,c满足$ab+bc+ca=3$时,有

$$\frac{(bc)^2}{ab+ca}+\frac{(ca)^2}{bc+ab}+\frac{(ab)^2}{ca+bc}\geq \frac{3}{2} \qquad ②$$

若设a,b,c为正实数,且满足$abc=1$,则得试题:

试题 24 (第36届国际数学奥林匹克试题)设a,b,c为正实数且满足$abc=1$.试证:

$$\frac{1}{a^3(b+c)}+\frac{1}{b^3(c+a)}+\frac{1}{c^3(a+b)}\geq \frac{3}{2}$$

2003年IMO保加利亚国家队选拔考试有一道和不等式试题20中①②结构类似的问题:

试题 25 已知a,b,c是正实数,且$a+b+c=3$,求证:

$$\frac{a}{b^2+c}+\frac{b}{c^2+a}+\frac{c}{a^2+b}\geq \frac{3}{2}$$

考虑从三元(a,b,c)向n元$(a_1,a_2,\cdots,a_n)$推广则有:

试题 26 (2007年女子数学奥林匹克试题)设整数$n>3$,非负实数$a_1,a_2,\cdots,a_n$满足

$$a_1+a_2+\cdots+a_n=2$$

求$\dfrac{a_1}{a_2^2+1}+\dfrac{a_2}{a_3^2+1}+\cdots+\dfrac{a_n}{a_1^2+1}$的最小值.

3.3.4 模型变换

由于数学是模式的科学,数学中的概念、定理、公式、结论等都是一个个模型.将某些模型进行恰当变换可命制出一些新颖的赛题.

方式 10 将三角恒等式进行替代变换得到代数条件式而命制出新颖的赛题.
在$\triangle ABC$中,有如下恒等式:

$$\cos^2 A+\cos^2 B+\cos^2 C+2\cos A\cdot \cos B\cdot \cos C=1$$

若令$2\cos A=x,2\cos B=y,2\cos C=z$,则得代数等式

$$x^2+y^2+z^2+xyz=4 \qquad ①$$

以式①为条件或式①的变形式为条件可得如下一系列竞赛题:

试题 27 (2003年第20届伊朗数学奥林匹克试题)设$x,y,z\in \mathbf{R}^+$,且$x^2+y^2+z^2+xyz=4$.证明:$x+y+z\leq 3$.

试题 28 (第30届美国数学奥林匹克试题)设非负实数x,y,z满足$x^2+y^2+z^2+xyz=4$,证明:$0\leq xy+yz+zx-xyz\leq 2$.

试题 29 (1996年越南数学奥林匹克试题)设$x,y,z\in \mathbf{R}^+$,且$xy+yz+zx+xyz=4$.证明:$x+y+z\geq xy+yz+zx$.

试题 30 (2007年中国国家集训队测试题)设正实数u,v,w满足$u+v+w+\sqrt{uvw}=4$.求证:$\sqrt{\dfrac{uv}{w}}+\sqrt{\dfrac{vw}{u}}+\sqrt{\dfrac{wu}{v}}\geq u+v+w$.

试题 31 (2011年全国高中数学联赛B卷题)设$a,b,c\geq 1$,且满足$abc+2a^2+2b^2+2c^2+ca-ab-4a+4b-c=28$.求$a+b+c$的最大值.

试题 32 (2007美国国家队测试题或2005年伊朗数学奥林匹克试题)设x、y、z为正实

数,且 $\frac{1}{x^2+1}+\frac{1}{y^2+1}+\frac{1}{z^2+1}=2$. 证明: $xy+yz+zx\leq\frac{3}{2}$.

试题 33 （2011 年中欧数学奥林匹克试题）设正数 a,b,c 满足 $\frac{a}{a+1}+\frac{b}{b+1}+\frac{c}{c+1}=2$. 求证: $\frac{\sqrt{a}+\sqrt{b}+\sqrt{c}}{2}\geq\frac{1}{\sqrt{a}}+\frac{1}{\sqrt{b}}+\frac{1}{\sqrt{c}}$.

证题 34 （2004 年河南省竞赛题）已知 3 个正实数 x,y,z 满足 $x+y+z+\frac{1}{2}\sqrt{xyz}=16$.

求证: (1) $\sqrt{x}+\sqrt{y}+\sqrt{z}+\frac{1}{8}\sqrt{xyz}\leq 7$；

(2) $\sqrt{x}+\sqrt{y}+\sqrt{z}+\frac{1}{8}\sqrt{xyz}\leq 4+\frac{1}{4}\sqrt{xyz}$.

注：(1) 以上 8 道试题的证明可参见作者另著《高中数学竞赛的秘密》. 湖南师范大学出版社,2014:377-382.

(2) 在 $\triangle ABC$ 中，还有一系列恒等式以及不等式均可以进行替代变换得到代数条件. 例如，对于恒等式 $\tan\frac{A}{2}\cdot\tan\frac{B}{2}+\tan\frac{B}{2}\cdot\tan\frac{C}{2}+\tan\frac{C}{2}\cdot\tan\frac{A}{2}=1$，可以分别令 $\tan\frac{A}{2}=x$ 等或 $\tan\frac{A}{2}=\sqrt{\frac{yz}{x(x+y+z)}}$ 等，使得条件式: $xy+yz+zx=1$ 或 $\frac{z}{x+y+z}+\frac{x}{x+y+z}+\frac{y}{x+y+z}=1$.

又例如，对于不等式 $\sin\frac{A}{2}+\sin\frac{B}{2}+\sin\frac{C}{2}\leq\frac{3}{2}$，若令 $\sin\frac{A}{2}=\sqrt{\frac{yz}{(z+x)(z+y)}}$ 等，便得如下问题：设 $x,y,z>0$，且 $x+y+z=1$，则 $\sqrt{\frac{yz}{x+yz}}+\sqrt{\frac{zx}{y+zx}}+\sqrt{\frac{xy}{z+xy}}\leq\frac{3}{2}$.

方式 11 由几何模型背景构造代数条件而命制出赛题

如图 3.10，设 O 为 $\triangle ABC$ 的外心，则

$$S_{\triangle OBC}+S_{\triangle OCA}+S_{\triangle OAB}=S_{\triangle ABC} \quad ①$$

若令 $\triangle ABC$ 的外接圆半径 $R=1$，$\angle BOC=2\alpha$，$\angle AOC=2\beta$，$\angle AOB=2\gamma$，则式①变为

图 3.10

$$\frac{1}{2}\sin 2\alpha+\frac{1}{2}\sin 2\beta+\frac{1}{2}\sin 2\gamma=\frac{1}{2}\cdot 2\sin\alpha\cdot 2\sin\beta\cdot\sin\gamma$$

亦即 $\sin 2\alpha+\sin 2\beta+\sin 2\gamma=4\sin\alpha\cdot\sin\beta\cdot\sin\gamma$

或 $\frac{\cos\alpha}{\sin\beta\cdot\sin\gamma}+\frac{\cos\beta}{\sin\alpha\cdot\sin\gamma}+\frac{\cos\gamma}{\sin\alpha\cdot\sin\beta}=2 \quad ②$

由式②可构造出如下赛题(参见本书 1.5 节中例 5)：

试题 35 （2008 年中国西部数学奥林匹克试题）设 $x,y,z\in(0,1)$，满足 $\sqrt{\frac{1-x}{yz}}+\sqrt{\frac{1-y}{zx}}+\sqrt{\frac{1-z}{xy}}=2$. 求 xyz 的最大值.

事实上，若令 $x=\sin^2\alpha,y=\sin^2\beta,z=\sin^2\gamma,\alpha,\beta,\gamma\in(0°,180°)$，则条件式即为式②了.

方式 12 将已知的结论进行演变可获得新的赛题.

下面,我们看两个例子:

我们首先考察如下问题:锐角 $\triangle ABC$ 的外心为 O,K 是边 BC 上一点(不是边 BC 的中点),D 是线段 AK 延长线上一点,直线 BD 与 AC 交于点 N,直线 CD 与 AB 交于点 M. 求证:若 $OK \perp MN$,则 A、B、D、C 四点共圆,如图 3.11 所示(2010 年全国高中数学联赛试题).

如果将图 3.10 倒过来,并调换字母如图 3.12 所示,则可得到——

改述题:如图 3.12,锐角 $\triangle GEF$ 的外心为 P,Q 是边 EF 上一点(不是边 EF 的中点),B 是线段 GQ 延长线上一点,直线 FB 与 GE 交于点 C,直线 EB 与 GF 交于点 D,求证:若 $PQ \perp CD$,则 G、E、B、F 四点共圆.

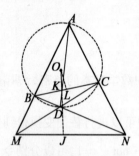

图 3.11

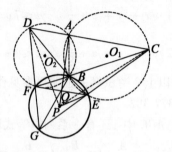

图 3.12

改述题与上述试题本质是相同的,因而可看作模型是一样的.

再继续考察改述题.

图 3.12 中,设 G、E、B、F 四点共圆于圆 P,则 $\angle DFB = \angle GEB$.

在 CD 上取一点 A,使 A、B、E、C 四点共圆,记该圆为圆 O_1,联结 AB,则有 $\angle GEB = \angle CAB$. 从而有 $\angle DFB = \angle CAB$,故 A,B,F,D 四点共圆,记该圆为圆 O_2.

令圆 P 的半径为 r,联结 PC、PD、PA,则

$$CA \cdot CD = CB \cdot CF = CP^2 - r^2$$
$$DA \cdot DC = DB \cdot DE = DP^2 - r^2$$

两式相减得

$$CP^2 - DP^2 = CA \cdot CD - DA \cdot DC = CD(CA - DA)$$
$$= (CA + DA)(CA - DA) = CA^2 - DA^2$$

由定差幂线定理知 $PA \perp CD$.

注意到 $PQ \perp CD$,即知 P、Q、A 三点共线.

在图 3.11 中,设 L 为 BC 中点,作 $OJ \perp MN$ 于 J(同上述证法 O、K、J 共线),因 K 为 BC 中点,则 OK 与 OL 不重合. 即 OL 与 OJ 不重合,亦即 BC 与 MN 不平行. 推知过 M、D、B 的圆与过 D、N、C 的圆不为等圆.

于是,图 3.12 中的圆 O_1 与圆 O_2 不是等圆,且点 P 是线段 CD 的中垂线 PA 与线段 EF 中垂线的交点. 联结 PE,由 $PE=r$,知 $CA \cdot CD = CP^2 - PE^2$.

从而 $CP^2 = CA \cdot CD + PE^2$,于是

$$AP^2 = CP^2 - CA^2 = CA \cdot CD + PE^2 - CA^2$$
$$= CA(CD - CA) + PE^2 = CA \cdot AD + PE^2$$

于是有结论:两个半径不相等的圆 O_1、圆 O_2 交于点 A、B,点 C、D 分别在圆 O_1、圆 O_2 上,且点 A 在线段 CD 上,延长 DB 与圆 O_1 交于点 E,延长 CB 与圆 O_2 交于点 F. 设过点 A 的

线段 CD 的中线为 l_1,EF 的中垂线为 l_2. 证明:

(1)l_1 与 l_2 相交;(2)若 l_1 与 l_2 的交点为 P,则 $AP^2 = CA \cdot AD + PE^2$.

特别地,若 A 为线段 CD 的中点. 则为 2013 年 CMO(中国数学奥林匹克试题):

试题 36 两个半径不相等的圆 O_1、圆 O_2 交于点 A、B,点 C、D 分别在圆 O_1、O_2 上,且线段 CD 以 A 为中点,延长 DB 与圆 O_1 交于点 F,延长 CB 与圆 O_2 交于点 E. 设线段 CD、EF 的中垂线分别为 l_1、l_2. 证明:(1)l_1 与 l_2 相交;(2)若 l_1 与 l_2 的交点为 P,则三条线段 CA、AP、PE 能构成一个直角三角形(参见本书第 6 章 6.2 节中例 19).

其次,我们又考察如下问题:

题目 (1990 年第 19 届美国数学奥林匹克试题)给出平面上的一个锐角 $\triangle HAB$,以 HA 为直径的圆与 HA 边上的高线 BF 及其延长线分别交于 L、Q 两点,以 HB 为直径的圆与 HB 边上的高线 AE 及其延长线分别交于 K、P 两点. 求证:K、L、P、Q 四点共圆.

证明 如图 3.13,联结 LA、KB,则 $\angle HLA = \angle HKB = 90°$,于是
$$HL^2 = HF \cdot HA, HK^2 = HE \cdot HB$$

又以 AB 为直径的圆过 E、F,有 $HE \cdot HB = HF \cdot HA$. 从而 $HP = HK = HL = HQ$. 即证.

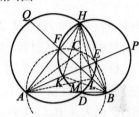

图 3.13

演变 设以 AB 为直径的圆与 AB 边上的高线 HD 交于点 C. 联结 CA、CB,则有 $\angle BCA = 90°$,同理得 K,有 $BK^2 = BE \cdot BH = BD \cdot BA = BC^2$,即 $BK = BC$.

同理得 L,且 $AL = AC$.

设 M 是 AL 与 BK 的交点,联结 MH. 注意到 $\angle HKM = \angle HLM = 90°$,$HK = HL$,$HM = HM$,则 $\mathrm{Rt}\triangle MKH \cong \mathrm{Rt}\triangle MLH$. 于是 $MK = ML$.

题目 若将"$\angle BCA = 90°$,$BK = BC$,$AL = AC$"作为已知条件,"$MK = MK$"作为待证结论,隐藏 HA、HB、AB 为直径的三个圆以及 HA、HB、HC、HK、HL、HM、XP、HQ 八条线段,即得第 53 届国际数学奥林匹克(2012 年)试题:

试题 37 在 $\triangle ABC$ 中,已知 $\angle BCA = 90°$,D 是过顶点 C 的高线的垂足,设 X 是线段 CD 内部的一点,K 是线段 AX 上一点,使得 $BK = BC$,L 是线段 BX 上一点,使得 $AL = AC$. 设 M 是 AL 与 BK 的交点. 证明:$MK = ML$.

证明 如图 3.14,设 C' 是点 C 关于直线 AB 的对称点,则 C' 为分别以 A、B 为圆心,以 AC、BC 为半径的圆的交点,且 L 在圆 A 上,K 在圆 B 上.

设直线 LX 交圆 A 于 L_1,直线 KX 交圆 B 于 K_1,则由 $L_1X \cdot XL = CX \cdot XC' = KX \cdot XK_1$ 知 L_1、K、L、K_1 四点共圆,记为 ω.

又 $AL^2 = AC^2 = AK \cdot AK_1$. 知 AL 切圆 ω 于 L.

同理 BK 切圆 ω 于 K,故 $MK = ML$.

注:也可由 $AL = AC$,$BK = BC$,分别以 A、B 为圆心,AC、BC 为半径作圆交于点 C 和 C'.

方式 13 对命题进行反演可获得新的赛题.

注意到西姆松定理:设 P 为 $\triangle ABC$ 所在平面上的一点,点 P 在直线 BC、CA、AB 上的射影分别为 D、E、F,则 D、E、F 三点共线的充要条件是点 P 在 $\triangle ABC$ 的外接圆上.

下面,将如上命题进行反演:以点 P 为反演中心. 三角形外接圆为基圆,作反演变换

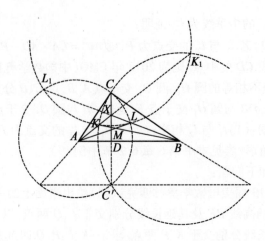

图 3.14

$I(P,k)(k>0)$,设点 X 的反点为 X',则 P、B'、D'、C';P、C'、E'、A';P、A'、F'、B' 分别四点共圆,且由 $PD \perp BC$,$PE \perp CA$,$PF \perp AB$,知 PD'、PE'、PF' 分别为这三个圆的直径,它们的中点 O_1、O_2、O_3 分别为这三个圆的圆心。P 在 $\triangle ABC$ 的外接圆上,当且仅当 A'、B'、C' 共线,D、E、F 三点共线当且仅当 P、D'、E'、F' 四点共圆,当且仅当 P、O_1、O_2、O_3 四点共圆。于是,再将 A'、B'、C' 记为 A、B、C. 于是即得(笔者提供的如下试题的必要性)如下反演命题:

试题 38 (1991 年第 4 届湖南省中学生数学夏令营试题)已知圆心分别为 O_1、O_2、O_3 的三圆共点 P,它们两两相交于另一点 A、B、C. 则 P、O_1、O_2、O_3 四点共圆的充分必要条件是 A、B、C 三点共线。

关于命题的反演我们还将在第 4、5、6 章中介绍。

关于竞赛题的命制方法、方式还可以列举一些,我们就不一一介绍了.

命制新题是一项十分艰苦、复杂的创造性劳动。从理论上讲,命制是无法可循的,这里所说的方法只是大体上的思路。在实际的命制过程中,一个好的问题常常是随着讨论、研究地深入而产生,一个好的问题常常是经过反复琢磨、多次修改才会最后敲定. 爱因斯坦曾指出:"提出一个问题往往比解决一个问题更重要,因为解决一个问题也许仅是一个数学上的或实验上的技能而已. 而提出新的问题,新的可能性,从新的角度去看旧的问题,却需要创造性的想象力,而且标志着科学的真正进步."

3.4 平面几何竞赛题的命制途径探寻

数学竞赛中的平面几何试题以平面图形为载体,或通过几何元素之间的特殊关系展示出优美的图形,或通过特殊的图形展示几何元素之间的优美性质. 平面几何试题总离不开图形或图形的性质,命制时可采用如下途径:基于基本图形,深入挖掘性质;立足基本性质,巧妙构造图形. 下面以含 60° 内角的三角形为例说明之.

含有 60° 内角的三角形是一类特殊的三角形,有许多有趣的性质,其中有一条非常独特的性质,这里记其为性质 1.

性质 1 在 $\triangle ABC$ 中,$\angle BAC = 60°$,I、O、H 分别为 $\triangle ABC$ 的内心、外心和垂心,则 B、I、O、H、C 五点共圆(或 I、O、H 中的任意两点与 B、C 四点共圆)

证明 由 $\angle BAC = 60°$ 知, $\angle BOC = 2\angle BAC = 120°$, $\angle BIC = 90° + \frac{1}{2}\angle BAC = 120°$, $\angle BHC = 180° - \angle BAC = 120°$, 故 $\angle BOC = \angle BIC = \angle BHC$, B、I、O、H、C 五点共圆.

性质 1 的逆命题也成立.

很明显,当 $\triangle ABC$ 为直角三角形时, O、H 在三角形的边界上; 当 $\triangle ABC$ 为钝角三角形时, O、H 在三角形的外部; 当 $\triangle ABC$ 为锐角三角形时, I、O、H 均在三角形内部, 如图 3.15 所示, 但当 $\triangle ABC$ 为等边三角形时, I、O、H 三点重合. 因此, 这里所讨论的对象主要是含有 60°内角的锐角三角形(不等边).

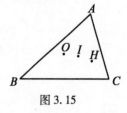

图 3.15

性质 1 是一条基本性质, 包含了一个基本图形, 如图 3.15 所示. 下面我们以含有 60°内角的三角形的这条性质为基础, 看看一些平面几何试题的命制.

3.4.1 基于基本图形, 深入挖掘性质

1. 基于基本图形, 逐步挖掘性质

以性质 1 为基础, 逐步挖掘含有 60°内角的三角形中内心、外心和垂心有关的其他基本性质, 为深入挖掘图形性质做好准备.

在图 3.15 中, 作 $\triangle ABC$ 的外接圆, 如图 3.16 所示, 联结 AH、BH 与对边 BC、AC 分别交于点 D、E, 过 O 作 $OF \perp AB$ 于 F, 联结 OA. 由 $\angle BAC = 60°$ 知 $AE = \frac{1}{2}AB$, 而 $OF \perp AB$, 故 $AF = \frac{1}{2}AB = AE$, $\angle AOF = \frac{1}{2}\angle AOB = \angle ACB = \angle AHE$, 故 $\text{Rt}\triangle AOF \cong \text{Rt}\triangle AHE$, 从而 $AO = AH$ (也可以通过公式 $AH = 2R\cos A = 2R\cos 60° = R = AO$ 得到).

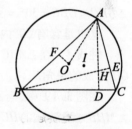

图 3.16

这也是一个重要的基本性质, 不妨记为性质 2:

性质 2 在 $\triangle ABC$ 中, $\angle BAC = 60°$, O、H 分别为 $\triangle ABC$ 的外心和垂心, 则 $AH = AO$.

这个命题的逆命题亦成立.

若进一步, 在图 3.16 中, 由 $\text{Rt}\triangle AOF \cong \text{Rt}\triangle AHE$ 知 $\angle OAF = \angle HAE$, 注意到 IA 是 $\angle BAC$ 的角平分线, 故 $\angle IAO = \angle IAH$, 联结 IO、IH, 易知 $\triangle AOI \cong \triangle AHI$, 故 $OI = IH$, 且 AI 垂直平分 OH, 于是得性质 3:

性质 3 在 $\triangle ABC$ 中, $\angle BAC = 60°$, I、O、H 分别为 $\triangle ABC$ 的内心、外心和垂心, 则 $OI = IH$, 且 AI 垂直平分 OH.

2. 基于基本图形, 深入挖掘性质

在图 3.16 中, 若联结 CH 与对边相交, 如图 3.17, 再联结 BI、IC、IH, 由性质 1 知 B、I、H、C 四点共圆, 于是 $\angle EHI = \angle IBC = \frac{1}{2}\angle ABC$, 而由 B、D、H、E 四点共圆知 $\angle AHE = \angle ABC$, 故 $\angle AHI = \angle AHE + \angle EHI = \frac{3}{2}\angle ABC$. 此即:

试题 39 (2007 年亚太地区数学奥林匹克题) $\triangle ABC$ 为锐角三角形, $\angle BAC = 60°$, $AB > AC$, 设 $\triangle ABC$ 的内心为 I, 垂心为 H, 证明: $2\angle AHI = 3\angle ABC$.

在图 3.16 中, 若联结 BD、DH、CH、OC 得到图 3.17, 在 BH 上取点 G 使得 $BG = CH$, 由性

质1知 B、O、H、C 四点共圆,故 $\angle OBG = \angle OCH$,$OB = OC$,从而 $\triangle OBG \cong \triangle OCH$,有 $\angle BOG = \angle COH$,于是 $\angle GOH = \angle BOC = 2\angle BAC = 120°$,可得 $\sqrt{3}OH = GH = BH - CH$.

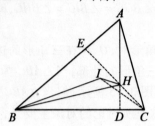

图 3.17

注意到这一点,再将 GH 的长度换一个表达形式,掩藏 GH 与 OH 之间的关系,加大条件与结论之间的距离,得到:

试题 40 在 $\triangle ABC$ 中,$\angle A = 60°$,$AB > AC$,点 O 是外心,两条高 BE、CF 交于点 H,点 M、N 分别在 BH、HF 上,且满足 $BM = CN$,求 $\dfrac{MH + NH}{OH}$ 的值.(2002 年全国高中数学联赛试题)

3. 基于基本命题,挖掘特殊性质

在图 3.18 中,分别延长 BH、CH 与对边相交得到图 3.19. 因 B、O、H、C 四点共圆,故 $\angle EHO = \angle OBC = 30° = \angle OCB = \angle OHB$,故 OH 平分 $\angle EHB$.

这也是含有 60° 内角的三角形的一条重要性质,不妨记为性质 4:

性质 4 在 $\triangle ABC$ 中,$\angle BAC = 60°$,O、H 分别为 $\triangle ABC$ 的外心和垂心,则 OH 平分 BH、CH 所成的锐角.

在图 3.19 中,若延长 OH 分别与 AB、AC 相交于 M、N,得到图 3.20. 由性质 4 知,$\angle MHB = 30° = \angle NHC$,而 $\angle MBH = 90° - 60° = \angle NHC$,故 $MB = MH$,$NC = NH$,$\angle AMN = 60° = \angle ANM$,于是 $\triangle AMN$ 为正三角形.

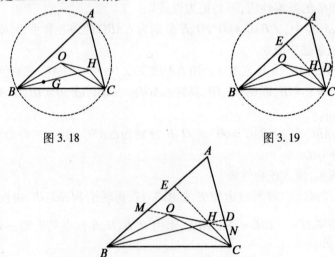

图 3.18　　　　　　图 3.19

图 3.20

再由性质 2 知,AI 垂直平分 OH;在 $\triangle AMN$ 中,AI 也垂直平分 MN,故可得 $MO = NH$.

由这个结论,我们得到:

试题 41 设 $\triangle ABC$ 为锐角三角形,$AB > AC$,且 $\angle BAC = 60°$,O、H 分别为 $\triangle ABC$ 的外心

和垂心,延长 OH 分别与 AB、AC 相交于 P、Q,求证:$PO = HQ$.

(2007 年英国数学奥林匹克(第二轮)题)

若令 $AB = c$, $AC = b$, 由 $MB = MH$, $NC = NH$ 知, $\triangle AMN$ 的周长为 $b + c$; 再注意到 $\triangle AMN$ 为正三角形,可得 $AM = MN = NA = \dfrac{b+c}{3}$, $HN = CN = AC - CN = b - \dfrac{b+c}{3} = \dfrac{2b-c}{3}$, $HM = BM = AB - AM = c - \dfrac{b+c}{3} = \dfrac{2c-b}{3}$, 而 $MO = HN$, 故 $OH = MN - MO - NH = \dfrac{b+c}{3} - 2 \times \dfrac{2b-c}{3} = c - b$.

注意到上面这些结论,我们得到:

试题 42 已知锐角 $\triangle ABC$, $\angle BAC = 60°$, $AB = c$, $AC = b$, $b > c$, $\triangle ABC$ 的垂心和外心分别为 M, O, OM 与 AB, AC 分别交于点 X, Y. 证明:(1) $\triangle AXY$ 的周长为 $b + c$;(2) $OM = b - c$.

(2004—2005 年度匈牙利数学奥林匹克题)

3.4.2 立足基本性质,巧妙构造图形

1. 立足基本性质,构造基本图形

在图 3.21 中,由性质 3,若约束 CH 的大小,令 $CH = IO$,则 $CH = IO = IH$,由性质 1,B、I、O、H、C 五点共圆,于是 $\angle CBH = \angle HBI = \angle IBO = \dfrac{1}{3}\angle OBC = 10°$, 容易求得 $\angle ACB$ 的大小为 $80°$. 此即为:

试题 43 一个锐角三角形 $\triangle ABC$, $\angle BAC = 60°$, 三点 H、O、I 分别是 $\triangle ABC$ 的垂心、外心和内心,如果 $BH = OI$, 求 $\angle ABC$、$\angle ACB$ 的大小. (1994 年保加利亚数学竞赛题)

2. 结合内心性质,构造特殊图形

三角形内心的一个非常有用的性质:

设 $\angle BAC$ 的内角平分线 AD 交 $\triangle ABC$ 的外接圆于点 D, I 为 AD 上的一点,则 I 为 $\triangle ABC$ 的内心,当且仅当 $DI = DB = DC$. (证明略)

利用这个结论,再结合性质 1 的逆命题,容易得到:

试题 44 在 $\triangle ABC$ 中,点 I 是其内心,H 是垂心,M 是其外接圆的 BC 的中点,已知 $MI = MH$, 求 $\angle BAC$ 的度数. (2001 年美国数学竞赛题)

在图 3.14 中,若联结 AI 并延长与 $\triangle ABC$ 的外接圆相交得到图 3.21. 由上面内心的性质和性质 1 知, B、I、O、H、C 共于以 D 为圆心的圆,即 D 为 $\triangle BHC$(或 $\triangle BOC$, 或 $\triangle BIC$) 的外心,我们得到命题:

命题 1 设 I、H 分别为 $\triangle ABC$ 的内心和垂心,A_1 为 $\triangle BHC$(或 $\triangle BOC$, 或 $\triangle BIC$) 的外心,则 A、I、A_1 三点共线的充要条件是 $\angle BAC = 60°$.

3. 立足已有命题,拼接构造图形

第 31 届国际数学奥林匹克预选题:

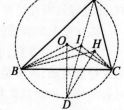

图 3.21

命题 2 设 I 为 $\triangle ABC$ 的内心,点 B_1、C_1 分别为边 AC、AB 的中点,射线 B_1I 交边 AB 于点 B_2, 射线 C_1I 交 AC 的延长线于点 C_2, 若 $S_{\triangle ABC} = S_{\triangle AB_2C_2}$, 证明:$\angle BAC = 60°$.

设 B_2C_2 与 BC 相交于点 K, 则 "$S_{\triangle ABC} = S_{\triangle AB_2C_2}$" 等价于 "$S_{\triangle BKB_2} = S_{\triangle CKC_2}$". 若能注意到 "$\angle BAC = 60°$" 是 "$S_{\triangle ABC} = S_{\triangle AB_2C_2}$" 成立的充要条件,再结合前面的命题 1, 得到笔者提供

的试题：

试题 45 设点 I、H 分别为 $\triangle ABC$ 的内心和垂心，点 B_1、C_1 分别为边 AC、AB 的中点，已知射线 B_1I 交边 AB 于点 $B_2(B_2 \neq B_1)$，射线 C_1I 交边 AC 的延长线于点 C_2，B_2C_2 与 BC 相交于点 K，A_1 为 $\triangle BHC$ 的外心．试证：A、I、A_1 三点共线的充要条件是 $S_{\triangle BKB_2} = S_{\triangle CKC_2}$．

(2003 年中国数学奥林匹克试题)

由性质 2 知，"$AH = AO$" 也是 "$\angle BAC = 60°$" 成立的充要条件，将命题 1 和性质 2 相结合，也能得到：

试题 46 设 I、O、H 分别为 $\triangle ABC$ 的内心、外心和垂心，点 B_1、C_1 分别为边 AC、AB 的中点，已知射线 B_1I 交边 AB 于点 $B_2(B_2 \neq B_1)$，射线 C_1I 交边 AC 的延长线于点 C_2，B_2C_2 与 BC 相交于点 K，试证：$AH = AO$ 的充要条件是 $S_{\triangle BKB_2} = S_{\triangle CKC_2}$．

再如，第 42 届 IMO 第 5 题：

命题 3 在 $\triangle ABC$ 中，AP 平分 $\angle BAC$ 且交 BC 于 P，BQ 平分 $\angle ABC$ 且交 CA 于 Q，已知 $\angle BAC = 60°$，且 $AB + BP = AQ + QB$．问 $\triangle ABC$ 的各角的度数的可能值是多少？

此题可以通过构造正三角形，求得 $\angle ABC = 80°$，$\angle BAC = 40°$．（过程略）

若能注意到前面试题 5 的结论，将此命题和试题 5 结合起来，得到笔者提供的问题：

试题 47 在锐角 $\triangle ABC$ 中，$\angle A = 60°$，H、O、I 分别是 $\triangle ABC$ 的垂心、外心和内心，联结 AI 并延长交 BC 于 P，联结 BI 并延长交 AC 于 Q，求证：$BH = IO$ 的充要条件是 $AP + BP = AQ + QB$．

(《数学通报》数学问题 1511(2004 年 9 月))

4. 立足基本性质，类比构造图形

在图 3.21 中，我们看到，$AO + OD > AD = AI + ID$，$AH + HD > AD = AI + ID$，因 $DO = DH = DI$，故 $AO > AI$，$AH > AI$，因此在圆弧 $BOIHC$ 上的任意一点 X，都有 $AX \geq AI$．

将此结论推广到任意三角形中，即对于任意 $\triangle ABC$，如图 3.22，I 为其内心，若某一点 X 在以 D(AI 的延长线与 $\triangle ABC$ 的外接圆的交点)为圆心，DI 为半径的弧 BIC 上，结论 $AX \geq AI$ 成立．注意到这些，构造一个 B、I、X、C 四点共圆的充分条件，得到：

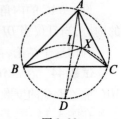

图 3.22

试题 48 (第 47 届国际数学奥林匹克试题) $\triangle ABC$ 的内心为 I，三角形内一点 P 满足 $\angle PBA + \angle PCA = \angle PBC + \angle PCB$．求证：$AP \geq AI$，而且等号当且仅当 $P = I$ 时成立．

以性质 1 为背景的竞赛题还有很多，在此我们不一一列出了．

综上，我们看到，很多平面几何试题的命制都离不开这两个基本途径：或基于基本图形，深入挖掘性质；或立足基本性质，巧妙构造图形；或两种手段交汇、反复使用．这也是基于教材数学的一种命制竞赛试题的途径．

3.5 竞赛试题的求解破题寻究

3.5.1 分析题设特点，发掘条件探究

例 15 (2000 年全国数学联赛试题) 在锐角 $\triangle ABC$ 的边 BC 上有两点 E、F，满足 $\angle BAE = \angle CAF$，作 $FM \perp AB$，$FN \perp AC$(M、N 是垂足)，延长 AE 交 $\triangle ABC$ 的外接圆于点 D．求

证:四边形 $AMDN$ 与 $\triangle ABC$ 的面积相等.

探析 注意题设条件 $\angle BAE = \angle CAF$. 还有等角线 AE、AF 条件,若考虑特殊情形,AE 与 AF 重合时,则为角平分线,此时命题即为如下问题:

问题 (第28届国际数学奥林匹克试题)如图 3.23,在锐角 $\triangle ABC$ 中,$\angle A$ 的平分线 AF 交外接圆于 D,过 F 作 $FM \perp AB$,$CN \perp AC$,垂足分别为 M、N,证明:四边形 $AMDN$ 与 $\triangle ABC$ 的面积相等.

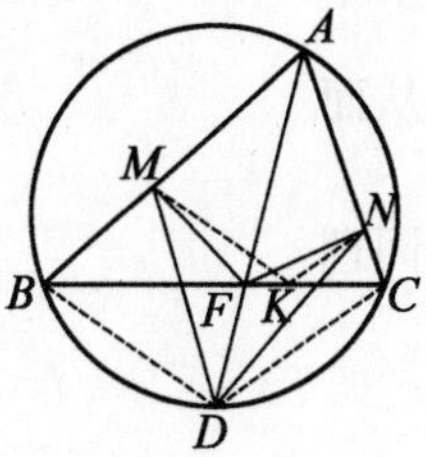

事实上,因 A、M、F、N 四点共圆,AF 为其直径,设此圆交 BC 于另一点 K,联结 MK、NK,则 $MK \parallel BD$,$NK \parallel CD$.

于是,$S_{\triangle BMK} = S_{\triangle DMK}$,$S_{\triangle CNK} = S_{\triangle DNK}$.

故 $S_{\text{四边形}AMDN} = S_{\triangle ABC}$.

这启发我们,讨论面积关系时,平行线发挥了重要作用.

于是,我们可探寻得如下原问题的证法:

证法1 如图 3.24,作 $DG \parallel MN$,交 AC 的延长线于 G,只需证 $S_{\triangle AMG} = S_{\triangle ABC}$.

由于 $\angle AGD = \angle ANM = \angle AFM$,则 $\triangle AGD \sim \triangle AFM$,从而 $AD \cdot DF = AM \cdot AG$.

又由 $\triangle ABD \sim \triangle AFC$,有 $AD \cdot AF = AB \cdot AC$,于是 $AM \cdot AG = AB \cdot AC$,故 $S_{\triangle AMG} = S_{\triangle ABC}$,即有 $S_{AMDN} = S_{\triangle ABC}$.

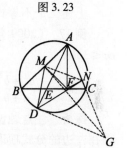

图 3.23

图 3.24

如上证法是从 $\angle BAE = \angle CAF$ 而考虑等高线出发而试探获得的. 如果从 $\angle BAE = \angle CAF$ 而考虑其所在三角形有点特殊出发呢?则知 $\triangle ABD \sim \triangle AFC$,这便有乘积式 $AB \cdot AC = AF \cdot AD$. 这个式子能和面积关系联系,于是又可探寻得如下证法:

证法2 设 $\angle BAE = \angle CAF = \alpha$,$\angle EAF = \beta$,则 $\angle BAC = 2\alpha + \beta$,所以

$$S_{\triangle ABC} = \frac{1}{2} AB \cdot AC \cdot \sin(2\alpha + \beta)$$

在 $Rt\triangle AMF$ 中,$AM = AF \cdot \cos(\alpha + \beta)$,在 $Rt\triangle ANF$ 中,$AN = AF \cdot \cos \alpha$.

由于 $\triangle ABD \sim \triangle AFC$,有 $\dfrac{AB}{AF} = \dfrac{AD}{AC}$,即 $AB \cdot AC = AF \cdot AD$,从而

$$S_{\triangle AMD} = \frac{1}{2} AM \cdot AD \cdot \sin \alpha = \frac{1}{2} AF \cdot AD \cdot \cos(\alpha + \beta) \sin \alpha$$

$$S_{\triangle AND} = \frac{1}{2} AN \cdot AD \cdot \sin(\alpha + \beta) = \frac{1}{2} AF \cdot AD \cdot \sin(\alpha + \beta) \cos \alpha$$

故 $S_{AMDN} = S_{\triangle AMD} + S_{\triangle AND} = \dfrac{1}{2} AF \cdot AD \cdot [\sin(\alpha + \beta) \cos \alpha + \cos(\alpha + \beta) \sin \alpha]$

$= \dfrac{1}{2} AF \cdot AD \cdot \sin(2\alpha + \beta) = \dfrac{1}{2} AB \cdot AC \cdot \sin(2\alpha + \beta) = S_{\triangle ABC}$

例16 (2000年越南数学奥林匹克试题)已知 a,b,c 是非负实数. 证明:

$$a^2 + b^2 + c^2 \leq \sqrt{b^2 - bc + c^2} \cdot \sqrt{c^2 - ca + a^2} + \sqrt{c^2 - ca + a^2} \cdot \sqrt{a^2 - ab + b^2} + \sqrt{a^2 - ab + b^2} \cdot \sqrt{b^2 - bc + c^2}$$

探析 注意到题设特点,可先考虑右边和式中的单独一项,其变形常用配方法,配方后出现了平方项,于是变形后可试探应用柯西不等式. 于是有

$$(b^2 - bc + c^2)(c^2 - ca + a^2) = \left[(c - \frac{b}{2})^2 + \frac{3}{4}b^2\right]\left[(c - \frac{a}{2})^2 + \frac{3}{4}a^2\right]$$

$$\geq \left[(c - \frac{b}{2})(c - \frac{a}{2}) + \frac{3}{4}ab\right]^2$$

$$= (c^2 + ab - \frac{ca}{2} - \frac{cb}{2})^2$$

从而
$$\sqrt{b^2 - bc + c^2} \cdot \sqrt{c^2 - ca + a^2} \geq c^2 + ab - \frac{ca}{2} - \frac{cb}{2}$$

同理
$$\sqrt{c^2 - ca + a^2} \cdot \sqrt{a^2 - ab + b^2} \geq a^2 + bc - \frac{ab}{2} - \frac{ac}{2}$$

$$\sqrt{a^2 - ab + b^2} \cdot \sqrt{b^2 - bc + c^2} \geq b^2 + ac - \frac{bc}{2} - \frac{ba}{2}$$

上述三个不等式相加,即得原不等式成立.

例 17 (2009 年第 50 届国际数学奥林匹克预选题)已知正实数 a,b,c 满足 $ab + bc + ca \leq 3abc$.

证明 $\sqrt{\frac{a^2 + b^2}{a + b}} + \sqrt{\frac{b^2 + c^2}{b + c}} + \sqrt{\frac{c^2 + a^2}{c + a}} + 3 \leq \sqrt{2}(\sqrt{a + b} + \sqrt{b + c} + \sqrt{c + a})$

探析 注意题设特点,考虑右边和式中的一项. 由于这一项比较简单. 变形时要考虑出现在左边的分式项形式. 由于有常数 2,从而变形后可试探运用幂平均不等式. 于是,有

$$\sqrt{2} \cdot \sqrt{a + b} = 2\sqrt{\frac{ab}{a + b}} \cdot \sqrt{\frac{1}{2}\left(2 + \frac{a^2 + b^2}{ab}\right)}$$

$$\geq 2\sqrt{\frac{ab}{a + b}} \cdot \frac{1}{2}\left(\sqrt{2} + \sqrt{\frac{a^2 + b^2}{ab}}\right)$$

$$= \sqrt{\frac{2ab}{a + b}} + \sqrt{\frac{a^2 + b^2}{a + b}}$$

同理 $\sqrt{2} \cdot \sqrt{b + c} \geq \sqrt{\frac{2bc}{b + c}} + \sqrt{\frac{b^2 + c^2}{b + c}}, \sqrt{2} \cdot \sqrt{c + a} \geq \sqrt{\frac{2ca}{c + a}} + \sqrt{\frac{c^2 + a^2}{c + a}}$

再注意到条件式 $ab + bc + ca \leq 3abc$,则需运用算术平均与调和平均不等式,从而得

$$\sqrt{\frac{2ab}{a + b}} + \sqrt{\frac{2bc}{b + c}} + \sqrt{\frac{2ca}{c + a}} \geq 3\sqrt{\frac{3}{\left(\sqrt{\frac{a + b}{2ab}}\right)^2 + \left(\sqrt{\frac{b + c}{2bc}}\right)^2 + \left(\sqrt{\frac{c + a}{2ca}}\right)^2}}$$

$$= \sqrt{\frac{3abc}{ab + bc + ca}} \geq 3$$

故原不等成立.

3.5.2 探析题设背景,联想有关模型

例 18 (2004 年亚太地区数学奥林匹克试题)证明:对任意的正实数 a,b,c 均有

$$(a^2 + 2)(b^2 + 2)(c^2 + 2) \geq 9(ab + bc + ca)$$

解析 注意到题设条件宽泛,a,b,c 为任意正实数,又注意,所证不等式等号成立的条件应为 $a = b = c = 1$. 注意到这三个正实数与 1 的关系,于是联想到抽屉原理,可探析到 a^2、

b^2、c^2,这其中至少有两个同时大于 1 或同时小于 1(或等于 1). 不妨设为 a^2、b^2,从而,有 $(a^2-1)(b^2-1) \geq 0$.

又注意到平均值不等式,有 $a^2+b^2+c^2 \geq ab+bc+ca$,以及
$$\begin{aligned}(a^2+2)(b^2+2) &= [3+(a^2-1)][3+(b^2-1)] \\ &= 9+3(a^2-1)+3(b^2-1)+(a^2-1)(b^2-1) \\ &\geq 9+3(a^2-1)+3(b^2-1) = 3(a^2+b^2+1)\end{aligned}$$
于是 $(a^2+2)(b^2+2)(c^2+2) \geq 3(a^2+b^2+1)(c^2+2)$
$$\begin{aligned} &= 3(a^2c^2+2a^2+b^2c^2+2b^2+c^2+2) \\ &= 3[(a^2+b^2+c^2)+(a^2+b^2)+(a^2c^2+1)+(b^2c^2+1)] \\ &\geq 3(ab+bc+ca)+2ab+2ac+2bc = 9(ab+bc+ca) \end{aligned}$$

例 19 (2008 年第 23 届中国数学奥林匹克试题)设锐角 $\triangle ABC$ 的三边长互不相等,O 为其外心,点 A' 在线段 AO 的延长线上,使得 $\angle BA'A = \angle CA'A$. 过点 A' 分别作 $A'A_1 \perp AC$,$A'A_2 \perp AB$. 垂足分别为 A_1、A_2. 作 $AH_A \perp BC$,垂足为 H_A. 记 $\triangle H_A A_1 A_2$ 的外接圆半径为 R_A,类似地可得 R_B、R_C,求证:$\dfrac{1}{R_A}+\dfrac{1}{R_B}+\dfrac{1}{R_C}=\dfrac{2}{R}$,其中 R 为 $\triangle ABC$ 的外接圆半径.

探析 由题设条件有外心 O,于是联想到与外心有密切关系的是垂心 H. 由垂心又联想到垂心的基本性质. 又由题设 $\angle BA'A = \angle CA'A$,可联想到在圆中 A' 为圆弧的中点,又联想到圆弧中点的有关性质. 于是,我们可将联想的模型列出来:

三角形外心、垂心性质 三角形的外心与垂心是一对等角共轭点,即 AO、AH 为其一对等角线.

圆弧的中点性质 设 M 为圆弧 $\overset{\frown}{BC}$ 的中点. A 是该圆弧所在圆周上另一点,直线 MA 交直线 BC 于点 D,则 MA 平分 $\angle BAC$(或其外角),且 $MC^2 = MD \cdot MA$. 如图 3.25 所示.

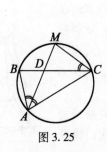

图 3.25

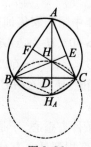

图 3.26

垂心组的性质 垂心组的四个三角形的外接圆是等圆,如图 3.26 所示.

事实上,由 $HD = DH_A$,知 $\triangle BH_A C$ 与 $\triangle BHC$ 关于 BC 对称,从而圆 BHC 与圆 $BH_A C$ 关于 BC 对称,即圆 BHC 与圆 ABC 是等圆. 同理圆 AHC、圆 AHB 与圆 ABC 是等圆.

于是,我们可得到如下证法:

证明 如图 3.27,设 $\triangle BA'C$ 的外接圆交 AA' 于点 O'. 由 $\angle BA'A = \angle CA'A$ 知 O' 为弧 $\overset{\frown}{BC}$ 的中点,且 O' 在 BC 的中垂线上. 又 O 为 BC 的中垂线与 AA' 的交点,则知 O' 与 O 重合. 设 AA' 与 BC、圆 O 分别交于点 M、D,从而由圆弧中点的性质,有
$$OD^2 = OB^2 = OM \cdot OA' \qquad (*)$$

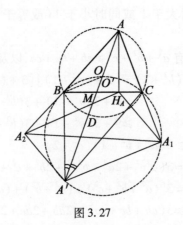

图 3.27

注意到 AO 与 AH_A 为一对等角线,则 $Rt\triangle A_2A'A \backsim Rt\triangle H_ACA$,即有 $\dfrac{A_2A}{H_AA} = \dfrac{A'A}{CA}$.

由 $\angle A_2H_AA = \angle A'AC$,有 $\triangle A_2AH_A \backsim \triangle A'AC$.

于是 $\angle AA_2H_A = \angle AA'C = \angle OBC = 90° - \angle A$,知 $A_2H_A \perp AA_1$.

同理 $A_1H_A \perp AA_2$,即知 H_A 为 $\triangle AA_2A_1$ 的垂心.

由垂心组 A、A_2、A_1、H_A 的性质知,圆 $H_AA_1A_2$ 与圆 AA_1A_2 为等圆.

而圆 AA_1A_2 的直径为 AA'(因 A、A_2、A'、A_1 共圆),即 $AA' = 2R_A$.

注意 $OD = R$ 及式(*),有 $\dfrac{OM}{R} = \dfrac{R}{OA'} = \dfrac{R}{2R_A - R}$,亦即 $\dfrac{OM}{R + OM} = \dfrac{R}{2R_A}$.

从而 $\dfrac{R}{R_A} = 2 \cdot \dfrac{OM}{AM} = 2 \cdot \dfrac{S_{\triangle OBC}}{S_{\triangle ABC}}$.

同理 $\dfrac{R}{R_B} = 2\dfrac{S_{\triangle OAC}}{S_{\triangle ABC}}$,$\dfrac{R}{R_C} = \dfrac{2S_{\triangle OAB}}{S_{\triangle ABC}}$. 故 $\dfrac{R}{R_A} + \dfrac{R}{R_B} + \dfrac{R}{R_C} = \dfrac{2(S_{\triangle OBC} + S_{\triangle OAC} + S_{\triangle OAB})}{S_{\triangle ABC}} = 2$.

例 20 (2012 年中国国家集训队选拔赛题) 如图 3.28,在锐角 $\triangle ABC$ 中,$\angle A > 60°$,H 为 $\triangle ABC$ 的垂心,点 M、N 分别在边 AB、AC 上,$\angle HMB = \angle HNC = 60°$,$O$ 为 $\triangle HMN$ 的外心,点 D 与 A 在直线 BC 的同侧,使得 $\triangle DBC$ 为正三角形. 证明:H、O、D 三点共线.

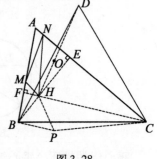

图 3.28

探析 由题设条件有垂心,于是可联想到与垂心关系密切的是外心,由外心又联想到外心有什么性质呢?于是我们将联想到的模型引出来.

三角形垂心的性质 设 H 为 $\triangle ABC$ 的垂心,直线 BH、CH 分别交 AC、AB 于 E、F,则 $\triangle BHF \backsim \triangle CHE$.

钝角三角形外心的性质 设 O 为钝角 $\triangle MHN$ 的外心,如图 3.29 所示,则

$$\angle MHO = 90° - \dfrac{1}{2}\angle MOH = 90° - \angle MNH$$

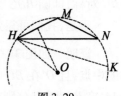

图 3.29

$$\angle NHO = \frac{1}{2}(180° - \angle NOH) = 90° - \angle NKH = 90° - (180° - \angle NMH) = \angle NMH - 90°$$

从而我们可得到如下两种证法：

证法1 如图 3.28，联结 OH、DH、BH，欲证 D、O、H 三点共线，只需证 $\angle DHB = \angle OHB$ 即可.
延长 BH 交 AC 于点 E，联结 CH 并延长交 AB 于点 F，则 $HE \perp AC$，$HF \perp AB$，于是
$$\text{Rt}\triangle FHM \backsim \text{Rt}\triangle EHN, \text{Rt}\triangle FHB \backsim \text{Rt}\triangle EHC \qquad (*)$$

从而
$$\angle BHN = 180° - \angle NHE = 180° - (90° - \angle HNC) = 150°$$
$$\angle NHO = \frac{1}{2}(180° - \angle NOH) = 90° - (180° - \angle NMH) = \angle NMH - 90°$$

作正 $\triangle HBP$，联结 PC，则 $\triangle BPC$ 为 $\triangle BHD$ 绕点 B 延顺时针方向旋转 $60°$ 所得，从而 $\angle DHB = \angle CPB = 60° + \angle CPH$. 又
$$\angle OHB = \angle BHN + \angle NHO = 150° + (\angle NMH - 90°) = \angle NMH + 60°$$

于是，又转化为只需证 $\angle CPH = \angle NMH$. 在 $\triangle MHN$ 与 $\triangle PHC$ 中，
$$\angle MHN = \angle BHN - \angle BHF - \angle FHM = 150° - \angle A - 30° = 120° - \angle A$$
$$\angle PHC = 180° - \angle BHF - \angle BHP = 180° - \angle A - 60° = 120° - \angle A = \angle MHN$$
$$\frac{HM}{HN} \overset{(*)}{=\!=} \frac{HF}{HE} \overset{(*)}{=\!=} \frac{HB}{HC} =\!=\!= \frac{HP}{HC}$$

从而 $\triangle MHN \backsim \triangle PHC$，故 $\angle NMH = \angle CPH$.

证法2 如图 3.30，联结 HO，HD，欲证 D、O、H 三点共线 $\Leftrightarrow \angle BHO = \angle BHD$ 且
$$\angle BHO = \angle BHM + \angle MHO$$
$$= (180° - \angle BMH - \angle MBH) + (90° - \angle MNH)$$
$$= 180° - 60° - (90° - \angle BAC) + 90° - \angle MNH$$
$$= \angle BAC + 120° - \angle MNH = \angle BAC + \angle ANM = \angle BMN$$

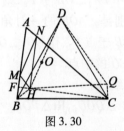

图 3.30

而 $\triangle DBC$ 为正三角形，则可把 $\triangle DBH$ 绕点 D 逆时针旋转 $60°$ 至 $\triangle DCQ$ 位置，联结 HQ，则 $\triangle DHQ$ 是正三角形.

由 $\angle BMH = \angle CNH$，$\angle MBH = \angle NCH$，知 $\triangle MBH \backsim \triangle NCH$，即 $\dfrac{HM}{HN} = \dfrac{HB}{HC} = \dfrac{CQ}{CH}$，又
$$\angle MHN = 360° - \angle BAC - 120° - 120° = 120° - \angle BAC$$
$$\angle QCH = \angle BCD + \angle DCQ - \angle BCH = 60° + [60° - (90° - \angle C)] - (90° - \angle 1)$$
$$= 120° - \angle BAC$$

从而 $\triangle HMN \backsim \triangle CQH$，即有 $\angle HMN = \angle CQH$.

于是 $\angle BHD = \angle CQD = 60° + \angle HMN = \angle BMN$，故 $\angle BHO = \angle BHD$.

例21 （2014 年中国国家集训队选拔赛试题）如图 3.31，设锐角 $\triangle ABC$ 的外心为 O，点 A

在边 BC 上的射影为 H_A,AO 的延长线与 $\triangle BOC$ 的外接圆交于点 A'. 点 A' 在直线 AB、AC 上的射影分别是 D、E,$\triangle DEH_A$ 的外心为 O_A,类似地定义点 H_B、O_B 及 H_C、O_C. 证明:O_AH_A、O_BH_B、O_CH_C 三线共点.

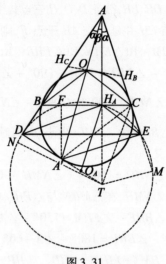

图 3.31

探析 由题设条件有外心 O,于是可联想到与外心有密切关系的垂心,由垂心联想到有等角线、由等角线又联想到等高线的性质. 从而,我们将联想到的模型列出来:

三角形外心、垂心性质 三角形的外心、垂心是其一对等角共轭点,即 AO、AH 为其一对等角线.

等角线的性质 1 如图 3.32,设 P、Q 分别是 $\angle AOB$ 的一对等角线 OX、OY 上的点. 作 $PP_1 \perp OA$ 于 P_1,作 $PP_2 \perp OB$ 于 P_2,则 $OQ \perp P_1P_2$.

等角线的性质 2 设 P、Q 分别是 $\angle AOB$ 的一对角线 Ox、Oy 上的点,作 $PP_1 \perp OA$ 于点 P_1,作 $PP_2 \perp OB$ 于点 P_2,作 $QQ_1 \perp OA$ 于点 Q_1,作 $QQ_2 \perp OB$ 于点 Q_2,则 P_1、Q_1、Q_2、P_2 四点共圆,其圆心为 PQ 的中点.

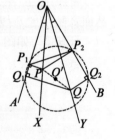

图 3.32

事实上,由 OX、OY 是一对等角线,则
$$\text{Rt}\triangle POP_2 \sim \text{Rt}\triangle QOQ_1, \text{Rt}\triangle POP_1 \sim \text{Rt}\triangle QOQ_2$$

从而 $\dfrac{OP_2}{OQ_1} = \dfrac{OP}{OQ} = \dfrac{OP_1}{OQ_2}$,即 $OP_1 \cdot OQ_1 = OP_2 \cdot OQ_2$.

由割线定理的逆定理,知 P_1、Q_1、Q_2、P_2 四点共圆.

由于弦 P_1Q_1 的中垂线与弦 P_2Q_2 的中垂线的交点即为该圆的圆心 O'.

于是,我们可得到如下证法:

证明 注意到 AA' 与 AH_A 为等角线. 设 $\angle BAO = \angle H_AAC = \alpha$,如图 3.31,又设点 T 是 A 关于 BC 的对称点,点 M、N 分别是点 T 在直线 AC、AB 上的射影,F 为 A' 在边 BC 上的射影. 联结 $A'C$,TC,则
$$\angle TCM = 2\alpha = \angle BOA' = \angle FCA'$$

于是由 $\text{Rt}\triangle CH_AT \sim \text{Rt}\triangle CEA'$,$\text{Rt}\triangle CFA' \sim \text{Rt}\triangle CTM$,有 $\dfrac{CH_A}{CE} = \dfrac{CT}{CA'} = \dfrac{CM}{CF}$,即有 $CH_A \cdot$

$CF = CM \cdot CE$.

从而知 F、H_A、E、M 四点共圆,且其圆心为 $A'T$ 的中点.

又由等角线的性质 2 知,N、D、E、M 四点共圆,且圆心为 $A'T$ 的中点.

从而 N、D、F、H_A、E、M 六点共圆,其圆心为 $A'T$ 的中点,此圆心即为 $\triangle DEH_A$ 的外心 O_A. 此时有 $H_AO_A // AA'$.

又由等角线的性质 1 知,$AA' \perp H_CH_B$,从而 $O_AH_A \perp H_CH_B$.

同理 $O_BH_B \perp H_AH_C$,$O_CH_C \perp H_AH_B$,故 O_AH_A、O_BH_B、O_CH_C 三线共点于 $\triangle H_AH_BH_C$ 的垂心.

3.5.3 剖析题设结构,试验提炼缩围

例 22 (2011 年第 2 届陈省身杯数学奥林匹克试题) 设 O 为锐角 $\triangle ABC$ 的外心,AO、BO、CO 的延长线分别与 BC、CA、AB 交于点 D、E、F,若 $\triangle ABC \sim \triangle DEF$,证明:$\triangle ABC$ 是正三角形.

探析 如图 3.33,由题设,O 为 $\triangle ABC$ 的外心,当 $\triangle ABC$ 与 $\triangle DEF$ 相似时,O 会成为 $\triangle DEF$ 的什么特殊点呢?经试验,知 O 是 $\triangle DEF$ 的垂心. 事实上,若设 H 是 $\triangle DEF$ 的垂心,DH、EH、FH 分别与 EF、FD、DE 交于点 L、M、N,则由 $\angle EHF = 180° - \angle EDF = 180° - \angle EAF$,知 A、E、H、F 四点共圆,于是,$\angle FAH = \angle FEH$.

同理,由 B、D、H、F 四点共圆得 $\angle FBH = \angle FDH$.

因为 D、E、L、M 四点共圆,所以 $\angle FEM = \angle FDL$.

于是,$\angle FAH = \angle FBH$,因此,$HA = HB$.

同理,$HB = HC$,从而 H 是 $\triangle ABC$ 的外心,即 O 为 $\triangle DEF$ 的垂心. 为了证明 $\triangle ABC$ 为正三角形,需证每一个内角均为 60°. 为此,设 $\angle OBC = \angle OCB = \alpha$,$\angle OCA = \angle OAC = \beta$,$\angle OAB = \angle OBA = \gamma$,则 $\alpha + \beta + \gamma = 90°$.

因为 $BE \perp DF$,所以,$\angle BFD = 90° - \gamma$.

由 $\angle BFC = 2\beta + \gamma$,得 $\angle DFC = 2\beta + \gamma - (90° - \gamma) = 2(\beta + \gamma) - 90° = 90° - 2\alpha$.

又因为 $CF \perp DE$,所以
$$\angle DFC = 90° - \angle FDE = 90° - \angle BAC = 90° - (\beta + \gamma) = \alpha$$
于是,$90° - 2\alpha = \alpha \Rightarrow \alpha = 30°$.

同理,$\beta = \gamma = 30°$,故 $\angle BAC = \angle CBA = \angle ACB = 60°$,因此,$\triangle ABC$ 是正三角形.

例 23 (2006 年江西省竞赛题) 如图 3.34,在 $\triangle ABC$ 中,$AB = AC$,M 是 BC 的中点,D、E、F 分别是边 BC、CA、AB 上的点,且 $AE = AF$,$\triangle AEF$ 的外接圆交线段 AD 于点 P. 若点 P 满足 $PD^2 = PE \cdot PF$,试证明 $\angle BPM = \angle CPD$.

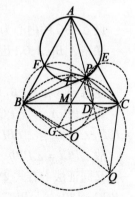

图 3.34

探析 1 首先通过试验探寻满足条件 $PD^2 = PE \cdot PF$ 的点 P 的特殊位置.

注意到 $\triangle ABC$ 为等腰三角形,显然,当 P 为 $\triangle ABC$ 的内心 I 时满足条件. 除此之外,P 应在特殊位置上,经过多次多方试验,点 P 位于过 B、I、C 三点的圆在 $\triangle ABC$ 内的圆弧上时,也满足条件.

事实上,由 B、C、P、I 四点共圆,有
$$\angle IBP = \angle IPC \qquad ①$$
注意到 P 在 $\triangle AEF$ 的外接圆上,且 $AE = AF$,知
$$\angle APE = \angle APF - \frac{1}{2}(180° - \angle A) = \angle ABD = \angle ACD.$$
于是,B、D、P、F 及 D、C、E、P 分别四点共圆,有 $\angle AFP = \angle BDP = \angle CEP$.

注意到式①有 $\angle FBP = \frac{1}{2}\angle B + \angle IBP = \frac{1}{2}\angle C + \angle IPC = \angle DCP$,从而知 $\triangle PFB \backsim \triangle PDC$,$\triangle PBD \backsim \triangle PCE$,即有 $\frac{PF}{PD} = \frac{PB}{PC} = \frac{PD}{PE}$. 故 $PD^2 = PE \cdot PF$.

其次,寻求 $\angle BPM = \angle CPD$ 的证明.

延长 AM 交 $\triangle ABC$ 的外接圆于点 O,则 AO 为该外接圆的直径(因 $AB = AC$),于是,$OB \perp AB$,$OC \perp AC$,且 $OB = OI = OC$,即 O 为点 B、C、P、I 所在圆的圆心,从而 AB、AC 均为圆 O 的切线.

延长 AD 交圆 O 于点 Q,联结 BQ、CQ.

由 $\triangle AQC \backsim \triangle ACP$,$\triangle AQB \backsim \triangle ABP$,有 $\frac{QC}{CP} = \frac{AQ}{AC} = \frac{AQ}{AB} = \frac{QB}{BP}$,即
$$\frac{QC}{CP} = \frac{QB}{BP} \qquad ②$$
对四边形 $BQCP$ 应用托勒密定理,有 $QC \cdot BP + QB \cdot CP = BC \cdot PQ$.

注意到式②及 M 为 BC 的中点,有 $2QC \cdot BP = 2BM \cdot PQ$,即有 $\frac{BP}{BM} = \frac{QP}{QC}$.

再注意到 $\angle PBM = \angle PQC$,即知 $\triangle PBM \backsim \triangle PQC$,故知 $\angle BPM = \angle CPD$.

探析 2 同解析 1,由 $AE = AF$,推知有 $\angle AFP = \angle BDP = \angle CEP$.

设点 P 在边 BC、CA、AB 上的射影分别为 A_1、B_1、C_1,则 $\triangle PDA_1 \backsim \triangle PEB_1 \backsim \triangle PFC_1$.

由 $PD^2 = PE \cdot PF$,得
$$PA_1^2 = PB_1 \cdot PC_1 \qquad ③$$
设 $\triangle ABC$ 的内心为 I,下证 B、C、P、I 四点共圆,即 $\angle PCI = \angle PBI$.

联结 A_1B_1、A_1C_1. 因为 P、A_1、B、C_1 及 P、A_1、C、B_1 分别四点共圆,则
$$\angle APC_1 = 180° - \angle ABC = 180° - \angle ACB = \angle A_1PB_1$$
注意到③知 $\triangle PB_1A_1 \backsim \triangle PA_1C_1$,因此 $\angle PCA_1 = \angle PA_1C_1$.

而 $\angle PB_1A_1 = \angle PCA_1$,$\angle PA_1C_1 = \angle PBC_1$,所 $\angle PCA_1 = \angle PBC_1$. 又 $\angle PCA_1 = \angle PCI + \angle ICB$,$\angle PBC_1 = \angle PBI + \angle IBA$,$\angle ICB = \angle IBA$.

故 $\angle PCI = \angle PBI$.

又同证法 1 有式②,延长 PM 到点 G,使 $GM = PM$,则四边形 $BPCG$ 为平行四边形,从而 $\angle BQC = 180° - \angle BPC = \angle PBG$.

由②有 $\frac{BQ}{CQ} = \frac{PB}{PC} = \frac{PB}{BG}$,即知 $\triangle PBG \backsim \triangle BQC$,由此即有 $\angle BPG = \angle QBC = \angle QPC$,故 $\angle BPM = \angle CPD$.

例24 （2011年第8届东南数学奥林匹克试题）如图 3.35. 设 AA_0、BB_0、CC_0 是 $\triangle ABC$ 的三条角平分线, 自点 A_0 作 $A_0A_1 // BB_0$, $A_0A_2 // CC_0$, 点 A_1、A_2 分别在 AC、AB 上, 直线 A_1A_2 与 BC 交于点 A_3; 类似得到点 B_3、C_3. 证明: A_3、B_3、C_3 三点共线.

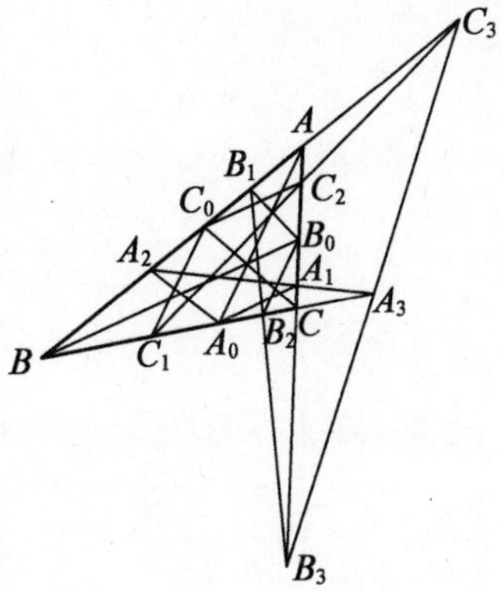

探析 本题中的图虽复杂, 但可提炼出欲证结论中点所处位置. 欲证结论, 可由梅涅劳斯逆定理知, 只需证

$$\frac{AB_3}{B_3C} \cdot \frac{CA_3}{A_3B} \cdot \frac{BC_3}{C_3A} = 1 \qquad ①$$

由直线 $A_2A_1A_3$ 截 $\triangle ABC$ 得

$$\frac{CA_3}{A_3B} \cdot \frac{BA_2}{A_2A} \cdot \frac{AA_1}{A_1C} = 1 \Rightarrow \frac{CA_3}{A_3B} = \frac{A_2A}{BA_2} \cdot \frac{A_1C}{AA_1} \qquad ②$$

由 $BA_2 = \frac{BC_0}{BC} \cdot BA_0$, $AA_2 = \frac{AA_0}{AI} \cdot AC_0$, 得

$$\frac{AA_2}{BA_2} = \frac{AA_0 \cdot AC_0}{BA_2 \cdot BA_0} \cdot \frac{BC}{AI} \qquad ③$$

又由 $AA_1 = \frac{AA_0}{AI} \cdot AB_0$, $CA_1 = \frac{CA_2}{CB} \cdot CB_0$, 得

$$\frac{A_1C}{AA_1} = \frac{CA_0 \cdot CB_0}{AA_0 \cdot AB_0} \cdot \frac{AI}{BC} \qquad ④$$

因为 AA_0、BB_0、CC_0 三线共点, 所以, 由塞瓦定理得

$$\frac{AB_0}{B_0C} \cdot \frac{CA_0}{A_0B} \cdot \frac{BC_0}{C_0A} = 1$$

由式②、③、④得

$$\frac{CA_3}{A_3B} = \frac{CA_0}{BA_0} \cdot \frac{AC_0}{BC_0} \cdot \frac{CB_0}{AB_0} = \left(\frac{CA_0}{A_0B}\right)^2$$

同理

$$\frac{AB_3}{B_3C} = \left(\frac{AB_0}{B_0C}\right)^2, \frac{BC_3}{C_3A} = \left(\frac{BC_0}{C_0A}\right)^2$$

故

$$\frac{AB_3}{B_3C} \cdot \frac{CA_3}{A_3B} \cdot \frac{BC_3}{C_3A} = \left(\frac{AB_0}{B_0C} \cdot \frac{CA_0}{A_0B} \cdot \frac{BC_0}{C_0A}\right)^2 = 1$$

即式①成立.

例25 （2008年俄罗斯数学奥林匹克试题）设 O 为圆 ω 的圆心, 圆 ω 分别与 $\angle BAC$ 的两条边切于点 B、C, Q 是 $\angle BAC$ 内部一点, 线段 AQ 上的一点 P 满足 $AQ \perp OP$, 直线 OP 分别交 $\triangle BPQ$ 的外接圆 ω_1、$\triangle CPQ$ 的外接圆 ω_2 于点 $M(\neq P)$、$N(\neq P)$, 证明: $OM = ON$.

探析 如图 3.36, 观察整个图形结构, 设 $\triangle BPQ$、$\triangle CPQ$ 的外接圆分别交射线 AB、AC 于点 D、E.

由圆幂定理得

$$AB \cdot AD = AP \cdot AQ, AC \cdot AE = AP \cdot AQ$$

故

$$AB \cdot AD = AC \cdot AE$$

由 $AB = AC$, 得 $AD = AE$, 所以, $\triangle ADE$ 是等腰三角形.

图 3.35

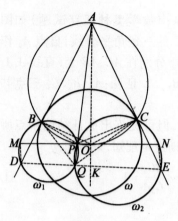

图 3.36

令 K 是 DE 的中点,则 AK 是等腰 $\triangle ADE$ 底边 DE 的中线、高线和顶角平分线. 特别地, AK 通过 O.

因 $\angle ABO = \angle ACO = \angle APO = 90°$.

所以 A、B、C、P、O 位于以 AO 为直径的圆上.

由于四边形 $ABPC$、$BPQD$、$CPQE$ 都是圆内接四边形,故

$$\angle PQD = 180° - \angle PBD = \angle ABP = 180° - \angle ACP = \angle PCE = 180° - \angle PQE$$

从而,点 Q 位于线段 DE 上.

又四边形 $PQDM$ 是圆内接四边形,则 $\angle MDQ = \angle MPQ = 90°$.

由此,$MD \perp DE$. 类似地,$NE \perp DE$.

故 $MD \parallel OK \parallel NE$. 又 $DK = KE$,因此 $OM = ON$.

例 26 (2011 年广东省竞赛题) 若 n 是大于 2 的正整数,求 $\dfrac{1}{n+1} + \dfrac{1}{n+2} + \cdots + \dfrac{1}{2n}$ 的最小值.

探析 当 $n = 3, 4$ 时,分别有

$$\frac{1}{4} + \frac{1}{5} + \frac{1}{6} = \frac{37}{60}$$

$$\frac{1}{5} + \frac{1}{6} + \frac{1}{7} + \frac{1}{8} = \frac{1}{4} + \frac{1}{5} + \frac{1}{6} + \frac{1}{7} + \frac{1}{8} - \frac{1}{4} = \frac{37}{60} + \frac{1}{7} - \frac{1}{8} > \frac{37}{60}$$

从而,可假设 $n = k (k \geq 3)$ 时,$\displaystyle\sum_{i=k+1}^{2k} \frac{1}{i} \geq \frac{37}{60}$.

则当 $n = k + 1$ 时

$$\sum_{i=n+1}^{2n} \frac{1}{i} = \sum_{i=k+2}^{2k+2} \frac{1}{i} = \sum_{i=k+1}^{2k} \frac{1}{i} + \frac{1}{2k+1} + \frac{1}{2k+2} - \frac{1}{k+1}$$

$$= \sum_{i=k+1}^{2k} \frac{1}{i} + \frac{1}{2k+1} - \frac{1}{2k+2} > \sum_{i=k+1}^{2k} \frac{1}{i} \geq \frac{37}{60}$$

因此,所求最小值为 $\dfrac{37}{60}$.

例 27 (2009 年俄罗斯数学奥林匹克试题) 设数列 $\{a_n\}$ 满足 $a_1 \in (1, 2)$,且 $a_{n+1} = a_n + \dfrac{n}{a_n}$,证明:至多存在一对 (i, j),使得 $a_i + a_j \in \mathbf{Z}$.

探析 数列的首项 $a_1 \in (1,2)$ 不确定,首先进行数学试验,分别选取 $(1,2)$ 中三个相对特殊的值作为数列的首项,即

$$a_1 = \frac{5}{4} = 1\frac{1}{4}, a_1 = \frac{3}{2} = 1\frac{1}{2}, a_1 = \frac{7}{4} = 1\frac{3}{4}$$

观察数列的后继项的特点.

当 $a_1 = \frac{5}{4} = 1\frac{1}{4}$ 时

$$a_2 = \frac{5}{4} + \frac{4}{5} = \frac{41}{20} = 2\frac{1}{20}, a_3 = \frac{41}{20} + \frac{40}{41} = \frac{2\,481}{820} = 3\frac{21}{820}$$

当 $a_1 = \frac{3}{2} = 1\frac{1}{2}$ 时

$$a_2 = \frac{3}{2} + \frac{2}{3} = \frac{13}{6} = 2\frac{1}{6}, a_3 = \frac{13}{6} + \frac{12}{13} = \frac{241}{78} = 3\frac{7}{78}$$

当 $a_1 = \frac{7}{4} = 1\frac{3}{4}$ 时

$$a_2 = \frac{7}{4} + \frac{4}{7} = \frac{65}{28} = 2\frac{9}{28}, a_3 = \frac{65}{28} + \frac{56}{65} = \frac{5\,793}{1\,820} = 3\frac{333}{1\,820}$$

根据试验结果,观察 a_1、a_2、a_3 的特点,猜测:$[a_n] = n$,且 $\{a_n\}$ 严格单调下降.

因此,设 $a_n = n + b_n$,猜测等价于 $b_n > 0$,且 $\{b_n\}$ 严格单调下降.

为验证猜测的合理性,选取三种情形中相对简单的 $a_1 = \frac{3}{2} = 1\frac{1}{2}$,计算

$$a_4 = \frac{241}{78} + \frac{234}{241} = \frac{76\,333}{18\,798} = 4\frac{1\,141}{18\,798}$$

猜想成立.

下面利用数学归纳法证明猜测.

令 $b_n = a_n - n$,则

$$b_{n+1} = a_{n+1} - (n+1) = a_n + \frac{n}{a_n} - n - 1$$

$$= b_n + n + \frac{n}{b_n + n} - n - 1 = b_n - \frac{b_n}{b_n + n}$$

$$= b_n \left(1 - \frac{1}{b_n + n}\right)$$

若 $b_n > 0$,则 $\frac{b_{n+1}}{b_n} = 1 - \frac{1}{b_n + n} \in (0,1)$,因此,$b_n > b_{n+1} > 0$,猜测成立.

由 $b_1 \in (0,1)$,若 $b_1 < \frac{1}{2}$,则 $b_i + b_j \in (0,1)$,故 $a_i + a_j \neq$ 整数.

若 $b_1 \geq \frac{1}{2}$,则

$$b_2 = b_1\left(1 - \frac{1}{b_1 + 1}\right) = \frac{b_1^2}{1 + b_1} < \frac{1}{2}$$

$$\Leftrightarrow 2b_1^2 - b_1 - 1 < 0 \Leftrightarrow (2b_1 + 1)(b_1 - 1) < 0$$

故 $a_i + a_j \in \mathbf{Z} \Leftrightarrow b_i + b_j = 1 \Leftrightarrow i,j$ 中必有一个为 1,另一个至多有一个值.

例28 (2012年土耳其数学奥林匹克试题)已知 a、b、c 是正数,且满足 $ab+bc+ca \leqslant 1$,证明:$a+b+c+\sqrt{3} \geqslant 8abc\left(\dfrac{1}{a^2+1}+\dfrac{1}{b^2+1}+\dfrac{1}{c^2+1}\right)$.

探析 由 $ab+bc+ca \leqslant 1$,有 $a^2+ab+bc+ca \leqslant a^2+1$,即
$$\dfrac{1}{a^2+1} \leqslant \dfrac{1}{(a+b)(a+c)}$$

故
$$8abc\left(\dfrac{1}{a^2+1}+\dfrac{1}{b^2+1}+\dfrac{1}{c^2+1}\right) \leqslant 8abc\left[\dfrac{2(a+b+c)}{(a+b)(b+c)(c+a)}\right]$$

注意到
$$(a+b)(b+c)(c+a) = (a+b+c)(ab+bc+ca) - abc$$

和
$$(a+b+c)(ab+bc+ca) \geqslant 9abc$$

有
$$9(a+b)(b+c)(c+a) \geqslant 8(a+b+c)(ab+bc+ca)$$

即
$$\dfrac{18abc}{ab+bc+ca} \geqslant \dfrac{16abc(a+b+c)}{(a+b)(b+c)(c+a)}$$

因此,要证原不等式,只要证
$$a+b+c+\sqrt{3} \geqslant \dfrac{18abc}{ab+bc+ca}$$
$$\Leftrightarrow (a+b+c)(ab+bc+ca)+\sqrt{3}(ab+bc+ca) \geqslant 18abc$$

因 $(a+b+c)(ab+bc+ca) \geqslant 9abc$

故只要证 $\sqrt{3}(ab+bc+ca) \geqslant 9abc$.

又因为 $ab+bc+ca \geqslant 3\sqrt[3]{a^2b^2c^2}$,故只要证 $\sqrt{3} \geqslant 3\sqrt[3]{abc}$.

而由条件 $1 \geqslant ab+bc+ca \geqslant 3\sqrt[3]{a^2b^2c^2} \Rightarrow \dfrac{1}{3\sqrt{3}} \geqslant abc$,综上,原不等式成立.

例29 (2012年波斯尼亚-黑塞哥维那数学竞赛试题)已知正实数 a、b、c 满足 $a^2+b^2+c^2=1$,求证:$\dfrac{a^3}{b^2+c}+\dfrac{b^3}{c^2+a}+\dfrac{c^3}{a^2+b} \geqslant \dfrac{\sqrt{3}}{1+\sqrt{3}}$.

探析 注意变形,由柯西(或权方和)不等式,得
$$\dfrac{a^3}{b^2+c}+\dfrac{b^3}{c^2+a}+\dfrac{c^3}{a^2+b} = \dfrac{a^4}{ab^2+ca}+\dfrac{b^4}{bc^2+ab}+\dfrac{c^4}{ca^2+bc}$$
$$\geqslant \dfrac{(a^2+b^2+c^2)^2}{ab^2+ca+bc^2+ab+ca^2+bc} = \dfrac{1}{ab^2+bc^2+ca^2+ab+bc+ca}$$

于是,只要证明
$$\dfrac{1}{ab^2+ca^2+bc^2+ca+ab+bc} \geqslant \dfrac{\sqrt{3}}{1+\sqrt{3}}$$

它等价于
$$\sqrt{3}(ab^2+bc^2+ca^2+ab+bc+ca) \leqslant 1+\sqrt{3} \qquad (*)$$

因
$$\sqrt{3}(ab+bc+ca) \leqslant \sqrt{3}(a^2+b^2+c^2) = \sqrt{3} \qquad ①$$
$$\sqrt{3}(ab^2+bc^2+ca^2) \leqslant \sqrt{3} \cdot \sqrt{(a^2+b^2+c^2)(a^2b^2+b^2c^2+c^2a^2)}$$

$$= \sqrt{3(a^2b^2 + b^2c^2 + c^2a^2)} = \sqrt{(a^2+b^2+c^2)^2} = 1 \qquad ②$$

由①+②立知不等(*)成立. 故

$$\frac{a^3}{b^2+c} + \frac{b^3}{c^2+a} + \frac{c^3}{a^2+b} \geq \frac{\sqrt{3}}{1+\sqrt{3}}$$

例30 （1999年全国高中数学联赛试题）设 a_n 为下述自然数 N 的个数：N 的各位数字之和为 n 且每位数字只能取 1、3 或 4，求证：$a_{2n}(n=1,2,\cdots)$ 是完全平方数.

探析 先进行简单的数学试验：

当 $n=1$ 时，$a_1=1$；

当 $n=2$ 时，$N=11$，从而 $a_2=1$；

当 $n=3$ 时，$N=111,3$，从而 $a_3=2$；

当 $n=4$ 时，$N=1111,13,31,4$，从而 $a_4=4$；

当 $n=5$ 时，$N=11111,113,131,311,14,41$，从而 $a_5=6=4+1+1=a_4+a_2+a_1$；

当 $n=6$ 时，$N=111111,1113,1131,1311,3111,114,141,411,33$，从而 $a_6=9=6+2+1=a_5+a_3+a_2$；

当 $n=7$ 时，$N=1111111,11113,11131,11311,13111,31111,133,313,331,34,43$，从而 $a_7=15=9+4+2=a_6+a_4+a_3$.

综上，可设 $N=\overline{x_1x_2\cdots x_k}$，其中 $x_1,x_2,\cdots,x_k \in \{1,3,4\}$，且 $x_1+x_2+\cdots+x_k=n$. 假定 $n>4$，删去 x_1，则当 x_1 依次取 1,3,4 时，$x_2+x_3+\cdots+x_k$ 依次取 $n-1,n-3,n-4$，则有递推关系 $a_n = a_{n-1} + a_{n-3} + a_{n-4}$.

易知 $a_1=1, a_2=1, a_3=2, a_4=4$，数列 $\{a_n\}$ 的特征方程为 $x^4-x^3-x-1=0$.

分解因式得

$$(x^2+1)(x^2-x-1)=0 \qquad ①$$

注意到式①左端含有因式 x^2-x-1，而 $x^2-x-1=0$ 正是斐波那契数列 $\{f_n\}$ 的特征方程，其中

$$f_0=f_1=1, f_n=f_{n-1}+f_{n-2} \quad (n \geq 2)$$

这使我们想到，数列 $\{a_n\}$ 是否含有斐波那契数列 $\{f_n\}$ 的某种"基因"？

下面将两个数列加以比较：

$$a_1=1=f_0f_1, a_2=1=f_1^2, a_3=2=f_1f_2, a_4=4f_2^2, a_5=6=f_2f_3, a_6=9=f_3^2, \cdots\cdots$$

由此猜想，一般地有

$$a_{2n}=f_n^2, a_{2n+1}=f_nf_{n+1} \qquad ②$$

对 n 用数学归纳法.

当 $n=1、2$ 时皆已验证.

设式②已对于 n 成立，则在 $n+1$ 时

$$a_{n+2} = a_{2n+1} + a_{2n-1} + a_{2n-2} = f_nf_{n+1} + f_{n-1}f_n + f_{n-1}^2 = f_nf_{n+1} + f_{n-1}f_{n+1} = f_{n+1}^2$$

$$a_{2n+3} = a_{2n+2} + a_{2n} + a_{2n-1} = f_{n+1}^2 + f_n^2 + f_{n-1}f_n = f_{n+1}^2 + f_nf_{n+1} = f_{n+1}f_{n+2}$$

因此，对所有正整数 n，式②皆成立，故结论得证.

例31 （2005年捷克和斯洛伐克数学奥林匹克试题）正整数数列 $\{a_n\}$ 满足 $a_{n+1}=a_n+b_n(n \geq 1)$，其中 b_n 是将 a_n 的各位数字反过来写而得到的（b_n 的首位数字可以为零），例如，

$a_1=170$ 时,$a_2=241$,$a_3=383$,$a_4=766$,等等. 问:a_7 是否可以是一个质数?

探析 首先进行简单的数学试验,取 $a_1=1$,则
$$a_2=2,a_3=4,a_4=8,a_5=16,a_6=77,a_7=847=7\times 11^2$$
猜测:a_7 不是质数,且含有某个特殊的质因子.

与数码颠倒顺序无关的质数 3 显然不是那个特殊的质因子,易知,质数 7 与数码颠倒顺序的关系非常小,质数 11 与数码颠倒顺序关系相对较大.

容易证明:

若 $11|a_n \Rightarrow 11|b_n \Rightarrow 11|a_{n+1}$.

另一方面,若 a_n 是偶数位数,即 $a_n=\overline{x_{2m-1}x_{2m-2}\cdots x_1 x_0}$,则
$$a_n \equiv x_0-x_1+x_2-x_3+\cdots+x_{2m-2}-x_{2m-1}(\bmod 11)$$
$$b_n \equiv x_{2m-1}-x_{2m-2}+x_{2m-3}-x_{2m-4}+\cdots+x_1-x_0(\bmod 11)$$

故
$$a_{n+1}=a_n+b_n \equiv 0(\bmod 11)$$

若 a_1 是偶数位数,则 $11|a_2$,故 $11|a_7$.

若 a_1 是奇数位数,接下来证明 $a_2,a_3,\cdots,a_6$ 中至少有一个是偶数位数,故 $11|a_7$.

否则假设 $a_2,a_3,\cdots,a_6$ 均为奇数位数.

设 $a_1=\overline{x_{2k}x_{2k-1}\cdots x_1 x_0}$,则 $b_1=\overline{x_0 x_1\cdots x_{2k}}$

根据假设知 $a_2,a_3,\cdots,a_6$ 必均为 $2k+1$ 位数,于是

$$\begin{cases} a_2 \text{ 有 } 2k+1 \text{ 位数} \Rightarrow x_0+x_{2k}<10 \\ a_2 \text{ 的末位数字}=x_0+x_{2k} \\ a_2 \text{ 的首位数字}=x_0+x_{2k}+0 \text{ 或 } x_0+x_{2k}+1 \end{cases}$$

同理
$$\begin{cases} a_3 \text{ 有 } 2k+1 \text{ 位数} \Rightarrow 2(x_0+x_{2k})<10 \\ a_3 \text{ 的末位数字} \geq 2(x_0+x_{2k}) \\ a_3 \text{ 的首位数字} \geq 2(x_0+x_{2k}) \end{cases}$$

$$\begin{cases} a_4 \text{ 有 } 2k+1 \text{ 位数} \Rightarrow 4(x_0+x_{2k})<10 \\ a_4 \text{ 的末位数字} \geq 4(x_0+x_{2k}) \\ a_4 \text{ 的首位数字} \geq 4(x_0+x_{2k}) \end{cases}$$

$$\begin{cases} a_5 \text{ 有 } 2k+1 \text{ 位数} \Rightarrow 8(x_0+x_{2k})<10 \\ a_5 \text{ 的末位数字} \geq 8(x_0+x_{2k}) \\ a_5 \text{ 的首位数字} \geq 8(x_0+x_{2k}) \end{cases}$$

a_6 有 $2k+1$ 位数$\Rightarrow 16(x_0+x_{2k})<10$,这显然是不可能的.

故假定不成立,即 $a_2,a_3,\cdots,a_6$ 中至少有一个是偶数位数,进而,$11|a_7$.

若 a_7 是质数,则 $a_7=11$. 此时,$a_6=10$,$a_5=5$,而不能求出 a_4、a_3、a_2、a_1.

故 $a_7 \neq 11$,即 a_7 不是一个质数.

例 32 (第 1 届陈省身杯数学奥林匹克试题)求方程 $3^p+4^p=n^k$ 的正整数解(p,n,k),其中,p 为质数,$k>1$.

探析 进行缩围. 显然,$3^2+4^2=5^2$,即 $p=2$,$n=5$,$k=2$ 是方程的一组解.

以下不妨设 p 为奇质数,令 $p=2l+1$,则

$$n^k = 3^{2l+1} + 4^{2l+1} = (3+4)(3^{2l} - 3^{2l-1} \times 4 + 3^{2l-2} \times 4^2 - \cdots + 4^{2l})$$

于是, $7 \mid n^k$, $7 \mid n$.

由 $k > 1$, 得 $49 \mid n^k$, 即 $3^{2l+1} + 4^{2l+1} \equiv 0 (\mathrm{mod}\ 49)$.

由二项式定理得

$$3^{2l+1} = 3 \times 9^l = 3(7+2)^l \equiv 3(l \times 7 \times 2^{l-1} + 2^l) \equiv (21l + 6)2^{l-1} (\mathrm{mod}\ 49)$$

$$4^{2l+1} = 4(14+2)^l \equiv 4(l \times 14 \times 2^{l-1} + 2^l) \equiv (56l + 8)2^{l-1} (\mathrm{mod}\ 49)$$

故

$$3^{2l+1} + 4^{2l+1} \equiv (77l + 14)2^{l-1} (\mathrm{mod}\ 49)$$

由 $49 \mid (3^{2l+1} + 4^{2l+1})$, 得

$$49 \mid (77l + 14) \Leftrightarrow 7 \mid (11l + 2) \Leftrightarrow 7 \mid (4l + 2)$$

即

$$4l + 2 \equiv 0 (\mathrm{mod}\ 7)$$

此同余式的解为 $l \equiv 3 (\mathrm{mod}\ 7)$.

故 $p = 2l + 1 \equiv 0 (\mathrm{mod}\ 7)$.

又 p 为质数, 因此, p 只能为 7.

注意到 $3^7 + 4^7 = 2\ 187 + 16\ 384 = 18\ 571 = 49 \times 379$.

但 379 为质数, 故上式不可能写成 $n^k (k \geq 2)$ 形式, 即当 p 为奇质数时无解.

综上, 方程只有一组正整数解 $(p, n, k) = (2, 5, 2)$.

例 33 (2010 年上海市 TI 杯竞赛题)黑板上写有 $1, 2, \cdots, 666$ 这 666 个正整数, 第一步划去最前面的八个数: $1, 2, \cdots, 8$, 并在 666 后面写上 $1, 2, \cdots, 8$ 的和 36; 第二步再划去最前面的八个数: $9, 10, \cdots, 16$, 并在最后面写上 $9, 10, \cdots, 16$ 的和 100. 如此继续下去(即每一步划去最前面的八个数, 并在最后写上划去的八个数的和).

(1)经过多少步后黑板上只剩下一个数?

(2)当黑板上只剩下一个数时, 求出在黑板上出现过的所有数的和(如果一个数多次出现需重复计算).

探析 (1)由于每一步划去 8 个数后, 又写上了一个和数, 因此, 每一步均减少了 7 个数, 故经过 $\dfrac{666-1}{7} = 95$ 步后, 只剩下了一个数.

(2)由题设, 第一步划去最前面的 8 个数后, 写上它们和数 36, 其总和不变; 第二步划去剩下最前面的 8 个数后, 写上它们的和 100, 其总和仍不变; 每一步后其总和仍不变.

由于要求计算当黑板上只剩下一个数时, 黑板上出现过的所有数的和(如果一个数多次出现需重复计算), 于是, 经试验, 当只有 8 个数时, 经过一步后其和仍为 36, 但出现过的所有数的和为 2×36; 当有 64 个数, 即 $1, 2, \cdots, 64$ 时, 经过 8 步后, 其和仍为 32×65, 但出现过的所有数的和为 $3 \times 32 \times 65$; 当有 512 个数, 即 $1, 2, \cdots, 512$ 时, 经过 64 步后, 其和仍为 256×513, 但出现过的所有数的和为 $4 \times 256 \times 513$.

于是由 $666 - 512 = 154$, 则经过 $\dfrac{154}{7} = 22$ 步后, 有 512 个数.

在 22 步中, 一共划去 $22 \times 8 = 176$ 个数, 其和为 $1 + 2 + \cdots + 176 = 88 \times 177$.

记 $S = 1 + 2 + \cdots + 666 = 333 \times 667$.

则经过 22 步后, 剩下的 512 个数的和还是 S.

假设原来有 8^k 个数,其和为 x,则经过 8^{k-1} 步后,原来的 8^k 个数都划去了,黑板上剩下的 8^{k-1} 个数的和仍然是 x.

因此,当继续下去黑板上只剩下一个数时,所有数的和是 $(k+1)x$.

所以,当黑板上只剩下一个数时,在黑板上出现过的所有数的和为
$$88 \times 177 + 4S = 88 + 177 + 4 \times 333 \times 667 = 904\ 020$$

例34 (2004 年全国高中数学联赛试题)对于整数 $n \geq 4$,求出最小的整数 $f(n)$,使得对于任何正整数 m,集合 $\{m, m+1, \cdots, m+n-1\}$ 的任一个 $f(n)$ 元子集中,均有至少 3 个两两互素的元素.

探析 进行筛选缩围. 当 $n \geq 4$ 时,对集合 $M = \{m, m+1, m+2, \cdots, m+n-1\}$,若 m 为奇数,则 $m, m+1, m+2$ 两两互质;若 m 为偶数,则 $m+1, m+2, m+3$ 两两互质,于是 M 的所有 n 元子集中都至少有 3 个两两互质的数,所以 $f(n)$ 存在,且 $f(n) \leq n$.

设 $T_n = \{t | t \leq n+1,$ 且 $2|t$ 或 $3|t\}$,则 T_n 为 $\{2, 3, \cdots, n+1\}$ 的子集,但 T_n 中任何 3 个都不两两互质,所以 $f(n) \geq |T_n| + 1$.

由容斥原理
$$|T_n| = \left[\frac{n+1}{2}\right] + \left[\frac{n+1}{3}\right] - \left[\frac{n+1}{6}\right] + 1$$

所以
$$f(n) \geq \left[\frac{n+1}{2}\right] + \left[\frac{n+1}{3}\right] - \left[\frac{n+1}{6}\right] + 1$$

此外,注意到 $\{m, m+1, m+2, \cdots, m+n\} = \{m, m+1, m+2, \cdots, m+n-1\} \cup \{m+n\}$,所以 $f(n+1) \leq f(n) + 1$.

所以 $f(4) \geq 4, f(5) \geq 5, f(6) \geq 5, f(7) \geq 6, f(8) \geq 7, f(9) \geq 8$.

下面证明 $f(6) = 5$.

设 $x_1, x_2, x_3, x_4, x_5 \in \{m, m+1, m+2, \cdots, m+5\}$,并设 $x_i (1 \leq i \leq 5)$ 中有 k 个奇数.

因为 $\{m, m+1, m+2, \cdots, m+5\}$ 中最多 3 个偶数,从而 x_1, x_2, x_3, x_4, x_5 中最多 3 个偶数,所以 $k \geq 2$.

因为 $\{m, m+1, m+2, \cdots, m+5\}$ 中最多 3 个奇数,从而 x_1, x_2, x_3, x_4, x_5 中最多 3 个奇数,所以 $k \leq 3$.

若 $k = 3$,则 3 个奇数两两互质.

若 $k = 2$,则不妨设 x_1, x_2 为奇数,x_3, x_4, x_5 为偶数,当 $3 \leq i < j \leq 5$ 时,$|x_i - x_j| \leq (m+5) - m = 5$,但 $x_i - x_j$ 为偶数,所以 $|x_i - x_j| = 2$ 或 4,于是 $x_i \equiv x_j \pmod{3}, x_i \equiv x_j \pmod{5}$,从而 x_3, x_4, x_5 至多 1 个为 3 的倍数,也至多 1 个为 5 的倍数,于是至少 1 个既不是 3 的倍数又不是 5 的倍数,设这个数为 x_3.

考察 3 个数 x_1, x_2, x_3,因为 $1 \leq i < j \leq 3$ 时,$|x_i - x_j| \leq (m+5) - m = 5$,所以 x_i, x_j 的公因数不大于 5,但 x_3 既不是 3 的倍数又不是 5 的倍数,所以 $(x_1, x_3) = (x_2, x_3) = 1$. 又 $x_1 - x_2$ 为偶数,所以 $|x_1 - x_2| = 2$ 或 4,所以 $(x_1, x_2) = 1$,即 x_1, x_2, x_3 两两互质,所以 $f(6) = 5$.

由 $f(7) \geq 6, f(7) \leq f(6) + 1 = 5 + 1 = 6$,有 $f(7) = 6$.

类似地,$f(8) = 7, f(9) = 8$.

这表明,当 $4 \leq n \leq 9$ 时
$$f(n) = \left[\frac{n+1}{2}\right] + \left[\frac{n+1}{3}\right] - \left[\frac{n+1}{6}\right] + 1 \qquad ①$$

下面用数学归纳法证明式①对所有大于3的正整数成立.

假设 $n \leq k(k \geq 9)$ 时式①成立,当 $n = k+1$ 时,因为 $\{m, m+1, m+2, \cdots, m+k\} = \{m, m+1, m+2, \cdots, m+k-6\} \cup \{m+k-5, m+k-4, \cdots, m+k\}$,所以
$$f(k+1) \leq f(k-5) + f(6) - 1$$

由归纳假设,有
$$f(k+1) \leq \left(\left[\frac{k-5+1}{2}\right] + \left[\frac{k-5+1}{3}\right] - \left[\frac{k-5+1}{6}\right] + 1\right) +$$
$$\left(\left[\frac{6+1}{2}\right] + \left[\frac{6+1}{3}\right] - \left[\frac{6+1}{6}\right] + 1\right) - 1$$
$$= \left(\left[\frac{k}{2}\right] - 2 + \left[\frac{k-1}{3}\right] - 1 - \left[\frac{k-4}{6}\right] + 1\right) + (3+2-1+1) - 1$$
$$= \left(\left[\frac{k}{2}\right] + 1 + \left[\frac{k-1}{3}\right] + 1 - \left[\frac{k-4}{6}\right] - 1\right) + 1$$
$$= \left[\frac{k+2}{2}\right] + \left[\frac{k+2}{3}\right] - \left[\frac{k+2}{6}\right] + 1$$

式①成立.

故对所有大于3的正整数 n,有
$$f(n) = \left[\frac{n+1}{2}\right] + \left[\frac{n+1}{3}\right] - \left[\frac{n+1}{6}\right] + 1$$

3.6 竞赛数学的教学与专题培训探讨

数学竞赛是一种特殊形式的考试,因此竞赛数学的教学与培训应防止步入应试教育的倾向,避免采用应试教育的教学方略,可以选择一些典型专题进行培训.

激发学习数学兴趣,提高学习的主动精神,是竞赛数学教学与培训的一条指导原则.如果教学与训练工作不考虑不断激发学生的兴趣和能力水平,长时间的高难问题训练会产生反作用,产生疲劳情绪,甚至导致思维混乱变成学生的沉重负担.自主性的学习是培优教学所必需的.在数学竞赛典型专题培训中,始终要注意培养良好的数学认知结构和进行广泛迁移的能力.现代数学论中,布鲁纳强调"学科知识结构",瓦根舍因注重通过范例使学生掌握一般原理,形成结构性的认识.这说明所学知识达到结构性的认识是非常重要的,知识不形成结构,也就不能进行迁移.为了培养学生良好的数学认识结构,在这些精心组织的数学竞赛典型专题培训中,不仅要注重局部,更要注重整体,还要注重过程,并把常规数学教学与竞赛培训教学有机地结合.同时,也要突出数学思想、方法,强调在理解的基础上创新.现代教学论强调理解学习内容的本质特征,使新旧知识建立起本质的非人为的联系,这样才能灵活地运用已有知识和经验,解决问题,发现问题.竞赛数学的教学与培训在一定意义上是以解竞赛题为中心的教学,如果孤立地处理问题,不注重问题的背景和相关的知识系统与命题系统的关系,便不会收到锻炼学生思维的目的.因此,必须突出数学思想方法,在把握问题、理解问题的基础上创新.

还要运用交往的功能发挥智力群体的作用.现代教学论,特别是交往教学论与社会心理学,都十分强调环境与交往对人的发展的影响.由于数学竞赛活动培训的都是数学学习成绩

较好的学生是相对集中的智力群体,每个人都有自己的长处,"强中自有强中手",每个人都可以找到自己的参照进取目标,可适当地组织探讨式教学,以形成师生、学生间的多向信息交流,发挥互补式交往功能,促使解题思路更加优化,知识理解更加透彻,创新精神更加开拓.

本书接下来以平面几何、代数内容介绍六个专题培训内容供参考.

第4章 专题培训1:三角形的垂心图

4.1 三角形垂心图的特性[1][2]

在△ABC中,AD、BE、CF分别为BC、CA、AB边上的高,H为垂心,如图4.1所示.

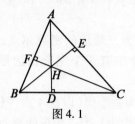

图 4.1

性质1 图4.1中,有18对相似的直角三角形.

事实上,视△ABD等为大直角三角形,△BDH等为小直角三角形,则大对大有3对,小对小有3对,大对小有12对.

如果联结DE、EF、FD,还可有12对相似的非直角三角形.例如,对于点D,有△DFA∽△DHE,△DFH∽△DAE,△DFC∽△DBE,△DBF∽△DEC,△DEC∽△ABC 5对.

性质2 图4.1中有6组四点共圆,如图4.2所示.

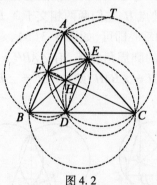

图 4.2

这6组四点共圆中,以BC、CA、AB边为直径有3组,以AH、BH、CH为直径的有3组.

推论 设O为△ABC的外心,E、F分别为高CE、BF的垂足,则AO⊥FE.

事实上,过A作圆O的切线AT,则AO⊥AT.此时由B、C、E、F共圆及弦切角定理,有∠TAC=∠ABC=∠AEF,从而AT∥TE,故AO⊥FE.

若注意到∠ABC=∠AEF,则称FE与BC逆平行.这样,我们便可得上述推论进一步推广,得到结论:

---

① 沈文选.数学竞赛解题策略·几何分册[M].杭州:浙江大学出版社,2015.
② 沈文选.奥林匹克数学中的几何问题[M].长沙:湖南师范大学出版社,2015.

推广结论 三角形的一个顶点与其外心联线垂直于该顶点所对的边的逆平行线.

这6组四点共圆中,两圆相交有15条根轴(公共弦),即每条边上有两段,3条高,垂心 H 到三边的距离有3段,垂足 $\triangle DEF$ 的三边. 因而图中有7个根心(三条根轴的交点):即 A、B、C、D、E、F. 这7个根心中有4个是三个圆的公共点,有3个是四个圆的公共点.

对于一个三角形,若在三边所在直线上(边或延长线上)各取一点,以每个顶点及这顶点所在两边上取的各一点这三点作圆,则这样的三个圆共点,并称此点为三角形的密克尔点.

4条直线两两相交,且没有3条直线共点所得线段组成有6个顶点的图称为完全四边形,完全四边形中有4个三角形,且4个三角形的外接圆共点(参见专题3:完全四边形),并称此点为完全四边形的密克尔点.

性质3 图4.2中,有4个点为三角形的密克尔点: H、A、B、C 分别为 $\triangle ABC$、$\triangle BHC$、$\triangle AHC$、$\triangle AHB$ 的密克尔点;图4.2中有3个完全四边形:$AFBHCE$、$BDCHAF$、$CEAHBD$, 且 D、E、F 分别为其密克尔点.

性质4 图4.1中,A、B、C、H 为垂心组(以这4点中任三点为顶点作三角形,其余一点为该三角形的垂心,A、B、C、H 均可作为一个三角形的垂心).

此时,垂心组的4个三角形的外接圆是等圆.

事实上,如图4.3(a),延长 AD 交 $\triangle ABC$ 的外接圆于点 H_1,则由 $\angle H_1CB = \angle H_1AB = \angle BCH$ 及 $AD \perp BC$ 知 $\triangle H_1CH$ 为等腰三角形,从而 H 与 H_1 关于 BC 对称.

于是,$\triangle BH'C$ 与 $\triangle BHC$ 关于 BC 对称,即圆 BHC 与圆 BH_1C 关于 BC 对称. 从而这两个圆为等圆,即 $\triangle BHC$ 的外接圆与 $\triangle ABC$ 的外接圆也相等.

同理,$\triangle AHB$、$\triangle AHC$ 的外接圆与 $\triangle ABC$ 的外接圆也相等.

反之,若三个等圆有一个公共点 H,它们两两相交于 A、B、C,则 H、A、B、C 为垂心组.

我们只需证明 H 为 $\triangle ABC$ 的垂心即可,如图4.3(b),延长 BH 交 AC 于 E,延长 CH 交 AB 于 F. 注意到等圆中等弧所对的圆周角相等,有 $\angle ABH = \angle ACH$,从而 B、C、E、F 四点共圆,即有 $\angle BCF = \angle BEF$. 又 $\angle BCH = \angle BAH$,则 $\angle HEF = \angle BEF = \angle BAH = \angle HAF$, 从而 H、E、A、F 四点共圆.

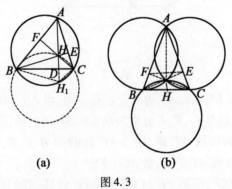

图4.3

此时,$\angle AFH = \angle HEC = \angle BEC = \angle BFC$,从而 $CF \perp AB$.

同理,$BE \perp AC$, 故 H 为 $\triangle ABC$ 的垂心.

性质5 在 $\triangle ABC$ 中,垂心 H 关于边的对称点在 $\triangle ABC$ 的外接圆上;垂心 H 关于边的中点的对称点也在 $\triangle ABC$ 的外接圆上,且此对称点与相对顶点的联线为圆的直径.

事实上,此性质前述结论可由图 4.3(a) 来证(略)

对于此性质的后述结论,可由图 4.4 来证:

设 M 为 BC 中点,延长 HM 至 M_1,使 $MM_1 = HM$,则四边形 BM_1CH 为平行四边形,从而 $\angle BM_1C = \angle BHC = 180° - \angle BAC$,即知 A、B、M_1、C 四点共圆,亦即知 H 关于边 BC 中点 M 的对称点 M_1 在 $\triangle ABC$ 的外接圆上.

同理,可证 H 关于关于 AB 的中点、关于 AC 的中点的在 $\triangle ABC$ 的外接圆上.

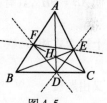

图 4.4

此时,注意到 $M_1C \parallel BH$,知 $\angle M_1CA = 90°$,即为 AM_1 为 $\triangle ABC$ 外接圆的直径.

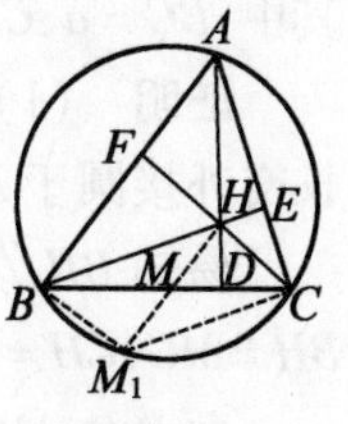

性质 6 图 4.5 中,H 为 $\triangle DEF$ 的内心,A、B、C 为 $\triangle DEF$ 的三个旁心.

事实上,由 B、D、H、F,D、C、E、H 及 B、C、E、F 分别四点共圆,有 $\angle FDH = \angle FBH = \angle FCE = \angle HDE$,知 HD 平分 $\angle FDE$.

同理,HE、HF 分别平分 $\angle DEF$、$\angle DFE$,即知 H 为 $\triangle DEF$ 的内心.

由 HD、HE、HF 分别与 BC、CA、AB 垂直. 如 A、B、C 均为 $\triangle DEF$ 的旁心.

此时在图 4.5 中,DF 与 FE 关于 FC 对称,也关于 AB 对称,DE 与 DF 关于 AD 对称,也关于 BC 对称,EF 与 ED 关于 BE 对称,也关于 AC 对称.

在图 4.3(a) 中,设 AD、BE、CF 分别延长交 $\triangle ABC$ 的外接圆于点 H_1、H_2、H_3,则 H 为 $\triangle H_1H_2H_3$ 的内心(图略,证略).

性质 7 分别过 A、B、C 作对边的平行线. 分别交于点 A_1、B_1、C_1,则 H 为 $\triangle A_1B_1C_1$ 的外心.

图 4.5

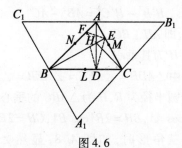

图 4.6

事实上,四边形 $ABCB_1$、C_1BCA 分别为平行四边形,知 $AB_1 = BC = C_1A$,即知 A 为 C_1B_1 的中点. 又 $AD \perp BC$,即知 AD 为 C_1B_1 的中垂线. 同理,BE、CF 分别为 C_1A_1、A_1B_1 的中垂线. 由于三角形三边的中垂线交于一点,该点 H 即为 $\triangle A_1B_1C_1$ 的外心.

此时,由平行四边形的性质,知 $\triangle ABC$ 三边 BC、CA、AB 的中点 L、M、N 分别在对角线 AA_1、BB_1、CC_1 上.

注 上面也证明了三角形三条高线交于一点.

性质 8 设 H 为锐角 $\triangle ABC$ 内一点,则 H 为 $\triangle ABC$ 的充分必要条件是同时满足 $\angle BHC = 180° - \angle A$,$\angle AHB = 180° - \angle C$,$\angle AHC = 180° - \angle B$.

事实上,如图 4.3(a),必要性显然.

充分性:若 $\angle BHC = 180° - \angle A$,设 H' 为 $\triangle ABC$ 的垂心,则点 H 在 $\triangle BH'C$ 的外接圆上. 同理,点 H 也在 $\triangle AH'C$、$\triangle AH'B$ 的外接圆上,即知 H 与 H' 重合.

性质 9　在 $\triangle ABC$ 中，AD、BE、CF 为三条高，H 为垂心，则：

(1)
$$AH \cdot HD = BH \cdot HE = CH \cdot HF$$
$$AH^2 + a^2 = BH^2 + b^2 = CH^2 + c^2 = 4R^2$$

其中，$BC = a, CA = b, AB = c, R$ 为 $\triangle ABC$ 外接圆半径.

证明　(1)略；(2)如图 4.7，作 $\triangle ABC$ 的外接圆圆 O，联结 AO 并延长交外接圆于 M，联结 BM, CM，则由性质 5 证后说明，知 $AM = 2R$.

易知 $BH \parallel MC, CH \parallel BM$，因此，四边形 $BMCH$ 为平行四边形. 于是，$BH = MC, CH = BM$.

在 Rt$\triangle AMC$ 中，$MC^2 + b^2 = AM^2$；在 Rt$\triangle ABM$ 中，$BM^2 + c^2 = AM^2$，所以 $BH^2 + b^2 = CH^2 + c^2 = (2R)^2$.

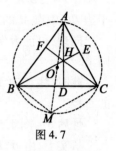

图 4.7

同理，过 C 作直径，可证得 $AH^2 + a^2 = (2R)^2$，因此
$$AH^2 + a^2 = BH^2 + b^2 = CH^2 + c^2 = (2R)^2$$

注　①对于(2)的证明，或由勾股定理有 $AH^2 + BC^2 = AE^2 + HE^2 + BE^2 + CE^2 = (AE^2 + EB^2) + (HE^2 + CE^2) = AB^2 + CH^2$ 等，即可；其逆命题也是成立的. 事实上，设延长 AH 至 H'，使 $AH = HH'$，且有四边形 $ABH'C$ 为凸四边形. 由中线长公式，有
$$AB^2 + H'B^2 = 2(AH^2 + BH^2), AC^2 + HC^2 = 2(AH^2 + CH^2)$$

上述两式相减，有
$$AB^2 - AC^2 + H'B^2 - H'C^2 = 2(BH^2 - CH^2)$$

又由题设
$$AB^2 - AC^2 = BH^2 - CH^2$$

所以
$$H'B^2 - H'C^2 = AB^2 - AC^2$$

由定差幂线定理 $AH' \perp BC$，即 $AH \perp BC$.

同理 $BH \perp CA, CH \perp AB$，故 H 为其垂心.

②(1)的逆命题亦成立，可由 $\angle ADB = \angle AFC = \angle AEB = \angle ADC$，有 $AD \perp BC$ 等即证.

性质 10　设 $\triangle ABC$ 的外接圆半径为 R, H 为 $\triangle ABC$ 的垂心，则
$$AH = 2R|\cos A|, BH = 2R|\cos B|, CH = 2R|\cos C|$$

证明　当 $\triangle ABC$ 为锐角三角形时，如图 4.8，显然 $\angle AHE = \angle ACB$，从而
$$\sin \angle ACB = \sin \angle AHE = \frac{AE}{AH}$$

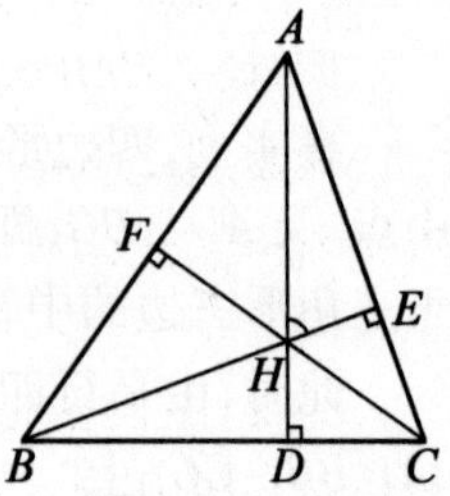

在 Rt$\triangle ABE$ 中，$AE = AB \cdot \cos \angle BAC$，故
$$AH = \frac{AB \cdot \cos \angle BAC}{\sin \angle ACB} = \frac{2R \cdot \sin \angle ACB \cdot \cos \angle BAC}{\sin \angle ACB}$$
$$= 2R \cdot \cos \angle BAC = 2R \cdot |\cos A|$$

同理　　　　　$BH = 2R \cdot |\cos B|, CH = 2R \cdot |\cos A|$

图 4.8

当 $\triangle ABC$ 为钝角三角形时，不妨设 $\angle A$ 为钝角. 此时，只需调换换图 4.8 中字母 A 与 H，E 与 F 的位置，图形不变，即得 $AH = 2R \cdot |\cos A|, BH = 2R \cdot |\cos B|, CH = 2R \cdot |\cos C|$.

当 $\triangle ABE$ 为直角三角形时，不妨设 $\angle A$ 为直角，此时，垂心 H 与 A、E、F 重合. 显然 $AH = $

$2R \cdot |\cos A|$, $BH = 2R \cdot |\cos B|$, $CH = 2R \cdot |\cos C|$.

性质 11 H 为锐角 $\triangle ABC$ 所在平面内一点, H 为 $\triangle ABC$ 的垂心的充要条件是下列条件之一成立:

(1) H 关于三边的对称点均在 $\triangle ABC$ 的外接圆上;

(2) $\triangle ABC$、$\triangle ABH$、$\triangle BCH$、$\triangle ACH$ 的外接圆是等圆;

(3) H 关于三边中点的对称点均在 $\triangle ABC$ 的外接圆上;

(4) $\angle HAB = \angle HCB$, $\angle HBC = \angle HAC$;

(5) $\angle BAO = \angle HAC$, $\angle ABO = \angle HBC$, $\angle ACO = \angle HCB$, 其中 O 为 $\triangle ABC$ 的外心.

证明 (1)必要性: 由性质 5 即得, 如图 4.9 所示.

充分性: 设 H 关于边 BC 的对称点 D' 在 $\triangle ABC$ 外接圆上, 则 $\angle BHC = \angle BD'C$, 且 $\angle BD'C + \angle A = 180°$, 从而 $\angle BHC = 180° - \angle A$.

同理, $\angle AHC = 180° - \angle B$, $\angle AHB = 180° - \angle C$.

此时, 设 H' 为 $\triangle ABC$ 的垂心, 则由性质 8 知 $\angle BH'C = 180° - \angle A$, $\angle AH'C = 180° - \angle B$, $\angle AH'B = 180° - \angle C$, 而分别以 BC、CA、AB 为弦, 张角为 $180° - \angle A$, $180° - \angle B$, $180° - \angle C$ 的三弧的交点是唯一的, 即 H' 与 H 重合, 故 H 为 $\triangle ABC$ 的垂心.

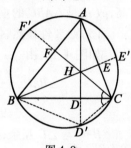

图 4.9

注 $\triangle ABX$ 中, 令 $BC = a$, $CA = b$, $AB = c$, $l = \frac{1}{2}(a+b+c)$, R、r、$S_\triangle$ 分别为其外接圆半径、内切圆半径、面积, $S_{\triangle D'E'F'} = \frac{2[l^2 - (2R+r)^2]}{R^2} S_\triangle$.

(2) 由(1)知 $\triangle BHC$ 与 $\triangle BDC$ 的外接圆关于 BC 对称, 即为等圆, 即证.

(3) 如图 4.10, 设 L、M、N 分别为边 BC、CA、AB 的中点, H 关于这三点的对称点分别为 A_1、B_1、C_1, 如图连线, 则得一系列不同的平行四边形.

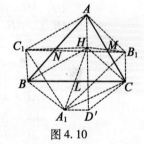

图 4.10

充分性: 由 $\triangle AB_1C_1 \cong \triangle HCB$, 知 $\angle AC_1B_1 = \angle HBC$.

又由 A、B_1、C、C_1 四点共圆及 $B_1C // AH$, 得 $\angle AC_1B_1 = \angle B_1CA = \angle HAC$, 故 $\angle HAC = \angle HBC$.

同理, $\angle HAB = \angle HCB$, $\angle HBA = \angle HCA$.

注意到 $\angle HCB = \angle CBA_1$, 及 $\angle HAC + \angle HBC + \angle HAB + \angle HCB + \angle HBA + \angle HCA = 180°$, 可得 $\angle HBA + \angle HBC + \angle CBA_1 = 90°$, 即 $A_1B \perp AB$, 从而 $CH \perp AB$.

同理, $AH \perp BC$, $BH \perp CA$. 故 H 为 $\triangle ABC$ 的垂心.

必要性: 设垂心 H 关于边 BC 的对称点为 D', $A_1D' // BC$, 即四边形 $BA_1D'C$ 为梯形.

由 $\angle BCD' = \angle HCB = \angle CBA_1$, 知 $BA_1D'C$ 为等腰梯形, 从而 C、B、A_1、D' 四点共圆. 由(1)知 D' 在 $\triangle ABC$ 的外接圆上, 即 A_1 在 $\triangle ABC$ 的外接圆上.

同理, B_1、C_1 也在 $\triangle ABC$ 的外接圆上.

注 AA_1、BB_1、CC_1 均为直径, 事实上, 由 $BH \perp AC$ 有 $A_1C \perp AC$, 知 $\angle ACA_1 = 90°$, 即证 AA_1 为直径.

(4) 必要性显然, 仅证充分性.

如图 4.11,设 AH、BH、CH 的延长线分别交对边于 D、E、F. 在 $\triangle ABD$ 和 $\triangle CBF$ 中,$\angle HAB = \angle HCB$,$\angle ABD = \angle CBF$,从而 $\angle ADB = \angle CFB$.

同理,$\angle ADC = \angle BEC$.

由 $\angle ADC + \angle ADB = 180°$,则 $\angle BEC + \angle CFB = 180°$,从而 $\angle AEH + \angle AFH = 180°$,即知 A、E、H、F 四点共圆.

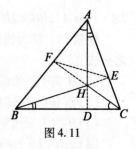

图 4.11

联结 EF,则 $\angle HEF = \angle HAF$. 由 $\angle HAF = \angle HCB$,有 $\angle BEF = \angle FCB$,知 B、C、E、F 四点共圆,有 $\angle BEC = \angle CFB$.

而 $\angle BEH + \angle CFB = 180°$,因此 $\angle BEC = \angle CFB = 90°$. 可见 BE、CF 均是 $\triangle ABC$ 的两条高,故 H 是 $\triangle ABC$ 的垂心.

(5)必要性显然,仅证充分性.

如图 4.12,由
$$\angle BAO = \frac{1}{2}(180° - \angle AOB) = \frac{1}{2}(180° - 2\angle C)$$
$$= 90° - \angle C = \angle HAC$$

知 $\angle HAC$ 与 $\angle C$ 互余,即知 $AH \perp BC$. 同理,$BH \perp AC$.

故 H 为 $\triangle ABC$ 的垂心.

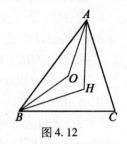

图 4.12

性质 12 在非直角三角形中,过 H 的直线分别交 AB、AC 所在直线于 P、Q,则
$$\frac{AB}{AP} \cdot \tan B + \frac{AC}{AQ} \cdot \tan C = \tan A + \tan B + \tan C$$

证明 如图 4.13,联结 AH 交 BC 于 D,由
$$\frac{AD}{AH} = \frac{AH + HD}{AH} = \frac{S_{\triangle AQP} + S_{\triangle DPQ}}{S_{\triangle APQ}} = \frac{S_{\triangle APD} + S_{\triangle AQD}}{S_{\triangle APQ}}$$

$$= \frac{S_{\triangle APD} + S_{\triangle AQD}}{\frac{AP \cdot AQ}{AB \cdot AC} \cdot S_{\triangle ABC}} = \frac{\frac{AP}{AB}S_{\triangle ABD} + \frac{AQ}{AC}S_{\triangle ACD}}{\frac{AP}{AB} \cdot \frac{AQ}{AC} \cdot S_{\triangle ABC}}$$

$$= \frac{AC}{AQ} \cdot \frac{BD}{BC} + \frac{AB}{AP} \cdot \frac{CD}{BC}$$

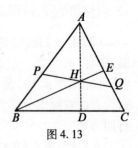

图 4.13

①

联结 BH 并延长交 AC 于 E,由 $Rt\triangle AHE \backsim Rt\triangle BCE$,有 $\frac{AH}{BC} = \frac{AE}{BE} = \frac{1}{\tan A}$,从而

$$\frac{AD}{AH} = \frac{AD \cdot \tan A}{BC}$$

又由 $\frac{AD}{BD} = \tan B, \frac{AD}{CD} = \tan C$,有

$$\frac{BD}{BC} = \frac{AD}{BC \cdot \tan B}, \frac{CD}{BC} = \frac{AD}{BC \cdot \tan C}$$

将其代入式①,有

$$\tan A = \frac{AC}{AQ} \cdot \frac{1}{\tan B} + \frac{AB}{AP} \cdot \frac{1}{\tan C}$$

注意到在非直角三角形中,有 $\tan A \cdot \tan B \cdot \tan C = \tan A + \tan B + \tan C$,即证得结论成立.

性质 13(卡诺定理) 三角形任一顶点到垂心的距离,等于外心到对边的距离的 2 倍.

事实上,如图 4.14,过 C 作 $\triangle ABC$ 外接圆圆 O 的直径 CD,联结 AD、DB,则知 $BD = 2OM$. 又可证 $AHBD$ 为平行四边形, $AH = DB$,即证.亦可由性质 10,有 $AH = 2R|\cos A| = 2OM$ 等式.

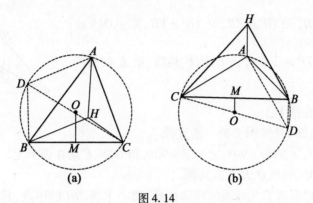

图 4.14

性质 14 锐角三角形的垂心到三顶点的距离之和等于其内切圆与外接圆半径之和的 2 倍.

证明 由性质 7 过三角形三顶点作其所在高线的垂线构成新三角形,垂心为新三角形的外心,再注意到锐角三角形外心到三边的距离之和等于其内切圆与外接圆半径之和,或注意到性质 13 亦可证.

注 可由
$$r = \frac{2S_\triangle}{a+b+c} = \frac{2 \cdot \frac{1}{2} \cdot \sin A \cdot 2R \cdot \sin B \cdot \sin C}{2R(\sin A + \sin B + \sin C)} = 4R \cdot \sin\frac{A}{2} \cdot \sin\frac{B}{2} \cdot \sin\frac{C}{2}$$

由外心到三边的距离
$$d_1 + d_2 + d_3 = R\left(\cos\frac{\angle BOC}{2} + \cos\frac{\angle AOC}{2} + \cos\frac{\angle AOB}{2}\right)$$
$$= R(\cos A + \cos B + \cos C)$$
$$= R\left(1 + 4\sin\frac{A}{2}\sin\frac{B}{2}\sin\frac{C}{2}\right)$$
$$= R\left(1 + \frac{r}{R}\right)^2 = R + r$$

性质 15 (欧拉线定理)三角形的外心 O、重心 G、垂心 H 三点共线,且 $OG:GH = 1:2$.

事实上,参见图 4.14,联结 AM 交 OH 于点 G',则由 $\triangle AHG' \backsim \triangle MOG'$,有
$$\frac{OG'}{G'H} = \frac{MG'}{G'A} = \frac{OM}{HA} = \frac{1}{2}$$

这也说明 G' 为其重心,即 G' 与 G 重合.故结论获证.

性质 16 三角形的外心、垂心是其一对特殊的等角共轭点.

事实上,参见图 4.12,有 $\angle BAO = \angle CAH$, $\angle ABO = \angle CBH$, $\angle BCO = \angle ACH$.

性质 17 (九点圆定理)三角形三条高的垂足、三边的中点,以及垂心与顶点的三条联结线段的九点,这九点共圆.

证明 如图 4.15,取外心 O 与垂心 H 联线的中点 V,以 V 的圆心,$\frac{1}{2}AO$ 为半径作圆 V. $VP \stackrel{\underline{\quad}}{=\!=} \frac{1}{2}OA$,知 P 在圆 V 上. 同理,Q、R 也在圆 V 上. 又由性质 13 知 $OL \stackrel{\underline{\quad}}{=\!=} \frac{1}{2}AH$,知 $OL \stackrel{\underline{\quad}}{=\!=} PH$. 又 $OV = VH$,知 $\triangle OLV \cong \triangle HPV$,从而 $VL = VP = \frac{1}{2}OA$,且 L、V、P 共线,故 L 在圆 V 上.

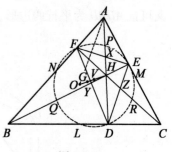

图 4.15

同理,M、N 也在圆 V 上.

由 L、V、P 共线知 LP 为圆 V 的一条直径.

因 $\angle LDP = 90°$,$\angle MEQ = 90°$,$\angle NFR = 90°$,知 D、E、F 均在圆 V 上.

故 D、E、F、L、M、N、P、Q、R 九点共圆.

此时,也让我们看到了九点圆的特殊性质:圆心 V 为 OH 的中点,其半径为 $\triangle ABC$ 外接圆半径的一半,且 O 和 V 对于 G 和 H 是调和共轭的,即 $\dfrac{OG}{GV} = \dfrac{OH}{HV}$.

由牛顿线定理,知 EF 的中点在 PL 上,FD 的中点在 QM 上,DE 的中点在 RN 上.

若 EF 交 AH 于点 X,FD 交 BH 于点 Y,DE 交 CH 于点 Z,则 X、D 调和分割 AH,Y、E 调和分割 BH,Z、F 调和分割 CH(完全四边形对角线调和分割性质,可见专题 3).

性质 18 (**斯坦纳定理**)三角形外接圆上异于顶点的一点 P 与三角形垂心 H 的连线段被点 P 的西姆松线平分.

注意到三角形任一顶点西姆松线就是过该点的高所在的直线,任一顶点的对径点的西姆松线就是这个顶点所对的边所在的直线. 下面得出上述性质的证明.

证法 1 如图 4.16,设 P 为 $\triangle ABC$ 的外接圆上异于顶点的任一点,其西姆松线为 LMN,$\triangle ABC$ 的垂心为 H.

作 $\triangle BHC$ 的外接圆,则此圆 BHC 与 ABC 关于 BC 对称,延长 PL 交圆 BHC 于 P',则 L 为 PP' 的中点. 设 PL 交圆 BHC 于点 Q,联结 $P'H$.

由 P、B、L、M 四点共圆,有

$$\angle PLM = \angle PBM = \angle PBA \xlongequal{m} \overset{\frown}{PA} = \overset{\frown}{QH} \xlongequal{m} \angle QP'H$$

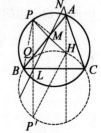

图 4.16

从而直线 $LMN \parallel P'H$,注意到直线 LMN 平分 PP',故直线 LMN 平分 PH.

证法 2 如图 4.17,设 P 为 $\triangle ABC$ 外接圆上异于顶点的任一点,其西姆松线为 LMN,H 为 $\triangle ABC$ 的垂心.

设 $PL \perp BC$ 于 L,交圆于另一点 E,延长 EP 至 F,使 $PF = LE$. 设 O 为 $\triangle ABC$ 的外心,作 $OD \perp BC$ 于 D,由 O 作 LF 的垂线必过 EP 的中点,亦即过 LF 的中点,所以 $LF = 2OD$. 又 $AH = 2OD$,则 $LF \stackrel{\underline{\quad}}{=\!=} AH$,从而 $AHLF$ 为平行四边形.

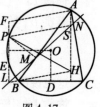

图 4.17

设 $PN \perp AC$ 于 N,LN 交 AH 于 S,联结 PS,由 $AE \parallel LN$,而 $LE \parallel AS$,则 $LEAS$ 为平行四边形,即知 $PF = EL = AS$.

故 $LHSP$ 为平行四边形,从而 PH 被直线 LMN 平分.

证法 3 如图 4.18,联结 AH 并延长交 BC 于 E,交外接圆于 F,联结 PF 交 BC 于 G,交西姆松线于 Q.

由 P、C、L、M 四点共圆,有 $\angle MLP = \angle MCP = \angle AFP = \angle LPF$,则 $\triangle QPL$ 为等腰三角形,即 $QP = QL$.

又 $HE = EF$,$\angle HGE = \angle EGF = \angle LGP = \angle QLG$,则 $HG \parallel NL$,即 PH 与西姆松线的交点 S 为 PH 的中点.

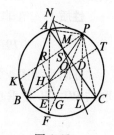

图 4.18

证法 4 如图 4.19,设 $\angle ACP = \theta$,DA、PH 分别交直线 LMN 于点 K, S,注意到

$$PL = PC\sin(C+\theta) = 2R\sin(B-\theta)\sin(C+\theta)$$
$$\angle KLB = \angle MPC = 90° - \theta$$
$$\begin{aligned}DL &= AC\cos C - 2R\sin(B-\theta)\cos(C+\theta)\\ &= 2R[\sin B\cos C - \sin(B-\theta)\cos(C+\theta)]\\ &= R[\sin A + \sin(B-C) - \sin A - \sin(B-C-2\theta)]\\ &= 2R\cos(B-C-\theta)\sin\theta\end{aligned}$$

故

$$KD = \frac{DL\cos\theta}{\sin\theta} = 2R\cos(B-C-\theta)\cos\theta$$
$$HD = 2R\cos B\cos C$$
$$\begin{aligned}KH &= 2R[\cos(B-C-\theta)\cos\theta - \cos B\cos C]\\ &= R[\cos(B-C) + \cos(B-C-2\theta) - \cos(B+C) - \cos(B-C)]\\ &= 2R\sin(B-\theta)\sin(C+\theta) = PL\end{aligned}$$

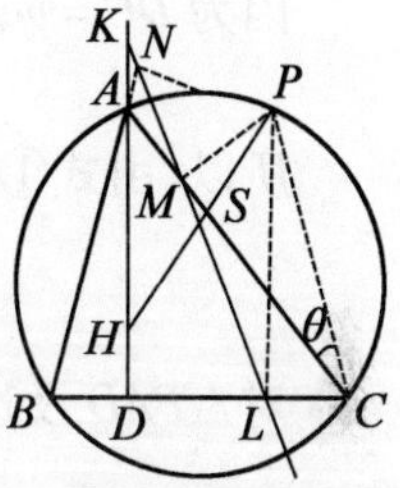

图 4.19

又 $KH \parallel PL$,则 $\dfrac{PS}{SH} = \dfrac{PL}{KH} = 1$. 故直线 LMN 平分 PH.

证法 5 如图 4.20,设直线 AH 交圆 O 于 F,则知 D 为 HF 的中点,作 $PL \perp BC$ 于 L,直线 PL 交圆 O 于 A'. 过 H 作 $KH \parallel AA'$ 交 PA' 于 K,则 $HKPF$ 为等腰梯形,且 LD 为其对称轴,从而 L 为 KP 的中点.

又 $KH \parallel A'A \parallel$ 点 P 的西姆松线 l,故 l 与 PH 的交点 S 为 PH 的中点.

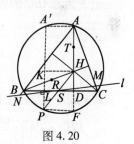

图 4.20

注:设 R、T 分别为 BH、AH 的中点,由 A、B、P、F 共圆,知 T、R、S、D 亦共圆. 此圆即为 $\triangle ABC$ 的九点圆,即 S 在九点圆上(参见性质17).

证法 6 如图 4.18,联结 PM 并延长交外接圆于 K,联结 BK. 过 B 作 $BD \perp AC$ 于 D,延长 BD 交外接圆于 T,则垂心 H 在 BT 上.

联结 AP,由 A、M、P、N 四点共圆,知 $\angle MNB = \angle MNA = \angle MPA = \angle KPA = \angle KBA$,从而 $BK \parallel MN$.

自 H 作 $HR \parallel BK$ 交 PK 于 R,则 $RHTP$ 为等腰梯形. 而 $HD = DT$,则知 AC 是 HT 的中垂线,从而知 M 是 PR 的中点.

注意到 $ML \parallel KB \parallel RH$,在 $\triangle PRH$ 中,ML 必过 PH 的中点,故 PH 被直线 LMN 平分.

推论 设 P、H 分别为三角形外接圆上的点、三角形的垂心,则 PH 的中点在三角形的九点圆上.

性质 19 在非 $Rt\triangle ABC$ 中,H 为 $\triangle ABC$ 的垂心,P 为 $\triangle ABC$ 所在平面内的任意一点,则
$$PH^2 = \frac{PA^2\tan A + PB^2\tan B + PC^2\tan C}{\tan A + \tan B + \tan C} - 8R^2\cos A\cos B\cos C$$

证明 如图 4.21,联结 AH、BH 并延长分别交边 BC、AC 于点 D、E,联结 PD、CH. 由垂心性质易得
$$AH = 2R\cos A$$
$$BH = 2R\cos B$$

对 $\triangle PBC$ 及边 BC 上的点 D,应用斯特瓦尔特定理得
$$PD^2 = PB^2 \cdot \frac{DC}{BC} + PC^2 \cdot \frac{BD}{BC} - BD \cdot DC \qquad ①$$

因为 $DC = b\cos C$,$BD = \cos B$,则
$$DC \cdot BD = bc\cos B\cos C$$

所以,由式①得
$$PD^2 = PB^2 \cdot \frac{b\cos C}{a} + PC^2 \cdot \frac{c\cos B}{a} - b\cos B \cdot \cos C \qquad ②$$

对 $\triangle PAD$ 及边 AD 上的点 H,应用斯特瓦尔特定理得
$$PH^2 = PA^2 \cdot \frac{HD}{AD} + PD^2 \cdot \frac{AH}{AD} - AH \cdot HD \qquad ③$$

由 $Rt\triangle BDH \backsim Rt\triangle BEC \Rightarrow \frac{BH}{BC} = \frac{HD}{CE} \Rightarrow \frac{2R\cos B}{a} = \frac{BH}{a\cos C}$

$\Rightarrow HD = 2R\cos B\cos C \Rightarrow AH \cdot HD = 2R\cos A \cdot 2R\cos B\cos C$
$$= 4R^2\cos A\cos B\cos C \qquad ④$$

记 S 为 $\triangle ABC$ 的面积,则
$$S = \frac{1}{2}aAD \Rightarrow AD = \frac{2S}{a} \Rightarrow \frac{HD}{AD} = \frac{aR\cos B\cos C}{S}$$
$$\frac{AH}{AD} = \frac{aR\cos A}{S}$$

将式②、④及以上两式代入式③得
$$PH^2 = PA^2 \cdot \frac{aR\cos B\cos C}{S} + \left(PB^2 \cdot \frac{b\cos C}{a} + PC^2 \cdot \frac{c\cos B}{a} - bc\cos B\cos C\right) \cdot$$
$$\frac{aR\cos A}{S} - 4R^2\cos A\cos B\cos C$$
$$= \frac{PA^2 aR\cos B\cos C}{S} + \frac{PB^2 bR\cos A\cos C}{S} + \frac{PC^2 cR\cos A\cos B}{S} -$$
$$8R^2\cos A\cos B\cos C \qquad ⑤$$

又
$$S = \frac{1}{2}ab\sin C = aR\sin B\sin C$$
$$S = \frac{1}{2}bc\sin A = bR\sin A\sin C$$
$$S = \frac{1}{2}ac\sin B = cR\sin A\sin B$$

则式⑤可化为

$$PH^2 = PA^2\cot B\cot C + PB^2\cot A\cot C + PC^2\cot A\cot B - 8R^2\cos A\cos B\cos C$$

$$= \frac{PA^2\tan A + PB^2\tan B + PC^2\tan C}{\tan A\tan B\tan C} - 8R^2\cos A\cos B\cos C$$

$$= \frac{PA^2\tan A + PB^2\tan B + PC^2\tan C}{\tan A + \tan B + \tan C} - 8R^2\cos A\cos B\cos C$$

推论 若 O、H 分别为 $\triangle ABC$ 的外心与垂心,则

$$OH^2 = R^2(1 - 8\cos A\cos B\cos C)$$

性质 20 若 $\triangle ABC$ 为锐角三角形,O、H 分别是它的外心、垂心,则 $S_{\triangle AOH}$、$S_{\triangle BOH}$、$S_{\triangle COH}$ 中,最大的一个等于其余两个之和.

证明 当直线 OH 通过 $\triangle ABC$ 的某一顶点时,结论显然成立.

当直线 OH 与 $\triangle ABC$ 的某两边相交时,如图 4.22. 取 $\triangle ABC$ 的重心 G,则 G 必在 OH 上. 且 G 在 O、H 之间(即欧拉定理). 联 AG 并延长交 BC 于 D,则 D 为 BC 中点. 联 DO、DH,并设 B、D、C 到直线 OH 的距离分别为 BB'、DD'、CC',则 DD' 为梯形 $BB'C'C$ 的中位线.

即 $BB' + CC' = 2DD'$,从而 $S_{\triangle BOH} + S_{\triangle COH} = 2 \cdot S_{\triangle DOH}$.

又 $AG = 2DG$,则 $S_{\triangle AOH} = 2S_{\triangle DOH}$,故 $S_{\triangle AOH} = S_{\triangle BOH} + S_{\triangle COH}$.

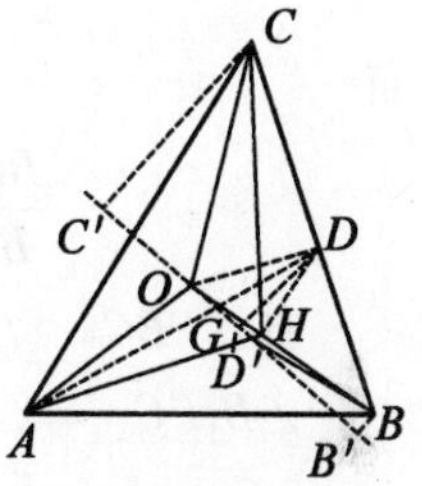

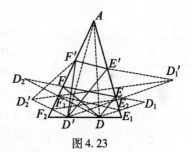
图 4.22

性质 21 (**法格乃诺定理**)锐角三角形的内接三角形(此三角形的顶点在原三角形的三边上)中,以垂心的垂足三角形的周长为最短.

证明 如图 4.23,设 $\triangle DEF$ 为 $\triangle ABC$ 的垂心 H 的垂足三角形,$\triangle D'E'F'$ 为任一内接三角形.

分别作 D、D' 关于 AC 的对称点 D_1、D'_1,关于 AB 的对称点 D_2、D'_2. DD_1 与 AC 交于点 E_1,$D'D'_1$ 与 AC 交于点 E_2,DD_2 与 AB 交于点 F_1,$D'D'_2$ 与 AB 交于点 F_2,则 $E_1F_1 \underline{\underline{\parallel}} \frac{1}{2}D_1D_2$,$E_2F_2 \underline{\underline{\parallel}} \frac{1}{2}D'_1D'_2$.

图 4.23

注意到性质 6 证明后的说明,即图 4.5 中垂足三角形边的对称性,知 D_2、F、E、D_1 四点共线. 于是,注意到在圆 $AF_2D'E_2$ 及圆 AF_1DE_2 中应用正弦定理,有

$$D'E' + E'F' + F'D \geq D'_1E' + E'F' + F'D'_2 \geq D'_2D'_1 = 2F_2E_2 = 2AD'\sin A$$

$$\geq 2AD \cdot \sin A = 2F_1E_1 = D_2D_1 = D_2F + FE + ED_1 = DF + FE + ED$$

故结论获证.

性质 22 (**泰勒圆定理**)三角形的每边高的垂足在另两边上的射影,这样的六点共圆.

证明 如图 4.24,设 $\triangle ABC$ 的三条高的垂足 D、E、F 分别在另两边上的射线为 Y、Z'、X'、Z、Y'、X,垂心为 H.

由 $\angle AFY' = \angle ABE = \angle ACF = \angle AEZ$,即知 Z、F、E、Y' 四点共圆.

同理,Z'、X、D、F 及 D、X'、Y、E 分别四点共圆.

若这三个圆两两不重合,则由根心定理,这三个圆两两相交的根轴即为三角形的三边,必交于一点,显然这是不可能的,故这三个

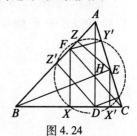
图 4.24

圆必定重合,即这六个点共圆.

性质23 (哈格定理)设 H 为 $\triangle ABC$ 的垂心,P 是任意一点,联结 AP、BP、CP 交圆 ABC 于 A'、B'、C'.命这三点分别关于 BC、CA、AB 的对称点为 A_2、B_2、C_2,又联结 A_2P、B_2P、C_2P 分别交 AH、BH、CH 于 A_1、B_1、C_1,则 A_1、B_1、C_1、A_2、B_2、C_2、H 七点共圆.

证明 如图 4.25,由
$$\begin{cases} \angle C_2BP = \angle C_2BA - \angle PBA = \angle C'BA - \angle B'BA \\ \angle B_2CP = \angle PCA - \angle B_2CA = \angle C'CA - \angle B'CA \end{cases}$$

又
$$\begin{cases} \angle C'BA = \angle C'CA \\ \angle B'BA = \angle B'CA \end{cases}$$

所以
$$\angle C_2BP = \angle B_2CP \qquad ①$$

而
$$\frac{BC_2}{BP} = \frac{BC'}{BP} = \frac{CB'}{PC} = \frac{CB_2}{PC} \qquad ②$$

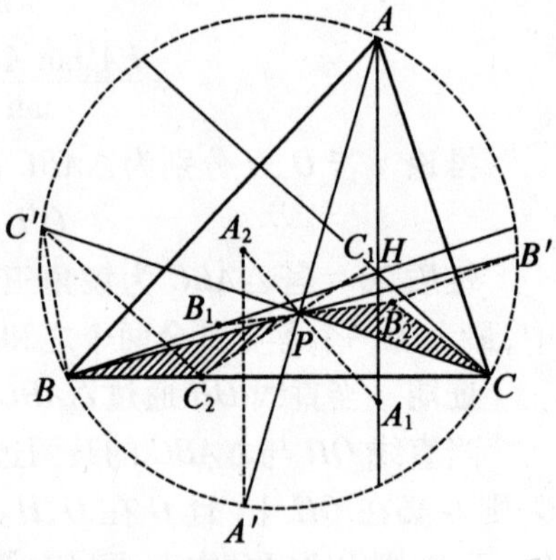

有 $\triangle PBC_2 \backsim \triangle PCB_2$. 于是
$$\angle B_1PC_2 = \angle B_1PB + \angle BPC_2 = \angle B_1PB + \angle CPB_2$$
$$= \angle B_1PB + \angle B_1PC' = \angle C'PA \qquad ③$$

同理
$$\angle C_2PA_1 = \angle C'PA,\ \angle A_1PB_2 = \angle APB',\ \angle B_2PC_1 = \angle B'PC$$
$$\angle C_1PA_2 = \angle CPA',\ \angle A_2PB_1 = \angle A'PB \qquad ④$$

又
$$\frac{PA_1}{PA_2} = \frac{PA}{PA'},\ \frac{PB_1}{PB_2} = \frac{PB}{PB'},\ \frac{PC_1}{PC_2} = \frac{PC}{PC'} \qquad ⑤$$

从①、②、③、④、⑤可知,多边形 $ABCA'B'C'$ 与多边形 $A_1B_1C_1A_2B_2C_2$ 相似.

因此 $\angle B_1A_1C_1 = \angle BAC = 180° - \angle B_1HC_1$,且 $A_1B_1C_1A_2B_2C_2$ 有外接圆.

所以 B_1、A_1、C_1、H 四点共圆且 A_1、B_1、C_1、A_2、B_2、C_2 六点共圆,故 A_1、B_1、C_1、A_2、B_2、C_2、H 七点共圆.

图 4.25

性质24(富尔曼定理) 设 H 为 $\triangle ABC$ 的垂心,I 是其内心或旁心,N 是对应的纳格尔点.联结 AI、BI、CI 交圆 ABC 于 A'、B'、C',命这三点分别关于 BC、CA、AB 的对称点为 A_2、B_2、C_2.引 $NA_1 \perp AH$ 于 A_1,$NB_1 \perp BH$ 于 B_1,$NC_1 \perp CH$ 于 C_1,则 A_1、B_1、C_1、A_2、B_2、C_2、H、N 八点共圆.

证明 如图 4.26,设 I 为内心,过 N 作 $A_2'R /\!/ AI$ 交 $A'K$ 于 A_2',交 BC 于 R,则
$$XR = \frac{XN \cdot XS}{XA}$$

因为
$$\frac{XN}{XA} = \frac{b+c-a}{b+c+a}$$

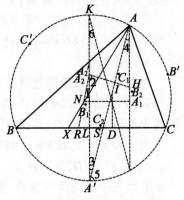

图 4.26

所以
$$XS = BS - BX = \frac{ca}{c+b} - CD$$
$$= \frac{ca}{c+b} - \frac{b+a-c}{2} = \frac{(c-b)(c+b+a)}{2(b+c)}$$

即
$$XR = \frac{(c+b-a)(c-b)}{2(c+b)}$$

又
$$SD = SC - DC = \frac{bq}{c+b} - \frac{b+a-c}{2} = \frac{(c+b-a)(c-b)}{2(c+b)}$$

所以 $XR = SD$.

因为 $XL = LD$,所以 $RL = LS$,$LA' = LA_2$,因此 A_2' 与 A_2 重合,即 $NA_2 /\!/ AI$.

于是 $\angle NA_2H = \angle 1 + \angle 2 = \angle 3 + \angle 5 = \angle 4 + \angle 5 = \angle 6 + \angle 5 = 90°$.

故知 A_2 在以 NH 为直径的圆 ω 上.

同理,B_2、C_2 也在圆 ω 上.

又 A_1、B_1、C_1 显然在圆 ω 上,故 A_1、B_2、C_2、A_2、B_2、C_2、H、N 八点共圆.

性质 25 (1998 年中国数学奥林匹克试题)设 D 为锐角 $\triangle ABC$ 内一点,且满足条件
$$DA \cdot DB \cdot AB + DB \cdot DC \cdot BC + DC \cdot DA \cdot CA = AB \cdot BC \cdot CA \quad (*)$$
试确定 D 的几何位置,并证明你的结论.

证明 先证更强的结论:设 D 为锐角 $\triangle ABC$ 内部一点,则
$$DA \cdot DB \cdot AB + DB \cdot DC \cdot BC + DC \cdot DA \cdot CA \geqslant AB \cdot BC \cdot CA \quad (**)$$
并且等号当且仅当 D 为 $\triangle ABC$ 的垂心时才成立.

如图 4.27,作 $ED \perp BC$,$FA \perp ED$,联结 EB、EF,则 $BCDE$ 和 $ADEF$ 均是平行四边形,联结 BF 和 AF,显然 $BCAF$ 也是平行四边形.于是,$AF = ED = BC$,$EF = AD$,$EB = CD$,$BF = AC$.

在四边形 $ABEF$ 和 $AEBD$ 中,应用托勒密不等式,有
$$AB \cdot EF + AF \cdot BE \geqslant AE \cdot BF, BD \cdot AE + AD \cdot BE \geqslant AB \cdot ED$$

即
$$AB \cdot AD + BC \cdot CD \geqslant AE \cdot AC, BD \cdot AE + AD \cdot CD \geqslant AB \cdot BC \quad (***)$$

于是,由上述两式,可得
$$DA \cdot DB \cdot AB + DB \cdot DC \cdot BC + DC \cdot DA \cdot CA = DB(AB \cdot AD + BC \cdot CD) + DC \cdot DA \cdot CA$$
$$\geqslant DB \cdot AE \cdot AC + DC \cdot DA \cdot AC = AC(DB \cdot AE + DC \cdot AD) = AC \cdot BC \cdot AB$$

故式($**$)得证,且等号成立的充要条件是式($***$)中两式的等号同时都成立.即等号当且仅当 $ABEF$ 和 $AEBD$ 都是圆内接四边形时成立,亦即 $AFEBD$ 恰是圆内接五边形时等号成立.

由于 $AFED$ 为平行四边形,所以条件等价于 $AFED$ 为矩形(即 $AD \perp BC$),且 $\angle ABE = \angle ADE = 90°$,亦等价于 $AD \perp BC$ 且 $CD \perp AB$,所以式($*$)等式成立的充要条件是 D 为 $\triangle ABC$ 的垂心.

推广 若 H 为 $\triangle ABC$ 的顶点,则 H 是这三角形的垂心的充要条件为
$$\pm HB \cdot HC \cdot BC \pm HC \cdot HA \cdot CA \pm HA \cdot HB \cdot AB = BC \cdot CA \cdot AB$$

其中全取"$+$"号用于锐角三角形情形;某一项取"$+$",余两项取"$-$"用于钝角三角形情形.

证明 我们仅证锐角三角形情形. 如图 4.28, 以 H 为反演中心, k 为反演幂, 将 A、B、C 变换到 A'、B'、C', 则

$$HB = \frac{k}{HB'}, HC = \frac{k}{HC'}, HA = \frac{k}{HA'}$$

$$BC = \frac{k \cdot B'C'}{HB' \cdot HC'}, CA = \frac{k \cdot C'A'}{HC' \cdot HA'}, AB = \frac{k \cdot A'B'}{HA' \cdot HB'}$$

若 $HB \cdot HC \cdot BC + HC \cdot HA \cdot CA + HA \cdot HB \cdot AB = BC \cdot CA \cdot AB$, 将上述六式代入化简得

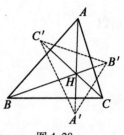

图 4.28

$$HA'^2 \cdot B'C' + HB'^2 \cdot C'A' + HC'^2 \cdot A'B' = B'C' \cdot C'A' \cdot A'B'$$

由内心性质知, H 为 $\triangle A'B'C'$ 的内心①, 所以 $\angle HA'B' = \angle HA'C'$.

而 $\angle HA'B' = \angle HBA, \angle HA'C' = \angle HCA$, 所以 $\angle HBA = \angle HCA$.

同理, $\angle HBC = \angle HAC, \angle HCB = \angle HAB$.

由此不难求得

$$\angle HCA = \angle HBA = 90° - \angle A, \angle HAC = \angle HBC = 90° - \angle C$$
$$\angle HCB = \angle HAB = 90° - \angle B$$

故 H 为垂心, 则

$$\frac{HB \cdot HC}{AB \cdot AC} + \frac{HC \cdot HA}{BC \cdot BA} + \frac{HA \cdot HB}{CA \cdot CB} = \frac{S_{\triangle HBC}}{S_{\triangle ABC}} + \frac{S_{\triangle HCA}}{S_{\triangle ABC}} + \frac{S_{\triangle HAB}}{S_{\triangle ABC}} = 1$$

故

$$HB \cdot HC \cdot BC + HC \cdot HA \cdot CA + HA \cdot HB \cdot AB = BC \cdot CA \cdot AB$$

注:① 参见本节思考题 11.

性质 26 (2006 年伊朗国家队选拔考试题) 已知 $\triangle ABC$ 的外接圆半径等于 $\angle A$ 的旁切圆半径, $\angle A$ 内的旁切圆与边 BC、AC、AB 分别切于点 M、N、L, 则 $\triangle ABC$ 的外心就是 $\triangle MNL$ 的垂心.

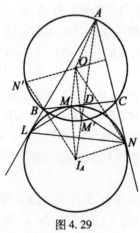

图 4.29

证法 1 设 $\triangle ABC$ 的外接圆半径为 R, I_A 为 $\angle A$ 内的旁心. AI_A 与外接圆的交点为 $\overset{\frown}{BC}$ 的中点 M', 则有 $OM' \perp BC, I_A M \perp BC$, 于是 $I_A M \parallel OM'$.

又 $OM' = R = I_A M$, 则四边形 $OM' I_A M$ 为平行四边形, 从而 $I_A M' \parallel OM$.

由于 $I_A M' \perp LN (AI_A \perp LN)$, 所以 $OM \perp LN$.

设 BI_A 与外接圆的交点为 N', 则 N' 为 $\overset{\frown}{ABC}$ 的中点, 且 $ON' \perp AC$.

又因 $I_AN \perp AC$,且 $ON' = R = I_AN$,所以四边形 $ON'I_AN$ 为平行四边形,于是 $I_AN' \parallel ON$. 由于 $I_AN' \perp ML$,所以 $ON \perp ML$.

同理,$OL \perp ML$,故 O 为 $\triangle MNL$ 的垂心.

证法 2 因 AI_A 为 $\angle A$ 的平分线,设 AI_A 与 BC 交于点 D,则

$$\angle OAI_A = \angle OAC - \frac{1}{2}\angle A = 90° - \angle B - \frac{1}{2}\angle A$$

$$\angle MI_AA = 90° - \angle ADC = 90° - \angle B - \frac{1}{2}\angle A = \angle OAI_A$$

又 $MI_A = AO, AI_A = AI_A$,则 $\triangle MI_AA \cong \triangle OAI_A$,则 $OM \parallel AI_A$.

又 $AI_A \perp LN$,于是 $OM \perp LN$. 同理 $ON \perp LM, OL \perp MN$.

故 O 为 $\triangle MNL$ 的垂心.

性质 27 (2002 年女子数学奥林匹克试题)锐角 $\triangle ABC$ 的三条高分别为 AD、BE、CF,则 $\triangle DEF$ 的周长不超过 $\triangle ABC$ 周长的一半.

证法 1 记 $\triangle ABC$ 各内角为 $\angle A$、$\angle B$、$\angle C$,其对应的对边分别为 a、b、c,注意到 D、E、A、B 四点共圆,且 AB 为该圆的直径,由正弦定理,有

$$\frac{DE}{\sin \angle DAE} = AB = c$$

即 $$DE = c\sin \angle DAE$$

又 $$\angle DCA = 90° - \angle DAC$$

即 $$DE = c\cos C$$

同理 $$DF = b\cos B$$

于是

$$DE + DF = c\cos C + b\cos B = (2R\sin C)\cos C + (2R\sin B)\cos B$$
$$= R(\sin 2C + \sin 2B) = 2R\sin(B+C)\cos(B-C)$$
$$= 2R\sin A\cos(B-C) = a\cos(B-C) < a$$

同理,$DE + EF \leq b, EF + DF \leq c$,故

$$DE + EF + FD \leq \frac{1}{2}(a+b+c)$$

证法 2 如图 4.30,设 M 为 BC 中点,H 为 $\triangle ABC$ 的垂心,E' 为 E 关于 BC 的对称点.

令 $\angle BHF = \angle 1$, $\angle EHC = \angle 2$, $\angle EDC = \angle 3$, $\angle FDB = \angle 4$, $\angle CDE' = \angle 5$. 由 B、D、H、F 四点共圆,有 $\angle 1 = \angle 4$. 同理 $\angle 2 = \angle 3$,又 $\angle 1 = \angle 2$,则 $\angle 4 = \angle 3$,而 $\angle 3 = \angle 5$,所以 $\angle 4 = \angle 5$,即 F、D、E' 三点共线.

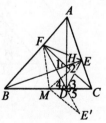

图 4.30

在 $Rt\triangle BCE$ 和 $Rt\triangle BCF$ 中,有 $EM = FM = \frac{1}{2}BC$.

而 $ME' = ME$,则

$$DE + DF = DE' + DF = E'F \leq MF + ME' = BC$$

同理 $$DE + EF \leq AC, EF + FM \leq AB$$

故

$$DE + EF + FD \leqslant \frac{1}{2}(AB + BC + CA)$$

证法 3 如图 4.31,作 D 关于边 AB、AC 的对称点 D_1、D_2,设 DD_1 交 AB 于点 F_0,DD_2 交 AC 于点 E_0,则 E_0、F_0 分别为 DD_2、DD_1 的中点,且 A、F_0、D、E_0 四点共圆.

又设 M、N、L 分别为 BC、CA、AB 的中点,作 M 关于边 AB、AC 的对称点 M_1、M_2,设 MM_1 交 AB 于 L_0,MM_2 交 AC 于 N_0,则 N_0、L_0 分别为 MM_2、MM_1 的中点,且 A、L_0、M、N_0 四点共圆,于是

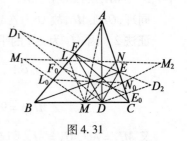

图 4.31

$$\begin{aligned} DE + EF + FD &= D_2E + EF + FD_1 = D_1D_2 = 2E_0F_0 = 2AD\sin A \\ &\leqslant 2AM\sin A = 2N_0L_0 = M_1M_2 \leqslant M_2M + NL + LM_1 \\ &= MN + NL + LM = \frac{1}{2}(AB + BC + CA) \end{aligned}$$

证法 4 如图 4.32,注意到 B、C、E、F 四点共圆,延长 FD 交此圆于点 E',则 E' 与 E 关于 BC 对称,从而

$$DE + DF = DE' + DF = E'F < BC$$

同理 $EF + DE \leqslant CA, FD + EF \leqslant AB$

故 $EF + FD + DE \leqslant \frac{1}{2}(BC + CA + AB)$

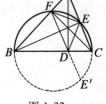

图 4.32

性质 28 设 H 为 $\triangle ABC$ 的垂心,L、M、N 分别为边 BC、CA、AB 的中点,P、Q、R 分别为 AH、BH、CH 的中点,则垂心 H 是所有过任一高的两端点的圆的根心,垂心 H 为圆 P、圆 Q、圆 R 的公共点.

事实上,如图 4.33,H 是圆 L、圆 M、圆 N 的根心.

在图 4.33(c) 中,$\triangle ABC$ 为完全四边形 $XYZBCA$ 的一个三角形. S、T、K 分别为其对角线 XB、YF、ZC 的中点,且圆 S、圆 T、圆 K 分别过 $\triangle ABC$ 的三条高 BE、AD、CF 的端点,圆 S、圆 T、圆 K 的公共弦为 IJ.

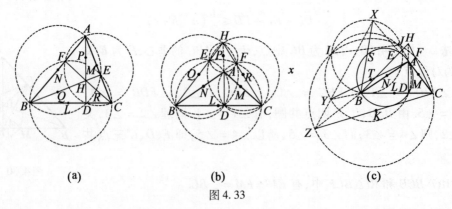

图 4.33

性质 29 如图 4.34,设 H 为锐角 $\triangle ABC$ 的垂心,D、E、F 为三条高的垂足,EF 与 AH 交于 P_0,FD 与 BH 交于点 Q_0,DE 与 CH 交于点 R_0,则垂心图中有极点三角形.

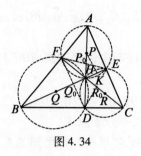

图 4.34

极点三角形为 $\triangle P_0BC$, $\triangle Q_0CA$, $\triangle R_0AB$.

极点公式:

对 $\triangle P_0BC$, 有 $BP^2+PC^2-2AP^2=BC^2$, $PB^2+PP_0^2-2AP^2=BP_0^2$, $PC^2+PP_0^2-2AP^2=CP_0^2$;

对 $\triangle Q_0CA$, 有 $CQ^2+QA^2-2BQ^2=CA^2$ 等三式;

对 $\triangle R_0AB$, 有 $AR^2+RB^2-2CR^2=AB^2$ 等三式;

下面仅推导第一式:事实上
$$BP^2+PC^2-2AP^2=(BP^2-AP^2)+(PC^2-AP^2)$$
$$=BH\cdot BE+CH\cdot CF=BD\cdot BC+CD\cdot CB=BC^2$$

其中对 $\triangle PHE$ 应用斯特瓦尔特定理,有 $BP^2=PH^2+BH\cdot BE$ 等两式,即 $BP^2-AP^2=BH\cdot BE$(或可由圆幂定理)等两式,或作 $PK\perp HE$ 于点 K,则由广勾股定理(或余弦定理的变形)有
$$BP^2=PH^2+BH\cdot BE=PH^2+BH\cdot(2HK+HB)=HP^2+HB^2+2HB\cdot HK$$

等两式.

性质 30 设 H 为非直角 $\triangle ABC$ 的垂心,且 E、E、F 分别为 H 在 BC、CA、AB 边所在直线上的射影,H_1、H_2、H_3 分别为 $\triangle AEF$、$\triangle BDF$、$\triangle CDE$ 的垂心,则 $\triangle DEF \cong \triangle H_1H_2H_3$.

证明 仅对锐角 $\triangle ABC$ 给出证明. 如图 4.35,联结 DH、DH_2、DH_3、EH、EH_1、EH_3、FH_1、FH_2. 依题设则有 $HD\perp BC$ 且 $FH_2\perp BC$,从而 $HD\parallel FH_2$, $HF\perp AB$ 且 $DH_2\perp AB$,从而 $HF\parallel DH_2$. 故 HDH_2F 为平行四边形,有 $HD\underline{\parallel}FH_2$.

同理,HDH_3E 为平行四边形,有 $HD\underline{\parallel}EH_3$.

于是 $FH_2\underline{\parallel}EH_3$,即 EFH_2H_3 为平行四边形,故
$$EF=H_2H_3.$$

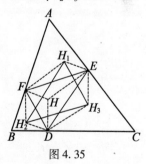

图 4.35

同理,有 $FD=H_3H_1$, $DE=H_1H_2$. 故 $\triangle DEF \cong \triangle H_1H_2H_3$.

推论 1 题设条件同上,则 $\triangle H_1EF \cong \triangle DH_2H_3$, $\triangle H_2DF \cong \triangle EH_1H_3$, $\triangle H_3DE \cong \triangle FH_1H_2$.

推论 2 题设条件同上,则 $S_{\text{六边形}H_1FH_2DH_3E}=2S_{\triangle H_1H_2H_3}$.

推论 3 题设条件同上,则 HH_1 与 EF, HH_2 与 FD, HH_3 与 DE 相互平分.

4.2 三角形垂心图性质的应用

例 1 (第 31 届国际数学奥林匹克预选题)$\triangle ABC$ 中,O 为外心,H 是垂心,$\triangle CHB$、

△CHA 和 △AHB 的外心分别为 A_1、B_1、C_1,求证:△ABC ≌ △$A_1B_1C_1$,且这两个三角形的九点圆重合.

证明 如图 4.36,由性质 4 及证明中说明知圆 BHC 与圆 ABC 为等圆,从而 O 与 A_1 关于 BC 对称.

设 M 为 BC 中点,则由性质 13 知 $AH = 2OM = OA_1$.

又 $AH /\!/ OA_1$,则 AA_1 与 OH 互相平分于点 K.

同理,BB_1、CC_1 也过点 K 且被它平分. 由此知 △$A_1B_1C_1$ 与 △ABC 关于 K 中心对称,故 △$A_1B_1C_1$ ≌ △ABC.

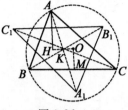

图 4.36

注意到 K 是 △ABC 的九点圆圆心,因此,这个圆关于 K 为中心对称时不变,它也是 △$A_1B_1C_1$ 的九点圆.

例 2 (第 37 届国际数学奥林匹克预选题)△ABC 是锐角三角形,且 BC > AC,O 是它的外心,H 是它的垂心,F 是高 CH 的垂足,过 F 作 OF 的垂线交边 CA 于 P. 证明:∠FHP = ∠BAC.

证明 如图 4.37,延长 CF 交圆 O 于 D,联结 BD、BH,由性质 5 知 F 为 HD 的中点.

设 FP 所在直线交圆 O 于 M、N,交 BD 于点 T. 由 OF ⊥ MN,知 F 为 MN 的中点. 由蝴蝶定理知 F 为 PT 的中点. 又因 F 为 HD 的中点,故 $HP /\!/ TD$,于是 ∠FHP = ∠BDC = ∠BAC.

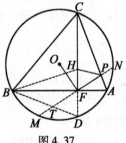

图 4.37

例 3 (第 37 届国际数学奥林匹克预选题)设 H 为 △ABC 的垂心,P 为该三角形外接圆上一点,E 是高 BH 的垂足,并设 PAQB 与 PARC 都是平行四边形,AQ 交 HR 于 X,证明:$EX /\!/ AP$.

证明 联结 PR 交 AC 于 M,则 M 为 AC 中点,也为 PR 中点. 作 △ABC 外接圆的直径 BD,联结 DA、DC、HA、HC.

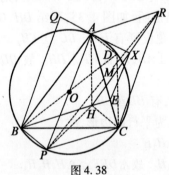

图 4.38

注意到垂心的性质,由 DA ⊥ AB,HC ⊥ AB,有 $DA /\!/ HC$. 同理,$DC /\!/ HA$,故四边形 AHCD 为平行四边形,M 为 DH 中点. 于是四边形 HRDP 为平行四边形,故 $HR /\!/ DP$.

又 $QX /\!/ BP$,$BP ⊥ DP$,则 $HR ⊥ QX$,即 ∠AXH = 90°. 而 ∠AEH = 90°,从而 A,H,E,X 四点共圆,即 ∠AXE + ∠AHE = 180°,而 ∠AHE = ∠ACB = ∠APB = ∠PAX,故 ∠AXE + ∠PAX = 180°,于是 $EX /\!/ AP$.

例 4 (第 36 届国际数学奥林匹克预选题) 设 ABC 是一个三角形,一个过 B、C 两点的圆分别与 AB、AC 相交于 C'、B'. 证明:BB'、CC'、HH' 三线共点,其中 H 与 H' 分别为 △ABC

与 $\triangle AB'C'$ 的垂心.

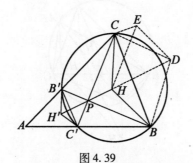

图 4.39

证明 由 $\angle AB'C' = \angle ABC$,知 $\triangle AB'C' \backsim \triangle ABC$. 注意到垂心的性质,可推知 $\triangle H'B'C' \backsim \triangle HBC$. 设 BB' 与 CC' 相交于 P,由 $\angle BB'C = \angle CC'B$,知
$$\angle PBH = \angle PCH(\text{等角的余角相等}) \qquad ①$$
由 $\angle PB'C' = \angle PCB$,知 $\triangle PB'C' \backsim \triangle PCB$. 作平行四边形 $PBDC$,则 $\triangle DBC \cong \triangle PCB$. 因而,$\triangle DBC \backsim \triangle PB'C'$,由此可知四边形 $BHCD \backsim$ 四边形 $B'H'C'P$. 于是,$\triangle BHD \backsim \triangle B'H'P$. 因而,
$$\angle HDB = \angle H'PB' \qquad ②$$
作平行四边形 $HPCE$,则
$$\angle PCH = \angle CHE \qquad ③$$
注意到 $BHED$ 为平行四边形,则
$$\angle DHE = \angle HDB \qquad ④$$
从而 $\triangle BPH \cong \triangle DCE$,有
$$\angle CDE = \angle PBH \qquad ⑤$$
及
$$\angle BPH = \angle DCE \qquad ⑥$$

利用⑤,①与③,可知 $\angle CDE = \angle CHE$,从而知 H,C,E,D 四点共圆,即有 $\angle DCE = \angle DHE$. ⑦

再由⑥,⑦,④与②,知 $\angle BPH = \angle H'PB'$. 因此,$HH'$ 也通过点 P,故 BB'、CC'、HH' 三线共点.

注 上述证明中,也可将 $\triangle PHB$ 平移至 $\triangle CED$ 处,再证 $\triangle B'H'P \backsim \triangle CHD$.

例5 过 $\triangle ABC$ 的垂心 H 与边 BC 的中点 M 的直线交 $\triangle ABC$ 的外接圆圆 O 于 A_1、A_2 两点. 求证:$\triangle ABC$、$\triangle A_1BC$、$\triangle A_2BC$ 的垂心 H、H_1、H_2 构成一个直角三角形的三个顶点.

证明 如图 4.40,由性质 5 知,A、O、A_1 共线,且由性质 13,知 $AH \underline{\parallel} 2OM$,$A_1H_1 \underline{\parallel} 2OM$,$A_2H_2 \underline{\parallel} 2OM$,则 $AA_2 \underline{\parallel} HH_2$,$AA_1 \underline{\parallel} HH_1$,$A_2A_1 \underline{\parallel} H_2H_1$.

于是,$\triangle HH_1H_2 \cong \triangle AA_1A_2$.

而 $\triangle AA_1A_2$ 为直角三角形,故 $\triangle HH_1H_2$ 为直角三角形.

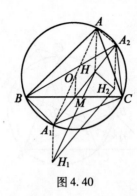

图 4.40

例6 (2004年四川省竞赛题)如图4.41，O、H 分别为锐角 $\triangle ABC$ 的外心和垂心，D 是边 BC 的中点，由 H 向 $\angle A$ 及其外角的平分线作垂线，垂足分别为 E、F，证明：D、E、F 三点共线.

证明 联结 OA、OD，并延长 OD 交 $\triangle ABC$ 的外接圆于 M，则 $OD \perp BC$，$\overset{\frown}{BM} = \overset{\frown}{MC}$，故 A、E、M 三点共线.

又 AE、AF 分别是 $\triangle ABC$ 的 $\angle A$ 及外角的平分线，则 $AE \perp AF$.

因 $HE \perp AE$，$HF \perp AF$，则四边形 $AEHF$ 为矩形. 因此 AH 与 EF 互相平分. 设其交点为 G，则

$$AG = \frac{1}{2}AH = \frac{1}{2}EF = EG$$

而 $OA = OM$，且 $OD \parallel AH$，则 $\angle OAM = \angle OMA = \angle MAG = \angle GEA$，从而

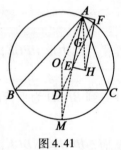

图 4.41

$$EG \parallel OA \qquad \qquad ①$$

由于 O、H 分别是 $\triangle ABC$ 的外心和垂心，且 $OD \perp BC$. 由性质13知 $OD = \frac{1}{2}AH = AG$.

联结 DG，则四边形 $AODG$ 为平行四边形，从而

$$DG \parallel OA \qquad \qquad ②$$

由①、②知 D、E、G 三点共线. 又 F 在 EG 上，故 D、E、F 三点共线.

注 此题可改为证 BC 的中点，垂心在 $\angle A$ 平分线上的射影，AH 的中点三点共线.

例7 三角形的外接圆上任一点关于三边的对称点共线，这线通过三角形的垂心.

证明 作点 P 的西姆松线 NLM.

联结 PH 交 MN 于 S，则由性质18知 S 是 PH 的中点.

作 P 关于三边 BC、CA、AB 的对称点 P_1、P_2、P_3，于是有 $HP_1 \parallel LS$，$HP_2 \parallel SM$，$HP_3 \parallel NS$.

故 P_3、P_1、H、P_2 共直线.

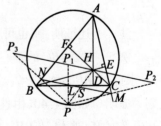

图 4.42

例8 若一直线通过三角形的垂心，则它关于三边的对称线必会于外接圆上一点，这点对于三角形的西姆松线平行于已知直线.

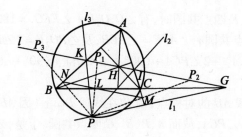

图 4.43

证明 令过垂心 H 的直线 l 交 BC、CA、AB 分别于 G、I、K. 设 l 关于 CA 的对称线交圆 ABC 于 P, 作点 P 关于三边 BC,CA,AB 的对称点 P_1、P_2、P_3. 由例 7, 知 P_1、P_2、P_3 共线且过垂心 H, 故直线 $P_1P_2P_3$ 与 l 重合.

又 PK、PG、PI 为 l 关于 AB、BC、CA 的对称线, 故此三线交于圆 ABC 上的点 P.

由例 7 可得点 P 关于 $\triangle ABC$ 的西姆松线 NLM 与直线 l 平行.

例 9 以三角形的顶点为心分别作圆, 使交于外接圆上一点, 则所作三圆的其他交点与三角形的垂心共线.

证明 如图 4.44, 设 H 为 $\triangle ABC$ 的垂心. 以 A、B、C 为圆心的圆除共点于圆 ABC 上的点 P 外, 两两相交于 G、Q、R. 注意到连心线被公共弦垂直平分, 知 BC、CA、AB 垂直平分 PQ、PR、PG 于 L、M、N, 且 NLM 为点 P 的西姆松线, 而 G、Q、R 为点 P 关于 AB、BC、CA 的对称点. 由例 7 知 G、Q、H、R 共线.

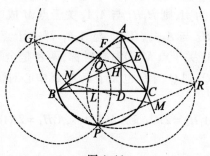

图 4.44

例 10 (2007 年全国高中数学联赛题)在锐角 $\triangle ABC$ 中, $AB < AC$, AD 是边 BC 上的高, P 是线段 AD 内一点, 过 P 作 $PE \perp AC$, 垂足为 E, 作 $PF \perp AB$, 垂足为 F. O_1、O_2 分别是 $\triangle BDF$、$\triangle CDE$ 的外心. 求证: O_1、O_2、E、F 四点共圆的充要条件为 P 是 $\triangle ABC$ 垂心.

证明 由 B、D、P、F 及 D、C、E、P 分别四点共圆. 有 $AF \cdot AB = AP \cdot AD = AE \cdot AC$, 知 B、C、E、F 共圆.

由 O_1、O_2 分别为 $\triangle BDF$、$\triangle CDE$ 的外心, 如图 4.45, 知 O_1、O_2 分别为 BP、CP 的中点, 即 $O_1O_2 \parallel BC$, 有 $\angle PO_2O_1 = \angle PCB$.

充分性: 当 P 为 $\triangle ABC$ 的垂心时, 由九点圆定理知 O_1、O_2、E、F 四点共圆.

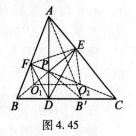

图 4.45

或者由 B、O_1、P、E 及 C、O_2、P、F 分别四点共线.

由 $\angle FO_2O_1 = \angle FCB = \angle FEB = \angle FEO_1$ 知 O_1、O_2、E、F 四点共圆.

必要性:当 O_1、O_2、E、F 四点共圆时,有 $\angle O_1O_2E + \angle EFO_1 = 180°$.

从而由 B、C、E、F 四点共圆有 $\angle AFE = \angle ACB$,及 $\angle PO_2E = 2\angle PCA$.

可得 $(\angle ACB - \angle PCA) + 2\angle PCA + (90° - \angle ABP) + (90° - \angle ACB) = 180°$.

即得 $\angle ABP = \angle PCA$.

设 B' 是点 B 关于直线 AD 的对称点,则 B' 在线段 DC 上(因 $AB < AC$).

则 $\angle AB'P = \angle ABP = \angle PCA$,从而 A、P、B'、C 四点共圆. 于是, $\angle DBP = \angle DB'P = \angle DAC = 90° - \angle C$,则知 $BP \perp AC$.

故 P 为 $\triangle ABC$ 的垂心.

例 11 (1992 年全国高中数学联赛题)如图 4.46,设 $A_1A_2A_3A_4$ 为圆 O 的内接四边形,H_1、H_2、H_3、H_4 依次为 $\triangle A_2A_3A_4$、$\triangle A_3A_4A_1$、$\triangle A_4A_1A_2$、$\triangle A_1A_2A_3$ 的垂心. 求证:H_1、H_2、H_3、H_4 四点共圆,并确定出该圆的圆心位置.

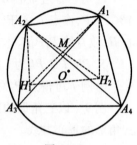

图 4.46

证法 1 联结 A_2H_1、A_1H_2、H_1H_2,设圆 O 的半径为 R. 在 $\triangle A_2A_3A_4$ 中,注意到性质 10,有 $\dfrac{A_2H_1}{\sin \angle A_4A_2A_3} = 2R$,故 $A_2H_1 = 2R\cos \angle A_3A_2A_4$.

在 $\triangle A_1A_3A_4$ 中,同理求得 $A_1H_2 = 2R\cos \angle A_3A_1A_4$.

由 $\angle A_3A_2A_4 = \angle A_3A_1A_4$,故 $A_2H_1 = A_1H_2$.

又 $A_2H_1 \perp A_3A_4$,$A_1H_2 \perp A_3A_4$,于是 $A_2H_1 \underline{\underline{\parallel}} A_1H_2$,故 $H_1H_2 \underline{\underline{\parallel}} A_2A_1$.

设 H_1A_1 与 H_2A_2 的交点为 M,则 H_1H_2 与 A_1A_2 关于点 M 成中心对称.

同理,H_2H_3 与 A_2A_3,H_3H_4 与 A_3A_4,H_4H_1 与 A_4A_1 都关于点 M 成中心对称. 故四边形 $H_1H_2H_3H_4$ 与四边形 $A_1A_2A_3A_4$ 关于点 M 成中心对称,两者是全等形. 从而 H_1、H_2、H_3、H_4 在同一个圆上. 设此圆圆心为 Q,则 Q 与 O 也关于点 M 成中心对称. 由 O、M 两点则可确定点 Q 的位置.

证法 2 由性质 10,得 $A_1H_4 = 2R|\cos \angle A_2A_1A_3|$,$A_4H_1 = 2R|\cos \angle A_2A_4A_3|$,而 $\angle A_2A_1A_3 = \angle A_2A_4A_3$,从而 $A_1H_4 = A_4H_1$.

又 $A_1H_4 \parallel A_4H_1$,知四边形 $A_1H_4H_1A_4$ 为平行四边形,故 $A_1A_4 \underline{\underline{\parallel}} H_4H_1$.

同理,$A_1A_2 \underline{\underline{\parallel}} H_2H_1$,$A_3A_4 \underline{\underline{\parallel}} H_4H_3$,$A_2A_3 \underline{\underline{\parallel}} H_3H_2$.

于是,四边形 $A_1A_2A_3A_4 \cong$ 四边形 $H_1H_2H_3H_4$.

由于四边形 $A_1A_2A_3A_4$ 有外接圆圆 O,所以 H_1、H_2、H_3、H_4 四点共圆. 显然四边形 $A_1A_2A_3A_4$ 与四边形 $H_1H_2H_3H_4$ 位似,位似中心为 A_1H_1 与 A_4H_4 之交点 O'. 故过四边形 $H_1H_2H_3H_4$ 的圆 O'' 的圆心 O'' 与 O 必关于 O' 对称,从而 O'' 在 OO' 的延长线上且 $OO' = O'O''$.

例 12 (2002 年全国高中数学联赛题)在 $\triangle ABC$ 中,$\angle A = 60°$,$AB > AC$,点 O 是外心,两条高 BE、CF 交于点 H,点 M、N 分别在线段 BH、HF 上,且满足 $BM = CN$. 求 $\dfrac{MH + NH}{OH}$ 的值.

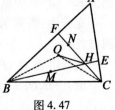

图 4.47

解法 1 如图 4.47,联结 BO、OC,注意到 $\angle BOC = 2\angle A = 120°$,$\angle BHC = 180° - (90° - \angle B) - (90° - \angle C) = \angle B + \angle C = 120°$.

知 B、C、H、O 四点共圆. 设 R 为 $\triangle ABC$ 的外接圆半径,由正弦定

理知 $BC = 2R\sin 60° = \sqrt{3}R$, 又 $OB = OC = R$.

在圆 $BCHO$ 中应用托勒密定理, 有
$$OH \cdot BC + BO \cdot HC = BH \cdot OC$$

即有
$$\frac{BH - HC}{OH} = \sqrt{3}$$

故
$$\frac{MH + NH}{OH} = \frac{(BH - BM) + (CN - HC)}{OH} = \frac{BH - HC}{OH} = \sqrt{3}$$

解法2 设直线 OH 交 AB 于点 M', 交 AC 于点 N', 联结 AO、AH. 作 O 在三边 BC、CA、AB 上的射影 K、S、T, 则由性质 13 知 $OK = \frac{1}{2}AH, OS = \frac{1}{2}BH, OT = \frac{1}{2}CH$.

由 $\angle BOK = \angle A = 60°$, 则 $OK = \frac{1}{2}BO = \frac{1}{2}AH$, 即知 $AH = AO$, 从而 $\triangle AOH$ 为等腰三角形.

又由性质 16, 知 O、H 为等角共轭点. 即 $\angle M'AO = \angle N'AH$, 从而 $\triangle AM'N'$ 也为等腰三角形. 而 $\angle A = 60°$, 即 $\triangle AM'N'$ 为正三角形. 于是

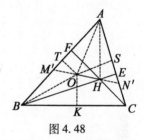

图 4.48

$$BH - CH = 2(OS - OT) = 2 \cdot \frac{\sqrt{3}}{2}(ON' - OM') = \sqrt{3}OH$$

故
$$\frac{MH + NH}{OH} = \frac{BH - CH}{OH} = \sqrt{3}$$

例13 (第 49 届国际数学奥林匹克试题) 已知 H 是锐角 $\triangle ABC$ 的垂心, 以边 BC 的中点为圆心, 过点 H 的圆与直线 BC 相交于两点 A_1、A_2; 以边 CA 的中点为圆心, 过点 H 的圆与直线 CA 相交于两点 B_1、B_2; 以边 AB 的中点为圆心, 过点 H 的圆与直线 AB 相交于两点 C_1、C_2, 证明: 六点 A_1、A_2、B_1、B_2、C_1、C_2 共圆.

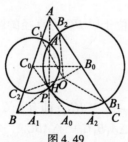

图 4.49

证法1 设 B_0、C_0 分别是边 CA、AB 的中点.

设以 B_0 为圆心, B_0H 为半径的圆与以 C_0 为圆心, C_0H 为半径的圆的另一个交点为 A', 则 $A'H \perp C_0B_0$. 又 $C_0B_0 // BC$, 从而 $A'H \perp BC$, 即知 A' 在 AH 上.

由切割线定理, 有 $AC_1 \cdot AC_2 = AA' \cdot AH = AB_1 \cdot AB_2$ 知 B_1、B_2、C_1、C_2 四点共圆.

分别作 B_1B_2、C_1C_2 的中垂线. 设它们交于点 O, 则 O 是四边形 $B_1B_2C_1C_2$ 的外心, 也是 $\triangle ABC$ 的外心, 且 $OB_1 = OB_2 = OC_1 = OC_2$.

同理, $OA_1 = OA_2 = OB_1 = OB_2$, 故 A_1、A_2、B_1、B_2、C_1、C_2 六点共圆.

证法2 设 $\triangle ABC$ 的外心为 O, A_0、B_0、C_0 分别为边 BC、CA、AB 的中点, 联结 A_0C_0 交直线 BH 于点 P, 则 $BH \perp A_0C_0$. 于是由定差幂线定理, 有

$$BC_0^2 - C_0H^2 = BP^2 - PH^2 = BA_0^2 - A_0H^2 \qquad ①$$
$$BO^2 - A_1O^2 = BA_0^2 - A_1A_0^2 = BA_0^2 - A_0H^2 \qquad ②$$

同理
$$BO^2 - C_2O^2 = BC_0^2 - C_0H^2 \qquad ③$$

由①,②,③得 $A_1O = C_2O$,而 $A_1O = A_2O, C_1O = C_2O$,则
$$A_1O = A_2O = C_1O = C_2O$$

同理 $A_1O = A_2O = B_1O = B_2O$,故 $A_1, A_2, B_1, B_2, C_1, C_2$ 六点共圆.

例 14 (第 32 届俄罗斯数学奥林匹克试题)设 $\triangle ABC$ 为锐角三角形. 经过其垂心作三个圆,分别与它的三条边相切于该边上高的垂足. 证明:这三个圆的其他三个交点所形成的三角形与 $\triangle ABC$ 相似.

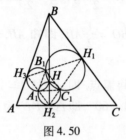

图 4.50

证明 记 $\triangle ABC$ 的垂心为 H,边 BC、CA、AB 上高的垂足分别记为 H_1、H_2、H_3,并设 A_1、B_1、C_1 是所作的三个圆的其他三个交点.

由于 BC 是经过 H、H_1 的圆的切线,所以 $HH_1 \perp BC$,即知 HH_1 为该圆的直径. 对于其他的两圆也有类似结论.

由于直径所对的圆周角为直角,所以
$$\angle HC_1H_2 + \angle HC_1H_1 = 90° + 90° = 180°$$

即知点 C_1 在 H_1H_2 上.

同理,A_1 在 H_2H_3 上.

显然,B、H_2、H_3、C 四个点全在位于以 BC 为直径的圆周上,因而 $\angle HH_2A_1 = \angle BH_2H_3 = \angle BCH_3 = 90° - \angle ABC$.

同理 $\angle HH_2C_1 = 90° - \angle ABC$.

由上可知,$\triangle HH_2A_1 \cong \triangle HH_2C_1$.

所以,点 A_1、C_1 关于 HH_2 对称. $A_1C_1 \perp HH_2$,即有 $A_1C_1 // AC$.

同理 $B_1C_1 // BC, A_1B_1 // AB$,故 $\triangle A_1B_1C_1 \sim \triangle ABC$.

例 15 (2011 年日本数学奥林匹克试题)设 H 为锐角 $\triangle ABC$ 的垂心,M 是 BC 边的中点. 过 H 作 AM 的垂线,垂足为 P. 证明:$AM \cdot PM = BM^2$.

证明 如图 4.51,分别过点 A、B、C 作对边的平行线得 $\triangle A_1B_1C_1$,则 H 为 $\triangle A_1B_1C_1$ 的外心(性质 7).

联结 PB,延长 MA 交圆 H 于点 A_2,显然 A_1 在直线 AM 上,联结 A_2C_1,注意 P 为 A_1A_2 的中点,则 $PB // A_2C_1$,有 $\angle BPM = \angle C_1A_2A_1 = \angle C_1B_1A_1 = \angle B$.

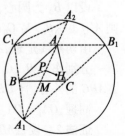

图 4.51

从而 $\triangle BPM \sim \triangle ABM$,于是 $\dfrac{PM}{BM} = \dfrac{BM}{AM}$,故

$$AM \cdot PM = BM^2$$

注 也可由 $\triangle PBM \backsim \triangle CA_1M$ 来证,或 B、P、C、A_1 四点共圆来证 $PM \cdot MA_1 = BM \cdot MC$.

例 16 设 H 是 $\triangle ABC$ 的垂心,直线 l、m、n 分别通过 A、B、C 且互相平行,则 AH、BH、CH 分别关于 l、m、n 的对称线共点,这点在 $\triangle ABC$ 的外接圆上.

证明 如图 4.52,设 l'、m'、n' 分别为 AH、BH、CH 关于 l、m、n 对称的直线. 又设 m' 与 l' 交于点 P,为此要证 $\angle APB = \angle ACB$,但 $\angle AHE = \angle ACB$. 因此只需证 $\angle AHE = \angle APB$.

设 BH 交 l' 于 I,m 与 l' 交于点 G,m 交 AD 于 J,m' 交 AD 于 K. 下证 I、H、K、P 四点共圆.

注意到 AH 与 l' 关于 l 对称,也关于过点 A 与 l 垂直的线对称,因此

$$\angle AIH = 180° - \angle IBG - \angle IGB = 180° - \angle KBG - \angle KJB = 180° - \angle HKP$$

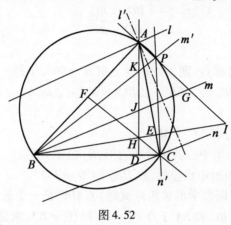

图 4.52

由此,知 I、H、K、P 共圆.

同理,CH 关于 n 的对称线 n' 与 BP 的交点也在圆 ABC 上,故 CP 与 CH 关于 n 的对称线为 n'.

例 17 (第 34 届俄罗斯数学奥林匹克试题)令 H 和 M 分别是一个非等腰 $\triangle ABC$ 的垂心和重心,证明:过点 A、B 和 C 且分别垂直于 AM、BM 和 CM 的三条直线所围成的三角形的重心位于 MH 上.

证明 如图 4.53,设 $\triangle A'B'C'$ 是过点 A、B 和 C 且分别垂直于 AM、BM 和 CM 的三条直线围成的三角形,其重心为 G,下证 M 为 GH 的中点.

作平行四边形 $BMCA_1$,则 MA_1 平分边 BC,因此 A_1 位于直线 AM 上,且 $AM = A_1M$.

又 $BA_1 /\!/ MC \perp A'B'$,$CA_1 /\!/ MB \perp A'C'$,则 BA_1 和 CA_1 均是 $\triangle BA'C$ 的高,A_1 是 $\triangle BA'C$ 的垂心,从而 $A'A_1 \perp BC$.

由于 $\triangle BA_1M$ 的三边分别垂直于 $\triangle A'B'C'$ 的三边,因此它们相似,并且对应中线所在直线 BC 和 $A'G$ 相互垂直,故直线 $A'G$ 和直线 $A'A_1$ 重合.

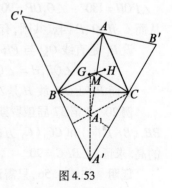

图 4.53

令 G' 是 H 关于 M 的对称点,$\triangle AHM$ 和 $\triangle A_1G'M$ 关于 M 对称,因此 $A_1G' /\!/ AH \perp BC$.

故 G' 位于直线 $A'G$ 上. 类似地,可得到 G' 位于直线 $B'G$ 上. 推出 G' 与 G 重合.

例 18 (第 34 届俄罗斯数学奥林匹克试题)AA_1 和 CC_1 是非等腰 $\triangle ABC$ 的高,H 和 O

分别是 $\triangle ABC$ 的垂心和外心,B_0 是边 AC 的中点,直线 BO 交边 AC 于点 P,直线 BH 和 A_1C_1 交于点 Q,证明:直线 HB_0 和 PQ 平行.

证明 如图 4.54,设 O_1 是 BH 的中点. 因为
$$\angle BA_1H = \angle BC_1H = 90°$$
则 O_1 为四边形 A_1BC_1H 外接圆的圆心. 由 $\text{Rt}\triangle BAA_1 \backsim \text{Rt}\triangle BCC_1$,有 $\dfrac{AB}{A_1B} = \dfrac{CB}{C_1B}$,由此得 $\triangle A_1BC_1 \backsim \triangle ABC$.

注意到 BQ 和 BP、BO_1 和 BO 都是相似 $\triangle A_1BC_1$ 和 $\triangle ABC$ 中对应的线段,则
$$\frac{BO_1}{BO} = \frac{BQ}{BP}$$

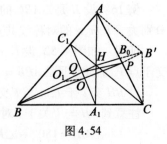

图 4.54

于是 $OO_1 /\!/ PQ$.

设 B' 是 B 关于 O 的对称点,则 $\angle BAB' = \angle BCB' = 90°$,于是
$$\angle ACB' = \angle BCB' - \angle BCA = 90° - \angle BCA = \angle A_1AC$$
即知 $AA_1 /\!/ CB'$.

又 $CC_1 \perp AB$,$AB' \perp AB$,有 $CC_1 /\!/ AB'$.

这推出 $AHCB'$ 是以 B_0 为中心的平行四边形,B_0 位于 HB' 上.

在 $\triangle BHB'$ 中,OO_1 是两边中点连线,故 $HB_0 /\!/ OO_1 /\!/ PQ$.

例 19 (第 37 届俄罗斯数学奥林匹克试题)$\triangle ABC$ 是一个锐角三角形,过其顶点 B 和外心 O 的一个圆分别交边 BC 和 BA 于点 $P(\neq B)$ 和 $Q(\neq B)$,求证:$\triangle POQ$ 的垂心位于直线 AC 上.

证明 如图 4.55,令 $\angle OBA = \angle OAB = \alpha$,$\angle OBC = \angle OCB = \gamma$,则 $\angle ACB = \dfrac{1}{2}\angle AOB = 90° - \alpha$. 由 B、P、O、Q 共圆,则 $\angle OPQ = \alpha$,$\angle OQP = \gamma$.

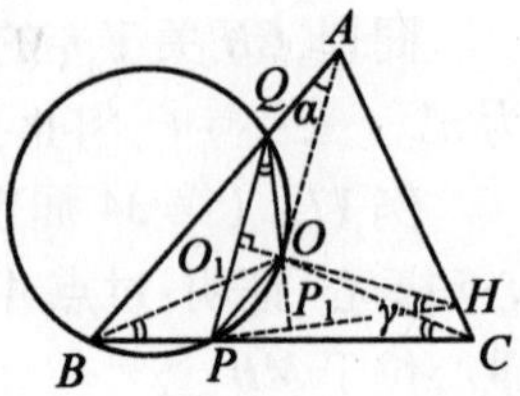

设 O_1O 为 $\triangle OPQ$ 的高,H 为直线 O_1O 与 AC 的交点,则
$$\angle POH = 180° - \angle O_1OP = 90° + \alpha = 180° - (90° - \alpha) = 180° - \angle HCB$$

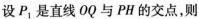

图 4.55

从而 C、H、O、P 四点共圆,有 $\angle PHO = \angle PCO = \gamma$.

设 P_1 是直线 OQ 与 PH 的交点,则
$$\angle QP_1H = \angle QPH + \angle PQO = \angle QPH + \angle PHO_1 = \angle HO_1Q = 90°$$

从而 $PH \perp OQ$,故 H 是 $\triangle OPQ$ 的垂心.

例 20 (第 37 届俄罗斯数学奥林匹克试题)设 BB_1 和 CC_1 分别是锐角 $\triangle ABC$ 的高,在 BB_1(B_1 方向)和 CC_1(C_1 方向)的延长线上分别取点 P 和 Q,使得 $\angle PAQ = 90°$,AF 是 $\triangle APQ$ 的高. 求证:$\angle BFC = 90°$.

证明 如图 4.56,只需证点 F 在圆 BCB_1C_1 上即可,即 C、B_1、F、C_1 共圆即可.

因 $\angle AB_1P = \angle AFP = 90°$,知 B_1、F 位于以 AP 为直径的圆上,因此,$\angle PFB_1 = \angle PAB_1$.

同理,$\angle QFC_1 = \angle QAC_1$,从而

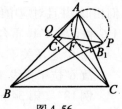

图 4.56

$$\angle B_1FC_1 = 180° - \angle PFB_1 - \angle QFC_1 = 180° - \angle PAB_1 - \angle QAC_1$$
$$= 180° - (\angle PAQ - \angle B_1AC_1) = 90° + \angle B_1AC_1$$
$$= 90° + (90° - \angle ACC_1) = 180° - \angle B_1CC_1.$$

故 C、B_1、F、C_1 共圆.

例21 设 $\triangle ABC$ 的 $\angle A$ 内的旁切圆与 BC 相切于 D,与直线 AB、AC 分别相切于点 E、F. 求证:$\triangle ABC$ 的外心 O,旁切圆圆心 I_A 与 $\triangle DEF$ 的垂心 H 三点共线.

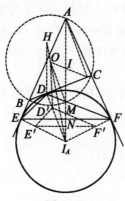

图 4.57

证明 如图 4.57,设 $\triangle ABC$ 的 $\angle A$ 内的旁切圆、外接圆半径分别为 r_A,R,设 $R = k \cdot r_A$,作位似变换 $H(I_A, k)$,设 $\triangle DEF \to \triangle D'E'F'$,则 $D'I_A = R$.

设 $\triangle ABC$ 的外接圆的 $\overset{\frown}{BC}$(不含点 A)的中点为 M,则 $OM \underline{\parallel} D'I_A$,所以四边形 OMI_AD' 为平行四边形,于是 $D'O \parallel MI_A$.

再注意到 A、I_A、M 共线,所以 $D'O \parallel AI_A$.

又 $AI_A \perp EF$,因此,$D'O \perp EF$. 而 $EF \parallel E'F'$,则 $D'O \perp E'F'$.

同理,$E'O \perp F'D'$. 所以,O 是 $\triangle D'E'F'$ 的垂心,于是 $H \to O$,故 H、I_A、O 共线且 $\dfrac{HI_A}{OI_A} = \dfrac{r_A}{R}$.

例22 (第 29 届巴尔干地区数学奥林匹克试题)设圆 O 上的三点 A、B、C 满足 $\angle ABC > 90°$,过点 C 作 AC 的垂线与 AB 的延长线交于点 D,过 D 作 AO 的垂线与 AC 交于点 E,与圆 O 交于点 F,且 F 在 D、E 之间. 证明:$\triangle BFE$ 的外接圆与 $\triangle CFD$ 的外接圆切于点 F.

证明 如图 4.58,延长 AO 与圆 O 交于点 G,联结 CG、BG.

由 AG 为直径,则 $\angle ACG = 90°$,又 $DC \perp AC$,知 D、C、G 三点共线. 从而,知 E 为 $\triangle DAG$ 的垂心.

又 $\angle ABG = 90°$,则 B、E、G 三点共线.

因 $\angle CDF = \angle GAC = \angle GFC$,知 GF 与 $\triangle CFD$ 的外接圆切于点 F.

又 $\angle FBE = \angle FAG = \angle GFE$,则 GF 与 $\triangle BFE$ 的外接圆切于点 F.

由此,$\triangle BFE$ 的外接圆与 $\triangle CFD$ 的外接圆切于点 F.

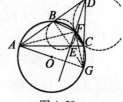

图 4.58

例23 (2013 年俄罗斯数学奥林匹克试题)锐角 $\triangle ABC$ 的外接圆圆 $\varGamma$ 在点 B、C 处的切线交于点 P,D、E 分别是 P 向直线 AB 和 AC 的投影. 求证:$\triangle ADE$ 的垂心是线段 BC 的中点.

证明 如图 4.59,设 M 为 BC 的中点,由 $\triangle BPC$ 是等腰三角形,则 $PM \perp BC$. 由 $\angle PMC = \angle PEC = 90°$,知 M、C、E、P 四点共圆,有 $\angle PEM = \angle PCM = \angle BAC$. 于是

$$\angle BAC + \angle MEC = \angle PEM + \angle MEC = 90°$$

即知 $EM \perp AD$①.

同理 $DM \perp AE$,故 M 为 $\triangle ADE$ 垂心.

注 ①或知 M、C、E、P 共圆,有 $\angle MEP = \angle MCP$. 又 CP 是圆 ABC 的切线,则 $\angle MCP = \angle BAC$,$\angle MEP = \angle BAC$,有 $\angle MEA + \angle BAC = 90° - \angle MEP + \angle BAC = 90°$,知 $ME \perp AB$.

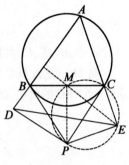

图 4.59

例 24 (2009 年中国西部奥林匹克试题)设 H 为锐角 $\triangle ABC$ 的垂心,D 为边 BC 的中点. 过点 H 的直线分别交边 AB、AC 于点 F、E,使 $AE = AF$. 射线 DH 与 $\triangle ABC$ 的外接圆于点 P. 求证:P、A、E、F 四点共圆.

证明 如图 4.60,延长 HD 至 M,使 $DM = HD$,联结 BM、CM、BH、CH,则知四边形 $BHCM$ 为平行四边形,有 $\angle BMC = \angle BHC = 180° - \angle BAC$,即知 M 在圆 ABC 上.

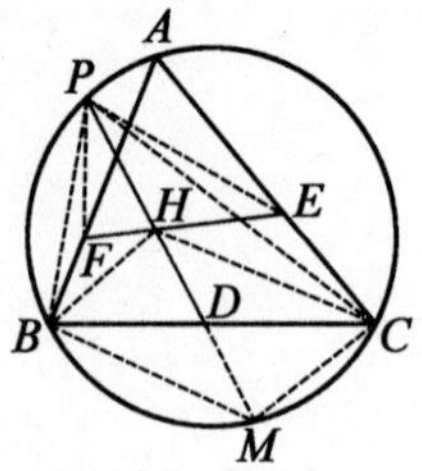

联结 PB、PC、PE、PF,由 $AE = AF$,有

$$\angle BFH = \angle CEH \qquad ①$$

因 H 为 $\triangle ABC$ 的垂心,有

$$\angle HBF = 90° - \angle BAC = \angle HCE \qquad ②$$

图 4.60

由①、②有 $\triangle BFH \sim \triangle CEH$,有 $\dfrac{BF}{BH} = \dfrac{CE}{CH}$.

又 $BHCM$ 为平行四边形,有 $BH = CM$,$CH = BM$,则

$$\dfrac{BF}{CM} = \dfrac{CE}{BM} \qquad ③$$

注意到 D 为 BC 中点,则 $S_{\triangle PBM} = S_{\triangle PCM}$,从而

$$\dfrac{1}{2} BP \cdot BM \sin \angle MBP = \dfrac{1}{2} CP \cdot CM \sin \angle MCP$$

而 $\angle MBP + \angle MCP = 180°$,则

$$BP \cdot BM = CP \cdot CM \qquad ④$$

由③、④有 $\dfrac{BE}{BP} = \dfrac{CE}{CP}$.

又 $\angle PBF = \angle PCE$,则 $\triangle PBF \sim \triangle PCE$,有 $\angle PFB = \angle PEC$,从而 $\angle PFA = \angle PEA$. 故 P、A、E、F 四点共圆.

例 25 (第 15 届土耳其数学奥林匹克试题)设 AA_1、BB_1、CC_1 是 $\triangle ABC$ 的三条高. 一圆通过 B_1、C_1 与 $\triangle ABC$ 的外接圆的 $\overset{\frown}{BC}$(不含 A)相切于点 A_2,点 B_2、C_2 类似定义. 求证:AA_2、BB_2、CC_2 三线共点.

证明 如图 4.61,设直线 BC 与 B_1C_1 交于点 D,显然 B、C、B_1、C_1 四点共圆,直线 B_1C_1 是圆 BCB_1C_1 与圆 $B_1C_1A_2$ 的根轴,直线 BC 是圆 ABC 与圆 BCB_1C_1 的根轴,所以点 D 是这三圆的根心. 因此直线 DA_2 与圆 ABC 相切于点 A_2. 于是

$$\dfrac{BA_2}{A_2C} = \dfrac{DA_2}{DC} = \dfrac{\sqrt{DB \cdot DC}}{DC} = \sqrt{\dfrac{DB}{DC}}$$

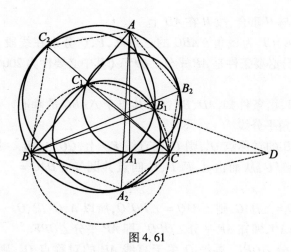

图 4.61

对 $\triangle ABC$ 及截线 DB_1C_1 应用梅涅劳斯定理,有

$$\frac{BD}{DC} \cdot \frac{CB_1}{B_1A} \cdot \frac{AC_1}{C_1B} = 1$$

即

$$\frac{DB}{DC} = \frac{B_1A}{CB_1} \cdot \frac{C_1B}{AC_1}$$

从而

$$\frac{BA_2}{A_2C} = \sqrt{\frac{B_1A}{CB_1} \cdot \frac{C_1B}{AC_1}}$$

同理 $\dfrac{CB_2}{B_2A} = \sqrt{\dfrac{C_1B}{AC_1} \cdot \dfrac{A_1C}{BA_1}}$,$\dfrac{AC_2}{C_2B} = \sqrt{\dfrac{A_1C}{BA_1} \cdot \dfrac{B_1A}{CB_1}}$. 故有 $\dfrac{BA_2}{A_2C} \cdot \dfrac{CB_2}{B_2A} \cdot \dfrac{AC_2}{C_2B} = 1$.

由塞瓦定理角元形式的推论,知 AA_2、BB_2、CC_2 三线共点.

例 26 (第 37 届俄罗斯数学奥林匹克试题) 在平行四边形 $ABCD$ ($\angle A < 90°$) 的边 BC 上取点 T,使得 $\triangle ATD$ 是锐角三角形. 令 O_1、O_2 和 O_3 分别为 $\triangle ABT$、$\triangle DAT$ 和 $\triangle CDT$ 的外心. 求证:$\triangle O_1O_2O_3$ 的垂心位于直线 AD 上.

证明 如图 4.62,由题设知,O_1O_2 和 O_3O_2 分别是线段 AT、DT 的中垂线,于是

$$\angle AO_1O_2 = \angle TO_1O_2 = 180° - \angle TBA = \angle TCD, \angle DO_3O_2 = \angle TO_3O_2 = \angle TCD,$$

即 $\angle TO_1O_2 = \angle TO_3O_2$,从而知 T、O_1、O_2、O_3 四点共圆,此圆记为 ω.

由对称性,有 $\angle O_1TO_2 = \angle O_1AO_2$ (O_1O_2 为对称轴).

$\angle DO_3O_2 = \angle TO_3O_2$ (O_3O_2 为对称轴),即知圆 AO_1O_2、圆 DO_2O_3 与 ω 均为等圆.

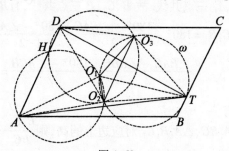

图 4.62

由垂心性质知,$\triangle O_1O_2O_3$ 的垂心是圆 AO_1O_2 与圆 DO_2O_3 的一个交点 H.

设 H' 是圆 AO_1O_2 与直线 AD 的另一个交点,则 $\angle AH'O_2 = \angle AO_1O_2 = \angle DO_3O_2$,因此,$H'$

在圆 DO_2O_3 上,即 H' 与 H 重合,故 H 在 AD 上.

例 27 设 AD、BE、CF 为锐角 $\triangle ABC$ 的三条高,P,Q 分别在线段 DF 与 EF 上. 求证: $\angle PAQ = \angle DAC$ 的充分必要条件是 AP 平分 $\angle QPF$.(其中必要性为 2006 年德国国家队选拔试题)

证明 如图 4.63,由条件知,AD、BE、CF 共点于 $\triangle ABC$ 的垂心 H,且 CF 为 $\angle DFE$ 的角平分线.

作 Q 关于直线 AB 的对称点 Q',则 Q' 在直线 FD 上,$QQ' \perp AB$,$AQ' = AQ$. 于是 $Q'Q \parallel FC$,从而由 A、F、D、C 四点共圆知 $\angle DAC = \angle DFC = \angle PQ'Q$.

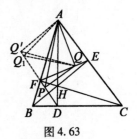

图 4.63

必要性:设 $\angle PAQ = \angle DAC$,则 $\angle PAQ = \angle PQ'Q$,所以 A、Q'、P、Q 四点共圆. 再由 $AQ' = AQ$,即知 AP 平分 $\angle QPQ'$,即 AP 平分 $\angle QPF$.

充分性:设 AP 平分 $\angle QPF$,再作 Q 关于直线 AP 的对称点 Q_1,则 Q_1 在直线 PD 上,$\angle PQ_1A = \angle AQP$,且 $PQ_1 = PQ < PF + FQ = PF + FQ' = PQ'$. 所以 Q_1 在 PQ' 上. 因此 $\angle PQ'A = 180° - \angle PQ_1A = 180° - \angle AQP$. 所以 A、Q'、P、Q 四点共圆,于是 $\angle PQ'Q = \angle PAQ$. 故 $\angle PAQ = \angle DAC$.

例 28 (2013 年中国西部数学邀请赛试题)在 $\triangle ABC$ 中,已知 B_2 是边 AC 上旁切圆圆心 B_1 关于 AC 中点的对称点,C_2 是边 AB 上旁切圆圆心 C_1 关于 AB 中点的对称点,边 BC 上旁切圆切边 BC 于点 D. 证明:$AD \perp B_2C_2$.

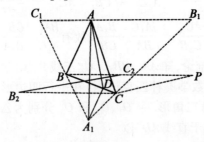

图 4.64

证明 如图 4.64,设边 BC 上的旁切圆圆心为 A_1,由旁心性质知 B_1、A、C_1,A_1、C、B_1、C_1、B、A_1 分别三点共线且 $A_1A \perp B_1C_1$.

在平面上取点 P 使得 $\overrightarrow{C_2P} = \overrightarrow{B_2C}$,则由 $\overrightarrow{B_2C} = \overrightarrow{AB_1}$,知 $\overrightarrow{C_2P} = \overrightarrow{AB_1}$.

又 $\overrightarrow{BC_2} = \overrightarrow{C_1A}$,而 C_1、B、A_1 三点共线. 故 B、C_2、P 三点共线,且 $\overrightarrow{BP} = \overrightarrow{C_1B_1}$. 由

$$\angle AC_1B = 180° - \frac{180° - \angle BAC}{2} - \frac{180° - \angle ABC}{2}$$
$$= \frac{\angle BAC + \angle ABC}{2} = \frac{180° - \angle ACB}{2} = \angle BCA$$

知 $\triangle A_1BC \sim \triangle A_1B_1C_1$.

又 A_1D、A_1A 分别是 $\triangle A_1BC$、$\triangle A_1B_1C_1$ 对应边上的高,则 $\dfrac{B_1C_1}{BC} = \dfrac{A_1A}{A_1D}$.

因 $\overrightarrow{BP} = \overrightarrow{C_1B_1}$,$A_1A \perp B_1C_1$,则 $\dfrac{BP}{BC} = \dfrac{A_1A}{A_1D}$,且 $BP \perp A_1A$,$BC \perp A_1D$.

于是 $\triangle BPC \sim \triangle A_1AD$,从而 $CP \perp AD$.

又 $\overrightarrow{C_2P} = \overrightarrow{B_2C}$，则 $\overrightarrow{B_2C_2} = \overrightarrow{CP}$，因此 $AD \perp B_2C_2$.

注 此题隐含了"锐角三角形的三个顶点是其垂心的垂足三角形的三个旁心"，由此，上述例题即为下述：

结论 在锐角 $\triangle A_1B_1C_1$ 中，$A_1A \perp B_1C_1$ 于点 A，$\triangle ABC$ 为其垂心的垂足三角形. B_2 为 B_1 关于 AC 的中点的对称，C_2 为 C_1 关于 AB 的中点的对称点，$A_1D \perp CB$ 于点 D，则 $AD \perp B_2C_2$.

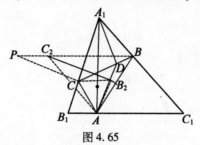

图 4.65

证明 由题设知四边形 B_1AB_2C、四边形 AC_1BC_2 均为平行四边形，则
$$CB_2 /\!/ B_1A /\!/ C_2B$$
延长 BC_2 至 P，使 $C_2P = B_2C$，则 $PC /\!/ C_2B_2$ 且 $PB \underline{/\!/} B_1C_1$，即有
$$BP \perp A_1A \qquad ①$$
由 $\triangle A_1B_1C_1 \backsim \triangle A_1BC$，且
$$A_1A \perp B_1C_1, A_1D \perp BC \qquad ②$$
有 $\dfrac{B_1C_1}{BC} = \dfrac{A_1A}{A_1D}$，亦有 $\dfrac{BP}{BC} = \dfrac{A_1A}{A_1D}$，注意①②（$\angle AA_1D = \angle PBC$），即知 $\triangle BPC \backsim \triangle A_1AD$.
于是 $CP \perp AD$，又注意到 $CP /\!/ B_2C_2$，故 $AD \perp B_2C_2$.

例29 设 $\triangle ABC$ 的垂心 H 位于形内，O 为 $\triangle ABC$ 的外心. 若 $OH \perp OA$，则 $\dfrac{\pi}{4} < \angle A < \dfrac{\pi}{3}$.

证明 如图 4.66，因 H 为高线 AD、BE 的交点，联结 AO 并延长交 BC 于 M.

(1) 先证 $\angle A < \dfrac{\pi}{3}$.

在 $\triangle ABC$ 中，$AH = 2R\cos A$，且
$$OH \perp OA \Rightarrow AH > OA \Rightarrow 2R\cos A > R \Rightarrow \cos A > \dfrac{1}{2} \Rightarrow \angle A < \dfrac{\pi}{3}$$

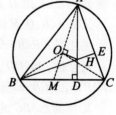

图 4.66

其中 R 为 $\triangle ABC$ 外接圆半径.

(2) 再证 $\angle A > \dfrac{\pi}{4}$. 由 O、H、D、M 四点共圆，可得
$$AO \cdot AM = AH \cdot AD$$
$$\Rightarrow R(R + OM) = 2R\cos A \cdot c \cdot \sin B = 2R\cos A \cdot 2R\sin C \cdot \sin B$$
$$\Rightarrow OM = R(4\cos A \cdot \sin B \cdot \sin C - 1) = R[2\cos^2 A - (\cos 2B + \cos 2C) - 1] \qquad ①$$
又 $\overrightarrow{OH} = \overrightarrow{OA} + \overrightarrow{OB} + \overrightarrow{OC}$，从而有
$$\overrightarrow{OH}^2 = \overrightarrow{OA}^2 + \overrightarrow{OB}^2 + \overrightarrow{OC}^2 + 2\overrightarrow{OA} \cdot \overrightarrow{OB} + 2\overrightarrow{OA} \cdot \overrightarrow{OC} + 2\overrightarrow{OB} \cdot \overrightarrow{OC}$$
且 $\langle \overrightarrow{OA}, \overrightarrow{OB} \rangle = 2\angle C$，$\langle \overrightarrow{OA}, \overrightarrow{OC} \rangle = 2\angle B$，$\langle \overrightarrow{OB}, \overrightarrow{OC} \rangle = 2\angle A$. 故

$$\overrightarrow{OH}^2 = 3R^2 + 2R^2(\cos 2A + \cos 2B + \cos 2C) = OH^2 \qquad ②$$

而由勾股定理有 $AH^2 = AO^2 + OH^2$,由②得

$$4R^2\cos^2 A = 3R^2 + 2R^2(\cos 2A + \cos 2B + \cos 2C) + R^2$$
$$\Rightarrow 4R^2\cos^2 A = 4R^2 + 4R^2\cos^2 A - 2R^2 + 2R^2(\cos 2B + \cos 2C)$$
$$\Rightarrow \cos 2B + \cos 2C = -1$$

将此式代入式①得

$$OM = 2R\cos^2 A$$

又 $OM < R$,$\angle A$ 为锐角,所以

$$2R\cos^2 A < R$$

从而,$0 < \cos A < \dfrac{\sqrt{2}}{2}$,故 $\angle A > \dfrac{\pi}{4}$.

综上所述,$\dfrac{\pi}{4} < \angle A < \dfrac{\pi}{3}$.

例30 (1999年中国数学奥林匹克试题)在锐角 $\triangle ABC$ 中,$\angle C > \angle B$,点 D 是边 BC 上一点,使 $\angle ADB$ 是钝角,H 是 $\triangle ABD$ 的垂心,F 在 $\triangle ABC$ 内部且在 $\triangle ABD$ 的外接圆周上. 求证:点 F 是 $\triangle ABC$ 的垂心的充要条件是 $HD \parallel CF$ 且 H 在 $\triangle ABC$ 的外接圆周上.

证法1 必要性:设 F 是 $\triangle ABC$ 的垂心.

如图 4.67,记 AH 交 BC 于点 P,且 BH 交 AD 延长线于点 Q,联结 PQ、BF.

一方面,当 F 是 $\triangle ABC$ 的垂心时,有 $\angle AFB = 180° - \angle ACB$.

又 F 在 $\triangle ABD$ 的外接圆上,有 $\angle AFB = \angle ADB$.

再由 H 为 $\triangle ABD$ 的垂心,知 $\angle ADB = 180° - \angle AHB$.

则 $\angle AHB = \angle ACB$,故 H 在 $\triangle ABC$ 的外接圆上.

另一方面,由 H、P、D、Q 四点共圆,有 $\angle HDP = \angle HQP$.

又由 A、B、Q、P 四点共圆,有 $\angle HQP = \angle PAB$.

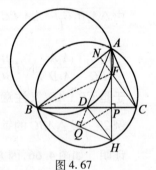

图 4.67

注意到 $\angle PAB = 90° - \angle ABC = \angle FCB$,则 $\angle HDP = \angle FCB$,故 $HD \parallel CF$.

充分性:当 $HD \parallel CF$ 时,有 $\angle HDP = \angle FCB$. 注意到 $\angle HDP = \angle HQP = \angle PAB$,有 $\angle PAB = \angle FCB$,即有 $CF \perp AB$,知 F 在边 AB 上的高 CN 上.

又 H 为 $\triangle ABC$ 的外接圆上,则 $\angle ACB = \angle AHB$.

注意 H 为 $\triangle ABD$ 的垂心,知 $\angle ADB = 180° - \angle AHB$,从而 $\angle AFB + \angle ACB = 180°$.

设 $\triangle ABC$ 的垂心为 F',则 $\angle AF'B = 180° - \angle ACB$.

若点 F 在线段 $F'N$ 内,则 $\angle AFB > \angle AF'B$. 若点 F 在线段 $F'C$ 内,则 $\angle AFB < \angle AF'B$. 均矛盾.

从而 F 与 F' 重合,即 F 为 $\triangle ABC$ 的垂心.

证法2 应用到如下引理:设 $\triangle XYZ$ 中,$\angle XYZ$ 和 $\angle YZX$ 均为锐角,则点 P 是 $\triangle XYZ$ 的垂心的充要条件是 $XP \perp YZ$,且 $\angle YPZ = 180° - \angle XYZ$[①].

（ⅰ）若 $HD \parallel CF$,且 H 在 $\triangle ABC$ 的外接圆上,则 $CF \perp AB$,且 $\angle AFB = \angle ADB = 180° - \angle AHB = 180° - \angle ACB$,故点 F 是 $\triangle ABC$ 的垂心.

（ⅱ）若点 F 是 $\triangle ABC$ 的垂心,知 $CF \perp AB$,又 $HD \perp AB$,有 $HD \parallel CF$,且 $\angle ACB = 180° -$

$\angle AFB = 180° - \angle ADB = \angle AHB$,故 A、B、C、H 四点共圆,点 H 在 $\triangle ABC$ 的外接圆上.

注 ① 事实上,如图 4.68,作 P 关于 YZ 的对称点 P',则 $\angle YP'Z = \angle YPZ = 180° - \angle XYZ$. 即知 X、Y、P'、Z 四点共圆,于是,$\angle ZXP = \angle ZYP' = \angle ZYP$. 设直线 YP 与直线 XZ 交于点 E,则 $\angle YEX = \angle YWP = 90°$,即 $YP \perp XZ$,故 P 为 $\triangle XYZ$ 的垂心,充分性获证. 必要性显然.

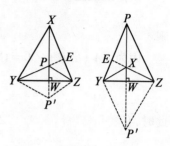

图 4.68

例 31 (2004 年泰国数学奥林匹克试题) 已知 P 是 $\triangle ABC$ 内一点,过 P 作 BC、CA、AB 的垂线,其垂足分别为 D、E、F. 又 Q 是 $\triangle ABC$ 内的一点,且使得 $\angle ACP = \angle BCQ$,$\angle BAQ = \angle CAP$. 证明:$\angle DEF = 90°$ 的充分必要条件是 Q 为 $\triangle BDF$ 的垂心.

证明 必要性:设 $\angle DEF = 90°$,如图 4.69,设直线 FQ、DQ 交边 BC、AC 于 X、Y. 易知 A、E、P、F,P、D、C、E 分别四点共圆,则

$$\angle QAC + \angle QCA = \angle FAP + \angle PCD$$
$$= \angle FEP + \angle PED$$
$$= \angle FED = 90°$$

所以,$\angle AQC = 90°$. 注意到

$$\triangle AFP \sim \triangle AQC, \triangle PDC \sim \triangle AQC$$

则

$$\frac{AF}{AQ} = \frac{AP}{AC}, \frac{CD}{CQ} = \frac{CP}{CA}$$

因为 $\angle FAQ = \angle PAC$,$\angle ACP = \angle QCD$,则

$$\triangle AFQ \sim \triangle APC \sim \triangle QDC$$

所以 $\angle FAQ = \angle DQC$,$\angle FQA = \angle DCQ$

故 $\angle DYB = \angle YFQ + \angle YQF = \angle YQF + \angle FAQ + \angle FQA$
$= \angle YQF + \angle DQC + \angle FQA = 180° - \angle AQC = 90°$

$\angle FXB = \angle XQD + \angle QDX = \angle XQD + \angle DCQ + \angle DQC$
$= \angle XQD + \angle FQA + \angle DQC = 180° - \angle AQC = 90°$

因此,Q 是 $\triangle BDF$ 的垂心.

充分性:设 Q 是 $\triangle BDF$ 的垂心.

令直线 FQ、DQ 交边 BC、AC 于 X、Y. 易知四边形 $PFQD$ 是平行四边形.

记 $\angle BAQ = \alpha$,$\angle EDP = \angle ACP = \angle QCD = \beta$.

在 $\triangle AFQ$ 中应用正弦定理得

$$\frac{AF}{\sin(90° - B - \alpha)} = \frac{FQ}{\sin \alpha}$$

由 $AF = AP\cos(A - \alpha)$ 和正弦定理(在 $\triangle APC$ 中)得

$$\frac{AP\cos(A - \alpha)}{\cos(B + \alpha)} = \frac{FQ}{\sin \alpha} = \frac{PD}{\sin \alpha}$$

$$= \frac{PC\sin(C - \beta)}{\sin \alpha} = \frac{AP\sin(C - \beta)}{\sin \beta}$$

则

$$\sin \beta \cos(A - \alpha) = \sin(C - \beta)\cos(B + \alpha)$$

由 $\beta + \angle A - \alpha = 180° - (\angle C - \beta + \angle B + \alpha)$，得
$$\sin(\beta + A - \alpha) = \sin(C - \beta + B + \alpha)$$
则
$$\sin(\beta - A + \alpha) = \sin(C - \beta - B - \alpha)$$
因为 $\angle A + \angle B + \angle C = 180°$，故必有
$$\beta - \angle A + \alpha = \angle C - \beta - \angle B - \alpha$$
$$\alpha + \beta = 90° - \angle B$$
此时，有
$$\angle AQC = (\alpha + \angle ABQ) + (\beta + \angle CBQ)$$
$$= \alpha + \beta + \angle B = 90°$$
故
$$\angle DEF = \angle DEP + \angle FEP = \angle DCP + \angle FAP$$
$$= \angle QCA + \angle QAC = 180° - \angle AQC = 90°$$

注 此例中的 PQ 为 $\triangle ABC$ 的一对等角共轭点.

例32 (2014年中国国家集训队选拔试题)如图4.70，设锐角 $\triangle ABC$ 的外心为 O，点 A 在边 BC 上的射影为 H_A，AO 的延长线与 $\triangle BOC$ 的外接圆交于点 A'，点 A' 在直线 AB、AC 上的射影分别是 D、E，$\triangle DEH_A$ 的外心为 O_A。类似定义 H_B、O_B 及 H_C、O_C。证明：$O_A H_A$、$O_B H_B$、$O_C H_C$ 三线共点(可参见3.5.2节中例7)

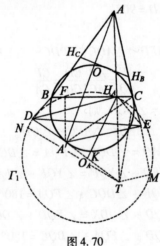

图4.70

证明 设 T 是点 A 关于 BC 的对称点，A' 在边 BC 上的射影为点 F，T 在直线 AC 上的射影点为 M.

由 $AC = CT$，知 $\angle TCM = 2\angle TAM$.

又 $\angle TAM = \dfrac{\pi}{2} - \angle ACB = \angle OAB$，则
$$\angle TCM = 2\angle OAB = \angle A'OB = \angle A'CF$$
且
$$\angle TCH_A = \angle A'CF + \angle A'CT = \angle TCM + \angle A'CF = \angle A'CE$$
注意到 $\angle CH_A T$、$\angle CMT$、$\angle CEA'$、$\angle CFA'$ 均为直角，则
$$\frac{CH_A}{CM} = \frac{CH_A}{CT} \cdot \frac{CT}{CM} = \frac{\cos\angle TCH_A}{\cos\angle TCM} = \frac{\cos\angle A'CE}{\cos\angle A'CF} = \frac{CE \cdot CA'}{CA' \cdot CF} = \frac{CE}{CF}$$

即 $CH_A \cdot CF = CM \cdot CE$，从而 H_A、F、M、E 四点共圆于 Γ_1.

同理，设 T 在直线 AB 上的射影为 N，则 H_A、F、N、D 四点共圆于 Γ_2.

由于四边形 $A'FH_AT$ 及四边形 $A'EMT$ 均为直角梯形,知线段 H_AF 与 EM 的中垂线交于线段 $A'T$ 的中点 K,即圆 Γ_1 的圆心为 K,半径为 KF.

同理,圆 Γ_2 的圆心也为 K,半径也为 KF.

故圆 Γ_1 与 Γ_2 重合,即 D、N、F、H_A、E、M 六点共圆,从而 O_A 即为线段 $A'T$ 的中点 K. 由 $\angle H_CAO + \angle AH_CH_B = \dfrac{\pi}{2} - \angle ACB + \angle ACB = \dfrac{\pi}{2}$,知 $AA' \perp H_BH_C$. 故 $O_AH_A \perp H_BH_C$.

同理,$O_AH_B \perp H_AH_C$,$O_CH_C \perp H_AH_B$. 即知 O_AH_A、O_BH_B、O_CH_C 三线共点于 $\triangle H_AH_BH_C$ 的垂心.

4.3 三角形垂心图的演变及应用

4.3.1 垂心演变为高线上任一点

命题 1 在 $\triangle ABC$ 中,$AD \perp BC$ 于 D,H 为线段 AD 上任一点,CH、BH 分别与 AB、AC 交于点 F、E,则 $\angle ADE = \angle ADF$.

(此结论曾作为 1958 年普特南大学生竞赛题、1984 年首届"友谊杯"国际数学竞赛题、1993 年第三届澳门数学奥林匹克题、1994 年第 26 届加拿大数学奥林匹克题、2001 年第 14 届爱尔兰数学奥林匹克题,以及 2003 年保加利亚竞赛题.)

证法 1 如图 4.71,过 E、F 分别作 $EK \perp BC$ 于点 K,交 HC 于点 N_1,作 $FG \perp BC$ 于点 G,交 BH 于 M_1,则 $FG /\!/ AD /\!/ EK$,从而

$$\dfrac{GD}{KD} = \dfrac{FH}{N_1H} = \dfrac{FM_1}{EN_1} = \dfrac{FM_1 \cdot AH}{AH \cdot EN_1} = \dfrac{FG \cdot AD}{AD \cdot EK} = \dfrac{FG}{EK}$$

于是,$\text{Rt}\triangle FGD \sim \text{Rt}\triangle EKD$,有 $\angle FDG = \angle EDK$.

故 $\angle ADF = \angle ADE$.

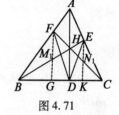

图 4.71

证法 2 如图 4.72,过 A 作直线 $C'B' /\!/ BC$,延长 BE、DE、DF、CF 分别交 $C'B'$ 于点 B'、Q、P、C',则

$$\dfrac{PA}{BD} = \dfrac{AF}{FB} = \dfrac{C'A}{BC}, \dfrac{QA}{DC} = \dfrac{AE}{EC} = \dfrac{B'A}{BC}$$

从而 $\dfrac{PA}{QA} = \dfrac{BD}{DC} \cdot \dfrac{C'A}{B'A} = \dfrac{BD}{B'A} \cdot \dfrac{C'A}{DC} = \dfrac{DH}{HA} \cdot \dfrac{HA}{DH} = 1$

即 $AP = AQ$,于是 $\text{Rt}\triangle APD \cong \text{Rt}\triangle AQD$,故 $\angle ADF = \angle ADE$.

证法 3 如图 4.72,过 A 作 BC 的平行线,与 DE、DF 的延长线分别交于点 Q、P,则由

$$\dfrac{AQ}{DC} = \dfrac{AE}{EC} = \dfrac{S_{\triangle BAE}}{S_{\triangle HCE}} = \dfrac{S_{\triangle HAE}}{S_{\triangle HCE}}$$

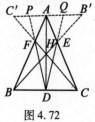

图 4.72

有

$$AQ = DC \cdot \dfrac{S_{\triangle HAE}}{S_{\triangle HCE}} = DC \cdot \dfrac{S_{\triangle HAB}}{S_{\triangle HBC}}$$

同理 $AP = BD \cdot \dfrac{S_{\triangle HAC}}{S_{\triangle HBC}}, BD = DC \cdot \dfrac{S_{\triangle HAB}}{S_{\triangle HAC}}$

由上述三式，有 $\dfrac{AQ}{AP} = \dfrac{DC}{BD} \cdot \dfrac{S_{\triangle HAB}}{S_{\triangle HAC}} = \dfrac{DC \cdot S_{\triangle HAB} \cdot S_{\triangle HAC}}{DC \cdot S_{\triangle HAC} \cdot S_{\triangle HAB}} = 1$. 故 $AP = AQ$.

从而 $\mathrm{Rt}\triangle APD \cong \mathrm{Rt}\triangle AQD$，于是 $\angle ADF = \angle ADE$.

证法 4 如图 4.72，过 A 作 BC 的平行线，与 DE、DF 的延长线分别交于点 Q、P，则

$$\dfrac{AP}{BD} = \dfrac{AF}{FB}, \dfrac{DC}{AQ} = \dfrac{CE}{EA}, \dfrac{BD}{DC} = \dfrac{BD}{DC}$$

上述三式相乘，得

$$\dfrac{AP}{AQ} = \dfrac{AF}{FB} \cdot \dfrac{BD}{DC} \cdot \dfrac{CE}{EA}$$

对 $\triangle ABC$ 及点 H 应用塞瓦定理，有 $\dfrac{AF}{FB} \cdot \dfrac{BD}{DC} \cdot \dfrac{CE}{EA} = 1$，从而 $AP = AQ$.

即有 $\mathrm{Rt}\triangle APD \cong \mathrm{Rt}\triangle AQD$. 故 $\angle ADF = \angle ADE$.

证法 5 如图 4.73，过 E、F 分别作 $EK \perp BC$ 于点 K，作 $FG \perp BC$ 于点 G，则

$$\dfrac{AF}{FB} = \dfrac{DG}{GB}, \dfrac{BD}{DC} = \dfrac{BD}{DC}, \dfrac{CE}{EA} = \dfrac{CK}{KD}$$

从而

$$\dfrac{AF}{FB} \cdot \dfrac{BD}{DC} \cdot \dfrac{CE}{EA} = \dfrac{DG}{GB} \cdot \dfrac{BD}{DC} \cdot \dfrac{CK}{KD}$$

对 $\triangle ABC$ 及点 H 应用塞瓦定理，有

$$\dfrac{AF}{FB} \cdot \dfrac{BD}{DC} \cdot \dfrac{CE}{EA} = 1$$

从而

$$1 = \dfrac{DG}{GB} \cdot \dfrac{BD}{DC} \cdot \dfrac{CK}{KD} = \dfrac{BD}{GB} \cdot \dfrac{CK}{DC} \cdot \dfrac{DG}{DK} = \dfrac{AD}{FG} \cdot \dfrac{EK}{AD} \cdot \dfrac{DG}{DK}$$

即

$$\dfrac{DG}{DK} = \dfrac{FG}{EK}$$

于是，$\mathrm{Rt}\triangle DGF \sim \mathrm{Rt}\triangle DKE$，有 $\angle FDG = \angle EDK$，故 $\angle ADE = \angle ADF$.

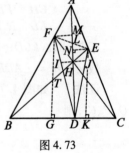

图 4.73

证法 6 如图 4.73，过 F 作 $FM \perp AD$ 于 M，过 E 作 $EN \perp AD$ 于 N，则

$$\tan \angle ADF = \dfrac{FM}{DM} = \dfrac{AF\cos B}{BF\sin B}, \quad \tan \angle ADE = \dfrac{EN}{DN} = \dfrac{AE\cos C}{CE\sin C}$$

对 $\triangle ABC$ 及点 H 应用塞瓦定理，有

$$\dfrac{AF}{FB} \cdot \dfrac{BD}{DC} \cdot \dfrac{CE}{EA} = 1$$

即

$$\dfrac{\dfrac{AF}{FB}}{\dfrac{EA}{CE}} = \dfrac{DC}{BD}$$

于是

$$\dfrac{\tan \angle ADF}{\tan \angle ADE} = \dfrac{\dfrac{AF}{FB} \cdot \cot B}{\dfrac{AE}{CE} \cdot \cot C} = \dfrac{DC \cdot \cot B}{BD \cdot \cot C} = \dfrac{DC \cdot \tan C}{BD \cdot \tan B} = \dfrac{AD}{AD} = 1$$

注意 $\angle ADF$、$\angle ADE$ 均为锐角，故 $\angle ADE = \angle ADF$.

证法 7 如图 4.73，分别过 E、F 作 $EK \perp BC$ 于 K，作 $FG \perp BC$ 于 G，联结 EF 交 AH 于点

L,则 $FG \parallel AD \parallel EK$,有

$$\frac{GD}{DK} = \frac{FL}{LE}, \frac{FG}{EK} = \frac{FG}{AD} \cdot \frac{AD}{EK} = \frac{BF}{AB} \cdot \frac{AC}{EC}$$

对 △AEF 及点 H 应用塞瓦定理,有 $\frac{AB}{BF} \cdot \frac{FL}{LE} \cdot \frac{EC}{CA} = 1$,将上述两式代入得 $\frac{GD}{DK} = \frac{FG}{EK}$.

从而 $\text{Rt}\triangle FGD \backsim \text{Rt}\triangle EKD$,即有 $\angle FDG = \angle EDK$,故 $\angle ADF = \angle ADE$.

证法 8 如图 4.73,过 H 作 $IJ \parallel BC$ 交 DF 于点 I,交 DE 于点 J.

对 △HBC 及点 A 应用塞瓦定理,有 $\frac{HE}{EB} \cdot \frac{BD}{DC} \cdot \frac{CF}{FH} = 1$,即 $\frac{EH}{EB} \cdot BD = \frac{FH}{FC} \cdot DC$.

而 $\frac{HJ}{BD} = \frac{EH}{BH}, \frac{HI}{DC} = \frac{FH}{FC}$,代入上式得 $HI = HJ$.

于是 $\text{Rt}\triangle IDH \cong \text{Rt}\triangle JDH$,故 $\angle ADE = \angle ADF$.

证法 9 对 △ABC 及点 H 应用塞瓦定理,并注意到共边比例定理,有

$$1 = \frac{AF}{FB} \cdot \frac{BD}{DC} \cdot \frac{CE}{EA} = \frac{S_{\triangle DAF}}{S_{\triangle DFB}} \cdot \frac{BD}{DC} \cdot \frac{S_{\triangle DCE}}{S_{\triangle DEA}} = \frac{AD \cdot \sin\angle ADF \cdot BD}{BD \cdot \sin\angle BDF \cdot DC} \cdot \frac{CD \cdot \sin\angle EDC}{AD \cdot \sin\angle ADE} = \tan\angle ADF \cdot \cot\angle ADE$$

又注意到 $\angle ADF$、$\angle ADE$ 均为锐角,由 $\tan\angle ADE = \tan\angle ADF$,有 $\angle ADE = \angle ADF$.

证法 10 对 △ABE 及截线 FHC 应用梅涅劳斯定理,并注意到共边比例定理,有

$$1 = \frac{AF}{FB} \cdot \frac{BH}{HE} \cdot \frac{EC}{CA} = \frac{S_{\triangle DAF}}{S_{\triangle DFB}} \cdot \frac{S_{\triangle DBH}}{S_{\triangle DHE}} \cdot \frac{S_{\triangle DEC}}{S_{\triangle DCA}} = \frac{AD \cdot \sin\angle ADF}{BD \cdot \sin\angle BDF} \cdot \frac{BD}{ED \cdot \sin\angle HDE} \cdot \frac{ED \cdot \sin\angle EDC}{AD}$$

$= \tan\angle ADF \cdot \cot\angle HDE$

又注意到 $\angle ADF$、$\angle ADE$ 均为锐角. 由 $\tan\angle ADE = \tan\angle ADF$,有 $\angle ADE = \angle ADF$.

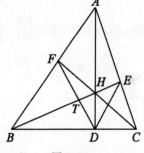

图 4.74

证法 11 如图 4.74,设 BE 交 DF 于点 T,则在完全四边形 $BDCHAF$ 中,由对角线调和分割的性质,知 T、E 调和分割 BH,即 DB、DH、DT、DE 为调和线束.

而 $DB \perp DH$,则由调和线束性质知 DH 平分 $\angle TDE$,故 $\angle ADF = \angle ADE$.

注 如图 4.75,若点 D 和 E 分别内分、外分线段 BC 的比相等,即

$$\frac{BD}{DC} = \frac{BE}{EC} \left(或 \frac{BD}{BE} = \frac{DC}{EC} \right)$$

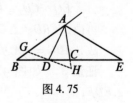

图 4.75

则称 BC 被 D、E 调和分割,或称 AD、AE、AB、AC 为调和线束,若 AD 与 AE 垂直,过 D 作与 AE 平行的直线分别交 AB 于 G,交直线 AC 于点 H,则 $\frac{GD}{AE} = \frac{BD}{BE} = \frac{DC}{EC} = \frac{DH}{AE}$,即有 $GD = DH$,从而 AD 平分 $\angle BAC$.

命题 1 的如下逆命题也是成立的:

命题 1′ P 为 △ABC 内一点,分别联结 AP、BP、CP,并延长交 BC、CA、AB 于 D、E、F. 若 AD 平分 $\angle EDF$,则 $AD \perp BC$.

证法 1 过 A 作 BC 的平行线，DF、DE 的延长线交此平行线于 M、N，如图 4.76 所示.

因 $\angle MDA = \angle NDA$，则由三角形内角平分线性质有

$$\frac{AM}{AN} = \frac{MD}{ND} \quad (*)$$

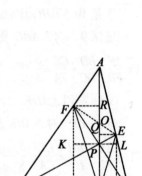

图 4.76

又由 $MN // BC$ 得 $\frac{AM}{BD} = \frac{AF}{FB}$，$\frac{AN}{DC} = \frac{AE}{EC}$，则

$$AM = \frac{AF \cdot BD}{FB}, \quad AN = \frac{DC \cdot AE}{EC}, \quad \frac{AM}{AN} = \frac{AF}{FB} \cdot \frac{BD}{DC} \cdot \frac{CE}{EA}$$

由塞瓦定理知 $\frac{AF}{FB} \cdot \frac{BD}{DC} \cdot \frac{CE}{EA} = 1$

即 $\frac{AM}{AN} = 1$. 由式 (*) 知 $\frac{MD}{ND} = 1$，即 $MD = DN$.

又 AD 平分 $\angle MDN$，从而 $DA \perp MN$，故 $AD \perp BC$.

证法 2 如图 4.77，过 F 作 $FG // AD$ 交 BC 于 G，过 E 作 $EH // AD$ 交 BC 于 H，作 $FR \perp AD$ 于 R，作 $EQ \perp AD$ 于 Q，过 P 作 $KL \perp AD$ 交 FG（或延长线）于 K，交 EH（或延长线于）L. 过 B、C 作 AD（或延长线）的垂线，垂足分别为 D_1、D_2，则 $\triangle FRD \sim \triangle EQD$，$\triangle DKG \sim \triangle DLH$.

由 $FG // AD$，$EH // AD$，有 $\frac{FG}{EH} = \frac{FG}{AD} \cdot \frac{AD}{EH} = \frac{BF}{AB} \cdot \frac{AC}{CE}$. 由 $FR // BD_1$，$EQ // CD_2$，下证 $\frac{FR}{EQ} = \frac{FG}{EH}$

事实上，由 $\frac{AF}{FB} \cdot \frac{BD}{DC} \cdot \frac{CE}{EA} = 1$，有 $\frac{BD}{DC} = \frac{FB}{AF} \cdot \frac{EA}{CE}$，由

$$\frac{FR}{BD_1} = \frac{AF}{AB}, \quad \frac{EQ}{CD_2} = \frac{AE}{AC}$$

有

$$\frac{FR}{EQ} = \frac{BD_1}{CD_2} \cdot \frac{AF}{AB} \cdot \frac{AC}{AE} = \frac{BD}{DC} \cdot \frac{AF}{AB} \cdot \frac{AC}{AE} = \left(\frac{FB}{AF} \cdot \frac{EA}{CE}\right) \frac{AF}{AB} \cdot \frac{AC}{AE} = \frac{BF}{AB} \cdot \frac{AC}{CE} = \frac{FG}{EH}$$

再由 $\triangle FRD \sim \triangle EQD$ 及 $FG // EH$ 有 $\triangle FDG \sim \triangle EDH$.

故 $\angle ADG = \angle ADH$，即 $AD \perp BC$.

证法 3 如图 4.77，若联结 EF 交 AD 于 O. 又 AD 平分 $\angle EDF$，则

$$\frac{FR}{EQ} = \frac{FO}{OE} = \frac{DF}{DE}$$

从而，$\mathrm{Rt}\triangle FDR \sim \mathrm{Rt}\triangle EDQ$.

注意 $FR = GD$，$EQ = HD$，且 $\frac{FR}{EQ} = \frac{FG}{EH}$

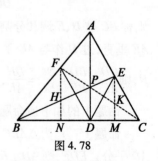

图 4.78

有 $\frac{GD}{DH} = \frac{FG}{EH}$，从而 $\mathrm{Rt}\triangle FDG \sim \mathrm{Rt}\triangle EDH$，故

$$\angle ADG = \angle RDF + \angle FDG = \angle QDE + \angle EDC = \angle ADH$$

即 $AD \perp BC$.

命题 1″ $\triangle ABC$ 中，$\angle B$、$\angle C$ 为锐角，D、E、F 分别是边 BC、CA、AB 上的点，AD 平分 $\angle EDF$，则 AD、BE、CF 共点的充要条件是 $AD \perp BC$.

证明 充分性：设 BE、AD 交点为 P，只需证 C、P、F 共线即可.

联结 PC、PF. 作 $EM \perp BC$，M 为垂足，交 PC 于 K，作 $FN \perp BC$，N 为垂足，与 BE 相交于点 H.

因为 $AD \perp BC$ 且 AD 平分 $\angle EDF$，所以易知 $\triangle DNF \sim \triangle DME$，所以

$$\frac{FN}{EM} = \frac{ND}{MD} \qquad ①$$

因为 $AD \perp BC$，$EM \perp BC$，$FN \perp BC$，所以 $FN /\!/ AD /\!/ EM$. 由此易得

$$\frac{FH}{FN} = \frac{AP}{AD} = \frac{EK}{EM}$$

所以

$$\frac{FH}{EK} = \frac{FN}{EM} \qquad ②$$

又

$$\frac{HP}{EP} = \frac{ND}{MD} \qquad ③$$

由①②③可得 $\dfrac{FH}{EK} = \dfrac{HP}{EP}$.

又因为 $\angle PHF = \angle PEK$，所以 $\triangle PHF \sim \triangle PEK$，所以 $\angle HPF = \angle EPK$.

因为 $\angle EPF + \angle EPK = \angle EPF + \angle HPF = 180°$，所以 C、P、F 共线.

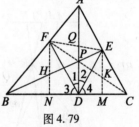

图 4.79

必要性：即为命题 1′. 下面另证. 如图 4.79，设 AD、BE、CF 共点于 P，作 $EM /\!/ AD$，与 CF、BC 分别交于点 K、M，作 $FN /\!/ AD$，与 BE、BC 分别交于点 H、N，联结 EF 交 AD 于点 Q.

因为 AD 是 $\angle EDF$ 的平分线，所以

$$\frac{DF}{DE} = \frac{FQ}{EQ} \qquad ④$$

由 $FN /\!/ AD /\!/ EM$，易得

$$\frac{FH}{FN} = \frac{AP}{AD} = \frac{EK}{EM}$$

所以

$$\frac{FN}{EM} = \frac{FH}{EK} \qquad ⑤$$

易知 $\triangle PFH \sim \triangle PKE$，所以

$$\frac{FH}{EK} = \frac{HP}{PE} \qquad ⑥$$

而

$$\frac{ND}{MD} = \frac{HP}{PE} = \frac{FQ}{EQ} \qquad ⑦$$

于是由④⑤⑥⑦得

$$\frac{DF}{DE} = \frac{FN}{EM} = \frac{ND}{MD}$$

所以 $\triangle DFN \backsim \triangle DEM$

所以 $\angle 3 = \angle 4$

从而可得 $\angle 1 + \angle 3 = 90°$，即 $AD \perp BC$.

命题2 在锐角 $\triangle ABC$ 中，AD 是 BC 边上的高，P 为 AD 所在直线上任意一点，BP、CP 分别交 AC 和 AB 所在直线于 E、F，则 AD 平分 $\angle EDF$ 或其邻补角.

证明 为了讨论问题的方便，先作辅助图，过 C 作 $CP_1 \parallel AB$ 交直线 AD 于 P_1，过 B 作 $BP_2 \parallel AC$ 交 AD 于 P_2，若 $AB \neq AC$，则 P_1、P_2 不重合，如图4.80所示.

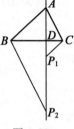

图 4.80

（ⅰ）若点 P 取在除去线段 P_1P_2 外的任一点，则 AD 平分 $\angle EDF$，如图 4.81(a)、(b)、(c)、(d)所示.

下面仅就图4.81(a)的情形给出证明.

过 P 作平行于 BC 的直线，分别交 DF、DE 延长线于 M、N，由塞瓦定理得

$$\frac{PF}{FB} \cdot \frac{BD}{DC} \cdot \frac{CE}{EP} = 1 \qquad ①$$

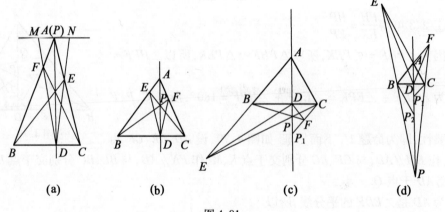

(a) (b) (c) (d)

图 4.81

由 $\triangle PMF \backsim \triangle BDF$，得

$$\frac{PM}{BD} = \frac{PF}{BF} \qquad ②$$

由 $\triangle CDE \backsim \triangle PNE$，得

$$\frac{CD}{PN} = \frac{CE}{PE} \qquad ③$$

将②、③两式代入①，得

$$\frac{PM}{BD} \cdot \frac{BD}{DC} \cdot \frac{CD}{PN} = 1$$

则 $PM = PN$，又 $MN \parallel BC$，$AD \perp BC$，则 DP 垂直平分 MN，AD 平分 $\angle EDF$.

（ⅱ）若点 P 取在线段 P_1P_2 上，则 AD 平分 $\angle EDF$ 的邻补角，如图4.82所示.

（ⅲ）若点 P 取垂足 D，则 E 与 C 重合，F 与 B 重合，$\angle EDF$ 为平角；若点 P 取顶点 A，则

E、F 皆与 A 重合,$\angle EDF$ 可看成 $0°$. 结论 AD 平分 $\angle EDF$ 都成立.

（ⅳ）若 P 取在 P_1,BP 与 AC 相交于 E,过 D 作 AB 的平行线 DF（注意方向）,仍有 AD 平分 $\angle EDF$,如图 4.83 所示. 如取 DF 反方向 DF',则 AD 平分 $\angle EDF'$ 的邻补角;P 取在 P_2 的情形类似.

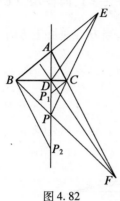

图 4.82

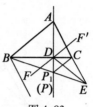

图 4.83

（ⅴ）若 $AB = AC$,则 P_1 与 P_2 重合,不存在 AD 平分 $\angle EDF$ 的邻补角的情况.

推广 1 对于钝角三角形（或直角三角形）对钝角边（或直角边）上的高所在直线上任取一点 P,与命题 2 有同样的结果.

推广 2 对于在钝角 $\triangle ABC$ 对锐角边上的高所在直线 AD,同推广 1 得出 P_1、P_2 两点. 若在线段 P_1P_2 上（不包含两端点）任取一点 P,直线 BP 交直线 AC 于 E,直线 CP 交 AB 于 F,则 AD 平分 $\angle EDF$,如图 4.84 所示. 若在 P_1P_2 外任取一点,同样作出 E、F 两点,则 AD 平分 $\angle EDF$ 的邻补角.

上面的推广,可综合为:

命题 2′ 对于三角形一边上的高所在的直线上任意一点,如果它和这边两端点的连线与另两边所在的直线相交,那么这条高将平分高的垂足与两交点连线的夹角或其邻补角.

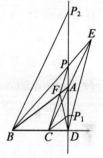

图 4.84

命题 3 设 H 为锐角 $\triangle ABC$ 的高 AD 所在直线异于垂足的任意一点,设 D 在直线 AB、BH、CH、AC 上的射影分别为 P、Q、R、S,若直线 QR 与直线 BC 交于点 G,则 P、Q、R、S 四点共线或四点共圆,且 $GD^2 = GP \cdot GS = GR \cdot GQ$.

证明 （ⅰ）当 H 为 $\triangle ABC$ 的垂心时,如图 4.85 所示.

设 BH 交 AC 于 E,CH 交 AB 于 F,由 F、B、D、H 四点共圆,应用西姆松定理,知 P、Q、R 三点共圆.

由 D、C、E、H 共圆知 Q、R、S 三点共圆.

从而 P、Q、R、S 四点共线,亦即 PS 与直线 BC 也交于点 G.

由 A、P、D、S 四点共圆,知 AD 为该圆直径,DG 为该圆切线,即有

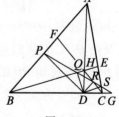

图 4.85

$$GD^2 = GS \cdot GP \qquad ①$$

由 $\angle GSC = \angle ASP = \angle ADP = \angle ABD$,知 B、C、S、P 四点共圆,即有

$$GC \cdot GB = GS \cdot GP \qquad ②$$

又由 D、R、H、Q 四点共圆,有 $\angle QRH = \angle QDH = \angle QBD$,知 B、C、R、Q 四点共圆,即有

$GC \cdot GB = GR \cdot GQ$,故 $GD^2 = GP \cdot GS = GC \cdot GB = GR \cdot GQ$.

注 当 H 为 $\triangle ABC$ 的垂心时,有 $DQ \parallel CA$,亦有 $\dfrac{CS}{DQ} = \dfrac{GC}{GD}$,还有 $BA \parallel DR$,亦有 $\dfrac{BP}{DR} = \dfrac{GB}{GD}$. 此两式相乘将①、②代入得 $\dfrac{BP \cdot CS}{DQ \cdot DR} = \dfrac{GB \cdot GC}{GD^2} = \dfrac{GS \cdot GP}{GS \cdot GP} = 1$,即有 $BP \cdot CS = DQ \cdot DR$.

(ⅱ)当 H 不为 $\triangle ABC$ 的垂心时,如图 4.86 所示,当 H 在垂心上方时.

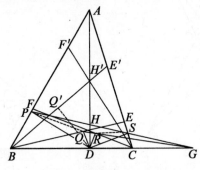

图 4.86

由 A、P、D、S 四点共圆,知 AD 为该圆直径,DG 为该圆切线,即
$$GD^2 = GS \cdot GP \qquad ③$$
且
$$\angle APS = \angle ADS = 90° - \angle DAS = \angle ACD \qquad ④$$
因此,由 B、D、Q、P 四点共圆,有
$$\angle QPS = 180° - \angle BPQ - \angle APS = \angle BDQ - \angle APS = 90° - \angle QBD - \angle ACD \qquad ⑤$$
又由 D、R、S、C 四点共圆,有
$$\angle DRS = 180° - \angle DCS = 180° - \angle ACD \qquad ⑥$$
由 D、Q、H、R 四点共圆,有
$$\angle DRQ = \angle DHQ = 90° - \angle HBD = 90° - \angle QBD \qquad ⑦$$
由⑥、⑦,有
$$\angle QRS = 360° - \angle DRS - \angle DRQ = 90° + \angle ACD + \angle QBD \qquad ⑧$$
由⑤、⑧知 $\angle QPS + \angle QRS = 180°$,因此 P、Q、R、S 四点共圆.

又由 D、R、H、Q 四点共圆,有 $\angle QRH = \angle QDH = \angle QBD$,知 B、C、R、Q 四点共圆,且 BC 为圆 $BCSP$ 与圆 $BCRQ$ 的根轴. QR 为圆 $BCRQ$ 与圆 $PQRS$ 的根轴,直线 QR 与直线 BC 交于点 G,从而知 G 为这三个圆的根心,即知直线 PS 也过点 G,即有
$$GS \cdot GP = GQ \cdot QR$$
故
$$GD^2 = GS \cdot GP = GR \cdot GQ$$
当 H 在垂心的下方时,如图 4.87,同样,可证 P、Q、R、S 四点共圆. 亦有
$$GD^2 = GP \cdot GS = GR \cdot GQ$$

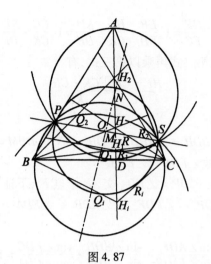

图 4.87

当点 H 在点 A 时，D 在 BA、BH 上的射影重合于 P，D 在 CH、CA 上的射影重合于 S，此时 P、Q、R、S 重合于两点，即四点共直线. 当 H 在点 A 的上方，且趋向于无穷远时，D 在 BH、CH 上的射影趋近于 B、C，此时四射影点在以 BC 为弦过 P、S 的圆上.

当点 H 在点 D 的位置时，点 D 在 BH、CH 上的射影即为 D，此时四射影点在以 AD 为直径的圆上.

综上可知，这些圆以 PS 为公共弦，圆心在 AD 的中点 N 与 PS 的中点 M 所在的直线上，亦有

$$GD^2 = GP \cdot GS = GR \cdot GQ$$

4.3.2 三角形的高线及高线对应的边的演变

三角形的高线是平角的平分线，将平分线演变为平角的等角线，即将命题 1 演变，则有：

命题 4 D 为 $\triangle ABC$ 边 BC 上一点，若一点 P 满足 $\angle BDP = \angle ADC$.

H 为 DP 上一点，直线 BH 交 AC 于点 E，直线 CH 交 AB 于点 F，则 $\angle EDA = \angle FDP$.

证法 1 如图 4.88，设 CF 与 AD 交于点 G，CF 交 DE 于点 K，注意到 H 为 DP 上任一点，过 H 作 BC 的平行线分别交 DF、DA、DE 于点 M、N、Q，则

$$DC = \frac{HN \cdot GC}{HG}, MH = \frac{FH}{FC} \cdot DC = \frac{FH}{FC} \cdot \frac{HN \cdot GC}{HG}$$ ①

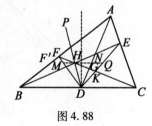

图 4.88

对 $\triangle HKQ$ 及直线 NGD 应用梅涅劳斯定理，有

$$\frac{HN}{NQ} \cdot \frac{QD}{DK} \cdot \frac{KG}{GH} = 1$$

注意到 $\frac{QD}{DK} = \frac{CH}{KC}$，于是

$$QN = \frac{KG}{GH} \cdot \frac{QD}{DK} \cdot NH = \frac{NH}{GH} \cdot \frac{GK \cdot CH}{KC}$$ ②

又对 $\triangle CEH$ 及截线 AFB，$\triangle EHK$ 及截线 BDC，$\triangle CEK$ 及截线 AGD 分别应用梅涅劳斯定理，有

$$\frac{CA}{AE} \cdot \frac{EB}{BH} \cdot \frac{HF}{FC} = 1, \frac{EB}{BH} \cdot \frac{HC}{CK} \cdot \frac{KD}{DE} = 1, \frac{CG}{GK} \cdot \frac{KD}{DE} \cdot \frac{EA}{AC} = 1$$

上述三式用第一式除以第二式再乘以第三式,有

$$\frac{HF \cdot CF}{FC} = \frac{GK \cdot CH}{KC} \qquad ③$$

由①②③式得 $MH = QN$.

又 $\angle HND = \angle NDC = \angle BDH = \angle NHD$,则 $DH = DN$,$\angle DHM = \angle DNQ$.

于是 $\triangle DHM \cong \triangle DNQ$,故 $\angle FDP = \angle EDA$.

证法 2 如图 4.88,作 $\angle F'DP = \angle EDA$ 交 AB 于点 F',下证 F'、H、C 三点共线即可.

注意到 $\angle ADF' = \angle ADP + \angle PDF' = \angle ADP + \angle EDA = \angle PDE = \angle HDE$,及已知 $\angle BDH = \angle CDA$,有

$$\frac{\sin\angle ADF'}{\sin\angle F'DB} \cdot \frac{\sin\angle BDH}{\sin\angle HDE} \cdot \frac{\sin\angle EDC}{\sin\angle CDA} = 1$$

于是,由梅涅劳斯定理的第二角元形式,即知 F'、H、C 三点共线.

从而 F' 与 F 重合,故 $\angle FDP = \angle EDA$.

三角形的高线是平角的平分线,将平角演变为小于(或大于)平角的角,又将命题 1 演变,则有:

命题 5 在四边形(凸或凹)$ACGE$(当 C、G、E 共线时即为 $\triangle ACE$)中,D 为 AG 上一点,设直线 CD 交 AE 于点 F,直线 ED 交 AC 于点 B,若 AG 平分 $\angle CGE$,即 $\angle AGC = \angle AGE$,则 $\angle AGB = \angle AGF$.

证明 如图 4.89 所示的各种情形,过点 G 作直线 $a \perp AD$,过 B、F 分别作直线 $BM \perp a$ 于 M,交 CD 于 M_1,交 CG 于 M_2,作直线 $FN \perp a$ 于 N,交 DE 于 N_1,交 GE 于 N_2,则 $BM \parallel AG \parallel FN$. 于是由

$$\angle AGC = \angle AGE$$

知

$$\text{Rt}\triangle GMM_2 \backsim \text{Rt}\triangle GNN_2$$

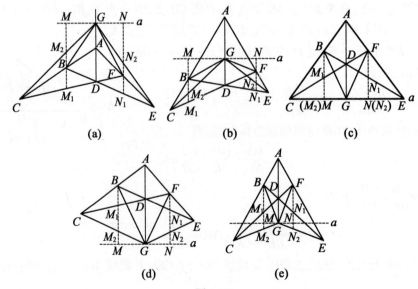

图 4.89

从而
$$\frac{MM_2}{NN_2} = \frac{MG}{NG} = \frac{BD}{DN_1} = \frac{M_1B}{N_1F} = \frac{M_1B}{DA} \cdot \frac{DA}{N_1F} = \frac{M_2B}{GA} \cdot \frac{GA}{N_2F} = \frac{M_2B}{N_2F} \quad (*)$$

由等比性质,得
$$\frac{MG}{NG} = \frac{M_2B \pm MM_2}{N_2F \pm NN_2} = \frac{BM}{FN}$$

所以 $\mathrm{Rt}\triangle MBG \backsim \mathrm{Rt}\triangle NFG$

即有 $\angle BGM = \angle FGN$

故 $\angle AGB = \angle AGF$

注 (1)当 M_2 与 M 重合, N_2 与 N 重合时,式(*)变为
$$\frac{MG}{NG} = \frac{BD}{DN_1} = \frac{M_1B}{N_1F} = \frac{M_1B}{DA} \cdot \frac{DA}{N_1F} = \frac{MB}{GA} \cdot \frac{GA}{NF} = \frac{MB}{NF}$$

由此,即知 $\mathrm{Rt}\triangle MBG \backsim \mathrm{Rt}\triangle NFG$.

(2)此命题包含了1999年全国高中数学联赛试题:

在凸四边形 $ABCD$ 中,对角线 AC 平分 $\angle BAD$, E 是 CD 边上的一点, BE 交 AC 于 G, DG 交 BC 于 F. 求证: $\angle FAC = \angle EAC$.

如果将命题4中的三角形演变为四边形,则有下述命题:

命题6 如图4.90,任意四边形 $ABCD$ 中,从顶点 A 在形内作射线 AP,使 $\angle BAP = \angle DAC$,在 CD 上取一点 E, BE 与 AP 交于 F, DF 与 BC 交于 G,则 $\angle GAP = \angle EAC$.

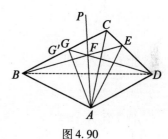

图 4.90

证法1 如图4.90,联结 BD,设 $\angle BAG = x$, $\angle DAE = y$,将 $\angle BAD$ 简记为 $\angle A$.

在 $\triangle ABG$ 中,由正弦定理得
$$\sin x = \frac{BG}{AG}\sin\angle ABG$$

同理
$$\sin y = \frac{DE}{AE}\sin\angle ADE$$

于是
$$\frac{\sin x}{\sin y} = \frac{BG}{DE} \cdot \frac{AE}{AG} \cdot \frac{\sin\angle ABG}{\sin\angle ADE} \quad ①$$

因
$$\frac{BG}{\sin\angle BDF} = \frac{DG}{\sin\angle GBD}, \frac{DE}{\sin\angle DBF} = \frac{BE}{\sin\angle EDB}$$

则
$$\frac{BG}{DE} \cdot \frac{\sin\angle DBF}{\sin\angle BDF} = \frac{DG}{BE} \cdot \frac{\sin\angle EDB}{\sin\angle GBD}$$

又
$$\frac{\sin\angle DBF}{\sin\angle BDF} = \frac{DF}{BF} \cdot \frac{\sin\angle EDB}{\sin\angle BGD} = \frac{BC}{DC}$$

从而
$$\frac{BG}{DE} = \frac{BF}{DF} \cdot \frac{DG}{BE} \cdot \frac{BC}{DC} \quad ②$$

因
$$\frac{BF}{\sin\angle BAF} = \frac{AF}{\sin\angle ABF}, \frac{DF}{\sin\angle DAF} = \frac{AF}{\sin\angle ADF}$$

则

$$\frac{BF}{DF} = \frac{\sin\angle BAF}{\sin\angle DAF} \cdot \frac{\sin\angle ADF}{\sin\angle ABF} \qquad ③$$

又

$$\frac{DG}{\sin(A-x)} = \frac{AG}{\sin\angle ADF}, \frac{BE}{\sin(A-y)} = \frac{AE}{\sin\angle ABF}$$

则

$$\frac{DG}{BE} = \frac{\sin(A-x)}{\sin(A-y)} \cdot \frac{AG}{AE} \cdot \frac{\sin\angle ABF}{\sin\angle ADF} \qquad ④$$

把③和④代入②得

$$\frac{BG}{DE} = \frac{\sin\angle BAF}{\sin\angle DAF} \cdot \frac{\sin(A-x)}{\sin(A-y)} \cdot \frac{AG}{AE} \cdot \frac{BC}{DC} \qquad ⑤$$

因

$$\frac{BC}{\sin\angle BAC} = \frac{AC}{\sin\angle ABG}, \frac{DC}{\sin\angle DAC} = \frac{AC}{\sin\angle ADE}$$

则

$$\frac{BC}{DC} = \frac{\sin\angle BAC}{\sin\angle DAF} \cdot \frac{\sin\angle ADE}{\sin\angle ABG} \qquad ⑥$$

又 $\angle BAF = \angle DAC, \angle BAC = \angle DAF$

把⑥代入⑤得

$$\frac{BG}{DE} = \frac{\sin(A-x)}{\sin(A-y)} \cdot \frac{AG}{AE} \cdot \frac{\sin\angle ADE}{\sin\angle ABG} \qquad ⑦$$

把⑦代入①得

$$\frac{\sin x}{\sin y} = \frac{\sin(A-x)}{\sin(A-y)}$$

即 $\sin x \sin(A-y) = \sin y \sin(A-x)$

亦即 $\sin x(\sin A\cos y - \cos A\sin y) = \sin y(\sin A\cos x - \cos A\sin x)$

故 $\tan x = \tan y, x = y$

从而 $\angle GAP = \angle EAC$

证法 2 如图 4.90,作 $\angle G'AP = \angle EAC$ 交 BC 于 G',只需证 G'、F、D 共线即可.

由 $\angle CAG' = \angle FAE, \angle BAF = \angle DAC, \angle EAD = \angle G'AB$,则

$$\frac{\sin\angle CAG'}{\sin\angle G'AB} \cdot \frac{\sin\angle BAF}{\sin\angle FAE} \cdot \frac{\sin\angle EAD}{\sin\angle DAC} = 1$$

对 $\triangle BEC$ 应用梅涅劳斯定理的第二角元形式,知 G'、F、D 三点共线.

从而 G' 与 G 重合,故 $\angle GAP = \angle EAC$.

上述命题 6 对于四边形 $ABCD$ 是凹四边形的情形,类似可证得结论仍然成立. 命题 6 中,若考虑 $\angle BCD > 180°$,这样我们又可得到三角形中有趣命题:

命题 7 如图 4.91,在 $\triangle ABD$ 中,C、F 为形内两点,满足 $\angle BAF = \angle DAC$,设 BF 与 DC 交于 E,BC 与 DF 交于 G,则 $\angle GAF = \angle EAC$.

证明 可作 $\angle FAG' = \angle EAC$ 交 FD 于点 G',只需证 B、G'、C 三点共线即可.

此时,$\angle EAB = \angle G'AD, \angle EAG' = \angle CAE, \angle DAC = \angle BAF$,有

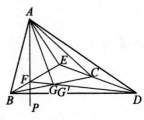

图 4.91

$$\frac{\sin\angle EAB}{\sin\angle BAF}\cdot\frac{\sin\angle FAG'}{\sin\angle G'AD}\cdot\frac{\sin\angle DAC}{\sin\angle CAE}=1$$

由梅涅劳斯定理的第二角元形式知 B、G'、C 三点共线.

从而 G' 与 G 重合,故 $\angle GAF = \angle EAC$.

注意到三条直线相互平行可视其共点于无穷远点处,即三条直线相互平行可视为三条直线共点的特殊情形. 图 4.91 中,若 $FG \parallel EC \parallel AD$,又可得如下命题.

命题 8 如图 4.92,设 C 为 $\triangle ABD$ 的边 BD 上一点,点 F 在 $\triangle ABD$ 内,满足 $\angle BAF = \angle DAC$,又点 E 在直线 BF 上,点 G 在线段 BC 上,且 $FG \parallel EC \parallel AD$,则 $\angle GAF = \angle EAC$.

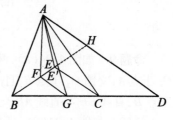

图 4.92

这实际上是 2003 年第 44 届 IMO 中国国家集训队培训题,仅是字母标记不同:

设 D 为 $\triangle ABC$ 的边 AC 上一点,E 和 F 分别为线段 BD 和 BC 上的点,满足 $\angle BAE = \angle CAF$,再设 P、Q 为线段 BC 和 BD 上的点,使得 $EP \parallel QF \parallel DC$,求证: $\angle BAP = \angle QAC$.

下面,我们证明命题 8.

证明 如图 4.92,延长 BE 交 AD 于点 H. 作 $\angle DAE' = \angle BAG$ 交 BE 于 E'. 联结 $E'C$,则

$$\frac{BF}{FH}=\frac{AB}{AH}\cdot\frac{\sin\angle BAF}{\sin\angle HAF}\cdot\frac{BC}{CD}=\frac{AB}{AD}\cdot\frac{\sin\angle BAC}{\sin\angle DAC}$$

因 $\angle BAF = \angle DAC$,则 $\angle HAF = \angle BAC$,两式相乘得

$$\frac{BF}{FH}\cdot\frac{BC}{CD}=\frac{AB^2}{AH\cdot AD}$$

同理 $\dfrac{BG}{GD}\cdot\dfrac{BE'}{E'H}=\dfrac{AB^2}{AH\cdot AD}$,所以 $\dfrac{BF}{FH}\cdot\dfrac{BC}{CD}=\dfrac{BG}{GD}\cdot\dfrac{BE'}{E'H}$.

又 $FG \parallel HD$,则 $\dfrac{BF}{FH}=\dfrac{BG}{GD}$,从而 $\dfrac{BC}{CD}=\dfrac{BE'}{E'H}$.

因此,$CE' \parallel HD$,所以 E' 与 E 重合,故 $\angle GAF = \angle EAC$.

4.3.3 三角形垂心图的反演

如图 4.93(a),H 为 $\triangle ABN$ 的垂心,C、D、M 分别为三条高 BC、AD、NM 的垂足. O 为 AB 中点,则 C、D 在以 AB 为直径的圆上,O、M、D、C 四点共圆,且 $OM \perp MN$.

以 O 为反演中心,$OA(=OB)$ 为半径的圆为反演圆作反演变换,则 A、B、C、D 都是自反点,直线 NA 的反形为圆 OAC,直线 NB 的反形为圆 OBD,$\triangle NAB$ 的九点圆的反形为直线 CD,因此点 N 的反点 N' 为圆 OAC 与圆 OBD 的另一交点,点 M 的反点 M' 为直线 CD 与 AB 的交点,又 $NM \perp AB$,M'、M、N'、N 四点共圆,所以 $ON' \perp M'N'$,如图 4.93(b)所示.

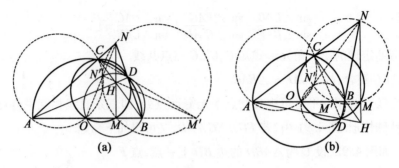

(a)　　　　　　　　　　　　(b)

图 4.93

命题 9　如图 4.94(a)，两圆圆 O_1 与圆 O_2 相交于 P、Q 两点，过点 Q 的割线段 AB 交圆 O_1 于点 A，交圆 O_2 于点 B，且 Q 为 AB 的中点，以 AB 为直径的半圆交圆 O_1 于点 C，交圆 O_2 于点 D，直线 CD 与直线 AB 交于点 O，则 $OP \perp PQ$.

证明　如图 4.94(b)，延长 QO_1 交圆 O_1 于点 M，延长 QO_2 交圆 O_2 于点 N，由于 O_1O_2 垂直平分 PQ，且 O_1O_2 是 $\triangle QMN$ 的中位线，所以知直线 MN 过点 P，且 $MN \perp PQ$. 下证 M、N、O 三点共线即可证得结论成立.

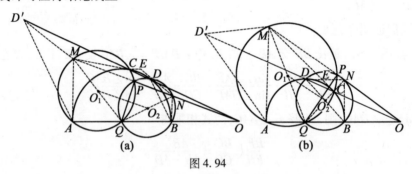

(a)　　　　　　　　　　　　(b)

图 4.94

易知 MA、MC、ND、NB 均与圆 Q 相切，且 $MA \parallel NB$.

设 MC 与 ND 交于点 E，作 $AD' \parallel BD$ 交直线 CD 于 D'，则

$$\angle AD'C = \angle BDO = \angle BDN \pm \angle NDO = \angle BDN \pm \angle EDC$$
$$= \frac{1}{2}\angle BQD \pm \frac{1}{2}\angle DQC = \frac{1}{2}\angle BQC = \angle BAC = \frac{1}{2}\angle AMC$$

而 $MA = MC$，所以，知 M 为 $\triangle D'AC$ 的外心，于是 $D'M = MC$.

$\angle MD'C = \angle D'CM = \angle DCM = \angle EDC = \angle NDO$，所以 $D'M \parallel DN$.

注意 $MA \parallel NB$，$AD' \parallel BD$，且 A、B、O 共线，D'、D、O 共线，则知 $\triangle AD'M$ 与 $\triangle BDN$ 为位似形，位似中心为 O. 故 M、N、O 三点共线.

命题 9 即为 1995 年第 21 届俄罗斯数学奥林匹克题，1997 年第 14 届伊朗数学奥林匹克题，1996 年罗马尼亚国家队选拔考试题的等价表述：

设 AB 是圆 O 的直径，一直线与圆 O 交于 C、D 两点，与直线 AB 交于点 M，$\triangle AOC$ 的外接圆与 $\triangle BOD$ 的外接圆交于点 $N(N \neq O)$，则 $ON \perp MN$.

命题 9 又是如下的 1992 年第 26 届独联体数学奥林匹克题的特例：

给定三个圆周 S_1、S_2 及 S，S_1 与 S_2 经过 S 的圆心 O，且交于另一点 M，S_1 与 S 的交点为 C 及 D，S_2 与 S 的交点为 A 及 E. 直线 AD 与 CE 相交于点 B，且 $B \neq M$. 证明：$\angle BMO$ 是直角.

证明 如图 4.95,在 △COD 中作 OK⊥CD 于点 K,则
$$\angle DMO = \angle DCO = \angle KCO \qquad ①$$
$$\angle BED = 180° - \angle DEC = \angle DAC = \frac{1}{2}\angle DOC = \angle COK \qquad ②$$

令 ∠DCO = α,∠OAE = β,则
$$\angle DME = \angle DMO + \angle OME = \angle DCO + \angle OAE = \alpha + \beta$$

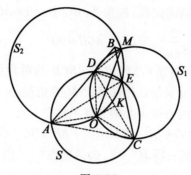

图 4.95

由于∠ADC 是 △CDB 的外角,则∠ADC = ∠DBC + ∠BCD = ∠DBE + γ,其中 γ = ∠BCD = ∠ECD = ∠EAD,同时
$$\angle ADC = \angle ADO + \angle ODC = \angle OAD + \angle DCO$$
$$= \angle OAE + \angle DAE + \angle DCO = \beta + \gamma + \alpha$$

于是,∠DBE + γ = ∠ADC = β + γ + α,从而∠DBE = α + β.

亦即∠DBE = α + β = ∠DME,于是 E、M、B、D 四点共圆,有∠BMD = ∠BED. 这就证明了∠BMO 是直角.

从而,注意到①,②知
$$\angle BMO = \angle BMD + \angle DMO = \angle BED + \angle KCO = \angle COK + \angle KCO = 90°$$

这就证明了∠BMO 是直角.

思 考 题

1. 设 O、H 分别为锐角 △ABC 的外心和垂心,BE、CF 分别为两条高,则 O 为△AFE 的垂心的充要条件是∠A = 45°.

2. 在△ABC 中,AB > AC,BE、CF 是两条高,BE 与 CF 交于点 H,直线 BC 与 FE 交于点 G,M 为 BC 的中点,求证:GH⊥AM.

3. (《数学教学》问题 761 号)已知 H 是锐角 △ABC 的垂心,AD 是 BC 边上的高,以 AD 为直径作圆分别交 AB、AC 于点 E、F,EF 分别交 BH、CH 于点 M、N,求证:BE · CF = DM · DN.

4. (《数学通报》问题 1731 号)锐角△ABC 中,AD 是 BC 边上的高,以 AD 为直径作圆,分别与 AB、AC 相交于 E、F,BG 是 AC 边上的高,BG 与 DE、EF 相交 H、I,延长 DI 交 AB 于 J. 证明:HJ⊥BC.

5. (2001 年全国高中联赛题)在△ABC 中,O 为外心,三条高 AD、BE、CF 交于点 H,直线 ED 和 AB 交于点 M,FD 和 AC 交于点 N. 求证:(1) OB⊥DF,OC⊥DE;(2) OH⊥MN.

6. 设 H 是△ABC 的垂心,P 是△ABC 所在平面上任意一点,作 HM⊥PB 于 M,交 AC 的

延长线于点 J. 作 $HN \perp PC$ 于 N, 交 AB 的延长线于点 I, 求证: $PH \perp IJ$.

7. (1998年中国国家队选拔赛题) 锐角 $\triangle ABC$ 中, H 是垂心, O 是外心, I 是内心. 已知 $\angle C > \angle B > \angle A$, 求证: I 在 $\triangle BOH$ 的内部.

8. (2007年中国国家队集训培训题) 设任意点 P 关于 $\triangle ABC$ 三边 BC、CA、AB 的对称的点分别为 D、E、F, 取 $\triangle ABC$ 的外心 O 和垂心 H. 求证: $\dfrac{S_{\triangle HDE}}{S_{\triangle HDF}} = \dfrac{S_{\triangle OAB}}{S_{\triangle OAC}}$.

9. (2003年中国国家队集训测试题) 锐角 $\triangle ABC$ 中, $AB \neq AC$, H、G 分别为该三角形的垂心和重心. 已知 $\dfrac{1}{S_{\triangle HAB}} + \dfrac{1}{S_{\triangle HAC}} = \dfrac{2}{S_{\triangle HBC}}$, 求证: $\angle AGH = 90°$.

10. (2003年中国国家队培训题) 凸四边形 $ABCD$ 的对角线交于点 M, 点 P、Q 分别是 $\triangle AMD$ 和 $\triangle CMB$ 的重心, R、S 分别是 $\triangle DMC$ 和 $\triangle MAB$ 的垂心. 求证: $PQ \perp RS$.

11. 试证: 点 I 为 $\triangle ABC$ 的内心或旁心的充要条件是
$$\pm IA^2 \cdot BC \pm IB^2 \cdot CA \pm IC^2 \cdot AB = BC \cdot CA \cdot AB$$
其中全取"＋"用于内心情形, 某一项取"＋", 余两项取"－"用于这一项有该边的旁切圆圆心.

12. 已知 P 为 $\triangle ABC$ 的内部一点, 且满足 $\dfrac{PA}{\cos A} = \dfrac{PB}{\cos B} = \dfrac{PC}{\cos C}$, 这里 $\cos A$、$\cos B$、$\cos C$ 中的 $\angle A$、$\angle B$、$\angle C$ 为三角形内角. 求证: P 为 $\triangle ABC$ 的垂心.

思考题参考解答

1. 联结 AO、AH、BO、CO, 则由 O、H 为等角共轭点及 A、F、H、E 四点共圆, 知 $\angle EFH = \angle EAH = \angle FAO$.

而 $\angle AFH = 90°$, 即知 $\angle AFE$ 与 $\angle FAO$ 互余, 故 $AO \perp FE$.

于是, O 为 $\triangle AFE$ 的垂心 $\Leftrightarrow FO \perp AE$, 注意 $BE \perp AE \Leftrightarrow FO // BE \Leftrightarrow$ 注意由 $\angle BCH = \angle OCE$, 有
$$\angle BCO = \angle ACF, \angle ABE = \angle ACF = \angle BCO = \angle AFO$$
$\Leftrightarrow B$、C、O、F 四点共圆 $\Leftrightarrow \angle BOC = \angle BFC = 90° \Leftrightarrow \angle A = 45°$.

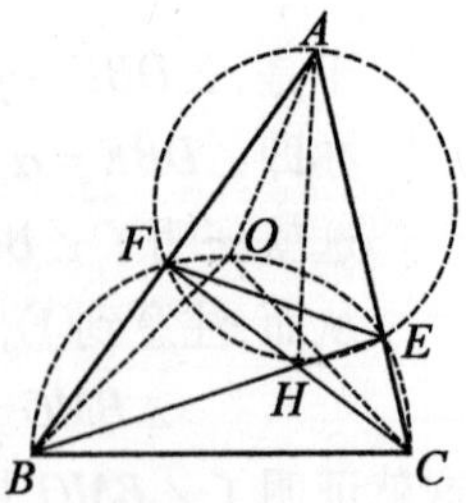

图 4.96

注 设 H 为锐角 $\triangle ABC$ 的垂心, 则 $AH = BC$ 的充要条件是 $\angle A = 45°$.

2. **证法 1** 设过点 A、F、H、E 的圆交 AG 于点 K, 则 $\angle AKH = \angle AEH = 90°$, 即
$$HK \perp AG \quad ①$$

由 B、C、E、F 四点共圆, 有 $\angle AKE = \angle EFB = \angle ECG$, 于是 E、C、G、K 四点共圆, 从而
$$GK \cdot GA = GE \cdot GF = GC \cdot GB = (GM - MC)(GM + BM) = GM^2 - MC^2 \quad ②$$

且
$$AK \cdot AG = AE \cdot AC = AM^2 - MC^2 \text{ (点 } A \text{ 对圆 } M \text{ 的幂)} \quad ③$$

由②－③, 有
$$GM^2 - AM^2 = AG(GK - AK) = (AK + KG)(GK - AK) = GK^2 - AK^2$$
故 $MK \perp AG$.

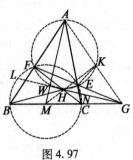

图 4.97

由①、④知，M、H、K 三点共线. 又注意 $AH \perp MC$，则 H 为 $\triangle AMG$ 的垂心，故 $GH \perp AM$.

证法 2 设直线 HG 交圆 M 于 L，N 为过点 A 作圆 M 的切线的切点①. 由此知 $AM \perp LN$，故 $GH \perp AM$.

证法 3 设点 W 是完全四边形 $GEFHBC$ 的密克尔点，则 W 在直线 GH 上，且 $MW \perp GH$，只需证 W 在直线 AM 上即可. 因为 W 为 LN 的中点，即知 W 在 AM 上.

注 ①角的内切圆的性质：G、N、H、L 四点共线.

由证法 1，可知直接用完全四边形的密克尔点性质有 $MK \perp AG$，又由勃罗卡定理知 $MH \perp AG$，知 H 为 $\triangle AMG$ 的垂心.

3. 当 $EF \nparallel BC$ 时，延长 EF 交 BC 的延长线于点 T，延长 BH 交 AC 于点 G，联结 DE，则

$$TD^2 = TE \cdot TF \qquad ①$$

注意 AD 为直径，$\angle AED = 90° = \angle ADB$，$\angle TFC = \angle AFE = \angle ADE = \angle ABD$，则 B、C、F、E 四点共圆，故

$$TB \cdot TC = TE \cdot TF \qquad ②$$

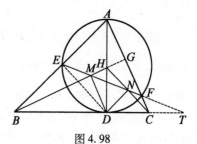

图 4.98

又由 $\angle DBM = \angle DAF = \angle DEF$，知 B、D、M、E 四点共圆，所以 $\angle BMD = \angle BED = 90°$，$DM \parallel AC$，有

$$\frac{CF}{DM} = \frac{TC}{TD} \qquad ③$$

同理，$DN \parallel AB$，有

$$\frac{BE}{DN} = \frac{TB}{TD} \qquad ④$$

③ × ④ 并将 ①、② 代入得

$$\frac{BE \cdot CF}{DM \cdot DN} = \frac{TB \cdot TC}{TD^2} = \frac{TE \cdot TF}{TE \cdot TF} = 1$$

即

$$BE \cdot CF = DM \cdot DN$$

当 $EF \parallel BC$ 时，$\triangle ABC$ 是以 BC 为底边的等腰三角形，仍可证得 $DM \parallel AC$，$DN \parallel AB$. 于是四边形 $MDCF$ 和 $BDME$ 都是平行四边形，故 $DM = CF$，$DN = BE$，结论仍成立.

4. 延长 BG 交圆 O 于 K，设 BG 与圆 O 的另一个交点是 L，BG 与 AD 交于 M，联结 DF. 因为 $DF \perp AC$，$LK \perp AC$. 所以 $DF \parallel LK$.

于是 $\overset{\frown}{DL}$ 与 $\overset{\frown}{FK}$ 相等.

因为 $\angle EIL$ 等于 $\overset{\frown}{EL}$ 所对的圆周角加上 $\overset{\frown}{FK}$ 所对的圆周角，$\angle EAD$ 等于 $\overset{\frown}{EL}$ 所对的圆周角加上 $\overset{\frown}{DL}$ 所对的圆周角.

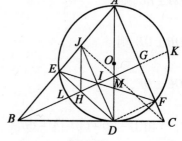

图 4.99

所以 $\angle EIL = \angle EAD$，则 A、E、I、M 四点共圆，即 $BE \cdot BA = BI \cdot BM$.

因为 $BD^2 = BE \cdot BA$.

从而 $BD^2 = BI \cdot BM$，所以 $DI \perp BI$，于是 H 是 $\triangle BDJ$ 的垂心，故 $HJ \perp BC$.

5. **证法 1** (1) 过点 B 作 $\triangle ABC$ 外接圆的切线 BT，则 $\angle ABT = \angle ACB = \angle BFD$，即知 $FD \parallel TB$. 而 $BT \perp BO$，故 $OB \perp DF$. 同理 $OC \perp DE$.

(2)由 $MA \cdot MB = ME \cdot MD$,即知点 M 到圆 ABC 和圆 DEF 的幂相等.

同理,点 N 到圆 ABC 和圆 DEF 的幂相等.

从而 M、N 在这两圆的根轴上.

又圆 ABC 的圆心为 O,圆 DEF 的圆心为 OH 的中点 V.
于是 $OV \perp MN$,故 $OH \perp MN$.

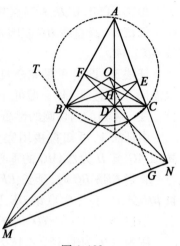

图 4.100

注 (1)其中 $MA \cdot MB = ME \cdot MD$ 是由于 A、B、D、E 四点共圆,同样由 A、F、D、C 四点共圆,有 $NA \cdot NC = NF \cdot ND$.

证法 2 (1)由 A、C、D、F 四点共圆,则 $\angle BDF = \angle BAC$,又 $\angle OBC = \frac{1}{2}(180° - \angle BOC) = 90° - \angle BAC = 90° - \angle BDF$,故 $OB \perp DF$. 同理 $OC \perp DE$.

(2)过点 O 作 $OG \perp MN$ 于 G,由 $AD \perp BC, BE \perp AC, CF \perp AB$ 及 $OB \perp FD, OC \perp DE$ 有 $\angle COG = \angle NME, \angle GOB = \angle FNM, \angle OBE = \angle ANF, \angle EBC = \angle DAN, \angle BCF = \angle MAD, \angle ECO = \angle EMA$.

对 $\triangle AMN$ 及点 D 应用角元形式的塞瓦定理,有

$$1 = \frac{\sin \angle MAD}{\sin \angle DAN} \cdot \frac{\sin \angle ANF}{\sin \angle FNM} \cdot \frac{\sin \angle NME}{\sin \angle EMA} = \frac{\sin \angle BCF}{\sin \angle EBC} \cdot \frac{\sin \angle OBE}{\sin \angle GOB} \cdot \frac{\sin \angle COG}{\sin \angle FCO}$$

$$= \frac{\sin \angle COG}{\sin \angle GOB} \cdot \frac{\sin \angle OBE}{\sin \angle EBC} \cdot \frac{\sin \angle BCF}{\sin \angle FCO}$$

从而对 $\triangle OBC$ 应用角元形式塞瓦定理的逆定理知 OG、BE、CF 三线共点,即 OG 过点 H,而 $OG \perp MN$,故 $OH \perp MN$.

证法 3 (1)略.

(2)由 $CF \perp MA$,知

$$MC^2 - MH^2 = AC^2 - AH^2 \qquad ①$$

$BE \perp NA$,则

$$NB^2 - NH^2 = AB^2 - AH^2 \qquad ②$$

$DA \perp BC$,则

$$BD^2 - CD^2 = BA^2 - AC^2 \qquad ③$$

$OB \perp DF$,则

$$BN^2 - BD^2 = ON^2 - OD^2 \qquad ④$$

$OC \perp DE$,则

$$CM^2 - CD^2 = OM^2 - OD^2 \qquad ⑤$$

由①-②+③+④-⑤得

$$NH^2 - MH^2 = OV^2 - OM^2$$

即

$$MO^2 - MH^2 = NO^2 - NH^2$$

故 $OH \perp MN$.

6. 证法1 设 △ABC 的三条高 AD、BE、CF 交于点 H,
则 A、B、D、E 四点共圆,从而
$$AH \cdot HD = BH \cdot HE$$
同理
$$BH \cdot HE = CH \cdot HF$$
令
$$AH \cdot HD = BH \cdot HE = CH \cdot HF = t$$
则由 $IN \perp CN, CF \perp IF$ 知 C、N、F、I 共圆,有
$$IH \cdot HN = CH \cdot HF = t$$
同理
$$JH \cdot HM = BH \cdot HE = t$$

在射线 PH 上取点 Q,使得 $PH \cdot HQ = t$,则 P、I、Q、N 四点共圆.

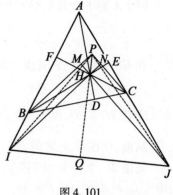

图 4.101

所以,$\angle IQH = \angle INP = 90°$,即 $PQ \perp QI$.

同理,$PQ \perp QJ$. 于是,I、Q、J 三点共线,故 $PQ \perp IJ$,即 $PH \perp IJ$.

证法2 若证明有 $PI^2 - PJ^2 = HI^2 - HJ^2$,则由定差幂线定理知 $PH \perp IJ$.

由 $HM \perp PB$,有 $PH^2 - PJ^2 = BH^2 - BJ^2$. 由 $HN \perp PC$,有
$$PH^2 - PI^2 = CH^2 - CI^2$$

即有
$$PJ^2 = PH^2 - BH^2 + BJ^2, PI^2 = PH^2 - CH^2 + CI^2$$

于是
$$PI^2 - PJ^2 = CI^2 - BJ^2 + BH^2 - CH^2 \qquad ①$$

由 $AH \perp BC$,有
$$AB^2 - AC^2 = HB^2 - HC^2 = BH^2 - CH^2 \qquad ②$$

又由 $BH \perp AJ, CH \perp AI$,有
$$AB^2 - BJ^2 = HA^2 - HJ^2, AC^2 - CI^2 = HA^2 - HI^2$$

从而由上述两式,有
$$AB^2 - AC^2 - BJ^2 + CI^2 = HI^2 - HJ^2 \qquad ③$$

将②代入③有
$$BH^2 - CH^2 + CI^2 - BJ^2 = HI^2 - HJ^2 \qquad ④$$

再将①代入④即得
$$PI^2 - PJ^2 = HI^2 - HJ^2$$

证法3 同证法1,有
$$IH \cdot HN = t = JH \cdot HM \qquad ⑤$$

分别对 △PIH、△PJH 应用广勾股定理,有
$$PI^2 = IH^2 + HP^2 + 2HI \cdot HN, PJ^2 = JH^2 + HP^2 + 2HJ \cdot HM$$

上述两式相减,并注意到式⑤,则
$$PI^2 - PJ^2 = HI^2 - HJ^2 + 2HI \cdot HN - 2HJ \cdot HM = HI^2 - HJ^2$$

从而由定差幂线定理,有 $PH \perp IJ$.

7. 证法1 如图 4.102(a),设 ∠B 的平分线交 OH 于点 P,则 BP 也平分 ∠OBH,则
$$\frac{BH}{BO} = \frac{HP}{OP} \qquad ①$$

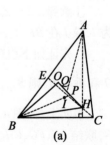

(a)

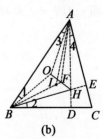

(b)

图 4.102

设 $\angle A$ 的平分线交 OH 于点 Q,则 AQ 也平分 $\angle OAH$,则
$$\frac{AH}{AO} = \frac{HQ}{OQ} \qquad ②$$

作 $CH \perp AB$ 于点 E,由 $\angle B > \angle A$,得 $AC > BC, AE > BE$,从而
$$AH > HB \qquad ③$$

注意 $AO = BO$,由①,②,③得 $\frac{HQ}{OQ} > \frac{HP}{OP}$.

从而,Q 在 O、P 之间,AQ 与 BP 的交点 I 必在 $\triangle BOH$ 内.

证法2 如图 4.102(b),延长 AH、BH 分别交 BC、CA 于点 D、E,作 $\angle ABC$ 的平分线交 OH 于点 F,联结 AO、BO、AF.

由 O、H 是三角形的一对等角共轭点,即
$$\angle 2 = \angle 1 = \angle 3 = \angle 4 = 90° - \angle C$$

又 BF 平分 $\angle OBH$,则
$$\frac{OB}{BH} = \frac{OF}{FH} \qquad ④$$

在 $\triangle AOF$ 与 $\triangle AFH$ 中,有
$$\frac{OF}{FH} = \frac{S_{\triangle AOF}}{S_{\triangle AFH}} = \frac{AO \sin \angle OAF}{AH \cos \angle HAF} \qquad ⑤$$

由④、⑤及 $AO = BO$,有
$$\frac{AH}{BH} = \frac{\sin \angle OAF}{\sin \angle HAF}$$

因 $\triangle AHE \sim \triangle BHD$,则 $\frac{AH}{BH} = \frac{AE}{BD} = \frac{AB\cos\angle BAC}{AB\cos\angle ABC} > 1$(因 $\angle BAC < \angle ABC < 90°$),即 $\sin \angle OAF > \sin \angle HAF$.

又 $\angle OAF$,$\angle HAF < \angle BAC < 90°$,则 $\angle OAF > \angle HAF$.

注意到 $\angle 3 = \angle 4$,即 $\angle BAC$ 的平分线在 $\angle OAF$ 内部,故其必与线段 BF 相交,而交点恰为 I,故 I 在 BF 上,亦在 $\triangle BOH$ 内.

8. 先证如下引理:设 P 关于 $\triangle ABC$ 两边 AB、AC 的对称点分别为 F、E,取 $\triangle ABC$ 的外心 O 和垂心 H,则 $S_{\triangle HEF} = \frac{1}{2}(R^2 - OP^2) \cdot \sin 2A$,其中 R 为 $\triangle ABC$ 外接圆半径.

事实上,如图 4.103,可延长 AP 交圆 ABC 于点 Q,延长 AE 交过 A、H、C 三点的圆于点 G,联结 AF、FG、CH、HG,则易知 $\triangle AEF$ 是顶角为 $2\angle A$ 的等腰三角形,其底角为 $90° - \angle A$,从而 $\angle AEF = \angle ACH = \angle AGH$,则 $EF \parallel GH$.

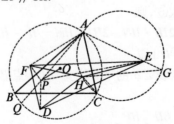

图 4.103

于是
$$S_{\triangle HEF} = S_{\triangle GEF} = \frac{1}{2}EF \cdot EG\sin\angle GEF$$
$$= \frac{1}{2}EF \cdot EG\sin\angle AEF$$
$$= \frac{1}{2}EF \cdot EG\cos A \qquad ①$$

而
$$EF = 2AE\cos\angle AEF = 2AE\sin A \qquad ②$$

另一方面,由于过 A、H、C 三点的圆与圆 ABC 关于 AC 也对称,P 和 E 又是关于 AC 的一组对称点,则由圆幂定理可得
$$AE \cdot EG = AP \cdot PQ = R^2 - OP^2$$

引理证毕.

回到原题. 由引理知
$$\frac{S_{\triangle HDE}}{S_{\triangle HDF}} = \frac{\sin 2C}{\sin 2B} = \frac{\frac{1}{2}R^2 \cdot \sin 2C}{\frac{1}{2}R^2 \cdot \sin 2B} = \frac{S_{\triangle OAB}}{S_{\triangle OAC}}$$

9. 设 AH 交 BC 于点 O,以 O 为原点,OC 为 x 轴正方向建立平面直角坐标系,设 $C(c,0)$、$B(-b,0)$、$A(0,a)$,则由三角形相似算得 $H\left(0,\frac{bc}{a}\right)$,$G\left(\frac{c-b}{3},\frac{a}{3}\right)$.

$\angle AGH = 90° \Leftrightarrow AG \perp GH \Leftrightarrow k_{AG} \cdot k_{GH} = -1$

$$\Leftrightarrow \frac{\frac{bc}{a} - \frac{a}{3}}{\frac{b-c}{3}} \cdot \frac{\frac{2a}{3}}{\frac{b-c}{3}} = -1$$

$$\Leftrightarrow 2a^2 = b^2 + 4bc + c^2 \qquad ①$$

而
$$S_{\triangle HBC} = \frac{1}{2} \cdot \frac{(b+c)bc}{a}, S_{\triangle HAB} = \frac{1}{2} \cdot \frac{b(a^2 - bc)}{a}, S_{\triangle HAC} = \frac{1}{2} \cdot \frac{c(a^2 - bc)}{a}$$

其中因 $\triangle ABC$ 为锐角三角形,有 $a^2 > bc$,故
$$\frac{1}{S_{\triangle HAB}} + \frac{1}{S_{\triangle HAC}} = \frac{2}{S_{\triangle HBC}} \Leftrightarrow \frac{2(a^2-bc)}{bc(b+c)} = \frac{1}{b} + \frac{1}{c}$$
$$\Leftrightarrow 2(a^2 - bc) = (b+c)^2 \Leftrightarrow 2a^2 = b^2 + 4bc + c^2 \qquad ②$$

由①②,即知命题成立.

注 此命题的逆命题也是成立的,证明如下.

如图 4.105,作 $\triangle ABC$ 的三条高线 AA'、BB'、CC',显然 H 是它们的交点.

设 O 为 $\triangle ABC$ 的外心,延长 AG 交 BC 于点 D,则 D 为 BC 的中点.

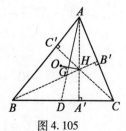

图 4.105

由三角形的欧拉定理,知 O、G、H 共线,又 $AG = \dfrac{2}{3}AD$,且 A、B、A'、B',B、C、B'、C',C、A、C'、A' 分别四点共圆. 有

$$AH \cdot HA' = BH \cdot HB' = CH \cdot HC'$$

令 $BC = a$,$CA = b$,$AB = c$,圆 O 的半径为 R,则

$$\dfrac{1}{S_{\triangle HAB}} + \dfrac{1}{S_{\triangle HAC}} = \dfrac{2}{S_{\triangle HBC}} \Leftrightarrow \dfrac{S_{\triangle ABC}}{S_{\triangle HAB}} + \dfrac{S_{\triangle ABC}}{S_{\triangle HAC}} = \dfrac{2S_{\triangle ABC}}{S_{\triangle HBC}} \Leftrightarrow \dfrac{CC'}{HC'} + \dfrac{BB'}{HB'} = \dfrac{2AA'}{HA'}$$

$$\Leftrightarrow \dfrac{CC'}{HC'} \cdot CH \cdot HC' + \dfrac{BB'}{HB'} \cdot BH \cdot HB' = 2\dfrac{AA'}{HA'} \cdot AH \cdot HA'$$

$$\Leftrightarrow CC' \cdot CH + BB' \cdot BH = 2AA' \cdot AH \qquad ①$$

下面证明式①成立.

注意到 $\triangle CA'H \backsim \triangle CC'B$,有 $\dfrac{CH}{CB} = \dfrac{CA'}{CC'}$,即 $CC' \cdot CH = CB \cdot CA'$.

同理 $BB' \cdot BH = BC \cdot BA'$.

由条件 $\angle AGH = 90°$,有 $AG \perp GH$,亦有 $\triangle AGH \backsim \triangle AA'D$,从而 $AA' \cdot AH = AG \cdot AD$. 于是

$$CC' \cdot CH + BB' \cdot BH = CB \cdot CA' + BC \cdot BA' = BC(CA' + BA') = a^2 \qquad ②$$

$$2AA' \cdot AH = 2AG \cdot AD = 2 \cdot \dfrac{2}{3}AD^2 = \dfrac{3}{2}\left(b^2 + c^2 - \dfrac{1}{2}a^2\right) \qquad ③$$

另外,由三角形垂心性质知 $\triangle HCA$ 与 $\triangle ABC$ 的外接圆是等圆,即有 $\dfrac{AH}{\sin \angle ACH} = 2R$,即 $AH = 2R\cos A$,$AA' = c\sin \angle ABC$,则

$$AA' \cdot AH = c\sin \angle ABC \cdot 2R\cos \angle CAB = bc\cos \angle CAB = \dfrac{1}{2}(b^2 + c^2 - a^2)$$

又 $AG \cdot AD = \dfrac{2}{3}AD^2 = \dfrac{1}{3}\left(b^2 + c^2 - \dfrac{1}{2}a^2\right)$. 注意 $AA' \cdot AH = AG \cdot AD$,则

$$\dfrac{1}{2}(b^2 + c^2 - a^2) = \dfrac{1}{3}\left(b^2 + c^2 - \dfrac{1}{2}a^2\right)$$

化简为

$$b^2 + c^2 = 2a^2 \qquad ④$$

将④代入③式即得 a^2,故式①获证.

10. **证法 1** 作 $\square AMDX$ 和 $\square CMBY$,由重心性质知 P 在 MX 上,Q 在 MY 上,且 $MP = \dfrac{1}{3}MX$,$MQ = \dfrac{1}{3}MY$,则 $PQ /\!/ XY$ 或 P、Q、X、Y 四点共线. 由 R 及 S 为垂心,有 $DR \perp DX$,$CR \perp CY$,$AS \perp AX$,$BS \perp BY$. 于是,由定差幂线定理,得

$$(SX^2 + RY^2) - (RX^2 + SY^2) = (AS^2 + AX^2 + CR^2 + CY^2) - (DR^2 + DX^2 + SB^2 + BY^2)$$
$$= (AS^2 + BM^2 - BS^2 - AM^2) + (CR^2 + DM^2 - DR^2 - CM^2)$$
$$= 0$$

于是 $SX^2 + BY^2 = RX^2 + SY^2$,故 $RS \perp XY$,即 $RS \perp PQ$.

证法 2 由

$$\overrightarrow{SR} \cdot \overrightarrow{PQ} = (\overrightarrow{SM} + \overrightarrow{MR})(\overrightarrow{Q} - \overrightarrow{P})$$

$$= (\vec{SM} + \vec{MR}) \cdot \frac{1}{3} \cdot (\vec{B} + \vec{M} + \vec{C} - \vec{A} - \vec{D} - \vec{M})$$

$$= \frac{1}{3}(\vec{SM} + \vec{MR})(\vec{AB} + \vec{DC})$$

$$= \frac{1}{3}(\vec{SM} \cdot \vec{AB} + \vec{SM} \cdot \vec{DC} + \vec{MR} \cdot \vec{AB} + \vec{MR} \cdot \vec{DC})$$

$$= \frac{1}{3}\left[|SM||DC|\cos\left(\frac{3\pi}{2} - \angle ADC - \angle DAB\right) + |MR||AB|\cos\left(\angle ADC + \angle DAB - \frac{3\pi}{2}\right)\right]$$

$$= \frac{1}{3}(|AB||DC|\cot\angle AMB - |AB||DC|\cot\angle DMC) \cdot \cos\left(\frac{3\pi}{2} - \angle ADC - \angle DAB\right)$$

$$= 0$$

故命题成立(其中 $\vec{X}$ 表示向量 $\vec{OX}$).

11. **证法 1** 必要性:设 I 为 $\triangle ABC$ 的内心,延长 AI 交 BC 于 M,则

$$AM^2 = bc - \frac{bca^2}{(b+c)^2} = \frac{bc(b+c-a)(b+c+a)}{(b+c)^2}$$

因 $\dfrac{AI}{AM} = \dfrac{b+a}{b+c+a}$,则

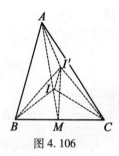

图 4.106

$$AI^2 = \frac{bc(b+c-a)}{b+c+a}$$

同理,
$$BI^2 = \frac{ca(c+a-b)}{c+a+b}, CI^2 = \frac{ab(a+b-c)}{a+b+c}$$

所以
$$IA^2 \cdot a + IB^2 \cdot b + IC^2 \cdot c = \frac{abc(b+c-a+c+a-b+a+b-c)}{a+b+c} = abc$$

充分性:设 I' 适合

$$I'A^2 \cdot a \pm I'B^2 \cdot b \pm I'C^2 \cdot c = abc$$

注意到 $\dfrac{AI}{IM} = \dfrac{b+c}{a}$ 及斯特瓦尔特定理[①],有

$$II'^2 = \frac{(b+c)I'M^2}{a+b+c} + \frac{a \cdot I'A^2}{a+b+c} - \frac{(b+c)IM^2}{a+b+c} - \frac{a \cdot IA^2}{a+b+c}$$

$$= \frac{(b+c)(I'M^2 - IM^2)}{a+b+c} - \frac{a(I'A^2 - IA^2)}{a+b+c} \qquad ①$$

因 $\dfrac{BM}{MC} = \dfrac{c}{b}$,则

$$I'M^2 = \frac{c \cdot I'C^2}{b+c} + \frac{b \cdot I'B^2}{b+c} - \frac{c \cdot MC^2}{b+c} - \frac{b \cdot MB^2}{b+c}$$

$$IM^2 = \frac{c \cdot IC^2}{b+c} + \frac{b \cdot IB^2}{b+c} - \frac{c \cdot MC^2}{b+c} - \frac{b \cdot MB^2}{b+c}$$

将上述两代入式①,得

$$II'^2 = \frac{(aI'A^2 + bI'B^2 + cI'C^2) - (aIA^2 + bIB^2 + cIC^2)}{a+b+c} = \frac{abc - abc}{a+b+c} = 0$$

这就证明了 I' 为其内心.

注 ①若 P 是 $\triangle ABC$ 的边 BC 或其延长线上一点，且 $\dfrac{\overrightarrow{PB}}{\overrightarrow{PC}} = -\dfrac{m}{n}$，则

$$m \cdot AC^2 + n \cdot AB^2 = (m+n)AP^2 + m \cdot PC^2 + n \cdot PB^2$$

下面反证 I 为内心时的情形：

证法 2 我们可以证明如下结论：对 $\triangle ABC$ 所在平面任意一点，$IA^2 \cdot BC + IB^2 \cdot CA + IC^2 \cdot AB \geqslant AB \cdot BC \cdot CA$，其中等号当且仅当 I 为内心时成立.

设 I 在复平面上所对应的复数为 z，A、B、C 在复平面上对应复数 a、b、c，则

$$\dfrac{IA^2}{AB \cdot AC} + \dfrac{IB^2}{BC \cdot BA} + \dfrac{IC^2}{CA \cdot CB} = \left|\dfrac{(z-a)^2}{(a-b)(a-c)}\right| + \left|\dfrac{(z-b)^2}{(b-c)(b-a)}\right| + \left|\dfrac{(z-c)^2}{(c-a)(c-b)}\right|$$

$$\geqslant \left|\dfrac{(z-a)^2}{(a-b)(a-c)} + \dfrac{(z-b)^2}{(b-c)(b-a)} + \dfrac{(z-c)^2}{(c-a)(c-b)}\right| = 1$$

故 $\qquad IA^2 \cdot BC + IB^2 \cdot CA + IC^2 \cdot AB \geqslant BC \cdot CA \cdot AB$

其中等号当且仅当

$$\arg\dfrac{(z-a)^2}{(a-b)(a-c)} = \arg\dfrac{(z-b)^2}{(b-c)(b-a)} = \arg\dfrac{(z-c)^2}{(c-a)(c-b)}$$

即 $\qquad \angle IAB - \angle IAC = \angle IBC - \angle IBA = \angle ICA - \angle ICB$

而 $\qquad \angle IAB - \angle IAC = \angle IBC - \angle IBA \Leftrightarrow \angle IAB + \angle IBA = \angle IAC + \angle IBC$

$$\Leftrightarrow \angle BIC = 90° + \dfrac{\angle A}{2}$$

故上式 $\qquad \Leftrightarrow \angle BIC = 90° + \dfrac{\angle A}{2}, \angle CIA = 90° + \dfrac{\angle B}{2}, \angle AIB = 90° + \dfrac{\angle C}{2}$

$$\Leftrightarrow I \text{ 是 } \triangle ABC \text{ 的内心}$$

证法 3 以 I 为反演中心，反演幂为 1（即基圆半径为 1）作反演变换 $I(I,1)$，对应点 $X \to X'$. 则只须证：I' 为 $\triangle A'B'C'$ 的垂心，当且仅为

$$\sum \dfrac{I'B' \cdot I'C'}{A'B' \cdot A'C'} = 1$$

建立复平面，点 X 对应复数 x，注意到拉格朗日插值公式

$$\sum \dfrac{(i-b)(i-c)}{(a-b)(a-c)} = 1$$

于是 $\qquad \sum \dfrac{I'B' \cdot I'C'}{A'B' \cdot A'C'} = \sum \left|\dfrac{(i-b)(i-c)}{(a-b)(a-c)}\right| \geqslant \left|\sum \dfrac{(i-b)(i-c)}{(a-b)(a-c)}\right| = 1$

当且仅当 $\arg\dfrac{i-a}{b-c} = \arg\dfrac{i-b}{c-a} = \arg\dfrac{i-c}{a-b}$ 时取得等号.

由于 $A'I'$ 与 $B'C'$，$B'I'$ 与 $A'C'$，$C'I'$ 与 $A'B'$ 成大小、方向相同的角 θ，设 H 为 $\triangle A'B'C'$ 的垂心. 不妨设 $B'I'$ 在 $B'H$ 与 C' 同方向的一侧. $A'I'$ 在 $A'H$ 与 B' 同方向的一侧，$C'I'$ 在 $C'H$ 与 A' 同方向的一侧，则 H 在 $C'I'$、$A'I'$、$B'I'$ 所围成的图形内，于是 $H' = I'$. 若 $H = I'$，则 $\theta = 90°$，从而 $I' = H$.

证法 4 必要性：过 I 作 $\triangle ABC$ 三边的垂线，垂足分别为 D、E、F.

$$IA^2 \cdot BC + IB^2 \cdot CA + IC^2 \cdot AB = BC \cdot CA \cdot AB \Leftrightarrow \dfrac{IA^2}{AB \cdot AC} + \dfrac{IB^2}{BA \cdot BC} + \dfrac{IC^2}{CA \cdot CB} = 1 \qquad ②$$

$$\Leftrightarrow \sum IA^2 \cdot \sin A = 2S_{\triangle ABC} \Leftrightarrow \sum IA \cdot \sin\frac{A}{2} \cdot IA \cdot \cos\frac{A}{2} = S_{\triangle ABC}$$

$$\Leftrightarrow \sum AF \cdot r = S_{\triangle ABC} \ (r \text{ 为内切圆半径})$$

而最后一式显然成立.

充分性：建立复平面，记 I 对应的复数为 Z，点 A、B、C 对应复数 Z_A、Z_B、Z_C. 由式②知

$$\sum \left| \frac{(Z - Z_A)^2}{(Z_A - Z_C)(Z_A - Z_B)} \right| = 1 \qquad (**)$$

因 $\sum \dfrac{Z_A^2}{(Z_A - Z_C)(Z_A - Z_B)} = 1, \sum \dfrac{Z_A}{(Z_A - Z_C)(Z_A - Z_B)} = 0, \sum \dfrac{1}{(Z_A - Z_C)(Z_A - Z_B)} = 0$

从而 $\left| \sum \dfrac{(Z - Z_A)^2}{(Z_A - Z_C)(Z_A - Z_B)} \right| = 1$

而由式 $(**)$ 知 $\sum \left| \dfrac{(Z - Z_A)^2}{(Z_A - Z_C)(Z_A - Z_B)} \right| \leq \left| \sum \dfrac{(Z - Z_A)^2}{(Z_A - Z_C)(Z_A - Z_B)} \right| = 1$ 要取等号.

由取等号的条件需 $\dfrac{(Z - Z_A)^2}{Z_A - Z_C}(Z_A - Z_B)$ 等三个复数辐角相同. 设

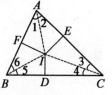

图 4.107

AI 交 BC 于 T，视 BC 为复平面的实轴，则 $\dfrac{Z - Z_A}{(Z_A - Z_C)(Z_A - Z_B)}$ 的辐角为 $2\angle ATC - \angle ABC - (\pi - \angle ACB)$. 可设 $\angle BAI - \angle IAC = \angle ACI - \angle BCI = \angle CBI - \angle ABI$ (I 在 $\triangle ABC$ 形外，考虑有向角即可). 如图 4.107 所示，有

$$\angle 1 - \angle 2 = \angle 3 - \angle 4 = \angle 5 - \angle 6$$

则 $$\angle 1 + \angle 4 = \angle 3 + \angle 2$$

又 $$\angle 1 + \angle 4 + \angle 3 + \angle 2 = 180° - \angle B$$

则 $$\angle AIC = 180° - (\angle 2 + \angle 3) = 180° - (90° - \frac{\angle B}{2}) = 90° + \frac{\angle B}{2}$$

同理 $$\angle BIC = 90° + \frac{\angle A}{2}, \quad \angle AIB = 90° + \frac{\angle C}{2}$$

由此知 I 为 $\triangle ABC$ 的内心.

证法 5 设 $\triangle ABC$ 的内切圆半径为 r，半周长为 l，即

$$l = \frac{1}{2}(a + b + c)$$

必要性：$IA^2 \cdot BC + IB^2 \cdot CA + IC^2 \cdot AB = BC \cdot CA \cdot AB$

$$\Leftrightarrow \sum a[(l-a)^2 + r^2] = abc$$

$$\Leftrightarrow r^2 \sum a + \sum a(l-a)^2 = abc$$

$$\Leftrightarrow r^2 \sum a + \frac{\sum a^3 + 6abc - \sum a^2(b+c)}{4} = abc$$

$$\Leftrightarrow 4r^2 \sum a + \sum a^3 + 2abc = \sum a^2(b+c) \qquad ③$$

由 $S_{\triangle ABC} = \dfrac{1}{2} r \sum a$，知 $S_{\triangle}^2 = \dfrac{1}{4} r^2 (\sum a)^2$.

从而 $16l(l-a)(l-b)(l-c) = 4r^2(\sum a)^2$，而 $2l = \sum a$，于是
$$4r^2 \sum a = \prod(a+b-c) = \sum a^2(b+c) - \sum a^3 - 2abc$$
将上式代入③，即证．

充分性：先看一条引理：对于 $\triangle ABC$ 所在平面上任一点 P 及内心 I，有
$$\sum aPA^2 = \sum aIA^2 + IP^2 \sum a$$

事实上，建立平面直角坐标系，设 $A(x_A, y_A), P(x_P, y_P)$．
记 $I(0,0)$，则
$$\sum ax_A = \sum ay_A = 0$$
$$PA^2 = (x_P - x_A)^2 + (x_P - y_A)^2, IA^2 = x_A^2 + y_A^2$$

从而
$$\sum a(PA^2 - IA^2) = \sum a(x_P^2 + y_P^2 - 2x_P x_A - 2y_P y_A)$$
$$= (x_P^2 + y_P^2)\sum a - 2x_P \sum ax_P \sum ax_A - 2y_P \sum ay_A$$
$$= IP^2 \sum a$$

由式③知
$$\sum aPA^2 = abc + IP^2 \sum a$$

及条件 $\sum a \cdot PA^2 = abc$，知 $IP^2 \cdot \sum a = 0$，故 $IP = 0$．即 P 与 I 重合，即 I 为内心．

12. （Ⅰ）首先证明一个引理．

引理：平面上到两个定点 F_1、F_2 的距离之比为定值 $\lambda(\lambda > 1)$ 的点的轨迹为圆．

建立平面直角坐标系，设两个定点为 $F_1(-a, 0)$、$F_2(a, 0)$（其中 $a > 0$），动点为 $M(x, y)$，从而有
$$\frac{|MF_1|}{|MF_2|} = \lambda \Leftrightarrow \frac{\sqrt{(x+a)^2 + y^2}}{\sqrt{(x-a)^2 + y^2}} = \lambda$$
$$\Leftrightarrow (\lambda^2 - 1)x^2 - 2a(\lambda^2 + 1)x + (\lambda^2 - 1)y^2 + (\lambda^2 - 1)a^2 = 0$$
$$\Leftrightarrow \left(x - \frac{\lambda^2 + 1}{\lambda^2 - 1}a\right)^2 + y^2 = \left(\frac{2\lambda a}{\lambda^2 - 1}\right)^2$$

这个方程表示以定点 $\left(\frac{\lambda^2 + 1}{\lambda^2 - 1}a, 0\right)$ 为圆心，定长 $\frac{2\lambda a}{\lambda^2 - 1}$ 为半径的圆，即为 M 的轨迹．

由 $\lambda > 1, \frac{\lambda^2 + 1}{\lambda^2 - 1}a > a$ 可知，此圆的圆心在线段 F_1F_2 的延长线上．

（Ⅱ）其次求出垂心到三角形各顶点的距离．

由题设中的等式 $\frac{PA}{\cos A} = \frac{PB}{\cos B} = \frac{PC}{\cos C}$ 可以推知，所给 $\triangle ABC$ 为锐角三角形．

如图 4.108，设 $\triangle ABC$ 的外接圆半径为 R，过点 B 作外接圆的直径 BD，联结 AD、CD．

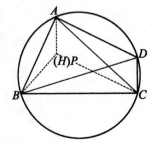

图 4.108

在 $\triangle BDA$ 中,$DA \perp AB$,$\angle ADB = \angle ACB$,
$$AD = BD\cos \angle ACB = 2R\cos C$$
在 $\triangle BDC$ 中,$DC \perp CB$,$\angle CDB = \angle CAB$,$CD = BD\cos \angle CAB = 2R\cos A.$
设 H 为 $\triangle ABC$ 的垂心,联结 HA、HB、HC.
从而有
$$\begin{cases} HA \perp BC \\ HC \perp AB \end{cases} \Leftrightarrow \begin{cases} HA // CD \\ HC // AD \end{cases} \Leftrightarrow 四边形 AHCD 为平行四边形$$
$$\Leftrightarrow \begin{cases} HA = CD = 2R\cos A \\ HC = AD = 2R\cos C \end{cases}$$
同理可得 $HB = 2R\cos B$,由此可知 H 为 $\triangle ABC$ 的垂心当且仅当
$$HA = 2R\cos A, HB = 2R\cos B, HC = 2R\cos C$$

(Ⅲ)最后用反证法证明本题结论.

在锐角 $\triangle ABC$ 中,令
$$\frac{PA}{\cos A} = \frac{PB}{\cos B} = \frac{PC}{\cos C} = k$$
则 $PA = k\cos A, PB = k\cos B, PC = k\cos C.$

当 $\triangle ABC$ 的三内角均不相等时,若 P 不为其垂心,则 PA、PB、PC 与 $\cos A$、$\cos B$、$\cos C$ 的对应比值也不会相等,此与题设条件矛盾.

当 $\triangle ABC$ 中有两个内角相等时,不妨设 $\angle B = \angle C$,易知点 P 和垂心 H 都在 BC 的垂直平分线 AE(E 为垂足)上. 假设 P 在 A、H 两点之间,由 $PA < HA$ 得 $k < 2R$,又由 $PB > HB$ 得 $k > 2R$,二者矛盾,因此 P 不在 A、H 两点之间. 同理,P 也不在 H、E 两点之间,从而必有 P、H 两点重合,即点 P 为垂心.

第5章 专题培训2:角的内切圆图

5.1 角的内切圆图的特性[①]

在一个角$\angle APB$内有一个圆O与角的两边分别切于点A、B(或从圆圆O外一点P向该圆引两条切线PA、PB,切点为A、B),所得图形称为角的内切圆图,如图5.1所示,此时,直线AB亦称为点P的极线.

性质1 设圆O切$\angle APB$的两边分别于点A、B,Q为AB上任一点,M为AB中点,则

(1)$PA = PB, PM \perp AB$;

(2)P、A、O、B四点共圆;

(3)$PQ^2 = PA^2 - AQ \cdot QB$.

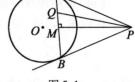

图5.1

证明 如图5.1,(1)、(2)略.

(3)由斯特瓦尔特定理即得. 也可由勾股定理,有

$$PQ^2 = PM^2 + MQ^2 = PA^2 - (AM^2 - MQ^2) = PA^2 - AQ \cdot QB$$

性质2 设圆O切$\angle APB$的两边分别于点A、B,M为AB中点,则

(1)当直线PM交圆O于点I、I_P时,I、I_P分别为$\triangle PAB$的内心和旁心;

(2)当过M的弦CD交圆O于C、D时,P、C、O、D四点共圆,且PM平分$\angle CPD$,I、I_P也分别为$\triangle PCD$的内心和旁心.

证明 如图5.2,(1)由$PA = PB, PM \perp AB$,知PM为$\angle APB$的平分线,且I为$\overset{\frown}{AB}$的中点. 联结AI、AI_P,则$\angle IAB = \angle IBA = \angle PAI$,即$AI$平分$\angle PAB$,故$I$为$\triangle PAB$的内心. 又$AI \perp AI_P$,知$AI_P$平分$\angle PAB$的外角,从而$I_P$为$\triangle APB$的旁心.

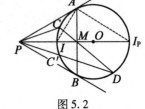

图5.2

(2)设PD交圆O于点C',由$OM \cdot MP = BM^2 = AM \cdot MB = CM \cdot MD$,知$P$、$C$、$O$、$D$四点共圆. 由$CO = OD$,知$PI$平分$\angle CPD$,亦$PM$平分$\angle CPD$.

又由$\angle COI = \angle CDC'$,知$\overset{\frown}{CC'} = 2\overset{\frown}{CI}$,亦知$I$在$\angle CDC'$的平分线上,故$I$为$\triangle PCD$的内心,注意$ID \perp DI_P$,即知$I_P$为$\triangle PCD$的旁心.

注 ①显然,当CD与AB重合时,即为(1)的情形.

②由$PM \cdot PO = PB^2 = PC' \cdot PD$知$C'$、$D$、$O$、$M$四点共圆.

性质3 如图5.3,设圆O与$\angle APB$的边分别切于点A、B,过点P的射线交圆O于点C、D(C在P与D之间),交AB于点Q,则

(1)$AC \cdot BD = AD \cdot BC$(即$ACBD$为调和四边形);

[①] 沈文选.角的内切圆的性质及应用[J].中等数学,2014(7):2-5.

(2) N 为 CD 中点的充要条件是 P、A、N、B 四点共圆;

(3) $\dfrac{PC}{CQ} = \dfrac{PD}{DQ}$(即 C、D 调和分割 PQ 或 P、Q 调和分割 CD).

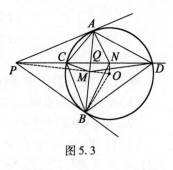

图 5.3

证明 (1) 由 $\triangle PAC \backsim \triangle PDA$,$\triangle PBC \backsim \triangle PDB$,有
$$\dfrac{AC}{DA} = \dfrac{PA}{PD} = \dfrac{PB}{PD} = \dfrac{BC}{DB}$$

从而 $\qquad AC \cdot BD = AD \cdot BC$

(2) N 为 CD 的中点 $\Leftrightarrow ON \perp CD$,注意 $OB \perp PB$
$\Leftrightarrow P$、B、O、N 四点共圆,注意 P、B、O、A 四点共圆
$\Leftrightarrow P$、B、O、N、A 五点共圆 $\Leftrightarrow P$、A、N、B 四点共圆

(3) 由(1)有 $AC \cdot BD = AD \cdot BC$,即有 $\dfrac{AC}{AD} = \dfrac{BC}{BD}$,于是
$$\dfrac{CQ}{QD} = \dfrac{S_{\triangle ABC}}{S_{\triangle ADB}} = \dfrac{AC \cdot BC}{AD \cdot BD} = \dfrac{BC^2}{BD^2} = \dfrac{PC}{PB}$$

又由 $\triangle PBC \backsim \triangle PDB$,有
$$\dfrac{BC}{DB} = \dfrac{PB}{PD} = \dfrac{PC}{PB}$$

从而 $\qquad \dfrac{BC^2}{BD^2} = \dfrac{PB}{PD} \cdot \dfrac{PC}{PB} = \dfrac{PC}{PD}$

于是,有 $\dfrac{PC}{PD} = \dfrac{CQ}{QD}$,即 $\dfrac{PC}{CQ} = \dfrac{PD}{DQ}$.

注 (3)的结论也可这样来证:当割线 PCD 过圆心 O 时,有
$$PD \cdot PC = PA^2,\ CQ \cdot QD = AQ^2$$

上述两式相减,得
$$\begin{aligned} PD \cdot PC - CQ \cdot QD &= PA^2 - AQ^2 = PQ^2 \\ &= (PC + CQ)(PD - QD) \\ &= PC \cdot PD - PC \cdot QD + CQ \cdot PD - CQ \cdot QD \end{aligned}$$

故 $\qquad PC \cdot QD = PD \cdot CQ$

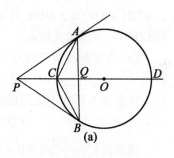

(a)

当割线 PCD 不过圆 O 时,联结 PO 交 AB 于点 M,则 $AM \perp PM$. 由 $PD \cdot PC = PA^2$,则
$$\begin{aligned} CQ \cdot QD &= AQ \cdot QB \\ &= \left(\dfrac{1}{2}AB + MQ\right)\left(\dfrac{1}{2}AB - MQ\right) \\ &= \dfrac{1}{4}AB^2 - MQ^2 \end{aligned}$$

上式两式相减,得

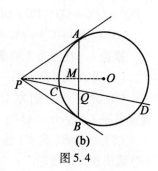

(b)

图 5.4

$$PD \cdot PC - CQ \cdot QD = PA^2 - \dfrac{1}{4}AB^2 + MQ^2$$

$$= PM^2 + MQ^2 = PQ^2 = (PC+CQ)(PD-QD)$$
$$= PC \cdot PD - PC \cdot QD + CQ \cdot PD - CQ \cdot QD$$

故
$$PC \cdot QD = PD \cdot CQ$$

推论1 在性质3的条件下:

(1) N 为 CD 中点时, $\angle CAB = \angle NAD$, $\angle CBA = \angle NBD$;

(2) N 为 CD 的中点时, CN 平分 $\angle ANB$;

(3) 设 PO 交 AB 于点 M 时, $\angle ACD = \angle MCB$, $\angle ADQ = \angle MDB$, 且 AM 平分 $\angle CMD$. 此时, M、N 是调和四边形 $ABCD$ 的一对角共轭点;

(4) $PQ^2 = PC \cdot PD - QC \cdot QD$;

(5) $\dfrac{1}{CQ} = \dfrac{1}{PD} + \dfrac{1}{PC} + \dfrac{1}{QD}$.

证明 (1) 在四边形 $ABCD$ 中应用托勒密定理, 有
$$AC \cdot BD + AD \cdot BC = AB \cdot CD$$

注意到 $AC \cdot BD = AD \cdot BC$, 有 $2AD \cdot BC = 2AB \cdot ND$, 即有
$$\frac{BC}{AB} = \frac{ND}{AD}$$

又注意到 $\angle ABC = \angle ADN$, 从而 $\triangle CAB \backsim \triangle NAD$, 故 $\angle CAB = \angle NAD$.

同理, 由 $\triangle CAB \backsim \triangle NDB$, 有 $\angle CBA = \angle NBD$.

(2) 由 P、A、N、B 四点共圆, 注意 $PA = PB$, 即知 CN 平分 $\angle ANB$.

或者由 $\triangle CAB \backsim \triangle NAD$, $\triangle CAB \backsim \triangle NDB$, 可证 CN 平分 $\angle ANB$.

(3) 应用托勒密定理, 同(1)的证法, 由 $\triangle CBM \backsim \triangle CDA \backsim \triangle BDM$, 可证得 $\angle ACD = \angle MCB$, $\angle ADQ = \angle MDB$, 且 AM 平分 $\angle CMD$. 由(1)及类似(1)的证明可推知 M、N 是四边形 $ABCD$ 的一双等角共轭点.

(4) 由切割线定理和相交弦定理, 有
$$PB^2 = PC \cdot PD, \quad QC \cdot QD = QA \cdot QB$$

注意在 $\triangle PBA$ 中应用斯特瓦尔特定理, 有
$$PQ^2 = PB^2 - QA \cdot QB = PC \cdot PD - QC \cdot QD$$

或者由 $\dfrac{PC}{CQ} = \dfrac{PD}{DQ}$ 有 $PD \cdot DQ = PD \cdot CQ$. 于是

$$PQ^2 = (PC+CQ)(PD-QD) = PC \cdot PD - QC \cdot QD - PC \cdot QD + PD \cdot CQ = PC \cdot PD - QC \cdot QD$$

(5) 由 $PD - CQ = PC + QD$, 有 $(PD-CQ)/PD \cdot CQ = (PC+QD)/PC \cdot QD$, 即得.

推论2 在性质3的条件下:

(1) 设 N 为 CD 上的一点, 则 $\angle PAC = \angle DBN$ 的充要条件是 $\angle PBC = \angle DAN$;

(2) 设 M、N 分别为 AB、CD 的中点, 则 AM 平分 $\angle CMD$ 的充要条件是 CN 平分 $\angle ANB$;

(3) 过点 B(或 C)且平行于 PA 的直线被直线 AD、AC(或 AB) 截出相等的线段.

证明 (1) 令 $\angle PAC = \alpha$, $\angle PBC = \beta$, 则
$$\angle ABC = \angle ADC = \alpha, \quad \angle BAC = \angle BDC = \beta$$

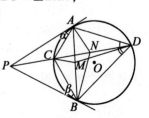

图 5.5

于是 $\angle DBN = \angle PAC = \alpha$

$\Leftrightarrow \angle BNP = \angle DBN + \angle BDC = \alpha + \beta = \angle PAC + \angle BAC = \angle BAP$

$\Leftrightarrow P 、 B 、 N 、 A$ 四点共圆 $\Leftrightarrow \angle ANP = \angle BNP$

$\Leftrightarrow \angle DAN + \angle ADC = \angle DBN + \angle BDC$

$\Leftrightarrow \angle DAN + \alpha = \alpha + \beta \Leftrightarrow \angle DAN = \beta = \angle PBC$.

(2)N 为 CD 的中点时,$P 、 A 、 N 、 B$ 四点共圆. CN 平分 $\angle ANB \Leftrightarrow \angle PNA = \angle PNB = \angle PAB = \angle ADB \Leftrightarrow \triangle AND \backsim \triangle ACB \backsim \triangle DNB \Leftrightarrow \dfrac{ND}{CB} = \dfrac{AD}{AB}, \dfrac{AC}{DN} = \dfrac{AB}{DB} \Leftrightarrow \dfrac{AD \cdot BC}{AB} = ND = \dfrac{AC \cdot BD}{AB}$

$\Leftrightarrow AD \cdot BC = AC \cdot BD$,且注意到 M 为 AB 中点及托勒密定理 $AD \cdot BC + AC \cdot BD = AB \cdot CD \Leftrightarrow AD \cdot BC = BM \cdot CD, AC \cdot BD = MB \cdot CD \Leftrightarrow \triangle CBM \backsim \triangle CDA \backsim \triangle BDM \Leftrightarrow \angle BMC = \angle DAC = \angle DMB \Leftrightarrow AM$ 平分 $\angle CMD$.

(3)如图 5.6,设 CD 与 AB 交于点 Q,则有 $\dfrac{PC}{CQ} = \dfrac{PD}{DQ}$. 又设过 B(或 C)且和 PA 平行的直线与 $AC 、 AD$ 交于点 $E 、 F$(或与 $AB 、 AD$ 交于点 $S 、 T$).

过点 Q 作与 PA 平行的直线分别交直线 $AC 、 AD$ 于点 $G 、 H$,此时 $GH // CT // EF$,从而

$$\dfrac{GQ}{PA} = \dfrac{PC}{CQ} = \dfrac{PD}{DQ} = \dfrac{QH}{PA}$$

故 $GQ = QH$,于是 $CS = ST, EB = BF$.

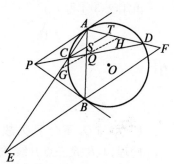

图 5.6

注 过点 A 且与点 D 处的切线平行的直线也被 $DA 、 DB$ 截得相等的线段.

性质 4 设圆 O 与 $\angle APB$ 的边分别切于点 $A 、 B$,过点 P 的两条割线分别交圆 O 于 $C 、 D$ 和 $E 、 F$(C 在 P 与 D 之间,E 在 P 与 F 之间),若直线 CF 与 DE 交于点 Q,直线 CE 与 DF 交于点 R,则 $A 、 Q 、 B 、 R$ 四点共线.

证法 1 如图 5.7,联结 $AC 、 AD 、 BE 、 BF$.

由 $\triangle PAC \backsim \triangle PDA, \triangle PDF \backsim \triangle PEC, \triangle PEB \backsim \triangle PBF$,有

$$\dfrac{CA}{AD} = \dfrac{PA}{PD}, \dfrac{DF}{EC} = \dfrac{PD}{PE}, \dfrac{BE}{FB} = \dfrac{PE}{PB}$$

上述三式相乘,并注意 $PA = PB$,得

$$\dfrac{CA}{AD} \cdot \dfrac{DF}{FB} \cdot \dfrac{BE}{EC} = \dfrac{PA}{PD} \cdot \dfrac{PD}{PE} \cdot \dfrac{PE}{PB} = 1$$

于是,由塞瓦定理角元形式的推论知 $AB 、 DE 、 CF$ 三线共点于 Q. 故 $A 、 Q 、 B$ 三点共线.

同理 $A 、 B 、 R$ 三点共线,故 $A 、 Q 、 B 、 R$ 四点共线.

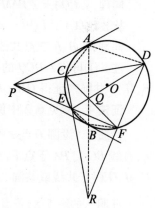

图 5.7

证法 2 如图 5.7,联结 $DA 、 EB 、 FB 、 CA$.

设 DE 与 AB 交于点 Q_1,CF 与 AB 交于点 Q_2,则 Q_1 分 AB 所成的比为

$$\dfrac{AQ_1}{Q_1B} = \dfrac{S_{\triangle ADQ_1}}{S_{\triangle BDQ_1}} = \dfrac{DA \sin \angle ADQ_1}{DB \sin \angle BDQ_1} = \dfrac{DA}{DB} \cdot \dfrac{AE}{EB} \quad ①$$

同理

$$\frac{AQ_2}{Q_2B} = \frac{FA}{FB} \cdot \frac{AC}{CB} \qquad ②$$

由 $\triangle PAD \backsim \triangle PCA$，$\triangle PDB \backsim \triangle PBC$ 有

$$\frac{DA}{AC} = \frac{PA}{PC}, \frac{DB}{BC} = \frac{PB}{PC}$$

即或由性质 3(1) 有

$$\frac{DA}{DB} = \frac{AC}{BC} \qquad ③$$

同理

$$\frac{EA}{EB} = \frac{AE}{BF} \qquad ④$$

由①②③④得

$$\frac{AQ_1}{Q_1B} = \frac{AQ_2}{Q_2B}$$

有

$$\frac{AQ_1}{AB} = \frac{AQ_2}{AB}$$

即 Q_1 与 Q_2 重合于 Q，故 A、Q、B 共线.

同理，A、B、R 三点共线，故 A、Q、B、R 四点共线.

证法 3 设 M 为完全四边形 $PCDQFE$ 的密克尔点，则由完全四边形性质 8（参见第 6 章）知 M 在直线 PQ 上，且 $OM \perp PQ$①. 于是，P、A、O、M、B 五点共圆，则 $\angle PBM + \angle PAM = 180°$.

又由 $PQ \cdot PM = PE \cdot PF = PB^2$，知 $\triangle PQB \backsim \triangle PBM$，即有 $\angle PQB = \angle PBM$.

同理，$\angle PQA = \angle PAM$.

故 $\angle PQA + \angle PQB = \angle PAM + \angle PBM = 180°$，即知 A, Q, B 三点共线.

同理，A、B、R 三点共线，故 A、Q、B、R 四点共线.

注 ①可作 $\triangle DCQ$ 的外接圆交直线 PQ 于点 M，推知 M 在 $\triangle EFQ$ 的外接圆上，再证 D、F、M、O 共圆来证得 $OM \perp PQ$.

证法 4 参见 6.2 中例 14.

性质 5 设圆 O 与 $\angle APB$ 的边分别切于点 A、B，点 C 在劣弧 $\overset{\frown}{AB}$ 上，直线 AC 交 PB 于点 E，直线 BC 交 PA 于点 F，令 M 为圆 ACF 与圆 BCE 的交点（即完全四边形密克尔点），则 P、C、M、O 四点共线或共圆.

证明 如图 5.8，若点 C 为劣弧 $\overset{\frown}{AB}$ 的中点时，P、C、M、O 四点共线.

下面讨论点 C 不为劣弧 $\overset{\frown}{AB}$ 的中点的情形，不妨设 $\overset{\frown}{AC} < \overset{\frown}{CB}$.

注意到 M 为圆 ACF 与圆 BCE 的交点，知其两圆外心在 MC 的中垂线上，于是

$$\angle COP = \angle AOP - \angle AOC = \angle PBA - 2\angle CBA$$
$$= \angle PBA - \angle CBA - \angle CBA = \angle EBP - \angle CBA = \angle FBP - \angle CAF$$
$$= \angle FMP - \angle CMF = \angle CMP$$

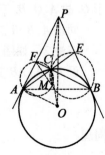

图 5.8

故 P、C、M、O 四点共圆.

推论 在性质5的条件下，$\triangle ACF$、$\triangle BCE$、$\triangle CMO$ 的外心共线.

事实上，$\triangle ACF$、$\triangle BCE$、$\triangle CMO$ 的外心均在 CM 的中垂线上.

性质6 设圆 O 与 $\angle APB$ 的边分别切于点 A、B，点 C 在劣弧 $\overset{\frown}{AB}$ 上，射线 PC 交 AB 于点 D，圆 ADC 交 PA 于点 F，圆 BCD 交 PB 于点 E，则(1) $PE=PF$；(2) $CD^2=CE\cdot CF$.

证明 如图5.9，(1) 联结 EC、FC，则由三角形密克尔定理或 $\angle PFC=\angle ADC=\angle PEC$，即知 P、F、C、E 四点共圆，又 $\angle PCF=\angle PAD=\angle DBP=\angle PCE$，知 $PE=PF$.

(2)联结 AC、FD、ED、BC. 于是，注意到四点共圆及弦切角定理 $\Rightarrow \angle CFD=\angle CAB=\angle CBE=\angle CDE\Leftrightarrow$ 注意 $\angle FCD=\angle DCE$，$\triangle CFD\backsim \triangle CDE\Leftrightarrow \dfrac{CF}{CD}=\dfrac{CD}{CE}\Leftrightarrow CD^2=CE\cdot CF$.

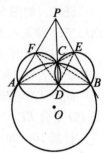

图5.9

性质7 设圆 O 与 $\angle APB$ 的边分别切于点 A、B，点 C 在劣弧 $\overset{\frown}{AB}$ 上，点 D 在优弧 $\overset{\frown}{AB}$ 上，若直线 AC 与 DB 交于点 E，直线 BC 与 DA 交于点 F，则

(1) $\angle APB=\angle E+\angle F$；

(2) E、P、F 三点共线.

证明 如图5.10.(1)联结 AB、EP、PF，注意到
$$\angle DBC+\angle DAC=180°$$
$$\angle E+\angle D+\angle DAC=180°$$
$$\angle F+\angle D+\angle DBC=180°$$
从而 $\angle E+\angle F=180°-2\angle D$

又 $PA=PB$，$\angle PAB=\angle PBA=\angle D$，故有
$$\angle APB=180°-2\angle D=\angle E+\angle F$$

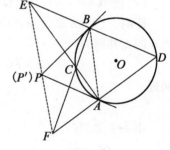

图5.10

(2)设过点 A 的圆 O 的切线交直线 EF 于 P'，则
$$\angle EAP'=\angle ABF,\ \angle FAP'=\angle ABD=180°-\angle ABE$$
于是 $\dfrac{EP'}{P'F}=\dfrac{S_{\triangle AEP'}}{S_{\triangle AP'F}}=\dfrac{EA\cdot\sin\angle EAP'}{FA\cdot\sin\angle FAP'}=\dfrac{EA\cdot\sin\angle ABF}{FA\cdot\sin\angle ABE}=\dfrac{EA}{\sin\angle ABE}\cdot\dfrac{\sin\angle ABF}{FA}$

$\qquad\qquad=\dfrac{AB}{\sin E}\cdot\dfrac{\sin F}{AB}=\dfrac{\sin F}{\sin E}$

同理，设过点 B 的圆 O 的切线交直线 EF 于点 P''，则 $\dfrac{EP''}{FP''}=\dfrac{\sin F}{\sin E}$.

从而 $\dfrac{EP'}{P'F}=\dfrac{EP''}{P''F}$，即 $\dfrac{EP'}{EF}=\dfrac{EP''}{EF}$，故 P'' 与 P' 重合于点 P，即 E、P、F 三点共线.

注 此性质7(2)的结论为帕斯卡定理的特殊情形. 此时三点所共的线也称为莱莫恩线.

性质8 圆 O 与 $\angle APB$ 的两边 PA、PB 分别切于点 A、B，点 D 在优弧 $\overset{\frown}{AB}$ 上，且与 P、O 不共线，AB 与 PO 交于点 M，则 $\triangle ODM\backsim \triangle OPD$.

证明 如图5.11，联结 OB，由 $OM\cdot OP=OB^2=OD^2$，有

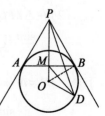

图5.11

$$\frac{OM}{OD} = \frac{OD}{OP}$$

注意 $\angle DOM$ 公用,知 $\triangle ODM \backsim \triangle OPD$.

性质 9 圆 O 与 $\angle APB$ 的两边 PA、PB 分别切于点 A、B,点 D 在优弧 $\overset{\frown}{AB}$ 上,则 PD 平分 AB 的逆平行线段 EF.

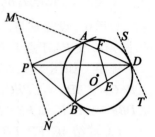

图 5.12

证明 如图 5.12. 过点 D 作圆 O 的切线 ST,则由 $DO \perp ST$,$DO \perp EF$(参见 4.1 节性质 2 的推论),知 $ST // EF$.

又过点 P 作 $MN // ST$ 交 DA、DB 的延长线分别于点 M、N,则 $\angle MAP = \angle SDA = \angle PMA$,知 $PM = PA$.

同理 $PN = PB$. 而 $PA = PB$,有 $PM = PN$,即 P 为 MN 的中点,故 PD 平分 EF.

性质 10 如图 5.13,从圆 Γ 外一点 P 引圆的两条切线分别切圆 Γ 于点 B、C,在圆 Γ 的优弧 $\overset{\frown}{BC}$ 上取一点 A,作直线 AB、AC 分别交过点 P 且与 BC 平行的直线于点 F、G,线段 BP 与 FC 交于点 M,线段 BG 与 PC 交于点 N,则

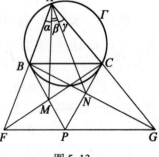

图 5.13

(1) $\angle BAM = \angle NAC$(或 $\alpha = \gamma$);

(2) 使得 $AM = AN$,当且仅当 $BC = BP$.

证明 (1) 由题设知 $\angle FPB = \angle PBC = \angle BAC$,知 A、B、P、G 四点共圆,有

$$FP \cdot FG = FB \cdot FA \qquad ①$$

同理

$$GP \cdot GF = GC \cdot GA \qquad ②$$

由①÷②,有

$$\frac{FP}{PG} = \frac{FB \cdot FA}{GC \cdot GA} \xlongequal{BC // FG} \frac{AB^2}{AC^2} \qquad ③$$

又

$$\frac{FP}{PG} = \frac{FP}{BC} \cdot \frac{BC}{PG} = \frac{FM}{MC} \cdot \frac{BN}{NG} \xlongequal{\text{张角公式①}} \frac{AF \cdot AB}{AG \cdot AC} \cdot \frac{\sin\alpha \cdot \sin(\alpha+\beta)}{\sin\gamma \cdot \sin(\gamma+\beta)} = \frac{AB^2}{AC^2} \cdot \frac{\sin\alpha \cdot \sin(\alpha+\beta)}{\sin\gamma \cdot \sin(\gamma+\beta)} \qquad ④$$

由③、④有

$$\frac{\sin\gamma}{\sin\alpha} = \frac{\sin(\beta+\gamma)}{\sin(\alpha+\beta)}$$

由三角形的等角线性质[②]知 $\alpha = \gamma$.

(2) 在 $\triangle AFC$、$\triangle ABG$ 中分别应用张角定理[③],有

$$\frac{\sin(\alpha+\beta+\gamma)}{AM} = \frac{\sin(\beta+\gamma)}{AF} + \frac{\sin\alpha}{AC}, \quad \frac{\sin(\alpha+\beta+\gamma)}{AN} = \frac{\sin\gamma}{AB} + \frac{\sin(\alpha+\beta)}{AG}$$

于是 $AM = AN \Leftrightarrow \sin(\alpha+\beta)\left(\frac{1}{AF} - \frac{1}{AG}\right) = \sin\alpha\left(\frac{1}{AB} - \frac{1}{AC}\right)$

$$\Leftrightarrow \frac{\sin\alpha}{\sin(\alpha+\beta)} = \frac{AB \cdot AC(AG-AF)}{AF \cdot AG(AC-AB)} \xlongequal{AC \cdot AF = AB \cdot AG} \frac{AB \cdot AC(AG-AF)}{AC \cdot AF(AG-AF)} = \frac{AB}{AF}$$

而 $$\frac{\sin \alpha}{\sin(\alpha+\beta)} \xlongequal{\text{张角公式}} \frac{FM}{MC} \cdot \frac{AC}{AF} \xlongequal{BC // FP} \frac{FP}{BC} \cdot \frac{AC}{AF}$$

那么 $\frac{AB}{AF} = \frac{FP}{BC} \cdot \frac{AC}{AF}$ 成立的条件是什么呢？由于 $\triangle ABC \backsim \triangle PFB$，有 $\frac{AB}{PF} = \frac{AC}{PB}$，即 $\frac{AB}{AC} = \frac{FP}{PB}$. 又

$$\frac{AB}{AF} = \frac{AB}{AC} \cdot \frac{AC}{AF} = \frac{FP}{PB} \cdot \frac{AC}{AF}, \text{故 } AM = AN \Leftrightarrow BC = PB.$$

注 ①三角形的张角公式　如图 5.14，设 C 为 $\triangle PAB$ 的边 AB 所在直线上一点，令 $\angle APC = \alpha, \angle CPB = \beta$（有向角），则

$$\frac{\sin \alpha}{\sin \beta} = \frac{PB \cdot AC}{PA \cdot CB}$$

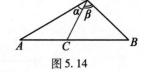

图 5.14

事实上，分别在 $\triangle APC$ 和 $\triangle CPB$ 中应用正弦定理，有

$$\frac{AC}{\sin \alpha} = \frac{PA}{\sin \angle ACP}, \frac{CB}{\sin \beta} = \frac{PB}{\sin \angle BCP}$$

即有 $$\sin \angle ACP = \frac{PA \cdot \sin \alpha}{AC}, \sin \angle BCP = \frac{PB \cdot \sin \beta}{CB}$$

而 $\sin \angle ACP = \sin \angle BCP$，则

$$\frac{PA \cdot \sin \alpha}{AC} = \frac{PB \cdot \sin \beta}{CB}$$

故 $$\frac{\sin \alpha}{\sin \beta} = \frac{PB \cdot AC}{PA \cdot CB}$$

②三角形的等角线性质　设 $A_1 、A_2$ 在 $\triangle ABC$ 的边 BC 上，则 $AA_1 、AA_2$ 为 $\triangle ABC$ 的等角线的充要条件是

$$\frac{AB^2}{AC^2} = \frac{BA_1 \cdot BA_2}{A_1C \cdot A_2C}$$

或 $$\frac{\sin \alpha}{\sin(\gamma+\beta)} = \frac{\sin \gamma}{\sin(\alpha+\beta)}$$

③三角形的张角定理　如图 5.14，设 C 为 $\triangle PAB$ 的边 AB 所在直线上一点，令 $\angle APC = \alpha, \angle CPB = \beta$（有向角），则

$$\frac{\sin(\alpha+\beta)}{PC} = \frac{\sin \alpha}{PB} + \frac{\sin \beta}{PA}$$

事实上，由三角形面积公式，有

$$S_{\triangle APB} = S_{\triangle APC} + S_{\triangle CPB}$$

亦有 $$PA \cdot PB \cdot \sin(\alpha+\beta) = PA \cdot PC \cdot \sin \alpha + PC \cdot PB \cdot \sin \beta$$

上式两边同除以 $PA 、PB 、PC$，即有

$$\frac{\sin(\alpha+\beta)}{PC} = \frac{\sin \alpha}{PB} + \frac{\sin \beta}{PA}$$

④此性质给出了 2014 年全国高中数学联赛中几何题的背景.

性质 11　如图 5.15，圆 Γ 与 $\angle BPC$ 的两边 $PB 、PC$ 分别切于点 $B 、C, A$ 是优（或劣）弧 $\overset{\frown}{BC}$ 上一点. P 在直线 $AB 、AC$ 上的投影分别为 $D 、E$，则 BC 的中点为 $\triangle ADE$ 的垂心.

此性质中若 A 为优弧上一点即为如下竞赛题的等价说法：

(2013年第39届俄罗斯奥林匹克题)锐角$\triangle ABC$的外接圆圆Γ在点B、C处的切线交于点P,D、E分别是P向直线AB、AC的投影. 证明:$\triangle ADE$的垂心是线段BC的中点.

证法1 如图5.16,设M为BC的中点,则$PM \perp BC$.

由$\angle PMC = \angle PEC = 90°$,知四边形$MCEP$有外接圆,从而$\angle PEM = \angle PCM = \angle BAC$.

于是,有$\angle BAC + \angle MEC = \angle PEM + \angle MEC = 90°$,即知$EM \perp AD$.

同理,$DM \perp AE$,故M为$\triangle ADE$的垂心.

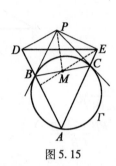

图5.15

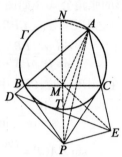

图5.16

证法2 如图5.16,设M为BC的中点,直线PM交Γ于点T、N,由P、M、T、N为调和点列,由$AN \perp AT$,知AT平分$\angle MAP$. 又AP为圆$ADPE$的直径,则由三角形垂心与外心是一双等角共轭点,这两心所在过顶点的直线是等角线,知AM为$\triangle ADE$的高线,即$AM \perp DE$.

由A、D、P、E及P、E、C、M四点共圆,有$\angle DPE = 180° - \angle A = 180° - \angle BCP = 180° - \angle MEP$,即知$ME \parallel DP$,则$ME \perp AD$,故$M$为$\triangle ADE$的垂心.

注 当A为劣弧$\overset{\frown}{BC}$上一点时,也同理可证(略).

性质12 如图5.17,圆O切$\angle APB$的边分别于A、B,C是劣(优)弧$\overset{\frown}{AB}$上一点,过点C与PC垂直的直线分别交$\angle AOC$、$\angle BOC$的平分线于点D、E,则$PD = PE$.

此性质中若C为劣弧上一点即为如下竞赛题的等价说法:

(2013年西部邀请赛试题)如图5.18,PA、PB为圆O的切线,点C在劣弧$\overset{\frown}{AB}$上(异于点A、B),过点C作PC的垂线l,与$\angle AOC$的角平分线交于点D,与$\angle BOC$的平分线交于点E,证明:$CD = CE$.

证明 由于点C与A不重合,且$PC \perp CD$,$PA \perp AO$,故CD与AO不平行. 因此,设直线l与OA交于点M,则P、C、A、M四点共圆(若点M与A重合或在线段OA内,则类似地有此结论). 于是

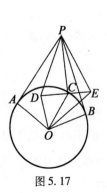

图5.17

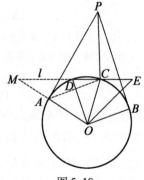

图5.18

$$\angle APC = \angle AMC \qquad ①$$

联结 AC,则

$$\angle PAC = \frac{1}{2} \angle AOC = \angle MOD \qquad ②$$

由式①、②得 $\triangle PAC \backsim \triangle MOD$,有 $\dfrac{PC}{PA} = \dfrac{MD}{MO}$.

注意到 OD 平分 $\angle AOC$,由角平分线定理得

$$\frac{CD}{CO} = \frac{MD}{MO} = \frac{PC}{PA}$$

同理 $\dfrac{CE}{CO} = \dfrac{PC}{PB}$. 因 $PA = PB$,故 $CD = CE$.

注 当点 C 为优弧 $\overset{\frown}{AB}$ 上一点时,也同理可论(略).

性质 13 设圆 O 切 $\angle APB$ 的两边分别于 A、B, C 为劣(或优)弧 $\overset{\frown}{AB}$ 上一点,过 C 作圆 O 的切线,分别交直线 PA、PB 于点 D、E,又 AB 与 OD、OE 分别交于点 G、F, DF 与 EG 相交于点 H,则 O、H、C 三点共线.

证明 仅证 C 为劣弧 $\overset{\frown}{AB}$ 上的情形,如图 5.19 所示,联结 OA、OC、OB,则 $OA \perp AP$, $OB \perp BP$, $OC \perp DE$.

$$\angle OAP = \angle OBP = \angle OCD = \angle OCE = 90°$$

又 $PA = PB$, $DA = DC$, $EB = EC$,则

$$\angle PAB = \angle PBA, \angle AOD = \angle COD, \angle BOE = \angle COE$$

于是
$$\angle PAB = \angle PBA = \frac{1}{2}(180° - \angle P)$$

$$\angle DOE = \frac{1}{2}(\angle AOC + \angle BOC) = \frac{1}{2} \angle AOB$$

$$= \frac{1}{2}(180° - \angle P) = 90° - \frac{1}{2} \angle P$$

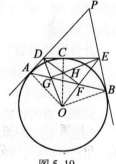

图 5.19

故 $\angle PAB = \angle DOE = \angle PBA$,即 $\angle DAF = \angle DOF = \angle EBG = \angle EOG$.

所以 O、A、D、F 及 O、B、E、G 均四点共圆,有 $\angle DFE = \angle OAP = \angle OBP = \angle EGD$,即有 $DF \perp OE$, $EG \perp OD$.

而 DF 与 EG 相交于点 H,因而点 H 是 $\triangle DOE$ 的垂心,有 $OH \perp DE$.

注意到 DE 切圆 O 于 C,则 $OC \perp DE$,从而 OC 与 OH 重合.

故 O、H、C 三点共线.

性质 14 设圆 O 切 $\angle EAF$ 的两边分别于 E、F, D 为劣(或优)弧 $\overset{\frown}{EF}$ 上一点,过点 D 作圆 O 的切线,分别交直线 AE、AF 于点 B、C, $BH \perp OC$ 于点 H, $CG \perp OB$ 于点 G. 联结 GH,过点 D 作 $DI \perp GH$ 于点 I, BI、CI 分别交直线 AF、AE 于点 M、N,则

$$\frac{EN}{FM} = \frac{BD}{DC}$$

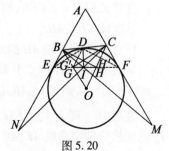

图 5.20

证明 仅证 D 为劣弧上情形,如图 5.20 所示.

我们首先证明 E、G、H、F 四点共直线.

联结 EF 交 OB、OC 于点 G'、H'. 联结 DG'、DE、DF, 则知 $\triangle BEG' \cong \triangle BDG'$, 有 $\angle BDG' = \angle BEG' = \angle AEF = \angle AFG'$, 所以, C、D、G'、F 四点共圆.

又 $\angle G'CD = \angle G'FD = \angle EDB$, 故 $CG' \parallel DE$, 即 $CG' \perp OB$.

同理, $BH' \perp OC$. 因此即知 E、G、H、F 四点共线(实际上是三角形内(旁)切圆性质).

在 $\triangle DEF$ 中, 有

$$\frac{EI}{FI} = \frac{\cot \angle DEI}{\cot \angle DFI} = \frac{\cot \angle DOC}{\cot \angle DOB} = \frac{BD}{CD} = \frac{BE}{CF}$$

又 $\angle BEI = \angle CFI$, 则 $\triangle BEI \backsim \triangle CFI$①, 即有 $\angle BIE = \angle CIF$.

由 $\angle BIE = \angle FIM$, $\angle EIN = \angle CIF$, 得 $\angle EIN = \angle FIM$.

易知 $\angle IEN = \angle IFM$, 所以 $\triangle EIN \backsim \triangle FIM$, 故 $\frac{EN}{FM} = \frac{EI}{FI} = \frac{BD}{CD}$.

注 ①证得 E、G、H、F 四点共线后, 可设直线 BC 交 EF 于点 P, 则 P、D、B、C 为调和点列(见本节性质22), 由 $DI \perp IP$, 知 DI 平分 $\angle BIC$.

性质15 一圆与 $\angle FAE$ 的两边分别切于点 F、E, D 为优弧 $\overset{\frown}{FE}$ 上一点, 过点 D 作圆的切线分别与 AF、AE 交于点 B、C, H 是线段 EF 上的点, 使得 $DH \perp EF$. 若 $AH \perp BC$, 则 H 为 $\triangle ABC$ 的垂心.

此性质即为如下竞赛题的等价说法:

(2008 年香港数学奥林匹克)已知 $\triangle ABC$ ($AB \neq AC$) 的内切圆分别切 BC、CA、AB 于点 D、E、F, H 是线段 EF 上的点, 使 $DH \perp EF$, 若 $AH \perp BC$, 证明: H 是 $\triangle ABC$ 的垂心.

证明 首先证明, $\angle FBH = \angle ECH$.

如图 5.21, 联结 DE、DF、BH、CH, 取 DF 的中点 G, 联结 BG, 则 $BG \perp DF$.

由 $\angle BFD = \angle FED$, 得 $Rt\triangle BFG \backsim Rt\triangle DEH$, 则 $\frac{BF}{DE} = \frac{FG}{EH}$, 即

$$BF \cdot EH = DE \cdot FG = \frac{1}{2}DE \cdot DF$$

类似地, $CE \cdot FH = \frac{1}{2}DE \cdot DF$, 从而

$$CE \cdot FH = BF \cdot EH$$

即

$$\frac{BF}{CE} = \frac{FH}{EH}$$

注意 $\angle BFH = \angle CEH$, 则 $\triangle BFH \backsim \triangle CEH$, 故 $\angle FBH = \angle ECH$.

其次证 $CH \perp AB$.

作点 C 关于直线 AH 的对称点 J, 联结 AJ、HJ, 则 $\angle AJH = \angle ACH = \angle ABH$.

从而 A、B、J、H 四点共圆, 于是 $\angle BAH = \angle HJC = \angle HCJ$, 即 $\angle HCJ + \angle CBA = \angle BAH + \angle CBA = 90°$, 从而 $CH \perp AB$. 因此, H 是 $\triangle ABC$ 的垂心.

性质16 圆 I_A 切 $\angle FAE$ 的两边分别于 F、E, D 为劣(或优)弧 $\overset{\frown}{FE}$ 上一点, 过点 D 作圆 I_A 的切线分别交直线 AF、AE 于点 B、C. 设 O、I 分别为 $\triangle ABC$ 的外心、内心, 若 FE 的中点 M 在 $\triangle ABC$ 的外接圆上时, 则 I、O、D 三点共线.

此性质仅证 D 为劣弧上的情形.

证法 1 如图 5.22,因 $\triangle ABC$ 的 $\angle A$ 内的旁切圆的圆心为 I_A,则 I_A 在 $\triangle AFE$ 的外接圆 ω 上,设圆 O 与 EF 的另一交点为 N,则由圆幂定理有

$$FN \cdot FM = AF \cdot BF, NE \cdot ME = CE \cdot AE$$

而 $FB = BD, CE = DC, FM = ME, AF = AE$,则

$$\frac{FN}{NE} = \frac{FN \cdot FM}{NE \cdot ME} = \frac{BF \cdot AF}{CE \cdot AE} = \frac{BF}{CE} = \frac{BD}{DC} \quad (\ast)$$

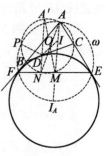

图 5.22

设圆 O 与圆 ω 另一交点为 P,以 P 为位似中心作位似旋转变换,使圆 $\omega \to$ 圆 O,则 $F \to B, E \to C, FE \to BC$. 由式($\ast$)知 $N \to D$. 再设 $A \to A'$,则 A' 在圆 O 上,且 AA' 为圆 ω 的切线,$AA' \perp AM$,从而 $A'M$ 为圆 O 的直径,且 $A'M \perp BC$,又 AN 为圆 O 直径,知 $AA'NM$ 为矩形.

因 $\triangle PND \backsim \triangle PAA'$,而 $NP \perp PA$,则 $ND \perp AA'$,即知 D 在 $A'N$ 上.

注意到 $A'M \perp BC, DI_A \perp BC$,则 $A'M \parallel DI_A$.

又 $A'D \parallel MI_A$,即知 $A'NMA$ 是一个平行四边形,于是 $A'D = MI_A = IM$,从而 ID 为 $A'M$ 的中点,即 $\triangle ABC$ 的外心 O,故 I、O、D 三点共线,且 O 为 ID 的中点.

证法 2 若 $BC \parallel FE$,则结论显然成立.

下证 $BC \nparallel FE$ 的情形.

如图 5.23,设 $\triangle ABC$ 的三个旁心分别为 I_A、I_B、I_C,EF 的中点为 M,又设 T 为 DE 的中点.

由 EF 和 DE 的中垂线分别是 $\angle A$ 的平分线和 $\angle C$ 的外角平分线,所以点 M、T 分别在 II_A 和 $\angle C$ 的外角平分线 CI_A 上.

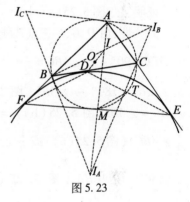

图 5.23

显然,I_C、A、I_B,I_B、C、I_A,I_A、B、I_C 分别三点共线. 注意到 M 在圆 O 上,则知 M 为 $\overset{\frown}{BC}$ 的中点,且 M 是 BC 的中垂线与直线 II_A 的交点.

四边形 I_ABIC 可内接于圆,其圆心即为 II_A 的中点. 其中由 $\angle IBI_A = \angle ICI_A = 90°$ 推知,M 为 II_A 的中点.

注意到 B、I、I_B 三点共线,且 $I_BB \perp I_CI_A$,$DF \perp BI_A$,MT 是 $\triangle FDE$ 的中位线,则 $MT \parallel FD \parallel II_B$,进而知 MT 是 $\triangle I_AII_B$ 的中位线,而 T 为 I_AI_B 的中点,D 位于 I_AI_B 的中垂线上.

同理,D 位于 I_AI_C 的中垂线上,即知 D 为 $\triangle I_AI_BI_C$ 的外心.

又 I 为 $\triangle I_AI_BI_C$ 的垂心,O 为其九点圆圆心,故 O 为 DI 的中点、即 I、O、D 三点共线.

性质 17 设圆 J 切 $\angle KAL$ 的两边分别于 K、L,M 为劣(或优)弧 $\overset{\frown}{KL}$ 上一点,过点 M 作圆 J 的切线,分别交直线 AK、AL 于点 B、C,直线 LM 与直线 BJ 交于点 F,直线 KM 与直线 CJ 交于点 G. 设 S 是直线 AF 与直线 BC 的交点,T 是直线 AG 与直线 BC 的交点,则 M 是线段 ST 的中点.

此性质中 M 为劣弧上一点即为如下竞赛题的等价说法(点 M 为优弧上情形证明留给读者):

(2012 年 IMO 试题)设 J 为 $\triangle ABC$ 顶点 A 所对旁切圆的圆心. 该旁切圆与边 BC 切于点

M,与直线 AB、AC 分别切于点 K、L,直线 LM 与 BJ 交于点 F,直线 KM 与 CJ 交于点 G. 设 S 是直线 AF 与 BC 的交点,T 是直线 AG 与 BC 的交点. 证明:M 是线段 ST 的中点.

证明 如图 5.24,由 BJ 平分 $\angle KBM$,有

$$\angle KFJ = \angle JFM = \angle BFM = \angle JBM - \angle BMF$$
$$= (90° - \frac{1}{2}\angle B) - \angle CML = 90° - \frac{1}{2}\angle B - \frac{1}{2}\angle C$$
$$= 90° - \frac{1}{2}(\angle B + \angle C) = \frac{1}{2}\angle A = \angle KAJ$$

即 K、J、A、F 四点共圆.

从而 $\angle JFA = \angle JKA = 90°$,即 $JF \perp AS$.

又 AB 与 SB 关于 FJ 对称,即知 $\triangle JAS$ 为等腰三角形,即 $SJ = JA$,同理 $TJ = JA$.

注意到 $JM \perp ST$,故 $SM = MT$.

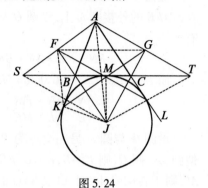

图 5.24

性质 18 设圆 I 切 $\angle FAE$ 的两边分别于 F、E,D 为劣(或优)弧 $\overset{\frown}{FE}$ 上一点,过点 D 作圆 I 的切线分别交直线 AF、AE 于点 B、C,G 为直线 CI 上一点,则 $CG \perp AG$ 的充要条件是 D、F、G 三点共线.

证明 如图 5.25(a)(b).

充分性:由 D、G、F 三点共线,联结 FI、AI,则

$$\angle DFB = 90° - \frac{1}{2}\angle ABC = \frac{1}{2}(\angle ACB + \angle BAC)$$

又 $\angle AIG = 180° - \angle AIC$(图 5.25(a)),或 $\angle AIG = \angle AIC$(图 5.25(b)) $= 180° - (90° + \frac{1}{2}\angle ABC)$(图 5.25(a))或 $\frac{1}{2}\angle BAC + \angle ACB + \frac{1}{2}(180° - \angle ACB)$(图 5.25(b)) $= 90° - \frac{1}{2}\angle BAC$(图 5.25(a))或 $\frac{1}{2}(\angle ACB + \angle BAC)$(图 5.25(b)).

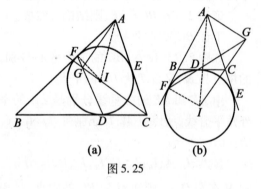

图 5.25

故 A、I、G、F 四点共圆,从而 $\angle AGI = \angle AFI$(或 $180° - \angle AFI$) $= 90°$.

于是 $AG \perp CG$.

必要性:由 $AG \perp CG$,$IF \perp AF$,有 A、I、G、F 四点共圆,从而由充分性证明中有 $\angle BFG = \angle AIG = 90° - \frac{1}{2}\angle ABC$. 又 $\angle BFD = 90° - \frac{1}{2}\angle ABC$,从而知 D、G、F 三点共线.

注 性质 18 还可推广为:三角形一内(或外)角平分线上的点为三角形一顶点的射影的充分必要条件是另一顶点关于内(或旁)切圆的切点弦直线与这条内(或外)角平分线的交点.

如果注意到直角三角形斜边上的中线等于斜边的一半,则由上述推广又有如下结论:三角形的一条中位线,与平行于此中位线的边的一端点处的内(或外)角平分线及另一端点关于内(或旁)切圆切点弦所在直线三条相交于一点.

性质 19 设圆 I 切 $\angle FAE$ 的两边于 F、E,D 为劣(或优)弧 $\overset{\frown}{FE}$ 上一点,过点 D 作圆 I 的

切线分别交直线 AF、AE 于点 B、C,K 为直线 DI 上一点,直线 AK 交 BC 于点 M,则 M 为 BC 中点的充分必要条件是点 K 在线段 EF 上.

证明 如图 5.26,过点 K 作与 BC 平行的直线分别与直线 AF、AE 交于点 B'、C'. 联结 IE、IF、IB'、IC'.

充分性:当 K 在 EF 上时,注意到 B'、I、K、F 及 I、E、C'、K' 分别四点共圆,有 $\angle IB'K = \angle IFK = \angle IEK = \angle IC'K$,知 $IB' = IC'$,即知 K 为 $B'C'$ 的中点,从而 M 为 BC 的中点.

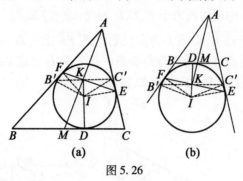

图 5.26

必要性:当 M 为 BC 的中点时,知 K 为 $B'C'$ 的中点. 由 $IK \perp B'C'$,知 $\mathrm{Rt}\triangle IB'F \cong \mathrm{Rt}\triangle IC'E$. 亦有
$$\angle B'IF = \angle C'IE$$

注意到 B'、I、K、F 及 I、E、C'、K 分别四点共圆,有 $\angle B'KF = \angle B'IF = \angle C'IE = \angle C'KE$,于是知 F、K、E 三点共线,即点 K 在线段 FE 上.

性质 20 设圆 I 切 $\angle FAE$ 的两边于 F、E,D 为劣(或优)弧 $\overset{\frown}{FE}$ 上一点,过点 D 作圆 I 的切线分别交直线 AF、AE 于点 B、C,P 为直线 DI 上一点,直线 AP 交 BC 于点 Q,则 $BQ = DC$ 的充分必要条件是点 P 在圆 I 上.

证明 如图 5.27,过点 P 作与 BC 平行的线分别交直线 AB、AC 于点 B'、C'.

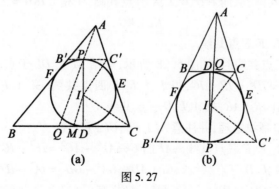

图 5.27

充分性:当 P 在圆 I 上时,则知 $B'C'$ 为圆 I 的切线.
由 $\mathrm{Rt}\triangle PIC' \backsim \mathrm{Rt}\triangle DCI$,有
$$PI \cdot ID = PC' \cdot DC$$

同理
$$PI \cdot ID = PB' \cdot PD$$

从而
$$\frac{B'P}{PC'} = \frac{DC}{BD}$$

又由平行线性质,有 $\frac{B'P}{PC'} = \frac{BQ}{QC}$,从而有 $\frac{DC}{BD} = \frac{BQ}{QC}$,亦即 $\frac{DC}{BC} = \frac{BQ}{BC}$,故 $BQ = DC$.

必要性:当 $BQ = DC$ 时,由于 D 为内(或旁)切圆切点,知 Q 为旁(或内)切圆切点,由位似形性质知,P 为 $\triangle AB'C'$ 的旁(内)切圆切点,故 P 在圆 I 上.

注 此性质也表明了三角形一边上内切圆的切点与旁切圆切点的关系,如 $DC = BQ$.

推论 在性质 20 的条件下,设 M 为 BC 中点,则 $IM \parallel PQ$.

性质 21 设圆 I 切 $\angle FAE$ 的两边于 F、E,D 为优(或劣)弧 $\overset{\frown}{FE}$ 上一点,过点 D 作圆 I 的切线分别交直线 AF、AE 于点 B、C. 点 L 为劣(或优)弧 $\overset{\frown}{FE}$ 上一点,过 L 作圆 I 的切线与直线 BC 交于点 G,则 G、E、F 三点共线的充分必要条件是 A、L、D 三点共线.

证法 1 如图 5.28,设 AI 交 FE 于点 K,显然
$$AI \perp FE \qquad ①$$

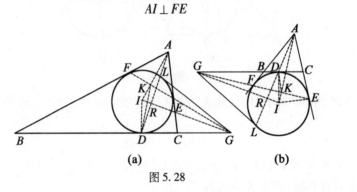

图 5.28

充分性:当 A、L、D 三点共线时,联结 EI、DI、KD,则由性质 8,或由 $ID^2 = EI^2 = IK \cdot IA$,$\angle DIK$ 公用,知 $\triangle IDA \backsim \triangle IKD$,有
$$\angle IDA = \angle IKD \qquad ②$$

联结 IL,则 $\angle ILD = \angle IDA = \angle IKD$,知 D、L、K、I 四点共圆.
又 I、D、G、L 四点共圆,从而 I、D、G、L、K 五点共圆,于是 $\angle IKG = \angle ILG = 90°$,即
$$KI \perp KG \qquad ③$$

由①、③可知,G、E、F 三点共线.

必要性:G、E、F 三点共线时,如图 5.28 所示,联结 GI 交 DL 于点 R,则 $IR \perp DL$,类似于充分性的证明,由 $FI^2 = ID^2 = IR \cdot IG$,得 F、I、R、E 四点共圆. 又 A、F、I、E 四点共圆,即有 $\angle IRA = \angle IEA = 90°$,有 $IR \perp AR$,故 A、L、D 三点共线.

证法 2 应用定差幂线定理,并注意 $AI \perp FE$,$GI \perp LD$,则
$$G、E、F \text{ 三点共线} \Leftrightarrow AI \perp FG \Leftrightarrow AF^2 - AG^2 = IF^2 - IG^2 \qquad ④$$
$$A、L、D \text{ 三点共线} \Leftrightarrow GI \perp AD \Leftrightarrow GA^2 - GD^2 = IA^2 - ID^2 \qquad ⑤$$

由 $ID = IF$ 及 $IG^2 - GD^2 = ID^2 = IF^2 = IA^2 - AF^2$,有
$$IG^2 + AF^2 = IA^2 + GD^2 \qquad ⑥$$

而式 ④ $\Leftrightarrow IG^2 + AF^2 = IF^2 + AG^2 \overset{⑥}{=\!=\!=} ID^2 + AF^2 = IA^2 + GD^2 \Leftrightarrow$ 式 ⑤

故 G、E、F 三点共线 $\Leftrightarrow A$、L、D 三点共线.

性质 22 设圆 I 与 $\angle FAE$ 的两边切于点 F、E,D 为优(或劣)弧 $\overset{\frown}{FE}$ 上一点,过点 D 作圆 I 的切线分别交直线 AF、AE 于点 B、C,若直线 FE 与直线 BC 交于点 G,则 (1) D、G 调和分割

BC;(2)设直线 AD 交 FE 于点 H 时,H、G 调和分割 FE.

证明 如图 5.29.

(1)对 $\triangle ABC$ 及截线 FEG 应用梅涅劳斯定理,有
$$\frac{AF}{FB} \cdot \frac{BG}{GC} \cdot \frac{CE}{EA} = 1$$

因 $AF = AE$,$BF = BD$,$CE = CD$,则 $\frac{BG}{GC} = \frac{BD}{DC}$,即知 G,D 调和分割 BC.

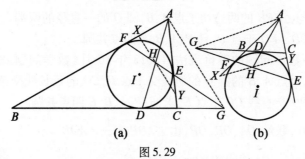

图 5.29

(2)由(1)知 G、D 调和分割 BC,注意到调和分割的性质即知 G、H 调和分割 FE.

或者过 H 作 $XY/\!/AG$ 分别交 AF、AE 于点 X、Y,过点 D 作 $ST/\!/AG$ 分别交直线 AF、AE 于点 S、T. 由 $\frac{SD}{AG} = \frac{BD}{BG} = \frac{DC}{GC} = \frac{DT}{AG}$,知 D 为 ST 的中点,从而 H 为 XY 的中点,有 $\frac{FH}{FG} = \frac{XH}{AG} = \frac{HY}{AG} = \frac{HE}{GE}$. 故 G、H 调和分割 FE.

性质 23 设圆 O 切 $\angle FAE$ 的两边分别于 F、E,D 为劣(或优)弧 $\overparen{FE}$ 上一点,过点 D 作圆 O 的切线分别交直线 AF、AE 于点 B、C,点 I 在 EF 上,则 $DI \perp EF$ 的充分必要条件是 $\frac{FI}{IE} = \frac{BD}{DC}$.

证明 如图 5.30,联结 BI、CI.

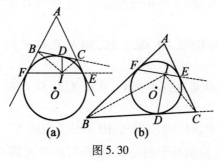

图 5.30

充分性:当 $\frac{FI}{IE} = \frac{BD}{DC}$ 时,注意到 $BF = BD$,$CE = DC$,则 $\frac{FI}{IE} = \frac{FB}{CE}$.

又 $\angle BFI = \angle CEI$,则 $\triangle BFI \backsim \triangle CEI$,于是
$$\angle BIF = \angle CIE \qquad (*)$$

且
$$\frac{BI}{CI} = \frac{FI}{EI} = \frac{BD}{DC}$$

从而,知 DI 平分 $\angle BIC$,再注意到式($*$),知 $DI \perp EF$.

必要性:当 $DI \perp EF$ 时,若 $FE \parallel BC$,则结论显然成立.

若 $FE \not\parallel BC$,则可设直线 FE 与 BC 交于点 G,由性质 22,注意在调和线束 IB、IC、ID、IG 中 $ID \perp IG$,则 DI 平分 $\angle BIC$,有 $\dfrac{BD}{DC} = \dfrac{BI}{CI}$.

又 $\angle BFI = \angle CEI$,$\angle BIF = 90° - \angle BID = 90° - \angle CID = \angle CIE$,则 $\triangle BFI \backsim \triangle CEI$,故
$$\frac{FI}{EI} = \frac{BI}{CI} = \frac{BD}{DC}$$

性质 24 圆 O 与 $\angle APB$ 的两边切于点 A、B,圆 O 的一直径的两端点为 C、D,若直线 AD 与 CB 交于点 Q,则 $CD \perp PQ$ 于点 E,且 P、A、B、E 四点共圆.

此性质即为如下数学问题的等价说法:(2013 年 10 月《数学问题》896 号)锐角 $\triangle ABC$ 中,O 为外接圆圆心,过点 A、B 的圆 O 的切线交于点 P,CO 的延长线交圆 O 于点 D,AD、CB 的延长线交于点 Q,PQ 交直线 CD 于点 E,求证:P、A、B、E 四点共圆.

证明 如图 5.31,联结 OA、OB、OP,由 $\angle AOP = \dfrac{1}{2}\angle AOB = \angle ACB$,$\angle CAD = 90°$,$OA \perp PA$,得 $\triangle PAO \backsim \triangle QAC$,有
$$\frac{PA}{AQ} = \frac{AO}{AC} \quad \text{①}$$

又
$$\angle OAC = \angle OCA = \angle PAQ \quad \text{②}$$

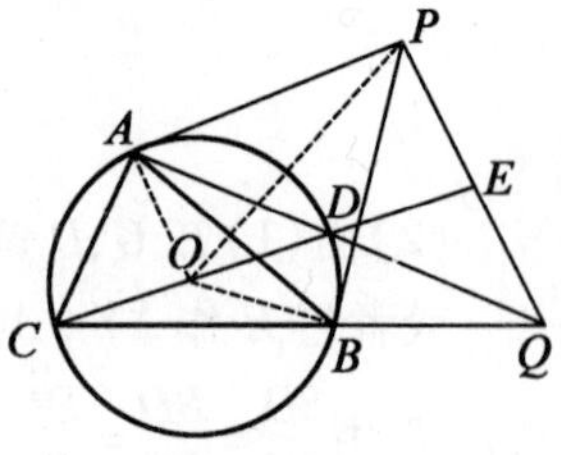

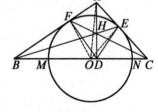

图 5.31

由①、②知 $\triangle CAO \backsim \triangle QAP$,$\angle ACO = \angle PQA$.

进而,由 $\angle ADC = \angle QDE$ 知 $\angle PQD + \angle QDE = \angle ACD + \angle ADC = 90°$,即 $PQ \perp CE$.

由 $OB \perp PB$,$OA \perp PA$ 知 P、A、O、B、E 五点共圆,从而 P、A、B、E 四点共圆.

性质 25 圆 O 与 $\angle FAE$ 的两边切于点 F、E,过 O 的直线分别交直线 AF、AE 于点 B、C,交圆 O 于点 M、N,作 $AD \perp MN$ 于点 D,则(1)A、F、D、E 四点共圆;(2)AD 平分 $\angle EDF$.

证明 当 D 与 O 重合时,两个结论显然成立. 当 D 与 O 不重合时,如图 5.32 所示.

(1)联结 OF、OE、AO,由 $OF \perp AB$,$OE \perp AC$,知 A、F、O、E 四点共圆,且 AO 为其直径

由于 $AD \perp MN$,即知点 D 也在这个圆上,从而 A、F、D、E 四点共圆.

图 5.32

(2)注意到在圆 $AFDE$ 中,$AF = AE$,则知 AD 平分 $\angle EDF$.

注 若直径 MN 上的点 D 且异于圆心 O,满足 A、F、D、E 四点共圆,则可证得 $AD \perp MN$.

推论 在性质 25 的条件下,设 BE 与 CF 交于点 H,则点 H 在线段 AD 上.

证明 如图 5.32,由性质 25,即 A、F、D、E 四点共圆及 AD 平分 $\angle EDF$,知 $\angle BDF = \angle CDE$,$\angle BFD$ 与 $\angle CED$ 互补,由三角形正弦定理,有
$$\frac{BF}{BD} = \frac{\sin \angle BDF}{\sin \angle BFD} = \frac{\sin \angle CDE}{\sin \angle CED} = \frac{CE}{CD}$$

即有
$$\frac{AF}{FB} \cdot \frac{BD}{DC} \cdot \frac{CE}{EA} = 1 \tag{$*$}$$

于是,由塞瓦定理的逆定理知 AD、BE、CF 三直线共点,故 BE 与 CF 的交点 H 在 AD 上.

注 式(*)也可以这样证:由 A、F、O、D 及 A、O、D、E 分别四点共圆,有 $BO \cdot BD = BF \cdot BA$,$CO \cdot CD = CE \cdot CA$,此两式相除并注意 $\dfrac{BO}{OC} = \dfrac{AB}{AC}$,有

$$\frac{BD}{DC} \cdot \frac{CE}{EA} \cdot \frac{AF}{FB} = \frac{BD}{DC} \cdot \frac{CE}{FB} = 1$$

性质 26 圆 O 与 $\angle FAE$ 的两边分别切于点 F、E,过圆心 O 的直线分别交直线 AF、AE 于点 B、C,交圆 O 于点 M、N,作 $AD \perp BC$ 于点 D,设直线 MF 与直线 NE 交于点 P,则(1)点 P 在直线 AD 上;(2)设 ME 与 NF 交于点 J(J 可能在圆 O 内或外),则 A 为 PJ 的中点.

证明 如图 5.33.(1)注意到 ME 与 NF 的交点 J 为 $\triangle PMN$ 的垂心,即有 $PJ \perp MN$.

于是,$\angle MPJ = \angle FNM$,$\angle JPN = \angle EMN$.又 $\angle AFE = \angle AEF$,则

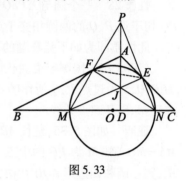

图 5.33

$$\begin{aligned}
& \frac{\sin \angle MPJ}{\sin \angle JPN} \cdot \frac{\sin \angle AFE}{\sin \angle AFP} \cdot \frac{\sin \angle AEP}{\sin \angle AEF} \\
& = \frac{\cos \angle FMN}{\cos \angle ENM} \cdot \frac{\sin \angle AFE}{\sin \angle FNM} \cdot \frac{\sin \angle EMN}{\sin \angle AEF} \\
& = \frac{\sin \angle FNM}{\sin \angle EMN} \cdot \frac{\sin \angle EMN}{\sin \angle FNM} = 1
\end{aligned}$$

于是,由塞瓦定理的角元形式,知 PJ、AE、AF 三线共点于 A,即 A 在直线 PJ 上,亦有 $PA \perp MN$.

而 $AD \perp MN$,即知点 P 在直线 AD 上.

(2)注意到 Rt$\triangle PJE$ 中,$\angle AJE = \angle DNE = \angle MNE = \angle MEA = \angle JEA$,即有 $AE = AJ$. 同理 $AE = AP$. 故 A 为 PJ 的中点.

注 ①也可运用同一法,取 PJ 的中点 A',证 A' 与 A 重合,先证得 A 为 PJ 的中点,再证点 P 在 AD 上.

②若点 J 在圆 O 的外面,也同样可证结论成立.

性质 27 圆 O 与一个角的两边相切,过圆心 O 的直线分别交角的两边于 B、C,交圆 O 于 M、N,角的顶点为 A,过劣弧上一点作圆 O 的切线分别与 AB、AC 交于点 G、H,若 B、C、H、G 四点共圆,则 $BC = BG + CH$.

证明 如图 5.34,当 $GH \parallel BC$ 时,结论显然成立.

下面讨论 $GH \nparallel BC$ 的情形.

在 BC 上取点 K,使得 $BK = BG$,联结 GO、GK、HO、HK,注意到 B、C、H、G 四点共圆,则

$$\angle BKG = \frac{1}{2}(180° - \angle B) = \frac{1}{2} \angle GHC = \angle GHO$$

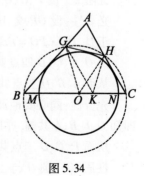

图 5.34

从而知 G、O、K、H 四点共圆.于是

$$\begin{aligned}
\angle CHK &= \angle OKH - \angle C = (180° - \angle OGH) - (180° - 2\angle OGH) \\
&= \angle OGH = \angle CKH
\end{aligned}$$

从而,在 $\triangle CHK$ 中,有 $CH = CK$,故

$$BC = BK + KC = BG + CH$$

注 在上述性质中,点 O 实质上就是 $\triangle AGH$ 的旁心. 在性质 27 中,改变 GH 的条件,不一定是切线,只需满足 B、C、H、G 四点共圆,将 GH 与圆 O 相切变为 O、H、G 为关于 $\triangle ABC$ 的内心 I 的密克尔三角形的三个顶点,则 I 为关于 O、H、G 的 $\triangle ABC$ 的密克尔点的充要条件是 $BC = BG + CH$,即变为第 29 届(2013 年)中国数学奥林匹克题的等价说法:

在锐角 $\triangle ABC$ 中,已知 $AB > AC$,$\angle BAC$ 的平分线与边 BC 交于点 D,点 E、F 分别在边 AB、AC 上,使得 B、C、F、E 四点共圆,证明:$\triangle DEF$ 的外心与 $\triangle ABC$ 的内心重合的充分必要条件是 $BE + CF = BC$(参见本节例 32).

性质 28 一个圆与 $\angle PSQ$ 的两边相切于点 P、Q,A 为优弧 $\overset{\frown}{PQ}$ 上一点,过点 A 且分别与 PQ 切于点 P、Q 的两圆相交于点 B,H 是点 B 关于 PQ 的对称点,则 A、S、H 三点共线.

此性质即为如下竞赛题的等价说法:

(2003 年中国国家集训队训练题)两个圆交于 A、B,PQ 为它们的一条公切线,切点分别为 P、Q,S 为过点 P、Q 所作的 $\triangle APQ$ 的外接圆的切线的交点,H 是点 B 关于 PQ 的对称点,求证:A、S、H 三点共线.

证明 如图 5.35,延长 AB 交 PQ 于点 M,则由 $MP^2 = MB \cdot MA = MQ^2$,知 M 为 PQ 的中点. 联结 AS 交 $\triangle APQ$ 的外接圆于点 H',则在调和四边形 $AQH'P$ 中,应用性质 3 或推论 1(3),有
$$\triangle APH' \backsim \triangle AMQ \backsim \triangle QMH'$$
从而 $\angle PAH' = \angle MAQ$

于是 $\angle PQH' = \angle PAH' = \angle MAQ = \angle PQB$

同理 $\angle QPH' = \angle QPB$. 又 QP 公用,有 $\triangle QPH' \cong \triangle QPB$.

故 H' 为 B 关于 PQ 的对称点 H,即 A、H、S 三点共线.

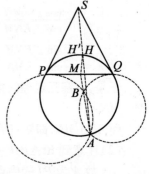

图 5.35

性质 29 圆 O 与 $\angle APB$ 的两边分别切于点 A、B,又与 $\angle CQD$ 的两边分别切于点 C、D,且 C、D 分别在劣弧 $\overset{\frown}{AB}$ 上、优弧 $\overset{\frown}{AB}$ 上,则当点 P 在直线 CD 时,点 Q 在直线 AB 上.

证法 1 如图 5.36,因 A、B 两点的切线交于点 P,C、D 两点的切线交于点 Q. 对于圆 O 来说,直线 AB 是点 P 的极线,直线 CD 是点 Q 的极线. 由于点 P 在点 Q 的极线上,所以,点 Q 在点 P 的极线 AB 上.

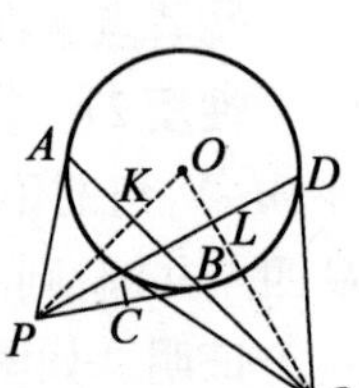

证法 2 设 P、C、D 共线 $\Leftrightarrow A$、B、Q 共线

必要性:设 OP 交 AB 于点 K,则 $OK \perp AB$.

于是,$PK \cdot PO = PB^2 = PC \cdot PD$,即知 O、K、C、D 四点共圆.

图 5.36

又 O、C、Q、D 四点共圆,故 O、K、C、Q、D 五点共圆,该圆直径为 OQ,故 $OK \perp KQ$.

从而 A、B、Q 三点共线.

充分性:同必要性证法,设 OQ 交 CD 于点 L,则 $OL \perp CD$,由 $OQ \cdot LQ = CQ^2 = QB \cdot QA$. 即知 O、L、B、A 共圆. 亦即知 O、L、B、P、A 五点共圆,OP 为直径,故 $OL \perp PL$.

从而 P、C、D 三点共线.

性质 30 圆 O 与 $\angle APQ$ 的两边分别切于点 A、B,又与 $\angle CQD$ 的两边分别切于点 C、D,且 C、D 分别在劣弧 $\overset{\frown}{AB}$ 上、优弧 $\overset{\frown}{AB}$ 上,令 AB 与 CD 交于点 M,则 $OM \perp PQ$.

证法 1 如图 5.37,因直线 AB 的极点为 P,直线 CD 的极点为 Q,而直线 AB 与 CD 交于点 M,所以点 M 的极线为直线 PQ.

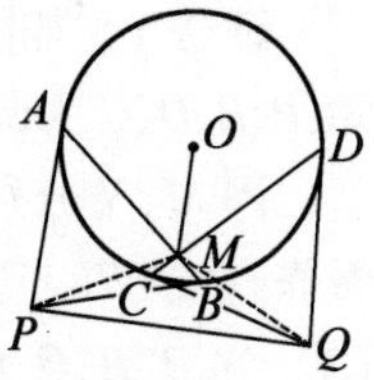

由极线的定义,即知 $OM \perp PQ$.

注 圆心与一点的连线垂直于这一点的极线.

证法 2 如图 5.37,对 $\triangle APB$、$\triangle QCD$ 分别应用斯特瓦尔特定理,有
$$PM^2 = PB^2 - BM \cdot MA, QM^2 = QD^2 - DM \cdot MC \quad (*)$$

注意到 $BM \cdot MA = DM \cdot MC$,记圆 O 的半径为 r,
$$PB^2 = OP^2 - r^2, OD^2 = OQ^2 - r^2$$

由式(*)中两式相减并整理,得
$$PM^2 - QM^2 = PB^2 - QD^2 = OP^2 - OQ^2$$

由定差幂线定理,知 $OM \perp PQ$.

注 对于圆 O 来说,$\triangle PQM$ 为其极点三角形,其实点 O 为 $\triangle PQM$ 的垂心(参见第六章性质 11).显然,有 $OM \perp PQ$.

图 5.37

5.2 角的内切圆性质的应用

例 1 (2007 年第 21 届北欧数学竞赛题)已知 A 为圆 O 外一点,过 A 引圆 O 的割线交圆 O 于点 B,C,且点 B 在线段 AC 的内部.过点 A 引圆 O 的两条切线,切点分别为 S、T.设 AC 与 ST 交于点 P,证明:$\dfrac{AP}{PC} = 2\dfrac{AB}{AC}$.

证明 如图 5.38,由性质 3(3)知 A、P、B、C 是调和点列,即 $\dfrac{AB}{BP} = \dfrac{AC}{CP}$,亦即

$$\frac{AB}{BC - PC} = \frac{AB + BC}{PC}$$

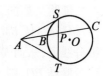

图 5.38

于是 $AB \cdot PC = BC(AB + BC - PC) - AB \cdot PC = BC \cdot AP - AB \cdot PC$

即 $2AB \cdot PC = BC \cdot AP$,从而 $\dfrac{AP}{PC} = 2 \cdot \dfrac{AB}{BC}$.

例 2 (第 15 届日本数学奥林匹克试题)已知圆 O 外一点 X,由 X 向圆 O 引两条切线,切点分别为 A、B,过点 X 作直线,与圆 O 交于点 C、D,且满足 $CA \perp BD$.若 CA 与 BD 交于点 F,CD 与 AB 交于点 G,BD 与 GX 的中垂线交于点 H.证明:X、F、G、H 四点共圆.

证明 如图 5.39,由性质 3(3)知 X、G、D、C 为调和点列.联结 FG、FX,则 FX、FG、FD、FC 为调和线束,而 $FD \perp FC$,调和线束性质知 FD 平分 $\angle GFX$.

设 $\triangle GXF$ 的外接圆与 BF 交于点 H',则 $GH' = XH'$,即点 H' 在 GX 的中垂线上,即 H' 为直线 BD 与 GX 的中垂线的交点,从而 H' 与 H 重合.故 X、F、G、H 四点共圆.

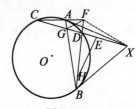

图 5.39

例 3 (2007 年泰国数学奥林匹克试题)已知 PA、PB 是由圆 O 外一点 P 引出的两切线,M、N 分别为线段 AP、AB 的中点,延长 MN 交圆 O 于点 C,点 N 在 M 与 C 之间,PC 交圆 O 于点 D,延长 ND 交 PB 于点 Q.证明:四边形 $MNQP$ 为菱形.

证法 1 如图 5.40,设 AB 与 CD 交于点 E,由性质 3(3) 知,P、E、D、C 为调和点列,即 NP、NE、ND、NC 为调和线束.

因 M、N 分别为 AP、AB 的中点,则知 $NM /\!/ BP$,从而可看作直线 NC 与直线 BP 交于无穷远点 G,于是,由性质 3(3),知 P、B、Q、G 为调和点列,从而知点 Q 为 BP 的中点.

故四边形 $MNQP$ 为菱形.

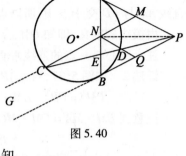

图 5.40

证法 2 如图 5.41,设 CM 交圆 O 于点 E,联结 PE、EO、OC.

显然 P、N、O 三点共线,由 $PN \cdot PO = PB^2 = PD \cdot PC$,知 D、C、O、N 四点共圆. 由 $PN \cdot NO = BN^2 = EN \cdot NC$,知 P、C、O、E 四点共圆. 于是

$$\angle PND = \angle PCO = \angle PCN + \angle NCO = \angle POE + \angle CEO = \angle PNE$$

即知 D 与 E 关于 PN 对称,即 ND 与 NE 关于 PN 对称. 亦即知 M 与 Q 关于 PN 对称,从而 Q 为 PB 的中点.

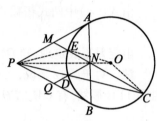

图 5.41

于是 $QN \underline{\underline{/\!/}} \dfrac{1}{2} PA = \dfrac{1}{2} PB \underline{\underline{/\!/}} MN$,故 $PMNQ$ 是菱形.

注 也可由性质 2(2) 的证明及结论知 D、C、O、N 及 P、C、O、E 分别四点共圆.

例 4 (2001 年中国西部数学奥林匹克试题) P 为圆 O 外一点,过点 P 作圆 O 的两条切线,切点分别为 A、B,设 Q 为 PO 与弦 AB 的交点,过点 Q 作圆 O 的任意一条弦 CD,证明:$\triangle PAB$ 与 $\triangle PCD$ 有相同的内心.

证明 如图 5.42,设 PO 交圆 O 于点 M,则 M 在 $\angle APB$ 的平分线上.

联结 AM、BM,则 $\angle PAM = \angle ABM = \angle BAM$,即 M 在 $\angle PAB$ 的平分线上,从而 M 为 $\triangle APB$ 的内心.

联结 BO,则 $OQ \cdot QP = BQ^2 = AQ \cdot QB = CQ \cdot QD$,知 P、C、O、D 四点共圆,由 $CO = OD$,知 $\angle CPO = \angle DPO$,即 M 在 $\angle CPD$ 的平分线上.

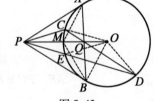

图 5.42

设 PD 与圆 O 交于点 E,由 $\angle COM = \angle CDE$,即 $\overset{\frown}{CE} = 2\overset{\frown}{CM}$,即 M 在 $\angle CDE$ 的平分线上,亦即 M 在 $\angle CDP$ 的平分线上,从而 M 为 $\triangle PCD$ 的内心. 故结论获证.

注 也可由性质 2(1)、(2) 即证得此例题结论.

例 5 (2013 年北方数学奥林匹克试题) 如图 5.43,A、B 是圆 O 上的两个定点,C 是优弧 $\overset{\frown}{AB}$ 的中点,D 是劣弧 $\overset{\frown}{AB}$ 上任意一点,过点 D 作圆 O 的切线与圆 O 在点 A、B 处的切线分别交于点 E、F,CE、CF 与弦 AB 分别交于点 G、H,求证:线段 GH 的长为定值.

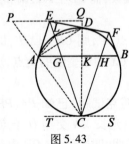

图 5.43

证法 1 联结 AD,知在 $\triangle ACD$ 中,过点 C 的切线与 AB 平行.
设 CD 交 AB 于点 K,则由性质 9,知 G 为 AK 中点.
同理,H 为 KB 中点,故 $GH = \dfrac{1}{2}AB$ 为定值.

证法 2 设 CD 与弦 AB 交于点 K,CE 与圆 O 交于点 L. 联结 AC、AD、AL、DL. 注意到 C 为优弧 $\overparen{AB}$ 的中点,则知 $\angle CAK = \angle CDA$,从而 $\triangle ACK \backsim \triangle DCA$,即
$$\dfrac{CA}{CK} = \dfrac{DC}{CA} \qquad ①$$
又由 $\triangle EAL \backsim \triangle ECA$,$\triangle EDL \backsim \triangle ECD$,注意 $ED = EA$,有
$$\dfrac{AL}{CA} = \dfrac{EA}{EC} = \dfrac{EA}{EC} = \dfrac{DL}{DC}$$
即
$$\dfrac{AL}{DL} = \dfrac{CA}{DC} \qquad ②$$
于是由①②,有
$$\dfrac{AG}{GK} = \dfrac{S_{\triangle CAG}}{S_{\triangle CGK}} = \dfrac{CA \cdot \sin\angle ACL}{CK \cdot \sin\angle DCL} = \dfrac{CA}{CK} \cdot \dfrac{AL}{DL} = \dfrac{DC}{CA} \cdot \dfrac{CA}{DC} = 1$$
即知 G 为 AK 中点. 同理 H 为 KB 中点,故 $GH = \dfrac{1}{2}AB$ 为定值.

证法 3 过点 E 作 $PQ \parallel AB$ 分别与 CA、CD 的延长线交于点 P、Q,过点 C 作圆 O 的切线 TS,则 $TS \parallel PQ$,从而 $\angle EPA = \angle TCA = \angle PAE$,即知 $EP = EA$. 同理 $EQ = ED$.
而 $EA = ED$,即知 E 为 PQ 中点,从而 G 为 AK 中点. 下略.

注 由证法 3 知,在 $\triangle ACD$ 中,过点 A 且与点 C 处的切线平行的直线被 CE(E 为在 A、D 处的圆的切线的交点)、CD 截线相等的定理.

例 6 (2006 年福建省数学竞赛试题)圆 O 为 $\triangle ABC$ 的外接圆,AM、AT 分别为中线和角平分线,过点 B、C 的圆 O 的切线相交于点 P,联结 AP 与 BC 和圆 O 分别相交于点 D、E. 求证:点 T 是 $\triangle AME$ 的内心.

证法 1 如图 5.44,设直线 OP 交圆 O 于点 N、L,则 M 在 OP 上,L 在直线 AT 上. 注意到性质 3(3),知由 $NA \perp AL$,且 M、P 调和分割 NL,则知 AL 平分 $\angle MAP$,即 AT 平分 $\angle MAE$.

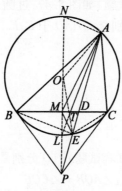

图 5.44

注意到 $PM \perp MC$,且 P、D 调和分割 EA,则知 MD 平分 $\angle AME$.

故 T 为 $\triangle AME$ 的内心.

证法 2 如图 5.44,联结 BE、EC,则由性质 3(1),知
$$AB \cdot EC = BE \cdot AC$$
由托勒密定理,有
$$AB \cdot EC + EB \cdot AC = AE \cdot BC$$
于是
$$2AB \cdot EC = 2BM \cdot AE$$
即有
$$\frac{AB}{BM} = \frac{AE}{EC}$$

又 $\angle ABM = \angle AEC$,知 $\triangle ABM \backsim \triangle AEC$,有 $\angle BAM = \angle EAC$,即知 AT 平分 $\angle MAE$,此时有 $\angle AMB = \angle ACE$.

同理 $\angle BME = \angle ACE$,即知 MT 平分 $\angle AME$,故 T 为 $\triangle AME$ 的内心.

证法 3 欲证 $\angle BAM = \angle DAC$,又需证 $\dfrac{AB^2}{AC^2} = \dfrac{BD}{DC}$(等角线的斯坦纳定理),而
$$\frac{BD}{DC} = \frac{S_{\triangle ABD}}{S_{\triangle ADC}} = \frac{AB \cdot \sin \angle BAD}{AC \cdot \sin \angle CAD} = \frac{AB}{AC} \cdot \frac{\sin \angle BCE}{\sin \angle CBE} = \frac{AB}{AC} \cdot \frac{BE}{EC} = \frac{AB^2}{AC^2}$$

注意到 M 为 BC 的中点,则知 OP 过点 M,且 $OP \perp BC$,有 $PE \cdot PA = PC^2 = PM \cdot PO$,即知 M、O、A、E 四点共圆.

于是,$\angle OMA = \angle OEA = \angle OAE = \angle PME$,故 $\angle AMD = \angle EMD$,故 T 为 $\triangle AME$ 的内心.

例 7 (2010 年北方数学邀请赛试题)已知 PA、PB 是圆 O 的切线,切点分别是 A、B,PCD 是圆 O 的一条割线,过点 C 作 PA 的平行线,分别交弦 AB、AD 于点 E、F.求证:$CE = EF$.

证明 设割线 PCD 交 AB 于点 Q,由性质 3(3)知 P、Q 调和分割 CD,即知 AP、AQ、AC、AD 为调和线束.

因 $CF \parallel PA$,则由性质 3 的推论 2(3),即知 $CE = EF$.

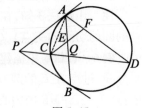

图 5.45

注 类似于上述例题也可以处理下述竞赛题:(1)(2005 年西部数学奥林匹克题)如图 5.46,过圆外一点 P 作圆的两条切线 PA、PB,A、B 为切点,再过 P 作圆的一条割线分别交圆于 C、D 两点,过切点 B 作 PA 的平行线分别交直线 AC、AD 于 E、F.求证:$BE = BF$.

(2)(2007 年国家集训队培训试题)如图 5.47,过圆外一点 P 向圆 O 作切线 PA、PB 及割线 PCD.过 C 作 PA 的平行线,分别交 AB、AD 于 E、F.求证:$CE = EF$.

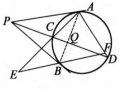

图 5.46

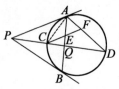

图 5.47

例 8 (2011 年全国高中数学联赛试题)P、Q 分别是圆内接四边形 $ABCD$ 的对角线 AC、BD 的中点,若 $\angle BPA = \angle DPA$,证明:$\angle AQB = \angle CQB$.

证明 如图 5.48,延长 BP 交圆于 E,由 P 为 AC 中点及 $\angle BPA = \angle DPA$ 知 E、D 关于 AC 的中垂线对称,从而有

$$AE = CD, CE = AD$$

由 $S_{\triangle ABE} = S_{\triangle BCE}$，有

$$AB \cdot AE \sin \angle BAE = BC \cdot CE \sin \angle BCE$$

即 $AB \cdot CD = BC \cdot AD$，即 $ABCD$ 为调和四边形.

于是可知过 A、C 的切线与直线 BD 交于点 V，由性质 3 的推论 2(2) 即知 $\angle AQB = \angle CQB$.

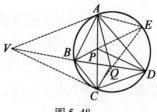

图 5.48

注 也可由 $ABCD$ 为调和四边形及托勒密定理，$AB \cdot CD + BC \cdot AD = AC \cdot BD = 2AC \cdot QD$，有 $AB \cdot CD = AC \cdot QD$. 即知 $\triangle ABC \backsim \triangle AQD$，得 $\angle ABC = \angle AQD$，同理 $\angle ABC = \angle DQC$，即证.

例 9 (2003 年全国高中数学联赛试题) 过圆外一点 P 作圆的两条切线和一条割线，切点为 A、B，所作割线交圆于 C、D 两点，C 在 P、D 之间，在弦 CD 上取一点 Q，使 $\angle DAQ = \angle PBC$，求证：$\angle DBQ = \angle PAC$.

证明 如图 5.49，由性质 3(1) 知 $ACBD$ 为调和四边形，注意到托勒密定理，有

$$2AD \cdot BC = AB \cdot CD$$

又

$$\angle DAQ = \angle PBC = \angle CAB$$

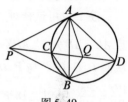

图 5.49

知 $\triangle ACB \backsim \triangle AQD$，有 $AD \cdot BC = AB \cdot QD$，从而 Q 为 CD 的中点.

由性质 3 的推论 1(1) 知 $\angle DBQ = \angle ABC = \angle PAC$.

注 在证得 Q 为 CD 中点后，可由性质 3(2) 知 P、A、Q、B 四点共圆有

$$\angle PAC = \angle PAB - \angle BAC = \angle PQB - \angle BDC = \angle DBQ$$

例 10 (2006 年江西省竞赛试题) $\triangle ABC$ 中，$AB = AC$，M 是 BC 的中点，D、E、F 分别是边 BC、CA、AB 上的点，且 $AE = AF$，$\triangle AEF$ 的外接圆交线段 AD 于点 P. 若点 P 满足 $PD^2 = PE \cdot PF$. 证明：$\angle BPM = \angle CPD$.

证法 1 如图 5.50，在 $\triangle AEF$ 的外接圆中，由于 $AE = AF$，则 $\angle APE = \angle APF = \frac{1}{2}(180° - \angle A) = \angle ABC = \angle ACB$，因此，$P$、$D$、$B$、$F$ 及 P、D、C、E 分别四点共圆.

于是 $\angle PDB = \angle PFA = \angle PEC$.

设点 P 在边 BC、CA、AB 上的射影分别为 A_1、B_1、C_1，则 $\triangle PDA_1 \backsim \triangle PEB_1 \backsim \triangle PFC_1$.

由 $PD^2 = PE \cdot PF$，得

$$PA_1^2 = PB_1 \cdot PC_1 \qquad ①$$

设 $\triangle ABC$ 的内心 I，下证：B、I、P、C 四点共圆.

联结 A_1B_1、A_1C_1，因 P、A_1、B、C_1 和 P、A_1、C、B_1 分别四点共圆，则

$$\angle A_1PC_1 = 180° - \angle ABC = 180° - \angle ACB = \angle A_1PB_1$$

由①式有 $\dfrac{PA_1}{PB_1} = \dfrac{PC_1}{PA_1}$，从而 $\triangle PB_1A_1 \backsim \triangle PA_1C_1$，因此 $\angle PB_1A_1 = \angle PA_1C_1$.

又 $\angle PB_1A_1 = \angle PCA_1$，$\angle PA_1C_1 = \angle PBC_1$，所以 $\angle PCA_1 = \angle PBC_1$.

注意到 $\angle PCA_1 = \angle PCI + \angle ICB$，$\angle PBC_1 = \angle PBI + \angle IBA$，$\angle ICB = \angle IBA$，故 $\angle PCI = \angle PBI$. 因此，B、I、P、C 四点共圆，设该圆为圆 O. 于是

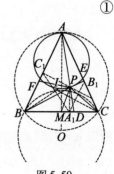

图 5.50

$$\angle BPC = \angle BIC = 90° + \frac{1}{2}\angle A = 180° - \angle B = 180° - \angle C$$

从而由弦切角定理的逆定理,知 AB 与圆 O 切于点 B, AC 与圆 O 切于点 C. 应用性质 3 的推论 1(3),即知 $\angle BPM = \angle CPD$.

证法 2 如图 5.51,同证法 1 知 P、D、B、F 及 P、D、C、E 分别四点共圆. 联结 DF、DE、PB、PC, 由 $\angle APE = \angle APF$, $PD^2 = PE \cdot PF$, 即 $\frac{PE}{PD} = \frac{PD}{PF}$, 知 $\triangle DPE \backsim \triangle FPD$, 于是

$$\angle ECP = \angle EDP = \angle DFP = \angle DBP$$

由弦切角定理的逆定理知 AC 与圆 PBC 切于点 C.

同理 AB 与圆 PBC 切于点 B.

应用性质 3 的推论 1(3) 即知 $\angle BPM = \angle CPD$.

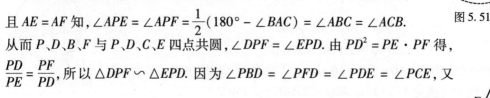

图 5.51

注 也可这样证:如图 5.52,联结 DE、DF. 由 A、E、P、F 四点共圆,且 $AE = AF$ 知, $\angle APE = \angle APF = \frac{1}{2}(180° - \angle BAC) = \angle ABC = \angle ACB$. 从而 P、D、B、F 与 P、D、C、E 四点共圆, $\angle DPF = \angle EPD$. 由 $PD^2 = PE \cdot PF$ 得, $\frac{PD}{PE} = \frac{PF}{PD}$, 所以 $\triangle DPF \backsim \triangle EPD$. 因为 $\angle PBD = \angle PFD = \angle PDE = \angle PCE$, 又

图 5.52

$\angle PDB = \angle PEC$, 所以 $\triangle PDB \backsim \triangle PEC$. 同理,易证 $\triangle PFB \backsim \triangle PDC$. 故 $\frac{PB}{PC} = \frac{BD}{CE}$, $\frac{PB}{PC} = \frac{BF}{CD}$. 注意到 $BF = CE$, 故

$$\frac{PB^2}{PC^2} = \frac{BD}{CD} \qquad ①$$

设 $\angle BPM = \alpha$, $\angle CPD = \beta$, $\angle BPC = \theta$, 则 $\alpha, \beta, \theta \in (0, \pi)$, 而 $\frac{PB \cdot \sin\angle BPM}{PC \cdot \sin\angle CPM} = \frac{BM}{CM}$, 即

$$\frac{PB \cdot \sin\alpha}{PC \cdot \sin(\theta - \alpha)} = 1 \qquad ②$$

又 $\frac{PB \cdot \sin\angle BPD}{PC \cdot \sin\angle CPD} = \frac{BD}{CD}$, 即

$$\frac{PB \cdot \sin(\theta - \beta)}{PC \cdot \sin\beta} = \frac{BD}{CD} \qquad ③$$

式②乘以式③并结合式①,得

$$\frac{\sin(\theta - \alpha)}{\sin\alpha} = \frac{\sin(\theta - \beta)}{\sin\beta}$$

即　　　　　　　$\sin\theta\cot\alpha - \cos\theta = \sin\theta\cot\beta - \cos\theta$

故　　　　　　　　　　　$\cot\alpha = \cot\beta$

所以 $\alpha = \beta$, 即 $\angle BPM = \angle CPD$.

例11 如图5.53,凸四边形 $ABCD$ 的内切圆圆 I_A 切四边 AB、BC、CD、DA 分别于点 E、F、G、H。AB、DC 的延长线交于点 M,N 是 BC 上一点,且 $CN = BF$,MN 的延长交 $\overparen{GH}$ 于点 P. 求证:PF 是圆 I 的直径.

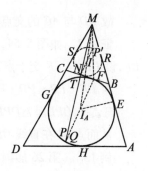

图5.53

证明 如图5.53,联结 I_AM、I_AE、I_AF,延长 FI_A 交 MN 的延长线于点 Q,作 $\triangle MBC$ 的内切圆圆 I,分别切 MB、MC、BC 于点 R、S、T,联结 IR、IN、IT.

由圆 I_A 切四边形 $ABCD$ 各边,则 $BE = BF$,$CG = CF$,$ME = MG$,且 MI_A 是 $\angle AMD$ 的平分线,$I_AE \perp AB$,$I_AF \perp BC$.

又圆 I 是 $\triangle MBC$ 的内切圆,则点 I 在 I_AM 上.

$$IT \perp BC, IR \perp MB, MR = MS, BR = BT, SC = CT, IR = IT$$

从而 $ME - MR = MG - MS \Rightarrow RE = SG \Rightarrow BR + BE = SC + CG$
$\Rightarrow BT + BF = CT + CF \Rightarrow (BF + FT) + BF = CT + (CT + FT)$
$\Rightarrow 2BF = 2CT \Rightarrow BF = CT \Rightarrow CT = CN \Rightarrow T$、$N$ 重合
$\Rightarrow IN \perp BC, IR = IN \Rightarrow IT \parallel FQ \Rightarrow \dfrac{IN}{I_AQ} = \dfrac{MI}{MI_A}$

又由 $IR \parallel I_AE \Rightarrow \dfrac{IR}{I_AE} = \dfrac{MI}{MI_A} \Rightarrow \dfrac{IN}{I_AQ} = \dfrac{IR}{I_AE} \Rightarrow I_AQ = I_AE$

$\Rightarrow$ 点 Q 在圆 O 上 $\Rightarrow$ 点 Q 与点 P 重合 $\Rightarrow PF$ 是圆 I_A 的直径.

注 图5.53中,若联结 NI 并延长交圆 I 于 P',则 M、P'、F 三点共线.

例12 (第47届保加利亚(春季)数学竞赛试题)凸四边形 $ABCD$ 内接一圆,过 A 和 C 作圆的两条切线交于点 P. 如果点 P 不在直线 BD 上,且 $PA^2 = PB \cdot PD$,证明:BD 与 AC 的交点是 AC 的中点.

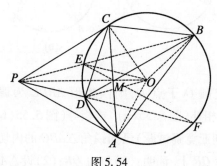

图5.54

证法1 如图5.54,联结 PB 交圆于点 E,AC 与 PO 交于点 M(O 为圆心).

由 $PE \cdot PB = PA^2 = PD \cdot PB$ 知 $PE = PD$.

于是 $\triangle OPD \cong \triangle OPE$,即 D、E 关于 OP 对称. 此时,M 为 AC 的中点.

由 $OM \cdot OP = OA^2 = OD^2$,知 $\triangle ODM \sim \triangle DPO$,即有 $\angle ODM = \angle DPO$.

同理($OM \cdot OP = OA^2 = OB^2$),$\angle OBM = \angle BPO$. 而 $\angle DPO = \angle BPD$,所以 $\angle ODM = \angle OBM$.

由 D、E 关于 OP 对称,$\angle MEO = \angle MDO = \angle MBO$,知 E、M、O、B 四点共圆,于是,$\angle OMB = \angle OEB = \angle EBO = \angle EMP = \angle PMD$,即知 D、M、B 三点共线.

故 BD 与 AC 的交点是 AC 的中点 M.

证法 2 如图 5.54,联结 PB 交圆于点 E,延长 PD 交圆于点 F,设圆心为 O,联结 OP、EF,设 DB 与 EF 交于点 M. 由性质 4 知 M 在 AC 上.

由 $PE \cdot PB = PD \cdot PF = PA^2 = PB \cdot PD$,知 $PE = PD, PF = PB$.

于是 $\triangle OPE \cong \triangle OPD$,$\triangle OPF \cong \triangle OPB$,从而 D、E 及 F、B 分别关于 OP 对称.

从而点 M 在直线 OP 上,即 M 为 AC 的中点,故 BD 与 AC 的交点是 AC 的中点.

例 13 (第 26 届国际数学奥林匹克预选题) 设 $\triangle ABC$ 的外接圆的过点 B、C 的切线交于 P,M 是 BC 的中点. 求证:$\angle BAM$ 与 $\angle CAP$ 相等或互补.

证法 1 设 $\triangle ABC$ 的外心为 O,则 O、M、P 三点共线,且 B、C 关于 OP 对称.

设 F 为 A 关于 OP 的对称点,则 F 在圆 O 上. 设直线 PF 交圆 O 于点 E,直线 AP 交圆 O 于点 D,则 D、E 关于直线 OP 对称.

于是直线 AE 与直线 FD 关于 OP 对称,从而 AE 与 FD 的交点即为 BC 的中点 M.

由 $\overset{\frown}{BD} = \overset{\frown}{CE}$,知 $\angle BAD = \angle EAC$.

于是,对图 5.55(a),有

$$\angle CAP = 180° - \angle DAC = 180° - \angle BAM$$

对图 5.55(b)所示,有 $\angle CAP = \angle BAM$. 故结论成立.

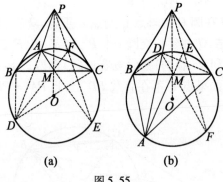

图 5.55

证法 2 设直线 PA 交圆 O 于点 D,则四边形 $ABDC$ 为调和四边形,从而 $\angle BAD = \angle MAC$,故 $\angle BAM$ 与 $\angle CAP$ 相补(图 5.55(a))或相等(图 5.55(b)).

例 14 (2007 年保加利亚竞赛试题) 已知锐角 $\triangle ABC$ 的内切圆与三边 AB、BC、CA 分别切点 P、Q、R,垂心 H 在线段 QR 上. 证明:(1) $PH \perp QR$;(2) 设 $\triangle ABC$ 的外心、内心分别为 O、I,$\angle C$ 内的旁切圆与 AB 切于点 N,则 I、O、N 三点共线.

证明(1) 因为 $\angle RAH = \angle QBH$,$\angle ARH = \angle BQH$,所以 $\triangle ARH \backsim \triangle BQH$,于是

$$\frac{AH}{BH} = \frac{AR}{BQ} = \frac{AP}{BP}$$

从而,知 HP 是 $\angle AHB$ 的角平分线(或由性质 23 的证明),即

$$\angle RHP = \angle RHA + \angle AHP = \angle QHB + \angle BHP = \angle QHP$$

即 $PH \perp QR$.

(2)若 $AC = BC$,则点 I、O、N 都在 AB 的中垂线上. 结论显然成立.

若 $AC \neq BC$,如图 5.56,因为 $PH \perp RQ$,$CI \perp RQ$,则 $HP \parallel CI$.

又 $CH \parallel IP$,则四边形 $CHPI$ 是平行四边形. 于是,$CH = IP$.

设 AB 的中点为 M. 由内切圆旁切圆性质知 $AP = BN$,则 M 是 PN 的中点.

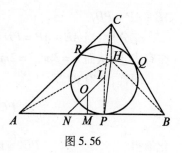

图 5.56

注意到 $IP = CH$,$CH \parallel 2OM$,得 $IP \parallel 2OM$,从而,知 O 是 IN 的中点. 故 I、O、N 三点共线.

例 15 (2006 年中国数学奥林匹克题的推广) 如图 5.57,在 $\triangle ABC$ 中,内切圆 O 分别与 BC、CA、AB 切于点 D、E、F,联结 AD,与内切圆圆 O 相交于点 P,联结 BP、CP,则 $\angle BPC = 90°$ 的充要条件是 $AE + AP = PD$.

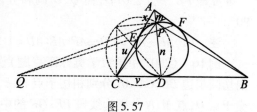

图 5.57

证明 过点 P 作内切圆的切线与直线 BC 交于点 Q(或无穷运动 Q). 由性质 21 知,即 A、P、D 共线 $\Leftrightarrow F$、E、Q 共线,即知 Q、D 调和分割 CB(性质 22).

必要性:当 $\angle BPC = 90°$ 时,则调和线束性质知 PC 平分 $\angle QPD$,于是在 $\triangle PCD$ 中,$\angle CDP = 2\angle CPD$.

令 $AP = m$,$PD = n$,$AE = x$,$EC = v$,则 $CD = v$.

作 $\triangle PCD$ 的外接圆 ω,作 $\angle PDC$ 的平分线交 ω 于点 K,则在圆 ω 中,$DC = CK = KP$,应用托勒密定理,有

$$PC^2 = CD^2 + CD \cdot PD$$

即

$$PC^2 = v^2 + v \cdot n \qquad ①$$

对 $\triangle ACD$ 及 AD 上的点 P 应用斯特瓦尔特定理,有

$$PC^2 = CD^2 \frac{AP}{AD} + AC^2 \cdot \frac{PD}{AD} - AP \cdot PD$$

即

$$PC^2 = v^2 \cdot \frac{m}{m+n} + (x+v)^2 \cdot \frac{n}{m+n} - m \cdot n \qquad ②$$

又由切割线定理,有

$$AE^2 = AP \cdot AD$$

即

$$x^2 = m(m+n) \qquad ③$$

由①②③,有

$$v^2 + v \cdot n = v^2 \frac{m}{m+n} + [m(m+n) + 2x \cdot v + v^2] \frac{n}{m+n} - m \cdot n$$

化简得 $m + n = 2x$,即 $m + n = 2\sqrt{m(m+n)}$,从而 $n = 3m$,$x = 2m$,即 $x + m = 3m = n$. 故

$AE + AP = PD$.

充分性：当 $AE + AP = PD$ 时，令 $AP = m, PD = n, AE = x, EC = CE = v$，则 $x + m = n$. 此时，亦有式③，从而 $n = 3m, x = 2m$.

同样，亦有式②

$$PC^2 = v^2 \cdot \frac{m}{m+n} + (x+v) \cdot \frac{n}{m+n} - mn$$

化简得
$$PC^2 = v^2 \cdot \frac{1}{4} + (2m+v)^2 \cdot \frac{3}{4} - 3m^2 = v^2 + 3mn$$

即在 $\triangle PCD$ 中，有 $PC^2 = CD^2 + CD \cdot PD$. 逆用托勒密定理，知 $\angle CDP = 2\angle CPD$.

亦即 PC 平分 $\angle QPD$，而 Q、D 调和分割 CB，从而 PB 平分 $\angle QPD$ 的外角. 故 $\angle BPC = 90°$.

注 （1）$AE + AP = PD \Leftrightarrow AP : AE : AD = 1 : 2 : 4$；（2）若 $\angle ACB = 90°$，则为 2006 年 CMO 试题.

例 16 （2007 中国数学奥林匹克题）设 O 和 I 分别为 $\triangle ABC$ 的外心和内心，$\triangle ABC$ 的内切圆与边 BC、CA、AB 分别相切于点 D、E、F，直线 FD 与 CA 相交于点 P，直线 DE 与 AB 相交于点 Q，点 M、N 分别为线段 PE、QF 的中点. 求证：$OI \perp MN$.

证法 1 如图 5.58，对 $\triangle ABC$ 及截线 PFD 应用梅涅劳斯定理，有 $\frac{CP}{PA} \cdot \frac{AF}{FB} \cdot \frac{BD}{DC} = 1$，即有

$$\frac{PA}{PC} = \frac{AF}{FB} \cdot \frac{BD}{DC} = \frac{AF}{DC} = \frac{p-a}{p-c}$$

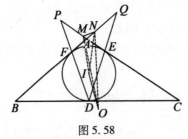

图 5.58

于是 $\frac{PA}{CA} = \frac{p-a}{a-c}$，因此 $PA = \frac{b(p-a)}{a-c}$，从而

$$PE = PA + AE = \frac{b(p-a)}{a-c} + (p-a) = \frac{2(p-c)(p-a)}{a-c}$$

$$ME = \frac{1}{2}PE = \frac{(p-c)(p-a)}{a-c}$$

$$MA = ME - AE = \frac{(p-c)(p-a)}{a-c} - (p-a) = \frac{(p-a)^2}{a-c}$$

$$MC = ME + EC = \frac{(p-c)(p-a)}{a-c} + (p-c) = \frac{(p-c)^2}{a-c}$$

故
$$MA \cdot MC = ME^2$$

因为 ME 是点 M 到 $\triangle ABC$ 的内切圆的切线长，所以 ME^2 是点 M 到内切圆的幂，而 $MA \cdot MC$ 是点 M 到 $\triangle ABC$ 的外接圆的幂. 等式 $MA \cdot MC = ME^2$ 表明点 M 到 $\triangle ABC$ 的外接圆与内切圆的幂相等，因而点 M 在 $\triangle ABC$ 的外接圆与内切圆的根轴上.

同理($NA \cdot NB = NF^2$),点 N 也在 $\triangle ABC$ 的外接圆与内切圆的根轴上.
故 $OI \perp MN$.

证法 2 由性质 22,知 P 和 E 调和分割 AC,即有 $\dfrac{AP}{PC} = \dfrac{AE}{EC}$ 或 $\dfrac{PA}{AE} = \dfrac{PC}{CE}$.

注意到 M 为 PE 的中点,由

$$\dfrac{PA}{AE} = \dfrac{PC}{CE} \Leftrightarrow \dfrac{PM + MA}{EM - MA} = \dfrac{MC + PM}{MC - EM} \Leftrightarrow \dfrac{PM + MA}{PM - MA} = \dfrac{MC + PM}{MC - PM}$$

$$\Leftrightarrow \dfrac{2PM}{2MA} = \dfrac{2MC}{2PM} \Leftrightarrow MA \cdot MC = PM^2 = ME^2 \qquad ①$$

同理
$$NF^2 = NA \cdot NB \qquad ②$$

设 R、r 分别是 $\triangle ABC$ 的外接圆和内切圆的半径,联结 IM、IN、OM、ON,则

$$IM^2 = ME^2 + r^2, IN^2 = NF^2 + r^2$$

注意到圆幂定理有

$$OM^2 = MA \cdot MC + R^2, ON^2 = NA \cdot NB + R^2$$

结合式①、②有 $IM^2 - IN^2 = OM^2 - ON^2$

由定差幂线定理知 $OI \perp MN$.

例 17 (2008 年中国国家集训队选拔考试题)$\triangle ABC$ 中,$AB > AC$,它的内切圆切边 BC 于点 E,联结 AE,交内切圆于点 D(不同于点 E),在线段 AE 上取异于点 E 的一点 F,使 $CE = CF$,联结 CF,并延长交 BD 于点 G. 求证:$CF = FG$.

证法 1 如图 5.59,过点 D 作内切圆的切线 MNP,分别交 AB、AC、BC 于点 M、N、P.

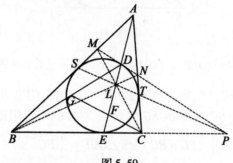

图 5.59

由 $\angle PDE = \angle AEP = \angle EFC$,知 $MP // CG$.

由牛顿定理知,BN、CM 与 DE 三线共点,设其交点为 L.

对 $\triangle ABC$ 及点 L 应用塞瓦定理,有

$$\dfrac{BE}{EC} \cdot \dfrac{CN}{NA} \cdot \dfrac{AM}{MB} = 1 \qquad ①$$

对 $\triangle ABC$ 及截线 MNP 应用梅涅劳斯定理,有

$$\dfrac{BP}{PC} \cdot \dfrac{CN}{NA} \cdot \dfrac{AM}{MB} = 1 \qquad ②$$

①÷②得 $BE \cdot PC = EC \cdot BP$,此即

$$BC \cdot PE = 2EB \cdot CP^① \qquad ③$$

对 $\triangle CEF$ 及截线 BDG 用梅涅劳斯定理并注意 $\dfrac{ED}{DF} = \dfrac{DP}{PC}$ 和③,有

$$1 = \frac{CB}{BE} \cdot \frac{ED}{DF} \cdot \frac{FG}{GC} = \frac{CB}{BE} \cdot \frac{EP}{CP} \cdot \frac{FG}{GC} = \frac{2FG}{GC}$$

故 $CF = GF$.

注 ①由 $BE \cdot PC = EC \cdot BP = EC(BE + EC + CP)$，有 $2BE \cdot PC = EC(BE + EC + CP) + BE \cdot PC = (EC + CP)(BE + EC) = PE \cdot BC$.

证法 2 由 A、D、E 共线 $\Leftrightarrow S$、T、P 三点共线(性质 21).

于是对 $\triangle ABC$ 及截线 STP 应用梅涅劳斯定理,有 $\frac{BP}{PC} \cdot \frac{CT}{TA} \cdot \frac{AS}{SB}$,即 $\frac{BE}{EC} = \frac{BP}{PC}$(或由性质 22 即得).

亦即 DB、DC、DE、DP 为调和线束,同证法 1 知 $DP \parallel CG$,故由调和线束的性质即性质 3 的推论 2(3),知 $CF = GF$.

例 18 (2006 年第 3 届中国东南数学奥林匹克题)如图 5.60,在 $\triangle ABC$ 中,$\angle A = 60°$,$\triangle ABC$ 的内切圆圆 I 分别切边 AB、AC 于点 D、E,直线 DE 分别与直线 BI、CI 相交于点 F、G,证明:$FG = \frac{1}{2}BC$.

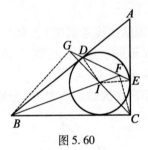

图 5.60

证明 由 $\angle A = 60°$,知 $\angle BIC = 180° - \frac{1}{2}(\angle B + \angle C) = 90° + \frac{1}{2}\angle A = 120°$,即知 $\angle FIC = 60°$.联结 BG、DI、IE、FC,则由性质 18,知 $CG \perp BG$,$CF \perp BF$,从而知 B、C、F、G 四点共圆,即知 $\angle GCF = 30°$,且 BC 为圆 $BCFG$ 的直径.对 $\triangle GCF$ 应用正弦定理,有

$$FG = BC \cdot \sin \angle GCF = \frac{1}{2}BC$$

例 19 (2004 年丝绸之路数学竞赛试题)已知 $\triangle ABC$ 的内切圆圆 I 与边 AB、AC 分别切于点 P、Q,BI、CI 分别交直线 PQ 于 K、L,如图 5.61 所示.证明:$\triangle ILK$ 的外接圆与 $\triangle ABC$ 的内切圆相切的充分必要条件是 $AB + AC = 3BC$.

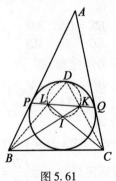

图 5.61

证明 如图 5.61,设直线 BL 与直线 CK 交于点 D.

由性质 18,知 $BL \perp LC$, $BK \perp CK$,于是,有 D、L、I、K、B、C、K、L 分别四点共圆,且 ID、BC 分别为其直径.

又 $\angle BIC = 180° - \frac{1}{2}(\angle B + \angle C) = 90° + \frac{1}{2}\angle A$,则在 $\mathrm{Rt}\triangle ICK$ 中,$\angle ICK = 90° - \angle CIK = \frac{1}{2}\angle A$,从而 $\angle LCK = \frac{1}{2}\angle A$.

分别在 $\triangle ILK$、$\triangle CLK$ 中应用正弦定理,有
$$ID = \frac{LK}{\sin \angle LDK} = \frac{LK}{\cos \angle LCK}, BC = \frac{LK}{\sin \angle LCK}$$

从而
$$ID = BC \tan \angle LCK = BC \tan \frac{1}{2}\angle A$$

另一方面,
$$\text{圆 } I \text{ 的半径 } r = AQ \cdot \tan \frac{1}{2}\angle A, AQ = \frac{1}{2}(AC + AB - BC)$$

于是,$\triangle ILK$ 的外接圆与 $\triangle ABC$ 的内切圆圆 I 相切,当且仅当 $\triangle ILK$ 的外接圆直径等于 $\triangle ABC$ 内切圆半径,即当且仅当
$$r = ID \Leftrightarrow \frac{1}{2}(AC + AB - BC) = BC \Leftrightarrow AB + AC = 3BC$$

注 上述例题中的内切圆改为旁切圆,也有同样的结论.

例 20 (第 45 届国际数学奥林匹克预选题)已知 $\triangle ABC$,点 X 是直线 BC 上的动点,且点 C 在点 B、X 之间,又 $\triangle ABX$、$\triangle ACX$ 的内切圆有两个不同的交点 P、Q,证明:PQ 经过一个不依赖于点 X 的定点.

证明 如图 5.62,设 $\triangle ABX$、$\triangle ACX$ 的内切圆与 BX 分别切于点 D、F,与 AX 分别切于点 E、G,则有 $DE \parallel FG$,且 DE、FG 与 $\angle AXB$ 的角平分线垂直.

设直线 PQ 分别交 BX、AX 于点 M、N,则由 $MD^2 = MP \cdot MQ = MF^2$,$NE^2 = NP \cdot NQ = NG^2$ 知 M、N 分别为 DF、EG 的中点,因此,PQ 与平行线 DE、FG 等距.

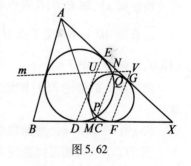

图 5.62

由于 AB、AC、AX 的中点是共线的,记此线为 m,即 m 为 $\triangle ABC$ 的中位线.

在 $\triangle ABX$ 中,应用性质 18 后的推论,知 DE 过直线 m 与 $\angle ABX$ 的平分线的交点 U(定点).同理,FG 过直线 m 与 $\angle ACX$ 的平分线的交点 V(定点).

从而线段 UV 的中点 W 为定点,且在直线 PQ 上.

因为 U、V 均不依赖于点 X,从而 W 也不依赖于点 X.

例 21 (2007 年罗马尼亚国家队选拔考试题)设 E、F 分别为 $\triangle ABC$ 内切圆 I 与边 AC、AB 的切点,M 为 BC 的中点,AM 与 EF 交于点 N,以 BC 为直径的圆 M 分别交 BI 与 CI 于点 X、Y.证明:$\frac{NX}{NY} = \frac{AC}{AB}$.

证明 如图 5.62,首先证明点 X、Y 在直线 EF 上.

由于 X、Y 分别为圆 M 与直线 BI、CI 的交点,联结 CX、BY,则由 BC 为直径知,X、Y 分别为点 C、B 在角平分线 BI、CI 上的射影,由性质 18 知 X、Y 均在直线 EF 上.

其次证 N、I、D 三点共线.

设 DI 的延长线交 EF 于点 N',则由性质 19 知,直线 AN' 与 BC 的交点为 BC 的中点 M,而 AN 恰为中线,则知 N' 与 N 重合,故 N、I、D 三点共线.

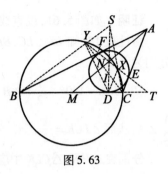

图 5.63

延长 BY、CX 交于点 S,则知 I 为 $\triangle SBC$ 的垂心,亦即 I 为 $\triangle DXY$ 的内心. 于是由 $\frac{1}{2}\angle ABC = \angle DBI = \angle CYX = \frac{1}{2}\angle DYX$,知 $\angle ABC = \angle DYX$.

同理,$\angle ACB = \angle DXY$.

由角平分线性质,有

$$\frac{NX}{NY} = \frac{XD}{YD} = \frac{\sin\angle DYX}{\sin\angle DXY} = \frac{\sin\angle ABC}{\sin\angle ACB} = \frac{AC}{AB}$$

例 22 设 $\triangle ABC$ 的内切圆分别切 BC、CA、AB 边于点 D、E、F,直线 AD 交内切圆于点 L,过点 L 作内切圆的切线分别与直线 DF、DE、BC 交于点 S、T、G,则(1)$\frac{SL}{LT} = \frac{SG}{GT}$(即 L、G 调和分割线段 ST);(2)直线 AD、BT、CS 共点.

证明 如图 5.64,

(1)由性质 22(1)即证,或设 ST 交 AB 于点 Z,对 $\triangle BGZ$ 及截 DFS 应用梅涅劳斯定理即证得结论.

由性质 21,知 F、E、G 三点共线.

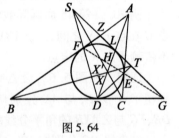

图 5.64

设直线 AD 与 EF 交于点 H,则由性质 22(2),知 $\frac{FH}{FG} = \frac{HE}{GE}$

(即 H、G 调和分割 FE).

由性质 3 的推论 2(3)的证法(即过 H 作 BC 的平行线分别交 DF、DE 而证)知结论成立.

(2)当 $ST // BC$ 时,则推知 $\triangle ABC$ 为等腰三角形,结论显然成立.

当 $ST \not\!/ BC$ 时,则可设直线 ST 与 BC 交于点 G,由性质 21 知,F、E、G 三点共线,由性质 22(1)有 $\frac{SL}{SG} = \frac{LT}{GT}, \frac{BG}{DB} = \frac{CG}{DC}$.

设 BT 交 AD 于点 X,CS 交 AD 于点 X',对 $\triangle DGL$ 及截线 BXT,对 $\triangle DGL$ 及截线 $CX'S$,分别应用梅涅劳斯定理,有

$$\frac{DB}{BG} \cdot \frac{GT}{TL} \cdot \frac{LX}{XD} = 1, \frac{DC}{CG} \cdot \frac{GS}{SL} \cdot \frac{LX'}{X'D} = 1$$

于是

$$\frac{LX}{XD} = \frac{BG}{DB} \cdot \frac{TL}{GT} \otimes \frac{CG}{DC} \cdot \frac{SL}{GS} = \frac{LX'}{X'D}$$

从而知 X' 与 X 重合,故直线 AD、BT、CS 共点.

例 23 (由第 20 届伊朗数学奥林匹克试题改编)设 $\triangle ABC$ 的内切圆圆 I 分别切于 BC、

CA 边于点 D、E,直线 DI 交圆 I 于另一点 P,直线 AP 交边 AB 于点 Q,点 S 在边 AC 上,BS 与 AQ 交于点 L,则 $SC = AE$ 的充要条件是 $AP = LQ$.

证明 如图 5.65,由性质 20,即知 $BQ = DC$.

令 $BC = a, CA = b, AB = c, p = \dfrac{1}{2}(a+b+c)$.

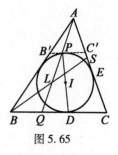

图 5.65

充分性:当 $AP = LQ$ 时,有 $PQ = AL$. 由正弦定理,有

$$\dfrac{AS}{SC} = \dfrac{AS}{BS} \cdot \dfrac{BS}{SC} = \dfrac{\sin \angle ABS}{\sin A} \cdot \dfrac{\sin C}{\sin \angle CBS}$$

$$= \dfrac{\sin C}{\sin A} \cdot \dfrac{\sin \angle ABS}{\sin \angle BAQ} \cdot \dfrac{\sin \angle BQA}{\sin \angle CBS} \cdot \dfrac{\sin \angle BAQ}{\sin \angle BQA}$$

$$= \dfrac{c}{a} \cdot \dfrac{AL}{BL} \cdot \dfrac{BL}{LQ} \cdot \dfrac{BQ}{c} = \dfrac{p-c}{a} \cdot \dfrac{AL}{LQ} \qquad ①$$

过点 P 作 $B'C' \parallel BC$ 交 AB 于点 B',交 AC 于点 C',则 $B'C'$ 为圆 I 的切线.
设 r, r_A 分别为 $\triangle AB'C'$、$\triangle ABC$ 的内切圆半径,$S_\triangle$ 为 $\triangle ABC$ 的面积,则

$$\dfrac{AP}{AQ} = \dfrac{r}{r_A} = \dfrac{S_\triangle}{p} \cdot \dfrac{p-a}{S_\triangle} = \dfrac{p-a}{p} \qquad ②$$

于是

$$\dfrac{LQ}{AL} = \dfrac{AP}{PQ} = \dfrac{AP}{AQ - AP} = \dfrac{p-a}{p-(p-a)} = \dfrac{p-a}{a} \qquad ③$$

将③代入式①得

$$\dfrac{AS}{SC} = \dfrac{p-c}{a} \cdot \dfrac{a}{p-a} = \dfrac{p-c}{p-a}$$

从而 $\dfrac{AC}{SC} = \dfrac{AC+SC}{SC} = \dfrac{p-c+p-a}{p-a} = \dfrac{b}{p-a}$,故 $SC = p-a = AE$.

必要性:$SC = AE$ 时,即有 $SA = CE$,对 $\triangle ABC$ 及截线 BLE 应用梅涅劳斯定理,有

$$\dfrac{AL}{LQ} \cdot \dfrac{QB}{BC} \cdot \dfrac{CS}{SA} = 1$$

即有

$$\dfrac{AL}{LQ} = \dfrac{BC}{QB} \cdot \dfrac{SA}{CS} = \dfrac{BC}{CD} \cdot \dfrac{CE}{CS} = \dfrac{BC}{CS} = \dfrac{a}{p-a}$$

从而

$$\dfrac{AQ}{LQ} = \dfrac{AL+LQ}{LQ} = \dfrac{AL}{LQ} + 1 = \dfrac{a}{p-a} + 1 = \dfrac{p}{p-a}$$

再注意式②,有 $\dfrac{AQ}{AP} = \dfrac{p}{p-a} = \dfrac{AQ}{LQ}$,故 $AP = LQ$.

注 由三角形旁切圆的性质知:图 5.65 中,点 Q、S 均为 $\triangle ABC$ 的 $\angle A$、$\angle B$ 内的旁切圆与边的切点,因此点 L 是点 P 对应的特殊点.

例 24 如图 5.66,半圆圆 O 的外切 $\triangle ABC$ 的边 AB、AC 上的切点分别 F、E,半圆的直径 MN 在边 BC 上,作 $AD \perp BC$ 于点 D.

(1) 设 AM、AN 分别交半圆于 X、Y,又 MY 与 NX 交于点 G,则 F、G、E 三点共线;

(2) 作 $FS \perp BC$ 于 S,作 $ET \perp BC$ 于 T,又 SE 与 FT 交于点 K,则点 K 在 AD 上;

(3) 设 ME 与 NF 交于点 J,则点 J 在 AD 上.

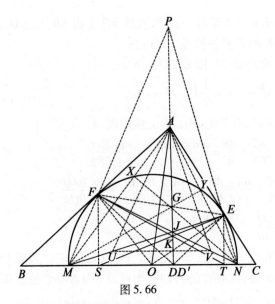

图 5.66

证明 （1）由性质 4 即证. 现另证如下：由 A、F、O、D、E 五点共圆知 $\angle AFD$ 与 $\angle AED$ 相补，即 $\angle AFD + \angle AED = 180°$. 注意 G 为 $\triangle AMN$ 的垂心，知 G 在 AD 上，由 $AF^2 = AX \cdot AM = AG \cdot AD$，知 $\triangle AFG \backsim \triangle ADF$，有 $\angle AGF = \angle AFD$.

同理，$\angle AGE = \angle AED$，故 $\angle AGF + \angle AGE = \angle AFD + \angle AED = 180°$，即 F、G、E 三点共线.

(2) 由 $FS\!\parallel\!AD\!\parallel\!ET$，有 $BD = \dfrac{AD}{FS} \cdot BS$，$CE = \dfrac{ET}{AD} \cdot CA$，$\dfrac{AF}{FB} = \dfrac{DS}{SD}$. 此三式代入性质 25 推论

证明式 (*)，并注意 $\dfrac{ET}{FS} = \dfrac{EK}{KS}$，得 $\dfrac{SD}{DC} \cdot \dfrac{CA}{AE} \cdot \dfrac{EK}{KS} = 1$.

对 $\triangle SCE$ 应用梅涅劳斯定理的逆定理知 A、K、D 三点共线.

(3) 此结论我们已在性质 26 中给出一种证明，下面再给出另外的证法：

证法 1 延长 AJ 交 BC 于点 D'，由 $\angle FOA = \angle FMJ$ 知 $\text{Rt}\triangle FOA \backsim \text{Rt}\triangle FMJ$，有 $\dfrac{FA}{FJ} = \dfrac{FO}{FM}$.

又 $\angle AFJ = 90° - \angle NFO = \angle OFM$，则 $\triangle AFJ \backsim \triangle OFM$，即 $\angle FMO = \angle FJA = \angle NJD'$. 于是，$\angle JD'N = \angle MFN = 90°$，即知 D' 与 D 重合，故点 J 在 AD 上.

证法 2 由性质 25，知 A、F、D、E 四点共圆，有 $\angle FAD = \angle FED$.

注意到 F、O、D、E 四点共圆，有

$$\angle FOM = \angle FED = \angle FAD \qquad ①$$

又由 $\angle AOF = \dfrac{1}{2}\angle FOE = \angle FMJ$，知 $\text{Rt}\triangle FOA \backsim \text{Rt}\triangle FMJ$，即 $\dfrac{FA}{FJ} = \dfrac{FO}{FM}$.

注意到 $\angle AFJ = 90° - \angle NFO = \angle OFM$，则 $\triangle AFJ \backsim \triangle OFM$，有

$$\angle FAJ = \angle FOM \qquad ②$$

由①②知，$\angle FAD = \angle FAJ$，故点 J 在 AD 上.

证法 3 作 $AU \perp FN$ 交 ME 于点 U，作 $AV \perp ME$ 交 FN 于点 V，则 J 为 $\triangle AUV$ 的垂心. 注意到 $\angle MFN = 90°$，知 $FM\!\parallel\!AU$. 同理，$EN\!\parallel\!AV$.

由 $\angle AFE = \angle FME = \angle AUE$，知 A、F、U、E 四点共圆. 同理 A、F、V、E 四点共圆. 因而由五点共圆，有 F、U、V、E 四点共圆，亦有 $\angle EUV = \angle EFV = \angle EFN = \angle EMF$.

于是 $UV\parallel MN$,由 $AJ\perp UV$ 知 $AJ\perp MN$,从而知 J 在 AD 上.

例 25 (2010 年西部数学奥林匹克试题)AB 是圆 O 的直径,C、D 是圆周上异于 A、B 且在 AB 同侧的两点,分别过 C、D 作圆的切线,它们相交于点 E,线段 AD 与 BC 的交点为 F,直线 EF 与 AB 交于点 M. 求证:E、C、M、D 四点共圆.

证明 如图 5.67,由例 24(3)知 $EF\perp AB$,即 $EM\perp AB$. 又由性质 25,知 E、C、M、D 四点共圆.

类似地,运用性质 25 及上述例 24 还可简捷处理下述竞赛题:

题 1 (第 35 届 IMO 预选题)在直线 l 的一侧画一个半圆 Γ,C、D 是 Γ 上的两点,Γ 上过 C 和 D 的切线交 l 于 B 和 A,半圆的圆心在线段 BA 上,E 是线段 AC 和 BD 的交点,F 是 l 上的点,$EF\perp l$. 求证:EF 平分 $\angle CFD$.

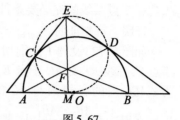

图 5.67

事实上,如图 5.68,由性质 25,知直线 AD 与 BC 的交点 P、E 的联线垂直于 AB,由题设 $EF\perp AB$,知 P、E、F 三点共线,又可推知 EF 平分 $\angle CFD$.

题 2 (1996 年中国数学奥林匹克题)设 H 为锐角 $\triangle ABC$ 的垂心,由 A 向以 BC 为直径的圆作切线 AP、AQ,切点分别为 P、Q. 求证:P、H、Q 三点共线.

事实上,如图 5.69,由例 24(1)即证.

题 3 (1996 年中国国家集训队选拔赛题)以 $\triangle ABC$ 的底边 BC 为直径作半圆,分别交 AB、AC 于点 D 和 E,过点 D 和 E 分别作 BC 的垂线,垂足分别为 F、G,线段 DG 和 EF 交于点 M. 求证:$AM\perp BC$.

事实上,如图 5.70,由例 24(2)即证.

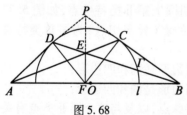

图 5.68

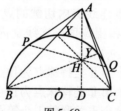

图 5.69

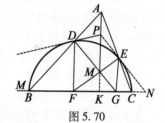

图 5.70

例 26 (2003 年中国国家队选拔赛试题)在锐角 $\triangle ABC$ 中,AD 是 $\angle BAC$ 的内角平分线,点 D 在边 BC 上,过点 D 分别作 $DE\perp AC$,$DF\perp AB$,垂足分别为 E、F. 联结 BE、CF,它们相交于点 H,$\triangle AFH$ 的外接圆交 BE 于点 G. 求证:以线段 BG、GE、BF 组成的三角形是直角三角形.

证明 如图 5.71,作 $AK\perp BC$ 于点 K,则由性质 25 的推论,知 AK 经过点 H.

因 A、F、G、H 及 A、F、D、K 均四点共圆,则
$$BG\cdot BH=BF\cdot BA=BD\cdot BK$$
从而,知 G、D、K、H 四点共圆.

又 $HK\perp DK$,则 $DG\perp GH$,由勾股定理,有
$$BD^2-BG^2=DE^2-GE^2$$
从而,注意 $DE=DF$,有
$$BG^2-GE^2=BD^2-DE^2=BD^2-DF^2=BF^2$$

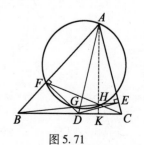

图 5.71

故 $BG^2 = GE^2 + BF^2$，即以 BG、GE、BF 组成的三角形是直角三角形.

例 27 （第 18 届中国数学奥林匹克试题）设点 I、H 分别为锐角 $\triangle ABC$ 的内心和垂心，点 B_1、C_1 为边 AC、AB 的中点. 已知射线 B_1I 交边 AB 于点 $B_2(B_2 \neq B)$，射线 C_1I 交 AC 的延长线于点 C_2，B_2C_2 与 BC 相交于 K，A_1 为 $\triangle BHC$ 的外心. 试证：A、I、A_1 三点共线的充必要条件是 $\triangle BKB_2$ 和 CKC_2 的面积相等.

证明 首先证明 $S_{\triangle BKB_2} = S_{\triangle CKC_2} \Leftrightarrow \angle BAC = 60°$.

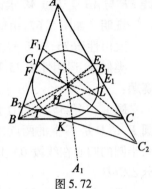

图 5.72

如图 5.72，设圆 I 分别切 AC、AB 于点 E、F，直线 EI 交圆 I 于点 T，直线 BT 交 AC 于点 E_1，则由性质 20 知 $AE_1 = CE$，即 E_1 为 $\angle ABC$ 内的旁切圆与 AC 的切点. 又由性质 20 的推论，知 $B_2B_1 \parallel BE_1$. 有 $\dfrac{AB_2}{AB} = \dfrac{AB_1}{AE_1}$. 同理，得 L、F_1，有 $\dfrac{AC_2}{AC} = \dfrac{AC_1}{AF_1}$.

令 $BC = a, CA = b, AB = c, P = \dfrac{1}{2}(a+b+c)$，则 $AB_1 = \dfrac{b}{2}$，$AC_1 = \dfrac{c}{2}$，$AE_1 = CE = p - c$，$AF_1 = BF = p - b$，于是

$$1 = \dfrac{S_{\triangle BKB_2}}{S_{\triangle CKC_2}} = \dfrac{S_{\triangle AB_2C_2}}{S_{\triangle ABC}} = \dfrac{AB_2 \cdot AC_2}{AB \cdot AC} = \dfrac{\dfrac{1}{4}bc}{(p-b)(p-c)}$$

从而，由 $4(p-b)(p-c) = bc \Leftrightarrow a^2 = b^2 + c^2 - bc \Leftrightarrow \angle BAC = 60°$.

其次证明 A、I、A_1 三点共线 $\Leftrightarrow \angle BAC = 60°$.

因 $\angle BHC = 180° - \angle BAC$，有 $\angle BA_1C = 2(180° - \angle BHC) = 2\angle BAC$.

故 $\angle BAC = 60° \Leftrightarrow \angle BAC + \angle BA_1C = 180° \Leftrightarrow A_1$ 在圆 ABC 上 $\Leftrightarrow AI$ 与 AA_1 重合 $\Leftrightarrow A$、I、A_1 共线.

例 28 设 $\triangle ABC$ 的内切圆切边 BC、CA、AB 分别于点 D、E、F，并称这样的点为内切圆上第 I 类特殊点；称切点与对应顶点连线交内切圆的点为内切圆上第 II 类特殊点，如图 5.73 中的点 P、Q、R；称第 II 类特殊点和相应顶点连线交内切圆的点（异于切点）为第 III 类特殊点，如图 5.72 中的点 G、H、M、N、S、T，则

(1) 3 个第 I 类特殊点和 1 个第 II 类特殊点为顶点的四边形是调和四边形；

(2) 1 个第 I 类特殊点和 3 个第 II 类特殊点为顶点的四边形是调和四边形；

(3) 2 个第 I 类特殊点和与这个点关联的 1 个第 II 类特殊点，以及与这个第 II 类点有关的 1 个第 III 类特殊点为顶点的四边形是调和四边形；

(4) 1 个第 I 类特殊点和与这个点关联的 1 个第 II 类特殊点，以及与这个第 II 类点有关的 2 个第 III 类特殊点为顶点的四边形是调和四边形.

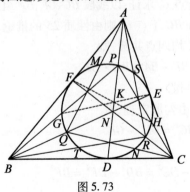

图 5.73

证明 如图 5.73.

(1) 由性质 3(1) 知,四边形 $DEPF$、$DREF$、$DEFQ$ 均为调和四边形;

(2) 由切线长定理并应用塞瓦定理,知 AD、BE、CF 三线共点于 N(热尔岗点),由 $\triangle PNR \backsim \triangle FND$,$\triangle FNP \backsim \triangle DNR$,有

$$\frac{PN}{FN} = \frac{PR}{FD}, \frac{FN}{DN} = \frac{PF}{DR}$$

上述两式相乘,有
$$\frac{PN}{DN} = \frac{PF}{FD} \cdot \frac{PR}{RD}$$

同理
$$\frac{PN}{DN} = \frac{PQ}{QD} \cdot \frac{PE}{ED}$$

由(1)知 $DEPF$ 为调和四边形,有 $\frac{PF}{FD} = \frac{PE}{ED}$,于是有 $\frac{PR}{RD} = \frac{PQ}{QD}$.

即知四边形 $DRPQ$ 为调和四边形.

同理,四边形 $EPQR$、$FQRP$ 也均为调和四边形.

(3) 由 $\triangle AFM \backsim \triangle AQF$,$\triangle AEM \backsim \triangle AQE$,并注意 $AF = AE$,有 $\frac{FM}{QF} = \frac{AF}{AQ} = \frac{AE}{AQ} = \frac{EM}{QE}$,即知四边形 $FQEM$ 是调和四边形;或者直接由性质 3(1) 知四边形 $FQEM$ 是调和四边形.

同理,四边形 $FRES$、$DPFG$、$DRFT$、$EPDH$、$EQDN$ 也均为调和四边形.

(4) 由(3)知四边形 $DPFG$、$EPDH$ 均为调和四边形,有

$$\frac{GF}{FP} = \frac{GD}{DP}, \frac{PE}{EH} = \frac{PD}{DH}$$

此两式相乘有
$$\frac{PE}{EH} \cdot \frac{HD}{DG} \cdot \frac{GF}{FP} = 1$$

于是,由塞瓦定理角元形式的推论知 EG、FH、PD 三线共点,设该点为 K.

由 $\triangle PKH \backsim \triangle FKD$,有 $\frac{PK}{KF} = \frac{PH}{DF}$. 同理有 $\frac{FK}{KD} = \frac{PF}{DH}$.

上述两式相乘,有
$$\frac{PK}{KD} = \frac{PH}{DH} \cdot \frac{PF}{DF}$$

同理
$$\frac{PK}{KD} = \frac{GP}{DG} \cdot \frac{PE}{ED}$$

由(1)知 $DEPF$ 为调和四边形,有 $\frac{PF}{FD} = \frac{PE}{ED}$. 于是由上述两式,有 $\frac{PH}{DH} = \frac{GP}{GD}$,即知四边形 $DHPG$ 为调和四边形.

同理,四边形 $EMQN$、$FTRS$ 也均为调和四边形.

例 29 (2010 年第 10 届东南地区数学奥林匹克试题)如图 5.74,已知 $\triangle ABC$ 内切圆圆 I 分别与边 AB、BC 切于点 F、D,直线 AD、CF 分别与圆 I 交于另一点 H、K. 求证: $\frac{FD \cdot HK}{FH \cdot DK} = 3$.

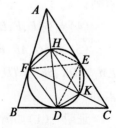

图 5.74

证明 如图 5.74,设内切圆与边 AC 切于点 E,联结 HE、FE、DE、KE,则由性质 3(1) 知四边形 $FDEH$、$FDKE$ 均为调和四边形,即有 $FH \cdot$

$DE = FD \cdot EH, FE \cdot DK = FD \cdot KE$,于是在四边形 $DKEF$ 及 $DEHF$ 中分别应用托勒密定理,有

$$KF \cdot DE = 2FE \cdot DK, HD \cdot FE = 2FH \cdot DE$$

上述两式相乘,有 $KF \cdot HD \cdot DE \cdot FE = 4DK \cdot FH \cdot DE \cdot FE$

即 $$\frac{KF \cdot HD}{FH \cdot DK} = 4$$

在四边形 $FDKH$ 中应用托勒密定理,有

$$DF \cdot HK = KF \cdot HD - FH \cdot DK$$

从而 $\dfrac{FD \cdot HK}{FH \cdot DK} = 3 \Leftrightarrow FD \cdot HK = 3FH \cdot DK$

$$\Leftrightarrow KF \cdot HD = 4FH \cdot DK \Leftrightarrow \frac{KF \cdot HD}{FH \cdot DK} = 4$$

例 30 如图 5.75,已知 $\triangle ABC$ 的内切圆分别与边 BC、CA、AB 切于点 D、E、F,直线 AB 与 DE、直线 BC 与 FE、直线 CA 与 DF 分别交于 V、W、U(或无穷远点),直线 AD、BE、CF 分别与内切圆交于点 P、Q、R,线段 AD 与 FE、BE 与 DF、CF 与 DE 分别交于点 L、I、J. 则

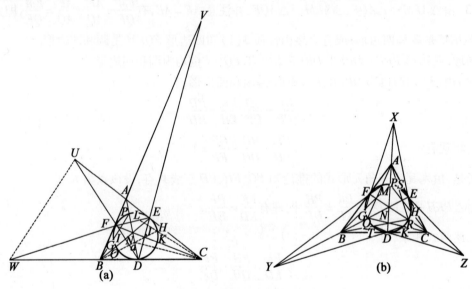

图 5.75

(1)点列 W、D、B、C;U、E、A、C;V、F、A、B 均为调和点列;

(2)点列 A、L、P、D;B、I、Q、E;C、J、R、F 均为调和点列;

(3)由例 28 知 AD、BE、CF 三线共点于 N,点列 A、N、L、D;B、N、I、E;C、N、J、F 均为调和点列;

(4)点列 E、F、L、W;D、E、J、V;D、F、I、U 均为调和点列;

(5)当 AQ、AR、BP、BR、CP、CQ 分别交内切圆于点 M、S、G、T、H、K 时,设直线 FG 与 EH、FM 与 DK、SE 与 TD 分别交于点 X、Y、Z,此时点列 A、D、X、P;B、E、Y、Q;C、F、Z、R 均为调和点列.

证明 (1)如图 5.75(a),由性质 22(1)即证得结论.

(2)如图 5.75(a),由性质 3(3)即证得结论.

(3) 如图 5.75(a)，对 $\triangle AFN$ 及截线 BDC 和点 E 分别应用梅涅劳斯定理和塞瓦定理，有

$$\frac{AB}{BF} \cdot \frac{FC}{CN} \cdot \frac{ND}{DA} = 1, \frac{AB}{BF} \cdot \frac{FC}{CN} \cdot \frac{NL}{LA} = 1$$

上述两式相除，得 $\dfrac{ND}{DA} = \dfrac{NL}{LA}$，即知 A、N、L、D 为调和点列.

或应用完全四边形对角线调和分割（第六章性质 6）直接推出结论. 同理可证得其余的结论.

(4) 如图 5.75(a)，由性质 22(2) 即证得结论；

(5) 如图 5.75(a)，设内切圆直径为 d，$\angle FAP = \angle 1$，$\angle PAE = \angle 2$，$\angle ECG = \angle 3$，$\angle BCG = \angle 4$，$\angle CBH = \angle 5$，$\angle FBH = \angle 6$，联结 DG、DH.

由 $\triangle CDH \backsim \triangle CPD$，有 $\dfrac{DH}{HC} = \dfrac{PD}{CD}$. 同理，$\dfrac{PD}{DB} = \dfrac{DG}{BG}$.

由例 28(4) 知 $DHPG$ 为调和四边形，有 $\dfrac{PH}{DH} = \dfrac{GP}{DG}$. 上述三式相乘得

$$\frac{PH}{HC} \cdot \frac{CD}{DB} \cdot \frac{BG}{GP} = 1$$

由塞瓦定理的逆定理，知 BH、CG、PD 三直线共点，设该点 O.

分别在 $\triangle AFP$ 和 $\triangle FDP$ 中应用正弦定理，有

$$\frac{FP}{\sin \angle 1} = \frac{AP}{\sin \angle AFP} = \frac{AP}{\sin \angle FDP} = AP \cdot \frac{d}{FP}$$

即 $\qquad FP^2 = d \cdot AP \cdot \sin \angle 1$

同理 $\qquad EP^2 = d \cdot AP \cdot \sin \angle 2, EG^2 = d \cdot CG \cdot \sin \angle 3, GD^2 = d \cdot CG \cdot \sin \angle 4$

$$DH^2 = d \cdot BH \cdot \sin \angle 5, FH^2 = d \cdot BH \cdot \sin \angle 6$$

由于 BH、CG、PD 三线共点于 O，由塞瓦定理的角元形式有

$$\frac{\sin \angle 1}{\sin \angle 2} \cdot \frac{\sin \angle 3}{\sin \angle 4} \cdot \frac{\sin \angle 5}{\sin \angle 6} = 1$$

于是，有 $\qquad \dfrac{FP}{PE} \cdot \dfrac{EG}{GD} \cdot \dfrac{DH}{HF} = 1$

对圆内六边形 $FPEHDG$ 应用塞瓦定理角元形式的推论，知直线 FG、EH、PD 共点或平行，即知直线 FG、EH、AD 共点于 X 或相互平行.

当 $AP = PD$ 时，FG、EH、AD 相互平行，此时 X 为无穷远点，显然 A、D、X、P 为调和点列.

当 $AP < PD$ 时，则交点 X 在 DA 的延长线上，如图 5.75(b)，由 $\triangle XPF \backsim \triangle XGD$，有

$$\frac{XP}{XG} = \frac{PF}{GD}$$

同理 $\qquad \dfrac{XG}{XD} = \dfrac{PG}{FD}, \dfrac{PF}{FD} = \dfrac{AF}{AD}, \dfrac{PD}{GD} = \dfrac{PB}{BD}$

又对 $\triangle ABP$ 及截线 GFX 应用梅涅劳斯定理，有 $\dfrac{AX}{XP} \cdot \dfrac{PG}{GB} \cdot \dfrac{BF}{FA} = 1$.

上述五式相乘，并注意 $BF = BD, BD^2 = PB \cdot GB, AF^2 = AP \cdot AD$. 得到 $\dfrac{AX}{XD} = \dfrac{AP}{PD}$，即知 A、

D、X、P 为调和点列.

当 $AP > PD$ 时,则交点 X 在 AD 的延长线上,类似地可证得 A、D、X、P 为调和点列.

同理,可证 B、E、Y、Q 及 C、F、Z、R 为调和点列.

注 图 5.75(a) 中 W、U、V 三点共线,称为莫莱恩线,AD、BE、CF 三线共点,该点称为热尔岗点.

例 31 (第 18 届韩国数学奥林匹克试题) 在等腰 $\triangle ABC$ 中,$AB = AC$,圆 O 是 $\triangle ABC$ 的内切圆,与三边 BC、CA、AB 的切点依次为 K、L、M. 设 N 是直线 OL 与 KM 的交点,Q 是直线 BN 与 CA 的交点,P 是点 A 到直线 BQ 的垂足,若 $BP = AP + 2PQ$,求 $\dfrac{AB}{BC}$ 的所有可能的值.

解 如图 5.76. 由性质 19 知 Q 为 AC 的中点.

当点 P 在 $\triangle ABC$ 内时,如图 5.76(a). 在 BQ 的延长线上取点 R,使 $QR = QP$,又取点 S 使 $RS = AP$. 联结 CR、AS、CS,则知 $CR = AP$,$PS = 2PQ + AP = BP$.

从而 $\triangle ABS$、$\triangle ACS$、$\triangle RCS$ 均为等腰三角形,则 $\angle QAP = \angle QCR = \angle RSA = \angle ABQ$,从而
$$\angle BAC = (90° - \angle ABQ) + \angle QAP = 90°$$

此时
$$\frac{AB}{BC} = \frac{1}{\sqrt{2}} = \frac{\sqrt{2}}{2}$$

当点 P 在 $\triangle ABC$ 外时,如图 5.76(b),作 $CR \perp BP$ 于 R,则由 Q 为 AC 中点知 $CR = AP$,$RQ = PQ$,于是 $BR = BP - 2PQ = AP$,即知 $\triangle BCR$ 为等腰直角三角形. 此时,$\angle RCQ = \angle PBA$,知 Rt$\triangle RCQ \sim$ Rt$\triangle PBA$. 由 $AB = AC = 2QC$,知 $AP = 2QR = 2PQ$,亦知 $RC = 2PQ$. 于是
$$AB = 2QC = 2\sqrt{RQ^2 + RC^2} = 2\sqrt{PQ^2 + 4PQ^2} = 2\sqrt{5}PQ$$
$$BC = \sqrt{2}BR = \sqrt{2}AP = 2\sqrt{2}PQ.$$

故
$$\frac{AB}{BC} = \frac{\sqrt{5}}{\sqrt{2}} = \frac{\sqrt{10}}{2}$$

综上,$\dfrac{AB}{BC}$ 的所有可能的取值为 $\dfrac{\sqrt{2}}{2}$,$\dfrac{\sqrt{10}}{2}$.

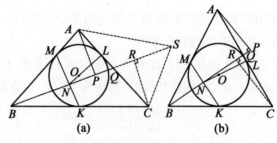

图 5.76

例 32 (第 29 届中国数学奥林匹克试题) 如图 5.77,在锐角 $\triangle ABC$ 中,已知 $AB > AC$,$\angle BAC$ 的角平分线与边 BC 交于点 D,点 E、F 分别在边 AB、AC 上,使得 B、C、F、E 四点共圆. 证明:$\triangle DEF$ 的外心与 $\triangle ABC$ 的内心重合的充分必要条件是 $BE + CF = BC$.

证明 如图 5.77,在 ∠BAC 的角平分线 AD 上取 △ABC 的内心 I,联结 BI、CI、EI、FI.

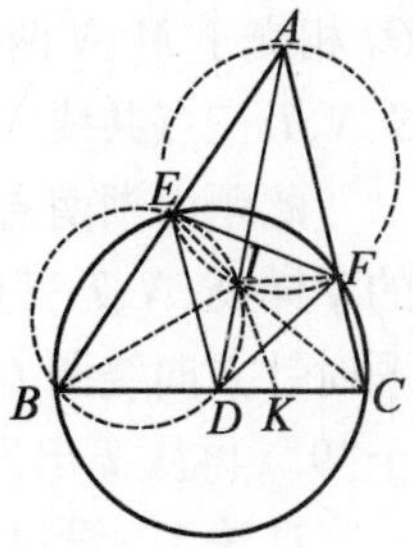

充分性:若 BC = BE + CF,则可在边 BC 上取一点 K,使 BK = BE,从而 CK = CF,联结 KI.

因 BI、CI 分别平分 ∠ABC、∠ACB,所以 △BIK 与 △BIE、△CIK 与 △CIF 分别关于 BI、CI 对称.

从而 ∠BEI = ∠BKI = 180° − ∠CKI = 180° − ∠CFI = ∠AFI,即知 A、E、I、F 四点共圆.

图 5.77

结合 B、E、F、C 四点共圆,知 ∠AIE = ∠AFE = ∠ABC.

于是,B、E、I、D 四点共圆.

又 I 是 ∠EAF 的角平分线与 △AEF 外接圆的交点,故 IE = IF.

同理 IE = ID.

于是,ID = IE = IF,即 △ABC 的内心 I 也是 △DEF 的外心.

必要性:若 △ABC 的内心 I 是 △DEF 的外心,由于 AE ≠ AF(事实上,由 B、E、F、C 四点共圆知 AE · AB = AF · AC,而 AB > AC,故 AE < AF),则 I 是 ∠EAF 的角平分线与 EF 中垂线的交点,即 I 在 △AEF 的外接圆上.

因为 BI 平分 ∠ABC,可在射线 BC 上取点 E 关于 BI 的对称点 K,所以 ∠BKI = ∠BEI = ∠AFI > ∠ACI = ∠BCI,即点 K 在 BC 边上.

进而 ∠IKC = ∠IFC. 又 ∠ICK = ∠ICF,则 △IKC ≌ △IFC.

因此,BC = BK + CK = BE + CF.

5.3 角的内切圆图的切变及应用

切变,即为切换视角,改变看法来对待,发现此图中的相关关系.

5.3.1 角的内切圆图的反演

角的内切圆图还有如下特别的性质:圆 O 与 ∠SNT 的两边分别相切于点 S、T,M 是圆 O 内异于圆心 O 的一点,则 M、S、N、T 四点共圆的充分必要条件是 OM⊥MN.

事实上,由 OT⊥TN,OS⊥SN,知 O、S、N、T 四点共圆.

于是,M、S、N、T 四点共圆 ⇔ M、O、T、N 四点共圆 ⇔ ∠NMO = 180° − ∠NTO = 90° ⇔ OM⊥MN.

现考虑如上角的内切圆图的反演.

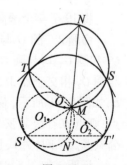

图 5.78

设点 M 对圆 O 的幂为 k,作反演变换 $I(M,k)$,则圆 O 是自反圆. 设点 X 的反演为 X',则直线 NS 的反形为过点 M、N' 且与圆 O 内切于点 S' 的圆 O_1,直线 NT 的反形为过点 M、N' 且与圆 O 内切于点 T' 的圆 O_2,直线 MN 不变. 因 M 与圆心 O 不重合,所以圆 O_1 与圆 O_2 不相等,而 M、S、N、T 四点共圆当且仅当 S'、N'、T' 三点共线,即得到如下反演命题:

命题 1 (1997 年全国高中数学联赛试题)如图 5.79,已知两个半径不等的圆 O_1 与圆

O_2 相交于 M、N 两点,且圆 O_1、圆 O_2 分别与圆 O 内切于点 S、T. 求证:$OM \perp MN$ 的充要条件 S、N、T 三点共线.

此题由湖南省数学普委会组织专家命制的,此图中含有"1997"的字样:S、N、T 三点共线即为"1",$OM \perp MN$ 即为"7",从点 S 出发,顺时针方向绕圆 O_1 走完到 S,再由 S 顺时针方向绕圆 O 到 T 即为一个"9",再从 T 出发,也这样走又得到一个"9".

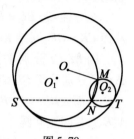

证法1 设过点 S 的切线与直线 MN 交于点 P,则知 P 为根心,如图 5.80(a). 从而

$$\angle NSP = \angle SMN = \angle SMP \quad (*)$$

图 5.79

联结 OP,则 $OP \perp ST$,有 $\angle TSP = \angle SOP$,于是,$OM \perp MN$,注意 $\angle OSP = 90° \Leftrightarrow O$、$S$、$P$、$M$ 四点共圆 $\Leftrightarrow \angle SMP = \angle SOP \Leftrightarrow \angle NSP = \angle TSP \Leftrightarrow$ 点 N 在 ST 上,即 S、N、T 三点共线.

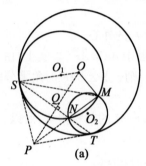
(a)

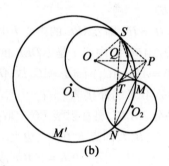
(b)

图 5.80

注 若圆 O 与圆 O_2 外切时,如图 5.80(b),设 M' 为优弧 $\overset{\frown}{SN}$ 上任一点,将 (*) 中的 $\angle SMN$ 改为 $\angle SM'N$,其余均不变,则证得 $OM \perp MN \Leftrightarrow S$、$N$、$T$ 三点共线.

证法2 如图 5.80(a),设过点 S、T 的切线交于点 P,则由根心定理知,点 P 在直线 MN 上. 于是 $OM \perp MN \Leftrightarrow M$ 为圆 O 的弦(MN 所在直线交圆 O 的弦)的中点 $\Leftrightarrow P$、T、M、S 四点(即 P、T、M、O、S 五点共圆)$\Leftrightarrow \angle PTN = \angle TMN = \angle TMP = \angle TSP = \angle PTS \Leftrightarrow T$、$N$、$S$ 三点共线.

由命题1,可知这个图中也隐含有角的内切圆图. 从而,我们可以有如下切变角度:

5.3.2 角的内切圆图中角的两边可视为共点的两条根轴

将1997年全国高中数学联赛题(即命题1)推广,有如下命题:

命题2 圆 O 与 $\angle SPT$ 的两边分别切于点 S、T,圆 O_1 和圆 O_2 均与圆 O 内切,且分别切于点 S、T,且圆 O_1 与圆 O_2 相交于点 M、N,直线 MN 分别与圆 O 交于点 A、B,如图 5.81 所示,弦 ST 交 AB 于点 G,H 为弦 AB 的中点,则点 H 在公共弦 MN 间(外)的充要条件是点 G 也在公共弦 MN 间(外),且 $\angle GSN = \angle MSH$.

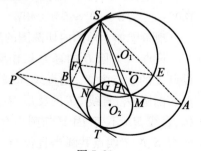

图 5.81

证明 如图 5.81,由根心定理知 P、M、N 三点共线,即直线 AB 过点 P,联结 AS、BS,因 H 为 AB 的中点,由性质3 的推论1(1)知,$\angle ASH = \angle BST = \angle BSG$.

设 AS、BS 分别与圆 O_1 交于点 E、F,联结 EF,则由 $\angle SEF = \angle BSP = \angle BAS$,知 $EF \parallel AB$,从而 $\overset{\frown}{EM} = \overset{\frown}{NF}$,即知 $\angle ASM = \angle NSB$.

于是,$\angle GSN = |\angle BSG - \angle NSB| = |\angle ASH - \angle ASM| = \angle MSH$.

图 5.81 中,点 H 在公共弦 MN 内部,此时,点 G 也在公共弦 MN 内部.

由作图可知,若点 H 在公共弦 MN 外部(即 AM 上)时,点 G 也在公共弦 MN 外部(即 NB 上).

注意到性质 3(2) 的充要性,从而结论获证.

注 特别地,若点 H 与点 M 重合,即点 H 在公共弦 MN 的端点时,则点 G 也与点 N 重合,即点 G 在公共弦 MN 的端点 N 处. 此时,$OM \perp MN \Leftrightarrow S$、$N$、$T$ 三点共线,此即为命题 1.

命题 3 如图 5.82,圆 O 与 $\angle APB$ 的两边分别切于点 A、B,圆 O_1 与圆 O_2 外切于点 T,且均与圆 O 内切,切点分别为 A、B,直线 PT 交圆 O 于点 C. 令圆 O、圆 O_1、圆 O_2 的半径分别为 R、r_1、r_2,则

$$\frac{AC^2}{BC^2} = \frac{R - r_2}{R - r_1}.$$

证明 如图 5.82,设 AC 交圆 O_1 于点 E,联结 EO_1、CO,注意到 A、O_1、O 共线,则 $\angle O_1EA = \angle OAC = \angle OCA$,知 $EO_1 \parallel CO$,从而 $\triangle AEO_1 \sim \triangle ACO$,有 $\frac{AE}{AC} = \frac{AO_1}{AO} = \frac{r_1}{R}$,即 $\frac{CE}{AC} = \frac{R - r_1}{R}$.

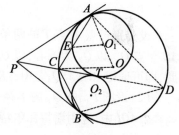

图 5.82

又由切割线定理,有 $CT^2 = CE \cdot CA$.

于是,$CT^2 = \frac{R - r_1}{R} AC \cdot CA$,故 $AC^2 = CT^2 \cdot \frac{R}{R - r_1}$.

同理,$BC^2 = CT^2 \cdot \frac{R}{R - r_2}$,故 $\frac{AC^2}{BC^2} = \frac{R - r_2}{R - r_1}$.

注 ① $\frac{CT}{CA} = \sqrt{\frac{R - r_1}{R}}$ 是一个重要公式,它表明半径分别为 R、r_1 ($R > r_1$) 的两圆内切于点 A,从大圆上一点 C 作小圆的切线 CT,T 为切点时,两条线段的比例关系式. 若半径分别为 R、r_1 的两圆外切于点 A,从半径为 R 的圆上一点 C 作另一圆的切线 CT,T 为切点时,两线段的比例关系式为 $\frac{CT}{CA} = \sqrt{\frac{R + r_1}{R}}$.

② 如图 5.82 中,若延长 CT 交圆 O 于点 D,则有

$$\frac{AD^2}{BD^2} = \frac{R - r_2}{R - r_1}.$$

这也可由性质 3(1) 推得.

命题 4 设圆 O、圆 I 分别为 $\triangle ABC$ 的外接圆和内切圆.

(1) 过顶点 A 可作两圆圆 P_A、圆 Q_A 均在点 A 处与圆 O 内切,且圆 P_A 与圆 I 外切,圆 Q_A 与圆 I 内切;

(2)设圆 O 的半径为 R,则 $P_AQ_A = \dfrac{\sin\dfrac{A}{2}\cdot\cos^2\dfrac{A}{2}}{\cos\dfrac{B}{2}\cdot\cos\dfrac{C}{2}}\cdot R$.

证明 如图 5.83,(1)过点 I 作 $FE /\!/ AO$,此直线交圆 I 于 E、F,联结 AE 交圆 I 于点 T,直线 IT 交 AO 于点 P_A,以 P_A 为圆心,以 AP_A 为半径作圆,则圆 P_A 符合题设. 这是因为,$AO /\!/ FE$,有 $\angle P_A AT = \angle IET = \angle ITE = \angle P_A TA$,即知 $P_A A = P_A T$,从而圆 P_A 与圆 I 外切. 显然圆 P_A 与圆 O 内切.

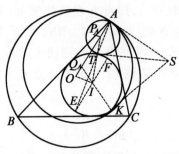

图 5.83

设分别过点 A、点 T 的两条切线交于点 S,从点 S 作圆 I 的切线切圆 I 于点 K,直线 KI 交 AO 于点 Q_A,以 Q_A 为圆心,以 $Q_A K$ 为半径作圆,则圆 Q_A 符合题设. 这是因为,点 S 为根心,由此,即可证得 $\mathrm{Rt}\triangle ASQ_A \cong \mathrm{Rt}\triangle KSQ_A$,有 $Q_A A = Q_A K$,故得证.

(2)设圆 P_A、圆 Q_A 的半径分别为 u,v,圆 I 的半径为 r,则 $AA_P = u, P_A O = R - u, IP_A = r + u$. 在 $\triangle AOI$ 中,应用斯特瓦尔特定理,有

$$(r+u)^2 = \dfrac{u\cdot OI^2 + (R-u)\cdot IA^2}{R} - u(R-u)$$

将欧拉公式 $OI^2 = R(R-2r)$ 代入得

$$u = \dfrac{(IA^2 - r^2)R}{IA + 4Rr}$$

又 $IA = \dfrac{r}{\sin\dfrac{A}{2}} = 4R\sin\dfrac{B}{2}\sin\dfrac{C}{2}$,则

$$u = \dfrac{(4R)^2\cdot\sin^2\dfrac{B}{2}\cdot\sin^2\dfrac{C}{2}\cdot\cos^2\dfrac{A}{2}}{(4R)^2\cdot\sin\dfrac{B}{2}\cdot\sin\dfrac{C}{2}(\sin\dfrac{A}{2}+\sin\dfrac{B}{2}+\sin\dfrac{C}{2})}\cdot R = \dfrac{\sin\dfrac{B}{2}\cdot\sin\dfrac{C}{2}\cdot\cos^2\dfrac{A}{2}}{\sin\dfrac{A}{2}+\sin\dfrac{B}{2}+\sin\dfrac{C}{2}}R$$

同理,由 $AQ_A = v, Q_A O = R - v, IQ_A = v - r$,有

$$(u-r)^2 = \dfrac{v\cdot OI^2 + (R-v)\cdot IA^2}{R} - v(R-v)$$

则

$$v = \dfrac{(IA^2 - r^2)R}{IA^2} = \cos^2\dfrac{A}{2}R$$

故

$$P_AQ_A = v - u = \dfrac{\sin\dfrac{A}{2}\cdot\cos^2\dfrac{A}{2}}{\cos\dfrac{B}{2}\cdot\cos\dfrac{C}{2}}R$$

命题 5 （2002 年第 10 届土耳其数学奥林匹克试题）两圆外切于点 A，且内切于另一圆 Γ 于点 B、C，令 D 是小圆内公切线割 Γ 的弦的中点. 证明：当 B、C、D 不共线时，A 是 $\triangle BCD$ 的内切圆圆心.

证法 1 如图 5.84，设过点 B、C 的圆 Γ 的切线交于点 K，则知 K 为圆 Γ、圆 O_1、圆 O_2 的根心，且 K、B、Γ、C 四点共圆.

又 $\Gamma D \perp KD$，则点 D 在圆 $KB\Gamma C$ 上，且 $\widehat{BK} = \widehat{KC}$，即 K 为当弧 $\widehat{BC}$ 的中点，从而即知 KD 平分 $\angle BDC$.

又 $KB = KA = KC$，则由内心的判定方法，知 A 为 $\triangle BDC$ 的内心.

证法 2 如图 5.84，设过点 B、C 的圆 Γ 的切线交于点 K，则知 K、B、Γ、D、C 五点共圆，记直线 AD 分别交 Γ 于 P、Q 两点，延长 BD 交圆 Γ 于点 E，联结 CE，则由 $\angle BDK = \angle BCK = \angle BEC$，知 $PQ \parallel CE$，即知 $\widehat{PC} = \widehat{QE}$，从而 $\angle PBC = \angle QBE$.

又由两圆内切的性质知 BA 平分 $\angle PBQ$，从而 BA 平分 $\angle CBD$.

同理，CA 平分 $\angle BCD$. 故知 A 为 $\triangle BCD$ 的内心.

证法 3 如图 5.85，设直线 AD 交圆 Γ 于 P、Q 两点，直线 CA、BA 分别交圆 Γ 于 M、N，由两圆内切的性质①知 M、N 分别为弧 $\widehat{PBQ}$、$\widehat{PCQ}$ 的中点，且 M、Γ、D、N 共线，即 MN 圆 Γ 的直径.

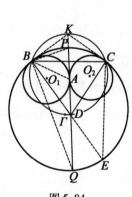

图 5.84

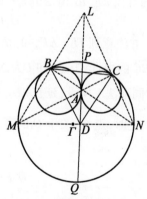

图 5.85

此时，$\angle MBN = \angle MCN = 90°$，注意 $\Gamma D \perp PQ$，即知 M、D、A、B 及 D、N、C、A 分别四点共圆，从而，知三条根轴 MB、QP、NC 共点于 L.

于是，知 A 为 $\triangle LMN$ 的垂心. 而 $\triangle BDC$ 为 $\triangle LMN$ 的垂心的垂足三角形，由垂心图的性质，知 A 为 $\triangle BDC$ 的内心.

注 ①两圆内切的性质：如图 5.86，两圆内切于点 P，大圆的弦 AB 切小圆于点 Q，PQ 交大圆于点 M，则 M 为 $\widehat{AB}$ 的中点. 事实上，联结 PA、PB 交小圆于 E、F，则 $EF \parallel AB$，有 $\widehat{EQ} = \widehat{QF}$，从而 $\angle APQ = \angle QPB$，故 $\widehat{AM} = \widehat{MB}$ 即 MP 平分 $\angle APB$. 此时，还可推知 $AM^2 = MQ \cdot MP$.

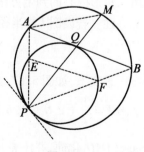

图 5.86

5.3.3 角的内切圆的外接圆与角内的外切圆

如果角的内切圆图中的角顶点在一个圆上,且此圆与角的内切圆又内切的圆,则称为角的内切圆的外接圆,如图 5.87 所示.

命题 6 (曼海姆定理) 设一圆与 $\triangle ABC$ 的两边 AB、AC 分别切于点 P、Q,且与 $\triangle ABC$ 的外接圆也相切,则 PQ 的中点 I 为 $\triangle ABC$ 的内心.

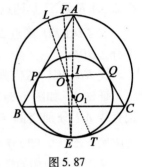

图 5.87

证法 1 如图 5.87,设 $\angle PAQ$ 的内切圆圆心为 O_1,$\triangle ABC$ 的外心为 O,直线 AI 交圆 O 于点 E,圆 O 与圆 O_1 内切于点 T,则 O_1 在直线 AE 上,O、O_1、T 三点共线,设过 O_1 的圆 O 的直径的另一端点为 L,则由相交弦定理,有

$$O_1L \cdot O_1T = O_1A \cdot O_1E \qquad ①$$

由 $O_1P \perp AB$,$O_1A \perp PQ$,有

$$O_1P^2 = O_1I \cdot O_1A \qquad ②$$

注意到 $O_1P = O_1T$,① + ② 得

$$O_1P \cdot TL = O_1A \cdot EI \qquad ③$$

作圆 O 的直径 EF,由 $\mathrm{Rt}\triangle BEF \backsim \mathrm{Rt}\triangle PO_1A$,有

$$O_1P \cdot EF = O_1A \cdot BE \qquad ④$$

由③、④,并注意到 $TL = EF$,知 $BE = EI$.

又 E 为 $\overset{\frown}{BC}$ 的中点,于是,知 I 为 $\triangle ABC$ 的内心,且 I 在 PQ 上.

证法 2 同证法 1 所设,延长 AO_1 交圆 O 于点 E,则 AE 平分弧 $\overset{\frown}{BC}$. 设 R、r_1 分别为圆 O、圆 O_1 的半径. 此时,点 O_1 关于 O 的幂为 $O_1A \cdot O_1E = (2R - r_1) \cdot r_1$,且 $AO_1 = \dfrac{r_1}{\sin\dfrac{A}{2}}$,则

$$O_1E = (2R - r_1) \cdot \sin\dfrac{A}{2}$$

设 AO_1 交 PQ 于 I,则

$$EI = EO_1 + O_1I = (2R - r_1) \cdot \sin\dfrac{A}{2} + r_1 \cdot \sin\dfrac{A}{2} = 2R \cdot \sin\dfrac{A}{2} = BE$$

由三角形内心的判定方法,知 I 为 $\triangle ABC$ 的内心且 I 在直线 PQ 上.

注 若设圆 I 的半径为 r,圆 O_1 的半径为 r_1,则

$$r_1 = r\sec^2\dfrac{A}{2}$$

事实上,如图 5.87,延长 AO_1 交圆 O 于点 E,延长 EO 交圆 O 于 F,则 $\angle FEO_1 = 90° - \angle AFE = \dfrac{1}{2}(\angle C - \angle B)$,$OO_1 = R - r_1 = r_1\csc\dfrac{A}{2}$. 由 $OO_1^2 = OA^2 + AO_1^2 - 2OA \cdot AO_1 \cdot \cos\angle OAO_1$ 化简,并注意 $r = 4R \cdot \sin^2\dfrac{A}{2} \cdot \sin^2\dfrac{B}{2} \cdot \sin^2\dfrac{C}{2}$,即证得结论.

命题 7 如图 5.88,$\angle EPF$ 的内切圆分别切两边于点 E、F,这个角的内切圆的外接圆交 $\angle EPF$ 的两边 PE、PF 分别于 A、B,且与角的内切圆内切于点 T,则 $EF^2 = 4AE \cdot BF$.

证明 如图 5.88,取 EF 的中点 Q,过点 T 作公切线 MN,作 $EH \perp TF$ 于点 H,联结 TA、TE、TP、TQ、TB,则 $QE = QF = QH$,且 $\angle QHF = \angle QFH$,易得

$$\frac{TH}{TE} = \cos\angle HTE = \cos\angle PEF = \frac{QE}{PE} = \frac{QH}{PE}$$

又 $\angle PEF = 180° - \angle AEF = 180° - \angle EFT$
$\qquad\qquad = 180° - \angle QHF = \angle QHT$

有 $\triangle PET \backsim \triangle QHT$,从而

$$\angle PTE = \angle QTH = \angle QTF \qquad\qquad ①$$

又易得 $\qquad \angle BTE = \angle NTF - \angle NTB = \angle TFB - \angle TPB = \angle PTE \qquad ②$

于是,由①、②得 $\angle ETQ = \angle PTF = \angle FTB$,且 $\angle TEQ = \angle TFB$,从而 $\triangle ETQ \backsim \triangle FTB$,有

$$\frac{QE}{TE} = \frac{BF}{TE} \qquad\qquad ③$$

同理,$\triangle FTQ \backsim \triangle ETA$,有

$$\frac{QF}{TF} = \frac{AE}{TE} \qquad\qquad ④$$

由③④可得 $\qquad AE \cdot BF = QE \cdot QF = \frac{1}{4}EF^2$

故 $\qquad\qquad EF^2 = 4AE \cdot BF$

命题 8 (2005 年北欧数学竞赛试题)已知圆 O_1 内切于圆 O_2 于点 A,过点 A 作直线分别交圆 O_1、O_2 于点 B、C,过点 B 作圆 O_1 的切线交圆 O_2 于点 D、E,过点 C 作圆 O_1 的两条切线,切点分别为 F、G。求证:D、E、F、G 四点共圆。

证明 如图 5.89,联结 AD、AE 分别交圆 O_1 于 Q、P,过 A 作切线 AT,则 $\angle EDA = \angle EAT = \angle PQA$,从而 $PQ \parallel ED$,有 $\overset{\frown}{PB} = \overset{\frown}{BQ}$(此即两圆内切的性质)。

亦即 $\angle QAB = \angle BAP = \angle CDE$,由 $\triangle CAD \backsim \triangle CDB$,知 $CD^2 = CB \cdot CA$。
又 $CG^2 = CB \cdot CA$,故 $CF = CG = CD = CE$,即 D、E、F、G 四点共圆。

命题 9 (2013 年欧洲女子数学奥林匹克试题)已知圆 O 是 $\triangle ABC$ 的外接圆,圆 I 与 AC、BC 相切,且与圆 O 内切于点 P,一条平行于 AB 的直线与圆 I 切于点 Q(在 $\triangle ABC$ 内部)。证明:$\angle ACP = \angle QCB$。

证明 如图 5.90,设圆 I 分别与 AC、BC 切于点 E、F,PC 交圆 I 于点 D,射线 PE、PQ、PF 分别与圆 O 交于点 K、M、L,则知 K、M、L 分别为劣弧 $\overset{\frown}{AC}$、优弧 $\overset{\frown}{AB}$、劣弧 $\overset{\frown}{CB}$ 的中点。于是

$$\overset{\frown}{ML} = \overset{\frown}{BM} - \overset{\frown}{BL} = \frac{1}{2}\overset{\frown}{ACB} - \frac{1}{2}\overset{\frown}{BC}$$
$$= \frac{1}{2}(\overset{\frown}{ACB} - \overset{\frown}{BC}) = \frac{1}{2}\overset{\frown}{AC} = \overset{\frown}{KC}$$

从而 $\angle KPC = \angle MPL$,推知 $ED = QF$,且 $\angle CED = \angle EPD =$

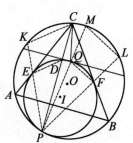

图 5.90

$\angle QPF = \angle QFC$.

注意到 $CE = CF$,知 $\triangle CED \cong \triangle CFQ$,故 $\angle ECD = \angle FCQ$,即 $\angle ACP = \angle QCB$.

命题 10(命题 6 的推广) 设圆 O 切 $\angle ADC$ 的边 DC、DA 分别为 E、F,在 CD 的延长线上取一点 B,过 B 作圆 $\varGamma$ 与圆 O 内切,交 DC、DA 分别于 C、A,则 $\triangle ABC$ 的内心 I 在直线 EF 上.

证法 1 如图 5.91,设圆 O 与圆 $\varGamma$ 内切于点 T,作射线 TE、TF 分别交圆 $\varGamma$ 于点 E',F',则 $E'F' \parallel EF$,且 E' 为 $\overparen{BC}$(不含点 A)的中点,即 AE' 平分 $\angle BAC$.

联结 $E'C$,由 $\angle E'TC = \angle BAE' = \angle BCE'$,知 $\triangle E'TC \sim \triangle E'CE$.

于是,$E'E \cdot E'T = E'C^2$.

又 $\angle EFT = \angle E'F'T = \angle E'AT$,设 AE' 与 EF 交于点 I,AD 的延长线交圆 $\varGamma$ 于 R,则 A、F、I、T 四点共圆,且 $\angle FTI = \angle FAI = \angle RAE' = \angle RTE'$,从而 $\angle FTR = \angle ITE'$.

注意 A、F、I、T 共圆及 TF 平分 $\angle ATR$,有 $\angle E'IE = \angle ATF = \angle FTR = \angle ITE'$,即知 $E'I$ 与 $\triangle TIE$ 的外接圆相切,从而 $E'I^2 = E'E \cdot E'T = E'C^2$,即 $E'I = E'C$.

故知 I 为 $\triangle ABC$ 的内心.

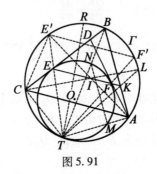

图 5.91

证法 2 如图 5.91,设圆 O 与圆 $\varGamma$ 内切于点 T,射线 TE 交圆 $\varGamma$ 于点 E',则 E' 为 $\overparen{BC}$(不含点 A)的中点,AE' 为 $\angle BAC$ 的平分线.

设 TA、TB 交圆 O 于 M、N,则 $MN \parallel AB$.

注意 $AF^2 = MA \cdot TA$,$BE^2 = NB \cdot TB$,有

$$\frac{MA}{NB} = \frac{TA}{TB}, \frac{AF}{BE} = \frac{\sqrt{MA \cdot TA}}{\sqrt{NB \cdot TB}} = \frac{TA}{TB}$$

又设直线 EF 与 AB 交于点 K,对 $\triangle ABD$ 及截线 EFK,应用梅涅劳斯定理,有

$$\frac{BE}{ED} \cdot \frac{DF}{FA} \cdot \frac{AK}{KB} = 1 \xrightarrow{DE=DF} \frac{AK}{KB} = \frac{AF}{BE} = \frac{TA}{TB}$$

因此,TK 平分 $\angle ATB$.

设直线 TK 交圆 $\varGamma$ 于点 L,则 L 为 $\overparen{AB}$(不含点 C)的中点,即 CL 平分 $\angle ACB$.

于是 AE' 与 CL 交于 $\triangle ABC$ 的内心 I.

又对圆内接六边形 $TE'ABCL$,应用帕斯卡(pascal)定理,即知 E、I、K 三点共线,又 K 在直线 EF 上,故 E、I、F 三点共线.

命题 11 (2007 年中国国家集训测试题)凸四边形 $ABCD$ 内接于圆 $\varGamma$,与边 BC 相交的一个圆与圆 $\varGamma$ 内切,且分别与 BD、AC 相切于点 P、Q. 求证:$\triangle ABC$ 的内心与 $\triangle DBC$ 的内心

皆在直线 PQ 上.

证明 如图 5.92,对 $\triangle BDC$ 应用命题 10 的结论(或按其证法而证)即知 $\triangle BDC$ 的内心在直线 PQ 上.

又对 $\triangle ABC$ 应用命题 10 的结论,即知 $\triangle ABC$ 的内心在直线 PQ 上,从而命题获证.

命题 12 （2011 年中国数学奥林匹克试题）设 D 是锐角 $\triangle ABC$ 外接圆 Γ 上 $\overparen{BC}$ 的中点,点 X 在 $\overparen{BD}$ 上,E 是 $\overparen{ABX}$ 的中点,S 是 $\overparen{AC}$ 上一点,直线 SD 交 BC 于点 R,SE 与 AX 交于点 T. 证明:若 $RT /\!/ DE$,则 $\triangle ABC$ 的内心在直线 RT 上.

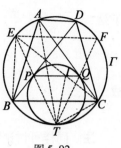

图 5.92

证明 如图 5.93,过点 S 作圆 Γ 的切线 LY.

由 $RT /\!/ DE$,知 $\angle SRT = \angle SDE = \angle ESY$,$\angle STR = \angle SED = \angle DSL$,注意到弦切角定理的逆定理,知过点 T、R、S 三点的圆与直线 LY 相切于点 S,亦即圆 TRS 与圆 Γ 内切于点 S.

过点 E 作圆 Γ 的切线 EZ,因 E 为弧 $\overparen{XA}$ 的中点,由弧中点性质,知 $EZ /\!/ XA$. 注意 $DE /\!/ RT$,有

$$\angle STA = \angle SEZ = \angle SDE = \angle SRT$$

图 5.93

由弦切角定理的逆定理,知过点 T、R、S 的圆与直线 XA 切于点 T.

同理,过点 T、R、S 的圆与直线 BC 相切于点 R.

联结 CX、XB,则图 5.93 变成了命题 11 的图. 由命题 11 知 $\triangle ABC$ 的内心在直线 RT 上.

下面讨论角的内切圆图在角内的外切圆图问题.

如果一个圆与角的内切圆外切,又与角的两边相切,则称此圆为角的内切圆在角内的外切圆. 如图 5.94 所示,分两种情形.

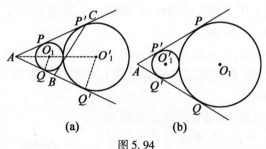

(a)   (b)

图 5.94

命题 13 如图 5.94(a),设圆 O_1 为 $\triangle ABC$ 的内切圆,圆 O'_1 与圆 O_1 外切,且 $\angle CAB$ 的边 AB、AC 分别切于点 Q'、P',令圆 O'_1 与圆 O 的半径分别为 r'_1、r,则

$$r'_1 = \frac{r\left(1 + \sin\dfrac{A}{2}\right)}{1 - \sin\dfrac{A}{2}}$$

证明 设圆 O_1 与 AB 切于点 Q,联结 O_1Q、O'_1Q',则 $O_1Q \perp AB$,$O'_1Q' \perp AB$,即有 $\mathrm{Rt}\triangle AQO_1 \backsim \mathrm{Rt}\triangle AQ'O'_1$,亦有

$$\frac{AO_1}{AQ} = \frac{AO'_1}{AQ'} = \frac{AO_1 + O_1O'_1}{AQ'}$$

于是
$$\frac{1}{\sin\dfrac{A}{2}} = \frac{\dfrac{r}{\sin\dfrac{\angle A}{2}} + r_1' + r}{r_1'}$$

故
$$r_1' = \frac{r\left(1 + \sin\dfrac{A}{2}\right)}{1 - \sin\dfrac{A}{2}}$$

注 同样可讨论图 5.94(b)的情形.

5.3.4 邻补角的内切圆与对顶角的内切圆

命题 14 设 D 是 $\triangle ABC$ 的 BC 边上任意一点,I 是 $\triangle ABC$ 的内心,圆 O_1 与 AD、BD 均相切,同时与 $\triangle ABC$ 的外接圆相切,圆 O_2 与 AD、CD 均相切,同时与 $\triangle ABC$ 的外接圆相切,则 O_1、I、O_2 三点共线.

证明 如图 5.95,设圆 O_1 与 BD、AD 分别切于 E、F,圆 O_2 与 AD、DC 分别切于 G、H. 由曼海姆定理(即命题 6)推广(即命题 8)知直线 EF 与 GH 的交点 I 即为 $\triangle ABC$ 的内心 I.

由 $O_1D \perp EI$,$HG \perp DO_2$,$O_1D \perp O_2D$,知 $EI \perp GH$,即知 GF 为圆 IGF 的直径,EH 为圆 IEH 的直径,因 $O_1E \perp EH$,$O_1F \perp GF$,且 $O_1E = O_1F$,则知点 O_1 对圆 IGF 与圆 IEH 的幂相等,因而点 O_1 在这两个圆的根轴上.

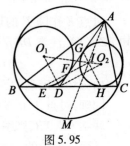

图 5.95

同理 O_2 也在圆 IGF、圆 IEH 的根轴上.

又 I 在圆 IGF、圆 IEH 的根轴上,故 O_1、I、O_2 三点共线.

注 在图 5.95 中,设 M 为劣弧 $\overset{\frown}{BC}$ 的中点,则知 A、I、M 三点共线. 由此也可知 A 与 M 的连线与 O_1O_2 的交点即为 $\triangle ABC$ 的内心 I.

命题 15 设圆 Γ_1 与圆 Γ_2 外离,P 为两圆内公切线的交点,过点 P 作一条割线分别与圆 Γ_1、圆 Γ_2 交于 A、B(A、B 都是离点 P 较远的点),两圆的一条外公切线分别切圆 Γ_1、圆 Γ_2 于 C、D. 求证:$AC \perp BD$.

证明 如图 5.96,设圆 Γ_1、Γ_2 的圆心分别为 O_1、O_2,直线 CP 交圆 O_2 于点 C'. 考虑以 P 为位似中心的交换:C' 为 C 的对应点,从而 $O_1C \parallel O_2C'$. 又 $CO_1 \parallel DO_2$,故 D、O_2、C' 三点共线. 于是 $DB \perp BC'$,又 $AC \parallel C'B$,故 $AC \perp BD$.

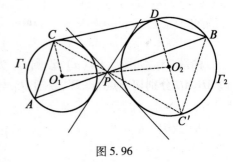

图 5.96

命题 16 (1996 年全国数学联赛试题)如图 5.97,圆 O_1 与圆 O_2 和 $\triangle ABC$ 的三边所在的三条直线却相切,E、F、G、H 为切点,直线 EG 与 FH 交于点 P,求证:$PA \perp BC$.

证法 1 联结 O_1O_2,由于圆 O_1 和圆 O_2 是 $\triangle ABC$ 的两个旁切圆,显然 O_1O_2 过点 A. 设 O_1O_2 与 EG 交于点 D,联结 O_1E、O_1B、BD、DH、O_2H、O_2F,于是 $CE = CG$,$\angle CEG = 90° -$

$\frac{1}{2}\angle C$, $BH = BF$, $\angle BHF = 90° - \frac{1}{2}\angle B$. 又

$\angle O_1DE = 180° - \angle ADE$
$= 180° - (360° - \angle DAB - \angle ABE - \angle BED)$
$= -180° + (90° - \frac{1}{2}\angle A) + (180° - \angle B) + (90° - \frac{1}{2}\angle C)$
$= 90° - \frac{1}{2}\angle B = \angle O_1BE$

从而 O_1、E、B、D 四点共圆,即有 $\angle O_1DB = 180° - \angle O_1EB = 90°$.

又 $\angle PDA = \angle O_1DE = 90° - \frac{1}{2}\angle B = \angle BHF$,则由 A、H、

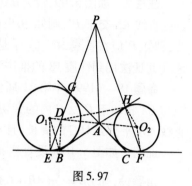

图 5.97

P、D 四点共圆有 $\angle APH = \angle ADH$, $\angle O_2HB = 90° = \angle O_2DB$, 从而 B、D、H、O_2、F 五点共圆,即有 $\angle ADH = \angle O_2FH$.

由 $\angle APH = \angle O_2FH$ 得 $PA // O_2F$, 由 $O_2F \perp BC$, 知 $PA \perp BC$.

证法 2 如图 5.98,设直线 PA 交 BC 于点 D, 对 $\triangle ABD$ 及截线 PHF、对 $\triangle ADC$ 及截线 PGE 分别应用梅涅劳斯定理,有

$$\frac{AH}{HB} \cdot \frac{BF}{FD} \cdot \frac{DP}{PA} = 1 = \frac{DP}{PA} \cdot \frac{AG}{GC} \cdot \frac{CE}{ED}$$

注意到切线长定理及 O_1、A、O_2 三点共线.

知 $BF = HB$, $CE = GC$, 及 $\text{Rt}\triangle AGO_1 \sim \triangle AHO_2$, 有

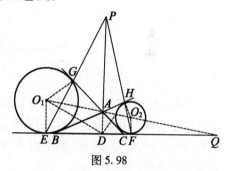

图 5.98

$\frac{ED}{FD} = \frac{AG}{AH} = \frac{O_1G}{O_2H} = \frac{O_1E}{O_2F}$, 从而 $\text{Rt}\triangle EDO_1 \sim \text{Rt}\triangle FDO_2$, 即 $\angle EDO_1 = \angle FDO_2$.

设直线 O_1、O_2 与直线 EF 交于点 Q(或无穷远点 Q),则知 A、Q 调和分割 O_1O_2, 即 DO_1、DO_2、DA、DQ 为调和线束,且 DQ 平分 $\angle O_1DO_2$ 的外角,故 $DA \perp DQ$, 即 $PA \perp BC$.

命题 17 (2004 年德国国家队选拔考试题)设 $\triangle ABC$ 的 $\angle B$ 内的旁切圆与边 CA 切于点 K, 与 BC 的延长线切于点 L, $\angle C$ 内的旁切圆分别与直线 BC、CA 切于点 M、N, 直线 KL 与 MN 交于点 P. 求证:AP 平分 $\angle NAB$.

证法 1 如图 5.99,设 $\angle C$ 内的旁切圆的圆心为 I_C, 圆 I_C 切 AB 于点 Q.

作平行四边形 $BCKK'$, 注意到 $CN = CM$, $BQ = CK$, 则 $MB = BQ = CK = BK'$, 从而 $\angle MK'B = \angle K'MB$.

注意到 $\angle K'BM = \angle NCM$, 则 $\angle K'MB = \angle NMC$, 即知点 K' 在 MN 上.

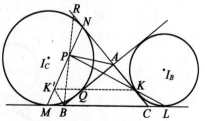

图 5.99

又由 $CL = CK$, 推知 $LP \perp MN$, 且 KP 平分 $\angle NKK'$, 亦即知 P 为 NK' 的中点. 设直线 BP 与直线 CA 交于点 R, 则 $RN = BK' = BM$, 所以

$$AB = AQ + QB = AN + BM = AN + RN = AR$$

又可证得 $\triangle PRN \cong \triangle PBK'$, 从而推知 P 也为 BR 的中点.

故 AP 平分 $\angle NAB$.

证法 2 如图 5.99,设 $\angle BAC$ 的外角 $\angle NAB$ 的平分线 AP' 与顶点 C 处的旁切圆圆 I_B 切点弦直线 KL 交于 P',则知 $BP' \perp AP'$. 此时,注意 MN 为点 C 关于旁切圆圆 I_C 的切点弦直线,即知 P' 应在直线 MN 上,于是 P' 为直线 KL 与 MN 的交点,即知 P' 与 P 重合,故结论获证. (此证法用到性质 18 的推广)

命题 18 (1999 年第 21 届世界城市(冬季)数学竞赛题) 已知 $\triangle ABC$ 的 $\angle B$ 内的旁切圆与 CA 相切于 D,$\angle C$ 内的旁切圆与 AB 切于点 E. M 和 N 分别为 BC 和 DE 的中点. 求证: 直线 MN 平分 $\triangle ABC$ 的周长,且与 $\angle A$ 的平分线平行.

证明 如图 5.100,设直线 MN 分别交直线 AC、AB 于点 G、F,设 L 为 GF 的中点.

由题设,知 $EB = \dfrac{1}{2}(AB + CA - BC) = DC$.

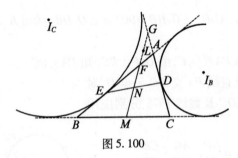

图 5.100

于是,由一组对边相等的四边形的性质:四边形一组对边相等的充要条件是另一组对边中点即在直线与这两相等的边所在直线成等角(此结论的证明留给读者写出). 于是知 $\angle BFM = \angle MGC$. 从而,BC 的中点 M、FG 的中点 L 所在直线与 BF、CG 成等角. 此时,$\triangle AGF$ 为等腰三角形,有 $AF = AG$.

又由一组对边相等的四边形的性质,知 $BF = CG$.

从而,直线 MN 平分 $\triangle ABC$ 的周长,且 MN 与 $\angle A$ 的平分线平行.

命题 19 设 $\triangle ABC$ 的 $\angle A$ 的旁切圆分别与 $\angle A$ 的两边切于 A_1、A_2,$\angle B$ 内的旁切圆分别与 $\angle B$ 的两边切于 B_1、B_2,$\angle C$ 内的旁切圆分别与 $\angle C$ 的两边切于 C_1、C_2. 直线 A_1A_2 与 BC 交于 D,直线 B_1B_2 与 CA 交于 E,直线 C_1C_2 与 AB 交于 F. 求证:D、E、F 三点共线.

证明 如图 5.101,对 $\triangle ABC$ 及截线 DA_1A_2、EB_1B_2、FC_1C_2 分别应用梅涅劳斯定理,有

$$\dfrac{BD}{DC} \cdot \dfrac{CA_2}{A_2A} \cdot \dfrac{AA_1}{A_1B} = 1, \dfrac{CE}{EA} \cdot \dfrac{AB_2}{B_2B} \cdot \dfrac{BB_1}{B_1C} = 1, \dfrac{AF}{FB} \cdot \dfrac{BC_2}{C_2C} \cdot \dfrac{CC_1}{C_1A} = 1$$

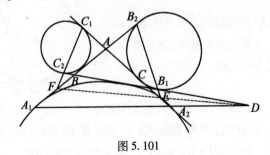

图 5.101

上述三式相乘,并注意 $AA_1 = AA_2$,$BB_1 = BB_2$,$CC_1 = CC_2$,$CA_2 = AC_1$,$AB_2 = A_1B$,$BC_2 =$

B_1C(其中应用到了切线长定理以及性质 20 后的注)得

$$\frac{BD}{DC} \cdot \frac{CE}{EA} \cdot \frac{AF}{FB} = 1$$

对 $\triangle ABC$ 应用梅涅劳斯定理的逆定理,知 D、E、F 三点共线.

命题 20 设 $\triangle ABC$ 的 $\angle A$ 内的旁切圆分别与直线 AC、AB 切于 E、F,$\angle B$ 的旁切圆和 $\angle C$ 内的旁切圆分别与直线 BC 切于 D_1、D_2,直线 D_1E 与 D_2F 交于 P,求证:$AP \perp BC$.

证明 如图 5.102,显然 $\angle B$、$\angle C$ 内的旁切圆的圆心 I_B、I_C、A 三点共线. 设圆 I_B、圆 I_C 与直线 AB、AC 分别切于点 F_1、E_1,则注意性质 20 后的注推知 $AE_1 = CE$,$F_1A = BF$,及 $\dfrac{AF_1}{AE_1} = \dfrac{AI_B}{AI_C}$.

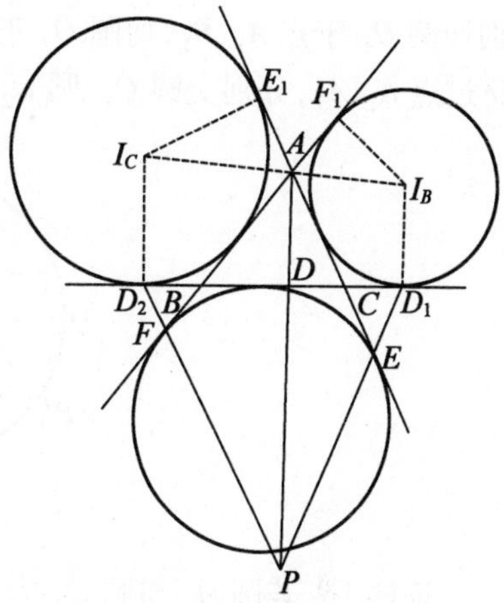

设 AP 交 BC 于点 D,对 $\triangle ADC$ 及截线 D_1、EP,应用梅涅劳斯定理,有 $\dfrac{DD_1}{D_1C} \cdot \dfrac{CE}{EA} \cdot \dfrac{AP}{PD} = 1$,即

$$\frac{DD_1}{D_1C} \cdot \frac{AE_1}{EA} \cdot \frac{AP}{PD} = 1$$

同理
$$\frac{DD_2}{D_2B} \cdot \frac{AF_1}{FA} \cdot \frac{AP}{PD} = 1$$

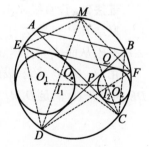

图 5.102

上述两式相除,注意 $D_2B = D_1C$,$FA = EA$,得 $\dfrac{DD_1}{DD_2} \cdot \dfrac{AE_1}{AF_1} = 1$,所以 $\dfrac{DD_1}{DD_2} = \dfrac{AF_1}{AE_1} = \dfrac{AI_B}{AI_C}$.

而 $I_BD_1 /\!/ I_CD_2$,因此 $AD /\!/ I_BD_1$. 但 $I_BD_1 \perp BC$,故 $AD \perp BC$,即 $AP \perp BC$.

命题 21 设圆 O_1 与圆 O_2 均与圆 O 内切,圆 O_1 与圆 O_2 的两条内公切线 AC、BD 分别与圆 O 交于 A、C、B、D,圆 O_1 与圆 O_2 的外公切线交圆 O 于 E、F,且 EF 和 AB 位于直线 O_1O_2 同侧,则 $EF /\!/ AB$.

证明 如图 5.103,设 $\overparen{EF}$(不含点 C、D)的中点为 M,联结 MD、MC 分别与直线 O_1O_2 交于 I_1、I_2,由命题 14 后的注,知 I_1、I_2 分别是 $\triangle EDF$ 与 $\triangle ECF$ 的内心,所以 $MI_1 = ME = MF = MI_2$,于是 $\angle I_1I_2M = \angle MI_1I_2$.

从而 $\angle I_1I_2C = \angle DI_1I_2$. 又 O_1O_2 过 AC 与 BD 的交点 P,且 $\angle O_1PD = \angle CPO_2$,所以 $\angle BDM = \angle MCA$,因而 M 为 $\overparen{AB}$ 的中点.

又 M 为 $\overparen{EF}$ 的中点. 故 $EF /\!/ AB$.

图 5.103

注 此命题图中,若令 BD 与 EF 交于点 Q,则圆 O_1 与圆 O_2 就可看成邻补角 $\angle EQD$ 与 $\angle FQD$ 的角内切圆了. 在较复杂一点的图中,切换视角看待图中的构成,可以开阔我们的视野.

5.3.5 角内的多个内切圆

命题 22 如图 5.104,设圆 O_1 与圆 O_2 外离,且均与 $\angle P$ 的两边分别切于点 A_1、A_2、B_1、B_2,过点 P 的割线分别交圆 O_1、圆 O_2 于 C_1、D_1、C_2、D_2,则 A_1、C_1、D_2、A_2 及 A_1、D_1、C_2、A_2 分别

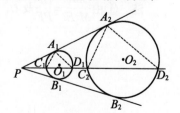

图 5.104

四点共圆.

证明 注意到点 P 为圆 O_1、圆 O_2 的外位似中心,所以 $A_1C_1 /\!/ A_2C_2$,$A_1D_1 /\!/ A_2D_2$,从而
$$\angle PA_1C_1 = \angle PA_2C_2 = \angle A_2D_2C_2$$
$$\angle A_1D_1C_1 = \angle A_2D_2C_2 = \angle A_1A_2C_2$$
因此 A_1、C_1、D_2、A_2 及 A_1、D_1、C_2、A_2 分别四点共圆.

命题 23 (1991 年中国国家集训队测试题) 已知圆 O_1 与圆 O_2 外离,两条外公切线分别切圆 O_1 于点 A_1、B_1,切圆 O_2 于点 A_2、B_2,弦 A_1B_1、A_2B_2 分别交直线 O_1O_2 于点 M_1、M_2. 圆 O 过点 A_1、A_2,分别交圆 O_1、圆 O_2 于点 P_1、P_2. 求证:$\angle O_1P_1M_1 = \angle O_2P_2M_2$.

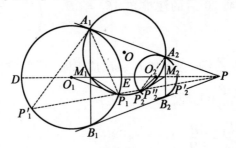

图 5.105

证法 1 若圆 O_1 与圆 O_2 为等圆,则点 M_i 与 O_i($i=1,2$)重合. $\angle O_1P_1M_1 = \angle O_2P_2M_2 = 0°$.

若圆 O_1 与圆 O_2 不是等圆,则可设两公切线 A_1A_2 与 B_1B_2 交于点 P,且 P 为圆 O_1 与圆 O_2 的外位似中心,直线 O_1O_2 过点 P.

设直线 PP_1 交圆 O_1 于另一点 P_1',交圆 O_2 于另一点 P_2'. 由命题 22,知 A_1、P_1'、P_2'、A_2 四点共圆,由性质 2 中注②知 O_1、P_1、P_1'、M_1 四点共圆,则 $\angle O_1P_1M_1 = \angle O_1P_1'M_1$.

从而,由相似变换得 $\angle O_1P_1M_1 = \angle O_1P_1'M_1 = \angle O_2P_2M_2$.

证法 2 设直线 A_1A_2 与 B_1B_2 交于点 P,先证 P_1、P_2、P 三点共线.

联结 P_1P 交圆 O_2 于 P_2'',交圆 O_1 于 P_1',联结 A_1P_1'、A_2P_2''、A_1P_1,则 $\angle A_2P_2''P = \angle A_1P_1'P = \angle P_1A_1P$,从而 A_1、A_2、P_2''、P_1 四点共圆,于是知 P_2 与 P_2'' 重合,故 P_1、P_2、P 三点共线.

由 O_1、O_2、P 共线,设此直线交圆 O_1 于 D、E,则由性质 3(3) 知 M_1、P 调和分割 DE,从而 DE 的中点 O_1 满足 $O_1M_1 \cdot O_1P = O_1E^2 = O_1P_1^2$①,即有
$$\frac{O_1P_1}{O_1M_1} = \frac{O_1P}{O_1P_1}$$
而 $\angle P_1O_1M_1$ 公用,知 $\triangle O_1P_1M_1 \sim \triangle O_1PP_1$,有 $\angle O_1P_1M_1 = \angle O_1PP_1$.

同理,$\angle O_2P_2M_2 = \angle O_2PP_2$,故 $\angle O_1P_1M_1 = \angle O_2P_2M_2$.

注 ①由 $\dfrac{DM_1}{M_1E} = \dfrac{DP}{PE}$ 及 O_1 为 DE 中点,有
$$\frac{DO_1 + O_1M_1}{DO_1 - O_1M_1} = \frac{PO_1 + O_1D}{PO_1 - O_1D}$$
$$\Leftrightarrow \frac{2DO_1}{2O_1M_1} = \frac{2PO_1}{2O_1D}$$
$$\Leftrightarrow O_1M_1 \cdot O_1P = O_1D^2 = O_1E^2$$

命题 24 如图 5.106,圆 I 和圆 I_A 分别为 $\triangle ABC$ 的内切圆、$\angle A$ 内的旁切圆,D、G 分别为圆 I、圆 I_A 与 BC 边的切点,过 C 作 $CF \perp AI_A$ 于 F,过 B 作 $BE \perp AI_A$ 于 E,则四边形 $EDFG$ 内接于圆.

证明 取 BC 的中点 M,联结 ME、MF,延长 BE 交直线 AC 于 T,延长 CF 交直线 AB 于 S.

由 AI 平分 $\angle BAC$,知 $AE \perp BT$,$AB = AT$,$BE = ET$,即知
$$ME = \frac{1}{2}CT = \frac{1}{2}(AT - AC) = \frac{1}{2}(AB - AC)$$

同理
$$MF = \frac{1}{2}(AB - AC)$$

故
$$ME = MF$$

又圆 I、圆 I_A 分别切 BC 于 D、G 则
$$BD = \frac{1}{2}(AB + BC - AC),\ BG = \frac{1}{2}(BC + AC - AB)$$

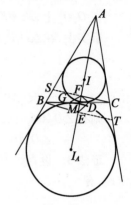

图 5.106

从而
$$MD = BD - BM = \frac{1}{2}(AB + BC - AC) - \frac{1}{2}BC = \frac{1}{2}(AB - AC)$$
$$MG = BM - BG = \frac{1}{2}BC - \frac{1}{2}(BC + AC - AB) = \frac{1}{2}(AB - AC)$$

因此,$MG = ME = MD = MF$,故四边形 $EDFG$ 内接于以点 M 为圆心的圆.

命题 25 (第 24 届国际数学奥林匹克试题)已知同一平面上的两个不同的圆 C_1、C_2,圆心分别是 O_1、O_2. 设 A 是两圆不同交点中的一个,其中一条公切线与圆 C_1、C_2 的切点分别是 P_1、P_2,另外一条公切线与两圆的切点分别是 Q_1、Q_2,点 M_1、M_2 分别是线段 P_1Q_1、P_2Q_2 的中点. 试证:$\angle O_1AO_2 = \angle M_1AM_2$.

证法 1 如图 5.107,设 O 是直线 P_1P_2、Q_1Q_2、O_1O_2 的交点,则这两个圆是位似的并且 O 是其位似中心. 设 B 是圆 C_1、C_2 的第二个交点,直线 AB 与 P_1P_2、Q_1Q_2 分别交于点 T、U,由圆幂定理,得 $TP_2^2 = TA \cdot TB = TP_1^2$,从而 $TP_1 = TP_2$. 同理 $Q_1U = UQ_2$.

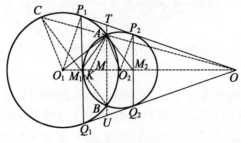

图 5.107

因为 TU 垂直于 O_1O,且是梯形 $P_1Q_1Q_2P_2$ 的中位线,因此 AB 是线段 M_1M_2 的中垂线,所以 $\angle AM_1M_2 = \angle M_1M_2A = \alpha$.

设直线 OA 交圆 O_1 于点 C,因 $\angle BM_1M_2 = \alpha$,C 是 A 的位似变换的像,则 B、M_1、C 三点共线.

由直线 O_1O 的反射性得 $\angle O_1AM_1 = \angle O_1BM_1 = \angle O_1CM_1 = \beta$.

又 $\angle O_1CM_1 = \beta = \angle O_2AM_2$,因此 $\angle O_1AO_2 = \angle M_1AM_2$.

证法 2 设 B 是两圆的另一个交点,T、M 分别是 P_1P_2、O_1O_2 与 AB 的交点.
由 $TP_1^2 = TA \cdot TB = TP_2^2$,知 $TP_1 = TP_2$.
又 $P_1M_1 \parallel TM \parallel P_2M_2$,知 $MM_1 = MM_2$.注意 $AB \perp O_1O_2$,则 TM 是 M_1M_2 的中垂线.
在 O_1O_2 上,取 $MK = MO_2$,则 $\angle KAM_1 = \angle O_2AM_2$,因此,只需证 $\angle O_1AM_1 = \angle KAM_1$.
事实上,在 $\triangle O_1P_1M_1$ 和 $\triangle O_2P_2M_2$ 中,由 $O_1P_1 \parallel O_2P_2$,$P_1M_1 \parallel P_2M_2$ 有

$$\frac{O_1M_1}{M_1K} = \frac{O_1M_1}{O_2M_2} = \frac{O_1P_1}{O_2P_2} = \frac{O_1A}{O_2A} = \frac{O_1A}{KA}$$

由此知 AM_1 是 $\angle O_1AK$ 的平分线.
则有 $\angle O_1AM_1 = \angle KAM_1 = \angle O_2AM_2$,故

$$\angle O_1AO_2 = \angle O_1AM_1 + \angle M_1AO_2 = \angle O_2AM_2 + \angle M_1AO_2 = \angle M_1AM_2$$

证法 3 设直线 P_1P_2 与 OO_1 交于点 O,联结 AO、O_1P_1、O_2P_2,则注意到直角三角形射影定理,有

$$O_1A^2 = O_1P_1^2 = O_1M_1 \cdot O_1O$$

即 $\dfrac{AO_1}{O_1M_1} = \dfrac{OO_1}{O_1A}$,从而 $\triangle AO_1M_1 \sim \triangle OO_1A$,故 $\angle O_1AM_1 = \angle O_1OA$.

$$O_2A^2 = O_2P_2^2 = O_2M_2 \cdot O_2O$$

即 $\dfrac{AO_2}{O_2M_2} = \dfrac{OO_2}{O_2A}$,从而 $\triangle AO_2M_2 \sim \triangle OO_2A$,故 $\angle O_2AM_2 = \angle O_2OA$.

即有 $\angle O_1AM_1 = \angle O_2AM_2$,故 $\angle O_1AO_2 = \angle M_1AM_2$.

命题 26 (2011 年全国女子数学奥林匹克试题)如图 5.108,已知圆 O 为 $\triangle ABC$ 的边 BC 上的旁切圆,点 D、E 分别在线段 AB、AC 上,使得 $DE \parallel BC$,圆 O_1 为 $\triangle ADE$ 的内切圆,O_1B 与 DO、O_1C 与 EO 分别交于点 F、G,圆 O 与 BC 切于点 M,圆 O_1 与 DE 切于点 N.证明:MN 平分线段 FG.

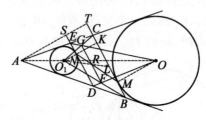

图 5.108

证法 1 若 $AB = AC$,则图形关于 $\angle BAC$ 的平分线成轴对称,结论显然成立.下面不妨设 $AB > AC$,如图 5.108.设线段 BC 的中点为 L,联结 O_1L 交线段 FG 于点 R.联结 O_1N 并延长交直线 BC 于点 K,作 $AT \perp BC$ 于 T,交直线 DE 于点 S.联结 AO,显然 O_1 在线段 AO 上.分别对 $\triangle ABO_1$ 及截 BFO_1、$\triangle ACO_1$ 及截线 EGO 应用梅涅劳斯定理,得

$$\frac{O_1F}{FB} \cdot \frac{BD}{DA} \cdot \frac{AO}{OO_1} = 1, \frac{O_1G}{GC} \cdot \frac{CE}{EA} \cdot \frac{AO}{OO_1} = 1 \qquad ①$$

由于 $DE \parallel BC$,有 $\dfrac{BD}{DA} = \dfrac{CE}{EA}$,因此 $\dfrac{O_1F}{FB} = \dfrac{O_1G}{GC}$,即 $FG \parallel BC$,故 $\dfrac{FR}{GR} = \dfrac{BL}{CL} = 1$,因此 R 是 FG 的中点.下面只需证明 M、R、N 三点共线.

对 $\triangle LKO_1$,应用梅涅劳斯定理的逆定理,我们只需证明

$$\frac{O_1R}{RL} \cdot \frac{LM}{MK} \cdot \frac{KN}{NO_1} = 1 \qquad ②$$

由于 $FR /\!/ BL$,故 $\frac{O_1R}{RL} = \frac{O_1F}{FB} = \frac{OO_1}{AO} \cdot \frac{AD}{DB}$(第二等号用到了①),故我们只需证明

$$\frac{OO_1}{AO} \cdot \frac{AD}{DB} \cdot \frac{LM}{MK} \cdot \frac{KN}{NO_1} = 1 \qquad ③$$

由于 $O_1K \perp DE, OM \perp BC, AT \perp BC, DE /\!/ BC$,故 O_1K、OM、AT 三条直线彼此平行,由平行线分线段成比例定理得 $\frac{OO_1}{AO} = \frac{MK}{MT}$,将此式代入③,我们只需证明

$$\frac{AD}{DB} \cdot \frac{LM}{MT} \cdot \frac{KN}{NO_1} = 1 \qquad ④$$

由于 $DE /\!/ BC, FN \perp DE, ST \perp BC$,故四边形 $KNST$ 为矩形,因此 $KN = ST$. 再由 $DS /\!/ BT$ 得 $\frac{AD}{DB} = \frac{AS}{ST}$,代入④中,我们只需证明

$$\frac{LM}{MT} = \frac{NO_1}{AS} \qquad ⑤$$

记 $BC = a, AC = b, AB = c$,则

$$BM = \frac{a+b-c}{2}(旁切圆性质), BL = \frac{a}{2}$$

$$BT = c \cdot \cos\angle ABC = c \cdot \frac{a^2+c^2-b^2}{2ac} = \frac{a^2+c^2-b^2}{2a}$$

故

$$\frac{LM}{MT} = \frac{BL-BM}{BT-BM} = \frac{\frac{c-b}{2}}{\frac{c^2-b^2+a(c-b)}{2a}} = \frac{a}{a+b+c}$$

另一方面

$$\frac{NO_1}{AS} = \frac{\frac{2S_{\triangle ADE}}{AD+DE+AE}}{\frac{2S_{\triangle ADE}}{DE}} = \frac{DE}{AD+DE+AE} = \frac{a}{a+b+c}$$

故式⑤成立,证毕.

证法 2 设圆 O、圆 O_1 半径分别 r、r_1. 显然 O_1、O、A 共线.

$$\left.\begin{array}{l} DE /\!/ BC \Rightarrow \dfrac{AB}{BD} = \dfrac{AC}{CE} \\[2mm] \dfrac{OF}{FD} = \dfrac{S_{\triangle BOO_1}}{S_{\triangle DBO_1}} = \dfrac{\frac{1}{2}AB\sin\frac{A}{2} \cdot OO_1}{\frac{1}{2}r_1 BD} \\[4mm] \dfrac{OG}{GE} = \dfrac{S_{\triangle OO_1C}}{S_{\triangle EOO_1}} = \dfrac{\frac{1}{2}\left(AC\sin\frac{A}{2}\right) \cdot OO_1}{\frac{1}{2}r_1 \cdot CE} \end{array}\right\} \Rightarrow \dfrac{OF}{FD} = \dfrac{OG}{GE} \Rightarrow FG /\!/ DE /\!/ BC$$

联结 O_1N 并延长交 BC 于 K. 当 $\angle ABC = \angle ACB$ 时,由对称性,命题成立. 下面不妨设 $\angle ABC < \angle ACB$.

如图 5.109,联结 OM、O_1M、OB、MD、DO_1. 由 $O_1N \parallel OM$ 知

$$S_{\triangle ONM} = S_{\triangle MOO_1} = \frac{1}{2} r \cdot OO_1 \cdot \sin \frac{C-B}{2} \qquad ⑥$$

$$\frac{OG}{GE} = \frac{OF}{DF} = \frac{S_{\triangle BOO_1}}{S_{\triangle BDO_1}} = \frac{\frac{1}{2} BO \cdot OO_1 \cdot \sin \frac{C}{2}}{\frac{1}{2} \cdot BD \cdot DO_1 \cdot \sin \frac{B}{2}}$$

$$= \frac{r \cdot OO_1 \cdot \sin \frac{C}{2}}{r_1 \cdot BD \cdot \cos \frac{B}{2}} \qquad ⑦$$

注意到 $r = BO \cdot \cos \frac{B}{2}, r_1 = DO_1 \cdot \sin \frac{B}{2}$

$$S_{\triangle DMN} - S_{\triangle MEN} = \frac{1}{2} NK \cdot (DN - NE)$$

$$= \frac{1}{2} BD \cdot \sin B \cdot \left(r_1 \cot \frac{B}{2} - r_1 \cot \frac{C}{2} \right) \qquad ⑧$$

由⑦,⑧知

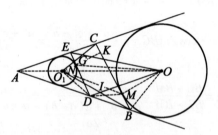

图 5.109

$$\frac{OG}{GE}(S_{\triangle DMN} - S_{\triangle MEN}) = \frac{1}{2} r_1 \cdot BD \cdot \sin B \cdot$$

$$\left(\cot \frac{B}{2} - \cot \frac{C}{2} \right) \cdot \frac{r \cdot OO_1 \cdot \sin \frac{C}{2}}{r_1 \cdot BD \cdot \cos \frac{B}{2}}$$

$$= r \cdot OO_1 \cdot \sin \frac{B}{2} \cdot \sin \frac{C}{2} \left(\cot \frac{B}{2} - \cot \frac{C}{2} \right)$$

$$= r \cdot OO_1 \cdot \sin \frac{C-B}{2}$$

结合⑥知 $\quad \dfrac{OG}{GE}(S_{\triangle DMN} - S_{\triangle MEN}) = 2 S_{\triangle MON}$

因为 $\quad \dfrac{OG}{GE} : 2 = \dfrac{OG}{OE} : \left(\dfrac{DF}{OD} + \dfrac{EG}{OE} \right)$

所以

$$\frac{OF}{OD} \cdot S_{\triangle MND} - \frac{OG}{OE} \cdot S_{\triangle MEN} = \left(\frac{DE}{OD} + \frac{EG}{OE} \right) \cdot S_{\triangle MON}$$

$$\frac{OF \cdot S_{\triangle MND} - DF \cdot S_{\triangle MON}}{OD} = \frac{OG \cdot S_{\triangle MEN} + EG \cdot S_{\triangle MON}}{OE} \qquad ⑨$$

而
$$S_{\triangle MNG} = \frac{S_{\triangle MEN} \cdot OG + EG \cdot S_{\triangle MON}}{DE}$$

所以
$$S_{\triangle NMG} = \frac{OF \cdot S_{\triangle MND} - DF \cdot S_{\triangle MON}}{OD}$$

同理
$$S_{\triangle MNF} = \frac{OF \cdot S_{\triangle MND} - DF \cdot S_{\triangle MON}}{OD}$$

由⑨知 $S_{\triangle NMG} = S_{\triangle NMF}$，所以 MN 平分线段 FG.

证法 3 若 $AB = AC$，则图形关于 $\angle BAC$ 的平分线对称，结论显然成立.

下面，不妨设 $AB > AC$，如图 5.110 所示.

设 FG 与 MN 交于点 K，题目要求证 K 为 FG 的中点.

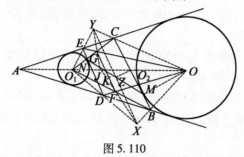

图 5.110

注意到 A 是圆 O_1 与圆 O 的外位似中心，N、M 为内位似的一双对应点，MN 与 O_1O 的交点 J 即为圆 O_1、圆 O 的内位似中心，由此即知 A、J、O_1、O 为调和点列.

设直线 O_1D 与 OB 交于点 X，直线 O_1E 与 OC 交于点 Y，直线 XF、YG 分别与直线 AO 交于点 J_X、J_Y，则在完全四边形 $XBOFO_1D$ 及完全四边形 YEO_1GOC 中，A、J_X、O_1、O 及 A、J_Y、O_1、O 均为调和点列，于是 J_X、J_Y、J 三点重合于点 J，即知 X、F、J 及 Y、G、J 分别三点共线.

注意到 O_1X 平分 $\angle ADE$，OX 平行于 $\angle ADE$ 的外角平分线，知 $OX \perp O_1X$.

同理，$OY \perp O_1Y$. 于是知 O_1、X、O、Y 四点共圆，其圆心为 O_1O 的中点 O_2.

又 $BC \parallel DE$，有

$$\frac{AD}{DB} = \frac{AE}{EC} \qquad ①$$

由梅涅劳斯定理，有

$$\frac{BF}{FO_1} \cdot \frac{O_1O}{OA} \cdot \frac{AD}{DB} = 1, \frac{CG}{GO_1} \cdot \frac{O_1O}{OA} \cdot \frac{AE}{EC} = 1 \qquad ②$$

由①、②知 $\dfrac{BF}{FO_1} = \dfrac{CG}{CO_1}$，从而

$$FG \parallel BC \qquad ③$$

又由梅涅劳斯定理，有

$$\frac{O_1F}{FB} \cdot \frac{BX}{XO} \cdot \frac{OJ}{JO_1} = 1, \frac{O_1G}{GC} \cdot \frac{CY}{YO} \cdot \frac{OJ}{JO_1} = 1 \qquad ④$$

由③④知 $\dfrac{BX}{XO} = \dfrac{CY}{YO}$，从而 $XY \parallel BC$.

再注意到 O_1D 平分 $\angle ADE$，在 $Rt\triangle DXB$ 中，有 $\angle XDB = \dfrac{1}{2}\angle ADE = \angle O_1DE = \angle DXY$. 从而知 XY 平分线段 BD、EC，亦平分线段 MN 于点 Z，于是 $O_2Z /\!/ OM$.

而 $OM \perp BC$，即知 $OM \perp XY$，从而 $O_2Z \perp XY$，即在圆 O_2 中，知 Z 为 XY 的中点.

在 $\triangle JXY$ 中，$FG /\!/ XY$，即知 K 为 FG 的中点.

思 考 题

1. 如图 5.111，PA、PB 是圆 O 的两条切线，切点分别为 A、B，PCD 是圆 O 的一条割线. 过点 D 作弦 AB 的平行线交圆 O 于另一点 E. 求证：CE 平分弦 AB.

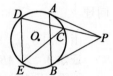

图 5.111

2. (2010 年第 36 届俄罗斯(九年级)数学奥林匹克)过圆 ω 外一点 O 引圆 ω 的切线 OA、OB(A、B 是切点)，C 是劣弧 $\overset{\frown}{AB}$ 上的一点，满足 $AC \neq BC$，I 是圆 ω 的圆心，直线 AC 与 OB 交于点 D，直线 BC 与 OA 交于点 E. 求证：$\triangle ACE$、$\triangle BCD$、$\triangle OCJ$ 的外心共线.

3. $\triangle ABC$ 的 $\angle A$ 的旁切圆圆 I_A 分别切边 BC、AC、AB 的延长线于点 D、M、N，DP 为圆 I_A 的直径，直线 AP 交 BC 于 G，则 $BG = CD$.

4. (1997 年中国香港队选拔考试题)从圆 O 外一点 P 作圆的两条切线，切点分别为 A、B，M 是弦 AB 上一点，过 M 作圆 O 的弦 CD，使得 M 恰为 CD 的中点，圆 O 在 C、D 两点的切线交于 Q. 求证：$OQ \perp PQ$.

5. 圆 O 与 $\angle BAC$ 的两边相切，若圆 O 的一条切线分别交 AB、AC 于点 B、C，$\triangle OBC$ 的外接圆分别交射线 AB、AC 于点 D、E，则直线 DE 为圆 O 的切线.

6. (充分性为 2006 年瑞士国家队考试题)过圆 O 外一点 P 作圆 O 的两条切线 PA、PB，A、B 为切点，C 为直线 PA 上一点，M 为 BC 上一点，直线 PM 与 AB 交于 D. 证明：M 为 BC 的中点的充分必要条件是 $OD \perp BC$.

7. 圆内接四边形 $ABCD$ 的两组对边 AB 与 DC，AD 与 BC 分别交于点 E、F，过点 B、D 分别作圆的切线，且相交于点 P，则 E、P、F 三点共线.

8. $\triangle ABC$ 的 $\angle A$ 的旁切圆圆 I_A 分别切边 BC 及边 AC、AB 所在直线于点 D、E、F. (1)若点 G 在直线 BI_A 上，则 $CG \perp BG$ 的充要条件是 E、G、F 三点共线；(2)若点 H 在直线 BI_A 上，则 $AH \perp BH$ 的充要条件是 E、D、H 三点共线.

9. (第 37 届俄罗斯数学奥林匹克试题)设锐角 $\triangle ABC$ 的外接圆为圆 ω，经过顶点 B、C 所作的圆 ω 的切线与经过顶点 A 所作的圆 ω 切线分别交于点 K、L，经过点 K 与 AB 平行的直线与经过点 L 与 AC 平行的直线交于点 P. 证明：$BP = CP$.

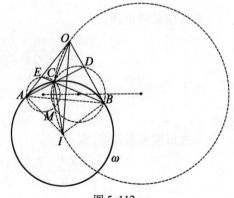

图 5.112

思考题参考解答

1. 由 $AB /\!/ DE$ 知 $\overset{\frown}{AD} = \overset{\frown}{BE}$，即有 $\angle ACD = \angle ECB$. 于是，由性质 3 的推论 1(3) 即证.

2. 如图 5.112，设 M 是圆 ACE 与圆 BCD 的另一个交点.

令 $\angle CAB = \alpha, \angle CBA = \beta$,不妨设 $\alpha > \beta$,则 $\angle OBE = \alpha, \angle DAE = \beta$. 在四边形 $OBIA$ 中,$\angle OAI = \angle OBI$,故它是圆内接四边形. 因此 $\angle OIA = \angle OBA = \alpha + \beta$,故
$$\angle CIO = \angle OIA - \angle CIA = \alpha + \beta - 2\angle CBA = \alpha - \beta$$
由于四边形 $AECM$、$DBMC$ 均为圆内接四边形,则
$$\angle BME = \angle BMC + \angle CME$$
$$= (180° - \angle CDB) + \angle CAE$$
$$= \angle ODA + \angle DAO = 180° - \angle EOB$$
则四边形 $EOBM$ 也是圆内接四边形,于是
$$\angle CMO = \angle OME - \angle CME = \alpha - \angle CAE = \alpha - \beta = \angle CIO$$
因此,O、C、I、M 四点共圆. 三个外心都在 CM 的垂直平分线.

3. 如图 5.113,令 $AC = b, BC = a, AB = c, p = \dfrac{1}{2}(a+b+c)$,由 $CD = CM = AM - AC = p - b$,知只需证 G 为 BC 与 $\triangle ABC$ 的内切圆的切点即可.

过点 G 作 BC 的垂线交 AI_A 于点 I,过 I 作 $IE \perp AC$ 于点 E,过 I 作 $IF \perp AB$ 于点 F,则 $IE = IF$,从而只需证 $IG = IE$ 即可.

由 $IG \parallel DP, IE \parallel A_I M$,有 $\dfrac{AI}{AI_A} = \dfrac{GI}{PI_A}, \dfrac{AI}{AI_A} = \dfrac{IE}{I_A M}$,从而 $\dfrac{GI}{PI_A} = \dfrac{IE}{I_A M}$,而 $PI_A = I_A M$,故 $IG = IE$.

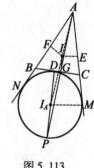

图 5.113

4. 如图 5.114,以圆 O 为反演基圆作反演变换,则 M、Q 互为反点. 设 OP 与 AB 交于点 N,则 N 为弦 AB 的中点,N、P 为反点,于是,由反演变换的性质:"不共线的两对互反点是共圆的四点"知 M、N、P、Q 四点共圆,而 $OP \perp AB$,所以 $\angle MQP = \angle ANP = 90°$,故 $OQ \perp PQ$.

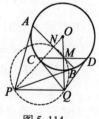

图 5.114

5. 显然 D、B、O、E、C 五点共圆. 对于图 5.115(a),有 $\angle ODB = \angle OCB, \angle ODE = \angle OCE$,而 $\angle OCB = \angle OCE$,从而 $\angle ODB = \angle ODE$.

由于 AD 与圆 O 相切,由对称性,知 DE 边与圆 O 相切.

对于图 5.115(b),注意 $\angle OBC = \angle OEC, \angle OBD = \angle OED$,而 $\angle OBC = \angle OBD$,从而 $\angle OEC = \angle OED$. 因 DA 与圆 O 相切,故 DE 边与圆 O 相切.

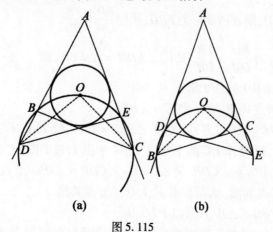

图 5.115

6. 如图 5.116,联结 PO,则 A、B 关于 PO 对称,设 C' 为 C 关于 PO 的对称点,则 BC 与

AC' 的交点 E 在 PO 上.

由 PO 平分 $\angle APC'$,有

$$\frac{AP}{PC} = \frac{AP}{PC'} = \frac{AE}{EC'}$$ ①

对 $\triangle ABC$ 及截线 PMD,由梅涅劳斯定理,有

$$\frac{AD}{DB} \cdot \frac{BM}{MC} \cdot \frac{CP}{PA} = 1$$

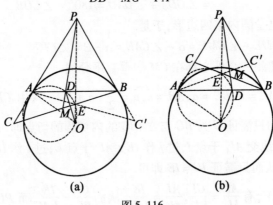

图 5.116

于是,M 为 BC 的中点 $\Leftrightarrow \frac{BM}{MC} = 1 \Leftrightarrow \frac{AD}{DB} = \frac{AP}{PC} \Leftrightarrow \frac{AD}{DB} = \frac{AE}{EC'} \Leftrightarrow DE \parallel BC' \Leftrightarrow DE \parallel PB \Leftrightarrow 180° - \angle OED$ 或 $\angle OED = \angle OPB \Leftrightarrow 180° - \angle OED$ 或 $\angle OED = \angle OAD \Leftrightarrow A$、$O$、$D$、$E$ 四点共圆 $\Leftrightarrow \angle DOE = \angle DAE \Leftrightarrow \angle DOE = \angle EBD \Leftrightarrow OD \perp BC$.

7. 证法1 由性质7即证.

证法2 由帕斯卡定理证. 凸四边形内接于圆,若两组对边的延长线分别相交于两点,则四边形对顶点处的圆的切线交点在前述两交点所在的直线上.

证法3 如图 5.117,作 $\triangle BEP$ 的外接圆交 ED 于点 M,联结 BM、PM,于是,$\angle PME = \angle PBE = \angle 1 = \angle BDA$,则 $\angle PMD = \angle FDB$.

又 $\angle PDM = \angle FBD$,则 $\triangle PDM \sim \triangle FBD$,从而 $\frac{PD}{DM} = \frac{FB}{BD}$.

注意到 $PD = PB$,有 $\frac{BD}{DM} = \frac{FB}{PB}$. 又因 $\angle BDM = \angle FBP$,则 $\triangle BDM \sim \triangle FBP$,故 $\angle BMD = \angle FPB$.

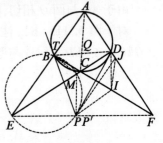

图 5.117

又由 B、E、P、M 四点共圆,有 $\angle BME = \angle BPE$.

而 $\angle BMD + \angle BME = 180°$,则 $\angle FPB + \angle BPE = 180°$,故 E、P、F 三点共线.

证法4 联结 AC,过 P 作 DC 的平行线交 BF 于点 I,过 I 作 AC 的平行线交 AF 于 J,联结 PJ. 由 $PI \parallel DE$ 知 $\angle IPD = \angle CDP$. 又 $\angle CBD = \angle CDP = \angle IPD$ 知 I、D、B、P 共圆.

同理,I、P、D、J 四点共圆,从而有 B、P、I、D、J 五点共圆.

故有 $\angle PJD = \angle PBD = \angle BAJ$,所以 $PJ \parallel AE$.

于是有 $\triangle AEC$ 和 $\triangle JPI$ 的三组对边分别平行,且两组对应顶点 A、J 和 B、J 的连线交于点 F,从而 F 为位似中点. 故 E、P、F 三点共线.

8. 如图 5.118,(1)充分性:当 E、G、F 三点共线时,联结 I_AE,则 $I_AE \perp CE$. 注意到

$$\angle I_ACE = \frac{1}{2}(180° - \angle C) = 90° - \frac{1}{2}\angle C$$

$$\angle I_AGE = \angle BGF = 180° - \angle AFE - \angle FBG$$

$$= 180° - (90° - \frac{1}{2}\angle A) - (90° - \frac{1}{2}\angle B) = 90° - \frac{1}{2}\angle C$$

从而 G、I_A、E、C 四点共圆.

故 $\angle CGI_A = 180° - \angle CEI_A = 90°$,即 $CG \perp BG$.

必要性:若 $CG \perp BG$,则知 G、I_A、E、C 四点共圆.

由于 $\angle BGF = 90° - \frac{1}{2}\angle C$,$\angle EGI_A = \angle I_ACE = 90° - \frac{1}{2}\angle C$,故 E、G、F 三点共线.

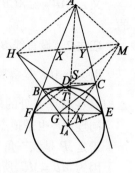

图 5.118

(2)充分性:当 E、D、H 三点共线时,联结 AI_A,则 $\angle I_AAE = \frac{1}{2}\angle A$.

$$\angle I_AHE = \angle BHD = 180° - \angle HBD - \angle BDH = 180° - (\angle FBG + \angle B) = \angle CDE$$

$$= 180° - (90° - \frac{1}{2}\angle B + \angle B) - \frac{1}{2}\angle C = 90° + \frac{1}{2}(\angle B - \angle C)$$

$$= 90° - \frac{\angle B + \angle C}{2} = \frac{1}{2}\angle A$$

故 A、H、I_A、E 四点共圆,则 $\angle AHB = \angle AEI_A = 90°$,即 $AH \perp BH$.

必要性:当 $AH \perp BH$ 时,则 A、H、I_A、E 四点共圆,有 $\angle DHB = \frac{1}{2}\angle A$,则

$$\angle HDB = 180° - \angle DHB - \angle HBD = 180° - \frac{1}{2}\angle A - (90° - \frac{1}{2}\angle B + \angle B)$$

$$= 90° - \frac{\angle A + \angle B}{2} = \frac{1}{2}\angle C$$

又 $\angle CDE = \frac{1}{2}(180° - \angle DCE) = \frac{1}{2}\angle C$,故 H、D、E 三点共线.

注 ①同理可证直线 AI_A 上有两点 S、T,以及直线 CI_A 上有两点 M、N 且有以上的性质.

②取 AB 的中点 X,由 $AH \perp BH$,知 $\angle XHB = \angle HBX = \angle CBI_A$,从而 $HX \parallel BC$. 同理取 AC 的中点 Y,有 $YM \parallel BC$. 而过一点又能作一条线与已知直线平行,从而 H、X、Y、M 四点共线,即 HM 为 $\triangle ABC$ 平行于 BC 的中位线.

同理 GS 为平行于 AB 的中位线,TN 为平行于 AC 的中位线.

9. **证法 1** 如图 5.118,只需证明:点 P 在线段 BC 的中垂线上.

设点 O 是圆 ω 的圆心,X 是直线 BC 与 PL 的交点.

因为点 O 在线段 BC 的中垂线上,所以,又需证 $OP \perp BC$.

由 $OK \perp AB$,$AB \parallel PK$ 知 $OK \perp KP$.

同理,$OL \perp LP$.

又因为 $\angle OKP = \angle OLP = 90°$,所以四边形 $OKPL$ 内接于圆. 因此,$\angle OPL = \angle OKL$.

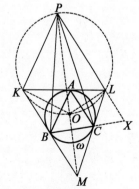

图 5.119

又 $\angle KAB = \angle ACB = \angle PXB$，则 $\angle OPX + \angle PXB = \angle OKL + \angle KAB = 90°$，这就是要证明的.

证法2 设直线 BK 与 CL 交于点 M.

因为 $\triangle ABK$ 是等腰三角形，所以 $\angle PKA = \angle BAK = \dfrac{1}{2}(180° - \angle AKP)$，这表明，$KP$ 是 $\triangle KLM$ 在顶点 K 处的外角平分线.

同理，LP 也是顶点 L 处的外角平分线.

于是，P 是该三角形的旁心，即知 P 也在顶点 M 处的外角平分线上.

因为 $MB = MC$，所以 B 与 C 关于这条角平分线对称.

因而，PB 与 PC 也关于这条角平分线对称，故相等.

注 $\triangle MLK$ 的内切圆分别切 MK、ML 于点 B、C，$\angle LMK$ 的旁切圆的圆心为 P，则 $PB = PC$.

第6章 专题培训3:完全四边形

我们把两两相交又没有三线共点的四条直线及它们的六个交点所构成的图形,叫作完全四边形. 六个点可分成三对相对的顶点,它们的连线是三条对角线. 如图6.1,直线 ABC、BDE、CDF、AFE 两两相交于 A、B、C、D、E、F 六点,即为完全四边形 $ABCDEF$. 线段 AD、BF、CE 为其三条对角线.

如图6.1,完全四边形 $ABCDEF$ 中既含有凸四边形 $ABDF$、凹四边形 $ACDE$,还含有折四边形 $BCFE$ 以及4个三角形 $\triangle ACF$、$\triangle BCD$、$\triangle DEF$、$\triangle ABE$.

图6.1

6.1 完全四边形的特性

性质1 如图6.2,在完全四边形 $ABCDEF$ 中,运用梅涅劳斯定理.

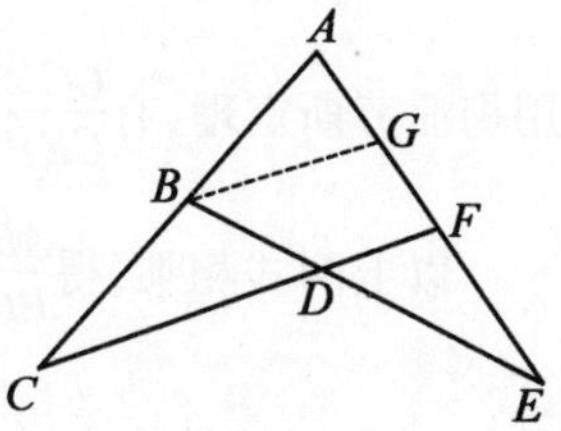

对 $\triangle ABE$ 及截线 FDC,有 $\dfrac{AC}{CB} \cdot \dfrac{BD}{DE} \cdot \dfrac{EF}{FA} = 1$;

对 $\triangle ACF$ 及截线 BDE,有 $\dfrac{CB}{BA} \cdot \dfrac{AE}{EF} \cdot \dfrac{FD}{DC} = 1$;

对 $\triangle BCD$ 及截线 AFE,有 $\dfrac{BA}{AC} \cdot \dfrac{CF}{FD} \cdot \dfrac{DE}{EB} = 1$;

对 $\triangle DEF$ 及截线 ABC,有 $\dfrac{EB}{BD} \cdot \dfrac{DC}{CF} \cdot \dfrac{FA}{AE} = 1$.

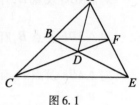

图6.2

证明 仅对第一式给出证明,其余各式可类似地证明.

过 B 作 $BG \parallel CF$ 交 AF 于点 G,则 $\dfrac{AC}{CB} = \dfrac{AF}{FG}$,$\dfrac{BD}{DE} = \dfrac{GF}{FE}$,于是

$$\dfrac{AC}{CB} \cdot \dfrac{BD}{DE} \cdot \dfrac{EF}{FA} = \dfrac{AF}{FG} \cdot \dfrac{GF}{FE} \cdot \dfrac{EF}{FA} = 1$$

或者,由

$$\dfrac{AC}{CB} = \dfrac{S_{\triangle FAC}}{S_{\triangle FCB}},\ \dfrac{EF}{FA} = \dfrac{S_{\triangle CEF}}{S_{\triangle CFA}}$$

$$\dfrac{BD}{DE} = \dfrac{S_{\triangle FBD}}{S_{\triangle FDE}} = \dfrac{S_{\triangle CBD}}{S_{\triangle CDE}} = \dfrac{S_{\triangle FBD} + S_{\triangle CBD}}{S_{\triangle FDE} + S_{\triangle CDE}} = \dfrac{S_{\triangle FBC}}{S_{\triangle CEF}}$$

有

$$\dfrac{AC}{CB} \cdot \dfrac{BD}{DE} \cdot \dfrac{EF}{FA} = \dfrac{S_{\triangle FAC}}{S_{\triangle FCB}} \cdot \dfrac{S_{\triangle FBC}}{S_{\triangle CEF}} \cdot \dfrac{S_{\triangle CEF}}{S_{\triangle FAC}} = 1$$

注 若用有向线段表示,则上述各式右端均为 -1.

性质2 如图6.3,在完全四边形 $ABCDEF$ 中,若对角线 AD 所在直线与 BF 交于点 H,与对角线 CE 相交于点 G,运用塞瓦定理:

对 $\triangle ACE$ 及点 D,有 $\dfrac{AB}{BC}\cdot\dfrac{CG}{GE}\cdot\dfrac{EF}{FA}=1$;

对 $\triangle CDE$ 及点 A,有 $\dfrac{CF}{FD}\cdot\dfrac{DB}{BE}\cdot\dfrac{EG}{GC}=1$;

对 $\triangle ADE$ 及点 C,有 $\dfrac{DG}{GA}\cdot\dfrac{AF}{FE}\cdot\dfrac{EB}{BD}=1$;

对 $\triangle ABD$ 及点 F,有 $\dfrac{AC}{CB}\cdot\dfrac{BE}{ED}\cdot\dfrac{DH}{HA}=1$;

对 $\triangle ACD$ 及点 E,有 $\dfrac{AG}{GD}\cdot\dfrac{DF}{FC}\cdot\dfrac{CB}{BA}=1$;

对 $\triangle ADF$ 及点 B,有 $\dfrac{AH}{HD}\cdot\dfrac{DC}{CF}\cdot\dfrac{FE}{EA}=1$;

对 $\triangle ABF$ 及点 D,有 $\dfrac{BC}{CA}\cdot\dfrac{AE}{EF}\cdot\dfrac{FH}{HB}=1$;

对 $\triangle BDF$ 及点 A,有 $\dfrac{BE}{ED}\cdot\dfrac{DC}{CF}\cdot\dfrac{FH}{HB}=1$.

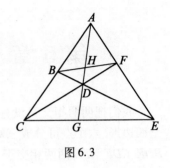

图 6.3

证明 仅对第一式给出证明,其余各式可类似地证明.

对 $\triangle ACG$ 及截线 BDE 应用梅涅劳斯定理,有 $\dfrac{AB}{BC}\cdot\dfrac{CE}{EG}\cdot\dfrac{GD}{DA}=1$. 对 $\triangle AGE$ 及截线 CDF 应用梅涅劳斯定理,有 $\dfrac{GC}{CE}\cdot\dfrac{EF}{FA}\cdot\dfrac{AD}{DG}=1$.

以上两式相乘,得 $\dfrac{AB}{BC}\cdot\dfrac{CG}{GE}\cdot\dfrac{EF}{FA}=1$. 或者,由 $\dfrac{AB}{BC}\cdot\dfrac{CG}{GE}\cdot\dfrac{EF}{FA}=\dfrac{S_{\triangle DAE}}{S_{\triangle DCE}}\cdot\dfrac{S_{\triangle DAC}}{S_{\triangle DEA}}\cdot\dfrac{S_{\triangle DCE}}{S_{\triangle DAC}}=1$,即证.

注 若用有向线段表示,则上面各式右端仍为 1.

由上述证明,使们看到:运用塞瓦定理得到的式子,可应用梅涅劳斯定理来证明.这启发我们:塞瓦定理与梅涅劳斯定理可以互相推证,且推证的方式不唯一.由梅涅劳斯定理推证共点情形的塞瓦定理:

分别对 $\triangle ABA'$ 及截线 $C'PC$、对 $\triangle AA'C$ 及截线 $PB'B$ 应用梅涅劳斯定理,如图 6.4 所示,有

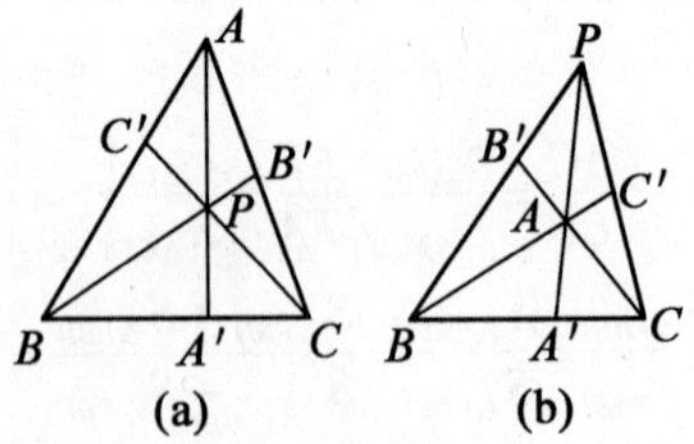

图 6.4

$$\dfrac{BC}{CA'}\cdot\dfrac{A'P}{PA}\cdot\dfrac{AC'}{C'B}=1,\dfrac{A'B}{BC}\cdot\dfrac{CB'}{B'A}\cdot\dfrac{AP}{PA'}=1$$

上述两式相乘,得

$$\dfrac{BA'}{A'C}\cdot\dfrac{CB'}{B'A}\cdot\dfrac{AC'}{C'B}=1$$

由共点情形的塞瓦定理推证梅涅劳斯定理:

设直线 BB' 与 $C'C$ 交于点 X, 直线 AA' 与 CC' 交于点 Y, 直线 $A'A$ 与 BB' 交于点 Z, 如图 6.5 所示.

对 $\triangle BCB'$ 及点 C' (直线 BA、CX、$B'A'$ 的交点), 有

$$\frac{BA'}{A'C} \cdot \frac{CA}{AB'} \cdot \frac{B'X}{XB} = 1$$

对 $\triangle CAC'$ 及点 A' (直线 CB、AY、$C'B'$ 的交点) 有

$$\frac{CB'}{B'A} \cdot \frac{AB}{BC'} \cdot \frac{C'Y}{YC} = 1$$

对 $\triangle ABA'$ 及点 B' (直线 AC、BZ、$A'C$ 的交点) 有

$$\frac{AC'}{C'B} \cdot \frac{BC}{CA'} \cdot \frac{A'Z}{ZA} = 1$$

对 $\triangle BB'C'$ 及点 C (直线 BA'、$B'A'$、$C'X$ 的交点), 有

$$\frac{BX}{XB'} \cdot \frac{B'A'}{A'C'} \cdot \frac{C'A}{AB} = 1$$

对 $\triangle CC'A'$ 及点 A (直线 CB'、$C'B$、$A'Y$ 的交点), 有

$$\frac{CY}{YC'} \cdot \frac{C'B'}{B'A'} \cdot \frac{A'B}{BC} = 1$$

对 $\triangle AA'B'$ 及点 B (直线 AC'、$A'C$、$B'Z$ 的交点), 有

$$\frac{AZ}{ZA'} \cdot \frac{A'C'}{C'B'} \cdot \frac{B'C}{CA} = 1$$

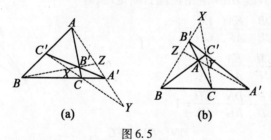

图 6.5

上述六式相乘, 得 $\left(\dfrac{BA'}{A'C} \cdot \dfrac{CB'}{B'A} \cdot \dfrac{AC'}{C'B}\right)^2 = 1.$ 故 $\dfrac{BA'}{A'C} \cdot \dfrac{CB'}{B'A} \cdot \dfrac{AC'}{C'B} = -1.$

性质 3 完全四边形的四个三角形的外接圆共点. (**密克尔定理**)

证法 1 如图 6.6, 在完全四边形 $ABCDEF$ 中, 对于 $\triangle ACF$, 点 B、D 分别在边 AC、CF 上, 点 E 在 AF 的延长线上, 应用三角形的密克尔定理, 知圆 BCD、圆 DEF、圆 ABE 共点于 M. 又对 $\triangle ABE$, 应用三角形的密克尔定理, 知圆 ACF 过圆 BCD 与圆 DEF 的交点 M. 故 $\triangle BCD$、$\triangle DEF$、$\triangle ACF$、$\triangle ABE$ 的外接圆共点于 M.

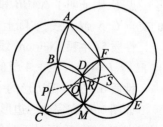

图 6.6

证法 2 如图 6.6, 设过 B、C、D 三点的圆与过 D、E、F 三点的圆交于另一点 M, 则由西姆松定理, 知点 M 分别在直线 AC、CF、BE、AE 上的射影 P、Q、R、S 四点共直线. 又用西姆松定理的逆定理, 由点 M 在 $\triangle ACF$、$\triangle ABE$ 三边所在直线上的射

影共线,知点 M 均在 $\triangle ACF$、$\triangle ABE$ 的外接圆上,故 $\triangle BCD$、$\triangle DEF$、$\triangle ACF$、$\triangle ABE$ 的外接圆共点于 M.

注 ① P、Q、R、S 所在的直线称为完全四边形的西姆松线;

② 由三角形西姆松线的性质(点 P 的西姆松线平分点 P 与垂心的连线段),即知完全四边形的四个三角形的垂心共线(性质 8).

推论 完全四边形中,每个四边形(凸、凹形)的一组对应边与密克尔点组成的三角形相似,共有 6 对相似的三角形.

事实上,如图 6.6, $\triangle MAB \backsim \triangle MFD$, $\triangle MAF \backsim \triangle MBD$, $\triangle MBC \backsim \triangle MEF$, $\triangle MBE \backsim \triangle MCF$, $\triangle MAC \backsim \triangle MDE$, $\triangle MCD \backsim \triangle MAE$.

注 由上述推论可以讨论残缺的完全四边形问题.

由性质 3 也可得到卡诺(Carnot)定理(即通过 $\triangle ACF$ 外接圆上的点 M,引与三边 AC、CF、AF 分别成同向等角 $\angle MBC = \angle MDC = \angle MEF$ 的直线 MB、MD、ME 与三边的三个交点 B、D、E 共线)的逆定理情形:

在完全四边形 $ABCDEF$ 中,在 $\triangle ACF$ 的外接圆上存在一点 M,使得点 M 对 $\triangle ACF$ 三边 AC、CF、AE 及其上的点 B、D、E 的连接成角同向相等,即 $\angle MBC = \angle MDC = \angle MFE$.

性质 4 在完全四边形 $ABCDEF$ 中,点 G、H 分别是过点 E 的直线上的分别在 $\triangle DEF$ 内、在 $\triangle ABE$ 外的两点.设直线 GF 与 HA 交于点 M,直线 GD 与 HB 交于点 N,则 C、N、M 三点共线.

证明 如图 6.7,分别对 $\triangle DEF$ 及截线 ABC、对 $\triangle GEF$ 及截线 HAM、对 $\triangle DEG$ 及截线 HBN 应用梅涅劳斯定理,有

$$\frac{DB}{BE} \cdot \frac{EA}{AF} \cdot \frac{FC}{CD} = 1$$

$$\frac{GM}{MF} \cdot \frac{FA}{AE} \cdot \frac{EH}{HG} = 1$$

$$\frac{EB}{BD} \cdot \frac{DN}{NG} \cdot \frac{GH}{HE} = 1$$

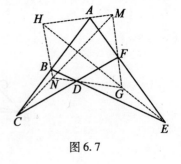

图 6.7

由上述三式相乘得 $\dfrac{DN}{NG} \cdot \dfrac{GM}{MF} \cdot \dfrac{FC}{CD} = 1$

对 $\triangle DGF$ 应用梅涅劳斯定理之逆,知 C、N、M 三点共线.

注 在此性质中,若注意到 $\triangle ABH$ 和 $\triangle FGD$ 的对应顶点的连线 AF、HG、BD 所在直线交于一点 E,则证明了 $\triangle AHB$ 和 $\triangle FGD$ 的三双对应边 AB 与 FD、HB 与 GD、HA 与 GF 所在直线的交点 C、N、M 共线,实际上,这就是著名的**德萨格定理**.

性质 5(牛顿(Newton)线定理) 完全四边形 $ABCDEF$ 的三条对角线 AD、BF、CE 的中点 M、N、P 共线.(见 1.4 节例 3 证明后的说明,有 14 种证法).

性质 6 完全四边形的一条对角线被其他两条对角线调和分割.

如图 6.8,在完全四边形 $ABCDEF$ 中,若对角线 AD 所在直线分别与对角线 BF、CE 所在直线交于点 M、N,则对于对角线 AD 有

$$\frac{AM}{MD} = \frac{AN}{ND} \text{或} AM \cdot ND = AN \cdot MD$$

对于对角线 BF、CE 也有同样的式子.

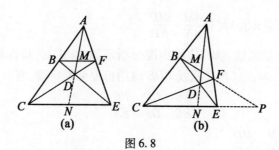

图 6.8

若 $BF \parallel CE$,则由 $\dfrac{AM}{AN} = \dfrac{BF}{CE} = \dfrac{MD}{ND}$,即证(此时,也可看作直线 BF、CE 相交于无穷远点 P,也有下面的①、②两式).

若 $BF \not\parallel CE$ 时,可设两直线相交于点 P,此时,有

$$\dfrac{BM}{MF} = \dfrac{BP}{PF} \text{或} \dfrac{BM}{BP} = \dfrac{MF}{PF} \qquad ①$$

$$\dfrac{CN}{NE} = \dfrac{CP}{PE} \text{或} \dfrac{CN}{CP} = \dfrac{NE}{PE} \qquad ②$$

下面仅证明当 $BF \not\parallel CE$ 时,有 $\dfrac{AM}{AN} = \dfrac{MD}{ND}$,其余两式可类似证明.

证法 1 对 $\triangle ADF$ 及点 B 应用塞瓦定理,有

$$\dfrac{AM}{MD} \cdot \dfrac{DC}{CF} \cdot \dfrac{FE}{EA} = 1 \qquad ③$$

对 $\triangle ADF$ 及截线 CNE 应用梅涅劳斯定理,有

$$\dfrac{AN}{ND} \cdot \dfrac{DC}{GF} \cdot \dfrac{FE}{EA} = 1 \qquad ④$$

上述两式相除(即③÷④),可得 $\dfrac{AM}{AN} = \dfrac{MD}{ND}$.

注 对 $\triangle ABF$ 及点 D 和截线 CEP,分别应用塞瓦、梅涅劳斯定理,有

$$\dfrac{BM}{MF} \cdot \dfrac{FE}{EA} \cdot \dfrac{AC}{CB} = 1, \dfrac{BP}{PF} \cdot \dfrac{FE}{EA} \cdot \dfrac{AC}{CB} = 1$$

上述两式相除,即有 $\dfrac{BM}{MF} = \dfrac{BP}{PF}$.

对 $\triangle ACE$ 及点 D 和截线 BFP,分别应用塞瓦、梅涅劳斯定理,有

$$\dfrac{CN}{NE} \cdot \dfrac{EF}{FA} \cdot \dfrac{AB}{BC} = 1, \dfrac{CP}{PE} \cdot \dfrac{EF}{FA} \cdot \dfrac{AB}{BC} = 1$$

上述两式相除,即有 $\dfrac{CP}{PE} = \dfrac{CN}{NE}$.

证法 2 对 $\triangle ACD$ 及点 E,应用塞瓦定理,有

$$\dfrac{CB}{BA} \cdot \dfrac{AN}{ND} \cdot \dfrac{DF}{FC} = 1 \qquad ⑤$$

对 $\triangle ACD$ 及截线 BMF 应用梅涅劳斯定理,有

$$\dfrac{CF}{FD} \cdot \dfrac{DM}{MA} \cdot \dfrac{AB}{BC} = 1 \qquad ⑥$$

上述两式相乘(即⑤×⑥)可得$\dfrac{AM}{AN}=\dfrac{MD}{ND}$.

证法3 对$\triangle ACD$及截线BMF应用梅涅劳斯定理,有式⑥,对$\triangle ADF$及截线CNE应用梅涅劳斯定理,有式④,对$\triangle ACF$及截线BDE应用梅涅劳斯定理,有

$$\dfrac{AB}{BC}\cdot\dfrac{CD}{DF}\cdot\dfrac{FE}{EA}=1 \qquad ⑦$$

由④×⑥÷⑦得$\dfrac{AM}{AN}=\dfrac{MD}{ND}$.

注 对称性地考虑还有下述证法:

(i)在$\triangle ABD$及点F和截线CNE分别应用塞瓦定理及梅涅劳斯定理亦证;

(ii)对$\triangle ADE$及点C和截线BMF分别应用塞瓦定理及梅涅劳斯定理亦证;

(iii)对$\triangle ADE$及截线BMF、对$\triangle ABD$及截线CNE、对$\triangle ABE$及截线CDF分别应用梅涅劳斯定理亦证.

证法4 令$\angle CAN=\alpha,\angle NAE=\beta,AB=b,AC=c,AM=m,AD=d,AN=n,AF=f,AE=e$. 以$A$为视点,分别对$B、M、F,B、D、E,C、D、F,C、N、E$应用张角公式,得

$$\dfrac{\sin(\alpha+\beta)}{m}=\dfrac{\sin\alpha}{f}+\dfrac{\sin\beta}{b},\dfrac{\sin(\alpha+\beta)}{d}=\dfrac{\sin\alpha}{e}+\dfrac{\sin\beta}{b}$$

$$\dfrac{\sin(\alpha+\beta)}{d}=\dfrac{\sin\alpha}{f}+\dfrac{\sin\beta}{c},\dfrac{\sin(\alpha+\beta)}{n}=\dfrac{\sin\alpha}{e}+\dfrac{\sin\beta}{c}$$

上述第一式与第四式相加后减去其余两式,得

$$\sin(\alpha+\beta)\left(\dfrac{1}{m}+\dfrac{1}{n}\right)=\dfrac{2}{d}\sin(\alpha+\beta)$$

即

$$\dfrac{d}{m}+\dfrac{d}{n}=2 \qquad ⑧$$

亦即

$$\dfrac{AD}{AM}+\dfrac{AD}{AN}=\dfrac{AM}{AM}+\dfrac{AN}{AN}$$

亦即

$$\dfrac{AD-AM}{AM}=\dfrac{AN-AD}{AN}$$

故

$$\dfrac{AM}{AN}=\dfrac{MD}{ND}$$

注 ⑧为$d=\dfrac{2}{\dfrac{1}{m}+\dfrac{1}{n}}$,体现了调和分割的实际意义,即$AD$为$AM$与$AN$的调和平均值.

推论 过完全四边形对角线所在直线的交点作另一条对角线的平行线,所作直线与平行对角线的同一端点所在的边(或其延长线)相交,所得线段被此对角线所在直线的交点平分.

证明 如图6.9,设$O、G、H$分别为完全四边形$ABCDEF$的三条对角线$AD、BF、CE$所在直线两两的交点.

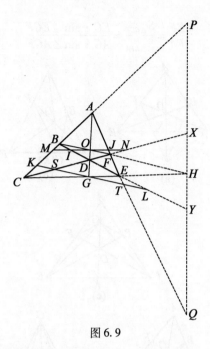

图 6.9

(ⅰ)过 O 作与 CE 平行的直线交 EB 于点 I,交 EA 于点 J,交 AC 于点 M,与 CF 的延长线交于点 N,则需证 $OI = OJ$,$OM = ON$.

事实上,由完全四边形对角线调和分割的性质,有 $\dfrac{AO}{AG} = \dfrac{DO}{DG}$.

又 $IJ \,/\!/\, CE$,则 $\dfrac{OI}{GE} = \dfrac{DO}{DG} = \dfrac{AO}{AG} = \dfrac{OJ}{GE}$.

从而 $OI = OJ$.

又由 $MN \,/\!/\, CE$,则 $\dfrac{ON}{CG} = \dfrac{DO}{DG} = \dfrac{AO}{AG} = \dfrac{OM}{CG}$,从而 $OM = ON$.

(ⅱ)过 G 作与 BF 平行的直线,交 FC 于点 S,交 FE 的延长线于点 T,交 BE 的延长线于点 L,交 BC 于点 K.同(ⅰ)的证明一样,可得 $GS = GT$,$GK = GL$.

(ⅲ)过 H 作与 AD 平行的直线,交 CA 的延长线于点 P,交 AE 的延长线于点 Q,交 DF 的延长线于点 X,交 DE 的延长线于点 Y.同(ⅰ)的证明一样,可得 $HP = HQ$,$HX = HY$.

注 此结论可称为完全四边形的蝴蝶定理.

性质 7 在完全四边形 $ABCDEF$ 中,点 G 是对角线 AD 所在直线上异于点 A 的任意一点,则
$$\cot\angle AGC + \cot\angle AGF = \cot\angle AGB + \cot\angle AGE$$

证明 如图 6.10,联结 CE 与直线 AD 交于点 K,对 $\triangle ACE$ 及点 D 应用塞瓦定理,有
$$\dfrac{AB}{BC} \cdot \dfrac{CK}{KE} \cdot \dfrac{EF}{FA} = 1 \qquad ①$$

注意到
$$\dfrac{AB}{BC} = \dfrac{S_{\triangle GAB}}{S_{\triangle GBC}} = \dfrac{AG \cdot \sin\angle AGB}{CG \cdot \sin\angle BGC}$$

$$\dfrac{CK}{KE} = \dfrac{S_{\triangle GCK}}{S_{\triangle GKE}} = \dfrac{CG \cdot \sin\angle AGC}{EG \cdot \sin\angle AGE}$$

$$\frac{EF}{FA}=\frac{S_{\triangle GEF}}{S_{\triangle GFA}}=\frac{EG\cdot \sin\angle EGF}{AG\cdot \sin\angle AGF}$$

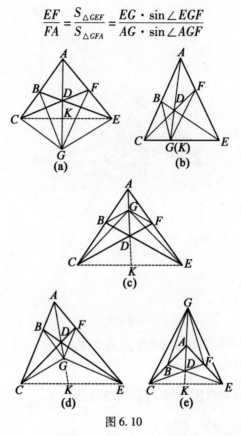

图 6.10

将以上三式代入式①得

$$\frac{\sin\angle BGC}{\sin\angle AGC\cdot \sin\angle AGB}=\frac{\sin\angle EGF}{\sin\angle AGE\cdot \sin\angle AGF} \qquad ②$$

又
$$\sin\angle BGC = \sin(\angle AGC-\angle AGB)$$
$$= \sin\angle AGC\cdot \cos\angle AGB-\cos\angle AGE\cdot \sin\angle AGF$$
$$\sin\angle EGF = \sin(\angle AGC-\angle AGB)$$
$$= \sin\angle AGE\cdot \cos\angle AGF-\cos\angle AGE\cdot \sin\angle AGF$$

将上述两式代入②得

$$\cot\angle AGB-\cot\angle AGC=\cot\angle AGF-\cot\angle AGE$$

故
$$\cot\angle AGC+\cot\angle AGF=\cot\angle AGB+\cot\angle AGE$$

推论 点 G 是完全四边形 $ABCDEF$ 的对角线 AD 所在直线上异于点 A 的任意一点,则 $\angle AGC=\angle AGE$ 的充要条件是 $\angle AGB=\angle AGF$.

性质 8 在完全四边形 $ABCDEF$ 中,设 M 为其密克尔点,则

(1)当 B、C、E、F 四点共圆于圆 O 时,点 M 在直线 AD 上,且 $OM\perp AD$,M 为过点 D、M 的弦的中点;

(2)当 A、B、D、F 四点共圆于圆 O 时,点 M 在直线 CE 上,且 $OM\perp CE$,AD 与 BF 的交点在 OM 上.

证明 (1)如图 6.11,设 △BCD 的外接圆交直线 AD 于点 M',则

$$AD \cdot AM' = AB \cdot AC = AF \cdot AE$$

即知 E、F、D、M' 四点共圆.

从而,M' 为完全四边形的密克尔点,故 M' 与 M 重合.

联结 CO、CM、EO、EM,设 N 为 AM 延长线上一点,则

$$\angle CME = \angle CMN + \angle NME = \angle CBE + \angle CFE = 2\angle CBE = \angle COE$$

即知 C、E、M、O 四点共圆. 又

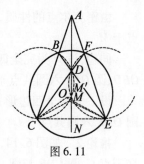

图 6.11

$$\angle OMN = \angle OMC + \angle CMN = \angle OEC + \frac{1}{2}\angle COE = 90°$$

故 OM⊥AD,且 M 为过点 D、M 的圆 O 的弦的中点.

(2)如图 6.12,设 △BCD 的外接圆交 CE 于 M',联结 DM',则 ∠DM'C = ∠ABD = ∠DFE,即知 E、F、D、M' 四点共圆.

从而,M' 为完全四边形的密克尔点,故 M' 与 M 重合.

设圆 O 的半径为 R,则

$$CM \cdot CE = CD \cdot CF = (CO - R)(CO + R) = CO^2 - R^2$$

同理 $$EM \cdot EC = EO^2 - R^2$$

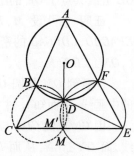

图 6.12

于是,上述两式相减,有

$$CO^2 - EO^2 = EC(CM - EM) = (CM + EM)(CM - EM) = CM^2 - EM^2$$

由定差幂线定理,即知 OM⊥CE.

由图 6.12,我们又可得如下结论:

结论 若点 D 为 △ACE 的三边 CE、EA、AC 上的点 M、F、B 关于该三角形的密克尔点,设 O 为密克圆 ABF 的圆心,则 OM⊥CE.

推论1 在完全四边形 ABCDEF 中,凸四边形 ABDF 内接于圆 O,AD 与 BF 交于点 G,则圆 CDB、圆 CFA,圆 EFD、圆 EAB、圆 OAD、圆 OBF 六圆共点;圆 CFB、圆 CDA、圆 GAB、圆 GDF、圆 OBD、圆 OFA 六圆共点;圆 EFB、圆 EAD、圆 GBD、圆 GFA、圆 OAB、圆 ODF 六圆共点.

证明 如图 6.13,设 M 为完全四边形 ABCDEF 的密克尔点,则由性质 8(2),知 M 在 CE 上,且 OM⊥CE.

于是,C、M、D、B 及 M、E、F、D 分别四点共圆,有

$$\angle BMO = 90° - \angle BMC = 90° - \angle BDC$$
$$= 90° - (180° - \angle BDF) = \angle BDF - 90°$$
$$= (180° - \frac{1}{2}\angle BOF) - 90°$$
$$= 90° - \frac{1}{2}\angle BOF$$
$$= \angle BFO$$

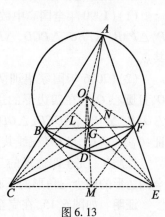

图 6.13

从而,知点 M 在圆 OBF 上.

同理,知点 M 在圆 OAD 上.

由密克尔点的性质,知圆 CDB、圆 CFA、圆 EFD、圆 EAB 四圆共点于 M,故以上六圆共点于 M.

同理,设 N 为完全四边形 $CDFGAB$ 的密克尔点,则圆 CFB、圆 CDA、圆 GAB、圆 GDF、圆 OBD、圆 OFA 六圆共点于 N.

设 L 为完全四边形 $EFAGBD$ 的密克尔点,则圆 EFB、圆 EAD、圆 GBD、圆 GFA、圆 OAB、圆 ODF 六圆共点于 L.

推论 2 如图 6.14,在完全四边形 $ABCDEF$ 中,凸四边形 $ABDF$ 内接于圆 O,AD 与 BF 交于点 G,圆 CDB 与圆 CFA、圆 CDA 与圆 CFB、圆 OBD 与圆 OFA、圆 ODA 与圆 OBF、圆 EAB 与圆 EFD、圆 EAD 与圆 EFB、圆 OAB 与圆 ODF、圆 GAB 与圆 GDF、圆 GBD 与圆 GFA 共九对圆的连心线分别记为 $l_1,l_2,l_3,\cdots,l_9$,则 l_1、l_2、l_3、l_4、OC 五线共点于 OC 的中点;l_4、l_5、l_6、l_7、OE 五线共点于 OE 的中点;l_3、l_7、l_8、l_9、OG 五线共点于 OG 的中点.

证明 可设 M、L、N 分别为完全四边形 $ABCDEF$、$EFAGBD$、$CDFGAB$ 的密克尔点,则 $OM \perp CE$ 于 M,$OL \perp EG$ 于 L,$ON \perp CG$ 于 N.

注意到 OM 是圆 ODA 与圆 OBF 的公共弦,则 l_4 是 OM 的中垂线,从而知 l_4 过 OC 的中点,l_4 也过 OE 的中点.

因 CN 是圆 CDA 与圆 CFB 的公共弦,则 l_2 是 CN 的中垂线,而 $ON \perp CN$,从而 l_2 过 OC 的中点;又注意到 CM 是圆 CDB 与圆 CFA 的公共弦,则 l_1 是 CM 的中垂线,又 $OM \perp CM$,则 l_1 过 OC 的中点,ON 是圆 OBD 与圆 OFA 的公共弦,则 l_3 是 ON 的中垂线. 而 $ON \perp CN$,l_3 过 OC 的中点. 故 l_1、l_2、l_3、l_4、OC 五线共点于 OC 的中点.

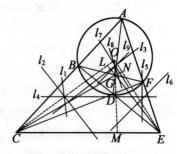

图 6.14

同理,注意到 LE、ME、OL 分别是圆 EAD 与圆 EFB、圆 EFD 与圆 EAB、圆 OAB 与圆 ODF 的公共弦,推知 l_4、l_5、l_6、l_7、OE 五线共点于 OE 的中点.

注意到 GN、LG、OL、ON 分别是圆 GAB 与圆 GDF、圆 GBD 与圆 GFA、圆 OAB 与圆 ODF、圆 OBD 与圆 OFA 的公共弦,推知 l_3、l_7、l_8、l_9、OG 五线共点于 OG 的中点.

注 由上述推论,即知下列竞赛题即为其特殊情形:

(1)(1990 年全国高中数学联赛题)四边形 $ABCD$ 内接于圆,对角线 AC 与 BD 交于点 P,$\triangle PAB$、$\triangle PBC$、$\triangle PCD$、$\triangle PDA$ 的外心分别为 O_1、O_2、O_3、O_4. 求证:O_1O_3、O_2O_4 与 OP 三线共点.

(2)(2006 年国家集训队测试题)四边形 $ABCD$ 内接于圆 O,且圆心 O 不在四边形的边上,对角线 AC 与 BD 交于点 P,$\triangle OAB$、$\triangle OBC$、$\triangle OCD$、$\triangle ODA$ 的外心分别为 O_1、O_2、O_3、O_4. 求证:O_1O_3、O_2O_4 与 OP 三线共点.

性质 9 完全四边形的三条对角线为直径的圆共轴,且完全四边形的四个三角形的垂心在这条轴上. (**高斯定理**)

证明 如图 6.15,在完全四边形 $ABCDEF$ 中,分别以对角线 AD、BF、CE 为直径作圆,这三个圆的圆心就是三条对角线的中点 M、N、P.

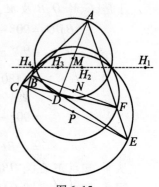

图 6.15

设 H_1、H_2、H_3、H_4 分别为 $\triangle DEF$、$\triangle ACF$、$\triangle ABE$、$\triangle BCD$ 的垂心,注意到三角形垂心的性质:三角形的垂心是所有过任一条高的两个端点的圆的根心.

在完全四边形 $ABCDEF$ 中,显然 H_1、H_2、H_3、H_4 不重合,由于 $\triangle DEF$ 的垂心 H_1 是三个圆两两相交的根轴的根心,而对于 $\triangle DEF$,在它的边所在直线上的点 C、B、A,其垂心 H_1 关于以 CE、BF、AD 为直径的圆的幂相等,即 H_1 在这三个圆两两的根轴上.

同样,对于 $\triangle ACF$,在它的边所在直线上的点 B、D、E,其垂心 H_2 关于以 CE、BF、AD 为直径的圆的幂相等.

同理,H_3、H_4 均关于以 CE、BF、AD 为直径的圆的幂相等.

从而,H_1、H_2、H_3、H_4 均在这三个圆两两的根轴上,即这三个圆两两的根轴重合,亦即共轴,且四个三角形的垂心在这条根轴上.

注 证明 H_1、H_2、H_3、H_4 四点共线,也可以这样证:由于完全四边形 $ABCDEF$ 的四个 $\triangle DEF$、$\triangle ACF$、$\triangle ABE$、$\triangle BCD$ 的外接圆交于一点 M,且点 M 关于这四个三角形的西姆松线为同一条直线 l,根据西姆松线的性质:点 P 的西姆松线平分点 P 与三角形垂心的连线(第4章三角形垂心图性质18),则知 l 过 MH_1、MH_2、MH_3、MH_4 的中点,从而点 H_1、H_2、H_3、H_4 共线.

推论 完全四边形的垂足线与牛顿线垂直(两圆连心线垂直于公共弦).

性质 10 完全四边形的四个三角形的外接圆圆心共圆,这四个圆心每三个构成的三角形的垂心分别在构成完全四边形的四条直线上,且以这四个垂心为顶点构成的四边形与以四个圆心为顶点构成的四边形全等.

上述性质即指在完全四边形 $ABCDEF$ 中,O_1、O_2、O_3、O_4 分别为 $\triangle ACF$、$\triangle BCD$、$\triangle DEF$、$\triangle ABE$ 的外心,H_1、H_2、H_3、H_4 分别为 $\triangle O_4O_2O_3$、$\triangle O_4O_1O_3$、$\triangle O_2O_4O_1$、$\triangle O_1O_2O_3$ 的垂心,则:

(1) O_1、O_2、O_3、O_4 四点共圆(施坦纳圆),且密克尔点在这个圆上.

(2) $\triangle O_4O_2O_3 \backsim \triangle ACF$,$\triangle O_1O_2O_3 \backsim \triangle ABE$,$\triangle O_2O_4O_1 \backsim \triangle DEF$,$\triangle O_4O_1O_3 \backsim \triangle BCD$.

(3) H_1、H_2、H_3、H_4 分别在 BE、AE、AC、CF 上,且四边形 $H_1H_2H_3H_4 \cong$ 四边形 $O_2O_1O_4O_3$.

证明 如图 6.16,设 M 为完全四边形 $ABCDEF$ 的密克尔点,联结 BM、CO_2、O_2M、MO_3、DM,则

(1) 注意到 CM 为圆 O_1 与圆 O_2 的公共弦,$\angle O_1O_2M = 180° - \frac{1}{2}\angle CO_2M = 180° - \angle CDM$. 同理,注意到 FM 为圆 O_1 与圆 O_3 的公共弦,$\angle O_1O_3M = 180° - \angle FDM$.

从而 $\angle O_1O_2M + \angle O_1O_3M = 360° - (\angle CDM + \angle FDM) = 180°$. 因此 O_1、O_2、O_3、M 四点共圆. 同理,O_3、O_4、O_2、M 四点共圆.

故 O_1、O_2、O_3、O_4 四点共圆,且密克尔点在这个圆上.

(2) 由 BM 为圆 O_2 与圆 O_4 的公共弦,则知 $O_2O_4 \perp BM$,同理 $O_2O_3 \perp DM$.

于是 $\angle O_4O_2O_3 = \angle BMD = \angle BCD = \angle ACF$.

同理,$\angle O_2O_4O_3 = 180° - \angle O_2MO_3 = \angle BAF = \angle CAF$,故 $\triangle O_4O_2O_3 \backsim \triangle ACF$.

同理,$\triangle O_1O_2O_3 \backsim \triangle ABE$.

于是 $\angle O_2O_4O_1 = \angle O_2O_3O_1 = \angle BEA = \angle DEF$. 又

$$\angle O_2O_1O_4 = \angle O_2O_1O_3 + \angle O_3O_1O_4 + \angle O_2O_1O_3 + \angle O_3O_2O_4$$
$$= \angle CAF + \angle ACF = \angle DFE$$

从而 $\triangle O_2O_4O_1 \backsim \triangle DEF$.

同理, $\triangle O_4O_1O_3 \backsim \triangle BCD$.

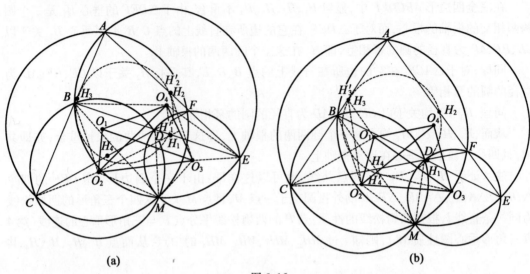

图 6.16

(3) 自 O_2 作 O_3O_4 的垂线交 BE 于 H_1' 点, 联结 BO_4、BO_2、O_4H_1', 由 O_4 为 $\triangle ABE$ 的外心, 有 $\angle H_1'BO_4 = 90° - \angle BAE$ 及 $\angle H'O_2O_4 = 90° - \angle O_2O_4O_3 = 90° - \angle BAE$, 知, $\angle H_1'BO_4 = \angle H_1'O_2O_4$, 从而 H_1'、O_2、B、O_4 四点共圆, 于是 $\angle H_1'O_4O_2 = \angle H_1'BO_2$.

又 O_2 为 $\triangle BCD$ 的外心, 知 $\angle H_1'BO_2 = \angle O_2BE = 90° - \angle BCE$.

于是 $\angle H_1'O_4O_2 = 90° - \angle BCD = 90° - \angle O_4O_2O_3$, 即

$$\angle H_1'O_4O_2 + \angle O_4O_2O_3 = 90°$$

这表明 O_4H_1' 也垂直于 O_2O_3, 即知 H_1' 为 $\triangle O_4O_2O_3$ 的垂心, 故 H_1' 与 H_1 重合.

过 O_3 作 O_1O_4 的垂线交 AE 于 H_2', 联结 O_4E、O_3E、O_4H_2', 则

$$\angle O_4EH_2' = 90° - \angle ABE$$

$$\angle O_4O_3H_2' = 90° - (180° - \angle O_1O_4O_3) = \angle O_1O_4O_3 - 90°$$

$$= \angle CBD - 90° = 180° - \angle ABE - 90° = 90° - \angle ABE$$

从而 H_2'、O_4、O_3、E 四点共圆, 则 $\angle O_4H_2'O_3 = \angle O_4EO_3$.

又

$$\angle O_1O_3H_2' = \angle O_1O_3O_4 + \angle O_4O_3H_2' = \angle BDC + \angle O_4EH_2'$$

$$= \angle BDC + 90° - \angle ABE = 90° - \angle ACF$$

$$\angle O_4H_2'O_3 = \angle O_4EO_3 = \angle DEO_3 + \angle DEO_4$$

$$= (\angle DFE - 90°) + (\angle DEF - O_4EH_2') = \angle DFE - 90° + \angle DEF - (90° - \angle ABE)$$

$$= \angle ABE + (180° - \angle EDF) - 180° = \angle ACF$$

即 $\angle O_1O_3H_2' + \angle O_4H_2'O_3 = 90°$, 这说明 H_2' 为 $\triangle O_1O_3O_4$ 的垂心, 故 H_2' 与 H_2 重合.

过点 O_2 作 O_1O_4 的垂线交 AC 于点 H_3', 联结 CO_1、CO_2、$H_3'O_1$, 则

$$\angle H_3'O_2O_1 + (180° - \angle O_2O_1O_4) = \angle H_3'O_2O_1 + 180° - \angle DFE = \angle H_3'O_2O_1 + \angle AFC = 90°$$

$$\angle H_3'CO_1 = 90° - \angle AFC$$

于是 $\angle H_3'O_2O_1 = \angle H_3'CO_1$, 即知 H_3'、C、O_2、O_1 四点共圆, 有 $\angle O_2H_3'O_1 = \angle O_2CO_1$.

又
$$\angle H'_3O_2O_4 = \angle H'_3O_2O_1 + \angle O_1O_2O_4 = \angle H'_3CO_1 + \angle O_1O_2O_4$$
$$= 90° - \angle AFC + \angle FDE = 90° - (\angle FDE + \angle FED) + \angle FDE$$
$$= 90° - \angle FED$$
$$\angle O_2H'_3O_1 = \angle O_1CO_2 = \angle ACF - \angle ACO_1 + \angle FCO_2$$
$$= \angle ACF - (90° - \angle AFC) + (\angle CBD - 90°)$$
$$= 180° - \angle CAF + \angle CBD - 180°$$
$$= \angle CAF + \angle FED - \angle CAF = \angle FED$$

即 $\angle H'_3O_2O_4 + \angle O_2H'_3O_1 = 90°$,由此知 H'_3 为 $\triangle O_1O_2O_4$ 的垂心,故 H'_3 与 H_3 重合.

过点 O_3 作 O_1O_2 的垂线交 CF 于点 H'_4,联结 O_1F、$O_1H'_4$、O_3F,由 O_1 为 $\triangle ACF$ 的外心,有 $\angle H'_4FO_1 = 90° - \angle FAC$ 及 $\angle H'_4O_3O_1 = 90° - \angle O_2O_1O_3 = 90° - \angle FAC$,知 $\angle H'_4FO_1 = \angle H'_4O_3O_1$,从而 H'_4、O_3、F、O_1 四点共圆,于是 $\angle H'_4O_1O_3 = \angle H'_4FO_3$.

又 O_3 为 $\triangle DEF$ 的外心,知 $\angle H'_4FO_3 = \angle DFO_3 = 90° - \angle FED$.
于是 $\angle H'_4O_1O_3 = 90° - \angle FDE = 90° - \angle O_1O_3O_2$,即
$$\angle H'_4O_1O_3 + \angle O_1O_3O_2 = 90°$$
这表明 $O_1H'_4$ 也垂直于 O_2O_3,即知 H'_4 为 $\triangle O_1O_2O_3$ 的垂心,故 H'_4 与 H_4 重合.

综上可知,H_1、H_2、H_3、H_4 分别在 BE、AE、AC、CF 上.

下面,我们证明四边形 $H_1H_2H_3H_4 \cong$ 四边形 $O_2O_1O_4O_3$.

由于 O_1、O_2、O_3、O_4 共圆,设该圆圆心为 O,设 M 为 O_2O_3 的中点(图 6.17).

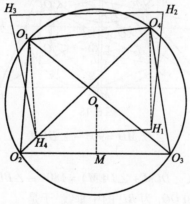

图 6.17

由垂心的性质(垂心图性质 13):三角形任一顶点至该三角形垂心的距离,等于外心至其对边的距离的两倍. 于是 $O_4H_1 = 2OM$ 且 $O_4H_1 /\!/ OM$,$O_1H_4 = 2OM$ 且 $O_1H_4 /\!/ OM$,故 $O_1H_4 \underline{\underline{/\!/}} O_4H_1$,即 $O_1H_4H_1O_4$ 为平行四边形,从而有 $H_4H_1 \underline{\underline{/\!/}} O_1O_4$.

同理 $H_1H_2 \underline{\underline{/\!/}} O_2O_1$,$H_2H_3 \underline{\underline{/\!/}} O_3O_2$,$H_3H_4 \underline{\underline{/\!/}} O_4O_3$.

从而四边形 $H_1H_2H_3H_4 \cong O_2O_1O_4O_3$.

推论 在完全四边形 $ABCDEF$ 中,A、B、D、F 四点共圆于圆 O,设 O_1、O_2、O_3、O_4 分别为 $\triangle BCD$、$\triangle DEF$、$\triangle ABE$、$\triangle ACF$ 的外心,H_1、H_2、H_3、H_4 分别为 $\triangle O_2O_3O_4$、$\triangle O_1O_3O_4$、$\triangle O_1O_2O_4$、$\triangle O_1O_2O_3$ 的垂心,M 为完全四边形 $ABCDEF$ 的密克尔点,K_1、K_2、K_3、K_4、K_5、K_6 分别为 $\triangle AO_3O_4$、$\triangle BO_1O_3$、$\triangle CO_1O_4$、$\triangle DO_1O_2$、$\triangle EO_2O_3$、$\triangle FO_2O_4$ 的外心,O_2O_4 与 O_1O_3 所在

直线交于点 P_1，直线 O_2O_1 与 O_4O_3 交于点 P_2，J_1、J_2 分别为 O_1O_4、O_2O_3 的中点，直线 H_1H_2 与 H_3H_4 交于点 Q_1，直线 H_1H_3 与 H_2H_4 交于点 Q_2，直线 O_1O_2 与 H_3H_4 交于点 L，直线 O_4O_3 与 H_1H_2 交于点 N，$\triangle O_1O_2O_4$ 的外心为 X，$\triangle H_1H_2H_3$ 的外心为 Y，圆 X 与圆 Y 交于点 S、T，则

(1) O 在圆 X 上，且 $\triangle ACE \sim \triangle OO_1O_2$；
(2) $O_1O_4 \parallel O_2O_3 \parallel OM \parallel ST \parallel H_1H_4 \parallel H_2H_3$；
(3) $H_1O_4 \parallel H_2O_3 \parallel O_1H_4 \parallel O_2H_3 \parallel XY \parallel CE$；
(4) $\triangle OO_1O_2 \cong \triangle MO_4O_3$；
(5) 点 J_1、J_2、P_1、P_2、Q_1、Q_2 在直线 XY 上，N、L 在直线 ST 上；
(6) 点 K_1、K_2、K_4、K_6 在直线 ST 上，K_3、K_5 在直线 XY 上，且它们关于直线 XY 对称；
(7) J_1、J_2 分别为 $\triangle OMC$、$\triangle OME$ 的外心；
(8) P_1、P_2 分别为 $\triangle BOF$、$\triangle AOD$ 的外心.

证明 如图 6.18.

(1) 联结 OO_1、OO_2、O_1M、O_2M、AD、MD、DO、OB、OF、O_1D、O_2D，则

$$\angle O_1MD = \angle O_1DM = \frac{1}{2}(180° - \angle DO_1M) = 90° - \angle DCM$$

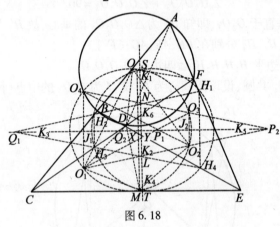

图 6.18

同理
$$\angle O_2MD = 90° - \angle DEM$$
从而
$$\angle O_1MO_2 = 180° - (\angle DCM + \angle DEM) = 180° - \angle BDC = 180° - \angle BAF \quad ①$$
又 O_1 为 $\triangle BDC$ 的外心，知 OO_1 为 BD 的中垂线. 于是
$$\angle O_1OD = \frac{1}{2}\angle BOD = \angle BAD, \quad \angle O_2OD = \frac{1}{2}\angle FOD = \angle FAD$$
则
$$\angle O_1OO_2 = \angle O_1OD + \angle O_2OD = \angle BAD + \angle FAD = \angle BAF \quad ②$$
由①、②知，点 O 在圆 X 上.
注意到
$$\angle OO_1O_2 = \angle OO_1D + \angle O_2O_1D = \angle BCD + \angle MCD = \angle BCE \quad ③$$
由②、③知，$\triangle OO_1O_2 \sim \triangle ACE$.

(2) 注意 O_1O_4 是公共弦 CM 的中垂线，O_2O_3 是 EK 的中垂线，以及 $OM \perp CE$，则知 $O_1O_4 \parallel O_2O_3 \parallel OM$. 设此三线段的中垂线为 l，则知点 X 在 l 上.

由性质 10(3) 知, $H_1H_4 \parallel O_1O_4$, $H_2H_3 \parallel O_2O_3$, 故 $H_1H_4 \parallel H_2H_3 \parallel OM$.

又注意到四边形 $H_1H_4O_1O_4$ 为平行四边形, 则由 H_1 为 $\triangle O_2O_3O_4$ 的垂心, 知四边形 $H_1H_4O_1O_4$ 为矩形, 即知 H_1H_4 与 O_1O_4 的中垂线共线, 即知点 Y 也在直线 l 上, 亦即知 l 为 ST 的中垂线. 故 $ST \parallel OM$.

(3) 由性质 10(3) 知, 圆 X 与圆 Y 等圆, 知 ST 垂直平分 XY, 且 $XO_4 = YH_1$, 即知四边形 XYH_1O_4 为等腰梯形, 亦知 ST 为 H_1O_4 的中垂线. 同理 ST 为 O_2H_3 的中垂线. 于是 $H_1O_4 \parallel H_2O_3 \parallel O_1H_4 \parallel O_2H_3 \parallel XY \parallel CE$, 且其前五条线段的中垂线为 ST.

(4) 由上即知 $\triangle OO_1O_2 \cong \triangle MO_4O_3$.

(5) 由(2)、(3) 即知 J_1、J_2、P_1、P_2、Q_1、Q_2 均在直线 XY 上, N、L 在直线 ST 上.

(6) 由性质 10(3) 知, H_1H_2 在圆 K_1 上, 即 K_1 在 H_1O_4 的中垂线 ST 上. 同理, K_2、K_4、K_6 亦在 ST 所在的直线上.

又 K_3 在 O_1O_4 的中垂线上, 则 K_3 在 XY 所在的直线上.

同理, K_5 也在直线 XY 上.

注意 K_1X 垂直平分 O_3O_4, K_4Y 垂直平分 H_3H_4, 则有 $K_1X \parallel K_4Y$.

同理 $K_4X \parallel K_1Y$. 由此知 K_1 与 K_4 关于 XY 对称.

同理 K_5 与 K_3, K_2 与 K_6 也关于 XY 对称.

(7) 注意到四边形 O_1O_4OM 为等腰梯形, J_1 为 O_1O_4 的中点, O_1O_4 为 CM 的中垂线, 则 $OJ_1 = J_1M = J_1C$, 即 J_1 为 $\triangle OMC$ 的外心, 由此知 J_1 在 OC 上, 且 J_1 为 OC 的中点.

同理, J_2 为 $\triangle OME$ 的外心, J_2 在 OE 上, 且 J_2 为 OE 的中点.

(8) 注意到 $\angle BMF = 180° - 2\angle BAF = 180° - \angle BOF$, 知 M 在 $\triangle OBF$ 的外接圆上.

又 O_1、O_3 分别是四边形 $BCMD$、$ABME$ 的外接圆圆心, 知 O_1O_3 为公共弦 BM 的中垂线. 同理, O_4O_2 为 FM 的中垂线. 于是 O_1O_3 与 O_4O_2 的交点 P_1 为 $\triangle BOF$ 的外心.

同理, O_4O_3 与 O_1O_2 的交点 P_2 为 $\triangle AOD$ 的外心.

性质 11(勃罗卡定理) 在完全四边形 $ABCDEF$ 中, 凸四边形 $ABDF$ 有外接圆 O, AD 与 BF 交于点 G, 则 $OG \perp CE$.

证法 1 如图 6.19, 在完全四边形 $ABCDEF$ 中, 应用性质 8 (2), 知其密克尔点 M 在对角线 CE 上, 且 $OM \perp CE$. 联结 BM、FM、DM、OB、OD.

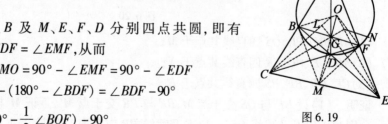

图 6.19

注意到 C、M、D、B 及 M、E、F、D 分别四点共圆, 即有 $\angle BMC = \angle BDC = \angle EDF = \angle EMF$, 从而

$$\angle BMO = \angle FMO = 90° - \angle EMF = 90° - \angle EDF$$
$$= 90° - (180° - \angle BDF) = \angle BDF - 90°$$
$$= (180° - \frac{1}{2}\angle BOF) - 90°$$
$$= 90° - \frac{1}{2}\angle BOF = \angle BFO$$

于是, 点 M 在 $\triangle OBF$ 的外接圆上.

同理, 点 M 也在 $\triangle OAD$ 的外接圆上, 或由性质 2 推论 2 知, OM 为圆 OBF 与圆 OAD 的公共弦.

由于圆 O、圆 OBF、圆 OAD 两两相交,由根心定理,知其三公共弦 BF、AC、OM 共点于 G,即知 O、G、M 三点共线,故 $OG \perp CE$.

证法 2 如图 6.19,在完全四边形 $EFAGBD$ 中,设 L 为其密克尔点,应用性质 8(1),知 L 在直线 EG 上,且 $CL \perp EG$,L 为过点 G 的弦的中点,即知 C、L、O 三点共线.

同理,在完全四边形 $CDFGAB$ 中,其密克尔点 N、O、E 三点共线,且 $ON \perp CG$.

于是,G 为 $\triangle OCE$ 的垂心,故 $OG \perp CE$.

证法 3 如图 6.19,设 N 为完全四边形 $CDFGAB$ 的密尔克点,则由性质 8(1) 知 G、N、A、B 及 C、F、N、B 分别四点共圆. 设圆 O 的半径为 R,注意到点对圆 O 的幂,有

$$OC^2 = R^2 + CD \cdot CF = R^2 + CN \cdot CG, OG^2 = R^2 - BG \cdot GF = R^2 - CG \cdot GN$$

上述两式相减,有

$$OC^2 - OG^2 = CN \cdot CG - CG \cdot GN = CG(CN - GN) = CG^2$$

同理,$OE^2 - OG^2 = EG^2$,从而

$$OE^2 - EG^2 = OG^2 = OC^2 - CG^2$$

由定差幂线定理,知 $OG \perp CE$.

注 ① 由证法 1 知 O、G、M 三点共线,从而 O 为 $\triangle GCE$ 的垂心;

② $\triangle GCE$ 称点关于圆 O 的极点三角形. 极点公式:$CE^2 = OC^2 + OE^2 - 2R^2$,$CG^2 = OC^2 + OG^2 - 2R^2$,$EG^2 = OE^2 + OG^2 - 2R^2$. (可参见例 15)

性质 12 完全四边形中的凸四边形有内切圆,则其三条对角线中的两条与四切点每两切点所在直线中的两条,此 3 组四条直线共点于对角线交点. (**牛顿定理的推广**)

如图 6.20,在完全四边形 $ABCDEF$ 中,凸四边形 $ABDF$ 的内切圆分别切 AB、BD、DF、FA 于 P、Q、R、S,对角线 AD 所在直线交对角线 BF、CE 分别于 M、N,直线 BF 与 CE 交于点 L,则

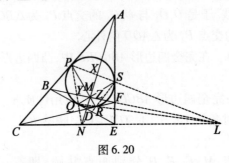

图 6.20

(1) AD、BF、PR、QS 四直线共点于 M;

(2) AD、CE、PQ、SR 四直线共点于 N;

(3) CE、QR、BF、PS 四直线共点于 L.

证明 (1) 设 BF 与 QS 交于点 M,BF 与 PR 交于点 M',下证 M' 与 M 重合.

分别对 $\triangle BEF$ 及截线 QS,$\triangle BCF$ 及截线 PR 应用梅涅劳斯定理,有

$$\frac{BM}{MF} \cdot \frac{FS}{SE} \cdot \frac{EQ}{QB} = 1, \frac{BM'}{M'F} \cdot \frac{FR}{RC} \cdot \frac{CP}{PB} = 1$$

即有

$$\frac{BM}{MF} = \frac{QB}{SF}, \frac{BM'}{M'F} = \frac{PB}{RF}$$

注意到 $BP = BQ$,$FS = FR$,则 $\dfrac{BM}{MF} = \dfrac{BM'}{M'F}$. 故 M' 与 M 重合.

由此知 BF、QS、PR 三直线共点于 M,同理,AD、QS、PR 三直线共点于 M. 即证.

(2)将图中字母 A、B、C、D、E、F、P、Q、R、S 分别重新标作 A、C、B、D、F、E、P、R、Q、S,使用(1)的证法即可.

(3)将图中字母 A、B、C、D、E、F、P、Q、R、S 分别重新标作 E、B、D、C、A、F、Q、P、R、S,使用(1)的证法即可.

性质 13 在完全四边形 $ABCDEF$ 中,凸四边形 $ABDF$ 有内切圆的充要条件是下述三条件之一:(1)$BC+BE=FC+FE$;(2)$AC+DE=AE+CD$;(3)$AB+DF=BD+AF$.

证明 如图 6.21.

(1)充分性:在 CF 上取点 G,使 $CG=CB$,在 EA 上取点 H,使 $EH=EB$. 联结 BG、GH、BH,则
$$FH=EH-EF=EB-EF$$
由已知 $BC+BE=FC+FE$,有 $BE-FE=FC-BC$,从而 $FH=FC-BC=FC-CG=GF$.

于是 $\triangle CGB$、$\triangle EHB$、$\triangle FHG$ 均为等腰三角形,这三个等腰三角形顶角的平分线,即为三个底边的中垂线. 三个底边构成 $\triangle BGH$,其三边的中垂线必交于一点,记该点为 I,从而点 I 到射线 CA、CF、EB、EA 的距离相等,即 I 为凸四边形 $ABDF$ 有内心,亦即凸四边形 $ABDF$ 有内切圆.

必要性.(略)

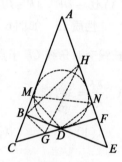

图 6.21

(2)充分性:在 CA 在取点 M,使 $CM=CD$,在 EA 上取点 N,使 $EN=ED$,则
$$AM=AC-CM=AC-CD=AE-DE=AE-EN=AN$$
于是 $\triangle CDM$、$\triangle END$、$\triangle AMN$ 均为等腰三角形.(下同(1),略)

(3)由切线长定理即得.

性质 14 在完全四边形 $ABCDEF$ 中,凸四边形 $ABDF$(在 $\angle BAF$ 内)有旁切圆的充要条件;下述三条件之一:(1)$AB+BD=AF+FD$;(2)$AC+CD=AE+ED$;(3)$BC+CF=BE+EF$.

证明 如图 6.22.

(1)充分性:在射线 AB 上取 K,使 $BK=BD$,在射线 AF 上取点 L,使 $FL=FD$,联结 DK、DL、KL,则
$$AK=AB+BK=AB+BD=AF+FD=AF+FL=AL$$
于是,$\triangle BKD$、$\triangle FDL$、$\triangle AKL$ 均为等腰三角形.

注意到等腰三角形的顶角平分线即为底边上的中垂线,三个底边构成 $\triangle DKL$,其三边的中垂线必交于一点,记该点为 O,从而点 O 到射线 BC、BD、FD、FE 的距离相等,即 O 为凸四边形 $ABDF$ 的旁切圆圆心,亦即这个凸四边形有旁切圆.

必要性.(略)

(2)必要性:设旁切圆与四边形相切于点 M、P、Q、N,如图 6.22 所示,则

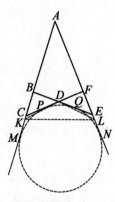

图 6.22

$$AM=AN,CP=CM,EQ=EN,DP=PQ$$

于是

$$\begin{aligned}AC+CD&=AC+CP+PD=AM+PD=AN+DQ=AE+EN+DQ\\&=AE+EQ+DQ=AE+ED\end{aligned}$$

充分性. 类似于(1)而证(略).

(3)必要性:设旁切圆与四边形相切于点 M、P、Q、N,如图6.22所示,则 $BM=BQ$,$CM=CP$,$DP=DQ$,$FP=FN$,于是

$$\begin{aligned}BC+CF&=(BM-CM)+(CD+DF)=BQ+PD+DF=BQ+FN=BQ+EN+FE\\&=BQ+QE+FE=BE+FE\end{aligned}$$

充分性. 类似于(1)证.

注 如上两条性质的条件式可合写为:(1)$BF\pm BE=EF\pm FC$;(2)$AC\pm DE=AE\pm CD$;(3)$AB\pm DF=AF\pm BD$.

性质15 如图6.23,在完全四边形 $ABCDEF$ 中,对角线 AD 的延长线交对角线 CE 于点 G. 记 $\frac{AD}{DG}=p_1$,$\frac{CD}{DF}=p_2$,$\frac{ED}{DB}=p_3$,$\frac{AB}{BC}=\lambda_3$,$\frac{CG}{GE}=\lambda_1$,$\frac{EF}{FA}=\lambda_2$,则

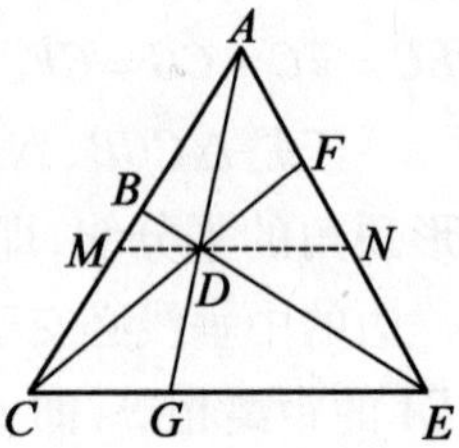

图6.23

(1)
$$\lambda_1=\frac{p_1p_2-1}{1+p_1}=\frac{1+p_1}{p_1p_3-1}=\frac{1+p_2}{1+p_3} \quad ①$$

$$\lambda_2=\frac{p_2p_3-1}{1+p_2}=\frac{1+p_2}{p_2p_1-1}=\frac{1+p_3}{1+p_2} \quad ②$$

$$\lambda_3=\frac{p_3p_1-1}{1+p_3}=\frac{1+p_3}{p_3p_2-1}=\frac{1+p_1}{1+p_2} \quad ③$$

$$p_1p_2p_3=p_1+p_2+p_3+2 \quad ④$$

$$\lambda_1\lambda_2\lambda_3=1 \quad ⑤$$

(2)
$$p_1=\lambda_1\lambda_3+\lambda_3=\lambda_3+\frac{1}{\lambda_2} \quad ⑥$$

$$p_2=\lambda_2\lambda_1+\lambda_1=\lambda_1+\frac{1}{\lambda_3} \quad ⑦$$

$$p_3=\lambda_3\lambda_2+\lambda_2=\lambda_2+\frac{1}{\lambda_1} \quad ⑧$$

(3)
$$\frac{S_{\triangle CED}}{S_{\text{四边形}ABDF}}=\frac{\lambda_2(1+\lambda_2)(1+\lambda_3)}{\lambda_3(1+2\lambda_2+\lambda_2\lambda_3)} \quad ⑨$$

证明 (1)过点 D 作 $MN/\!/CE$ 交 BC 于 M,交 FE 于 N,则

$$\frac{CE}{DN}=\frac{CF}{DF}=\frac{CD+DF}{DF}=p_2+1$$

$$\frac{GE}{DN}=\frac{AG}{AD}=\frac{AD+DG}{AD}=1+\frac{1}{p_1}$$

上述两式相除,得

$$\frac{CE}{GE}=\frac{p_1(1+p_2)}{1+p_1}$$

从而
$$\lambda_1 = \frac{CG}{GE} = \frac{CE - GE}{GE} = \frac{p_1 p_2 - 1}{1 + p_1}$$

又由
$$\frac{CE}{MD} = \frac{BE}{BD} = \frac{BD + DE}{BD} = 1 + p_3$$

及
$$\frac{CG}{MD} = \frac{AG}{AD} = \frac{GE}{DN} = \frac{1 + p_1}{p_1}$$

有
$$\frac{CE}{CG} = \frac{p_1(1 + p_3)}{1 + p_1}$$

从而
$$\lambda_1 = \frac{CG}{GE} = \frac{1 + p_1}{p_1 p_3 - 1}$$

对 $\triangle CED$ 及点 A 应用塞瓦定理,有 $\frac{CG}{GE} \cdot \frac{EB}{BD} \cdot \frac{DE}{FC} = 1$,从而

$$\lambda_1 = \frac{CG}{GE} = \frac{CF}{DF} \cdot \frac{BD}{BE} = \frac{1 + p_2}{1 + p_3}$$

故
$$\lambda_1 = \frac{p_1 p_2 - 1}{1 + p_1} = \frac{1 + p_1}{p_1 p_3 - 1} = \frac{1 + p_2}{1 + p_3}$$

同理,可证得式②、③.

由 $\frac{p_1 p_2 - 1}{1 + p_1} = \frac{1 + p_1}{p_1 p_3 - 1}$ 有 $(1 + p_1)^2 = (p_1 p_2 - 1)(p_1 p_3 - 1)$,亦有 $p_1 p_2 p_3 = p_1 + p_2 + p_3 + 2$.

同样,由 $\frac{p_1 p_2 - 1}{1 + p_1} = \frac{1 + p_2}{1 + p_3}$ 或 $\frac{1 + p_1}{p_1 p_3 - 1} = \frac{1 + p_2}{1 + p_3}$,亦有 $p_1 p_2 p_3 = p_1 + p_2 + p_3 + 2$.

由 λ_2、λ_3 两式中的各式均可得到

$$p_1 p_2 p_3 = p_1 + p_2 + p_3 + 2$$
$$\lambda_1 \lambda_2 \lambda_3 = 1$$

可由塞瓦定理,或可由①~③各式来推证.

(2) 由 $p_1 p_2 p_3 = p_1 + p_2 + p_3 + 2$,有 $p_1 p_2 p_3 - p_2 - p_3 = p_1 + 2$. 此式两边同加上 $p_1 p_2 p_3 + p_1 p_2 + p_1 p_3$ 整理,即得 $p_1 = \lambda_3 + \frac{1}{\lambda_2}$.

或者,对 $\triangle ACG$ 及截线 BDE 应用梅涅劳斯定理,有 $\frac{AB}{BC} \cdot \frac{CE}{EG} \cdot \frac{GD}{DA} = 1$,从而

$$p_1 = \lambda_1 \lambda_3 + \lambda_3 = \lambda_3 + \frac{1}{\lambda_2}$$

同理,可证得式⑦、⑧.

(3) 由 $\frac{CD}{DF} = p_2 = \lambda_1 + \frac{1}{\lambda_3} = \frac{1}{\lambda_2 \lambda_3} + \frac{1}{\lambda_3} = \frac{1 + \lambda_2}{\lambda_2 \lambda_3}$,有

$$\frac{CD}{CG} = \frac{1 + \lambda_2}{1 + \lambda_2 + \lambda_2 \lambda_3}$$

又 $\frac{FD}{DC} = \frac{\lambda_2 \lambda_3}{1 + \lambda_3}$,所以 $\frac{FD}{FC} = \frac{\lambda_2 \lambda_3}{1 + \lambda_2 + \lambda_2 \lambda_3}$,易知 $\frac{EF}{EA} = \frac{\lambda_2}{1 + \lambda_2}$,$\frac{AB}{AC} = \frac{\lambda_3}{1 + \lambda_3}$,于是

$$\frac{S_{\triangle DEF}}{S_{\triangle ACE}} = \frac{S_{\triangle DEF}}{S_{\triangle CEF}} \cdot \frac{S_{\triangle CEF}}{S_{\triangle ACE}} = \frac{FD}{FC} \cdot \frac{EF}{EA} = \frac{\lambda_2 \lambda_3}{1 + \lambda_2 + \lambda_2 \lambda_3} \cdot \frac{\lambda_2}{1 + \lambda_2}$$

$$\frac{S_{\triangle ABE}}{S_{\triangle ACE}} = \frac{AB}{AC} = \frac{\lambda_3}{1 + \lambda_3}$$

所以

$$\frac{S_{\triangle ABE}}{S_{\triangle ACE}} - \frac{S_{\triangle DEF}}{S_{\triangle ACE}} = \frac{\lambda_3}{1 + \lambda_3} - \frac{\lambda_2 \lambda_3}{1 + \lambda_2 + \lambda_2 \lambda_3} \cdot \frac{\lambda_2}{1 + \lambda_2}$$

$$= \frac{\lambda_3 (1 + \lambda_2)(1 + \lambda_2 + \lambda_2 \lambda_3) - \lambda_2 \cdot \lambda_2 \lambda_3 (1 + \lambda_3)}{(1 + \lambda_2)(1 + \lambda_3)(1 + \lambda_2 + \lambda_2 \lambda_3)}$$

$$= \frac{\lambda_3 (1 + 2\lambda_2 + \lambda_2 \lambda_3)}{(1 + \lambda_2)(1 + \lambda_3)(1 + \lambda_2 + \lambda_2 \lambda_3)}$$

而

$$\frac{S_{\triangle ABE}}{S_{\triangle ACE}} - \frac{S_{\triangle DEC}}{S_{\triangle ACE}} = \frac{S_{\triangle ABE} - S_{\triangle DEC}}{S_{\triangle ACE}} = \frac{S_{\text{四边形} ABDF}}{S_{\triangle ACE}}$$

故

$$\frac{S_{\text{四边形} ABDF}}{S_{\triangle ACE}} = \frac{\lambda_3 (1 + 2\lambda_2 + \lambda_2 \lambda_3)}{(1 + \lambda_2)(1 + \lambda_3)(1 + \lambda_2 + \lambda_2 \lambda_3)}$$

又

$$\frac{S_{\triangle DCE}}{S_{\triangle ACE}} = \frac{S_{\triangle DCE}}{S_{\triangle CEF}} \cdot \frac{S_{\triangle CEF}}{S_{\triangle ACE}} = \frac{CD}{CF} \cdot \frac{EF}{EA}$$

$$= \frac{1 + \lambda_2}{1 + \lambda_2 + \lambda_2 \lambda_3} \cdot \frac{\lambda_2}{1 + \lambda_2}$$

由上述两式相除即后式除以前式得

$$\frac{S_{\triangle CED}}{S_{\text{四边形} ABDF}} = \frac{\lambda_2 (1 + \lambda_2)(1 + \lambda_3)}{\lambda_3 (1 + 2\lambda_2 + \lambda_2 \lambda_3)}$$

性质 16 在完全四边形 $ABCDEF$ 中,若点 G、H 分别 CF、BE 的中点,则 $S_{\text{四边形} BCEF} = 4 S_{\triangle AGH}$.

证法 1 如图 6.24,联结 CH、HF,得

$$S_{\triangle AGH} = S_{\triangle ACH} - S_{\triangle CGH} - S_{\triangle ACG}$$

$$= S_{\triangle ABH} + S_{\triangle BCH} - \frac{1}{2} S_{\triangle CHF} - \frac{1}{2} S_{\triangle ACF}$$

$$= \frac{1}{2} S_{\triangle ABE} + \frac{1}{2} S_{\triangle BCE} - \frac{1}{2} S_{ACHF} = \frac{1}{2} S_{HCEF}$$

$$= \frac{1}{4} (S_{\triangle BEF} + S_{\triangle BCE}) = \frac{1}{4} S_{BCEF}$$

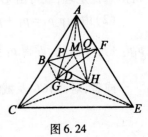

图 6.24

即证.

证法 2 如图 6.24,联结 BG、GE,则

$$S_{BGHF} = \frac{1}{2} S_{BGEF} = \frac{1}{4} S_{BCEF}$$

故只需证 $S_{\triangle AGH} = S_{\text{四边形} BGHF}$.

取 BF 的中点 M,联结 AM、MG、MH,设 BF 与 AG、AH 分别交于点 P、Q. 由 $MG // AC$, $MH // AE$,知

则
$$S_{\triangle BGP} = S_{\triangle APM}, S_{\triangle AQM} = S_{\triangle FQH}$$
$$S_{\triangle BGP} + S_{\triangle FQH} = S_{\triangle APM} + S_{\triangle AQM} = S_{\triangle APQ}$$
故
$$S_{\triangle AGH} = S_{BGHF} = \frac{1}{4} S_{BCEF}$$

性质 17 过完全四边形 $ABCDEF$ 的顶点 A 的直线交 BF 于 M,交 CE 于 N,交 BD 于 G,交 CD 于 H,则

$$\frac{1}{AM} + \frac{1}{AN} = \frac{1}{AG} + \frac{1}{AH}$$

证法 1 如图 6.25,设 CE 与 BF 的延长线交于点 O ($CE \parallel BF$ 时),则 $\triangle ACN$ 和 $\triangle AEN$ 均被直线 BO 所截,由梅涅劳斯定理,有

$$\frac{CB}{BA} = \frac{MN}{AM} \cdot \frac{OC}{NO} \qquad ①$$

$$\frac{EF}{FA} = \frac{MN}{AM} \cdot \frac{OE}{NO} \qquad ②$$

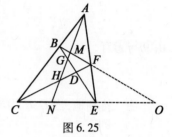

图 6.25

由 ①·NE + ②·CN,得

$$NE \cdot \frac{CB}{BA} + CN \cdot \frac{EF}{FA} = \frac{MN}{AM} \cdot \frac{OC \cdot NE + OE \cdot CN}{NO} \qquad ③$$

注意到直线上的托勒密定理,有

$$OC \cdot NE + OE \cdot CN = CE \cdot NO$$

则式③变为

$$NE \cdot \frac{CB}{BA} + CN \cdot \frac{EF}{FA} = CE \cdot \frac{MN}{AM} \qquad ④$$

又由直线 CF 截 $\triangle EAN$ 和直线 BE 截 $\triangle ACN$,应用梅涅劳斯定理,有

$$CE \cdot \frac{NH}{HA} = CN \cdot \frac{FE}{AF}$$

$$CE \cdot \frac{NG}{GA} = NE \cdot \frac{BC}{AB}$$

将上述两式代入④得

$$\frac{NH}{HA} + \frac{NG}{GA} = \frac{MN}{AM}$$

即有
$$\frac{AN - AH}{AH} + \frac{AN - AG}{AG} = \frac{AN - AM}{AM}$$

故有
$$\frac{1}{AG} + \frac{1}{AH} = \frac{1}{AM} + \frac{1}{AN}$$

当 CE 与 BF 平行时,结论仍成立(证略).

证法 2 令 $\angle CAN = \alpha$,$\angle NAE = \beta$,$AB = b$,$AF = f$,$AC = c$,$AE = e$. 当 BF 与 CE 平行或不平行时,均可以 A 为视点,分别对点 B、M、F,B、G、E,C、H、F,C、N、E 应用张角定理,有

$$\frac{\sin A}{AM} = \frac{\sin \alpha}{f} + \frac{\sin \beta}{b} \qquad ⑤$$

$$\frac{\sin A}{AG} = \frac{\sin \alpha}{e} + \frac{\sin \beta}{b} \qquad ⑥$$

$$\frac{\sin A}{AH} = \frac{\sin \alpha}{f} + \frac{\sin \beta}{c} \qquad ⑦$$

$$\frac{\sin A}{AN} = \frac{\sin \alpha}{e} + \frac{\sin \beta}{c} \qquad ⑧$$

由⑤与⑥有

$$\left(\frac{1}{AM} - \frac{1}{AG}\right)\sin A = \frac{\sin \alpha}{f} - \frac{\sin \alpha}{e} \qquad ⑨$$

由⑦与⑧有

$$\left(\frac{1}{AH} - \frac{1}{AN}\right)\sin A = \frac{\sin \alpha}{f} - \frac{\sin \alpha}{e} \qquad ⑩$$

由⑨与⑩有

$$\frac{1}{AM} + \frac{1}{AN} = \frac{1}{AG} + \frac{1}{AH}$$

注 特别地,当 G、H 均与点 D 重合时,有

$$\frac{1}{AM} + \frac{1}{AN} = \frac{2}{AD}$$

即 M、N 调和分割 AD,此即为前面的性质 6.

性质 18 完全四边形中的折、凹、凸四边形的一条边上的两端点与对边上的两端点到不是此四边形对角线所在直线的距离的倒数代数和相等(一条边上两端点在这条对角线所在直线异侧均取正号,同侧取一正一负).

如图 6.26,在完全四边形 $ABCDEF$ 中,记点 X 到相应对角线所在直线的距离为 d_X,则

(1) 对于折四边形 $BCFE$ 及对角线 AD,有 $\dfrac{1}{d_B} + \dfrac{1}{d_E} = \dfrac{1}{d_C} + \dfrac{1}{d_F}$;

(2) 对于凹四边形 $ACDE$ 及对角线 BF,有 $\dfrac{1}{d_D} = \dfrac{1}{d_A} + \dfrac{1}{d_C} + \dfrac{1}{d_E}$;

(3) 对于凸四边形 $ABDF$ 及对角线 CE,有 $\dfrac{1}{d_A} - \dfrac{1}{d_B} = \dfrac{1}{d_F} - \dfrac{1}{d_D}$.

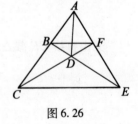

图 6.26

证明 (1)

$$\frac{1}{d_B} + \frac{1}{d_E} = \frac{1}{d_C} + \frac{1}{d_F} \Leftrightarrow \frac{1}{d_B} - \frac{1}{d_C} = \frac{1}{d_F} - \frac{1}{d_E}$$

$$\Leftrightarrow \frac{1}{S_{\triangle BAD}} - \frac{1}{S_{\triangle CAD}} = \frac{1}{S_{\triangle FAD}} - \frac{1}{S_{\triangle EAD}} \Leftrightarrow \frac{S_{\triangle CBD}}{S_{\triangle BAD} \cdot S_{\triangle CAD}} = \frac{S_{\triangle EFD}}{S_{\triangle FAD} \cdot S_{\triangle EAD}}$$

$$\Leftrightarrow \frac{S_{\triangle DAC}}{S_{\triangle DBC}} \cdot \frac{S_{\triangle ABD}}{S_{\triangle ADE}} \cdot \frac{S_{\triangle DEF}}{S_{\triangle DAF}} = 1 \Leftrightarrow \frac{AC}{CB} \cdot \frac{BD}{DE} \cdot \frac{EF}{FA} = 1$$

$\Leftrightarrow$ 对 $\triangle ABE$ 及截线 CDF 应用梅涅劳斯定理

(2) $\dfrac{1}{d_D} = \dfrac{1}{d_A} + \dfrac{1}{d_C} + \dfrac{1}{d_E} \Leftrightarrow \dfrac{1}{d_D} - \dfrac{1}{d_C} = \dfrac{1}{d_A} + \dfrac{1}{d_E} \Leftrightarrow \dfrac{1}{S_{\triangle DBF}} - \dfrac{1}{S_{\triangle CFB}} = \dfrac{1}{S_{\triangle ABF}} + \dfrac{1}{S_{\triangle BEF}}$

$$\Leftrightarrow \frac{S_{\triangle CDB}}{S_{\triangle DBF} \cdot S_{\triangle CFB}} = \frac{S_{\triangle ABE}}{S_{\triangle ABF} \cdot S_{\triangle BEF}} \Leftrightarrow \frac{S_{\triangle FAB}}{S_{\triangle FBC}} \cdot \frac{S_{\triangle BCD}}{S_{\triangle BDF}} \cdot \frac{S_{\triangle BFE}}{S_{\triangle BEA}} = 1$$

$\Leftrightarrow \dfrac{AB}{BC} \cdot \dfrac{CD}{DF} \cdot \dfrac{FE}{EA} = 1 \Leftrightarrow$ 对 $\triangle ACF$ 截线 BDE 应用梅涅劳斯定理

(3) $\dfrac{1}{d_D} - \dfrac{1}{d_B} = \dfrac{1}{d_F} - \dfrac{1}{d_A} \Leftrightarrow \dfrac{1}{S_{\triangle DEC}} - \dfrac{1}{S_{\triangle BEC}} = \dfrac{1}{S_{\triangle EFC}} - \dfrac{1}{S_{\triangle AEC}}$

$\Leftrightarrow \dfrac{S_{\triangle BCD}}{S_{\triangle AEC} \cdot S_{\triangle BEC}} = \dfrac{S_{\triangle ACF}}{S_{\triangle EFC} \cdot S_{\triangle DEC}} \Leftrightarrow \dfrac{S_{\triangle EAC}}{S_{\triangle EBC}} \cdot \dfrac{S_{\triangle CBD}}{S_{\triangle CDE}} \cdot \dfrac{S_{\triangle CEF}}{S_{\triangle CFA}} = 1$

$\Leftrightarrow \dfrac{AC}{CB} \cdot \dfrac{BD}{DE} \cdot \dfrac{EF}{FA} = 1 \Leftrightarrow$ 对 $\triangle ABE$ 及截线 CDF 应用梅涅劳斯定理

性质 19 如图 6.27,在完全四边形 $ABCDEF$ 中,P 为凸四边形 $ABDF$ 内一点,则 $\angle APB$ 与 $\angle DPF$ 互补的充要条件是 $\angle BPC = \angle EPF$.

证法 1 必要性:在 PE 上取一点 Q,使得 P、D、Q、F 四点共圆. 设直线 FQ 与直线 AP 交于点 L,直线 QD 与直线 PB 交于点 M.

对 $\triangle ABE$ 及截线 FDC,对 $\triangle EPB$ 及截线 QDM,对 $\triangle EAP$ 及截线 FQL 分别应用梅涅劳斯定理,有

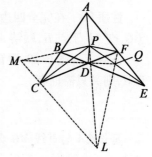

图 6.27

$$\dfrac{EF}{FA} \cdot \dfrac{AC}{CB} \cdot \dfrac{BD}{DE} = 1 \qquad ①$$

$$\dfrac{EQ}{QP} \cdot \dfrac{PM}{MB} \cdot \dfrac{BD}{DE} = 1 \qquad ②$$

$$\dfrac{EF}{FA} \cdot \dfrac{AL}{LP} \cdot \dfrac{PQ}{QE} = 1 \qquad ③$$

由 ① ÷ ② ÷ ③ 得

$$\dfrac{AC}{CB} \cdot \dfrac{BM}{MP} \cdot \dfrac{PL}{LA} = 1$$

对 $\triangle ABP$ 应用梅涅劳斯定理的逆定理,知 M、C、L 共线. 于是注意到题设,有

$$\angle MPL = 180° - \angle APM = \angle DPF = \angle LQM$$

从而 M、P、Q、L 共圆,则有

$$\angle PML = \angle PQF = \angle PDF$$

由此即知 P、M、C、D 共圆,故

$$\angle BPC = \angle MPC = \angle MDC = \angle FDQ = \angle QPF = \angle EPF$$

充分性:上述推导逆推之稍作整理即证(略).

证法 2 充分性:如图 6.28,过点 E 分别作 PB、PA 的平行线分别交直线 PD、PF 于 R、S. 过点 F 作 $FK // PC$ 交 PR 于点 K.

对 $\triangle DEF$ 及截线 ABC 应用梅涅劳斯定理,有

$$\dfrac{EA}{AF} \cdot \dfrac{FC}{CD} \cdot \dfrac{DB}{BE} = 1$$

从而 $\dfrac{PF}{PS} = \dfrac{AF}{AE} = \dfrac{FC}{CD} \cdot \dfrac{DB}{BE} = \dfrac{PK}{PD} \cdot \dfrac{BD}{BE} = \dfrac{PK}{PD} \cdot \dfrac{PD}{PR} = \dfrac{PK}{PR}$

故 $KF // RS$

即 $\angle SRE = \angle BPC = \angle EPF = \angle EPS$

于是 P、R、E、S 共圆,从而

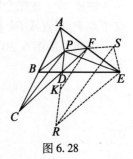

图 6.28

$$\angle APB + \angle DPF = \angle RES + \angle RPS = 180°$$

必要性：上述推导逆推之稍作整理即证（略）.

注 由 $\angle APB + \angle DPE = 180°$，可得 $\angle APD$ 与 $\angle BPF$ 的角平分线互相垂直. 令 $\angle APB = \alpha$，$\angle APF = \beta$，$\angle APD$ 与 $\angle BPF$ 的角平分线所成的角为 θ，则

$$\theta = \beta + 180° - \beta + 180° - \alpha - \frac{1}{2}(180° - \beta + 180° - \alpha) - \frac{1}{2}(\beta + 180° - \alpha) = 90°$$

性质20 在完全四边形 $ABCDEF$ 中，对角线 AD 与 BF 交于点 P，过 P 的直线交 BD 于点 G，交 AF 于点 H，联结 AG 并延长交对角线 CE 于点 Q，则 H、D、Q 三点共线.

证明 如图 6.29，要证 H、D、Q 三点共线，只需证直线 AD、GE、QH 共点. 延长 AD 交 CE 于 M，则又只需证有

$$\frac{QM}{ME} \cdot \frac{EH}{HA} \cdot \frac{AG}{GQ} = 1 \quad \text{①}$$

延长 EA 与直线 MG 交于点 N，对 $\triangle AQE$ 及截线 MGN 应用梅涅劳斯定理，有

$$\frac{QM}{ME} \cdot \frac{EN}{NA} \cdot \frac{AG}{GQ} = 1 \quad \text{②}$$

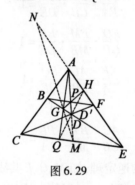

图 6.29

由①、②知，只需证明有

$$\frac{EH}{HA} = \frac{EN}{NA} \quad \text{③}$$

设 QH 与 CF 交于点 D'，则对完全四边形 $QMED'AG$，应用对角线调和分割的性质，即完全四边形性质 6，即知式③成立. 故结论获证.

性质21 在完全四边形 $ABCDEF$ 中，作 $BG \perp CE$ 于点 G，作 $FH \perp CE$ 于 H，设 BH 与 FG 交于点 P，则直线 DP 恒过一定点.

证明 如图 6.30，由 $\triangle ACF$ 及截线 BDE，应用梅涅劳斯定理，有

$$\frac{FD}{DC} \cdot \frac{CB}{BA} \cdot \frac{AE}{EF} = 1$$

即

$$\frac{FD}{DC} = \frac{BA}{CB} \cdot \frac{EF}{AE}$$

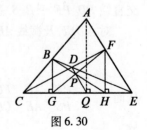

图 6.30

作 $AQ \perp CE$ 于 Q，则 $BG // AQ // FH$. 于是

$$\triangle PBG \sim \triangle PHF, \triangle BCG \sim \triangle ACQ, \triangle EFH \sim \triangle EAQ$$

注意到 $\triangle CFG$，有

$$\frac{FD}{DC} \cdot \frac{CQ}{QG} \cdot \frac{GP}{PF} = \left(\frac{BA}{CB} \cdot \frac{EF}{AE}\right) \cdot \frac{AC}{AB} \cdot \frac{BG}{FH} = \frac{AC}{AE} \cdot \frac{BG}{CB} \cdot \frac{EF}{FH} = \frac{AC}{AE} \cdot \frac{AQ}{CB} \cdot \frac{AE}{AQ} = 1$$

根据梅涅劳斯定理的逆定理,知 D、P、Q 三点共线,即直线 DP 通过定点 Q.

注 当点 D 在 AQ 上时,有点 P 在 AQ 上,即为如下性质22.

性质22 如图 6.31,在完全四边形 $ABCDEF$ 中,过 B、F 作与对角线 AD 平行的线分别交对角线 CE 于 G、H,联结 BH、FG 相交于点 P,则点 P 在直线 AD 上.

证法1 延长 AD 交 CE 于 Q,对 △ACE 及点 D 应用塞瓦定理,有

$$\frac{CQ}{QE} \cdot \frac{EF}{FA} \cdot \frac{AB}{BC} = 1 \qquad ①$$

图 6.31

由 $BG \parallel AD \parallel FH$ 得

$$CQ = \frac{AQ}{BG} \cdot CG \qquad ②$$

$$EF = \frac{FH}{AQ} \cdot EA \qquad ③$$

$$\frac{AB}{BC} = \frac{GQ}{CG} \qquad ④$$

将②~④,代入①,得

$$\frac{CQ}{QE} \cdot \frac{EA}{AF} \cdot \frac{FH}{BG} = 1$$

又 $\dfrac{FH}{BG} = \dfrac{EP}{PG}$,则上式变为

$$\frac{GQ}{QE} \cdot \frac{EA}{AF} \cdot \frac{FP}{PG} = 1$$

对 △EFG 应用梅涅劳斯定理,知 A、P、Q 共线,即点 P 在直线 AD 上.

证法2 由证法1知,要证 A、P、Q 共线,即证对 △BCH,有

$$\frac{CQ}{QH} \cdot \frac{HP}{PB} \cdot \frac{BA}{AC} = 1 \qquad ⑥$$

因为 $BG \parallel AD \parallel FH$

有

$$\frac{EF}{FA} = \frac{EH}{QH}, QE = \frac{AQ}{FH} \cdot HE, BG = \frac{BG}{AQ} \cdot AC$$

由上述三式得

$$\frac{CQ}{QH} \cdot \frac{FH}{BG} \cdot \frac{AB}{AC} = 1$$

又

$$\frac{FH}{BG} = \frac{HP}{PH}$$

式⑥成立.

性质23 在完全四边形 $ABCDEF$ 中,过 B、F 作与对角线 AD 平行的线分别交对角线 CE 于 G、H,交 CD 于 M、交 DE 于 N. 设 ME 与 CN 交于点 R,则点 R 在直线 AD 上.

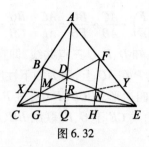

图 6.32

证明 如图 6.32,延长 AD 交 CE 于点 Q,延长 EM 交 AC 于 X,延长 CN 交 AE 于 Y.

对 $\triangle ABE$ 及截线 YNC 应用梅涅劳斯定理,有

$$\frac{EY}{YA} \cdot \frac{AC}{CB} \cdot \frac{BN}{NE} = 1$$

则

$$\frac{EY}{YA} = \frac{CB}{AC} \cdot \frac{NE}{BN} = \frac{CG}{CQ} \cdot \frac{HE}{HG} \qquad \text{①}$$

又对 $\triangle ACF$ 及截线 XME 应用梅涅劳斯定理,有

$$\frac{AX}{XC} \cdot \frac{CM}{MF} \cdot \frac{FE}{EA} = 1$$

则

$$\frac{AX}{XC} = \frac{MF}{CM} \cdot \frac{EA}{FE} = \frac{HG}{CG} \cdot \frac{QE}{HE} \qquad \text{②}$$

由①、②得

$$\frac{EY}{YA} \cdot \frac{AX}{XC} = \frac{QE}{CQ}$$

即

$$\frac{EY}{YA} \cdot \frac{AX}{XC} \cdot \frac{CQ}{QE} = 1$$

对 $\triangle EAC$ 应用塞瓦定理的逆定理,知 CY、EX、AQ 共点于 R,故 R 在直线 AD 上.

完全类似地,可证得如下结论:如图 6.33 所示.

性质 24 在完全四边形 $ABCDEF$ 中,作 $BP \perp CE$ 于点 P,且交 CD 于 M,作 $FG \perp CE$ 于点 G,且交 BE 于 N. 设 CN 与 EM 交于点 R,则 $AR \perp CE$.

性质 25 在完全四边形 $ABCDEF$ 中,对角线 AD 所在直线交 BF 于 M,交 CE 于 N,则

$$MD \leqslant (3 - 2\sqrt{2})AN$$

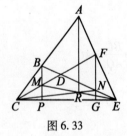

图 6.33

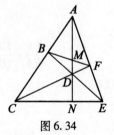

图 6.34

证明 如图 6.34,令 $\dfrac{CN}{NE} = m, \dfrac{EF}{FA} = n, \dfrac{AB}{BC} = p$,对 $\triangle ACE$ 及点 D 应用塞瓦定理,有

$$\frac{CN}{NE} \cdot \frac{EF}{FA} \cdot \frac{AB}{BC} = m \cdot n \cdot p = 1$$

对 $\triangle ANE$ 及截线 CDF 应用梅涅劳斯定理,有

$$\frac{EF}{FA} \cdot \frac{AD}{DN} \cdot \frac{NC}{CE} = 1$$

注意到 $\frac{NC}{CE} = \frac{m}{m+1}$，则 $n \cdot \frac{AD}{DN} \cdot \frac{m}{m+1} = 1$，即 $\frac{AD}{DN} = \frac{m+1}{mn}$，故

$$\frac{AD}{AN} = \frac{m+1}{mn+m+1}$$

又对 $\triangle CEF$ 及截线 ADN 应用梅涅劳斯定理，有

$$\frac{CN}{NE} \cdot \frac{EA}{AF} \cdot \frac{FD}{DC} = 1$$

而 $\frac{EA}{AF} = n+1$，则 $\frac{CD}{DF} = mn + m$，故

$$\frac{CF}{FD} = mn + m + 1$$

再对 $\triangle ACD$ 及截线 BMF 应用梅涅劳斯定理，有

$$\frac{AB}{BC} \cdot \frac{CF}{FD} \cdot \frac{DM}{MA} = 1$$

即有

$$\frac{DM}{MA} = \frac{1}{p(mn+m+1)} = \frac{1}{mp+p+1}$$

$$\frac{DM}{AD} = \frac{1}{mp+p+2}$$

于是

$$\frac{MD}{AN} = \frac{MD}{AD} \cdot \frac{AD}{AN} = \frac{1}{mp+p+2} \cdot \frac{m+1}{mn+m+1} = \frac{1}{p(m+1)+2} \cdot \frac{1}{\frac{mn}{m+1}+1}$$

$$= \frac{1}{1+\frac{2mn}{m+1}+p(m+1)+2} \leqslant \frac{1}{3+2\sqrt{2}} = 3 - 2\sqrt{2}$$

故

$$MD \leqslant (3 - 2\sqrt{2})AN$$

其中等号当且仅当 $\frac{2mn}{m+1} = p(m+1)$，即 $p(m+1) = \sqrt{2}$ 时取得.

性质 26 在完全四边形 $ABCDEF$ 中，H、G 是对角线 AD 所在直线上的点. 设直线 HB 与直线 CG 交于点 I，直线 HF 与直线 GE 交于点 J，则 BJ 与 FI 的交点 P 在直线 AD 上，直线 CJ 与直线 EI 的交点 Q 在直线 AD 上.

证明 如图 6.35，设 BF 交 AD 于 G_1，对 $\triangle ABF$ 及点 D 应用塞瓦定理，有

$$\frac{BC}{CA} \cdot \frac{AE}{EF} \cdot \frac{FG_1}{G_1B} = 1 \qquad \text{①}$$

对 $\triangle AHF$ 及截线 GEJ，应用梅涅劳斯定理，有

$$\frac{HJ}{JF} \cdot \frac{FE}{EA} \cdot \frac{AG}{GH} = 1 \qquad \text{②}$$

对 $\triangle ABH$ 及截线 GCI，应用梅涅劳斯定理，有

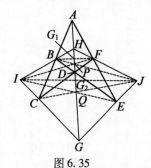

图 6.35

$$\frac{BI}{IH} \cdot \frac{HG}{GA} \cdot \frac{AC}{CB} = 1 \qquad ③$$

由①②③三式相乘得

$$\frac{BI}{IH} \cdot \frac{HJ}{JF} \cdot \frac{FG_1}{G_1B} = 1$$

对 $\triangle BHF$ 应用塞瓦定理的逆定理,知 BJ、FI、AD 三直线共点 P,即证 P 在 AD 上.

设 IJ 交直线 AD 于 G_2. 对 $\triangle HIJ$ 及点 P 应用塞瓦定理,有

$$\frac{HB}{BI} \cdot \frac{IG_2}{G_2J} \cdot \frac{JF}{FH} = 1 \qquad ④$$

对 $\triangle HIG$ 及截线 CBA,应用梅涅劳斯定理,有

$$\frac{GC}{CI} \cdot \frac{IB}{BH} \cdot \frac{HA}{AG} = 1 \qquad ⑤$$

对 $\triangle HJG$ 及截线 EFA,应用梅涅劳斯定理,有

$$\frac{JE}{EG} \cdot \frac{GA}{AH} \cdot \frac{HF}{FJ} = 1 \qquad ⑥$$

由④⑤⑥三式相乘得

$$\frac{GC}{CI} \cdot \frac{IG_2}{G_2J} \cdot \frac{JE}{EG} = 1$$

对 $\triangle GJI$ 应用塞瓦定理的逆定理,知 CJ、EI、AD 三直线共点 Q,即证 Q 在 AD 上.

性质 27 在完全四边形 $ABCDEF$ 中,P、P_1、P_2 分别为线段 AD、CD、DE 上的点(异于端点),BE、BP_1 分别与 PC 交于点 P_3、P_5,FP_2、FD 分别与 PE 交于点 P_4、P_6. 设 BP_6 与 FP_3 交于点 A_1,BP_4 与 FP_5 交于点 A_2,CP_4 与 EP_5 交于点 A_3,CP_2 与 EP_1 交于点 A_4,BP_5 与 FP_2 的延长线交于点 G,则

(1) A_1 在直线 AD 上;

(2) $A_2 \in AD \Leftrightarrow A_3 \in AD \Leftrightarrow A_4 \in AD \Leftrightarrow G \in AD$.

证明 如图 6.36,设直线 AD 分别交 BF、CE 于 T_1、T_2.

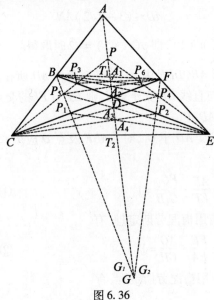

图 6.36

(1) 对 $\triangle ABF$ 及点 D 应用塞瓦定理,有

$$\frac{BC}{CA} \cdot \frac{AE}{EF} \cdot \frac{FT_1}{T_1B} = 1 \qquad ①$$

对 $\triangle ABD$ 及截线 CP 应用梅涅劳斯定理,有

$$\frac{BP_5}{P_5D} \cdot \frac{DP}{PA} \cdot \frac{AC}{CB} = 1 \qquad ②$$

对 $\triangle ADF$ 及截线 PE 应用梅涅劳斯定理,有

$$\frac{DP_5}{P_5F} \cdot \frac{FE}{EA} \cdot \frac{AP}{PD} = 1 \qquad ③$$

由①~③相乘得

$$\frac{BP_5}{P_5D} \cdot \frac{DP_6}{P_6F} \cdot \frac{FT_1}{T_1B} = 1 \qquad ④$$

从而对 $\triangle BDF$ 应用塞瓦定理的逆定理,知 BP_6、FP_5、AD 三线共点,故 $A_1 \in AD$.

(2)(i)若 $G \in AD$,对 $\triangle ACD$ 及截线 BP_1,对 $\triangle ADE$ 及截线 FP_2 分别应用梅涅劳斯定理有

$$\frac{AB}{BC} \cdot \frac{CP_1}{P_1D} \cdot \frac{DG}{GA} = 1$$

$$\frac{EF}{FA} \cdot \frac{AG}{GD} \cdot \frac{DP_2}{P_2E} = 1$$

故

$$\frac{AB}{BC} \cdot \frac{EF}{FA} = \frac{EP_2}{P_2D} \cdot \frac{DP_1}{P_1C} \qquad ⑤$$

同理,对 $\triangle ACP$ 及截线 BP_3、对 $\triangle APE$ 及截线 FP_4 有

$$\frac{AB}{BC} \cdot \frac{EF}{FA} = \frac{EP_4}{P_4P} \cdot \frac{PP_3}{P_3C} \qquad ⑥$$

对 $\triangle ACE$ 及点 D 应用塞瓦定理,有

$$\frac{AB}{BC} \cdot \frac{CT_2}{T_2E} \cdot \frac{EF}{FA} = 1 \qquad ⑦$$

联立⑤~⑦,得

$$\frac{CT_2}{T_2E} \cdot \frac{EP_2}{P_2D} \cdot \frac{DP_1}{P_1C} = \frac{CT_2}{TE} \cdot \frac{EP_4}{P_4P} \cdot \frac{PP_3}{P_3C} = 1$$

对 $\triangle CED$、$\triangle CEP$ 分别应用塞瓦定理的逆定理,知 CP_4、EP_3、PT_2 三线共点,CP_2、EP_1、DT_2 三线共点,故 $A_3 \in AD, A_4 \in AD$.

对 $\triangle BDG$ 及截线 P_3P_5、对 $\triangle DFG$ 及截线 P_4P_6 分别应用梅涅劳斯定理,有

$$\frac{BP_5}{P_5D} \cdot \frac{DP}{PG} \cdot \frac{GP_3}{P_3B} = 1, \frac{DP_6}{P_6F} \cdot \frac{FP_4}{P_4G} \cdot \frac{GP}{PD} = 1$$

即

$$\frac{BP_5}{P_5D} \cdot \frac{DP_6}{P_6F} = \frac{BP_3}{P_3G} \cdot \frac{GP_4}{P_4F} \qquad ⑧$$

由④可得
$$\frac{BP_3}{P_3G} \cdot \frac{GP_4}{P_4F} \cdot \frac{FT_1}{T_1B} = 1$$

对 $\triangle BGF$ 应用塞瓦定理的逆定理,知 BP_4、FP_3、T_1G 三线共点,故 $A_2 \in AD$.

(ii) 若 $A_2 \in AD$,设直线 GA_2 交 BF 于 T_1',则由 BP_4、FP_3、$T_1'G$ 三线共点从而有
$$\frac{BP_3}{P_3G} \cdot \frac{GP_4}{P_4F} \cdot \frac{FT_1'}{T_1'B} = 1 \qquad ⑨$$

对 $\triangle BDG$ 及截线 P_3P_5、对 $\triangle DFG$ 及截线 P_4P_6 分别应用梅涅劳斯定理,有式⑧.

考虑到⑧、⑨及 $A_1 \in AD$,由式④,有
$$\frac{FT_1'}{T_1'B} = \frac{FT_1}{T_1B}$$

从而 T_1' 与 T_1 重合.

于是,直线 T_1A_2G 与直线 AT_1A_2 重合,故 $G \in AD$.

若 $A_3 \in AD$,由 CP_4、EP_3、AD 三线共点,有
$$\frac{CT_2}{T_2E} \cdot \frac{EP_4}{P_4P} \cdot \frac{PP_3}{P_3C} = 1 \qquad ⑩$$

由⑩和⑦,有式⑥.

若 $A_4 \in AD$,由 CP_2、EP_1、AD 三线共点,有
$$\frac{CT_2}{T_2E} \cdot \frac{EP_2}{P_2D} \cdot \frac{DP_1}{P_1C} = 1 \qquad ⑪$$

由式⑪与⑦有
$$\frac{AB}{BC} \cdot \frac{EF}{FA} = \frac{EP_2}{P_2D} \cdot \frac{DP_1}{P_1C} \qquad ⑫$$

设直线 BP_1 与直线 AD 交于点 G_1,直线 FP_2 与直线 AD 交于点 G_2.

对 $\triangle ACD$ 及截线 BP_1,对 $\triangle ADE$ 及截线 FP_2,对 $\triangle ACP$ 及截线 BP_3,对 $\triangle APE$ 及截线 FP_4 分别应用梅涅劳斯定理,有
$$\frac{AB}{BC} \cdot \frac{CP_1}{P_1D} \cdot \frac{DG_1}{G_1A} = 1, \quad \frac{EF}{FA} \cdot \frac{AG_2}{G_2D} \cdot \frac{DP_2}{P_2E} = 1$$
$$\frac{AB}{BC} \cdot \frac{CP_3}{P_3P} \cdot \frac{PG_1}{G_1A} = 1, \quad \frac{EF}{FA} \cdot \frac{AG_2}{G_2P} \cdot \frac{PP_4}{P_4E} = 1$$

于是由上述前两式及式⑫,有
$$\frac{AG_1}{G_1D} = \frac{AG_2}{G_2D}$$

由上述后两式及式⑥,亦有
$$\frac{AG_1}{G_1P} = \frac{AG_2}{G_2P}$$

从而 G_1 与 G_2 重合,即重合于点 G,故 $G \in AD$.

性质28 在完全四边形 $ABCDEF$ 中,G 为 AF 上一点,直线 CG 与 AD 交于点 H,直线 HF 与 DG 交于点 P,直线 BP 交 CG 于 T,交 AF 于 Q,直线 CQ 交 BE 于 S,则 A、T、S 三点线.

证明 如图6.37,对△DEF及截线ABC,应用梅涅劳斯定理,有

$$\frac{EB}{BD} \cdot \frac{DC}{CF} \cdot \frac{FA}{AE} = 1$$

对△ADG及截线HPF,有

$$\frac{DP}{PG} \cdot \frac{GF}{FA} \cdot \frac{AH}{HD} = 1$$

对△ADF及截线CHG,有

$$\frac{AG}{GF} \cdot \frac{FC}{CD} \cdot \frac{DH}{HA} = 1$$

对△DEG及截线BPQ,有

$$\frac{GP}{PD} \cdot \frac{DB}{BE} \cdot \frac{EQ}{QG} = 1$$

对△ACG及截线QTB,有

$$\frac{AB}{BC} \cdot \frac{CT}{TG} \cdot \frac{GQ}{QA} = 1$$

对△ACQ及截线BSE,有

$$\frac{QS}{SC} \cdot \frac{CB}{BA} \cdot \frac{AE}{EQ} = 1$$

以上六式相乘,得

$$\frac{QS}{SC} \cdot \frac{CT}{TG} \cdot \frac{GA}{AQ} = 1$$

对△GCQ应用梅涅劳斯定理的逆定理,知A、T、S三点共线.

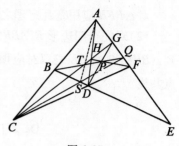

图6.37

性质29 如图6.38,在完全四边形ABCDEF中,点H在对角线AD上,点G在AD的延长线上,直线HF、GE相交于点Q,直线HB、GC相交于点P.

(1)直线PF、BQ、AD三线共点.

(2)若对角线FB与EC所在直线交于点R,则R、P、Q三点共线.

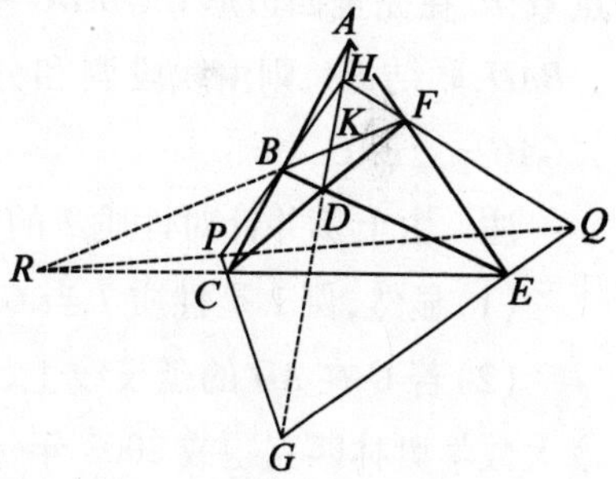

证明 (1)设AD与BF交于点K.

对完全四边形ABCDEF由性质2中第七式(或对△ABF及点D应用塞瓦定理)有

$$\frac{BC}{CA} \cdot \frac{AE}{EF} \cdot \frac{FK}{KB} = 1$$

又分别对完全四边形GHABPG、GHAFQE应用性质1(或分别对△ABH及截线PCG、△AHF及截线QEG分别应用梅涅劳斯定理),有

$$\frac{BP}{PH} \cdot \frac{HG}{GA} \cdot \frac{AC}{CB} = 1, \frac{HQ}{QF} \cdot \frac{FE}{EA} \cdot \frac{AG}{GH} = 1$$

以上三式相乘,得

$$\frac{FK}{KB} \cdot \frac{BP}{PH} \cdot \frac{HQ}{QF} = 1$$

图6.38

对 △BFH 应用塞瓦定理之逆,知 PF、BQ、AD 三线共点.

(2)对完全四边形 EFABRC,应用性质4知 R、P、Q 三点共线. 或根据德萨格定理,注意到 △BHF 和 △CGE 三双对应顶点的连线交于点 A,则它们对应边所在直线的交点 R、P、Q 三点共线.

6.2 完全四边形性质的应用

6.2.1 应用完全四边形性质解题

例 1 (1999 年全国高中数学联赛加试题)在凸四边形 ABCD 中,对角线 AC 平分 $\angle BAD$, E 是 CD 边上一点, BE 交 AC 于 F, DF 交 BC 于 G. 求证: $\angle GAC = \angle EAC$.

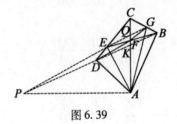

图 6.39

证法 1 如图 6.39,由于点 A 是完全四边形 CEDFBG 的对角线 CF 所在直线上一点,满足 $\angle BAC = \angle DAC$,于是由完全四边形的性质7,即知 $\angle GAC = \angle EAC$.

证法 2 如图 6.39,设直线 EG 与直线 DB 交于点 P(或无穷远点 P),且分别和 AC 交于点 Q、K. 在完全四边形 CEDFBG 中,知 P、K 调和分割 DB,P、Q 调和分割 EG,注意到 AC 平分 $\angle BAD$,联结 PA,则由线段调和分割的性质,知 $AC \perp AP$,又应用线段调和分割的性质,知 $\angle GAC = \angle EAC$.

注 由上例并针对性质7的图 6.10 指出如下几点:

(1)显然,例1是性质7当 G 在 AD 的延长线上且 $0° < \angle AGC = \angle AGE < 90°$时的情形.

(2)若 G 在 AD 的延长线上,且 $\angle AGC = \angle AGE = 90°$,即 G 在 CE 上时,则为 1994 年加拿大数学奥林匹克题或 2003 年保加利亚奥林匹克题:在锐角 △ABC 中,设 AD 是 BC 边上的高,P 是线段 AD 上任一点,BP 和 CP 的延长线分别交 AC、AB 于 E、F. 求证: $\angle EDP = \angle FDP$.

(3)若 G 在 AD 的延长线上,且 $90° < \angle AGC = \angle AGE < 180°$时,则为《数学教学》杂志的数学问题 561 号:设 A 为 △DBC 内一点,满足 $\angle DAC = \angle BAC$,F 是线段 AC 上任一点,直线 DF、BF 分别交边 BC、CD 于 G、E. 求证: $\angle GAC = \angle EAC$.

(4)若 G 在对角线 AD 上,且 $\angle AGC = \angle AGE = 90°$时,则为《数学教学》杂志的数学问题 651 号:在凸四边形 ABCD 中,边 AB、DC 的延长线交于点 E,边 BC、AD 的延长线交于点 F. 若 $AC \perp BD$,求证: $\angle EGC = \angle FGC$.

例2 (1978年全国高中数学竞赛题)如图6.40,四边形 AB-CD 的两组对边延长后得交点 E、F,对角线 $BD /\!/ EF$,AC 的延长线交 EF 于 G. 求证:$EG = GF$.

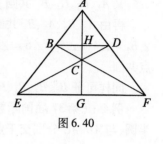

图 6.40

证法1 由 $BD /\!/ EF$,知 $\dfrac{AB}{BE} = \dfrac{AD}{DF}$,即 $\dfrac{AB}{BE} \cdot \dfrac{FD}{DA} = 1$.

在完全四边形 $ABECFD$ 中,应用性质2(或塞瓦定理)有

$$\dfrac{AB}{BE} \cdot \dfrac{EG}{GF} \cdot \dfrac{FD}{DA} = 1$$

故 $\dfrac{EG}{GF} = 1$,从而 $EG = GF$.

证法2 令 $\dfrac{AC}{CG} = p_1$,$\dfrac{EC}{CD} = p_2$,$\dfrac{FC}{CB} = p_3$,由性质15 知

$$\dfrac{AB}{BE} = \lambda_3 = \dfrac{1+p_1}{1+p_2},\quad \dfrac{AD}{DF} = \dfrac{1}{\lambda_2} = \dfrac{1+p_1}{1+p_3},\quad \dfrac{EG}{GF} = \lambda_1 = \dfrac{1+p_2}{1+p_3}$$

因为 $BD /\!/ EF$,有

$$\dfrac{AB}{BE} = \dfrac{AD}{DF}$$

即

$$1 + p_2 = 1 + p_3$$

而

$$\dfrac{EG}{GF} = \dfrac{1+p_2}{1+p_3} = 1$$

故 $EG = GF$.

证法3 由于 $BD /\!/ EF$,按射影几何观点,可设直线 BD、EF 相交于无穷远点 P,则由性质6,对角线 EF 所在直线被调和分割,即 $\dfrac{EG}{EP} = \dfrac{CF}{PF}$. 而由射影几何知识有 $EP = PF$,故 $EG = GF$.

注 此例给出了梯形 $EFDB$ 的一条性质:两腰延长线的交点 A,对角线 ED、BF 的交点 C 与两底中点 H、G,这四点共线,且 A、C 调和分割 HG.

例3 如图6.41,任意五角星形 $A_1A_2A_3A_4A_5C_1C_2C_3C_4C_5$ 的五个小三角形的外接圆分别交于星形外的五个点 B_1、B_2、B_3、B_4、B_5. 求证:B_1、B_2、B_3、B_4、B_5 五点共圆.

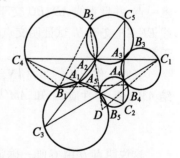

图 6.41

证明 由于五角星可看成是由五个完全四边形所组成,由性质3,知每一个完全四边形有一个密格尔点,此题即证五个密格尔点 B_1、B_2、B_3、B_4、B_5 共圆.

设 B_2A_2 的延长线与 C_1B_4 的延长线交于点 D,令 $\angle B_1B_4D = \angle 1$,$\angle B_1C_4A_3 = \angle 2$,$\angle B_1B_2A_5 = \angle 3$,$\angle D = \angle 4$,$\angle B_2B_3A_3 = \angle 5$,$\angle A_3B_3B_4 = \angle 6$,$\angle A_5A_2A_3 = \angle 7$,$\angle A_3C_1B_4 = \angle 8$.

注意到对完全四边形 $C_1A_2C_4A_1C_3A_5$ 及完全四边形 $C_4A_5C_2A_4C_1A_3$ 分别应用性质3,知 $\triangle A_5C_1C_4$ 的外接圆要过 B_1 及 B_4,因此 B_1、B_4、C_1、C_4 四点共圆.

又 A_2、B_2、C_4、B_3 共圆,则 $\angle 1 = \angle 2 = \angle 3$,从而 B_1、B_2、B_4、D 共圆.

再由 A_2、B_2、A_3、B_3 共圆,知 $\angle 5 = \angle 7$. 又由 A_3、B_3、C_1、B_4 共圆,知 $\angle 6 = \angle 8$. 因此 $\angle D + \angle B_3 = \angle 4 + \angle 5 + \angle 6 = \angle 4 + \angle 7 + \angle 8 = 180°$,故 B_2、B_3、B_4、D 共圆,即 B_1、B_2、B_3、B_4、D 五点共圆.

同样可证 B_2、B_3、B_4、B_5 四点共圆,故 B_1、B_2、B_3、B_4、B_5 五点共圆.

例 4 (第 37 届国际数学奥林匹克中国国家队选拔赛试题)以 $\triangle ABC$ 的边 BC 为直径作半圆,与 AB、AC 分别交于点 D、E. 过 D、E 作 BC 的垂线,垂足分别为 F、G. 线段 DG、EF 交于点 M. 求证:$AM \perp BC$.

证明 如图 6.42,联结 BE 与 CD,设它们相交于点 O. 因
$$BE \perp AC, CD \perp AB$$
则 O 为 $\triangle ABC$ 的垂心,于是 $AO \perp BC$. 又 $DF \perp BC, EG \perp BC$,则
$$DF \parallel AO \parallel EG$$
由性质 22,得点 M 在 AO 上. 于是 $AM \perp BC$.

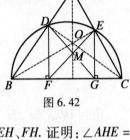

图 6.42

例 5 (第 3 届澳门数学奥林匹克第三轮;第 18 届美国普特南数学竞赛试题)在锐角 $\triangle ABC$ 中,在 BC 边的高 AH 上取界于 A、H 之间点 D,联结 BD、CD 并延长各交 AC 于点 E,交 AB 于点 F. 联结 EH、FH. 证明:$\angle AHE = \angle AHF$.

证明 如图 6.43,作 $EM \perp BC$ 于点 M,$FN \perp BC$ 于点 N,则
$$EM \parallel AH \parallel FN$$
由性质 22,知 EN 与 FM 的交点 P 在 AH 上. 又
$$\frac{EM}{FN} = \frac{EP}{NP} = \frac{MH}{NH}$$
则
$$\text{Rt}\triangle EMH \sim \text{Rt}\triangle FNH$$
即
$$\angle EHN = \angle FHN$$
从而
$$\angle AHE = \angle AHF$$

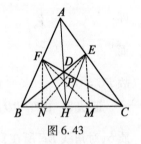

图 6.43

例 6 (1990 年苏州市高中数学竞赛试题)如图 6.44,在 $\triangle ABC$ 中,$\angle BAC = 90°$,G 为 AB 上给定的一点(G 不是线段 AB 的中点),设 D 为直线 CG 上与 C、G 都不相同的任意一点,并且直线 AD、BC 交于 E,直线 BD、AC 交于 F,直线 EF、AB 交于 H. 试证明交点 H 与 D 在直线 CG 上的位置无关.

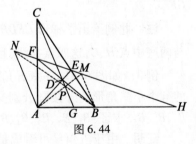

图 6.44

证明 作 $BM \parallel CG \parallel AN$,点 M、N 均在直线 EF 上. 联结 AM、BN. 由性质 22 知,AM 与 BN 的交点 P 在 CG 上,则
$$\frac{HB}{HA} = \frac{BM}{AN} = \frac{PB}{PN} = \frac{GB}{GA}$$
这说明点 H 由 G 唯一确定,即点 H 与 D 在直线 CG 上的位置无关.

注 例 6 中条件 $\angle BAC = 90°$ 是多余的.

例 7 (2002 年中国国家队选拔赛试题)设凸四边形 $ABCD$ 的两组对边所在直线分别交于 E、F 两点,两对角线的交点为 P,过 P 作 $PO \perp EF$ 于 O. 求证:$\angle BOC = \angle AOD$.

证明 如图 6.45,只需证 $\angle POC = \angle POA$ 及 $\angle POB = \angle POD$.

若 $AC \nparallel EF$,设 AC 的延长线交 EF 于点 Q,过点 P 作 EF 的平行线分别交直线 OA、OC 于 I、J,则

$$\frac{PI}{QO} = \frac{AP}{AQ}, \frac{PJ}{QO} = \frac{PC}{QC}$$

欲证 $PI = PJ$,只需证

$$\frac{AP}{AQ} = \frac{PC}{QC} \qquad (*)$$

对完全四边形 $ABECFD$ 应用其对角线调和分割性质 6,知式 $(*)$ 成立,故

$$\angle POC = \angle POA$$

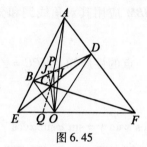

图 6.45

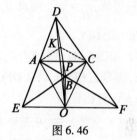

图 6.46

若 $AC \parallel EF$,如图 6.46,过 A 作 $AK \parallel EC$ 交 BD 于 K,则 $\frac{DK}{KD} = \frac{DA}{AE} = \frac{DC}{CF}$,从而 $KC \parallel AF$,即 $ABCK$ 是平行四边形,故 P 为 AC 的中点. 于是

$$\angle POC = \angle POA$$

同理可证 $\angle POB = \angle POD$,故 $\angle BOC = \angle AOD$.

例 8 (2003 年保加利亚数学奥林匹克试题) 如图 6.47,设 H 是锐角 $\triangle ABC$ 的高线 CP 上的任一点,直线 AH、BH 分别交 BC、AC 于点 M、N,MN 与 CP 交于点 O,过 O 的直线交 CM 于 D,交 NH 于点 E. 求证:$\angle EPC = \angle DPC$.

证法 1 如图 6.47,联结 CE 并延长交 AB 于 Q,作 $DL \perp AB$ 于 L,作 $EG \perp AB$ 于 G.

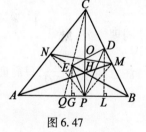

图 6.47

由 $EG \parallel GP \parallel DL$,有 $\frac{PG}{PL} = \frac{EO}{OD}$,及

$$\frac{EG}{DL} = \frac{EG}{PC} \cdot \frac{PC}{DL} = \frac{QE}{QC} \cdot \frac{BC}{BD}$$

欲证 $\angle EPC = \angle DPC$,只需证 $\angle EPG = \angle DPL$,又只需证 $\text{Rt}\triangle EPG \backsim \text{Rt}\triangle DPL$,即只需证 $\frac{PG}{PL} = \frac{EG}{DL}$,又只需证

$$\frac{EO}{OD} = \frac{QE}{QC} \cdot \frac{BC}{BD}$$

即只需证

$$\frac{QE}{CQ} \cdot \frac{BC}{BD} \cdot \frac{OD}{OE} = 1$$

对 $\triangle CEH$ 及截线 QPB、对 $\triangle COD$ 及截线 EHB、对 $\triangle OEH$ 及截线 CDB 分别应用梅涅劳斯

定理,有
$$\frac{CQ}{QE}\cdot\frac{EB}{BH}\cdot\frac{HP}{PC}=1, \frac{CH}{HO}\cdot\frac{OE}{ED}\cdot\frac{DB}{BC}=1, \frac{OC}{CH}\cdot\frac{HB}{BE}\cdot\frac{ED}{DO}=1$$

即
$$\frac{QE}{CQ}=\frac{EB}{BH}\cdot\frac{HP}{PC}, \frac{BC}{BD}=\frac{CH}{HO}\cdot\frac{OE}{ED}, \frac{OD}{OC}=\frac{BH}{HC}\cdot\frac{DE}{EB}$$

以上三式相乘,得
$$\frac{QE}{CQ}\cdot\frac{BC}{BD}\cdot\frac{OD}{OC}=\frac{HP}{PC}\cdot\frac{OE}{HO}$$

则
$$\frac{QE}{CQ}\cdot\frac{BC}{BD}\cdot\frac{OD}{OE}=\frac{PH}{PC}\cdot\frac{OC}{HO}$$

因此,只需证 $\frac{OC}{OH}=\frac{PC}{PH}$,而此式由完全四边形 $CNAHBM$ 应用其对角线调和分割性质即证. 故 $\angle EPC = \angle DPC$.

证法 2 如图 6.47,联结 PM、PN,则由三角形高上一点的性质知 $\angle MPC = \angle NPC$,并令其大小为 φ,再令 $\angle EPC = x, \angle DPC = y$.

欲证 $x = y$,只需证明

$$\cot x = \cot y \Leftrightarrow \cos x \sin y = \sin x \cos y \Leftrightarrow \sin\varphi\cos x\sin y = \sin\varphi\sin x\cos y$$
$$\Leftrightarrow \sin\varphi\cos x\sin y - \cos\varphi\sin x\sin y = \sin\varphi\sin x\cos y - \cos\varphi\sin x\sin y$$
$$\Leftrightarrow \frac{\sin(\varphi - x)}{\sin x} = \frac{\sin(\varphi - y)}{\sin y}$$

由
$$\frac{NE}{EH}=\frac{S_{\triangle NEP}}{S_{\triangle EHP}}=\frac{NP\sin(\varphi-x)}{PH\sin x}$$

有
$$\frac{\sin(\varphi-x)}{\sin x}=\frac{NE}{EH}\cdot\frac{PH}{NP}$$

同理
$$\frac{\sin(\varphi-y)}{\sin y}=\frac{DM}{CD}\cdot\frac{CP}{PM}$$

注意到 $\frac{PM}{PN}=\frac{MO}{NO}$,只需证

$$\frac{NE}{EH}\cdot\frac{CD}{DM}\cdot\frac{PH}{CP}\cdot\frac{MO}{NO}=1$$

设 $\angle MOD = \delta, \angle EOP = \psi$,又因

$$\frac{NE}{EH}=\frac{S_{\triangle NEO}}{S_{\triangle EHO}}=\frac{NO\sin\delta}{OH\sin\psi}, \frac{CD}{DM}=\frac{S_{\triangle CDO}}{S_{\triangle DMO}}=\frac{CO\sin\psi}{OM\sin\delta}$$

于是,又只需证 $\frac{OC}{OH}\cdot\frac{PH}{PC}=1$,即 $\frac{OC}{OH}=\frac{PC}{PH}$.

而此式,由完全四边形 $CNAHBM$ 应用其对角线调和分割性质即证,故 $\angle EPC = \angle DPC$.

例 9 两圆圆 O_1 与圆 O_2 相交于 P、Q 两点,过点 Q 的割线段 AB、CD 分别交圆 O_1 于 A、C,交圆 O_2 于 B、D,若过 P、D(或 C)的圆交直线 QD 于 E,交直线 BD(或直线 AC)于点 F(或 S),直线 EF(或 ES)交直线 QB 于点 T,交直线 AC 于点 S(或交直线 BD 于点 F). 则 E、T、Q、P 四点共圆,且 S、C、E、P(或 F、D、E、P)四点共圆.

证明 如图 6.48,当过 P、D 的圆先作出时.

在完全四边形 $BTQEFD$ 中,圆 $DBQP$ 与圆 $FDEP$ 相交于 D、P,则知 P 为其密克尔点,即知 E、T、Q、P 四点共圆.

又在完全四边形 $ATQESC$ 中,圆 $CAQP$ 与圆 $ETQP$ 相交于 Q、P,则知 P 为其密克尔点,即知 S、C、E、P 四点共圆.

当过 P、C 的圆先作出时.

在完全四边形 $ATQESC$ 中,圆 $CAQP$ 与圆 $ETQP$ 相交于 Q、P,则知 P 为其密克尔点,即知 E、T、Q、P 四点共圆.

在完全四边形 $BTQEFD$ 中,圆 $DBQP$ 与圆 $ETQP$ 相交于 Q、P,则知 P 为其密克尔点,即知 F、D、E、P 四点共圆.

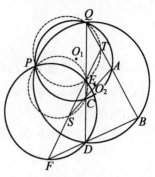

图 6.48

例 10 (2010 年第 1 届陈省身杯全国高中数学奥林匹克试题)在 $\triangle ABC$ 中,D、E 分别为边 AB、AC 的中点,BE 与 CD 交于点 G,$\triangle ABE$ 的外接圆与 $\triangle ACD$ 的外接圆交于点 $P(P \neq A)$,AG 的延长线与 $\triangle ACD$ 的外接圆交于点 $L(L \neq A)$. 求证:$PL \parallel CD$.

证明 如图 6.49,联结 PD、PA、PG、PE、PC.

注意到完全四边形中,每个四边形(凸、凹、折)的一组对边与密克尔点组成的三角形相似(性质 3 的推论),有 $\triangle PDG \backsim \triangle PAE$. 又注意到 $GC = 2DG$,$AC = 2AE$,即有

$$\frac{PG}{PE} = \frac{DG}{AE} = \frac{CG}{CA}$$

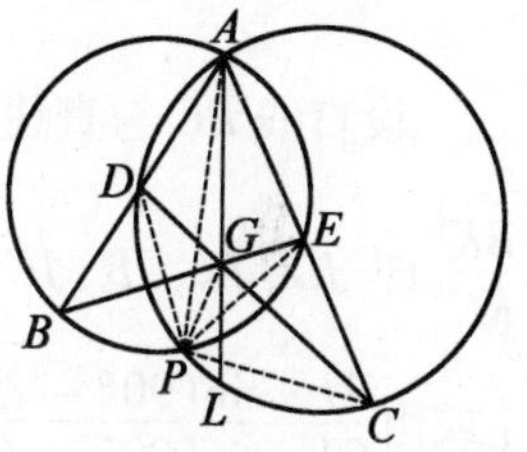

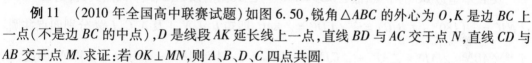

图 6.49

又由 P、C、E、G 四点共圆有 $\angle EPG = \angle ACG$.

则 $\triangle PEG \backsim \triangle CAG$,亦有 $\angle PEG = \angle CAG = \angle CPL$.

又 $\angle PEG = \angle PCG = \angle PCD$,故 $\angle PCD = \angle CPL$,从而 $PL \parallel CD$.

例 11 (2010 年全国高中联赛试题)如图 6.50,锐角 $\triangle ABC$ 的外心为 O,K 是边 BC 上一点(不是边 BC 的中点),D 是线段 AK 延长线上一点,直线 BD 与 AC 交于点 N,直线 CD 与 AB 交于点 M. 求证:若 $OK \perp MN$,则 A、B、D、C 四点共圆.

证法 1 如图 6.50,用反证法. 若 A、B、D、C 四点不共圆.

设 $\triangle ABC$ 的外接圆圆 O 与直线 AD 交于点 E,直线 CE 交直线 AB 于点 P,直线 BE 交直线 AC 于点 Q.

注意到性质 8(1),完全四边形 $PECKAB$ 的密克尔点 G 在直线 PK 上,且 $OG \perp PK$;完全四边形 $QCAKBE$ 的密克尔点 H 在直线 QK 上,且 $OH \perp QK$,联结 PQ.

又注意到 G、H 分别为过点 K 的圆的弦的中点,则知 O、G、Q 及 O、H、P 分别三点共线,即知点 O 是 $\triangle KPQ$ 的垂心,从而 $OK \perp PQ$.

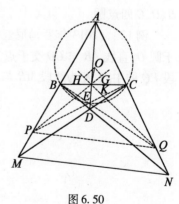

图 6.50

由题设 $OK \perp MN$,则知 $PQ \parallel MN$,即有

$$\frac{AQ}{QN} = \frac{AP}{PM} \quad \text{①}$$

对 $\triangle NDA$ 及截线 BEQ,对 $\triangle MDA$ 及截线 CEP 分别应用梅涅劳斯定理,有

$$\frac{NB}{BD} \cdot \frac{DE}{EA} \cdot \frac{AQ}{QN} = 1, \frac{MC}{CD} \cdot \frac{DE}{EA} \cdot \frac{AP}{PM} = 1 \qquad ②$$

由①、②得 $\frac{NB}{BD} = \frac{MC}{CD}$. 再应用分比定理,有 $\frac{ND}{BD} = \frac{MD}{DC}$,即知 $\triangle DMN \backsim \triangle DCB$,于是 $\angle DMN = \angle DCB$,即知 $BC \parallel MN$. 从而 $OK \perp BC$,得到 K 为 BC 的中点,与已知矛盾. 故 A、B、D、C 四点共圆.

证法2 如图 6.51,延长 OK 交 MN 于点 J. 联结 BJ、CJ.

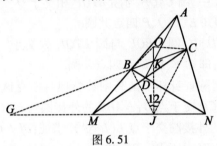

图 6.51

设直线 BC 与直线 MN 交于点 G(或无穷远点 G),则在完全四边形 $ABMDNC$ 中,有 $\frac{BG}{GC} = \frac{BK}{KC}$,即 JG、JK、JB、JC 为调和线束,注意 $JG \perp JK$,则 $\angle BJL$ 被 JK 平分,即 $\angle 1 = \angle 2$. (或由 $\frac{BJ \cdot \sin(90° - \angle 1)}{CJ \cdot \sin(90° - \angle 2)} = \frac{BJ \cdot \sin \angle 1}{CJ \cdot \sin \angle 2}$ 知 $\tan \angle 1 = \tan \angle 2$,即有 $\angle 1 = \angle 2$)

于是 $\frac{OJ}{\sin \angle OBJ} = \frac{OB}{\sin \angle 1} = \frac{OC}{\sin \angle 2} = \frac{OJ}{\sin \angle OCJ}$,从而 $\sin \angle OBJ = \sin \angle OCJ$.

又 K 不是边 BC 的中点,故 $\angle OBJ = 180° - \angle OCJ$,所以 O、B、J、C 四点共圆,则 $\angle MJB = \angle NJC = \frac{1}{2}(180° - \angle BJC) = \frac{1}{2} \angle BOC = \angle BAC$,即知 B、J、N、A 及 A、C、J、M 分别四点共圆.

于是 $\angle ABN = \angle AJN = \angle AJC + \angle CJN = \angle AMC + \angle MAC = 180° - \angle ACM = \angle MCN$. 因此,$A$、$B$、$D$、$C$ 四点圆.

例12 (2013年罗马尼亚大师杯数学奥林匹克题)如图 6.52,已知四边形 $ABCD$ 内接于圆 O,直线 AB 与 CD 交于点 P,AD 与 BC 交于点 Q,对角线 AC 与 BD 交于点 R. 若 M 是线段 PQ 的中点,K 为线段 MR 与圆 O 的交点. 证明:圆 O 与 $\triangle KQP$ 的外接圆相切.

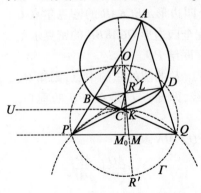

图 6.52

证明 由性质 11 知 $OR \perp PQ$.

若设 M_0 为完全四边形 $ABPCQD$ 的密克尔点,则 $OM_0 \perp PQ$. 从而 O、R、M_0 共线. 又注意到在完全四边形 $PCDRAB$ 中,其密克尔点 L 在直线 PR 上,且 $OL \perp PR$,即知 R 为 $\triangle OPQ$ 的垂心.

或者,注意到 P、Q、R 分别是关于圆 O 的直线 QR、RP、PQ 的极点,从而 $OP \perp QR$,$OQ \perp RP$,$OR \perp PQ$,即知 R 为 $\triangle OPQ$ 的垂心.

若 $MR \perp PQ$,则 M、R、O 三点共线(亦即 M 与 M_0 重合),此时,$\triangle PQR$ 关于这条直线对称,结论显然成立.

若 MR 与 PQ 不垂直,设过点 O 作直线 MR 的垂线,垂足为 V,直线 OV 与直线 PQ 交于点 U. 由 $OU \perp MR$,U 为 UK 的一个端点,知 UK 为圆 O 的切线.

因此,只需证明:$UK^2 = UP \cdot UQ$.

事实上,由 $\triangle OKU$ 是直角三角形,有 $UK^2 = UV \cdot UO$.

延长 RM 交 $\triangle OPQ$ 的外接圆 Γ 交于点 R',由 $\angle OVR' = 90°$,知点 V 也在圆 Γ 上. 从而,$UP \cdot UQ = UV \cdot UO = UK^2$.

例 13 P 是 $\triangle ABC$ 内的一点,D、E、F 分别是 C、B、A 与 P 的连线和对边的交点,AF、BE、CD 分别与 DE、DF、EF 交于点 G、H、I,过 D、G、E 分别作 BC 的垂线且垂足分别为 K、M、N. 求证:$\dfrac{2}{GM} = \dfrac{1}{DK} + \dfrac{1}{EN}$.

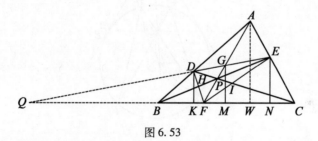

图 6.53

证法 1 过 A 作 BC 的垂线 AW,垂足为 W. 于是

$$\frac{1}{DK} + \frac{1}{EN} = \frac{2}{GM} \Leftrightarrow \frac{AW}{DK} + \frac{AW}{EN} = \frac{2AW}{GM}$$

$$\Leftrightarrow \frac{AB}{2 \cdot DB} + \frac{AC}{2 \cdot EC} = \frac{AF}{GF} \Leftrightarrow \frac{AB}{2DB} - \frac{1}{2} + \frac{AC}{2EC} - \frac{1}{2} = \frac{AF}{GF} - 1$$

$$\Leftrightarrow \frac{AD}{2DB} + \frac{AE}{2EC} = \frac{AG}{GF} \Leftrightarrow \frac{S_{\triangle PAC}}{2S_{\triangle PBC}} + \frac{S_{\triangle PAB}}{2S_{\triangle PBC}} = \frac{S_{\triangle ADE}}{S_{\triangle DEF}}$$

设 $S_{\triangle ABC} = 1$,$S_{\triangle APC} = x$,$S_{\triangle APB} = y$,$S_{\triangle BPC} = z$,则 $\dfrac{x}{y} = \dfrac{CE}{EB}$,$\dfrac{y}{z} = \dfrac{AF}{FC}$,$\dfrac{z}{x} = \dfrac{BD}{DA}$,且

$$S_{\triangle ADE} = \frac{xy}{(x+z)(y+z)},\ S_{\triangle BDF} = \frac{yz}{(x+z)(x+y)},\ S_{\triangle CEF} = \frac{xz}{(x+y)(z+y)}$$

$$S_{\triangle DEF} = 1 - \frac{xy}{(x+z)(y+z)} - \frac{yz}{(x+z)(x+y)} - \frac{xz}{(x+y)(z+y)} = \frac{2xyz}{(x+y)(y+z)(x+z)}$$

因此 $\dfrac{S_{\triangle PAC} + S_{\triangle PAB}}{2S_{\triangle PBC}} = \dfrac{x+y}{2z}$,$\dfrac{S_{\triangle ADE}}{S_{\triangle DEF}} = \dfrac{x+y}{2z}$,故 $\dfrac{1}{DK} + \dfrac{1}{EN} = \dfrac{2}{GM}$.

证法 2 设直线 DE 与直线 BC 交于点 Q(或无穷远点 Q).

在完全四边形 $ADBPCE$ 中,Q、G、D、E 为调和点列,即有

$$\frac{QD}{DG} = \frac{QE}{EG} \Leftrightarrow \frac{2}{QG} = \frac{1}{QD} + \frac{1}{QE} \Leftrightarrow \frac{2}{GM} = \frac{1}{DK} + \frac{1}{EN}$$

$$\left(\text{其中} \frac{QG}{GM} = \frac{QD}{DK} = \frac{QE}{EN} = k\right)$$

例 14 (《中等数学》2008(3)数学奥林匹克题高 220)从圆 O 外一点 P 向圆 O 引切线 PA、PB,其中 A、B 为切点,又引割线 PCD、PEF 分别交圆 O 于 C、D、E、F. 设 CF 与 DE 交于点 Q,则 A、Q、B 三点共线.

证法 1 参见 5.1 中性质 4 的证法 3.

证法 2 如图 6.54,设 M 为完全四边形 $PCDQFE$ 的密克尔点,则知 C、D、M、Q 及 P、D、M、E 分别四点共圆,即有

$$PC \cdot PD = PQ \cdot PM, DQ \cdot QE = PQ \cdot QM$$

上述两式相减,有

$$PC \cdot PD - DQ \cdot QE = PQ \cdot (PM - QM) = PQ^2$$

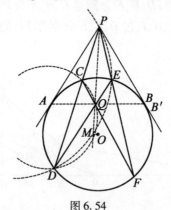

图 6.54

联结 AQ 交圆 O 于 B',注意 $PA = PB$,则

$$PA^2 = PC \cdot PD, AQ \cdot QB' = DQ \cdot QE$$

于是 $$PA^2 - AQ \cdot QB' = PC \cdot PD - DQ \cdot QE = PQ^2$$

由斯特瓦尔特定理的特殊情形(或点 Q 对以 P 为圆心、PA 为半径的圆的幂)的逆命题,知 $PB' = PA = PB$,故 B' 与 B 重合,故 A、Q、B 三点共线.

注 此例中若直线 CE 与 DF 交于点 Q',则 Q'、A、B 三点共线.

例 15 凸四边形 $ABCD$ 内接于半径为 R,圆心为 O 的圆. 若 AD、BC 的延长线交于点 E,对角线 AC 与 BD 交于点 F,则

$$EF^2 = OE^2 + OF^2 - 2R^2$$

证法 1 如图 6.55,设 K 为完全四边形 $EDAFBC$ 的密克尔点,则知 E、A、K、C 及 F、K、B、C 分别四点共圆. 于是,有

$$EF \cdot FK = AF \cdot FC, EF \cdot EK = EC \cdot EB$$

上述两式相减得

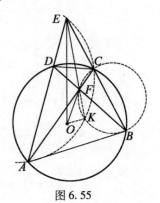

图 6.55

$$EF(EK \cdot FK) = EC \cdot EB - AF \cdot FC$$

即 $EF^2 = $ 点 E 关于圆 O 的幂 $-$ 点 F 关于圆 O 的幂
$$= (OE^2 - R^2) - (R^2 - OF^2) = OE^2 + OF^2 - 2R^2$$

证法2 如图 6.55，设 K 为完全四边形 $EDAFBC$ 的密克尔点，则由性质 8(1)，知 K 在直线 EF 上，且 $OK \perp EF$.

由广勾股定理（或余弦定理等价的线段形式），并注意 E、A、K、C 四点共圆，有
$$EO^2 = FE^2 + FO^2 + 2FK \cdot FE = FE^2 + FO^2 + 2FA \cdot FC = FE^2 + FO^2 + 2(R^2 - FO^2)$$

故 $$EF^2 = OE^2 + OF^2 - 2R^2$$

注 设直线 AB 与 CD 交于点 L，则对圆 O 来说，$\triangle EFL$ 为其点三角形，且此例结论即为一个极点公式. 同样有极点公式:
$$FL^2 = OF^2 + OL^2 - 2R^2, EL^2 = OE^2 + OL^2 - 2R^2$$

例 16 （1992 年中国数学奥林匹克题）凸四边形 $ABCD$ 内接于圆 O，对角线 AC 与 BD 相交于点 P. $\triangle ABP$、$\triangle CDP$ 的外接圆相交于 P 和另一点 Q，且 O、P、Q 三点两两不重合. 试证: $\angle OQP = 90°$. （1992 年中国数学奥林匹克题）

证明 如图 6.56，由于 O、P、Q 三点两两不重合，则知 AB 与 DC 所在直线必相交，设交点为 S.

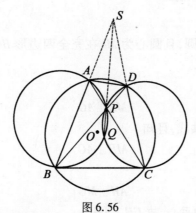

图 6.56

由根心定理，知点 S 在直线 PQ 上.

在完全四边形 $SABPCD$ 中，Q 为其密克尔点，于是由性质 8(1)，知 $OQ \perp SP$. 故 $\angle OQP = 90°$.

注 类似于此例，可证第 26 届 IMO 试题: 已知 $\triangle PCD$，以 O 为圆心的圆经过顶点 C、D，且与边 PC、PD 交于点 A、B. 若 $\triangle PAB$ 与 $\triangle PCD$ 的外接圆交于另一点 Q，则 $\angle OQP = 90°$.

事实上，设 BA、DC 的延长线交于 S，则 Q 为完全四边形的密克尔点即证.

例 17 （1997 年中国数学奥林匹克题）四边形 $ABCD$ 内接于圆 O，其边 AB 与 DC 的延长线交于点 P，AD 与 BC 的延长线交于点 Q，过 Q 作 O 的两条切线，切点分别为 E、F. 求证: P、E、F 三点共线.

证明 如图 6.57，设 G 是完全四边形 $ABPCQD$ 的密克尔点，则由性质 8(2)，知 G 在直线 PQ 上，且 $OG \perp PQ$.

注意到 $OE \perp EQ$，知 G、Q、E、O 四点共圆. 又由密克尔点的性质，知 G、Q、D、C 四点共圆，即知 EF、DC、QG 为圆 O、圆 $GQDC$、圆 $GQEO$ 两两相交的根轴.

又注意到 CD 与 GQ 所在直线交于点 P,则由根心定理,知直线 EF、DC、QG 共点于 P. 故 P、E、F 三点共线.

例 18 在 $\triangle ABC$ 中,$AB > AC$,BE、CF 是两条高,BE 与 CF 交于点 H,直线 BC 与 FE 交于点 G,M 为 BC 的中点. 求证:$GH \perp AM$.

证明 如图 6.58,由题设 A、F、H、E 四点共圆,设此圆为 ω,并设 ω 与 AG 交于点 K,则由 AH 为圆 ω 的直径,知

$$HK \perp AG \qquad ①$$

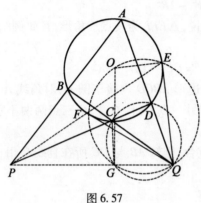

图 6.57

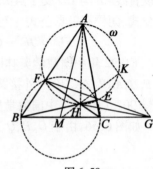

图 6.58

注意到 B、C、E、F 四点共圆,且圆心为 M,在完全四边形 $BCGEAF$ 中,圆 ω 是 $\triangle EAF$ 的外接圆,则知 K 为其密克尔点.

于是,又由性质 8(2),知

$$MK \perp AG \qquad ②$$

由①、②知 M、H、K 三点共线,且知

$$MH \perp AG \qquad ③$$

注意到 $AH \perp BC$,即

$$AH \perp MG \qquad ④$$

由③、④知 H 为 $\triangle AMG$ 的垂心,故 $GH \perp AM$.

例 19 (2013 年中国数学奥林匹克题)两个半径不相等的圆 Γ_1、Γ_2 交于点 A、B,点 C、D 分别在圆 Γ_1、Γ_2 上,且线段 CD 以 A 为中点,延长 DB 与圆 Γ_1 交于点 E,延长 CB 与圆 Γ_2 交于点 F. 设线段 CD、EF 的中垂线分别为 l_1、l_2. 证明:(1)l_1 与 l_2 相交;(2)若 l_1 与 l_2 的交点为 P,则三条线段 CA、AP、PE 能构成一个直角三角形.

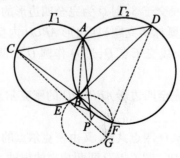

图 6.59

证明 如图 6.59,(1)由圆 Γ_1、Γ_2 相交,延长 CE、DF 交于点 G,联结 AB,则
$$\angle CEB + \angle BFD = 180° - \angle CAB + 180° - \angle BAD = 180°$$
从而 $\angle BEG + \angle BFG = 180°$,即知 B、E、G、F 四点共圆,并设其圆心为 P.

显然,P 在弦 EF 的中垂线上.

在完全四边形 $GFDBCE$ 中,知 A 为其密克尔点,由性质 8(2),知 $PA \perp CD$,故 l_1 与 l_2 相交于点 P.

(2)注意到圆幂定理,有
$$PC^2 = CB \cdot CF + PE^2 = CA \cdot CD + PE^2 = 2CA^2 + PE^2$$
由 $PA \perp CD$,知
$$AP^2 = PC^2 - CA^2 = 2CA^2 + PE^2 - CA^2 = CA^2 + PE^2$$
故 CA、AP、PE 能构成一个直角三角形.

例 20 (2006 年波兰数学奥林匹克题)设四边形 $ABCD$ 内接于圆 Γ,点 S 在圆 Γ 内,且 $\angle BAS = \angle DCS$,$\angle SBA = \angle SDC$,平分 $\angle BSC$ 的直线交圆 Γ 于 P、Q 两点. 求证:$PS = SQ$.

证明 如图 6.60,设点 P 在 $\overset{\frown}{AD}$ 上,点 Q 在 $\overset{\frown}{BC}$ 上,若 $AB /\!/ DC$,则推知结论成立.

当 $AB /\!\!\!/ CD$ 时,可设直线 AB 与 DC 交于点 T,不妨设 T 与 AD 都在 BC 的同侧.

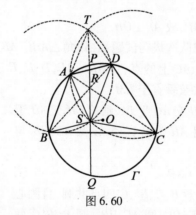

图 6.60

由 $\angle SDC = \angle SBA$,$\angle BAS = \angle DCS$,知四边形 $BSDT$ 与 $ASCT$ 皆内接于圆.

由根心定理知,AC、BD、TS 三线共点于 R.

设圆 Γ 的圆心为 O,在完全四边形 $TABRCD$ 中,由性质 8(1),知 $OS \perp PQ$(因 S 为其密克尔点).

由垂径定理,即知 $PS = SQ$.

例 21 (2007 年美国国家队选拔赛试题)已知圆 Γ_1 与圆 Γ_2 交于点 P、Q,线段 AC、BD 分别是圆 Γ_1、Γ_2 的弦满足 AB 与射线 CD 交于点 P,AC 与射线 BD 交于点 X,又 Y、Z 分别是圆 Γ_1、Γ_2 上的点,且满足 $PY /\!/ BD$,$PZ /\!/ AC$. 证明:Q、X、Y、Z 四点共线.

证明 如图 6.61,注意到 Q 为完全四边形 $AXCDBP$ 的密克尔点,知 X、C、Q、D 四点共圆,即有
$$\angle XQD = \angle XCD = \angle CPZ$$

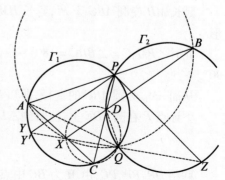

图 6.61

从而 $\angle XQD + \angle DQZ = \angle CPZ + \angle DQZ = 180°$，即知 X、Q、Z 三点共线.

又由 Q 为完全四边形 $AXCDBP$ 的密克尔点，知 A、X、Q、B 四点共圆.

此时，$\angle AQX = \angle ABX = \angle APY$.

延长 QX 交圆 Γ_1 于点 Y'，由 $\angle APY = \angle AQX = \angle AQY'$，知 Y 与 Y' 重合，即知 Y、X、Q 三点共线，故 Y、X、Q、Z 四点共线.

例22 （2005 年中国国家队集训题；2005 年俄罗斯数学奥林匹克试题）已知 E、F 分别是 $\triangle ABC$ 的边 AB、AC 的中点，CM、BN 分别是边 AB、AC 上的高，联结 EF、MN 交于点 P，又设 O、H 分别是 $\triangle ABC$ 的外心、垂心，联结 AP、OH，求证：$AP \perp OH$.

证明 如图 6.62，注意到 A、M、H、N 及 A、E、O、F 分别四点共圆，其直径分别为 AH、AO，其圆心 H_1、O_1 分别为 AH、AO 的中点，从而 $O_1 H_1 \parallel OH$.

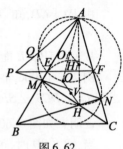

图 6.62

在完全四边形 $NFAEPM$（若点 P 在 $\triangle ABC$ 内时，则考虑完全四边形 $AMEPNF$）中，其密克尔点 Q 为圆 O_1 与圆 H_1 的另一个交点. 又注意到 M、E、F、N 四点共圆，且该圆为 $\triangle ABC$ 的九点圆，其圆心 V 为 OH 的中点，于是由性质 8(2)（若点 P 在 $\triangle ABC$ 内，则由性质 8(1)），知点 Q 在对角线 AP 上.

又 $O_1 H_1 \perp AQ$，即 $O_1 H_1 \perp AP$，故 $AP \perp OH$.

例23 （2006 年瑞士国家队选拔赛试题）在锐角 $\triangle ABC$，$AB \neq AC$，H 为 $\triangle ABC$ 的垂心，M 为 BC 的中点，D、E 分别为 AB、AC 上的点，且 $AD = AE$，D、H、E 三点共线. 求证：$\triangle ABC$ 的外接圆与 $\triangle ADE$ 的外接圆的公共弦垂直于 HM.

证明 如图 6.63，延长 BH 交 AC 于 B'，延长 CH 交 AB 于 C'，则 A、C'、H、B' 四点共圆，且 AH 为其直径，设圆 $AC'HB'$ 与圆 ABC 交于点 P，则

$$HP \perp AP \qquad \text{①}$$

延长 AP、BC 交于点 Q，注意 B、C、B'、C' 四点共圆，且圆心为 M. 此时，AP、$C'B'$、BC 为圆 ABC、圆 $AC'HB'$、圆 $BCB'C'$ 两两相交的根轴，由根心定理，知 C'、B'、Q 三点共线.

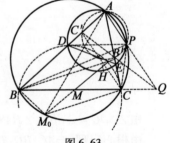

图 6.63

在完全四边形 $BCQB'AC'$ 中，知 P 为其密克尔点.

于是，由性质 8(2)，知 $MP \perp AQ$. 又由性质 11 知 $MH \perp AQ$，即知 M、H、P 三点共线.

延长 MH 交圆 ABC 于 P'，延长 HM 至 M_0，使 $MM_0 = MH$，则四边形 HBM_0C 为平行四边形.

此时 $\angle BM_0C = \angle BHC = 180° - \angle A$，即知 M_0 在圆 ABC 上. 又 $M_0C \parallel BH$，知 $\angle M_0 CA = 90°$.

从而 AM_0 为圆 ABC 的直径，即知 $MP' \perp AP'$，亦即 $MH \perp AP'$. 注意①，即知 P' 与 P 重合.

下证点 P 在圆 ADE 上，注意到 $\triangle DBH \sim \triangle ECH$，有

$$\frac{BD}{CE} = \frac{BH}{CH} \qquad \text{②}$$

联结 DP、BP、PC，由 M 为 BC 中点，知 $S_{\triangle PBM_0} = S_{\triangle PCM_0}$，即 $PB \cdot BM_0 = PC \cdot CM_0$.

从而 $\dfrac{BP}{CP} = \dfrac{CM_0}{BM_0} = \dfrac{BH}{CH} = \dfrac{BD}{CE}$. 注意 $\angle DBP = \angle ECP$, 则 $\triangle DBP \backsim \triangle ECP$.

亦知 $\angle PDB = \angle PEC$, 亦有 $\angle ADP = \angle ACP$. 故点 P 在圆 ADE 上, 于是 $MH \perp AP$.

例 24 (2009 年俄罗斯奥林匹克试题)A_1 和 C_1 分别是平行四边形 $ABCD$ 边 AB 和 BC 上的点, 线段 AC_1 和 CA_1 交于点 P, $\triangle AA_1P$ 和 $\triangle CC_1P$ 的外接圆的第二个交点 Q 位于 $\triangle ACD$ 的内部. 证明: $\angle PDA = \angle QBA$.

证明 如图 6.64, 注意到 $\triangle AA_1P$ 和 $\triangle CC_1P$ 的两个外接圆的第二交点为 Q, 则知 Q 为完全四边形 BC_1CPAA_1 的密克尔点, 从而知 A、B、C、Q 四点共圆, 有

$$\angle QBA = \angle QBA_1 = \angle QCA_1 \qquad ①$$

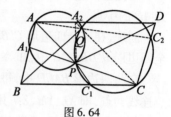

图 6.64

由于 Q 位于 $\triangle ACD$ 内, 可设直线 CQ 交 AD 于 A_2, 由 $\angle DA_2Q = \angle QCC_1 = \angle APQ$, 知 A_2 在圆 APQ 上. 联结 A_2P, 注意到 A、A_1、P、A_2 共圆及 $AB \parallel DC$, 有 $\angle A_2PC = \angle A_1AA_2 = 180° - \angle A_2DC$, 即知 A_2、P、C、D 四点共圆. 从而

$$\angle PDA = \angle PDA_2 = \angle PCA_2 = \angle QCA_1 \qquad ②$$

由①, ②知, $\angle PDA = \angle QBA$.

例 25 (2009 年土耳其奥林匹克试题)已知圆 Γ 和直线 l 不相交, P、Q、R、S 为圆 Γ 上的点, PQ 与 RS, PS 与 QR 分别交于点 A、B, 且 A, B 在直线 l 上. 试确定所有以 AB 为直径的圆的公共点.

证明 如图 6.65, 设 O 为圆 Γ 的圆心, 其半径为 r, 又设 K 为完全四边形 $PQARBS$ 的密克尔点, 则 K 在直线 l 上, 且 $OK \perp l$, K 为定点.

此时 K、B、S、R 四点共圆, 由圆幂定理, 有

$$\begin{aligned} AO^2 &= r^2 + AS \cdot AR = r^2 + AK \cdot AB \\ &= r^2 + AK^2 + AK \cdot KB \end{aligned}$$

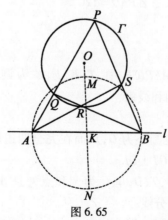

图 6.65

设以 AB 为直径的圆交直线 OK 于点 M、N, 则

$$KM = KN = \sqrt{AK \cdot KB} = \sqrt{AO^2 - AK^2 - r^2} = \sqrt{OK^2 - r^2}$$

由于 OK、r 为定值, 从而 M、N 为定点, 故对任何一对满足条件的点 (A, B), 是过直线 OK 上的定点 M、N.

例26 如图6.66,设自△ABC的顶点A、B、C各引一直线使交于一点D,且分别交BC、CA、AB于A'、B'、C'。求证:△ABC与△A'B'C'的对应边的中点X与X',Y与Y',Z与Z'的连线共点.

证明 如图6.66,设直线XX'交AD于L,直线YY'交BD于M,直线ZZ'交CD于N.

在完全四边形ACB'DC'B中,应用牛顿线定理即性质5,知L为AD的中点.

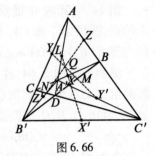

图6.66

同理,在完全四边形C'BAA'CD中,知M为BD的中点;在完全四边形B'DBA'AC中,知N为CD的中点.

在凸四边形BACD中,每对对边的中点连线及两对角线的中点连线共点,即XL、YM、ZN共点于Q,从而XX'、YY'、ZZ'共点于Q.

例27 如图6.67,已知在非等腰△ABC中,I为内心。AI、BI、CI分别与对边相交于点D、E、F,DF、DE与BI、CI分别相交于点P、Q.证明:E、F、P、Q四点共圆的充要条件是∠BAC=120°.

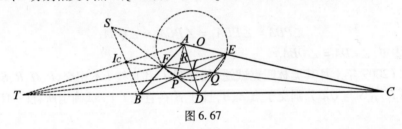

图6.67

证明 充分性:因为I是△ABC的内心,∠BAC=120°,则AC为∠BAD的外角平分线.

又在完全四边形BDCIAF中,B、I、P、E为调和点列,则由调和线束的性质,知AP为∠BAD的内角平分线.

由于BI为∠ABD的平分线,则点P为△ABD的内心.

从而∠FPE=∠BPD=90°+$\frac{1}{2}$∠BAD=120°.

同理可得∠FQE=120°.

于是E、F、P、Q四点共圆.

必要性:因在完全四边形AFBICE中,T、R、F、E为调和点列,从而在完全四边形DPFIEQ中,DT、DR、DF、DE为调和线束.

于是QP的延长线过点T.

因为E、F、P、Q四点共圆,设圆心为O,从而在完全四边形EFTIDQ中,由性质11及性质8知O为△TDI的垂心.于是OT⊥DI.

又在完全四边形AFBICE中,T、D、B、C为调和点列且AD为∠BAC的内角平分线,则TA⊥DI且AT为∠BAC的外角平分线.

从而点O在直线TA上,且OA⊥DI.

于是由性质8(1)知点A即为完全四边形DPFIEQ的密克尔点.

则A、F、P、I四点共圆.

联结AP,则∠APF=∠AIF=$\frac{1}{2}$(∠BAC+∠ACB),且∠FPB=∠FAI.

作 $\angle ABC$ 的外角平分线分别与 CA 的延长线、CF 的延长线交于点 S、I_C,则点 I_C 为 $\triangle ABC$ 的 $\angle C$ 内的旁心.

于是,I_C 在 AT 上,且 I_C、I、F、C 为调和点列.

联结 SD 交 CI_C 于点 F'.

又在完全四边形 $CASF'BD$ 中,I_C、I、F'、C 为调和点列.

则点 F 与点 F' 重合,即 S、F、P、D 在同一直线上.

又由 $\angle SBA = \frac{1}{2}(\angle BAC + \angle ACB)$,有 $\angle SAB = \angle SPF$. 从而 S、B、P、A 四点共圆.

于是 $\angle SBA = \angle FPB = \angle FAI = \angle EAI$, 故 $\angle BAC = 120°$.

6.2.2 蕴含完全四边形性质的问题

例 28 在完全四边形 $ABCDEF$ 中,若对角线 CE 与对角线 AD 的延长线交于点 G,联结 BG、FG、BF,则 $S_{\triangle GFB} \leq \frac{1}{4} S_{\triangle ACE}$.

证明 如图 6.68,令 $\frac{AD}{DG} = p_1$,$\frac{CD}{DF} = p_2$,$\frac{ED}{DB} = p_3$,$\frac{CG}{GE} = \lambda_1$,$\frac{EF}{FA} = \lambda_2$,$\frac{AB}{BC} = \lambda_3$,则由性质 15,知

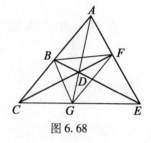

图 6.68

$$p_1 p_2 p_3 = p_1 + p_2 + p_3 + 2$$
$$= \lambda_1 \lambda_3 + \lambda_2 \lambda_1 + \lambda_3 \lambda_2 + \lambda_3 + \lambda_1 + \lambda_2 + 2$$
$$\geq 3 \sqrt[3]{\lambda_1^2 \lambda_2^2 \lambda_3^2} + 3 \sqrt[3]{\lambda_1 \lambda_2 \lambda_3} + 2 \geq 8$$

且

$$\frac{S_{\triangle ABF}}{S_{\triangle ACE}} = \frac{AB}{AC} \cdot \frac{AF}{AE} = \frac{\lambda_3}{1 + \lambda_3} \cdot \frac{1}{1 + \lambda_2}$$
$$= \frac{p_1 p_3 - 1}{p_1 p_3 + p_3} \cdot \frac{p_2 + 1}{p_2 p_3 + p_2} = \frac{p_1 p_2 p_3 + p_1 p_3 - p_2 - 1}{p_2 p_3 (1 + p_1)(1 + p_3)}$$
$$= \frac{2 + p_1 + p_2 + p_4 + p_1 p_3 - p_2 - 1}{p_2 p_3 (p_1 + 1)(p_3 + 1)} = \frac{(p_1 + 1)(p_3 + 1)}{p_2 p_3 (p_1 + 1)(p_3 + 1)}$$
$$= \frac{1}{p_2 p_3}$$

同理

$$\frac{S_{\triangle BCG}}{S_{\triangle ACE}} = \frac{1}{p_1 p_3}, \frac{S_{\triangle GEF}}{S_{\triangle ACE}} = \frac{1}{p_1 p_2}$$

从而

$$S_{\triangle GFB} = S_{\triangle ACE} - S_{\triangle ABF} - S_{\triangle BCG} - S_{\triangle GEF}$$
$$= S_{\triangle ACE} \left(1 - \frac{1}{p_2 p_3} - \frac{1}{p_1 p_3} - \frac{1}{p_1 p_2}\right) = S_{\triangle ACE} \cdot \frac{p_1 p_2 p_3 - p_1 - p_2 - p_3}{p_1 p_2 p_3}$$
$$= \frac{2}{p_1 p_2 p_3} S_{\triangle ACE} \leq \frac{1}{4} S_{\triangle ACE}$$

注 此例及其特殊情形,即为如下两道竞赛题.

(1)(第 31 届国际数学奥林匹克预选试题)设 P 是 $\triangle ABC$ 的一个内点,Q、R、S 分别是

A、B、C 与 P 的连线和对边的交点. 求证: $S_{\triangle QRS} \leqslant \frac{1}{4} S_{\triangle ABC}$.

(2)(民主德国数学奥林匹克试题) 如果 AD、BE 和 CF 是 $\triangle ABC$ 的角平分线. 证明: $\triangle DEF$ 的面积不超过 $\triangle ABC$ 面积的 $\frac{1}{4}$.

例 29 在完全四边形 $ABECFD$ 中,对角线 AC 与 BD 交于点 P. 若过点 P 作 PO 垂直于对角线 EF 于 O,联结 BO、DO,则 $\angle BOC = \angle AOD$.

证明 如图 6.69,设对角线 AC 的延长线交 EF 于点 Q. 欲证 $\angle BOC = \angle AOD$,只要证 $\angle POC = \angle POA$ 及 $\angle POB = \angle POD$.

欲证 $\angle POC = \angle POA$,只要证 $\angle COE = \angle AOF$. 为此,作 $CG \perp EF$ 于 G,作 $AH \perp EF$ 于 H. 又要证
$$\text{Rt}\triangle CGO \backsim \text{Rt}\triangle AHO$$
只需证
$$\frac{CG}{AH} = \frac{GO}{OH}$$

由 $CG \parallel PO \parallel AH$ 知
$$\frac{GO}{OH} = \frac{PC}{PA}, \frac{CG}{AH} = \frac{QC}{QA}$$

从而又只需证
$$\frac{PC}{PA} = \frac{QC}{QA}$$
即
$$\frac{AP}{AQ} = \frac{PC}{QC}$$

对完全四边形 $ABECFD$,应用性质 6,即有
$$\frac{AP}{AQ} = \frac{PC}{QC}$$

同理可证
$$\angle POB = \angle POD$$
故
$$\angle BOC = \angle AOD$$

注 此例也可以运用性质 28 来推证:

如图 6.70,设 OP 的延长线交 AE 于点 Q,OP 交 BF 于 T,联结 QF 交 OD 于点 S.

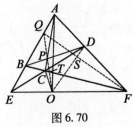

图 6.70

由性质 28,知 E、T、S 三点共线,从而 $\angle BOP = \angle DOP$,同理 $\angle COP = \angle AOP$,故 $\angle BOC = \angle AOD$.

其实,此例即为 2002 年中国国家队选拔赛题当 AC 或 BC 均与 EF 不平行的情形(可参

本节前面的例7).

例 30 如图 6.71,在完全四边形 $ABCDEF$ 中,P、Q、R、S 分别是 AB、BD、DF、FA 上的点. 证证:直线 PQ、AD、SR 相互平行或共点的充要条件是

$$\frac{AP}{PB} \cdot \frac{BQ}{QD} \cdot \frac{DR}{RF} \cdot \frac{RS}{SA} = 1$$

证明 必要性:若直线 PQ、AD、SR 相互平行(图 6.71(a)),则

$$\frac{AP}{PB} = \frac{DQ}{QB}, \frac{FS}{SA} = \frac{FR}{RD}$$

从而

$$\frac{AP}{PB} \cdot \frac{BQ}{QD} \cdot \frac{DR}{RF} \cdot \frac{FS}{SA} = 1$$

若直线 PQ、AD、SR 三线共点于 G(图 6.71(b)),则图形中可以找到两个完全四边形 $APBQGE$、$ADGRFS$,分别由完全四边形的性质 1 中的第一式与第二式(或分别对 △ABD 及截线 PQG、对 △ADF 及截线 SRG 应用梅涅劳斯定理)有

$$\frac{AP}{PB} \cdot \frac{BQ}{QD} \cdot \frac{DG}{GA} = 1, \frac{AG}{GD} \cdot \frac{DR}{RF} \cdot \frac{FS}{SA} = 1$$

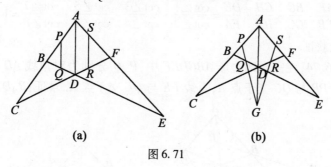

图 6.71

上述两式相乘,即得

$$\frac{AP}{PB} \cdot \frac{BQ}{QD} \cdot \frac{DR}{RF} \cdot \frac{FS}{SA} = 1$$

充分性:将上述证明逆过来,稍作整理即可(略).

注 由于完全四边形中既含有凸四边形,又含有凹四边形及折四边形.上述性质可以说是针对凸四边形 $ABDF$ 而言的完全四边形的一条性质.

由例30,我们可以看到或得到如下发现:

(1)2004 年中国数学奥林匹克平面几何问题的背景.

凸四边形 $EFGH$ 的顶点 E、F、G、H 分别在凸四边形 $ABCD$ 的边 AB、BC、CD、DA 上,满足 $\frac{AE}{EB} \cdot \frac{BF}{FC} \cdot \frac{CG}{GD} \cdot \frac{DH}{HA} = 1$;而点 A、B、C、D 分别在凸四边形 $E_1F_1G_1H_1$ 的边 H_1E_1、E_1F_1、F_1G_1、G_1H_1 上,满足 $E_1F_1 \parallel EF, F_1G_1 \parallel FG, G_1H_1 \parallel GH, H_1E_1 \parallel HE$. 已知 $\frac{E_1A}{AH_1} = \lambda$, 求 $\frac{F_1C}{CG_1}$.

(2)若四边形 $ABCD$ 外切于圆 O 于点 F、G、H、E,则直线 FE、BD、GH 相互平行或共点.

事实上,如图 6.72,注意到圆的切线长定理,则知

$$\frac{BG}{GC} \cdot \frac{CH}{HD} \cdot \frac{DE}{EA} \cdot \frac{AF}{FB} = \frac{BG}{BF} \cdot \frac{CH}{CG} \cdot \frac{DE}{DH} \cdot \frac{AF}{AE} = 1$$

由例 30,结论获证.

(3)若四边形 $ABCD$ 内接于圆 O,由对角线 AC、BD 的交点 Q 向四边 AB、BC、CD、DA 作垂线得垂足 F、G、H、E,则直线 FE、BD、GH 相互平行或共点.

事实上,如图 6.73 所示,令 $\angle BAC = \angle 1$,$\angle ABD = \angle 2$,$\angle DBC = \angle 3$,$\angle BCA = \angle 4$,$\angle ACD = \angle 5$,$\angle BDC = \angle 6$,$\angle ADB = \angle 7$,$\angle DAC = \angle 8$,则 $\angle 1 = \angle 6$,$\angle 2 = \angle 5$,$\angle 3 = \angle 8$,$\angle 4 = \angle 7$.

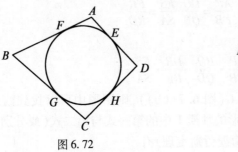

图 6.72

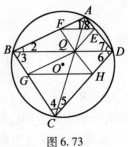

图 6.73

注意到直角三角形余切函数比值,则

$$\frac{AF}{FB} \cdot \frac{BG}{GC} \cdot \frac{GH}{HD} \cdot \frac{DE}{EA} = \frac{\cot \angle 1}{\cot \angle 2} \cdot \frac{\cot \angle 3}{\cot \angle 4} \cdot \frac{\cot \angle 5}{\cot \angle 6} \cdot \frac{\cot \angle 7}{\cot \angle 8} = 1$$

由例 30,结论获证.

例 31 如图 6.74,在完全四边形 $ABCDEF$ 中,P、Q 分别为对角线 AD 所在直线上点 D 的两侧的点.直线 PB 与 QC 交于点 R,直线 PE 与 QF 交于点 H.求证:R、D、H 三点共线.

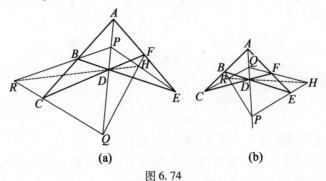

图 6.74

证明 因直线 QHF 截 $\triangle EAP$,由梅涅劳斯定理,得

$$\frac{EH}{HP} \cdot \frac{PQ}{QA} \cdot \frac{AF}{FE} = 1$$

直线 QCR 截 $\triangle APB$,得

$$\frac{PR}{RB} \cdot \frac{BC}{CA} \cdot \frac{AQ}{QP} = 1$$

直线 CDF 截 $\triangle ABE$,得

$$\frac{BD}{DE} \cdot \frac{EF}{FA} \cdot \frac{AC}{CB} = 1$$

由上述三式相乘,得

$$\frac{EH}{HP} \cdot \frac{PR}{RB} \cdot \frac{BD}{DE} = 1$$

对 $\triangle EPB$ 应用梅涅劳斯定理的逆定理,知 R、D、H 三点共线.

注 此例为《中等数学》2003(5):15 中命题 1 的等价表述:

在四边形 $ABCD$ 中,F 为对角线 AC 上任一点,BF 交 CD 于点 E. DF 交 BC 于点 G. P 为 AC 上任一点,直线 PC 交 AB 于点 R,PD 交 AE 于点 H,则 R、F、H 三点共线.

例 32 如图 6.75,在完全四边形 $ABCDEF$ 中,P、Q 为对角线 AD 延长线上两点,直线 PB 与 QE 交于点 H,直线 AH 与 QF 交于点 K. 求证:C、P、K 三点共线.

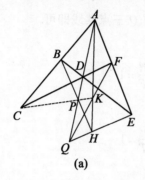
(a)

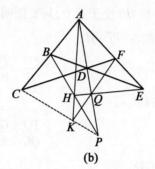
(b)

图 6.75

证明 因直线 QKF 截 $\triangle AEH$,由梅涅劳斯定理,有

$$\frac{HK}{KA} \cdot \frac{AF}{FE} \cdot \frac{EQ}{QH} = 1$$

由直线 CDF 截 $\triangle EAB$,有

$$\frac{AC}{CB} \cdot \frac{BD}{DE} \cdot \frac{EF}{FA} = 1$$

由直线 QPD 截 $\triangle BHE$,得

$$\frac{BP}{PH} \cdot \frac{HQ}{QE} \cdot \frac{ED}{DB} = 1$$

由上述三式相乘,得

$$\frac{HK}{KA} \cdot \frac{AC}{CB} \cdot \frac{BP}{PH} = 1$$

对 $\triangle HAB$ 运用梅涅劳斯定理的逆定理知 C、P、K 三点共线.

注 此例为《中等数学》2003(5):15 中命题 2 的等价表述:

在四边形 $ABCD$ 中,F 为对角线上任一点,BF 交 CD 于点 E,DF 交 BC 于点 G,P 为 AC 上任一点,GP 交 AD 于点 H,CH 交 AE 于点 K,则 B、P、K 三点共线.

例 33 如图 6.76,在完全四边形 $ABCDEF$ 中,P、Q 分别为对角线 AD 所在直线上点 D 的两侧的点,直线 PB 与 QC 交于点 T,直线 PF 与 QE 交于点 H,则 BH、FT、AD 三线共点.

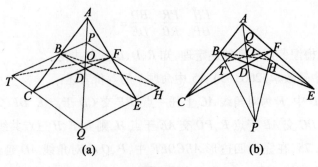

图 6.76

证明 设 TF 与 HB 交于点 O,只要证明:O、D、Q 三点共线即可.

由直线 BOH 截 $\triangle TPF$,有

$$\frac{FO}{OT} \cdot \frac{TB}{BP} \cdot \frac{PH}{HF} = 1$$

由直线 QPA 截 $\triangle TCB$,有

$$\frac{TQ}{QC} \cdot \frac{CA}{AB} \cdot \frac{BP}{PT} = 1$$

由直线 BDE 截 $\triangle CAF$,有

$$\frac{CD}{DF} \cdot \frac{FE}{EA} \cdot \frac{AB}{BC} = 1$$

由直线 QCT 截 $\triangle ABP$,有

$$\frac{PT}{TB} \cdot \frac{BC}{CA} \cdot \frac{AQ}{QP} = 1$$

由直线 QEH 截 $\triangle AFP$,有

$$\frac{PQ}{QA} \cdot \frac{AE}{EF} \cdot \frac{FH}{HP} = 1$$

由上述五式相乘,得

$$\frac{FO}{OT} \cdot \frac{TQ}{QC} \cdot \frac{CD}{DF} = 1$$

对 $\triangle FTC$ 应用梅涅劳斯定理的逆定理,知 O、D、Q 共线. 故 TF、HB、AD 三线共点.

注 此图中,还有 CH、ET、AD 三线共点. 此例为《中等数学》2003(5):16 中命题 4 的等价表述:

在四边形 $ABCD$ 中,F 为对角线 AC 上一点,BF 交 CD 于点 E,DF 交 BC 于点 G. P 为 AC 任一点,PG 交 AB 于点 R,PE 交 AD 于点 Q,则 RE、QG、AC 三线共点.

例 34 如图 6.77,在完全四边形 $ABCDEF$ 中,点 P 为对角线 AD 所在直线上(异于点 D)一点,联结 PC、PE,PB 交 CD 于 M,PF 交 DE 于 N,直线 AM 交 CP 于 R,直线 AN 交 PE 于 Q,则 CN、RF、BQ、ME、AD 五线共点.

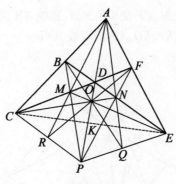

图 6.77

证明 联结 CE 交 AP 于点 K. 对 $\triangle ACE$ 及点 D 应用塞瓦定理,有

$$\frac{CK}{KE} \cdot \frac{EF}{FA} \cdot \frac{AB}{BC} = 1$$

由直线 PNF 截 $\triangle EDA$,有

$$\frac{EN}{ND} \cdot \frac{DP}{PA} \cdot \frac{AF}{FE} = 1$$

由直线 PMB 截 $\triangle CDA$,有

$$\frac{DM}{MC} \cdot \frac{CB}{BA} \cdot \frac{AP}{PD} = 1$$

由上述三式相乘,得

$$\frac{CK}{KE} \cdot \frac{EN}{ND} \cdot \frac{DM}{MC} = 1$$

对 $\triangle DCE$ 应用塞瓦定理的逆定理,知 CN、EM、KD 三线共点,记此点为 O.

由直线 PRC 截 $\triangle AMD$,有

$$\frac{AR}{RM} \cdot \frac{MC}{CD} \cdot \frac{DP}{PA} = 1$$

由直线 CON 截 $\triangle EMD$,有

$$\frac{MO}{OE} \cdot \frac{EN}{ND} \cdot \frac{DC}{CM} = 1$$

由直线 PNF 截 $\triangle EAD$,有

$$\frac{EF}{FA} \cdot \frac{AP}{PD} \cdot \frac{DN}{NE} = 1$$

也由上述三式相乘,得

$$\frac{AR}{RM} \cdot \frac{MO}{OE} \cdot \frac{EF}{FA} = 1$$

对 $\triangle EAM$ 应用梅涅劳斯定理的逆定理,知 R、O、F 三点共线,即点 O 在直线 RF 上. 同理可证点 O 在直线 QB 上,故 CN、RF、BQ、ME、AD 五线共点,此点为点 O.

注 此例为《中等数学》2003(5):16 中命题 5 的等价表述:

在四边形 $ABCD$ 中,F 为对角线 AC 上任一点,BF 交 CD 于点 E,DF 交 BC 于点 G,AG 交 BE 于点 M,AE 交 DG 于点 N,CM 交 AB 于点 P,CN 交 AD 于点 Q,则 BN、DM、PE、QG、AC 五线共点.

例 35 如图 6.78,在完全四边形 $ABCDEF$ 中,点 P 为对角线 AD 所在直线(异于点 D)

一点,联结 PC、PE、PB 交 CD 于 M,PF 交 DE 于 N,直线 AM 交 CP 于 R,交 BD 于 K,直线 AN 交 PE 于 Q,交 DF 于 T,则 MN、RT、KQ、AD 四直线共点.

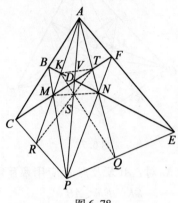

图 6.78

证明 联结 KT 交 AD 于 V,要证 RT、QK、AD 三线共点,对 $\triangle AKT$ 应用塞瓦定理的逆定理,只需证明 $\dfrac{KV}{VT} \cdot \dfrac{TQ}{QA} \cdot \dfrac{AR}{RK} = 1$,即

$$\dfrac{TQ}{QA} \cdot \dfrac{AR}{RK} = \dfrac{VT}{KV} \qquad ①$$

对 $\triangle AKT$ 及点 D 应用塞瓦定理,有 $\dfrac{KV}{VT} \cdot \dfrac{TN}{NA} \cdot \dfrac{AM}{MK} = 1$,即

$$\dfrac{TN}{NA} \cdot \dfrac{AM}{MK} = \dfrac{VT}{KV} \qquad ②$$

故只需证明

$$\dfrac{TQ}{QA} \cdot \dfrac{AR}{RK} = \dfrac{TN}{NA} \cdot \dfrac{AM}{MK} \Leftrightarrow \dfrac{TQ \cdot NA}{QA \cdot TN} = \dfrac{RK \cdot AM}{AR \cdot MK} \qquad ③$$

而

$$\begin{aligned} TQ \cdot NA &= (TN + NQ)(TN + AT) \\ &= (TN^2 + TN \cdot NQ + TN \cdot AT) + NQ \cdot AT \\ &= QA \cdot TN + NQ \cdot AT = 2QA \cdot TN \end{aligned} \qquad ④$$

其中式④用到对完全四边形 $ADPNEF$ 的对角线调和分割性质 $AQ \cdot TN = AT \cdot NQ$.

同理

$$RK \cdot AM = 2AR \cdot MK \qquad ⑤$$

由此,式③成立,从而式①成立.

故 RT、QK、AD 三线共点,记此点为 S. 下面证明 M、S、N 三点共线.

$$\begin{aligned} 1 &= \dfrac{RS}{ST} \cdot \dfrac{TQ}{QA} \cdot \dfrac{AK}{KR} \text{(由直线 } QSK \text{ 截 } \triangle RTA) \\ &= \dfrac{RS}{ST} \cdot \dfrac{2TN}{NA} \cdot \dfrac{AK}{2AR} \cdot \dfrac{AM}{MK} \text{(对上式中 } TQ、KR \text{ 分别利用式④、⑤)} \\ &= \dfrac{RS}{ST} \cdot \dfrac{TN}{NA} \cdot \dfrac{AM}{MR} \text{(对完全四边形 } ABCMPD \text{ 应用对角线调和分割性质} \dfrac{AK}{AR} = \dfrac{MK}{MR}) \end{aligned}$$

对 $\triangle RAT$ 应用梅涅劳斯定理的逆定理知 M、S、N 三点共线,即点 S 在直线 MN 上,故

RT、KQ、AD、MN 四线共点,此点为点 S.

注 此例为《中等数学》2003(5):17 中命题 6 的等价表述:

在四边形 $ABCD$ 中,F 为对角线 AC 上任一点,BF 交 CD 于点 E,DF 交 BC 于点 G,AG 交 BE 于点 M,AE 交 DG 于点 N,CM 分别交 AB、DG 于点 P、K,CN 分别交 AD、BE 于点 Q、T,则 PT、QK、AC、MN 四线共点.

6.3 完全四边形的特点及应用

"特变"常指一些特殊情形的变化,诸如将完全四边形的图形进行反演,或去掉某部分图形,或限定某些特殊条件(即约束条件)下探讨完全四边形的问题,我们称为完全四边形的特变.

6.3.1 完全四边形图的反演

完全四边形的四个三角形的外心是共圆的(性质 10(1)),过密克尔点作这四个圆的直径,则这条直径的另一端点共圆,对这个图进行反演得到命题:

命题 1 (**完全四边形的西姆松线定理**)完全四边形的密克尔点在四条边所在直线上的射线共线.

证明 如图 6.79(a),在完全四边形 $C'B'E'A'F'D'$ 中,其密克尔点 P 在边 $E'C'$、$E'A'$、$A'F'$、$C'F'$ 上的射线 M'、L'、K'、N' 四点共线.

事实上,如图 6.79(b),在完全四边形 $ABECFD$ 中,设 $\triangle ABF$、$\triangle ADE$、$\triangle BCE$、$\triangle DCF$ 的外心分别为 O_1、O_2、O_3、O_4. 设 P 为密克尔点,过 P 作这四个三角形的外接圆的直径分别为 PK、PL、PM、PN,则 K、L、M、N 共圆.

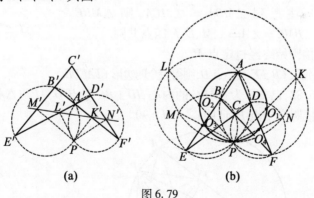

图 6.79

当以 P 为反演中心时,圆 O_1、圆 O_2、圆 O_3、圆 O_4 的反形分别为直线 $B'A'F'$、$D'A'E'$、$C'B'E'$、$C'D'F'$. 而直线 ABE、ADF、BCF、ECD 的反形分别是圆 $A'B'E'$、圆 $A'D'F'$、圆 $B'C'F'$、圆 $E'C'D'$,且它们都过反演中心 P. K'、L'、M'、N' 分别在直线 $A'B'$、$D'A'$、$B'C'$、$C'D'$ 上,且 K'、L'、M'、N' 共线.

由于 PK、PL、PM、PN 分别与圆 O_1、圆 O_2、圆 O_3、圆 O_4 正交,所以 $PK' \perp A'B'$,$PL' \perp D'A'$,$PM' \perp B'C'$,$PN' \perp C'D'$. 于是得到完全四边形施坦纳定理的反演命题:完全四边形的西姆松线定理.

反之,也可由完全四边形的西姆松线定理反演得到完全四边形的施坦纳定理.

6.3.2 残缺的完全四边形图问题

由完全四边形的性质 3 的推论知:完全四边形中,每个四边形(凸、凹、折)的一组对应边与密克尔点组成的三角形相似. 在完全四边形中,去掉部分图形如某个三角形,这样的结论还是仍然保持的. 正因为如此,我们可以讨论残缺的完全四边形问题.

在 $\triangle ABC$ 的边 AB、AC 上各取一点 E、F,设 $\triangle ABC$ 的外接圆与经过 A、E、F 三点的圆交于 A、M 两点. 联结 ME、MF,如图 6.70 所示. 则由

$$\angle ABM = \angle ACM, \angle AEM = \angle AFM$$

得 $\triangle MBE \backsim \triangle MCF$ (*)

图 6.80 可看作完全四边形及其密克尔点的等价构造. 这是因为,若设 EF 与 BC 的延长线交于点 D,则 D 即为完全四边形的第六个顶点,而 M 正是该完全四边形的密克尔点.

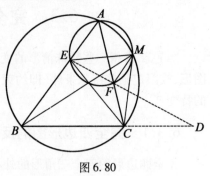

图 6.80

由式(*)亦可反推点 M 同时在 $\triangle ABC$ 的外接圆及 $\triangle AEF$ 的外接圆上.

这一基本图形在解答平面几何题中具有比较广泛的应用①.

命题 2 已知动点 E、F 分别在 $\triangle ABC$ 的边 AB、AC 上,且 $\dfrac{BE}{CF}$ 为定值. 证明:$\triangle AEF$ 的外接圆过定点.

证明 如图 6.81,在 $\triangle ABC$ 的外接圆上取一点 M,使得

$$\frac{MB}{MC} = \frac{BE}{CF}$$

联结 MB、MC,注意到 $\angle MBA = \angle MCA$,则 $\triangle MBE \backsim \triangle MCF \Rightarrow \angle EMF = \angle BMC = \angle A \Rightarrow A$、$M$、$E$、$F$ 四点共圆.

故 $\triangle AEF$ 的外接圆始终经过定点 M.

注 图 6.81 中,延长 CB、FE 交于点 D,则得完全四边形 $CFAEDB$.

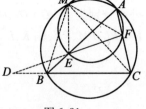

图 6.81

命题 3 如图 6.82,已知 I 为 $\triangle ABC$ 的内心,$ID \perp BC$ 于点 D,AI 与 $\triangle ABC$ 的外接圆交于点 S,延长 SD 与外接圆交于点 P. 证明:$\angle API = 90°$.

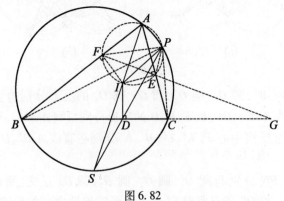

图 6.82

---

① 叶中豪,卢业照. 密克尔点在解题中的应用[J]. 中等数学,2015(1):2-6.

证明 如图 6.82,作 $IE \perp AC$ 于点 E, $IF \perp AB$ 于点 F. 联结 PB、PC、PE、PF. 易知, PS 平分 $\angle BPC$.

在 $\triangle PBC$ 中,由角平分线定理得 $\dfrac{PB}{PC} = \dfrac{BD}{CD} = \dfrac{BF}{CE}$,且 $\angle ABP = \angle ACP \Rightarrow \triangle PBF \backsim \triangle PCE \Rightarrow \angle AFP = \angle AEP$.

这表明, A、P、E、F 四点共圆.

又易知 AI 为所共圆的直径,根据直径所对圆周角为直角,知 $\angle API = 90°$.

注 图 6.82 中,延长 BC、FE 交于点 G,则有完全四边形 $BCGEAF$.

命题 4 如图 6.83,在 $\triangle ABC$ 中,已知 $AB \neq AC$, AT 为角平分线, M 为 BC 的中点, H 为垂心, HM 与 AT 交于点 D,作 $DE \perp AB$, $DF \perp AC$. 证明: E、H、F 三点共线.

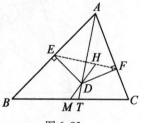

图 6.83

证明 如图 6.84,延长 MH 与 $\triangle ABC$ 的外接圆交于点 P、Q.

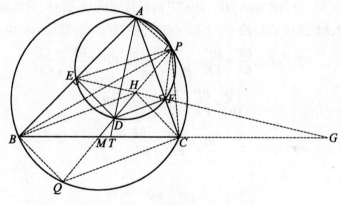

图 6.84

由 $\triangle PEB \backsim \triangle PFC \Rightarrow \dfrac{PB}{PC} = \dfrac{BE}{CF}$

由 $S_{\triangle BPQ} = S_{\triangle CPQ} \Rightarrow \dfrac{PB}{PC} = \dfrac{QC}{QB}$

又四边形 $HBQC$ 为平行四边形,则 $QB = CH$, $QC = BH$,故 $\dfrac{BE}{CF} = \dfrac{BH}{CH}$,且 $\angle ABH = \angle ACH \Rightarrow \triangle BEH \backsim \triangle CFH \Rightarrow \angle AEH = \angle AFH$.

若点 E、H、F 不共线,则由四边形 $AEDF$ 的对称性,知点 H 在角平分线 AT 上.

从而, $\triangle ABC$ 必为等腰三角形,与已知条件矛盾.

因此,只可能是 E、H、F 三点共线.

注 图 6.84 中,延长 BC、EF 交于点 G,则有完全四边形 $BCGFAE$.

命题 5 如图 6.85，在 $\triangle ABC$ 中，已知 E、F 分别为边 AC、AB 上的任意点，O、O' 分别为 $\triangle ABC$、$\triangle AEF$ 的外心，P、Q 分别为线段 BE、CF 上的点，满足 $\dfrac{BP}{PE} = \dfrac{FQ}{QC} = \dfrac{BF^2}{CE^2}$. 证明：$OO' \perp PQ$.

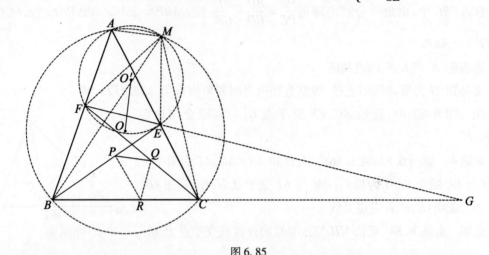

图 6.85

证明 如图 6.85，分别作出 $\triangle ABC$、$\triangle AEF$ 的外接圆圆 O、圆 O'，设两圆交于另一点 M. 联结 AM、BM、CM、EM、FM. 在线段 BC 上取一点 R，使 $PR \parallel AC$，联结 QR. 由

$$PR \parallel AC \Rightarrow \frac{RP}{CE} = \frac{BP}{BE} = \frac{BF^2}{BF^2 + CE^2} \Rightarrow RP = \frac{BF^2 \cdot CE}{BF^2 + CE^2}$$

又

$$\frac{FQ}{QC} = \frac{BP}{PE} = \frac{BR}{RC} \Rightarrow QR \parallel AB$$

类似地

$$RQ = \frac{CE^2 \cdot BF}{BF^2 + CE^2}$$

于是

$$\frac{RP}{RQ} = \frac{BF}{CE} \qquad \qquad ①$$

由

$$\angle ABM = \angle ACM, \angle AFM = \angle AEM \Rightarrow \triangle MBF \sim \triangle MCE \Rightarrow \frac{MB}{MC} = \frac{BF}{CE} \qquad ②$$

由式①、②得 $\dfrac{RP}{RQ} = \dfrac{MB}{MC}$，且 $\angle PRQ = \angle BAC = \angle BMC$，则 $\triangle RPQ \sim \triangle MBC \Rightarrow \angle RPQ = \angle MBC = \angle MAC$.

已知 $PR \parallel AC$，于是，$PQ \parallel AM$. 而 AM 为圆 O 与圆 O' 的公共弦，故 $OO' \perp AM$，于是 $OO' \perp PQ$.

注 图 6.85 中，延长 BC、FE 交于点 G，则有完全四边形 $BCGEAF$.

命题 6 （2009 年全国高中数学联赛题）如图 6.86，M、N 分别为锐角 $\triangle ABC$ 的外接圆上劣弧 $\overparen{AC}$、$\overparen{AB}$ 的中点，过点 A 作 MN 的平行线，与外接圆交于点 A'，I 为 $\triangle ABC$ 的内心，$A'I$ 的延长线与外接圆交于点 P. 设 $\triangle GAB$、$\triangle GAC$ 的内心分别为 I_1、I_2. 证明：

(1) $MA' \cdot MP = NA' \cdot NP$;

(2) P、G、I_1、I_2 四点共圆.

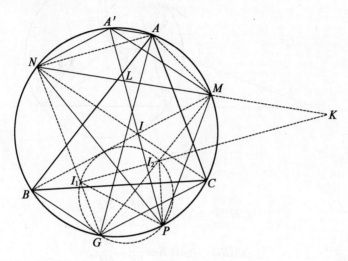

图 6.86

证明 如图 6.86,(1) 由内心性质知
$$NA = NI = NI_1, MA = MI = MI_2$$
由此 $\triangle AMN \cong \triangle IMN$.

又 $\triangle AMN \cong \triangle A'MN$,这表明,四边形 $A'MIN$ 为平行四边形.

则 $A'P$ 经过 MN 的中点 L,故

$$S_{\triangle MA'P} = S_{\triangle NA'P} \Rightarrow \frac{1}{2}MA' \cdot MP\sin\angle A'MP = \frac{1}{2}NA' \cdot NP\sin\angle A'NP \Rightarrow MA' \cdot MP = NA' \cdot NP$$

(2) 为证 P、G、I_1、I_2 四点共圆,只需证
$$\triangle PNI_1 \backsim \triangle PMI_2$$
而易知 $\angle PNG = \angle PMG$,且
$$\frac{NP}{MP} = \frac{MA'}{NA'} = \frac{NI_1}{MI_2}$$
故 $\triangle PNI_1 \backsim \triangle PMI_2 \Rightarrow \angle PI_1G = \angle PI_2G \Rightarrow P$、$G$、$I_1$、$I_2$ 四点共圆.

注 延长 I_1I_2、NM 交于点 K,则有完全四边形 NI_1GI_2KM.

命题 7 如图 6.87,已知点 E、F 分别在 $\triangle ABC$ 的边 AC、AB 上,且 $\angle BEC = \angle BFC$,BE 与 CF 交于点 D,$\triangle AEF$ 的外接圆与 $\triangle ABC$ 的外接圆的另一个交点为 M. 证明:$AM \perp MD$.

证明 辅助线如图 6.87. 由
$$\angle AMC = \angle ABC = \angle AEF = 180° - \angle AMF$$
知 MA 为 $\angle FMC$ 的外角平分线.

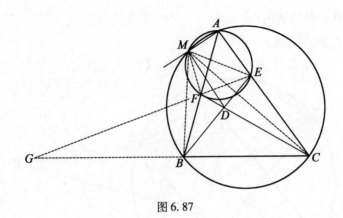

图 6.87

注意到

$$\triangle MBF \sim \triangle MCE \Rightarrow \frac{BF}{CE} = \frac{MF}{ME}$$

而

$$\triangle MBC \sim \triangle MFE \Rightarrow \frac{EF}{BC} = \frac{ME}{MC}$$

由共边定理知

$$\frac{FD}{DC} = \frac{S_{\triangle BFE}}{S_{\triangle BCE}} = \frac{EF \cdot BF}{BC \cdot CE} = \frac{MF}{MC}$$

这表明,MD 为 $\angle FMC$ 的平分线.

由上即得 $AM \perp DM$.

注 图 6.87 中,延长 CB、EF 交于点 G,则有完全四边形 $CEAFGB$.

命题 8 如图 6.88,设 D 为 $\triangle ABC$ 的外接圆 Γ 上任意一点,自 D 作内切圆的两条切线,分别与边 BC 交于点 M、N,T 为弧 $\overset{\frown}{BAC}$ 的中点,I 为 $\triangle ABC$ 的内心,延长 TI,与圆 Γ 交于另一点 P. 证明:D、M、N、P 四点共圆.

证明 如图 6.88,延长 DN、DM,分别与圆 Γ 交于点 E、F.

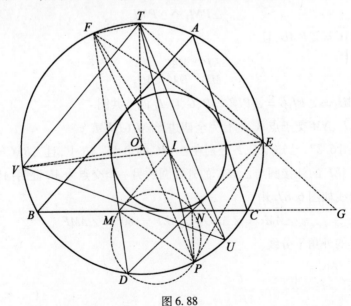

图 6.88

由彭赛列(Poncelet)闭合定理,知直线 EF 也一定与 $\triangle ABC$ 的内切圆相切.
延长 EI、FI,分别与圆 Γ 交于点 V、U,则

$$\angle IMN = \frac{1}{2}\angle FMN = \frac{1}{2}\angle TOV = \angle TUV$$

类似地,$\angle INM = \angle TVU$,因此,$\triangle IMN \backsim \triangle TUV$.

要证明 $\triangle PEM \backsim \triangle PFM$,注意到

$$\frac{FM}{EN} = \frac{S_{\triangle IFM}}{S_{\triangle IEN}} = \frac{IF \cdot IM}{IE \cdot IN},\ \frac{S_{\triangle FTI}}{S_{\triangle ETI}} = \frac{S_{\triangle FTP}}{S_{\triangle ETP}} = \frac{TF \cdot FP}{TE \cdot EP}$$

又 $\triangle TUV \backsim \triangle IMN$,则

$$\frac{IM}{IN} = \frac{TU}{TV} = \frac{\sin\angle TVU}{\sin\angle TUV} = \frac{\sin\angle TFI}{\sin\angle TEI}$$

$$\frac{S_{\triangle FTI}}{S_{\triangle ETI}} = \frac{TF \cdot IF\sin\angle TFI}{TE \cdot IE\sin\angle TEI}$$

由以上各式得

$$\frac{FM}{EN} = \frac{FP}{EP},\text{且}\angle PFD = \angle PED \Rightarrow \triangle PEN \backsim \triangle PFM$$

$$\Rightarrow \angle PND = \angle PMD \Rightarrow D\text{、}M\text{、}N\text{、}P \text{四点共圆}$$

注 图 6.88 中,延长 BC、FE 交于点 G,则有完全四边形 $FMDNGE$.

6.3.3 有约束条件的完全四边形图

有约束条件的完全四边形除具有一般完全四边形的优美性质外,还由于各种不同的约束条件,使之具有一些特殊的优美性质. 许多竞赛试题就是以这些优美性质为背景或根据这些特殊的优美性质而编造或等价表达出来的. 下面从 5 个方面略做介绍.

1. 具有相等的边的完全四边形

在含有三角形中线或其重心为顶点的完全四边形中,就有这类特殊的图形. 下面给出另一种情形的这类图形问题.

命题 9 如图 6.89,在完全四边形 $ABCDEF$ 中,$AB = AE$.

(1) 若 $BC = EF$,则 $CD = DF$;反之若 $CD = DF$,则 $BC = EF$.

(2) 若 $BC = EF$(或 $CD = DF$),M 为完全四边形的密克尔点,则 $MD \perp CF$ 或 $\triangle ACF$ 的外心 O_1 在直线 MD 上.

(3) 若 $BC = EF$(或 $CD = DF$),点 A 在 CF 上的射影为 H,$\triangle ABE$ 的外心为 O_2,则 O_2 为 AM 的中点,且 $O_2D = O_2H$.

(4) 若 $BC = EF$(或 $CD = DF$),M 为完全四边形的密克尔点,则 $MB = ME$,且 $MB \perp AC$,$ME \perp AE$.

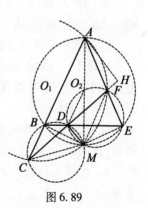

图 6.89

证明 (1) 可由完全四边形的性质式 1 中第二式(或对 $\triangle ACF$ 及截线 BDE 应用梅涅劳斯定理)有

$$\frac{AB}{BC} \cdot \frac{CD}{DF} \cdot \frac{FE}{EA} = 1$$

因 $AB = AE$,则由上式,知

$$CD = DF \Leftrightarrow BC = EF$$

(2)由(1)知,△BCD 和 △DEF 的外接圆是等圆(或由正弦定理计算推证得).又由 A、B、M、E 四点共圆,有 ∠CBM = ∠AEM = ∠FEM,从而 CM = MF.于是 △DCM ≌ △DMF,有 ∠CDM = ∠DFM,故 MD⊥CF.

由于 DM 是 CF 的中垂线,而 O_1 在 CF 的中垂线上,故 △ACF 的外心 O_1 在直线 MD 上.

(3)由(2)知,△BCD 和 △DEF 外接圆是等圆,从而 △BCM ≌ △EFM,即有 BM = EM,即知点 M 在 ∠BAE 的平分线上,亦即 A、O_2、M 共线,从而知 O_2 为 AM 的中点.

或者直接计算 O_2 为 AM 的中点:在 △ABE 中,由正弦定理,知

$$2 \cdot AO_2 = \frac{AB}{\sin \angle AEB} = \frac{2AB}{2\sin\left(90° - \frac{1}{2}A\right)} = \frac{AC + AF}{2\cos \frac{1}{2}A}$$

设圆 O_1 的半径为 R_1,注意到 O_1、D、M 共线,则

$$AM = 2R_1 \cos \angle O_1MA = 2R_1 \sin \angle MCA = 2R_1 \sin\left(C + \frac{A}{2}\right)$$

于是

$$\frac{AM}{2 \cdot AO_2} = \frac{2R_1 \cos\left(C + \frac{A}{2}\right)}{\frac{AC + AF}{2\cos \frac{A}{2}}} = \frac{2\sin\left(C + \frac{A}{2}\right)\cos \frac{A}{2}}{\sin \angle AFC + \sin \angle C}$$

而

$$2\sin\left(C + \frac{A}{2}\right)\cos \frac{A}{2} = 2\left(\sin C \cos \frac{A}{2} + \cos C \sin \frac{A}{2}\right)\cos \frac{A}{2}$$

$$= \sin C \cdot 2\cos^2 \frac{A}{2} + \cos C \sin A$$

$$= \sin C(1 + \cos A) + \cos C \sin A$$

$$= \sin C + \sin C \cos A + \cos C \sin A$$

$$= \sin C + \sin \angle AFC$$

故 $AM = 2AO_2$,即 O_2 为 AM 的中点.

注意到 MD⊥CF,AH⊥CF,所以 O_2 在线段 DH 的中垂上,故 $O_2D = O_2H$.

(4)由(3)知,BM = EM.又 O_2 为 AM 的中点,而 O_2 为圆心即 AM 为直径,则 MB⊥AC,ME⊥AE.或注意到 AB = AE,亦有 MB = ME.

以命题 9 为背景,则可得到如下竞赛题:

试题 1 (第 54 届波兰数学奥林匹克试题) 已知锐角 △ABC,CD 是过点 C 的高线,M 是边 AB 的中点,过 M 的直线分别交射线 CA、CB 于点 K、L,且 CK = CL.若 △CKL 的外心为 S.证明:SD = SM.

证明 如图 6.90,此题即为在完全四边形 CKAMLB 中,∠C 为锐角,顶点在边 AB 上的射影为 D,且 CK = CL,AM = MB,S 为 △CKL 的外心.此即为命题 9 中的(3),过 M 与 AB 垂直的线与 CS 延长线交于 M.

试题 2 (2000 年亚太地区数学奥林匹克试题) 设 AM、AN 分别为 △ABC 的中线和内角平分线,过点 N 作 AN 的垂线分别交 AM、AB 于点 Q、P,过 P 作 AB 的垂线交 AN 于 O.求证:QO⊥BC.

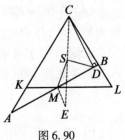

图 6.90

证明 如图 6.91,过 M 作 PQ 的平行线交 AB 于 P',交 AN 于 N',过 P' 与 AB 垂直的直线交直线 AN 于 O',则由 $\mathrm{Rt}\triangle P'O'N'$ 与 $\mathrm{Rt}\triangle PON$ 是以 A 为位似中心的位似形,知 $MO' \parallel QO$.

设 $P'N'$ 的延长线与 AC 的延长线交于点 E,则 O' 为完全四边形 $AP'BMEC$ 的密克尔点,于是由命题 9 中的(2),知 $O'M \perp BC$,从而 $OQ \perp BC$.

以具有相等的边(含边上的线段)的完全四边形为背景的竞赛还有如下的 2003 年日本数学奥林匹克题:

试题 3 P 是 $\triangle ABC$ 内的一点,直线 AC、BP 相交于 Q,直线 AB、CP 相交于 R. 已知 $AR = RB = CP$,$CQ = PQ$. 求 $\angle BRC$.

证明 可在 CR 上取点 S,使 $RS = CP$,则由 $\angle ACS = \angle QPC = \angle BPR$,可推证得 $SC = RP$.

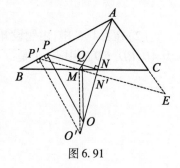
图 6.91

又由完全四边形的性质 1 中第一式(即对 $\triangle ABQ$ 及截线 RPC 应用梅涅劳斯定理)知 $AC = BP$.

又由 $\triangle ACS \cong \triangle BRP$ 得 $AC = BR$. 由此推得 $AS = AR = RS$,即 $\angle ARS = 60°$,从而 $\angle BRC = 120°$.

以命题 9 为背景的试题还可以找出一些,这就留给读者去找.

命题 10 如图 6.92,完全四边形 $ABCDEF$ 中,$BC = EF$,点 G 是点 A 关于 CE 中点的中心对称点,则 DG 是 $\angle CGE$ 的平分线.

证明 由题设知 $ACGE$ 为平行四边形,且有
$$S_{\triangle CDE} = S_{\triangle EFC} - S_{\triangle EFD} = S_{\triangle BCE} - S_{\triangle BCD}$$

记点 D 到 CG、GE 的距离分别为 d_1、d_2,D 到 AE、AB 的距离分别为 d_3、d_4,则

$$\frac{1}{2}EF(d_1 + d_3) - \frac{1}{2}EF \cdot d_3 = \frac{1}{2}BC(d_2 + d_4) - \frac{1}{2}BC \cdot d_4$$

$$\Leftrightarrow \frac{1}{2}EF \cdot d_1 = \frac{1}{2}BC \cdot d_2$$

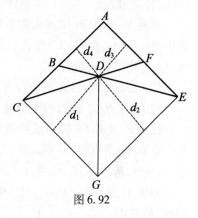
图 6.92

由 $BC = EF \neq 0$ 知 $d_1 = d_2$,即点 D 在 $\angle CGE$ 的平分线上.

注 (1)此命题为 2003 年法国数学竞赛第一轮试题的等价表述:

在 $\square ABCD$ 中,M、N 分别在 AB、BC 上,且 M、N 不与端点重合,$AM = NC$,设 AN 与 CM 交于点 Q. 证明:DQ 平分 $\angle ADC$.

(2)含有对边相互垂直的完全四边形,两条对边相互垂直的完全四边形常存在于含有两条高线的三角形中. 含有对边相互垂直的完全四边形这类问题比较多,这里试举几例.

命题 11 如图 6.93,完全四边形 $ABCDEF$ 中,$AC \perp BE$,$AE \perp CF$.

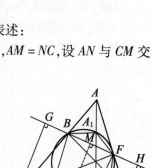
图 6.93

(1)若顶点 C、E 在对角线 BF 所在直线上的射影分别为 G、H,则 $GB = FH$.

(2)若对角线 AD 的延长线交对角线 CE 于 P,$\triangle BPF$ 的外接圆交 AD 于 A_1,交 CD 于

C_1,交 DE 于 E_1,则 $S_{\triangle ACE}=2S_{A_1BC_1PE_1F}$,且 $S_{\triangle ACE} \geq 4S_{\triangle BPF}$.

证明 (1)由题设知 C、E、F、B 四点共圆,且 CE 的中点 O 为其圆心,过 O 作 $OM \perp BF$ 于 M,则由弦心距性质知 $BM=MF$. 又 $CG \parallel OM \parallel EH$,$CO=OE$,从而 $GM=MH$. 故
$$GB=GM-BM=MH-MF=FH$$

(2)在 $\triangle ACE$ 中,由题设知 $\triangle BPF$ 的外接圆为 $\triangle ACE$ 的九点圆,从而知 A_1、C_1、E_1 分别为 AD、CD、ED 的中点. 于是

$$S_{\triangle BCC_1}+S_{\triangle PCC_1}=\frac{1}{2}S_{BCPD}$$

$$S_{\triangle PEE_1}+S_{\triangle FEE_1}=\frac{1}{2}S_{DPEF}$$

$$S_{\triangle BAA_1}+S_{\triangle FAA_1}=\frac{1}{2}S_{ABDF}$$

从而
$$S_{\triangle ACE}=2S_{A_1BC_1PE_1F}$$

由完全四边形的性质 26 即知 $S_{\triangle ACE} \geq 4S_{\triangle BPF}$.

以命题 11 为背景,则可得到如下竞赛题.

试题 4 (第 22 届独联体数学奥林匹克试题)锐角 $\triangle ABC$ 中,BD 和 CE 是其相应边上的高,分别过顶点 B 和 C 引直线 ED 的垂线 BF 和 CG,垂足为 F、G. 求证:$EF=DG$.

试题 5 (第 30 届国际数学奥林匹克试题)锐角 $\triangle ABC$,$\angle A$ 的平分线与三角形外接圆交于另一点 A_1,点 B_1、C_1 与此类似. 直线 AA_1 与 $\angle B$、$\angle C$ 两角的外角平分线相交于点 A_0,点 B_0、C_0 与此类似. 求证:

(1)$\triangle A_0B_0C_0$ 的面积是六边形 $AC_1BA_1CB_1$ 面积的两倍.

(2)$\triangle A_0B_0C_0$ 的面积至少是 $\triangle ABC$ 面积的四倍.

试题 6 (第 54 届白俄罗斯数学奥林匹克试题)已知圆 O_1 与圆 O_2 交于 A、B 两点,过点 A 作 O_1O_2 的平行线,分别与圆 O_1、圆 O_2 交于 C、D 两点,以 CD 为直径的圆 O_3 分别与圆 O_1、圆 O_2 交于 P、Q 两点. 证明:CP、DQ、AB 三线共点.

事实上,由 $CD \parallel O_1O_2$,且 $AB \perp O_1O_2$ 知 $CD \perp AB$. 又可推得 CP、DQ、AB 是 $\triangle BCD$ 的三条高线,故共点.

命题 12 如图 6.94,在完全四边形 $ABCDEF$ 中,$BE \perp AB$,$CF \perp AE$,以 AC 为直径的圆交 BE 于 P,交 EB 的延长线于 Q,以 AE 为直径的圆交 CF 于 M,交 CF 的延长线于 N. 求证:P、N、Q、M 四点共圆.

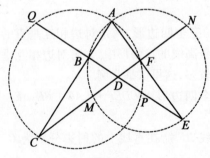

图 6.94

证明 显然,$\angle EBA=90°$,$\angle CFA=90°$,从而 B、F 在以 CE 为直径的圆上,即有

$$AB \cdot AC = AF \cdot AE$$

易知 △CAP 是直角三角形,PB 是它的高线,有 $AB \cdot AC = AP^2$.

同理,在 △EAM 中,有 $AF \cdot AE = AM^2$.

由 $AB \cdot AC = AF \cdot AE$,有 $AP^2 = AM^2$,即 $AP = AM$.

又 PQ 垂直于 AC,则 $AP = AQ$.

同理,$AM = AN$.

综上,线段 AM、AP、AN、AQ 都相等,即 P、N、Q、M 都在以 A 为圆心的圆上.

注 此命题为 2005 年第 36 届奥地利数学奥林匹克决赛题的等价表述:

已知锐角 △ABC,以 AC 为直径的圆为圆 Γ_1,以 BC 为直径的圆为圆 Γ_2,AC 与 Γ_2 相交于点 E,BC 与圆 Γ_1 相交于点 F,直线 BE 和圆 Γ_1 相交于点 L、N,其中点 L 在线段 BE 上,直线 AF 和圆 Γ_2 相交于点 K、M,其中点 K 在线段 AF 上. 证明:四边形 KLMN 是圆内接四边形.

命题 13 如图 6.95,在完全四边形 ABCDEF 中,$\angle CAE = 90°$,$AB = AF$,且过 B、F 分别作 AC 的垂线,AE 的垂线的交点 G 在 CE 上. 设 BG 交 CF 于 M,FG 交 BE 于 N,则

(1) $FN = GM$;(2) $MN \parallel CE$;(3) $AD \perp CE$.

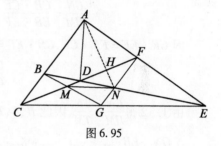

图 6.95

证明 (1) 易知,四边形 ABGF 是正方形,因为 △EFN ∽ △EAB, △CMG ∽ △CFE, △CGB ∽ △CEA,则

$$\frac{FN}{AB} = \frac{EF}{EA} \qquad \text{①}$$

且

$$\frac{GM}{EF} = \frac{CG}{CE} = \frac{GB}{EA}, \text{或} \frac{GM}{GB} = \frac{EF}{EA} \qquad \text{②}$$

由①、②及 $AB = GB$,得 $FN = GM$.

(2) 因为 $FG \parallel BC$,所以

$$\frac{FM}{MC} = \frac{GM}{MB} \qquad \text{③}$$

由于 $GM = FN$,$MB = GB - GM = FG - FN = NG$. 代入式③得 $\frac{FM}{MC} = \frac{FN}{NG}$. 故 $MN \parallel CE$.

(3) 设 FC 与 AN 交于点 H. 由 △AFN ≌ △FGM,则

$$\angle AHF = \angle HFN + \angle FNH = \angle MFG + \angle FMD = 90°$$

故 $MD \perp AN$.

同理,$ND \perp AM$. 故 D 为 △AMN 的垂心,即 $AD \perp MN$.

由 $MN \parallel CE$,知 $AD \perp CE$.

注 此命题为 2003 年第 54 届罗马尼亚数学奥林匹克第二轮题:

在 Rt△ABC 中,$\angle A = 90°$,$\angle A$ 的平分线交边 BC 于点 D,点 D 在边 AB、AC 上的投射分别为 P、Q. 若 BQ 交 DP 于点 M,CP 交 DQ 于点 N,BQ 交 CP 于点 H. 证明:

(1) $PM = DN$;(2) $MN \parallel BC$;(3) $AH \perp BC$.

命题 14 如图 6.96,在完全四边形 $ABCDEF$ 中($AC > AE$),$BE \perp AC$,$CF \perp AE$. 过 B 作 CE 的垂线交 CE 于 M,交 CD 于 H,与 EA 的延长线交于点 P,过 F 作 CE 的垂线交 CE 于 N,交 DE 于 G,与 CA 的延长线交于点 Q,则四条直线 PQ、BF、HG、MN 共点.

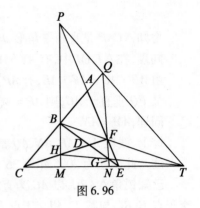

图 6.96

证明 由于 $AC > AE$,则知直线 BF 必与直线 MN 相交,设交点为 T.

由直角三角形性质,有 $EN \cdot EC = EF^2$,$CM \cdot EC = CB^2$,从而 $\dfrac{EN}{CM} = \dfrac{EF^2}{CB^2}$.

又 $GN = \dfrac{CB}{EB} \cdot EN$,$HM = \dfrac{EF}{CF} \cdot CM$,故

$$\dfrac{GN}{HM} = \dfrac{CB \cdot CF}{EB \cdot EF} \cdot \dfrac{EN}{CM} = \dfrac{CB \cdot CF}{EB \cdot EF} \cdot \dfrac{EF^2}{CB^2} = \dfrac{CF \cdot EF}{CB \cdot EB} \quad ①$$

因 $CF \cdot EF = FN \cdot CE$,$CB \cdot EB = BM \cdot CE$,所以

$$\dfrac{CF \cdot EF}{CB \cdot EB} = \dfrac{FN}{BM} = \dfrac{TN}{TM} \quad ②$$

由 ①、② 得 $\dfrac{GN}{HM} = \dfrac{TN}{TM}$,因此 H、G、T 三点共线.

由 $\dfrac{QN}{CN} = \dfrac{EB}{CB}$,$CN \cdot CE = CF^2$ 相乘得

$$QN \cdot CE = \dfrac{CF^2 \cdot EB}{CB}$$

由 $\dfrac{PM}{EM} = \dfrac{CE}{EF}$,$EM \cdot CE = EB^2$ 相乘得

$$PM \cdot CE = \dfrac{EB^2 \cdot CF}{EF}$$

上面两式相除,得

$$\dfrac{QN}{PM} = \dfrac{CF \cdot EF}{CB \cdot EB} \quad ③$$

由 ②、③ 得

$$\dfrac{QN}{PM} = \dfrac{TN}{TM}$$

因此,P、Q、T 三点共线.

从而四直线 PQ、BF、HG、MN 都过点 T,亦即这四条直线相交于点 T.

注 此命题为 2005 年全国初中联赛 A 卷题的等价表述:

在锐角 $\triangle ABC$ 中,$AB > AC$,CD、BE 分别是边 AB、AC 上的高. 过点 D 作 BC 的垂线交 BE 于点 F,交 CA 的延长线于点 P. 过点 E 作 BC 的垂线交 CD 于点 G,交 BA 的延长线于点 Q. 证明:BC、DE、FG、PQ 四条直线相交于一点.

在上述命题 14 中,由于 $AD \perp CE$,则知 $BM \parallel AD \parallel FN$. 因此我们可得:

命题 15 如图 6.97,在完全四边形 $ABCDEF$ 中,$BF \nparallel CE$. 过 B 作 $BM \parallel AD$ 交 CE 于 M,交 CD 于 H,与 EA 的延长线交于点 P. 过 F 作 $FN \parallel AD$ 交 CE 于 N,交 DE 于 G,与 CA 的延长

线交于点 Q. 求证:四直线 PQ、BF、HG、MN 共点.

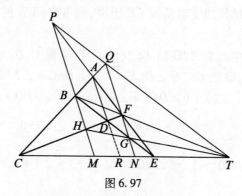

图 6.97

证明 由于 $BF \not\parallel CE$,设直线 BF 与 CE 交于点 T.

由 $BM \parallel AD \parallel FN$,令 AD 的延长线交 CE 于 R,则 $\dfrac{BH}{BM} = \dfrac{AD}{AR} = \dfrac{FG}{FN}$,得 $\dfrac{BH}{FG} = \dfrac{BM}{FN}$.

由平行线 BM、FN 截共点线 TB、TM 有 $\dfrac{BM}{FN} = \dfrac{TB}{TF}$,从而

$$\frac{BH}{FG} = \frac{TB}{TF} \qquad (*)$$

联结 TG、TH,由 $BH \parallel FG$ 及 $(*)$ 得 TG、TH 重合,从而 H、G、T 三点共线.

同理,P、Q、T 三点共线,故 PQ、BF、MN 四直线共点.

2. 相交两对角线为圆中相交弦的完全四边形

这类完全四边形就是其中的凸四边形内接于圆.

命题 16 如图 6.98,在完全四边形 $ABCDEF$ 中,顶点 A、B、D、F 四点共圆 O,其对角线 AD 与 BF 交于点 G.

(1)若顶点角 $\angle C$、$\angle E$ 的平分线相交于点 K,则 $CK \perp EK$;

(2)$\angle BGD$ 的角平分线与 CK 平行,$\angle DGF$ 的角平分线与 EK 平行;

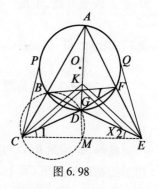

图 6.98

(3)从 C、E 分别引圆 O 的切线,若记切点分别为 P、Q,则 $CE^2 = CP^2 + EQ^2$;此题设条件下的完全四边形 $ABCDEF$ 的密克尔点在对角线 CE 上;若分别以 C、E 为圆心,以 CP、EQ 为半径作圆弧交于点 T,则 $CT \perp ET$;

(4)若从 C(或 E)引圆 O 的两条切线,切点为 R、Q,则 E(或 C)、R、G、Q 四点共线;

(5)过 C、E、G 三点中任意两点的直线,分别是另一点关于圆 O 的极线;

(6)点 O 是 $\triangle GCE$ 的垂心;

(7)过对角线 BF(或 $BF \not\parallel CE$ 时的 AD)两端点处的圆 O 的切线的交点在对角线 CE 所在直线上;

(8)设 O_1、O_2 分别是 $\triangle ACF$、$\triangle ABE$ 的外心,则 $\triangle OO_1O_2 \backsim \triangle DCE$;

(9)设点 M 是完全四边形 $ABCDEF$ 的密克尔点,则 $OM \perp CE$,且 O、G、M 共线,OM 平分 $\angle AMD$,OM 平分 $\angle BMF$;

(10)过点 E(或 C)的圆的割线交圆 O 于 R、P,直线 PC(或 PE)交圆 O 于点 S,则 R、G、S

三点共线;

(11)设对角线 AD 的延长线交对角线 CE 于 W,则 $WC = WE$ 的充要条件是 $WA \cdot WD = WC^2$;

(12)设对角线 CE 的中点为 Z,联结 AZ 交圆 O 于 N,则 C、D、N、E 四点共圆.

证明 (1)如图 6.98,联结 CE,令 $\angle DCE = \angle 1$,$\angle DEC = \angle 2$,则
$$(\angle BCD + \angle 1 + \angle 2) + (\angle DEF + \angle 2 + \angle 1) = \angle ABD + \angle AFD = 180°$$

即知
$$\frac{1}{2}(\angle BCD + \angle DEF) + \angle 1 + \angle 2 = 90°$$

从而
$$\angle CKE = 180° - \left[\frac{1}{2}(\angle BCD + \angle DEF) + \angle 1 + \angle 2\right] = 90°$$

故
$$CK \perp EK$$

(2)设 $\angle DGF$ 的平分线交 DE 于 X,KE 交 GF 于 I,则
$$\angle FGX = \frac{1}{2}\angle DGF = \frac{1}{2}(\angle GFA + \angle GAF)$$

$$\angle FIE = \angle GFA - \frac{1}{2}\angle AED$$

$$= \angle GFA - \frac{1}{2}(\angle ADB - \angle GAF) = \frac{1}{2}(\angle GFA + \angle GAF)$$

故
$$GX \parallel KE$$

同理,$\angle BGD$ 的平分线与 CK 平行.

(3)设过点 B、C、D 的圆交 CE 于点 M,联结 DM,则 $\angle AFD = \angle CBD = \angle DME$,从而 D、M、E、F 四点共圆,于是
$$CM \cdot CE = CD \cdot CF, EM \cdot EC = ED \cdot EB$$

此两式相加,得
$$CE^2 = CD \cdot CF + ED \cdot EB$$

又 CP、EQ 分别是圆 O 的切线,有
$$CD \cdot CF = CP^2, ED \cdot EB = EQ^2$$

故
$$CE^2 = CP^2 + EQ^2$$

显然,M 是圆 BCD 与圆 DEF 的另一个交点,此即为密克尔点,即题设条件下的完全四边形的密克尔点在 CE 上.

由 $CT = CP, ET = EQ$,故 $CT^2 + ET^2 = CE^2$,即 $CT \perp ET$.

(4)如图 6.99,联结 CQ 交圆 O 于 R',过 E 作 $EH \perp CQ$ 于 H,过点 C 作圆的切线 CP,切点为 P,则
$$CE^2 - EQ^2 = CP^2 = CR' \cdot CQ = (CH - HR')CQ$$

又
$$CE^2 - EQ^2 = (CH^2 + HE^2) - (HE^2 + HQ^2)$$
$$= CH^2 - HQ^2 = (CH - HQ) \cdot (CH + QH)$$
$$= (CH - HQ)CQ$$

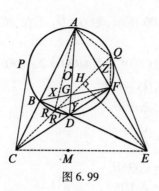

图 6.99

从而 $HR' = HQ$,由此即可证
$$\mathrm{Rt}\triangle EHR' \cong \mathrm{Rt}\triangle EHQ$$

于是 $EQ = ER'$,而 $EQ = ER$,则 $ER' = ER$.

又 R'、R 均为圆 O 上,故 R' 与 R 重合,即 C、R、Q 三点共线.

或者,设 CE 上的点 M 是密克尔点,则
$$EQ^2 = ED \cdot EB = EM \cdot EC$$

从而
$$CE^2 - EQ^2 = CE^2 - EM \cdot EC = CE \cdot CM = CD \cdot CF$$
$$= (CO - OQ) \cdot (CO + OQ) = CO^2 - OQ^2$$

由此,知 $OQ \perp QE$. 而 $RO \perp RE$,故 C、R、Q 三点共线.

为证 R、G、Q 共线,联结 AR 交 BF 于点 X,联结 RF 交 AD 于点 Y,设 RQ 与 AF 交于点 Z,联结 AQ、QF,于是
$$\frac{AZ}{ZF} = \frac{S_{\triangle QAZ}}{S_{\triangle QZF}} = \frac{QA\sin\angle AQZ}{QF\sin\angle ZQF}$$

同理
$$\frac{FY}{YR} = \frac{DF\sin\angle FDY}{DR\sin\angle YDR}, \frac{RX}{XA} = \frac{BR\sin\angle RBX}{BA\sin\angle XBA}$$

由 $\triangle EAQ \backsim \triangle EQF$,有
$$\frac{QA}{QF} = \frac{EQ}{EF}$$

同理
$$\frac{DF}{DR} = \frac{ED}{EB}, \frac{RX}{XA} = \frac{EB}{ER}$$

而
$$\angle AQZ = \angle YDR, \angle ZQF = \angle RBX, \angle FDY = \angle XBA, EO = ER$$

于是
$$\frac{AZ}{ZF} \cdot \frac{FY}{YR} \cdot \frac{RX}{XA} = 1$$

对 $\triangle ARF$ 应用塞瓦定理的逆定理,知 AY、FX、RZ 共点于 G,故 R、G、Q 共线.

综上可知,C、R、G、Q 四点共线.

(5)由(4)即证.

(6)由于 $OE \perp RQ$,即 $OE \perp CG$. 同样 $OC \perp EG$. 由此即知,O 为 $\triangle GCE$ 的垂心,亦即知 $OG \perp CE$. 或由性质 11 即证.

(7)由(5)知,直线 CE 是点 G 关于圆 O 的极线,从而过点 G 的弦的两端点处的切线的交点在直线 CE 上.

(8)若点 O 在 AD 上,则 O_1、O_2 分别为 AC、AE 的中点,此时,显然 $\triangle OO_1O_2 \backsim \triangle DCE$.

若点 O 不在 AD 上,如图 6.100 所示,则 O_1、O_2 不在 AC、AE 上. 联结 AO_1、CO_1、AD、AO、OD、AO_2、O_2E、BF. 由

$$\angle AO_2E = 2(180° - \angle ABE) = 2\angle AFD = \angle AOD$$

及 $O_2A = O_2E, OA = OD$

知 $\triangle AO_2E \sim \triangle AOD$

即有 $\dfrac{AO_2}{AO} = \dfrac{AE}{AD}$

又 $\angle O_2AE = \angle OAD$

则 $\triangle AOO_2 \sim \triangle ADE$

同理 $\triangle AO_1C \sim \triangle AOD$,$\triangle AOO_1 \sim \triangle ACD$

于是 $\dfrac{O_1O}{CD} = \dfrac{AO}{AD} = \dfrac{OO_2}{DE}$

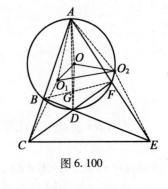

图 6.100

由 $\triangle AO_1C \sim \triangle AO_2E$,知

$$\dfrac{O_1O_2}{CE} = \dfrac{AC}{AE} = \dfrac{AO}{AD}$$

从而 $\triangle OO_1O_2 \sim \triangle DCE$

(9) 如图 6.101,过点 D 和 M 作圆 O 的割线 MD 交圆 O 于点 T,联结 AM、AO、TO. 由 A、B、D、F 及 A、B、M、E 分别共圆,知 $\angle EFD = \angle ABE = \angle AME$.

又由 D、F、A、T 共圆,知 $\angle EFD = \angle ATD = \angle ATM$,因 AE、TM 是过两相交圆交点 F、D 的割线,从而 $EM \parallel AT$. 于是 $\angle TAM = \angle AME = \angle ATM$,即知 $MA = MT$. 又 $OA = OT$,从而 $MO \perp AT$,故 $OM \perp ME$.

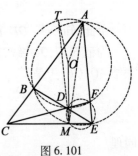

图 6.101

而 M 在 CE 上,故 $OM \perp CE$,又由(6)知,$OG \perp CM$,故 O、G、M 三点共线.

由例 29 知,此时为 2002 年中国国家队选拔赛题的特殊情形,故 OM 平分 $\angle AMD$,OM 平分 $\angle BMF$.

(10) 如图 6.102,联结 PA、PB、SD、DR、RF、PF.

由 $\triangle EFR \sim \triangle EPA$,$\triangle CPA \sim \triangle CBS$,有

$$\dfrac{FR}{PA} = \dfrac{FE}{PE}, \dfrac{AP}{SB} = \dfrac{CP}{CB}$$

从而 $\dfrac{FR}{SB} = \dfrac{FE}{PE} \cdot \dfrac{CP}{CB}$

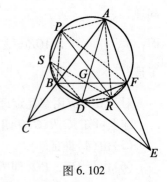

图 6.102

由 $\triangle ERD \sim \triangle EBP$,$\triangle CBP \sim \triangle CSA$,亦有

$$\dfrac{RD}{AS} = \dfrac{ED}{EP} \cdot \dfrac{CP}{CA}$$

由上述两式相除,得

$$\dfrac{FR}{SB} \cdot \dfrac{AS}{RD} = \dfrac{FE}{ED} \cdot \dfrac{CA}{CB}$$

用 $\frac{BD}{AF}$ 乘上式两边,应用完全四边形性质 1 中第一式(即对 $\triangle ABE$ 及截线 CDF 应用梅涅劳斯定理). 知

$$\frac{EF}{FA} \cdot \frac{AC}{CB} \cdot \frac{BD}{DE} = 1$$

从而

$$\frac{FR}{RD} \cdot \frac{DB}{BS} \cdot \frac{SA}{AF} = 1$$

对上式应用塞瓦定理角元形式的推论(或同(4)的证明中证 R、G、Q 共线的方法)即证得 SR、BF、AD 三线共点.

故 S、G、R 三点共线.

(11) 如图 6.103,由完全四边形性质 2 中第一式(即对 $\triangle ACE$ 及点 D 应用塞瓦定理). 有

$$\frac{AB}{BC} \cdot \frac{CW}{WE} \cdot \frac{EF}{FA} = 1 \qquad (*)$$

$$WA \cdot WD = WC^2 \Leftrightarrow \frac{WC}{WD} = \frac{WA}{WC} \Leftrightarrow \triangle DWC \sim \triangle CWA$$

$$\Leftrightarrow \angle DCW = \angle CAW = \angle BFD$$

$$\Leftrightarrow BF \parallel CE \Leftrightarrow \frac{AB}{BC} = \frac{AF}{FE}$$

$$\Leftrightarrow \frac{AB}{BC} \cdot \frac{EF}{FA} = 1 \xLeftrightarrow{\text{式}(*)} WC = WE$$

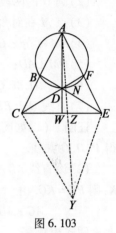

图 6.103

(12) 设 AZ 不过点 D(否则 D 与 N 重合,$\triangle DCE$ 的外接圆即为所求),如图 6.103 所示,延长 AZ 到 Y,使 $ZY = AZ$,则 $ACYE$ 为平行四边形. 注意到 $\angle CDE = \angle BDF = 180° - \angle BAF = 180° - \angle CYE$,从而,$C$、$Y$、$E$、$D$ 四点共圆. 又

$$\angle AND = \angle AFD = 180° - \angle ABD = 180° - \angle YEB$$

则

$$\angle YND = 180° - \angle AND = \angle ABD = \angle YED$$

于是 D、N、E、Y 四点共圆.

故 C、Y、E、N、D 五点共圆,即知 C、D、N、E 四点共圆.

以命题 16 为背景,可得到如下竞赛题.

试题 7 (1950 年波兰数学奥林匹克试题;2004 年斯洛文尼亚国家队选拔赛试题)四边形 $ABCD$ 内接于圆,直线 AB、DC 交于点 E,直线 AD、BC 交于点 F,$\angle AEC$ 的平分线交 BC 于点 M,交 AD 于点 N,$\angle BFD$ 的平分线交 AB 于 P,交 CD 于点 Q. 求证:四边形 $MPNQ$ 是菱形(事实上由命题 16(1)即得).

试题 8 (1997 年中国数学奥林匹克试题)四边形 $ABCD$ 内接于圆,其边 AB 与 DC 的延长线交于点 M,边 AD 与 BC 的延长线将于点 N. 由 N 作该圆的两条切线 NO 和 NR,切点分别为 Q、R.

求证:M、Q、R 三点共线(事实上,由命题 16(4)即得).

试题 9 (第 26 届国际数学奥林匹克试题)$\triangle ABC$ 中,一个以 O 为圆心的圆经过顶点 A 及 C,又和线段 AB 及线段 BC 分别交于点 K 及 N,K 与 N 不同. $\triangle ABC$ 和 $\triangle BNK$ 的外接圆恰相交于 B 和另一点 M. 求证:$\angle BMO = 90°$.(事实上,由命题 16(9)即得)

试题 10 （第 32 届美国数学奥林匹克试题）一个圆通过 $\triangle ABC$ 的顶点 A、B 分别交线段 AC、BC 于点 D、E，直线 BA 和 ED 交于点 F，直线 BD 和 CF 交于点 M. 证明：$MF = MC$ 的充要条件为 $MB \cdot MD = MC^2$. （事实上，由命题 16(11) 即得）

4. 不相交两条对角线为圆中不相交弦的完全四边形

这类完全四边形就是其中的折四边形外接于圆.

命题 17 在完全四边形 $ABCDEF$ 中，顶点 B、C、E、F 四点共圆于圆 O，点 M 为完全四边形的密克尔点.

(1) 从点 A 向圆 O 引切线 AP、AQ，切点为 P、Q，则 P、D、Q 三点共线；

(2) 圆 O 的两段弧调和分割对角线 AD；

(3) 点 M 在对角线 AD 所在直线上；

(4) AM 平分 $\angle CME$，AM 平分 $\angle BMF$，且 C、O、M、E 共圆，B、O、M、F 共圆；

(5) $OM \perp AD$；

(6) A、P、O、M、Q 五点共圆；

(7) 直线 QM、BF、CE 三线共点或相互平行.

证明 (1) 如图 6.104，同命题 16 中 (4) 证 R、G、Q 三点共圆而证得 P、D、Q 共线.

(2) 设直线 AD 交圆于 G、H，如图 6.104 所示. 过 A 作 $AK \perp PQ$ 于 K，则 $PK = KQ$. 由

$$AG \cdot AH = AP^2 = AK^2 + PK^2, AD^2 = AK^2 + KD^2$$

两式相减有

$$\begin{aligned} AG \cdot AH - AD^2 &= PK^2 - KD^2 = (PK + KD)(PK - KD) \\ &= PD \cdot DQ = DG \cdot DH = (AD - AG)(AH - AD) \\ &= AD \cdot AH - AD^2 + AD \cdot AG - AH \cdot AG \end{aligned}$$

于是 $$2AG \cdot AH = AD(AH + AG)$$

即 $$\frac{AD}{AG} + \frac{AD}{AH} = 2 = \frac{AG}{AG} + \frac{AH}{AH}$$

从而 $$\frac{AD - AG}{AG} = \frac{AH - AD}{AH}$$

故 $$\frac{DG}{AG} = \frac{DH}{AH}$$

此式表明圆 O 的两段弧调和分割 AD.

(3) 在直线 AD 上取点 M'，使

$$AD \cdot AM' = AP^2 = AB \cdot AC = AF \cdot AE$$

则 B、C、M'、D 四点共圆，E、F、D、M' 四点共圆，即 M' 为圆 BCD 与圆 DEF 的交点，从而 M' 为完全四边形 $ABCDEF$ 的密克尔点，即 M' 与 M 重合，故点 M 在直线 AD 上. （可参见性质 8(1) 的证明）

(4) 联结 CM、EM，则 $\angle CMH = \angle CBD = \angle EFD = \angle EMH$，故

$$\angle CME = 2\angle CBE = \angle COE$$

从而，AM 平分 $\angle CME$，且 C、O、M、E 四点共圆.

同理,AM 平分 $\angle BMF$,且 B、O、M、F 四点共圆.

(5)联结 OC、OE,由 C、O、M、E 共圆,则

$$\angle OMC = \angle OEC = \angle OCE = \frac{1}{2}(180° - \angle COE) = 90° - \frac{1}{2}\angle COE$$

$$= 90° - \angle CBE = 90° - \angle CMH$$

即 $$\angle OMC + \angle CMH = 90°$$

故 $$OM \perp AM$$

即 $$OM \perp AD$$

(6)由 $\angle APO = \angle AMO = \angle AQO = 90°$,知 A、P、O、M、Q 五点共圆.

(7)对圆 $OMFB$、圆 $CEMO$、圆 O 用根轴定理,即知直线 OM、BF、CE 三线共点或平行.

注 由(5)$OM \perp AD$,知 A、P、O、M、Q 五点共圆. 又 $AD \cdot AM = AB \cdot AC = AP^2$,即有 $\triangle APD \backsim \triangle AMP$,亦有 $\angle ADP = \angle APM$. 同理 $\angle ADQ = \angle AQM$. 而 $\angle APM + \angle AQM = 180°$,故 $\angle ADP + \angle ADQ = 180°$. 得(1)中 P、D、Q 共线.

以命题 17 题设为背景也可以编写如下竞赛题:

试题 11 (第 21 届希腊数学奥林匹克试题)已知圆 O 的半径为 r,A 为圆外一点,过点 A 作直线 l(与 AO 不同),交圆 O 于点 B、C,且 B 在 A、C 之间,作直线 l 关于 AO 的对称直线交圆 O 于点 D、E,且 E 在 A、D 之间. 证明:四边形 $BCDE$ 两条对角线的交点为定点,即该点不依赖于直线 l 的位置.

事实上,可推证得 O、D、E、P 共圆,$AP = \dfrac{AO^2 - r^2}{AO}$ 为定值.

命题 18 如图 6.105,在完全四边形 $ABCDEF$ 中,B、C、E、F 四点共圆 O. 过 B、F 分别作圆 O 的切线相交于点 G,则 A、G、D 三点共线.

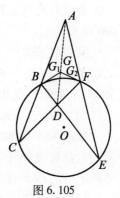

图 6.105

证明 设过 B 的圆 O 的切线交 AD 于 G_1,过 F 的圆 O 的切线交 AD 于 G_2.

在 $\triangle ABG_1$ 中,由正弦定理有

$$\frac{AG_1}{AB} = \frac{\sin \angle ABG_1}{\sin \angle AG_1 B}$$

在 $\triangle BDG_1$ 中,有

$$\frac{DG_1}{DB} = \frac{\sin \angle DBG_1}{\sin \angle BG_1 D}$$

从而 $$\frac{AG_1}{DG_1} = \frac{AB}{DB} \cdot \frac{\sin \angle ABG_1}{\sin \angle DBG_1}$$

由弦切角定理,知

$$\angle ABG_1 = \angle BEC, \angle DBG_1 = \angle BCE$$

于是 $$\frac{AG_1}{DG_1} = \frac{AB}{DB} \cdot \frac{\sin \angle BEC}{\sin \angle BCE}$$

同理 $$\frac{AG_2}{DG_2} = \frac{AF}{DF} \cdot \frac{\sin \angle FCE}{\sin \angle FEC}$$

则 $$\frac{AG_1}{DG_1} = \frac{AG_2}{DG_3} \Leftrightarrow \frac{AB}{DB} \cdot \frac{\sin \angle BEC}{\sin \angle BCE} = \frac{AF}{DF} \cdot \frac{\sin \angle FCE}{\sin \angle FEC}$$

$$\Leftrightarrow \frac{AB}{DB} \cdot \frac{\sin \angle BEC}{\sin \angle FCE} = \frac{AF}{DF} \cdot \frac{\sin \angle BCE}{\sin \angle FEC}$$

$$\Leftrightarrow \frac{AB}{DB} \cdot \frac{DC}{DE} = \frac{AF}{DF} \cdot \frac{AE}{AC}$$

$$\Leftrightarrow \frac{AB \cdot AC}{DB \cdot DE} = \frac{AF \cdot AE}{DF \cdot DC}$$

而 $DB \cdot DE = DF \cdot DC$, $AB \cdot AC = AF \cdot AE$, 于是 $\dfrac{AG_1}{DG_1} = \dfrac{AG_2}{DG_2}$.

进而知 G_1 与 G_2 重合于点 G, 即 A、G、D 三点共线.

注 此命题为《数学教学》2006(10) 数学问题 686 的等价表述:

P 为圆 O 外一点, 过 P 作圆 O 的两条割线分别交圆 O 于 A、B 和 C、D, AD 与 BC 相交于 Q, 过 A、C 作圆 O 的切线相交于 R. 求证: P、Q、R 三点共线.

在一些竞赛题中, 常蕴含有不相交两条对角线为圆中不相交弦的情形.

试题 12 (2004 年第 7 届中国香港数学奥林匹克推广题) 如图 6.106, 凸四边形 $ABDF$ 的两组对边的延长线分别交于 C、E, $\angle ABE = \angle AFC$, 过点 B 作 $BS \perp AB$ 交 CD 于点 S, 过点 F 作 $FR \perp AE$ 交 DE 于 R. 设直线 BS 与 FR 交于点 T, 则 $AT \perp CE$, 且 $SR // CE$.

证明 由 $\angle ABE = \angle AFC$, 知 $\angle CBE = \angle CFE$, 从而知 B、C、E、F 四点共圆.

又由题设, 知 A、B、T、F 四点共圆, 联结 BF, 则 $\angle ATF = \angle ABF = \angle AEC$.

由 $\angle ATF$ 与 $\angle TAF$ 互余, 知 $\angle AEC$ 与 $\angle TAF$ 互余, 故推知 $SR // CE$.

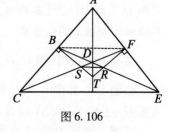

图 6.106

又由 $\angle SBR = \angle FBE = 90° - \angle ABE = 90° - \angle AFC = \angle CFT = \angle SFR$

知, B、S、R、F 四点共圆, 从而 $\angle RST = \angle RBF$.

而 $\angle RBF = \angle EBF = \angle ECF$, 则 $\angle RSF = \angle ECF$, 故 $SR // CE$.

试题 13 (2005 年中国台湾数学奥林匹克选拔题的等价表述) 凸四边形 $ABDF$ 的两组对边的延长线分别交于 C、E, 顶点 B、C、E、F 共圆 O. 若直线 OD 交 $\triangle ACE$ 的外接圆于 P, 则 $\triangle PCF$ 与 $\triangle PBE$ 有共同的内心.

证明 先证一条引理.

引理 设 P 是半径为 r 的圆 O 上的一动点, A、B 是过圆心 O 的一条射线上两定点, 且满足 $OA \cdot OB = r^2$, 则 $\dfrac{PA}{PB}$ 是定值.

事实上, 如图 6.107, 可设 $OA = kr$,

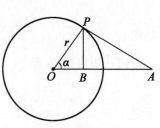

图 6.107

$\angle POA = \alpha$, 则 $OB = \dfrac{1}{k} r$, 且

$$PA^2 = PO^2 + OA^2 - 2PO \cdot OA \cos \alpha$$
$$= r^2 (1 + k^2 - 2k \cos \alpha)$$
$$PB^2 = PO^2 + OB^2 - 2PO \cdot OB \cos \alpha$$

$$= r^2 \cdot \frac{1}{k^2}(1 + k^2 - 2k\cos \alpha)$$

所以，$PB^2 = \frac{1}{k^2}PA^2$. 故 $\frac{PA}{PB} = k$ 为定值.

下面证明原题.

设直线 FB 与直线 EC 相交于点 Q，联结 QA 交 $\triangle ACE$ 的外接圆于 P' (异于点 A).

由 $QP' \cdot QA = QC \cdot QE = QB \cdot QF$，知 P'、B、F、A 四点共圆.

对完全四边形 $EFABQC$，运用命题 16(9)，知 $OP' \perp QA$，且 $OD \perp QA$.

从而，知 O、D、P' 三点共线，因此 P' 与 P 重合.

设圆 O 的半径为 r，则

$$\vec{OD} \cdot \vec{OP} = \vec{OD} \cdot \vec{OP} = \vec{OD} \cdot \vec{OP} + \vec{OD} \cdot \vec{PA} = \vec{OD}(\vec{OP} + \vec{PA}) = \vec{OD} \cdot \vec{OA}$$

如图 6.108，若从 A 向圆 O 引两条切线 AM、AN，切点为 M、N，联结 OA 交 MN 于 K，则

$$\vec{OD} \cdot \vec{OA} = (\vec{OK} + \vec{KD}) \cdot \vec{OA} = \vec{OK} \cdot \vec{OA} + \vec{KD} \cdot \vec{OA}$$
$$= \vec{OK} \cdot \vec{OA} = r^2$$

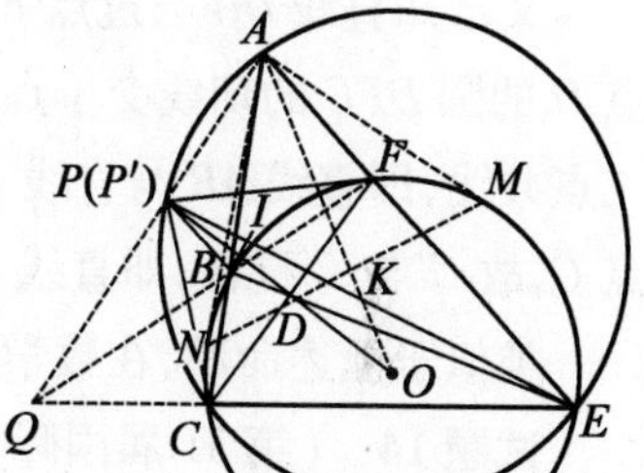

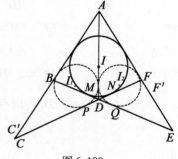

图 6.108

又设 OP 与圆 O 交于点 I，由引理，有 $\frac{PC}{CD} = \frac{PI}{ID}$，所以 CI 平分 $\angle PCD$.

同理，FI 平分 $\angle PFC$，于是 I 是 $\triangle PCF$ 的内心.

同理，I 是 $\triangle PBE$ 的内心.

故 $\triangle PCF$ 与 $\triangle PBE$ 有共同的内心.

5. 边为圆的切线段的完全四边形

这类四边形，我们以性质 12、性质 13、性质 14 介绍了 3 个命题，下面再看几个命题:

命题 19 如图 6.109，在完全四边形 $ABCDEF$ 中，凸四边形 $ABDF$ 有内切圆的充分必要条件是 $\triangle ACD$ 与 $\triangle ADE$ 的内切圆相外切.

证明 必要性. 当四边形 $ABDF$ 有内切圆圆 I 时，设圆 I 分别切 BD、DF 于点 M、N. 设 $\triangle ACD$ 的内切圆圆 I_1 切 CD 于点 P，$\triangle ADE$ 的内切圆圆 I_2 切 DE 于点 Q，则

$$PN = CN - CP = \frac{1}{2}(AC + CF - AF) - \frac{1}{2}(AC + CD - AD)$$
$$= \frac{1}{2}(AD + DF - AF)$$

同理 $\qquad QM = \frac{1}{2}(AD + DB - AB)$

图 6.109

由四边形 $ABDF$ 有内切圆，知 $DF - AF = DB - AB$，于是 $PN = QM$.

再由 $DN = DM$，可知 $DP = DQ$，从而圆 I_1 与圆 I_2 外切 AD 于某一点.

充分性: 设 $\triangle ACD$ 的内切圆圆 I_1 与 $\triangle ADE$ 的内切圆圆 I_2 外切于 AD 上一点. 作 $\triangle AEB$ 的内切圆圆 I，过 D 作圆 I 的另一切线分别交直线 AB 于 C'，交直线 AE 于 F'. 作 $\triangle AC'D$ 的内

切圆圆 I_1,则由前面的证明可知圆 I'_1 与圆 I'_2 外切于 AD 上一点. 再由圆 I'_1 与圆 I_1 的圆心在 $\angle CAD$ 的平分线上,知圆 I'_1 与圆 I_1 重合. 从而 C' 与 C 重合,F' 与 F 重合. 因此,四边形 $ABDF$ 有内切圆.

注 此命题为 1999 年保加利亚数学奥林匹克题:

已知 B_1、C_1 分别是 $\triangle ABC$ 边 AC、AB 上的点,CC_1、BB_1 相交于 D. 证明:当且仅当 $\triangle ABD$ 和 $\triangle ACD$ 的内切圆外切时,四边形 $ABDC$ 有内切圆.

命题 20 如图 6.110,在完全四边形 $ABCDEF$ 中,对角线 AD 与 BF 交于点 G,若过 D、F、G 的圆与边 AE、BE 分别切于点 F、D,则直线 CG 是圆 DFG 的切线.

证明 设过点 G 的圆 DFG 的切线与直线 FD 交于点 C'.

又已知直线 DG 与过点 F 的圆 DFG 的切线交于点 A,直线 FG 与过点 D 的圆 DFG 的切线交于点 B,则由莱莫恩(Lemoine)定理知,A、B、C' 三点共线,即直线 AB 与直线 FD 交于点 C'. 而题设直线 AB 与 FD 交于点 C,故 C' 与 C 重合,即直线 CG 是圆 DFG 的切线.

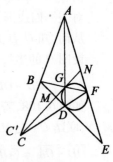

图 6.110

类似于上述命题,在数学竞赛中常有与完全四边形的一边为切线的问题.

试题 14 (第 31 届国际数学奥林匹克试题的等价表述)在完全四边形 $CFBEGA$ 中,对角线 CE 所在直线交 $\triangle ABC$ 的外接圆于点 D,过点 D 且与 FG 切于点 E 的圆交 AB 于点 M,已知 $\dfrac{AM}{AB}=t$,求 $\dfrac{GE}{EF}$(用 t 表示).

解 联结 AD、MD、BD,角的记号如图 6.111 所示. 由 $\angle 5=\angle 4=\angle 3,\angle 1=\angle 2$,得 $\triangle EFC \backsim \triangle MDA$,即有

$$\frac{EF}{MD}=\frac{CE}{AM}$$

即 $\qquad EF \cdot AM = MD \cdot CE$

又由 $\qquad \angle 3=\angle 5$

知 $\qquad \angle GEC=\angle DMB,\angle 6=\angle 7$

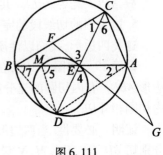

图 6.111

于是 $\triangle GEC \backsim \triangle DMB$,即有 $\dfrac{GE}{DM}=\dfrac{EC}{MB}$,即

$$CE \cdot MB = DM \cdot CE$$

从而 $\qquad EF \cdot AM = GE \cdot MB$

故 $\qquad \dfrac{GE}{EF}=\dfrac{AM}{MB}=\dfrac{AM}{AB-AM}=\dfrac{tAB}{AB-tAB}=\dfrac{t}{1-t}$

试题 15 (2003 年斯洛文尼亚国家队选拔赛试题的等价表述)在完全四边形 $BXAPCR$ 中,圆 O_1 切 AB 于 A,切 XC 于点 P,圆 O_2 过点 C、P,且与 AB 切于点 B. 圆 O_1 与圆 O_2 除相交于点 P 外,还相交于点 Q. 证明:$\triangle PQR$ 的外接圆与直线 BP、BR 相切.

证明 如图 6.112,联结 AQ、BQ. 由
$$\angle BPR = \angle PBA + \angle BAP = \angle BCX + \angle APX$$
$$= \angle BCX + \angle CPR = \angle BRP$$
知,$BP = BR$.

由弦切角定理的逆定理知,只要证明 $\angle BPR = \angle PQR$. 又
$\angle BRP = \angle BPR = \angle PBA + \angle PAB = \angle AQP + \angle BQP = \angle AQB$
知,A、Q、R、B 四点共圆,则 $\angle BQR = \angle PAB$,又 $\angle BQP = \angle PBA$,则

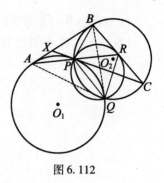

图 6.112

$$\angle PQR = \angle PAB + \angle PBA = \angle BPR$$

故 BP 是圆 PQR 的切线. 由 $BP = BR$ 知 BR 也是圆 PQR 的切线. 结论获证.

类似于命题 20,也可以处理 1996 年全国高中联赛题(参见 4.2.3 节命题 16):

如图 6.113,圆 O_1 和圆 O_2 与 $\triangle ABC$ 的三边所在直线均相切,E、F、G、H 为切点,并且 EG、FH 的延长线交于点 P. 求证:直线 PA 与 BC 垂直.

事实上,由已知可有 $\triangle ABC$ 的周长等于 $2BF = 2CE$,则 $BF = CE$,即 $EB = CF$.

联结 O_1B 交 PE 于点 M,联结 O_2C 交 PF 于点 N,联结 MN、O_1G、AM、O_2H、AN、O_1O_2.

由已知有 O_1B 是等腰 $\triangle BHF$ 的顶角的外角平分线,则 $O_1B \parallel HF$.

同理,$O_2C \parallel GE$,则 $\triangle MEB \cong \triangle NCF$,即 $ME = NC$.

从而四边形 $MECN$ 为平行四边形,故 $MN \parallel EF$.

又由已知,若设圆 O_1 切 AB 于 S,则

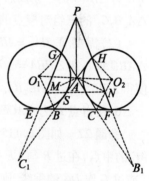

图 6.113

$$\angle AO_1M = \angle AO_1B = \angle AO_1S + \angle BO_1S = \frac{1}{2}\angle EO_1G = 90° - \frac{1}{2}\angle GCE = \angle EGC = \angle AGM$$

有 O_1、M、A、G 四点共圆,即 $\angle O_1MA + \angle O_1GA = 180°$.

又 $\angle O_1GA = 90°$,于是 $\angle O_1MA = 90°$,即 $AM \perp O_1B$,从而 $AM \perp PN$,同理,$AN \perp PM$.

故点 A 为 $\triangle PMN$ 的垂心,则 $PA \perp MN$,即 $PA \perp BC$.

由这道试题,如果设直线 PE 与 HB 交于点 C_1,直线 GC 与 PF 交于点 B_1,则可得到如下完全四边形的一个命题(对于图 6.113 而言).

命题 21 在完全四边形 PGC_1AB_1H 中,若与边 HC_1 相切且与边 GB_1 切于点 G 的圆为圆 O_1,与边 GB_1 相切且与边 HC_1 切于点 H 的圆为圆 O_2,则对角线 PA 垂直于离点 P 较远的这两圆的外公切线.

运用这个命题,我们可推证如下问题:

题目 设 $\triangle ABC$ 为不等边三角形,$\angle A$ 内的旁切圆分别与边 AB 和 AC 切于 A_3 和 A_4,直线 A_3A_4 与直线 BC 交于点 A_1,相仿地可定义 B_3、B_4、B_1 和 C_3、C_4 与 C_1. 又设直线 A_3A_4 与 B_3B_4 交于点 C_2,B_3B_4 与 C_3C_4 交于点 A_2,C_3C_4 与 A_3A_4 交于点 B_2,如图 6.114 所示,求证:

(1) 点 A_1、B_1、C_1 共线;

(2) $\triangle A_2B_2C_2$ 的外心是 $\triangle ABC$ 的垂心.

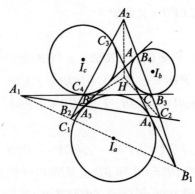

图 6.114

证明 (1) 由完全四边形的命题 21 可知, $A_2A \perp BC, B_2B \perp CA, C_2C \perp AB$, 即 A_2A、B_2B、C_2C 为 $\triangle ABC$ 的三条高所在直线. 故 A_2A、B_2B、C_2C 共点于 $\triangle ABC$ 的垂心 H. 此即 $\triangle ABC$ 与 $\triangle A_2B_2C_2$ 的三组对应点的连线共点, 故由德萨格定理知 A_1、B_1、C_1 三点共线.

(2) 需要证 $HA_2 = HB_2 = HC_2$. 为证 $HB_2 = HC_2$, 需要证 $\angle HB_2C_2 = \angle HC_2B_2$. 由 H 为 $\triangle ABC$ 垂心知 $\angle HBA = \angle HCA$, 即 $\angle B_2BA_3 = \angle C_2CA_4$. 再由 $\angle AA_3A_4 = \angle AA_4A_3$ (切线长定理) 便得 $\angle HB_2C_2 = \angle HC_2B_2$, 故结论成立.

6. 使得点 D 为 $\triangle ACE$ 的巧合点的完全四边形 $ABCDEF$

命题 22 如图 6.115, 在完全四边形 $ABCDEF$ 中, 使得点 D 为 $\triangle ACE$ 的内心, 又点 B 为 AC 的中点, 在过 B 与 CE 平行的直线上取点 G (在形内) 使 $DG = DB$, 联结 CF, 则 $DG \perp GF$ (或过 G 作 DG 的垂线, 则必过点 F).

证明 过 G 作 DG 的垂线交 AB 于 H, 交 AE 于 F'. 设点 M、N 分别是 D 在 AE、CE 上的射影, 联结 MN.

由 BE 平分 $\angle AEC$ 及 $BG \parallel CE$, 知

$$\angle DBG = \angle DEN = \angle DNM.$$

而 $DB = DN, DG = DM$, 则 $\triangle DBG \cong \triangle DNM$.

从而 $BG = NM$, 于是 $\triangle HBG \cong \triangle ENM$.

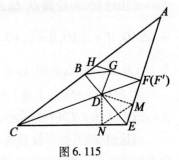

图 6.115

从而有 $CH = CE$, 且 $\angle GHB = \angle MEN$. 注意到 CF 平分 $\angle ACE$, 则 $\triangle HCF \cong \triangle ECF$, 即 $HF = EF$, 且 $\angle BHF = \angle NEF$.

于是 $\angle BHG = \angle BHF$, 故 F' 与 F 重合, 或者 DG 过点 F.

注 此命题为 2003 年第 29 届俄罗斯数学奥林匹克第四轮 9.3 试题的等价表述: 已知等腰 $\triangle ABC(AB = BC)$ 中, 平行于 BC 的中位线交 $\triangle ABC$ 的内切圆于点 F, 其中 F 不在底边 AC 上. 证明: 过点 F 的切线与 $\angle C$ 的平分线的交点在边 AB 上.

命题 23 如图 6.116, 在完全四边形 $ABCDEF$ 中, 使得点 D 为 $\triangle ACE$ 的垂心, 设 O 为 $\triangle ACE$ 的外心, M 为 AC 的中点, N 为 AE 的中点, 且直线 MN 与直线 BF 交于点 G. 求证: $OD \perp AG$.

证明 因 B、C、E、F 四点共圆,则
$$\angle ABF = \angle AEC = \angle ANM$$

从而,点 N、M、F、B 位于同一圆周 ω_1 上. 将以 AD 为直径的圆周记作 ω_2,将以 AO 为直径的圆周记作 ω_3. 易知 F、B 位于圆周 ω_2 上,而点 N、M 位于圆周 ω_3 上. 因此,点 G 关于圆 ω_1 和圆 ω_2 有相同的幂,关于圆 ω_1 和圆 ω_2 也有相同的幂.

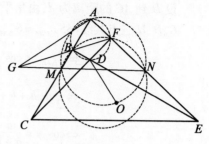

图 6.116

从而,点 G 关于圆 ω_2 和 ω_3 有相同的幂,即位于它们的根轴上.

所以,直线 AG 就是圆 ω_2 和 ω_3 的根轴.

故 AG 垂直于这两个圆的圆心连线.

又圆 ω_2 和 ω_3 的圆心分别为线段 AD 和 AO 的中点. 它们的连线平行于直线 OD,故 $OD \perp AG$.

注 此命题为 2005 年第 31 届俄罗斯数学奥林匹克 11.4 题(可参见 6.3.2 中例 22)的等价表述:

已知非等腰锐角 $\triangle ABC$,AA_1、BB_1 是它的两条高,又线段 A_1B_1 与平行于 AB 的中位线相交于点 C'. 证明:经过 $\triangle ABC$ 的外心和垂心的直线与直线 CC' 垂直.

命题 24 如图 6.117,在完全四边形 $ABCDEF$ 中,使得点 D 为 $\triangle ACE$ 的内心,且点 D 在 CE、AE、AC 上的射影分为 G、Q、P,线段 PQ 交 CF 于 M,交 BE 于 N. 设 $\triangle DMN$ 的外心为 O,则 O、D、G 三点共线的充要条件是 $AC + AE = 3CE$.

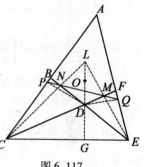

图 6.117

证略,参见 5.2 中例 19.

注 此命题为 2004 年丝绸之路数学竞赛题的等价表述:

已知 $\triangle ABC$ 的内切圆圆 I 与边 AB、AC 分别切于点 P、Q,BI、CI 分别交 PQ 于 K、L. 证明:$\triangle ILK$ 的外接圆与 $\triangle ABC$ 的内切圆相切的充分必要条件是 $AB + AC = 3BC$.

命题 25 如图 6.118,在完全四边形 $ABCDEF$ 中,使得点 D 为 $\triangle ACE$ 的内心. 作 $CH \perp AE$ 于 H,作 $EG \perp AC$ 于 G. 设 O 为 $\triangle ACE$ 的外心,则 G、D、H 三点共线的充要条件是 B、O、F 三点共线.

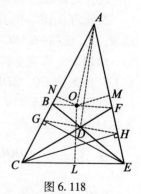

图 6.118

证明 令 $AE = a$,$AC = b$,$CE = c$,$\angle CAE = \gamma$,$\angle ACE = \alpha$,$\angle AEC = \beta$. 先看三个引理:

引理 1 G、D、H 三点共线的充要条件是
$$\cos \gamma = \frac{a+b}{a+b+c}$$

事实上,在 $\triangle EGA$ 中,$AG = a \cdot \cos \gamma$.

同理,$AH = b \cdot \cos \gamma$.

而 $\triangle HGA \sim \triangle CEA$,则 $\dfrac{AG}{AE} = \dfrac{a \cdot \cos \gamma}{a} = \cos \gamma$.

因此,$S_{\triangle AGH} = S_{\triangle AEC} \cdot \cos^2 \gamma$.

设 D 到 AC 的距离为 d，由角平分线性质，有

G、D、H 三点共线 $\Leftrightarrow S_{\triangle AGH} = S_{\triangle AGD} + S_{\triangle ADH}$

$$\Leftrightarrow S_{\triangle AEC} \cdot \cos^2 \gamma = \frac{1}{2} ad \cdot \cos \gamma + \frac{1}{2} db \cdot \cos \gamma$$

$$\Leftrightarrow \frac{1}{2} d(a+b+c) \cdot \cos^2 \gamma = \frac{1}{2} d(a+b) \cdot \cos \gamma$$

$$\Leftrightarrow \cos \gamma = \frac{a+b}{a+b+c}$$

引理 2 $a = b \cdot \cos \gamma + c \cdot \cos \beta = a \cdot \cos \gamma + c \cdot \cos \alpha$（三角形射影定理）

引理 3 B、O、F 三点共线的充要条件是 $\cos \gamma = \cos \alpha + \cos \beta$.

事实上，设点 L、M、N 分别为 CE、EA、AC 的中点，则在 $\triangle ANO$ 中，$NO = AO \cdot \cos \beta$.

同理，$OM = AO \cdot \cos \alpha$，$OL = AO \cdot \cos \gamma$.

注意到 $AB = \frac{ab}{a+c}$，$AF = \frac{ab}{b+c}$，则

B、O、F 三点共线

$\Leftrightarrow S_{\triangle ABF} = S_{\triangle ABO} + S_{\triangle AOF}$

$$\Leftrightarrow S_{\triangle ACE} \cdot \frac{a}{a+c} \cdot \frac{b}{b+c} = \frac{ab}{2(a+c)} \cdot AO \cdot \cos \beta + \frac{ab}{2(b+c)} \cdot AO \cdot \cos \alpha$$

$$\Leftrightarrow \left(\frac{1}{2} a \cdot AO \cdot \cos \alpha + \frac{1}{2} b \cdot AO \cdot \cos \beta + \frac{1}{2} c \cdot AO \cdot \cos \gamma \right) \cdot \frac{a}{a+c} \cdot \frac{b}{b+c}$$

$$= \frac{1}{2} AO \cdot ab \left(\frac{\cos \beta}{a+c} + \frac{\cos \alpha}{b+c} \right)$$

$$\Leftrightarrow \cos \gamma = \cos \alpha + \cos \beta$$

下面证明原题：

由三条引理知，G、D、H 三点共线 $\Leftrightarrow \cos \gamma = \frac{a+b}{a+b+c} \Leftrightarrow \cos \gamma = \cos \alpha + \cos \beta \Leftrightarrow B$、$O$、$F$ 三点共线.

注 此命题为 2002 年法国数学竞赛第二轮试题的等价表述：

在锐角 $\triangle ABC$ 中，点 A、B 到对边的垂足分别为 H_a、H_b，$\angle A$、$\angle B$ 的平分线分别交对边于点 W_a、W_b. 证明：$\triangle ABC$ 的内心 I 在线段 $H_a H_b$ 上当且仅当外心 O 在 $W_a W_b$ 上.

命题 26 在完全四边形 $ABCDEF$ 中，使得点 D 为 $\triangle ACE$ 的内心. 过 D 作 $PQ \perp BF$ 于 P，交 CE 于 Q，则 $DQ = 2DP$ 的充分必要条件是 $\angle BAC = 60°$.

证明 如图 6.119，令 $\angle CFB = \beta$，$\angle EBF = \gamma$，$\angle AEC = \angle E$，$\angle ACE = \angle C$，则

$$\angle DQE = 90° + \gamma - \frac{1}{2} \angle E$$

$$\angle DFE = \angle CDE - \angle DEF = 90° + \frac{1}{2} \angle A - \frac{1}{2} \angle AEC$$

$$= 90° + \frac{1}{2} \angle A - \frac{1}{2} \angle E$$

必要性. 若 $DQ = 2DP$，则由正弦定理得

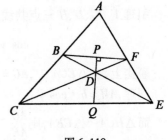

图 6.119

$$2 = \frac{DQ}{DP} = \frac{DQ}{DE} \cdot \frac{DE}{DF} \cdot \frac{DF}{DP}$$

即
$$2 = \frac{\sin\frac{1}{2}\angle E}{\cos\left(\gamma - \frac{1}{2}\angle E\right)} \cdot \frac{\cos\frac{1}{2}(\angle E - \angle A)}{\sin\frac{1}{2}\angle E} \cdot \frac{1}{\sin\beta} \quad (*)$$

亦即
$$2\sin\beta \cdot \cos\left(\gamma - \frac{1}{2}\angle E\right) = \cos\frac{1}{2}(\angle E - \angle A) \quad ①$$

同理
$$2\sin\gamma \cdot \cos\left(\beta - \frac{1}{2}\angle C\right) = \cos\frac{1}{2}(\angle C - \angle A) \quad ②$$

显然
$$\beta + \gamma = \frac{1}{2}(\angle C + \angle E) = 90° - \frac{1}{2}\angle A \quad ③$$

由式①得
$$\sin\left(\beta + \gamma - \frac{1}{2}\angle E\right) + \sin\left(\beta - \gamma + \frac{1}{2}\angle E\right) = \cos\frac{1}{2}(\angle E - \angle A)$$

即
$$\sin\frac{1}{2}\angle C + \sin\left(\beta - \gamma + \frac{1}{2}\angle E\right) = \cos\frac{1}{2}(\angle E - \angle A)$$

所以
$$\sin\left(\beta - \gamma + \frac{1}{2}\angle E\right) = \cos\frac{1}{2}(\angle E - \angle A) - \cos\frac{1}{2}(\angle E + \angle A)$$
$$= 2\sin\frac{1}{2}\angle E \cdot \sin\frac{1}{2}\angle A$$

即
$$\sin\left(2\beta - \frac{1}{2}\angle C\right) = 2\sin\frac{1}{2}\angle E \cdot \sin\frac{1}{2}\angle A \quad ④$$

同理,由式②可得
$$\sin\left(2\gamma - \frac{1}{2}\angle E\right) = 2\sin\frac{1}{2}\angle C \cdot \sin\frac{1}{2}\angle A \quad ⑤$$

④÷⑤得 $\sin\left(2\beta - \frac{1}{2}\angle C\right) \cdot \sin\frac{1}{2}\angle C = \sin\left(2\gamma - \frac{1}{2}\angle E\right) \cdot \sin\frac{1}{2}\angle E$

由式③得 $2\beta - \angle C = -(2\gamma - \angle E)$

又因余弦函数为偶函数,有 $\cos(2\beta - \angle C) = \cos(2\gamma - \angle E)$,所以 $\cos 2\beta = \cos 2\gamma$,即
$$\beta = \gamma = 45° - \frac{1}{4}\angle A \quad ⑥$$

把式⑥代入式④得
$$\sin\left(90° - \frac{1}{2}\angle A - \frac{1}{2}\angle C\right) = 2 \cdot \sin\frac{1}{2}\angle E \cdot \sin\frac{1}{2}\angle A$$

即
$$\sin\frac{1}{2}\angle E = 2\sin\frac{1}{2}\angle E \cdot \sin\frac{1}{2}\angle A$$

所以 $\sin\frac{1}{2}\angle A = \frac{1}{2}$，故 $\angle BAC = 60°$.

充分性. 由 $\angle BAC = 60°$，则 $2\sin\frac{A}{2} = 1$，即

$$2\sin\frac{1}{2}\angle E \cdot \sin\frac{1}{2}\angle A = \sin\frac{1}{2}\angle E$$

亦即

$$\cos\frac{1}{2}(\angle E - \angle A) - \cos\frac{1}{2}(\angle E + \angle A) = \sin\frac{1}{2}\angle E$$

即

$$\sin\frac{1}{2}\angle C + \sin\frac{1}{2}\angle E = \cos\frac{1}{2}(\angle E - \angle A)$$

注意到 $\beta + \gamma = \frac{1}{2}(\angle C + \angle E)$ 且 $\beta = \gamma$（$\angle A = 60°$ 且 D 为内心时，有 $DB = DF$），则

$$2\cos\left(\gamma - \frac{1}{2}\angle E\right)\cdot\sin\beta = \cos\frac{1}{2}(\angle E - \angle A)$$

再注意到式（*），则 $2 = \dfrac{DQ}{DE}\cdot\dfrac{DE}{DF}\cdot\dfrac{DF}{DP} = \dfrac{DQ}{DP}$，故 $DQ = 2DP$.

思 考 题

1. （2008 年国家集训测试题）设一条直线 l 截 $\triangle ABC$ 的三边 BC、CA、AB 所在直线于 D、E、F 三点，O_1、O_2、O_3 分别是 $\triangle AEF$、$\triangle BFD$、$\triangle CDE$ 的外心. 求证：$\triangle O_1O_2O_3$ 的垂心 H 位于直线 l 上.

2. 已知锐角 $\triangle ABC$ 的垂心为 H，边 BC 的中点为 M，MH 的延长线交 $\triangle ABC$ 的外接圆圆 O 于点 P，且 $OH \perp AM$. 求证：AP、OH、BC 三线共点.

3. 分别在 $\triangle ABC$ 的边 AB、AC 上截取 $BE = CF$. 证明：线段 EF 的中垂线经过定点.

4. 已知 M 为劣弧 $\overset{\frown}{AC}$ 的中点，B 为弧 $\overset{\frown}{AM}$ 上任意一点，作 $MD \perp BC$ 于点 D. 证明：$BD = \dfrac{1}{2}(BC - AB)$.

5. 自圆 O 外一点 P 作圆 O 的两条切线 PA、PD 及割线 PBC，作 $AE \perp BC$ 于点 E，直线 DE 与圆 O 交于另一点 F，H 为 $\triangle ABC$ 的垂心. 证明：$\angle AFH = 90°$.

6. 已知非等腰锐角 $\triangle ABC$ 的两条高线 BE、CF 交于点 H，BC 与 FE 交于点 K，$HP \perp AK$. 证明：HP 过 BC 的中点 M.

思考题参考解答

1. 如图 6.120，由性质 10(3) 即证.

2. 证法 1 如图 6.121，设 M_0 为 HM 延长线上一点，且 $MM_0 = MH$，则由垂心性质 5，知 AM_0 为圆 O 的直径，则 $\angle APM = 90°$. 又 $AH \perp MC$，延长 AP 与 BC 的延长线交于点 Q，则在 $\triangle AMQ$ 中，H 为其垂心，从而 $QH \perp AM$. 又 $HO \perp AM$，故 O、H、Q 三点共线，即知 AP、OH、BC 三线共

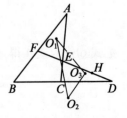

图 6.120

点于 Q.

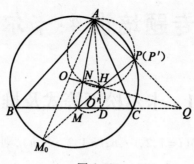

图 6.121

证法 2 如图 6.121,设 OH 交 AM 于点 N,延长 AH 交 MC 于点 D,则 N、M、D、H 四点共圆,其圆心为 MH 的中点 O'.

设 OH 的延长线与 MC 的延长线交于点 Q,联结 AQ 交圆 O 于 P',过 A、H、N 的圆与 AQ 交于点 P'',则 $\angle AP''H = 90°$,又由性质 11 及性质 8(2) 知 $O'H \perp AQ$, $O'P' \perp AQ$,从而 M、H、P'' 三点共线.

3. 记 EF 的中垂线与 $\triangle ABC$ 的外接圆交于点 N. 易知 $\triangle NBE \cong \triangle NCF$,得 $NE = NF$. 由此知 EF 的中垂线始终经过定点 N.

4. 作 $ME \perp AB$ 于点 E.

由 $\text{Rt}\triangle MAE \cong \text{Rt}\triangle MCD \Rightarrow AE = CD$. 由 $\text{Rt}\triangle MBE \cong \text{Rt}\triangle MBD \Rightarrow BD = BE$.

故 $CD = AE = AB + BE = AB + BD$. 移项即得结论.

5. 作高 BM、CN. 由 $\triangle PAB \backsim \triangle PCA$,$\triangle PBD \backsim \triangle PDC$,$\triangle AMN \backsim \triangle ABC$ 及塞瓦定理得 $\triangle FBN \backsim \triangle FCM$,于是,$\angle ANF = \angle AMF$.

由此得 F、A、M、N 四点共圆,则 F、A、M、N、H 五点共圆,而 AH 为此圆直径,故 $\angle AFH = 90°$.

6. 如图 6.122,只需证 D、E、F、M 四点共圆,该圆即为 $\triangle ABC$ 的九点圆. 因此,M 为 BC 的中点.

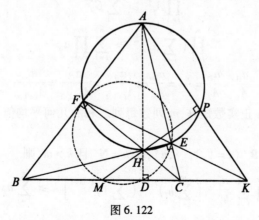

图 6.122

第7章 专题培训4:卡尔松不等式

7.1 卡尔松不等式及推论

卡尔松不等式 设 $a_{ij}>0(i=1,2,\cdots,n;j=1,2,\cdots,m)$,则

$$\prod_{j=1}^{m}\left(\sum_{i=1}^{n}a_{ij}\right)^{\frac{1}{m}} \geqslant \sum_{i=1}^{n}\prod_{j=1}^{m}a_{ij}^{\frac{1}{m}} \tag{7.1}$$

其中等号当且仅当 $\dfrac{a_{i1}}{a_{i+1,1}}=\dfrac{a_{i2}}{a_{i+1,2}}=\cdots=\dfrac{a_{im}}{a_{i+1,m}}$ 时成立.

证明 令 $\sum\limits_{i=1}^{n}a_{ij}=A_j(j=1,2,\cdots,m)$, $\prod\limits_{j=1}^{m}a_{ij}=G_i(i=1,2,\cdots,n)$.

显然 $A_j>0$,对于数 $\dfrac{a_{i1}}{A_1},\dfrac{a_{i2}}{A_2},\cdots,\dfrac{a_{im}}{A_m}$ 应用算术-几何平均不等式,有

$$\frac{a_{i1}}{A_1}+\frac{a_{i2}}{A_2}+\cdots+\frac{a_{im}}{A_m}\geqslant m\sqrt[m]{\frac{a_{i1}\cdot a_{i2}\cdot\cdots\cdot a_{im}}{A_1\cdot A_2\cdot\cdots\cdot A_m}}=m\cdot\left(\frac{G_i}{\prod\limits_{j=1}^{m}A_j}\right)^{\frac{1}{m}},i=1,2,\cdots,n$$

将上述几个不等式两边相加,即有

$$m\geqslant m\cdot\sum_{i=1}^{n}\left(\frac{G_i}{\prod\limits_{j=1}^{m}A_j}\right)^{\frac{1}{m}}=m\cdot\frac{\sum\limits_{i=1}^{n}G_i^{\frac{1}{m}}}{\prod\limits_{j=1}^{m}A_j}$$

故

$$\prod_{j=1}^{m}A_j^{\frac{1}{m}}\geqslant\sum_{i=1}^{n}G_i^{\frac{1}{m}}$$

即

$$\prod_{j=1}^{m}\left(\sum_{i=1}^{n}a_{ij}\right)^{\frac{1}{m}}\geqslant\sum_{i=1}^{n}\prod_{j=1}^{m}a_{ij}$$

其中等号当且仅当 $\dfrac{a_{i1}}{A_1}=\dfrac{a_{i2}}{A_2}=\cdots=\dfrac{a_{im}}{A_m}\Leftrightarrow\dfrac{a_{i1}}{a_{i+1,1}}=\dfrac{a_{i2}}{a_{i+2,2}}=\dfrac{a_{im}}{a_{i+1,m}}$

推论1 对于 $n\times m$ 正实数矩阵,m 列数每列之和的几何平均值不小于其 n 行每行数的几何平均值之和.

推论2 设 $a_i,b_i\in\mathbf{R}^{+}(i=1,2,\cdots,n)$,$m,k\in\mathbf{N}^*$ 且 $k>m$,则

$$\left[\sum_{i=1}^{n}\frac{a_i^k}{b_i^m}\cdot\left(\sum_{i=1}^{n}b_i\right)^m\cdot\left(\sum_{i=1}^{n}1\right)^{k-m-1}\right]^{\frac{1}{k}}\geqslant\sum_{i=1}^{n}a_i$$

或

$$\sum_{i=1}^{n}\frac{a_i^k}{b_i^m}\geqslant n^{1+m-k}\cdot\frac{\left(\sum\limits_{i=1}^{n}a_i\right)^k}{\left(\sum\limits_{i=1}^{n}b_i\right)^m} \tag{7.2}$$

注 (1)a_{ij}可以是非负实数,证明时,只要讨论 $A_j = 0$ 时,不等式两边相等.
(2)在推论 2 中,若 $k=2, m=1$ 时,此即为柯西不等式.
在推论 2 中,若 $k = m+1$ 时,此即为权方和不等式 m 取正整数时的情形.
(3)卡尔松不等式是一批经典不等式的共同来源.
首先看一批经典代数不等式:

Ⅰ. 柯西不等式的推广:用 a_{ij}^m 去代换(7.1)中矩阵表中的 a_{ij},则有

$$\prod_{j=1}^{m} \sum_{i=1}^{n} a_{ij}^m \geq \left(\prod_{j=1}^{m} \sum_{i=1}^{n} a_{ij}\right)^m \tag{7.3}$$

Ⅱ. 雅可比不等式:当 $x \geq 0, y \geq 0$ 时,构造矩阵

$$\begin{bmatrix} x^n & & & y^n \\ & x^n & & \\ & & \ddots & \\ y^n & & & x^n \end{bmatrix}_{n \times n}$$

其主对角线上元素为 $x^n \geq 0$,其余元素均为 $y^n \geq 0$,则由式(7.1)有

$$x^n + (n-1)y^n \geq nxy^{n-1} \tag{7.4}$$

Ⅲ. 裴蜀不等式:当 $a \geq b > 0$ 时,由式(7.4)有

$$a^n + (n-1)b^n \geq nab^{n-1}, b^n + (n-1)a^n \geq nba^{n-1}$$

即有

$$n(a-b)a^{n-1} \geq a^n - b^n \geq n(a-b)b^{n-1} \tag{7.5}$$

Ⅳ. 拉多与波波维奇不等式的推广:设 $a_i > 0 (i=1,2,\cdots,n)$, $A_k = \frac{1}{k}\sum_{i=1}^{k} a_i$, $G_k = \left(\sum_{i=1}^{k} a_i\right)^{\frac{1}{k}}$, $\lambda > 0$. 构造矩阵

$$\begin{bmatrix} a_{k+1} & & & \lambda^{k+1}G_k \\ & a_{k+1} & & \\ & & \ddots & \\ \lambda^{k+1}G_k & & & a_{k+1} \end{bmatrix}_{(k+1) \times (k+1)}$$

其主对角线以外,均为 $\lambda^{k+1}G_k$,则由(7.1)有

$$[(a_{k+1} + k \cdot \lambda^{k+1}G_k)^{k+1}]^{\frac{1}{k+1}} \geq (k+1)[a_{k+1}(\lambda^{k+1}G_k)^k]^{\frac{1}{k+1}}$$
$$= (k+1)\lambda^k \cdot G_{k+1}$$

注意到 $a_{k+1} = (k+1)A_{k+1} - kA_k$,则有

$$(k+1)(A_{k+1} - \lambda^k G_{k+1}) \geq k(A_k - \lambda^{k+1}G_k) \tag{7.6}$$

等号成立的充要条件是

$$\lambda^{k+1}G_k = a_{k+1} \quad (k=1,2,\cdots,n-1)$$

在如上矩阵中,令 $\lambda = \left(\frac{A_k}{G_k}\right)^{\frac{1}{k+1}}$,再由式(7.1)即有

$$1 \geq \frac{G_1}{A_1} \geq \left(\frac{G_2}{A_2}\right)^2 \geq \cdots \geq \left(\frac{G_n}{A_n}\right)^n \tag{7.7}$$

等号成立的充要条件是 $A_k = a_{k+1}$.

Ⅴ. 幂平均不等式:设 $a_i \geq 0 (i=1,2,\cdots,n), k,m \in \mathbf{N}$ 且 $k \geq m$. 构造矩阵

$$\begin{bmatrix} a_1^k \cdots a_1^k & 1 \cdots 1 \\ a_2^k \cdots a_2^k & 1 \cdots 1 \\ \vdots \cdots \vdots & \vdots \cdots \vdots \\ a_n^k \cdots a_n^k & 1 \cdots 1 \\ \underbrace{}_{m\text{列}} & \underbrace{}_{k-m\text{列}} \end{bmatrix}_{n \times k}$$

由式(7.1)得

$$\left(\frac{1}{n}\sum_{i=1}^{n} a_i^k\right)^{\frac{1}{k}} \geq \left(\frac{1}{n}\sum_{i=1}^{n} a_i^m\right)^{\frac{1}{m}} \tag{7.8}$$

Ⅵ. 赫尔德不等式的推广:设 $a_{ij} > 0$,有理数 $q_j > 0, i=1,2,\cdots,n; j=1,2,\cdots,m$. 且

$$\sum_{j=1}^{m} q_j = 1$$

构造矩阵

$$\begin{bmatrix} a_{11} \cdots a_{11} & a_{12} \cdots a_{12} & \cdots & a_{1m} \cdots a_{1m} \\ a_{21} \cdots a_{21} & a_{22} \cdots a_{22} & \cdots & a_{2m} \cdots a_{2m} \\ \vdots \vdots \vdots & \vdots \vdots \vdots & \vdots \vdots \vdots & \vdots \vdots \vdots \\ a_{n1} \cdots a_{n1} & a_{n2} \cdots a_{n2} & \cdots & a_{nm} \cdots a_{nm} \\ \underbrace{\phantom{a_{n1} \cdots a_{n1}}}_{B_1\text{列}} & \underbrace{\phantom{a_{n2} \cdots a_{n2}}}_{B_2\text{列}} & & \underbrace{\phantom{a_{nm} \cdots a_{nm}}}_{B_m\text{列}} \end{bmatrix}_{n \times m}$$

其中自然数 B_j, M 满足 $q_j = \dfrac{B_j}{M}$ 且 $\sum_{j=1}^{m} B_j = M$.

由式(7.1)有

$$\left[\prod_{j=1}^{m} \left(\sum_{i=1}^{n} a_{ij}\right)^{B_j}\right]^{\frac{1}{M}} \geq \sum_{i=1}^{n} \left(\prod_{j=1}^{m} a_{ij}^{B_j}\right)^{\frac{1}{M}}$$

故

$$\prod_{j=1}^{m} \left(\sum_{i=1}^{n} a_{ij}^{q_j}\right)^{q_j} \geq \sum_{i=1}^{n} \prod_{j=1}^{m} a_{ij}^{q_j} \tag{7.9}$$

等号成立的充要条件是

$$\frac{a_{i1}}{\sum_{i=1}^{n} a_{i1}} = \frac{a_{i2}}{\sum_{i=1}^{n} a_{i1}} = \cdots = \frac{a_{im}}{\sum_{i=1}^{n} a_{im}} \quad i = 1,2,\cdots,n$$

下面再看一批著名几何不等式:

设 $a_{ij} > 0 (i=1,2,\cdots,n$ 且 $n \geq 3, j=1,2,\cdots,m$ 且 $m \geq 2; n,m \in \mathbf{N}^*)$. 令

$$A = \prod_{j=1}^{m} \left(\sum_{i=1}^{n} a_{ij}\right)^{\frac{2}{m}} \cdot \sum_{j=1}^{m} \left[\left(\sum_{i=1}^{n} a_{ij}\right)^{-2} \cdot \prod_{i=1}^{n} a_{ij}^{\frac{1}{2}}\right]$$

$$B = \left(\sum_{i=1}^{n} a_{ij}\right)^2 - (k+1)\sum_{i=1}^{n} a_{ij}^2 + 8(n-3)\prod_{i=1}^{n} a_{ij}^{\frac{1}{2}}$$

且 $k = 0$ 或 1(此时 $B_j > 0$),则由式(7.1)且构造矩阵

$$\begin{bmatrix} B_1 & B_2 & \cdots & B_m \\ (k+1)\sum_{i=1}^n a_{i1}^2 & (k+1)\sum_{i=1}^n a_{i2}^2 & \cdots & (k+1)\sum_{i=1}^n a_{im}^2 \end{bmatrix}_{2\times m}$$

得
$$\prod_{j=1}^m \left[B_j + (k+1)\sum_{i=1}^n a_{ij}^2 \right]^{\frac{1}{m}} \geq \left(\prod_{j=1}^m B_j \right)^{\frac{1}{m}} + \left\{ \prod_{j=1}^m \left[(k+1)\sum_{i=1}^n a_{ij}^2 \right] \right\}^{\frac{1}{m}} \quad (*)$$

对于上式(*)右端由式(7.1)再构造矩阵

$$\begin{bmatrix} a_{11}^2 & a_{12}^2 & \cdots & a_{1m}^2 \\ a_{21}^2 & a_{22}^2 & \cdots & a_{2m}^2 \\ \vdots & \vdots & & \vdots \\ a_{n1}^2 & a_{n2}^2 & \cdots & a_{nm}^2 \end{bmatrix}_{n\times m}$$

得
$$\left\{ \prod_{j=1}^m \left[(k+1)\sum_{i=1}^n a_{ij}^2 \right] \right\}^{\frac{1}{m}} \geq (k+1)\sum_{i=1}^n \prod_{j=1}^m a_{ij}^{\frac{2}{m}}$$

对于式(*)左端,注意到算术 – 几何平均值不等式,则

$$\prod_{j=1}^m \left[B_j + (k+1)\sum_{i=1}^n a_{ij}^2 \right]^{\frac{1}{m}}$$

$$= \prod_{j=1}^m \left[\left(\sum_{i=1}^n a_{ij} \right)^2 + 8(n-3)\prod_{i=1}^n a_{ij}^{\frac{1}{2}} \right]^{\frac{1}{m}}$$

$$= \prod_{j=1}^m \left\{ \left(\sum_{i=1}^n a_{ij} \right)^2 \left[1 + \frac{8(n-3)\prod_{i=1}^n a_{ij}^{\frac{1}{2}}}{\left(\sum_{i=1}^n a_{ij} \right)^2} \right] \right\}^{\frac{1}{m}}$$

$$\leq \left[\prod_{j=1}^m \left(\sum_{i=1}^n a_{ij} \right)^{\frac{2}{m}} \right] \cdot \frac{1}{m}\left\{ m + 8(n-3)\sum_{j=1}^m \left[\left(\sum_{i=1}^n a_{ij} \right)^{-2} \prod_{i=1}^n a_{ij}^{\frac{1}{2}} \right] \right\}$$

$$= \prod_{j=1}^m \left(\sum_{i=1}^n a_{ij} \right)^{\frac{2}{m}} + \frac{8(n-3)}{m}A$$

于是由式(*)即得

$$\prod_{j=1}^m \left(\sum_{i=1}^n a_{ij} \right)^{\frac{2}{m}} + \frac{8(n-3)}{m}A - (k+1)\sum_{i=1}^n \prod_{j=1}^m a_{ij}^{\frac{2}{m}} \geq \prod_{j=1}^m B_j^{\frac{1}{m}} \quad (7.10)$$

其中等号当且仅当 $\dfrac{a_{1i}}{a_{2j}} = \dfrac{a_{2j}}{a_{3j}} = \cdots = \dfrac{a_{(n-1)j}}{a_{nj}}$ ($j=1,2,\cdots,m, m\geq 2$) 时成立.

Ⅶ. 在式(7.10)中,令 $n=3, m=2, k=1$, 取 $a_{11}=a^2, a_{21}=b^2, a_{31}=c^2, a_{12}=a'^2, a_{22}=b'^2, a_{32}=c'^2$. 注意到公式

$$\left[(a^2+b^2+c^2)^2 - 2(a^4+b^4+c^4) \right]^{\frac{1}{2}} = 4S_\triangle$$

则得匹多不等式.

$$a^2(-a'^2+b'^2+c'^2) + b^2(a'^2-b'^2+c'^2) + c^2(a'^2+b'^2-c'^2) \geq 16 S_\triangle S'_\triangle \quad (7.11)$$

其中等号当且仅当 $\triangle ABC \backsim \triangle A'B'C'$ 时成立.

Ⅷ. 在(7.10)中,令 $n=3, m=2, k=1$, 取 $a_{11}=a^2, a_{21}=b^2, a_{31}=c^2, a_{12}=a_{22}=a_{32}=1$, 则得威森彼克不等式

$$a^2 + b^2 + c^2 \geq 4\sqrt{3} S_\triangle \tag{7.12}$$

其中等号当且仅当$\triangle ABC$为正三角形时取得.

Ⅸ. 在式(7.10)中,令$n=3, m=2, k=1$,取$a_{11}=2a(p-a), a_{21}=2b(p-b), a_{31}=2c(p-c)$,其中$p=\frac{1}{2}(a+b+c), a_{12}=a_{22}=a_{32}=1$,则得劳斯勒-哈德威格不等式:

$$a^2 + b^2 + c^2 \geq 4\sqrt{3} S_\triangle + (a-b)^2 + (b-c)^2 + (c-a)^2 \tag{7.13}$$

其中等号当且仅当$\triangle ABC$为正三角形时取得.

Ⅹ. 在式(7.10)中,令$n=3, m=2, k=0$,取$a_{11}=p-a, a_{21}=p-d, a_{31}=p-c$,其中$p=\frac{1}{2}(a+b+c), a_{12}=bc, a_{22}=ac, a_{32}=ab$,则有

$$\frac{3\sqrt{3}}{4} \cdot \frac{abc}{a+b+c} \geq S_\triangle$$

再注意到平均值不等式,则得波利亚-舍贵不等式

$$\frac{\sqrt{3}}{4}(abc)^{\frac{2}{3}} \geq S_\triangle \tag{7.14}$$

其中等号当且仅当$\triangle ABC$为正三角形时取得.

Ⅺ. 在式(7.10)中,令$n=4, m=2, k=1$,取$a_{11}=a_1^2, a_{21}=a_2^2, a_{31}=a_3^2, a_{41}=a_4^2, a_{12}=b_1^2, a_{22}=b_2^2, a_{32}=b_3^2, a_{42}=b_4^2$,则得到式(7.11)的四边形推广

$$\sum_{i=1}^{4} a_i^2 \left(\sum_{j=1}^{4} b_j^2 - 2b_i^2 \right) + 4 \left(\frac{\sum_{j=1}^{4} b_j^2}{\sum_{i=1}^{4} a_i^2} \prod_{i=1}^{4} a_i + \frac{\sum_{i=1}^{4} a_i^2}{\sum_{j=1}^{4} b_j^2} \prod_{j=1}^{4} b_j \right) \geq 16 S_1 S_2 \tag{7.15}$$

其中S_1, S_2分别是边长为$a_i, b_i (i,j=1,2,3,4)$的四边形面积,等号当且仅当这两个四边形为相似的圆内接四边形时取得.

对式(7.10)的有关量进行巧妙代换,还可得到一些几何不等式,留作读者去推导.

7.2 卡尔松不等式的应用

应用卡尔松不等式可以证明不等式,也可以求某些最值问题.

在应用时,首先从构造矩阵入手来用,待运用熟练之后,也可以不构造矩阵来用.

7.2.1 构造矩阵或应用推论1处理问题

例1 设$x、y、z \geq 0, x+y+z=1. f(n) = x^{2n+1} + y^{2n+1} + z^{2n+1} (n \in \mathbf{N} \cup \{0\})$. 试求$f(n)$的最小值.

解 构造矩阵

$$\begin{bmatrix} x^{2n+1} & 1 & \cdots & 1 \\ y^{2n+1} & 1 & \cdots & 1 \\ z^{2n+1} & \underbrace{1 & \cdots & 1}_{2n\text{列}} \end{bmatrix}_{3 \times (2n+1)}$$

运用推论1,有 $\left[(x^{2n+1}+y^{2n+1}+z^{2n+1})\cdot \underbrace{3\cdots 3}_{2n\uparrow}\right]^{\frac{1}{2n+1}} \geq x+y+z=1$,即

$$x^{2n+1}+y^{2n+1}+z^{2n+1} \geq \frac{1}{3^{2n}}$$

其中等号当且仅当 $x^{2n+1}:y^{2n+1}:z^{2n+1}=1:1:1$,即 $x=y=z=\frac{1}{3}$ 时取得,故 $f(n)$ 的最小值为 $\frac{1}{3^{2n}}$.

例2 已知 a,b 是正的常数,$n\in \mathbf{N}$,x 是锐角. 求 $y=\dfrac{a}{\sin^n x}+\dfrac{b}{\cos^n x}$ 的最小值.

解 构造矩阵

$$\begin{bmatrix} \dfrac{a}{\sin^n x} & \dfrac{a}{\sin^n x} & \sin^2 x & \cdots & \sin^2 x \\ \dfrac{b}{\cos^n x} & \dfrac{b}{\cos^n x} & \cos^2 x & \cdots & \cos^2 x \end{bmatrix}_{2\times(n+2)}$$

其中 $\underbrace{}_{n列}$

运用推论1有

$$\left[\left(\dfrac{a}{\sin^n x}+\dfrac{b}{\cos^n x}\right)^2 \cdot \underbrace{1\cdots 1}_{n\uparrow}\right]^{\frac{1}{n+2}} \geq a^{\frac{2}{n+2}}+b^{\frac{2}{n+2}}$$

亦即

$$\dfrac{a}{\sin^n x}+\dfrac{b}{\cos^n x} \geq (a^{\frac{2}{n+2}}+b^{\frac{2}{n+2}})^{\frac{n+2}{2}}$$

其中等号当且仅当 $\dfrac{a}{\sin^n x}:\dfrac{b}{\cos^n x}=\sin^2 x:\cos^2 x$ 即 $x=\arctan\left(\dfrac{a}{b}\right)^{\frac{1}{n+2}}$ 时取得. 故

$$y_{\min}=(a^{\frac{2}{n+2}}+b^{\frac{2}{n+2}})^{\frac{n+2}{2}}$$

例3 设 α,β 均为锐角,求证:$\sin^3\alpha\cos^3\beta+\sin^3\alpha\sin^3\beta+\cos^3\alpha \geq \dfrac{\sqrt{3}}{3}$.

证明 构造矩阵

$$\begin{bmatrix} \sin^3\alpha\cos^3\beta & \sin^3\alpha\cos^3\beta & 1 \\ \sin^3\alpha\sin^3\beta & \sin^3\alpha\sin^3\beta & 1 \\ \cos^3\alpha & \cos^3\alpha & 1 \end{bmatrix}_{3\times 3}$$

运用推论1,有

$$[(\sin^3\alpha\cos^3\beta+\sin^3\alpha\sin^3\beta+\cos^3\alpha)^2\cdot 3]^{\frac{1}{3}} \geq \sin^2\alpha\cos^2\beta+\sin^2\alpha\sin^2\beta+\cos^2\alpha=1$$

由此即证得

$$\sin^3\alpha\cos^3\beta+\sin^3\alpha\sin^3\beta+\cos^3\alpha \geq \dfrac{\sqrt{3}}{3}$$

例4 设 $a,b,c>0$,且 $a+b+c=6$. 求证

$$\dfrac{1}{a(1+b)}+\dfrac{1}{b(1+c)}+\dfrac{1}{c(1+a)} \geq \dfrac{1}{2}$$

证明 构造矩阵

$$\begin{bmatrix} \dfrac{1}{a(1+b)} & a(1+b) \\ \dfrac{1}{b(1+c)} & b(1+c) \\ \dfrac{1}{c(1+a)} & c(1+a) \end{bmatrix}_{3\times 2} \text{及} \begin{bmatrix} a^2 & c^2 \\ b^2 & a^2 \\ c^2 & b^2 \end{bmatrix}_{3\times 2}$$

运用推论 1,有

$$\left[\left(\dfrac{1}{a(1+b)}+\dfrac{1}{b(1+c)}+\dfrac{1}{c(1+a)}\right)(a+b+c+ab+bc+ca)\right]^{\frac{1}{2}} \geqslant 1+1+1=3$$

及

$$[(a^2+b^2+c^2)^2]^{\frac{1}{2}} \geqslant ac+ab+bc$$

两边同加上 $2(ab+bc+ca)$ 有

$$ab+bc+ca \leqslant \dfrac{1}{3}(a+b+c)^2 = 12$$

故

$$\dfrac{1}{a(1+b)}+\dfrac{1}{b(1+c)}+\dfrac{1}{c(1+a)} \geqslant \dfrac{9}{6+ab+bc+ca} \geqslant \dfrac{9}{18}=\dfrac{1}{2}$$

例 5 设 $a_1,a_2,a_3,a_4 \in \mathbf{R}^+$,且 $a_1+a_2+a_3+a_4 = S$.

求证:$\dfrac{a_1^3}{S-a_1}+\dfrac{a_2^3}{S-a_2}+\dfrac{a_3^3}{S-a_3}+\dfrac{a_4^3}{S-a_4} \geqslant \dfrac{S^2}{12}$.

证明 构造矩阵

$$\begin{bmatrix} \dfrac{a_1^3}{S-a_1} & S-a_1 & 1 \\ \dfrac{a_2^3}{S-a_2} & S-a_2 & 1 \\ \dfrac{a_3^3}{S-a_3} & S-a_1 & 1 \\ \dfrac{a_4^3}{S-a_4} & S-a_1 & 1 \end{bmatrix}_{4\times 3}$$

运用推论 1,有

$$\left[\left(\dfrac{a_1^3}{S-a_1}+\dfrac{a_2^3}{S-a_2}+\dfrac{a_3^3}{S-a_3}+\dfrac{a_4^3}{S-a_4}\right)\cdot(4S-a_1-a_2-a_3-a_4)\cdot 4\right]^{\frac{1}{3}} \geqslant a_1+a_2+a_3+a_4 = S$$

从而

$$\dfrac{a_1^3}{S-a_1}+\dfrac{a_2^3}{S-a_2}+\dfrac{a_3^3}{S-a_3}+\dfrac{a_4^3}{S-a_4} \geqslant \dfrac{S^3}{12S} = \dfrac{S^2}{12} \qquad (7.16)$$

例 6 若 $a_i \in \mathbf{R}^+(i=1,2,\cdots,n,n\geqslant 2)$ 且 $\sum\limits_{i=1}^{n} a_i = S$($S$ 为正常数),求证:

$$\sum_{i=1}^{n} \dfrac{a_i^k}{S-a_i} \geqslant \dfrac{S^{k-1}}{(n-1)\cdot n^{k-2}},\text{其中 } k \text{ 为常数,且 } k \in \mathbf{N}^*$$

证明 作矩阵

$$\begin{bmatrix} \dfrac{a_1^k}{S-a_1} & S-a_1 & 1\cdots 1 \\ \dfrac{a_2^k}{S-a_2} & S-a_2 & 1\cdots 1 \\ \vdots & \vdots & \vdots \\ \dfrac{a_n^k}{S-a_n} & S-a_n & \underbrace{1\cdots 1}_{k-2\text{列}} \end{bmatrix}_{n\times k}$$

由推论1,有

$$\left[\left(\sum_{i=1}^n \frac{a_i^k}{S-a_i}\right)\cdot(nS-a_1-a_2-\cdots-a_n)\cdot n^{k-2}\right]^{\frac{1}{k}} \geqslant a_1+a_2+\cdots+a_n$$

故

$$\sum_{i=1}^n \frac{a_i^k}{S-a_i} \geqslant \frac{\left(\sum_{i=1}^n a_i\right)^k}{(n-1)S\cdot n^{k-2}} = \frac{S^{k-1}}{(n-1)\cdot n^{k-2}}$$

例7 若 $0<a_i<1(i=1,2,\cdots,n,n\geqslant 2)$ 且 $\sum_{i=1}^n a_i = S$(S 为正常数).

求证:$\sum_{i=1}^n \dfrac{a_i^k}{1-a_i} \geqslant \dfrac{S^k}{n^{k-2}\cdot(n-S)}$,其中 k 为常数,且 $k\in \mathbf{N}^*$ (7.17)

证明 作矩阵

$$\begin{bmatrix} \dfrac{a_1^k}{1-a_1} & 1-a_1 & 1\cdots 1 \\ \dfrac{a_2^k}{1-a_2} & 1-a_2 & 1\cdots 1 \\ \vdots & \vdots & \vdots \\ \dfrac{a_n^k}{1-a_n} & 1-a_n & \underbrace{1\cdots 1}_{k-2\text{列}} \end{bmatrix}_{n\times k}$$

由推论1,有

$$\left[\left(\sum_{i=1}^n \frac{a_i^k}{1-a_i}\right)\cdot(n-a_1-a_2-\cdots-a_n)\cdot n^{k-2}\right]^{\frac{1}{k}} \geqslant a_1+a_2+\cdots+a_n$$

故

$$\sum_{i=1}^n \frac{a_i^k}{1-a_i} \geqslant \frac{\left(\sum_{i=1}^n a_i\right)^k}{(n-S)\cdot n^{k-2}} = \frac{S^k}{(n-S)n^{k-2}}$$

例8 设 $a_i\geqslant 0, b_i>0, i=1,2,\cdots,n. l\in \mathbf{N}, k\in \mathbf{N}^*$,则

$$\sum_{i=1}^n \frac{a_i^{l+k}}{b_i^l} \geqslant \frac{\left(\sum_{i=1}^n a_i\right)^{l+k}}{n^{k-1}\left(\sum_{i=1}^n b_i\right)^l} \tag{7.18}$$

证明 构造矩阵

$$\begin{bmatrix} \dfrac{a_1^{l+k}}{b_1^l} & b_1\cdots b_1 & 1\cdots 1 \\ \dfrac{a_2^{l+k}}{b_2^l} & b_2\cdots b_2 & 1\cdots 1 \\ \vdots & \vdots & \vdots \\ \dfrac{a_n^{l+k}}{b_n^l} & \underbrace{b_n\cdots b_n}_{l列} & \underbrace{1\cdots 1}_{k-1列} \end{bmatrix}_{n\times(l+k)}$$

运用推论 1,有

$$\left[\sum_{i=1}^n \dfrac{a_i^{l+k}}{b_i^l}\cdot\Big(\sum_{i=1}^n b_i\Big)^l\cdot n^{k-1}\right]^{\frac{1}{l+k}} \geqslant a_1+a_2+\cdots+a_n = \sum_{i=1}^n a_i$$

故

$$\sum_{i=1}^n \dfrac{a_i^{l+k}}{b_i^l} \geqslant \dfrac{\left(\sum\limits_{i=1}^n a_i\right)^{l+k}}{n^{k-1}\left(\sum\limits_{i=1}^n b_i\right)^l}$$

例 9 设 $a_1,a_2,\cdots,a_n \in \mathbf{R}^+$,且 $a_1+a_2+\cdots+a_n=s, m\in\mathbf{N}^*$,求证:

$$\dfrac{1}{a_1^m(s-a_1)}+\dfrac{1}{a_2^m(s-a_2)}+\cdots+\dfrac{1}{a_n^m(s-a_n)} \geqslant \dfrac{n^{m+2}}{s^{m+1}(n-1)} \tag{7.19}$$

证明 构造矩阵

$$\begin{bmatrix} \dfrac{1}{a_1^m(s-a_1)} & s-a_1 & a_1\cdots a_1 \\ \dfrac{1}{a_2^m(s-a_2)} & s-a_2 & a_2\cdots a_2 \\ \vdots & \vdots & \vdots \\ \dfrac{1}{a_n^m(s-a_n)} & s-a_n & \underbrace{a_n\cdots a_n}_{m列} \end{bmatrix}_{n\times(m+2)}$$

运用推论 1,有

$$\left\{\left[\dfrac{1}{a_1^m(s-a_1)}+\dfrac{1}{a_2^m(s-a_2)}+\cdots+\dfrac{1}{a_n^m(s-a_m)}\right]\cdot(n-1)s\cdot s^m\right\}^{\frac{1}{m+2}} \geqslant n$$

故

$$\dfrac{1}{a_1^m(s-a_1)}+\dfrac{1}{a_2^m(s-a_2)}+\cdots+\dfrac{1}{a_n^m(s-a_m)} \geqslant \dfrac{n^{m+2}}{(n-1)s^{m+1}}$$

例 10 已知 $a,b,c\in\mathbf{R}^+$,且 $a^2+b^2+c^2=14$. 求证: $a^5+\dfrac{1}{8}b^5+\dfrac{1}{27}c^5 \geqslant 14$.

证明 构造矩阵

$$\begin{bmatrix} a^5 & a^5 & 1 & 1 & 1 \\ \frac{1}{8}b^5 & \frac{1}{8}b^5 & 4 & 4 & 4 \\ \frac{1}{27}c^5 & \frac{1}{27}c^5 & 9 & 9 & 9 \end{bmatrix}_{3\times 5}$$

运用推论1,有

$$\left[\left(a^5+\frac{1}{8}b^5+\frac{1}{27}c^5\right)^2\cdot(1+4+9)^3\right]^{\frac{1}{5}}\geq a^2+b^2+c^2=14$$

故

$$a^5+\frac{1}{8}b^5+\frac{1}{27}c^5\geq\left(\frac{14^5}{14^3}\right)^{\frac{1}{2}}=14$$

例 11 已知 $a,b,c\in\mathbf{R}^+$,且 $5a^4+4b^4+6c^4=90$. 求证:$5a^3+2b^3+3c^3\leq 45$.

证明 构造矩阵

$$\begin{bmatrix} 5a^4 & 5a^4 & 5a^4 & 80 \\ 4b^4 & 4b^4 & 4b^4 & 4 \\ 6c^4 & 6c^4 & 6c^4 & 6 \end{bmatrix}_{3\times 4}$$

运用推论1,有

$$[(5a^4+4b^4+6c^4)^3\cdot 90]^{\frac{1}{4}}\geq 10a^3+4b^3+6c^3=2(5a^3+2b^3+3c^3)$$

故

$$5a^3+2b^3+3c^3\leq\frac{1}{2}\cdot 90=45$$

例 12 已知 $a,b,c\in\mathbf{R}^+$,且 $9a+4b=35$,求证:$2a^4+3b^4\geq 210$.

证明 构造矩阵

$$\begin{bmatrix} 2a^4 & 2a^4 & 2a^4 & \left(\frac{1}{2}\right)^3 & \underbrace{27\cdots 27} \\ 3b^4 & 3b^4 & 3b^4 & \left(\frac{1}{3}\right)^3 & \underbrace{8\cdots 8}_{8\text{列}} \end{bmatrix}_{2\times 12}$$

运用推论1,有

$$\left[(2a^4+3b^4)^3\cdot\left(\frac{1}{8}+\frac{1}{27}\right)\cdot 35^8\right]^{\frac{1}{12}}\geq 9a+4b=35$$

故

$$2a^4+3b^4\geq\left(\frac{35^{12}}{\frac{35}{2^3\cdot 3^3}\cdot 35^8}\right)^{\frac{1}{3}}=35\cdot 6=210$$

例 13 设 a,b,c 是一个三角形的三边之长,求证:

$$a^2(b+c-a)+b^2(c+a-b)+c^2(a+b-c)\leq 3abc \tag{7.20}$$

证明 令 $a=x+y,b=z+x,c=x+y,x,y,z\in\mathbf{R}^+$,则原不等式等价变形为不等式:

$$x^2(y+z)+y^2(z+x)+z^2(x+y)\geq 6xyz \tag{$*$}$$

构造矩阵

$$\begin{bmatrix} x^2y & z^2x & y^2z \\ x^2z & y^2x & z^2y \\ y^2z & x^2y & z^2x \\ y^2x & z^2y & x^2z \\ z^2x & y^2z & x^2y \\ z^2y & x^2z & y^2x \end{bmatrix}_{6\times 3}$$

运用推论1,有

$$\{[x^2(y+z)+y^2(z+x)+z^2(x+y)]^3\}^{\frac{1}{3}} \geqslant 6xyz$$

故等价不等式式(∗)成立,从而原不等式获证.

例 14 已知 a,b,c 为满足 $a+b+c=1$ 的正数,求证:

$$\frac{1}{a+bc}+\frac{1}{b+ca}+\frac{1}{c+ab} \geqslant \frac{27}{4}$$

证法 1 构造矩阵

$$\begin{bmatrix} \dfrac{1}{a+bc} & a+bc \\ \dfrac{1}{b+ca} & b+ca \\ \dfrac{1}{c+ab} & c+ab \end{bmatrix}_{3\times 2} \quad 及 \quad \begin{bmatrix} a^2 & c^2 \\ b^2 & a^2 \\ c^2 & b^2 \end{bmatrix}_{3\times 2}$$

运用推论1,分别有

$$\left[\left(\frac{1}{a+bc}+\frac{1}{b+ca}+\frac{1}{c+ab}\right)(a+b+c+ab+bc+ca)\right]^{\frac{1}{2}} \geqslant 1+1+1=3$$

及

$$[(a^2+b^2+c^2)^2]^{\frac{1}{2}} \geqslant ac+ab+bc$$

亦即

$$1-2(ab+bc+ca) \geqslant ac+ab+bc$$

于是

$$\frac{1}{a+bc}+\frac{1}{b+ca}+\frac{1}{c+ab} \geqslant \frac{3^2}{1+ab+bc+ca} \geqslant \frac{9}{1+\frac{1}{3}}=\frac{27}{4}$$

证法 2 构造矩阵

$$\begin{bmatrix} \dfrac{1}{a+bc} & a+bc & 1 \\ \dfrac{1}{b+ca} & b+ca & 1 \\ \dfrac{1}{c+ab} & c+ab & 1 \end{bmatrix}_{3\times 3} \quad 及 \quad \begin{bmatrix} a^2 & c^2 \\ b^2 & a^2 \\ c^2 & b^2 \end{bmatrix}_{3\times 2}$$

运用推论1,分别有

$$\left[\left(\frac{1}{a+bc}+\frac{1}{b+ca}+\frac{1}{c+ab}\right)(a+b+c+ab+bc+ca)\cdot 3\right]^{\frac{1}{3}} \geqslant 1+1+1 = 3$$

及 $\qquad [(a^2+b^2+c^2)^2]^{\frac{1}{2}} \geqslant ac+ab+bc$

亦即 $\qquad 1-2(ab+bc+ca) \geqslant ab+bc+ca$

于是 $\qquad \dfrac{1}{a+bc}+\dfrac{1}{b+ca}+\dfrac{1}{c+ab} \geqslant \dfrac{27}{3\cdot(1+ab+bc+ca)} \geqslant \dfrac{9}{1+\dfrac{1}{3}} = \dfrac{27}{4}$

例 15 设 n 为大于 1 的自然数,试证:

$$\left(\frac{n+1}{2}\right)^{\frac{n(n+1)}{2}} \leqslant 2^2\cdot 3^2\cdot\cdots\cdot n^n \leqslant \left(\frac{2n+1}{3}\right)^{\frac{n(n+1)}{2}}$$

证明 考虑如下两个均为 $\frac{1}{2}n(n+1)$ 阶的方阵

$$\begin{bmatrix} 1 & 2 & 2 & 3 & 3 & 3 & \cdots & n & n & \cdots & n \\ 2 & 2 & 2 & 3 & 3 & 3 & \cdots & n & n & \cdots & 1 \\ 2 & 3 & 3 & 3 & 4 & 4 & \cdots & n & n & \cdots & 2 \\ 3 & 3 & 3 & 4 & 4 & 4 & \cdots & n & n & \cdots & 2 \\ \vdots & \vdots & \vdots & \vdots & \vdots & \vdots & & \vdots & \vdots & & \vdots \\ n & 1 & 2 & 2 & 3 & 3 & \cdots & (n-1) & n & \cdots & n \end{bmatrix}$$

其中每行、每列中的 $k(k=1,2,\cdots,n)$ 均有 k 个;

$$\begin{bmatrix} 1 & \frac{1}{2} & \frac{1}{2} & \frac{1}{3} & \frac{1}{3} & \frac{1}{3} & \cdots & \frac{1}{n} & \cdots & \frac{1}{n} & \frac{1}{n} \\ \frac{1}{2} & \frac{1}{2} & \frac{1}{3} & \frac{1}{3} & \frac{1}{3} & \frac{1}{4} & \frac{1}{4} & \cdots & \frac{1}{n} & \cdots & 1 \\ \frac{1}{2} & \frac{1}{3} & \frac{1}{3} & \frac{1}{3} & \frac{1}{4} & \frac{1}{4} & \frac{1}{4} & \cdots & \frac{1}{n} & 1 & \frac{1}{2} \\ \vdots & & & & & & & & \vdots & & \vdots \\ \frac{1}{n} & & & & & & & & \vdots & & \vdots \\ \vdots & & & & & & & & \vdots & & \vdots \\ \frac{1}{n} & 1 & \frac{1}{2} & \frac{1}{2} & \frac{1}{3} & \frac{1}{3} & \frac{1}{3} & \cdots & \frac{1}{n-1} & \cdots & \frac{1}{n} & \frac{1}{n} \end{bmatrix}$$

其中每行、每列中的 $\frac{1}{k}(k=1,2,\cdots,n)$ 均有 k 个.

运用推理 1,有

$$\left[(1+2^2+\cdots+n^n)^{\frac{n(n+1)}{2}}\right]^{\frac{1}{\frac{1}{2}n(n+1)}} \geqslant \frac{n(n+1)}{2}(1\cdot 2^2\cdot 3^3\cdot\cdots\cdot n^n)^{\frac{1}{\frac{1}{2}n(n+1)}}$$

及 $\left[n^{\frac{n(n+1)}{2}}\right]^{\frac{1}{\frac{1}{2}n(n+1)}} \geqslant \dfrac{n(n+1)}{2}\left(\dfrac{1}{2^2}\cdot\dfrac{1}{3^3}\cdot\cdots\cdot\dfrac{1}{n^n}\right)^{\frac{1}{\frac{1}{2}n(n+1)}}$

由上述两式化简即证.

例 16 设 $x_i > 0 (i = 1, 2, \cdots, n), n \geq 2, n \in \mathbf{N}$. 求证：

$$\left(\frac{x_0}{x_1}\right)^{n+1} + \left(\frac{x_1}{x_2}\right)^{n+1} + \cdots + \left(\frac{x_{n-1}}{x_n}\right)^{n+1} + \left(\frac{x_n}{x_0}\right)^{n+1} \geq \left(\frac{x_1}{x_0}\right) + \left(\frac{x_2}{x_1}\right) + \cdots + \left(\frac{x_n}{x_{n-1}}\right) + \left(\frac{x_0}{x_n}\right)$$

证明 考虑 $(n+2) \times (n+1)$ 矩阵

$$\begin{bmatrix} \left(\frac{x_0}{x_1}\right)^{n+1} & \left(\frac{x_1}{x_2}\right)^{n+1} & \cdots & \left(\frac{x_{n-1}}{x_n}\right)^{n+1} & \left(\frac{x_n}{x_0}\right)^{n+1} \\ \left(\frac{x_1}{x_2}\right)^{n+1} & \left(\frac{x_2}{x_3}\right)^{n+1} & \cdots & \left(\frac{x_n}{x_0}\right)^{n+1} & 1 \\ \left(\frac{x_2}{x_3}\right)^{n+1} & \left(\frac{x_3}{x_4}\right)^{n+1} & \cdots & 1 & \left(\frac{x_0}{x_1}\right)^{n+1} \\ \vdots & \vdots & & \vdots & \vdots \\ 1 & \left(\frac{x_0}{x_1}\right)^{n+1} & \cdots & \left(\frac{x_{n-2}}{x_{n-1}}\right)^{n+1} & \left(\frac{x_{n-1}}{x_n}\right)^{n+1} \end{bmatrix}$$

运用推论 1, 有

$$\left\{\left[\left(\frac{x_0}{x_1}\right)^{n+1} + \left(\frac{x_1}{x_2}\right)^{n+1} + \cdots + \left(\frac{x_{n-1}}{x_n}\right)^{n+1} + \left(\frac{x_n}{x_0}\right)^{n+1} + 1\right]^{n+1}\right\}^{\frac{1}{n+1}} \geq 1 + \frac{x_1}{x_0} + \frac{x_2}{x_1} + \cdots + \frac{x_n}{x_{n-1}} + \frac{x_0}{x_n}$$

由此整理即证.

例 17 设 $x_1, x_2, \cdots, x_n \in \mathbf{R}(n \geq 2), m, p \in \mathbf{N}$ 且奇偶数相同, 则

$$\frac{x_1^{m+p} + x_2^{m+p} + \cdots + x_n^{m+p}}{n} \geq \frac{x_1^m + x_2^m + \cdots + x_n^m}{n} \cdot \frac{x_1^p + x_2^p + \cdots + x_n^p}{n} \tag{7.21}$$

证明 考虑 $n \times (m+p)$ 矩阵

$$\begin{bmatrix} |x_1|^{m+p} & \cdots & |x_1|^{m+p} & |x_{i+1}|^{m+p} & \cdots & |x_{i+1}|^{m+p} \\ |x_2|^{m+p} & \cdots & |x_2|^{m+p} & |x_{i+2}|^{m+p} & \cdots & |x_{i+2}|^{m+p} \\ \vdots & & \vdots & \vdots & & \vdots \\ |x_n|^{m+p} & \cdots & |x_n|^{m+p} & |x_{i+n}|^{m+p} & \cdots & |x_{i+n}|^{m+p} \end{bmatrix}$$

$\underbrace{}_{m\text{列相同}}$ $\underbrace{}_{p\text{列相同}}$

运用推论 1, 有

$$\left[(|x_1|^{m+p} + |x_2|^{m+p} + \cdots + |x_n|^{m+p})^m \cdot (|x_{i+1}|^{m+p} + \cdots + |x_{i+n}|^{m+p})^p\right]^{\frac{1}{m+p}}$$

$$\geq \left[(|x_1|^{m+p})^m (|x_{i+1}|^{m+p})^p\right]^{\frac{1}{m+p}} + \cdots + \left[(|x_n|^{m+p})^m (|x_{i+n}|^{m+p})^p\right]^{\frac{1}{m+p}}$$

$$= |x_1|^m |x_{i+1}|^p + \cdots + |x_n|^m |x_{i+n}|^p$$

由上式, 令 i 取 $0, 1, 2, \cdots, n-1$ 得几个不等式, 把这些不等式两边相加, 并注意 $|x_{i+n}| = |x_i|$, 得

$$n(|x_1|^{m+p} + |x_2|^{m+p} + \cdots + |x_n|^{m+p})$$

$$\geq (|x_1|^m + |x_2|^m + \cdots + |x_n|^m) \cdot (|x_1|^p + |x_2|^p + \cdots + |x_n|^p)$$
$$\geq (x_1^m + x_2^m + \cdots + x_n^m) \cdot (x_1^p + x_2^p + \cdots + x_n^p)$$

由 m,p 的奇偶性相同知 $m+p$ 为偶数,故

$$\frac{x_1^{m+p} + x_2^{m+p} + \cdots + x_n^{m+p}}{n} \geq \frac{x_1^{m+p} + x_2^{m+p} + \cdots + x_n^{m+p}}{n} \cdot \frac{x_1^{m+p} + x_2^{m+p} + \cdots + x_n^{m+p}}{n}$$

例18 设 $a_i, b_i \in \mathbf{R}^+, i = 1, 2, \cdots, n, n \in \mathbf{N}^*, \alpha, \beta$ 为正有理数,则

$$\left(\sum_{i=1}^{n} \frac{a_i^{\alpha+\beta}}{b_i^{\alpha}}\right)^{\beta} \geq \frac{\left(\sum_{i=1}^{n} a_i^{\beta}\right)^{\alpha+\beta}}{\left(\sum_{i=1}^{n} b_i^{\beta}\right)^{\alpha}} \tag{7.22}$$

证明 令 $\alpha = \frac{p}{M}, \beta = \frac{q}{M}, M, p, q$ 均为正整数,构造矩阵

$$\begin{bmatrix}
\dfrac{a_1^{\alpha+\beta}}{b_1^{\alpha}} & \cdots & \dfrac{a_1^{\alpha+\beta}}{b_1^{\alpha}} & b_1^{\beta} & \cdots & b_1^{\beta} \\
\dfrac{a_2^{\alpha+\beta}}{b_2^{\alpha}} & \cdots & \dfrac{a_2^{\alpha+\beta}}{b_2^{\alpha}} & b_2^{\beta} & \cdots & b_2^{\beta} \\
\vdots & & \vdots & \vdots & & \vdots \\
\dfrac{a_n^{\alpha+\beta}}{b_n^{\alpha}} & \cdots & \dfrac{a_n^{\alpha+\beta}}{b_n^{\alpha}} & b_n^{\beta} & \cdots & b_n^{\beta}
\end{bmatrix}_{n \times (p \times q)}$$

(下方标注:q列,p列)

运用推论 1,有

$$\left[\left(\sum_{i=1}^{n} \frac{a_i^{\alpha+\beta}}{b_i^{\alpha}}\right)^q \left(\sum_{i=1}^{n} b_i^{\beta}\right)^p\right]^{\frac{1}{p+q}} \geq \sum_{i=1}^{n} (a_i^{\alpha+\beta})^{\frac{q}{p+q}}$$

从而有

$$\left(\sum_{i=1}^{n} \frac{a_i^{\alpha+\beta}}{b_i^{\alpha}}\right)^q \left(\sum_{i=1}^{n} b_i^{\beta}\right)^p \geq \left[\sum_{i=1}^{n} (a_i^{\frac{p+q}{M}})^{\frac{q}{p+q}}\right]^{\frac{1}{p+q}} = \left(\sum_{i=1}^{n} a_i^{\beta}\right)^{p+q}$$

两边同开 M 次方得

$$\left(\sum_{i=1}^{n} \frac{a_i^{\alpha+\beta}}{b_i^{\alpha}}\right)^{\frac{q}{M}} \left(\sum_{i=1}^{n} b_i^{\beta}\right)^{\frac{p}{M}} \geq \left(\sum_{i=1}^{n} a_i^{\beta}\right)^{\frac{p+q}{M}}$$

由此即得原不等式成立.

7.2.2 不构造矩阵或应用推论 2 处理问题

例19 已知 a,b,c,d 是满足 $ab+bc+cd+da=1$ 的非负实数,求证:

$$\frac{a^3}{b+c+d} + \frac{b^3}{a+c+d} + \frac{c^3}{a+b+d} + \frac{d^3}{a+b+c} \geq \frac{1}{3}$$

证明 因为 $\sum_{i=1}^{4} 1 = 4, \sum (b+c+d) = 3\sum a$,由条件知 $(b+d)(a+c) = 1$.

由推论 2 得 $\left(\sum \dfrac{a^3}{b+c+d}\right)\cdot \sum(b+c+d)\cdot \sum 1 \geqslant \left(\sum a\right)^3$,从而

$$\sum \dfrac{a^3}{b+c+d} \geqslant \dfrac{1}{12}\left(\sum a\right)^2 = \dfrac{1}{12}[(a+c)+(b+d)]^2$$

$$\geqslant \dfrac{1}{3}(a+c)(b+d) = \dfrac{1}{3}$$

故原不等式获证.

注 其中两个不等号都是运用了推论 2.

例 20 已知 $a,b,c \in \mathbf{R}^+, k \geqslant 2$ 且 $k \in \mathbf{N}$. 求证:

$$\dfrac{a^k}{b+c} + \dfrac{b^k}{c+a} + \dfrac{c^k}{a+b} \geqslant \dfrac{3^{2-k}}{2}(a+b+c)^{k-1}$$

证明 因 $\sum\limits_{i=1}^{3} 1 = 3, \sum(b+c) = 2\sum a$. 由推论 2,得

$$\left(\sum \dfrac{a^k}{b+c}\right)\cdot \sum(b+c)\cdot \left(\sum 1\right)^{k-2} \geqslant \left(\sum a\right)^k$$

从而

$$\sum \dfrac{a^k}{b+c} \geqslant \dfrac{\left(\sum a\right)^k}{\sum(b+c)\cdot \left(\sum 1\right)^{k-2}} = \dfrac{3^{2-k}}{2}\cdot \left(\sum a\right)^{k-1}$$

证毕.

例 21 设 $a_i \in \mathbf{R}^+ (i=1,2,\cdots,n), \sum\limits_{i=1}^{n} a_i = A$,且 $k,m \in \mathbf{N}^*, m \geqslant 2$. 求证:

$$\sum \dfrac{a_i^m}{kA - a_i} \geqslant \dfrac{n^{2-m}\cdot A^{m-1}}{kn-1}.$$

证明 因为 $\sum\limits_{i=1}^{n} 1 = n, \sum\limits_{i=1}^{n}(kA-a_i) = (kn-1)\sum\limits_{i=1}^{n} a_i$. 由推论 2,得

$$\left(\sum_{i=1}^{n} \dfrac{a_i^m}{kA-a_i}\right)\left[\sum_{i=1}^{n}(kA-a_i)\right]\left(\sum_{i=1}^{n} 1\right)^{m-2} \geqslant \left(\sum_{i=1}^{n} a_i\right)^m$$

从而

$$\sum_{i=1}^{n} \dfrac{a_i^m}{kA-a_i} \geqslant \dfrac{\left(\sum\limits_{i=1}^{n} a_i\right)^m}{(kn-1)\cdot n^{m-2}\cdot \sum\limits_{i=1}^{n} a_i} = \dfrac{n^{2-m}\cdot A^{m-1}}{kn-1}$$

证毕.

例 22 设 $a,b,c \in \mathbf{R}^+$,且满足 $abc=1, m\geqslant 3, m \in \mathbf{N}$,求证

$$\dfrac{1}{a^m(b+c)} + \dfrac{1}{b^m(c+a)} + \dfrac{1}{c^m(a+b)} \geqslant \dfrac{3}{2}$$

证明 因为 $\sum\limits_{i=1}^{3} 1 = 3, \sum a(b+c) = 2\sum bc$,由推论 2,得

$$\left[\sum \dfrac{1}{a^m(b+c)}\right]\left[\sum a(b+c)\right]\left(\sum 1\right)^{m-3}$$

$$= \Big[\sum \frac{(bc)^{m-1}}{a(b+c)}\Big]\Big[\sum a(b+c)\Big](\sum 1)^{m-3} \geqslant \Big(\sum bc\Big)^{m-1}$$

从而 $\sum \dfrac{1}{a^m(b+c)} \geqslant \dfrac{(\sum bc)^{m-1}}{[\sum a(b+c)] \cdot 3^{m-3}} = \dfrac{(\sum bc)^{m-2}}{2 \cdot 3^{m-3}} \geqslant \dfrac{(3\sqrt[3]{a^2b^2c^2})^{m-2}}{2 \cdot 3^{m-3}} = \dfrac{3}{2}$

注 此例中 $m = 3$ 时即为 1995 年第 36 届国际数学奥林匹克试题.

例 23 已知 $x + 2y + 3z + 4u + 5v = 30$,求证
$$x^2 + 2y^2 + 3z^2 + 4u^2 + 5v^2 \geqslant 60.$$

证明 由卡尔松不等式或推论 2 有
$$x^2 + 2y^2 + 3z^2 + 4u^2 + 5v^2$$
$$= \frac{x^2}{1} + \frac{(2y)^2}{2} + \frac{(3z)^2}{3} + \frac{(4u)^2}{4} + \frac{(5v)^2}{5}$$
$$\geqslant \frac{(x + 2y + 3z + 4u + 5v)^2}{1 + 2 + 3 + 4 + 5} = 60$$

注 此处运用的卡尔松不等式实际上也是柯西不等式.

例 24 已知 $a, b, c, d \in \mathbf{R}^+$. 求证:
$$\frac{a}{b+c+d} + \frac{b}{a+c+d} + \frac{c}{a+b+d} + \frac{d}{a+b+c} \geqslant \frac{4}{3}$$

证明 注意到推论 2(或柯西不等式),有
$$\frac{a}{b+c+d} + \frac{b}{a+c+d} + \frac{c}{a+b+d} + \frac{d}{a+b+c}$$
$$= \frac{a^2}{a(b+c+d)} + \frac{b^2}{b(a+c+d)} + \frac{c^2}{c(a+b+d)} + \frac{d^2}{d(a+b+c)}$$
$$\geqslant \frac{(a+b+c+d)^2}{(a+b+c+d)^2 - (a^2+b^2+c^2+d^2)}$$

又 $a^2 + b^2 + c^2 + d^2 = \dfrac{a^2}{1} + \dfrac{b^2}{1} + \dfrac{c^2}{1} + \dfrac{d^2}{1} \geqslant \dfrac{(a+b+c+d)^2}{4}$

故 $\dfrac{a}{b+c+d} + \dfrac{b}{a+c+d} + \dfrac{c}{a+b+d} + \dfrac{d}{a+b+c} \geqslant \dfrac{(a+b+c+d)^2}{(a+b+c+d)^2 - \frac{1}{4}(a+b+c+d)^2} = \dfrac{4}{3}$

注 ① 也可以这样证:由
$$\frac{a}{b+c+d} + 1 + \frac{b}{a+c+d} + 1 + \frac{c}{a+b+d} + 1 + \frac{d}{a+b+c} + 1 - 4$$
$$= \frac{a+b+c+d}{b+c+d} + \frac{a+b+c+d}{a+c+d} + \frac{a+b+c+d}{a+b+d} + \frac{a+b+c+d}{a+b+c} - 4$$
$$= (a+b+c+d)\Big(\frac{1^2}{b+c+d} + \frac{1^2}{a+c+d} + \frac{1^2}{a+b+d} + \frac{1^2}{a+b+c}\Big) - 4$$
$$\geqslant (a+b+d) \cdot \frac{(1+1+1+1)^2}{3(a+b+c+d)} - 4 = \frac{16}{3} - 4 = \frac{4}{3}$$

② 类似此例可证:设 $a,b,c \in \mathbf{R}^+$,则 $\dfrac{a}{b+c} + \dfrac{b}{c+a} + \dfrac{c}{a+b} \geqslant \dfrac{3}{2}$.

例 25 设 $a_1, a_2, a_3, a_4 \in \mathbf{R}^+$,求证:$\dfrac{a_1}{a_2^2} + \dfrac{a_2}{a_3^2} + \dfrac{a_3}{a_1^2} \geqslant \dfrac{1}{a_1} + \dfrac{1}{a_2} + \dfrac{1}{a_3}$.

证明 注意到推论 2(或柯西不等式),有

$$\dfrac{a_1}{a_2^2} + \dfrac{a_2}{a_3^2} + \dfrac{a_3}{a_1^2} = \dfrac{\dfrac{1}{a_2^2}}{\dfrac{1}{a_1}} + \dfrac{\dfrac{1}{a_3^2}}{\dfrac{1}{a_2}} + \dfrac{\dfrac{1}{a_1^2}}{\dfrac{1}{a_3}} \geqslant \dfrac{\left(\dfrac{1}{a_2} + \dfrac{1}{a_3} + \dfrac{1}{a_1}\right)^2}{\dfrac{1}{a_1} + \dfrac{1}{a_2} + \dfrac{1}{a_3}} = \dfrac{1}{a_1} + \dfrac{1}{a_2} + \dfrac{1}{a_3}$$

例 26 设 $x, y \in \mathbf{R}^+$,且 $\dfrac{19}{x} + \dfrac{98}{y} = 1$. 求证:$x + y \geqslant 117 + 14\sqrt{38}$.

证明 注意到推论 2(或柯西不等式),有

$$x + y = \dfrac{(\sqrt{19})^2}{\dfrac{19}{x}} + \dfrac{(\sqrt{98})^2}{\dfrac{98}{y}} \geqslant \dfrac{(\sqrt{19} + \sqrt{98})^2}{\dfrac{19}{x} + \dfrac{98}{y}} = (\sqrt{19} + \sqrt{98})^2 = 117 + 14\sqrt{38}$$

例 27 设 $a > 1, b > 1$,求证:$\dfrac{a^2}{b-1} + \dfrac{b^2}{a-1} \geqslant 8$.

证明 令 $a - 1 = x, b - 1 = y$,则 $x > 0, y > 0$.

再注意到推论 2(或柯西不等式)及平均值不等式,有

$$\dfrac{a^2}{b-1} + \dfrac{b^2}{a-1} = \dfrac{(x+1)^2}{y} + \dfrac{(y+1)^2}{x} \geqslant \dfrac{(x+y+2)^2}{x+y}$$

$$= x + y + \dfrac{4}{x+y} + 4 \geqslant 2\sqrt{(x+y) \cdot \dfrac{4}{x+y}} + 4 \geqslant 4 + 4 = 8$$

例 28 (2005 年全国高中数学联赛试题)设正数 a, b, c, x, y, z 满足 $cy + bz = a, az + cx = b, bx + ay = c$. 求函数 $f(x, y, z) = \dfrac{x^2}{1+x} + \dfrac{y^2}{1+y} + \dfrac{z^2}{1+z}$ 的最小值.

解 先解出关于 x, y, z 的方程组得 $x = \dfrac{b^2 + c^2 - a^2}{2bc}, y = \dfrac{c^2 + a^2 - b^2}{2ca}, z = \dfrac{a^2 + b^2 - c^2}{2ab}$. 下面用 "$\sum$" 表循环和,即 $\sum a = a + b + c$ 等.

于是运用推论 2(或权方和不等式)有

$$f(x + y + z) = \sum \dfrac{x^2}{1+x} = \sum \dfrac{(b^2 + c^2 - a^2)^2}{4b^2c^2 + 2bc(b^2 + c^2 - a^2)}$$

$$\geqslant \dfrac{\left[\sum (b^4 + c^2 - a^2)\right]^2}{\sum 4b^2c^2 - \sum (b^2 + c^2 - a^2) \cdot 2bc}$$

注意到 $\left[\sum (b^2 + c^2 - a^2)\right]^2 = (a^2 + b^2 + c^2)^2$

及 $\sum (b^2 + c^2 - a^2) \cdot 2bc \leqslant \sum (b^2 + c^2 - a^2)(b^2 + c^2)$

$= \sum [(b^2 + c^2 + a^2) - 2a^2](b^2 + c^2)$

$$= \sum (b^2 + c^2 + a^2)(b^2 + c^2) - 2\sum a^2(b^2 + c^2)$$

$$= 2(a^2 + b^2 + c^2)^2 - 4\sum b^2c^2$$

故 $f(x,y,z) \geq \dfrac{1}{2}$.

其中等号成立当且仅当 $a = b = c, x = y = z = \dfrac{1}{2}$.

从而所求最小值为 $\dfrac{1}{2}$.

例29 (2005年湖南竞赛题) 若正数 a,b,c 满足 $\dfrac{a}{b+c} = \dfrac{b}{c+a} - \dfrac{c}{a+b}$, 求证: $\dfrac{b}{c+a} \geq \dfrac{\sqrt{17}-1}{4}$.

解 由题设并运用推论2,有

$$\frac{b}{a+c} = \frac{a}{b+c} + \frac{c}{a+b} = \frac{a^2}{ab+ac} + \frac{c^2}{ac+bc} \geq \frac{(a+c)^2}{ab+bc+2ca}$$

令 $\dfrac{b}{a+c} = k$, 则 $b = k(a+c)$, 因此

$$k \geq \frac{(a+c)^2}{k(a+c)^2 + \dfrac{1}{2}(a+c)^2} = \frac{1}{k + \dfrac{1}{2}}$$

即有
$$2k^2 + k - 2 \geq 0$$

解得 $k \geq \dfrac{\sqrt{17}-1}{4}$ (舍去 $k \leq \dfrac{-\sqrt{17}-1}{4}$). 故 $\dfrac{b}{c+a} \geq \dfrac{\sqrt{17}-1}{4}$.

例30 设 $a_i \in \mathbf{R}^+$, $\sum_{i=1}^{n} a_i = S$, 且 $\dfrac{a_1}{S-a_1} = \sum_{i=2}^{n} \dfrac{a_i}{S-a_i}$, 则

$$\frac{a_1}{S-a_1} \geq \frac{\sqrt{5n^2 - 12n + 8} - (n-2)}{2(n-1)}$$

证明 注意到推论2(或权方和不等式或柯西不等式), 有

$$\frac{a_1}{S-a_1} = \sum_{i=2}^{n} \frac{a_i}{S-a_i} = \left(-1 + \frac{S}{S-a_2}\right) + \left(-1 + \frac{S}{S-a_3}\right) + \cdots + \left(-1 + \frac{S}{S-a_n}\right)$$

$$= -(n-1) + S\left(\frac{1^2}{S-a_2} + \frac{1^2}{S-a_3} + \cdots + \frac{1^2}{S-a_n}\right)$$

$$\geq -(n-1) + S \cdot \frac{(n-1)^2}{(n-1)S - a_2 - \cdots - a_n} = \frac{(n-1)(S-a_1)}{(n-1)\dfrac{a_1}{S-a_1} + (n-2)}$$

由上式解得 $\dfrac{a_1}{S-a_1} \geq \dfrac{\sqrt{5n^2 - 12n + 8} - (n-2)}{2(n-1)}$ (因 $\dfrac{a_1}{S-a_1} > 0$).

注 例30是例29的推广, 当 $n = 3$ 时, 即为例29.

例31 设 $a,b,c \in \mathbf{R}_+$,求证:$\dfrac{9a}{b+c}+\dfrac{16b}{c+a}+\dfrac{25c}{c+a}\geq 22$.

证明 运用推论2(或权方和不等式),有

$$\dfrac{9a}{b+c}+\dfrac{16b}{c+a}+\dfrac{25c}{c+a}=\dfrac{9a}{b+c}+\dfrac{9(b+c)}{b+c}+\dfrac{16b}{c+a}+\dfrac{16(c+a)}{c+a}+\dfrac{25c}{a+b}+\dfrac{25(a+b)}{a+b}-50$$

$$=(a+b+c)\left(\dfrac{3^2}{b+c}+\dfrac{4^2}{c+a}+\dfrac{5^2}{a+b}\right)-50$$

$$\geq (a+b+c)\cdot\dfrac{(3+4+5)^2}{2(a+b+c)}-50$$

$$=\dfrac{144}{2}-50=22$$

例32 设 $a,b,c \in \mathbf{R}^+$,且 $a+b+c=1$,求证

$$\dfrac{a^2+b^3}{b+c}+\dfrac{b^2+c^3}{c+a}+\dfrac{c^2+a^3}{a+b}\geq \dfrac{2}{3}$$

证明 运用推论2(或权方和不等式或柯西不等式),有

$$a^2+b^2+c^2=\dfrac{a^2}{1}+\dfrac{b^2}{1}+\dfrac{c^2}{1}\geq \dfrac{(a+b+c)^2}{3}=\dfrac{1}{3}$$

$$\dfrac{a^2}{b+c}+\dfrac{b^2}{c+a}+\dfrac{c^2}{a+b}\geq \dfrac{(a+b+c)^2}{2(a+b+c)}=\dfrac{1}{2}$$

$$\dfrac{b^3}{b+c}+\dfrac{c^3}{c+a}+\dfrac{a^3}{a+b}=\dfrac{(b^2)^2}{b^2+bc}+\dfrac{(c^2)^2}{c^2+ca}+\dfrac{(a^2)^2}{a^2+ab}$$

$$\geq \dfrac{(a^2+b^2+c^2)^2}{a^2+b^2+c^2+ab+bc+ca}\geq \dfrac{(a^2+b^2+c^2)^2}{2(a^2+b^2+c^2)}$$

$$=\dfrac{a^2+b^2+c^2}{2}\geq \dfrac{1}{2}\cdot\dfrac{1}{3}=\dfrac{1}{6}$$

故

$$\dfrac{a^2+b^3}{b+c}+\dfrac{b^2+c^3}{c+a}+\dfrac{a^2+b^3}{a+b}\geq \dfrac{1}{2}+\dfrac{1}{6}=\dfrac{2}{3}$$

例33 (2012年美国数学奥林匹克试题)已知 a,b,c 为正数,求证:

$$\dfrac{a^3+3b^3}{5a+b}+\dfrac{b^3+3c^3}{5b+c}+\dfrac{c^3+3a^3}{5c+a}\geq \dfrac{2}{3}(a^2+b^2+c^2).$$

证明 运用推论2(或权方和不等式或柯西不等式),有

$$\dfrac{a^3+3b^3}{5a+b}+\dfrac{b^3+3c^3}{5b+c}+\dfrac{c^3+3a^3}{5c+a}$$

$$=\dfrac{a^4}{5a^2+ab}+\dfrac{b^4}{5b^2+bc}+\dfrac{c^4}{5c^2+ca}+3\left(\dfrac{a^4}{a^2+5ac}+\dfrac{b^4}{b^2+5ab}+\dfrac{c^4}{c^2+5bc}\right)$$

$$\geq \dfrac{(a^2+b^2+c^2)^2}{5(a^2+b^2+c^2)+ab+bc+ca}+\dfrac{3(a^2+b^2+c^2)^2}{a^2+b^2+c^2+5(ab+bc+ca)}$$

$$\geq \dfrac{a^2+b^2+c^2}{6}+\dfrac{a^2+b^2+c^2}{2}(\text{其中 } ab+bc+ca\leq a^2+b^2+c^2)$$

$$= \frac{2}{3}(a^2 + b^2 + c^2)$$

例34 (2012年伊朗数学奥林匹克试题)正数 a,b,c 满足 $ab+bc+ca=1$.

求证：$\sqrt{3}(\sqrt{a}+\sqrt{b}+\sqrt{c}) \leqslant \dfrac{a\sqrt{a}}{bc} + \dfrac{b\sqrt{b}}{ca} + \dfrac{c\sqrt{c}}{ab}$.

证明 运用推论2(或柯西不等式)有

$$\frac{a\sqrt{a}}{bc} + \frac{b\sqrt{b}}{ca} + \frac{c\sqrt{c}}{ab} = \frac{a^3}{a^{\frac{3}{2}}bc} + \frac{b^3}{ab^{\frac{3}{2}}c} + \frac{c^3}{abc^{\frac{3}{2}}}$$

$$\geqslant \frac{(a^{\frac{3}{2}}+b^{\frac{3}{2}}+c^{\frac{3}{2}})^2}{a^{\frac{3}{2}}bc + ab^{\frac{3}{2}}c + abc^{\frac{3}{2}}} = \frac{(a^{\frac{3}{2}}+b^{\frac{3}{2}}+c^{\frac{3}{2}})^2}{abc(\sqrt{a}+\sqrt{b}+\sqrt{c})}$$

$$= \frac{(a^{\frac{3}{2}}+b^{\frac{3}{2}}+c^{\frac{3}{2}})^2}{\sqrt{a}+\sqrt{b}+\sqrt{c}} \cdot \left(\frac{1}{a}+\frac{1}{b}+\frac{1}{c}\right) \cdot (bc+ca+ab) \text{（因为 } ab+bc+ca=1\text{）}$$

$$\geqslant \frac{(a^{\frac{3}{2}}+b^{\frac{3}{2}}+c^{\frac{3}{2}})^2}{\sqrt{a}+\sqrt{b}+\sqrt{c}}(\sqrt{a}+\sqrt{b}+\sqrt{c})^2$$

$$= (a^{\frac{3}{2}}+b^{\frac{3}{2}}+c^{\frac{3}{2}})^2(\sqrt{a}+\sqrt{b}+\sqrt{c}).$$

又由推论2(或推论1),有

$$(a^{\frac{3}{2}}+b^{\frac{3}{2}}+c^{\frac{3}{2}})^2(1+1+1) \geqslant (a+b+c)^3 \geqslant [\sqrt{3(ab+bc+ca)}]^3 = 3\sqrt{3} \qquad (*)$$

即 $(a^{\frac{3}{2}}+b^{\frac{3}{2}}+c^{\frac{3}{2}})^2 \geqslant \sqrt{3}$

故 $\sqrt{3}(\sqrt{a}+\sqrt{b}+\sqrt{c}) \leqslant \dfrac{a\sqrt{a}}{bc} + \dfrac{b\sqrt{b}}{ca} + \dfrac{c\sqrt{c}}{ab}$

注 由推论1是构造矩阵

$$\begin{bmatrix} a^{\frac{3}{2}} & a^{\frac{3}{2}} & 1 \\ b^{\frac{3}{2}} & b^{\frac{3}{2}} & 1 \\ c^{\frac{3}{2}} & c^{\frac{3}{2}} & 1 \end{bmatrix}_{3\times 3}$$

并注意

$$(a+b+c)^2 \geqslant 3(ab+bc+ca)$$

即可得式(*).

例35 (2012年巴尔干地区竞赛试题)已知 $x,y,z>0$，"$\sum$"表循环和，求证：

$$\sum (x+y)\sqrt{(z+x)(z+y)} \geqslant 4(xy+yz+zx).$$

证明 运用推论2,有 $[(z+x)(z+y)]^{\frac{1}{2}} \geqslant z + (xy)^{\frac{1}{2}}$. 于是

$$\sum (x+y)\sqrt{(z+x)(z+y)} \geqslant \sum (x+y)(z+\sqrt{xy})$$

$$= \sum [zx + yz + (x+y)\sqrt{xy}]$$

$$\geq \sum (zx + yz + 2\sqrt{xy} \cdot \sqrt{xy})$$
$$= 4(xy + yz + zx)$$

例36 （2012年韩国数学奥林匹克试题）已知 x, y, z 为正数，求证：
$$\frac{2x^2 + xy}{(y + \sqrt{zx} + z)^2} + \frac{2y^2 + yz}{(z + \sqrt{xy} + x)^2} + \frac{2z^2 + zx}{(x + \sqrt{yz} + y)^2} \geq 1$$

证明 运用推论2，有 $(y + \sqrt{zx} + z)^2 \leq (x + y + z)(y + z + z)$ 等三式.

易知要证原不等式，只要证
$$\frac{2x^2 + xy}{y + 2z} + \frac{2y^2 + yz}{z + 2x} + \frac{2z^2 + zx}{x + 2y} \geq x + y + z$$
$$\Leftrightarrow \frac{2x^2 + xy}{y + 2z} + x + \frac{2y^2 + yz}{z + 2x} + y + \frac{2z^2 + zx}{x + 2y} + z \geq 2(x + y + z)$$
$$\Leftrightarrow \frac{x}{y + 2z} + \frac{y}{z + 2x} + \frac{z}{x + 2y} \geq 1$$

又运用推论2，有
$$\frac{x}{y + 2z} + \frac{y}{z + 2x} + \frac{z}{x + 2y} = \frac{x^2}{x(y + 2z)} + \frac{y^2}{y(z + 2x)} + \frac{z^2}{z(x + 2y)}$$
$$\geq \frac{(x + y + z)^2}{x(y + 2z) + y(z + 2x) + z(x + 2y)}$$
$$= \frac{(x + y + z)^2}{3(xy + yz + zx)} \geq 1 \qquad (**)$$

故原不等式获证.

例37 设 $l, m, n, p, q, r, x, y, z \in \mathbf{R}$（其中，$l, m, n, p, q, r$ 为常数，以下不再注明），且 $\frac{l}{x} + \frac{m}{y} + \frac{n}{z} = 1$，求 $px^2 + qy^2 + rz^2$ 的最小值.

解 由卡尔松不等式（或推论2）得
$$px^2 + qy^2 + rz^2 = \frac{(\sqrt[3]{l^2 p})^3}{\left(\frac{l}{x}\right)^2} + \frac{(\sqrt[3]{m^2 q})^3}{\left(\frac{m}{y}\right)^2} + \frac{(\sqrt[3]{n^2 r})^3}{\left(\frac{n}{z}\right)^2}$$
$$\geq \frac{(\sqrt[3]{l^2 p} + \sqrt[3]{m^2 q} + \sqrt[3]{n^2 r})^3}{\left(\frac{l}{x} + \frac{m}{y} + \frac{n}{z}\right)^2}$$
$$= (\sqrt[3]{l^2 p} + \sqrt[3]{m^2 q} + \sqrt[3]{n^2 r})^3$$

易知等号可以取得，所以 $px^2 + qy^2 + rz^2$ 的最小值为 $(\sqrt[3]{l^2 p} + \sqrt[3]{m^2 q} + \sqrt[3]{n^2 r})^3$.

例38 设 $a_1, a_2, \cdots, a_n; b_1, b_2, \cdots, b_n; x_1, x_2, \cdots, x_n \in \mathbf{R}, m, n \in \mathbf{N}^*$（其中，$a_1, a_2, \cdots, a_n$; $b_1, b_2, \cdots, b_n$ 为常数），且 $\frac{a_1}{x_1} + \frac{a_2}{x_2} + \cdots + \frac{a_n}{x_n} = 1$. 求 $b_1 x_1^m + b_2 x_2^m + \cdots + b_n x_n^m$ 的最小值.

解 由推论2,得

$$b_1 x_1^m + b_2 x_2^m + \cdots + b_n x_n^m$$

$$= \frac{(\sqrt[m+1]{a_1^m b_1})^{m+1}}{\left(\dfrac{a_1}{x_1}\right)^m} + \frac{(\sqrt[m+1]{a_2^m b_2})^{m+1}}{\left(\dfrac{a_2}{x_2}\right)^m} + \cdots + \frac{(\sqrt[m+1]{a_n^m b_n})^{m+1}}{\left(\dfrac{a_n}{x_n}\right)^m}$$

$$\geqslant \frac{(\sqrt[m+1]{a_1^m b_1} + \sqrt[m+1]{a_2^m b_2} + \cdots + \sqrt[m+1]{a_n^m b_n})^{m+1}}{\left(\dfrac{a_1}{x_1} + \dfrac{a_2}{x_2} + \cdots + \dfrac{a_n}{x_n}\right)^m}$$

$$= (\sqrt[m+1]{a_1^m b_1} + \sqrt[m+1]{a_2^m b_2} + \cdots + \sqrt[m+1]{a_n^m b_n})^{m+1}$$

易知等号可以取得,所以 $b_1 x_1^m + b_2 x_2^m + \cdots + b_n x_n^m$ 的最小值为

$$(\sqrt[m+1]{a_1^m b_1} + \sqrt[m+2]{a_2^m b_2} + \cdots + \sqrt[m+1]{a_n^m b_n})^{m+1}$$

注 我们分别以 $\dfrac{1}{x_1}, \dfrac{1}{x_2}, \cdots, \dfrac{1}{x_n}$ 替换例38中 $x_1, x_2, \cdots, x_n$,则可得

① 设 $a_1, a_2, \cdots, a_n; b_1, b_2, \cdots, b_n; x_1, x_2, \cdots, x_n \in \mathbf{R}, m, n \in \mathbf{N}^*$(其中,$a_1, a_2, \cdots, a_n; b_1, b_2, \cdots, b_n$ 为常数),$a_1 x_1 + a_2 x_2 + \cdots + a_n x_n = 1$,则 $\dfrac{b_1}{x_1^m} + \dfrac{b_2}{x_2^m} + \cdots + \dfrac{b_n}{x_n^m}$ 的最小值为

$$(\sqrt[m+1]{a_1^m b_1} + \sqrt[m+2]{a_1^m b_2} + \cdots + \sqrt[m+1]{a_n^m b_n})^{m+1}$$

同样地,我们分别以 $\sqrt[m]{x_1}, \sqrt[m]{x_2}, \cdots, \sqrt[m]{x_n}$ 替换例38中 $x_1, x_2, \cdots, x_n$,则可得

② 设 $a_1, a_2, \cdots, a_n; b_1, b_2, \cdots, b_n; x_1, x_2, \cdots, x_n \in \mathbf{R}, m, n \in \mathbf{N}^*$(其中,$a_1, a_2, \cdots, a_n; b_1, b_2, \cdots, b_n$ 为常数),$\dfrac{a_1}{\sqrt[m]{x_1}} + \dfrac{a_2}{\sqrt[m]{x_2}} + \cdots + \dfrac{a_n}{\sqrt[m]{x_n}} = 1$,则 $b_1 x_1 + b_2 x_2 + \cdots + b_n x_n$ 的最小值为

$$(\sqrt[m+1]{a_1^m b_1} + \sqrt[m+2]{a_2^m b_2} + \cdots + \sqrt[m+1]{a_n^m b_n})^{m+1}$$

例39 设 $l, m, n, p, q, r, x, y, z \in \mathbf{R}(l, m, n, p, q, r$ 为常数),且 $lx^2 + my^2 + nz^2 = 1$,求 $\dfrac{p}{x} + \dfrac{q}{y} + \dfrac{r}{z}$ 的最小值.

解 由卡尔松不等式或推论2,得

$$\frac{p}{x} + \frac{q}{y} + \frac{r}{z} = \frac{(l^{\frac{1}{3}} p^{\frac{2}{3}})^{\frac{3}{2}}}{(lx^2)^{\frac{1}{2}}} + \frac{(m^{\frac{1}{3}} q^{\frac{2}{3}})^{\frac{3}{2}}}{(my^2)^{\frac{1}{2}}} + \frac{(n^{\frac{1}{3}} r^{\frac{2}{3}})^{\frac{3}{2}}}{(nz^2)^{\frac{1}{2}}}$$

$$\geqslant \frac{(l^{\frac{1}{3}} p^{\frac{2}{3}} + m^{\frac{1}{3}} q^{\frac{2}{3}} + n^{\frac{1}{3}} r^{\frac{2}{3}})^{\frac{3}{2}}}{(lx^2 + my^2 + nz^2)^{\frac{1}{2}}}$$

$$= (l^{\frac{1}{3}} p^{\frac{2}{3}} + m^{\frac{1}{3}} q^{\frac{2}{3}} + n^{\frac{1}{3}} r^{\frac{2}{3}})^{\frac{3}{2}}$$

易知等号可以取得,所以 $\dfrac{p}{x} + \dfrac{q}{y} + \dfrac{r}{z}$ 的最小值为 $(l^{\frac{1}{3}} p^{\frac{2}{3}} + m^{\frac{1}{3}} q^{\frac{2}{3}} + n^{\frac{1}{3}} r^{\frac{2}{3}})^{\frac{3}{2}}$.

例40 设 $a_1, a_2, \cdots, a_n; b_1, b_2, \cdots, b_n; x_1, x_2, \cdots, x_n \in \mathbf{R}, m, n \in \mathbf{N}^*$(其中,$a_1, a_2, \cdots, a_n$;

$b_1, b_2, \cdots, b_n$ 为常数),且 $a_1 x_1^m + a_2 x_2^m + \cdots + a_n x_n^m = 1$,求 $\dfrac{b_1}{x_1} + \dfrac{b_2}{x_2} + \cdots + \dfrac{b_n}{x_n}$ 的最小值.

解 由推论 2,得

$$\frac{b_1}{x_1} + \frac{b_2}{x_2} + \cdots + \frac{b_n}{x_n} = \frac{(a_1^{\frac{1}{m+1}} b_1^{\frac{m}{m+1}})^{\frac{m+1}{m}}}{(a_1 x_1^m)^{\frac{1}{m}}} + \frac{(a_2^{\frac{1}{m+1}} b_2^{\frac{m}{m+1}})^{\frac{m+1}{m}}}{(a_2 x_2^m)^{\frac{1}{m}}} + \cdots + \frac{(a_n^{\frac{1}{m+1}} b_n^{\frac{m}{m+1}})^{\frac{m+1}{m}}}{(a_n x_n^m)^{\frac{1}{m}}}$$

$$\geqslant \frac{(a_1^{\frac{1}{m+1}} b_1^{\frac{m}{m+1}} + a_2^{\frac{1}{m+1}} b_2^{\frac{m}{m+1}} + \cdots + a_n^{\frac{1}{m+1}} b_n^{\frac{m}{m+1}})^{\frac{m+1}{m}}}{(a_1 x_1^m + a_2 x_2^m + \cdots + a_n x_n^m)^{\frac{1}{m}}}$$

$$= (a_1^{\frac{1}{m+1}} b_1^{\frac{m}{m+1}} + a_2^{\frac{1}{m+1}} b_2^{\frac{m}{m+1}} + \cdots + a_n^{\frac{1}{m+1}} b_n^{\frac{m}{m+1}})^{\frac{m+1}{m}}$$

易知等号可以取得,所以 $\dfrac{b_1}{x_1} + \dfrac{b_2}{x_2} + \cdots + \dfrac{b_n}{x_n}$ 的最小值为 $(a_1^{\frac{1}{m+1}} b_1^{\frac{m}{m+1}} + a_2^{\frac{1}{m+1}} b_2^{\frac{m}{m+1}} + \cdots + a_n^{\frac{1}{m+1}} b_n^{\frac{m}{m+1}})^{\frac{m+1}{m}}$.

注 我们分别以 $\dfrac{1}{x_1}, \dfrac{1}{x_2}, \cdots, \dfrac{1}{x_n}$ 替换例 40 中 $x_1, x_2, \cdots, x_n$,则可得

① 设 $a_1, a_2, \cdots, a_n; b_1, b_2, \cdots, b_n; x_1, x_2, \cdots, x_n \in \mathbf{R}^+, m, n \in \mathbf{N}^*$ (其中,$a_1, a_2, \cdots, a_n; b_1, b_2, \cdots, b_n$ 为常数),且 $\dfrac{a_1}{x_1^m} + \dfrac{a_2}{x_2^m} + \cdots + \dfrac{a_n}{x_n^m} = 1$,则 $b_1 x_1 + b_2 x_2 + \cdots + b_n x_n$ 的最小值为 $(a_1^{\frac{1}{m+1}} b_1^{\frac{m}{m+1}} + a_2^{\frac{1}{m+1}} b_2^{\frac{m}{m+1}} + \cdots + a_n^{\frac{1}{m+1}} b_n^{\frac{m}{m+1}})^{\frac{m+1}{m}}$.

同样地,我们分别以 $\sqrt[m]{x_1}, \sqrt[m]{x_2}, \cdots, \sqrt[m]{x_n}$ 替换例 40 中 $x_1, x_2, \cdots, x_n$,则可得

② 设 $a_1, a_2, \cdots, a_n; b_1, b_2, \cdots, b_n; x_1, x_2, \cdots, x_n \in \mathbf{R}^+, m, n \in \mathbf{N}^*$ (其中,$a_1, a_2, \cdots, a_n; b_1, b_2, \cdots, b_n$ 为常数),且 $a_1 x_1 + a_2 x_2 + \cdots + a_n x_n = 1$,则 $b_1 x_1^{\frac{1}{m}} + b_2 x_2^{\frac{1}{m}} + \cdots + b_n x_n^{\frac{1}{m}}$ 的最小值为 $(a_1^{\frac{1}{m+1}} b_1^{\frac{m}{m+1}} + a_2^{\frac{1}{m+1}} b_2^{\frac{m}{m+1}} + \cdots + a_n^{\frac{1}{m+1}} b_n^{\frac{m}{m+1}})^{\frac{m+1}{m}}$.

例 41 设 $l, m, n, p, q, r, x, y, z \in \mathbf{R}^+$ (l, m, n, p, q, r 为常数),且 $lx^3 + my^3 + nz^3 = 1$,求 $px + qy + rz$ 的最大值.

解 由卡尔松不等式或推论 2,得

$$l = lx^3 + my^3 + nz^3$$

$$= \frac{(px)^3}{(p^{\frac{3}{2}} l^{-\frac{1}{2}})^2} + \frac{(qy)^3}{(q^{\frac{3}{2}} m^{-\frac{1}{2}})^2} + \frac{(rz)^3}{(r^{\frac{3}{2}} n^{-\frac{1}{2}})^2}$$

$$\geqslant \frac{(px + qy + rz)^3}{(p^{\frac{3}{2}} l^{-\frac{1}{2}} + q^{\frac{3}{2}} m^{-\frac{1}{2}} + r^{\frac{3}{2}} n^{-\frac{1}{2}})^2}$$

于是 $px + qy + rz \leqslant (p^{\frac{3}{2}} l^{-\frac{1}{2}} + q^{\frac{3}{2}} m^{-\frac{1}{2}} + r^{\frac{3}{2}} n^{-\frac{1}{2}})^{\frac{2}{3}}$.

易知等号可以取得,即 $px + qy + rz$ 的最大值为 $(p^{\frac{3}{2}} l^{-\frac{1}{2}} + q^{\frac{3}{2}} m^{-\frac{1}{2}} + r^{\frac{3}{2}} n^{-\frac{1}{2}})^{\frac{2}{3}}$.

例 42 设 $a_1, a_2, \cdots, a_n; b_1, b_2, \cdots, b_n; x_1, x_2, \cdots, x_n \in \mathbf{R}^+, m, n \in \mathbf{N}^*$ (其中,$a_1, a_2, \cdots, a_n; b_1, b_2, \cdots, b_n$ 为常数),且 $a_1 x_1^m + a_2 x_2^m + \cdots + a_n x_n^m = 1$,求 $b_1 x_1 + b_2 x_2 + \cdots + b_n x_n$ 的最大值.

解 由卡尔松不等式或推论 2,得
$$1 = a_1 x_1^m + a_2 x_2^m + \cdots + a_n x_n^m$$
$$= \frac{(b_1 x_1)^m}{(a_1^{-\frac{1}{m-1}} b_1^{\frac{m}{m-1}})^{m-1}} + \frac{(b_2 x_2)^m}{(a_2^{-\frac{1}{m-1}} b_2^{\frac{m}{m-1}})^{m-1}} + \cdots + \frac{(b_n x_n)^m}{(a_n^{-\frac{1}{m-1}} b_n^{\frac{m}{m-1}})^{m-1}}$$
$$\geq \frac{(b_1 x_1 + b_2 x_2 + \cdots + b_n x_n)^m}{(a_1^{-\frac{1}{m-1}} b_1^{\frac{m}{m-1}} + a_2^{-\frac{1}{m-1}} b_2^{\frac{m}{m-1}} + \cdots + a_n^{-\frac{1}{m-1}} b_n^{\frac{m}{m-1}})^{m-1}}$$

于是 $b_1 x_1 + b_2 x_2 + \cdots + b_n x_n \leq (a_1^{-\frac{1}{m-1}} b_1^{\frac{m}{m-1}} + a_2^{-\frac{1}{m-1}} b_2^{\frac{m}{m-1}} + \cdots + a_n^{-\frac{1}{m-1}} b_n^{\frac{m}{m-1}})^{\frac{m-1}{m}}$.

易知等号可以取得,即 $b_1 x_1 + b_2 x_2 + \cdots + b_n x_n$ 的最大值为 $(a_1^{-\frac{1}{m-1}} b_1^{\frac{m}{m-1}} + a_2^{-\frac{1}{m-1}} b_2^{\frac{m}{m-1}} + \cdots + a_n^{-\frac{1}{m-1}} b_n^{\frac{m}{m-1}})^{\frac{m-1}{m}}$.

注 我们分别以 $\frac{1}{x_1}, \frac{1}{x_2}, \cdots, \frac{1}{x_n}$ 替换例 42 中 $x_1, x_2, \cdots, x_n$,则可得

① 设 $a_1, a_2, \cdots, a_n; b_1, b_2, \cdots, b_n; x_1, x_2, \cdots, x_n \in \mathbf{R}^+, m, n \in \mathbf{N}^*$(其中,$a_1, a_2, \cdots, a_n; b_1, b_2, \cdots, b_n$ 为常数),且 $\frac{a_1}{x_1^m} + \frac{a_2}{x_2^m} + \cdots + \frac{a_n}{x_n^m} = 1$,则 $\frac{b_1}{x_1} + \frac{b_2}{x_2} + \cdots + \frac{b_n}{x_n}$ 的最大值为 $(a_1^{-\frac{1}{m-1}} b_1^{\frac{m}{m-1}} + a_2^{-\frac{1}{m-1}} b_2^{\frac{m}{m-1}} + \cdots + a_n^{-\frac{1}{m-1}} b_n^{\frac{m}{m-1}})^{\frac{m-1}{m}}$.

同样地,我们分别以 $\sqrt[m]{x_1}, \sqrt[m]{x_2}, \cdots, \sqrt[m]{x_n}$ 替换例 42 中 $x_1, x_2, \cdots, x_n$,则可得

② 设 $a_1, a_2, \cdots, a_n; b_1, b_2, \cdots, b_n; x_1, x_2, \cdots, x_n \in \mathbf{R}^+, m, n \in \mathbf{N}^*$(其中,$a_1, a_2, \cdots, a_n; b_1, b_2, \cdots, b_n$ 为常数),且 $a_1 x_1 + a_2 x_2 + \cdots + a_n x_n = 1$,则 $b_1 \sqrt[m]{x_1} + b_2 \sqrt[m]{x_2} + \cdots + b_n \sqrt[m]{x_n}$ 的最大值为 $(a_1^{-\frac{1}{m-1}} b_1^{\frac{m}{m-1}} + a_2^{-\frac{1}{m-1}} b_2^{\frac{m}{m-1}} + \cdots + a_n^{-\frac{1}{m-1}} b_n^{\frac{m}{m-1}})^{\frac{m-1}{m}}$.

例 43 设 $a, b, c \in \mathbf{R}^+$,且 $a + b + c = 1$. 求证:
$$\sqrt[3]{3a + 7} + \sqrt[3]{3b + 7} + \sqrt[3]{3c + 7} > 2\sqrt[3]{7} + \sqrt[3]{10}.$$

证明 因 $a + b + c = 1$,则由卡尔松不等式或推论 2,得
$$\sqrt[3]{3a + 7} = \sqrt[3]{[3a + 7(a + b + c)] \cdot 1 \cdot 1}$$
$$= \sqrt[3]{[10a + 7(b + c)] \cdot [a + (b + c)] \cdot [a + (b + c)]}$$
$$\geq \sqrt[3]{10a \cdot a \cdot a} + \sqrt[3]{7(b + c)(b + c)(b + c)}$$
$$= \sqrt[3]{10}a + \sqrt[3]{7}(b + c).$$

由于 $\frac{10a}{7(b + c)} \neq \frac{a}{b + c}$,所以 $\sqrt[3]{3a + 7} > \sqrt[3]{10}a + \sqrt[3]{7}(b + c)$.

同理 $\sqrt[3]{3b + 7} > \sqrt[3]{10}b + \sqrt[3]{7}(c + a)$,$\sqrt[3]{3c + 7} > \sqrt[3]{10}c + \sqrt[3]{7}(a + b)$.

故
$$\sqrt[3]{3a + 7} + \sqrt[3]{3b + 7} + \sqrt[3]{3c + 7} > (\sqrt[3]{10} + 2\sqrt[3]{7})(a + b + c)$$
$$= \sqrt[3]{10} + 2\sqrt[3]{7}$$

例44 设 $a,b,c \in \mathbf{R}^+$，且 $a+b+c=2$. 求证：
$$\sqrt[3]{7a+1} + \sqrt[3]{7b+1} + \sqrt[3]{7c+1} > 2 + \sqrt[3]{15}.$$

证明 因 $a+b+c=2$，则由卡尔松不等式或推论2，得

$$\sqrt[3]{7a+1} = \sqrt[3]{[7a+\frac{1}{2}(a+b+c)\cdot 1\cdot 1]}$$

$$= \sqrt[3]{[\frac{15}{2}a+\frac{1}{2}(b+c)][\frac{1}{2}a+\frac{1}{2}(b+c)][\frac{1}{2}a+\frac{1}{2}(b+c)]}$$

$$\geq \sqrt[3]{\frac{15}{2}a\cdot\frac{1}{2}a\cdot\frac{1}{2}a} + \sqrt[3]{\frac{1}{2}(b+c)\cdot\frac{1}{2}(b+c)\cdot\frac{1}{2}(b+c)}$$

$$= \frac{1}{2}\sqrt[3]{15}a + \frac{1}{2}(b+c).$$

但 $\frac{15}{2}a:\frac{1}{2}(b+c) \neq \frac{1}{2}a:\frac{1}{2}(b+c)$，则 $\sqrt[3]{7a+1} > \frac{1}{2}\sqrt[3]{15}a + \frac{1}{2}(b+c)$.

同理 $\sqrt[3]{7b+1} > \frac{1}{2}\sqrt[3]{15}b + \frac{1}{2}(c+a)$，$\sqrt[3]{7c+1} > \frac{1}{2}\sqrt[3]{15}c + \frac{1}{2}(a+b)$.

故 $\sqrt[3]{7a+1} + \sqrt[3]{7b+1} + \sqrt[3]{7c+1} > 2 + \sqrt[3]{15}$.

注 上述两例证明中，利用条件式变形是至关重要的.

思 考 题

1. 已知 $x \in \left(0, \frac{\pi}{2}\right)$. 求证：$4\sin^6 x + 9\cos^6 x \geq \frac{36}{25}$.

2. 已知 $a,b,c \in \mathbf{R}^+$. 求证：$a^2 + b^2 + c^2 \geq 2\frac{\sqrt{29}}{29}(2ab+5bc)$.

3. 已知 $a,b,c \in \mathbf{R}^+$，且 $2a+3b+c=14$. 求证：$3a^3 + 2b^3 + 6c^3 > 84$.

4. 已知 $x,y,z \in \mathbf{R}^+$，且 $x+y+z=1$，n 是正整数. 求证：
$$\frac{x^4}{y(1-y^n)} + \frac{y^4}{z(1-z^n)} + \frac{z^4}{x(1-x^n)} \geq \frac{3^n}{3^{n+2}-9}.$$

5. 若 a,b,c 为三角形的三边长，且 $\lambda > 0, \lambda \geq \mu \geq 0$，则
$$\frac{a}{\lambda(b+c)-\mu a} + \frac{b}{\lambda(c+a)-\mu b} + \frac{c}{\lambda(a+b)-\mu c} \geq \frac{3}{2\lambda-\mu}.$$

6. 设 $a,b \in \mathbf{R}^+, |x| < \frac{1}{2}$，求函数 $f(x) = \sqrt[3]{\frac{4a^2}{(1+2x)^2} + \frac{4b^2}{(1-2x)^2}}$ 的最小值.

7. 已知 $a,b \in \mathbf{R}^+$，且 $a+b=1$. 求证：$\sqrt{a+\frac{1}{2}} + \sqrt{b+\frac{1}{2}} > \frac{\sqrt{6}}{2} + \frac{\sqrt{2}}{2}$.

8. 设 $a,b,c \in \mathbf{R}^+$，且 $a+b+c=1$. 求证：$\sqrt{13a+1} + \sqrt{13b+1} + \sqrt{13c+1} > 2 + \sqrt{14}$.

9. 设 $a,b,c \in \mathbf{R}^+$，且 $ab+bc+ca=1$. 求证：$\sqrt{ab+5} + \sqrt{bc+5} + \sqrt{ca+5} > \sqrt{6} + 2\sqrt{5}$.

10. 设 $a,b,c \in \mathbf{R}^+$，且 $a+b+c=3$. 求证：$\sqrt{4a+1} + \sqrt{4b+1} + \sqrt{4c+1} > 2 + \sqrt{13}$.

11. （1984年全国高中数学联赛试题）记 $x_1, x_2, \cdots, x_n \in \mathbf{R}^+$，求证：$\sum_{i=1}^{n} \dfrac{x_i^2}{x_{i+1}} \geq \sum_{i=1}^{n} x_i$（其中 $x_{n+1} = x_1$）.

12. （2010年吉林省竞赛题）设 x, y, z 是正数，求证：$\dfrac{x^3}{x+y} + \dfrac{y^3}{y+z} + \dfrac{z^3}{z+x} \geq \dfrac{xy+yz+zx}{2}$.

13. （2004年香港集训考试题）已知 a, b, c 为正数，证明：$\dfrac{a^4}{bc} + \dfrac{b^4}{ca} + \dfrac{c^4}{ab} \geq a^2 + b^2 + c^2$.

14. （2007年保加利亚竞赛题）若 x, y, z 均为正数，证明：

$$\dfrac{(x+1)(y+1)^2}{3\sqrt[3]{z^2x^2}+1} + \dfrac{(y+1)(z+1)^2}{3\sqrt[3]{x^2y^2}+1} + \dfrac{(z+1)(x+1)^2}{3\sqrt[3]{y^2z^2}+1} \geq x+y+z+3.$$

15. （2007年乌克兰竞赛题）若 $a, b, c \in \left(\dfrac{1}{\sqrt{6}}, +\infty\right)$ 且 $a^2+b^2+c^2=1$. 证明

$$\dfrac{1+a^2}{\sqrt{2a^2+3ab-c^2}} + \dfrac{1+b^2}{\sqrt{2b^2+3bc-a^2}} + \dfrac{1+c^2}{\sqrt{2c^2+3ca-b^2}} \geq 2(a+b+c).$$

16. （第42届国际数学奥林匹克试题）对所有正实数 a, b, c，证明：

$$\dfrac{a}{\sqrt{a^2+8bc}} + \dfrac{b}{\sqrt{b^2+8ca}} + \dfrac{c}{\sqrt{c^2+8ab}} \geq 1.$$

17. （第46届国际数学奥林匹克试题）正实数 $x, y, z \geq 1$. 证明：

$$\dfrac{x^5-x^2}{x^5+y^2+z^2} + \dfrac{y^5-y^2}{y^5+z^2+x^2} + \dfrac{z^5-z^2}{z^5+x^2+y^2} \geq 0.$$

18. （2005年中国女子数学奥林匹克试题）已知 $a, b, c \geq 0$，且 $a+b+c=1$. 求证：

$$\sqrt{a+\dfrac{1}{4}(b-c)^2} + \sqrt{b} + \sqrt{c} \leq \sqrt{3}.$$

19. （2005年塞尔维亚数学奥林匹克试题）已知 x, y, z 是正数. 求证：

$$\dfrac{x}{\sqrt{y+z}} + \dfrac{y}{\sqrt{z+x}} + \dfrac{z}{\sqrt{x+y}} \geq \sqrt{\dfrac{3}{2}(x+y+z)}.$$

20. （2008年乌克兰数学奥林匹克试题）设 x, y, z 是非负数，且 $x^2+y^2+z^2=3$. 证明

$$\dfrac{x}{\sqrt{x^2+y+z}} + \dfrac{y}{\sqrt{y^2+z+x}} + \dfrac{z}{\sqrt{z^2+x+y}} \leq \sqrt{3}.$$

21. （2003年美国数学奥林匹克试题）设 a, b, c 是正实数，求证

$$\dfrac{(2a+b+c)^2}{2a^2+(b+c)^2} + \dfrac{(a+2b+c)^2}{2b^2+(c+a)^2} + \dfrac{(a+b+2c)^2}{2c^2+(a+b)^2} \leq 8.$$

22. （2005年中国国家集训队测试试题）设 $a, b, c \geq 0$，$ab+bc+ca = \dfrac{1}{3}$. 证明：

$$\dfrac{1}{a^2-bc+1} + \dfrac{1}{b^2-ca+1} + \dfrac{1}{c^2-ab+1} \leq 3.$$

23. （2000年越南数学奥林匹克试题）已知 a, b, c 是非负实数. 证明：

$$a^2+b^2+c^2 \leqslant \sqrt{b^2-bc+c^2}\cdot\sqrt{c^2-ca+a^2}+\sqrt{c^2-ca+a^2}\cdot\sqrt{a^2-ab+b^2}+$$
$$\sqrt{a^2-ab+b^2}\cdot\sqrt{b^2-bc+c^2}.$$

24. 设 a,b,c 是正数,且 $a+b+c=1$,则有 $\left(\dfrac{1}{b+c}-a\right)\left(\dfrac{1}{c+a}-b\right)\left(\dfrac{1}{a+b}-c\right) \geqslant \left(\dfrac{7}{6}\right)^3$,并将此式推广.

思考题参考解答

1. 构造矩阵 $\begin{bmatrix} 4\sin^6 x & \dfrac{1}{2} & \dfrac{1}{2} \\ 9\cos^6 x & \dfrac{1}{3} & \dfrac{1}{3} \end{bmatrix}_{2\times 3}$,由卡尔松不等式或推论 1 即证.

2. 构造矩阵 $\begin{bmatrix} a^2 & (\dfrac{2\sqrt{29}}{29}b)^2 \\ (\dfrac{2\sqrt{29}}{29}b)^2 & a^2 \\ (\dfrac{5\sqrt{29}}{29}b)^2 & c^2 \\ c^2 & (\dfrac{5\sqrt{29}}{29}b)^2 \end{bmatrix}_{4\times 3}$,由卡尔松不等式或推论 1 即证.

3. 构造矩阵 $\begin{bmatrix} 3a^3 & 3a^3 & (\dfrac{1}{3})^2 & 4 & 4 & 4 \\ 2b^3 & 2b^3 & (\dfrac{1}{2})^2 & 9 & 9 & 9 \\ 6c^3 & 6c^3 & (\dfrac{1}{6})^2 & 1 & 1 & 1 \end{bmatrix}_{3\times 6}$,由卡尔松不等式或推论 1 即证.

4. 构造矩阵 $\begin{bmatrix} \dfrac{x^4}{y(1-y^n)} & y & 1-y^n & 1 \\ \dfrac{y^4}{z(1-z^n)} & z & 1-z^n & 1 \\ \dfrac{z^4}{x(1-x^n)} & z & 1-x^n & 1 \end{bmatrix}_{3\times 4}$,由卡尔松不等式或推论 1 即证.

5. 构造矩阵 $\begin{bmatrix} \dfrac{a}{\lambda(b+c)-\mu a} & \lambda a(b+c)-\mu a^2 \\ \dfrac{b}{\lambda(c+a)-\mu b} & \lambda b(c+a)-\mu b^2 \\ \dfrac{c}{\lambda(a+b)-\mu c} & \lambda c(a+b)-\mu c^2 \end{bmatrix}_{3\times 2}$,由卡尔松不等式或推论 1,有

$$\dfrac{a}{\lambda(b+c)-\mu a}+\dfrac{b}{\lambda(c+a)-\mu b}+\dfrac{c}{\lambda(a+b)-\mu c}$$

$$\geqslant \frac{(a+b+c)^2}{2\lambda(a+b+c) - \mu(a^2+b^2+c^2)}$$

$$\geqslant \frac{3(ab+bc+ca)}{2\lambda(ab+bc+ca) - \mu(ab+bc+ca)} = \frac{3}{2\lambda - \mu}$$

6. 构造矩阵 $\begin{bmatrix} \dfrac{4a^2}{(1+2x)^2} & \dfrac{1+2x}{2} & \dfrac{1+2x}{2} \\ \dfrac{4b^2}{(1-2x)^2} & \dfrac{1-2x}{2} & \dfrac{1-2x}{2} \end{bmatrix}_{2\times 3}$,由卡尔松不等式或推论1,有

$$\sqrt[3]{\frac{4a^2}{(1+2x)^2} + \frac{4b^2}{(1-2x)^2}} \geqslant \sqrt[3]{a^2} + \sqrt[3]{b^2}$$

其中等号成立当且仅当 $x = \dfrac{\sqrt[3]{a^2} - \sqrt[3]{b^2}}{2(\sqrt[3]{a^2} + \sqrt[3]{b^2})}$ 时取得.

7. 注意 $a+b=1$,由卡尔松不等式或推论2,有

$$\sqrt{a+\frac{1}{2}} = \sqrt{[a+\frac{1}{2}(a+b)]\cdot 1} = \sqrt{(\frac{3}{2}a+\frac{1}{2}b)(a+b)}$$

$$\geqslant \sqrt{\frac{3}{2}}a + \sqrt{\frac{1}{2}}b = \frac{\sqrt{6}}{2}a + \frac{\sqrt{2}}{2}b$$

同理,$\sqrt{b+\dfrac{1}{2}} \geqslant \dfrac{\sqrt{6}}{2}b + \dfrac{\sqrt{2}}{2}a$. 由此两式相加即证得原不等式.

8. 注意 $a+b+c=1$,由卡尔松不等式或推论2,有

$$\sqrt{13a+1} = \sqrt{[13a+(a+b+c)]\cdot 1} = \sqrt{[14a+(b+c)][a+(b+c)]}$$

$$\geqslant \sqrt{14a} + (b+c)$$

但 $\dfrac{14a}{b+c} \neq \dfrac{a}{b+c}$,则 $\sqrt{13a+1} > \sqrt{14a} + b + c$.

同理,$\sqrt{13b+1} > \sqrt{14b} + c + a$,$\sqrt{13c+1} > \sqrt{14c} + a + b$.

由上述三式相加即证得原不等式.

9. 注意 $ab+bc+ac=1$. 由卡尔松或推论2,有

$$\sqrt{ab+5} = \sqrt{[ab+5(ab+bc+cd)]\cdot 1} = \sqrt{[6ab+5(bc+ca)][ab+(bc+ca)]}$$

$$\geqslant \sqrt{6ab} + \sqrt{5}(bc+ca)$$

但 $\dfrac{6ab}{5(bc+ca)} \neq \dfrac{ab}{bc+ca}$,则 $\sqrt{ab+5} > \sqrt{6ab} + \sqrt{5}(bc+ca)$.

同理 $\sqrt{bc+5} > \sqrt{6bc} + \sqrt{5}(ca+ab)$,$\sqrt{ca+5} > \sqrt{6ca} + \sqrt{5}(ab+bc)$.

由上述三式相加即证得原不等式.

10. 注意 $a+b+c=3$,由卡尔松不等式或推论2,有

$$\sqrt{4a+1} = \sqrt{[4a+\frac{1}{3}(a+b+c)]\cdot 1}$$

$$= \sqrt{\left[\frac{13}{3}a + \frac{1}{3}(b+c)\right]\left[\frac{1}{3}a + \frac{1}{3}(b+c)\right]}$$

$$\geq \frac{\sqrt{13}}{3}a + \frac{1}{3}(b+c)$$

但 $\quad \frac{13}{3}a : \frac{1}{3}(b+c) \neq \frac{1}{3}a : \frac{1}{3}(b+c)$

从而 $\quad \sqrt{4a+1} > \frac{\sqrt{13}}{3}a + \frac{1}{3}(b+c).$

同理 $\quad \sqrt{4b+1} > \frac{\sqrt{13}}{3}b + \frac{1}{3}(c+a), \sqrt{4c+1} > \frac{\sqrt{13}}{3}c + \frac{1}{3}(a+b).$

以上三式相加即证得原不等式.

11. 由推论 1 或推论 2 即证.

12. 由推论 2,有

$$\frac{x^3}{x+y} + \frac{y^3}{y+z} + \frac{z^3}{z+x} \geq \frac{(x+y+z)^3}{3 \cdot 2(x+y+z)} = \frac{(x+y+z)^2}{6}$$

$$= \frac{x^2 + y^2 + z^2 + 2(xy+yz+zx)}{6}$$

$$\geq \frac{(3xy+3yz+3zx)}{6} = \frac{xy+yz+zx}{2}$$

13. 由推论 2,有

$$\frac{a^4}{bc} + \frac{b^4}{ca} + \frac{c^4}{ab} = \frac{(a^2)^2}{bc} + \frac{(b^2)^2}{ca} + \frac{(c^2)^2}{ab} \geq \frac{(a^2+b^2+c^2)^2}{ab+bc+ca}$$

$$\geq \frac{(a^2+b^2+c^2)^2}{a^2+b^2+c^2} = a^2 + b^2 + c^2$$

注 第 12,13 题中都用到 $a^2 + b^2 + c^2 \geq ab + bc + ca.$ 这可构造矩阵 $\begin{bmatrix} a^2 & b^2 \\ b^2 & c^2 \\ c^2 & a^2 \end{bmatrix}$ 运用推论 1

即证.

14. 由均值不等式得

$$(z+1)(x+1) = zx + z + x + 1 \geq 3\sqrt[3]{z^2x^2} + 1$$

所以

$$\frac{(x+1)(y+1)^2}{3\sqrt[3]{z^2x^2}+1} \geq \frac{(x+1)(y+1)^2}{(z+1)(x+1)} = \frac{(y+1)^2}{z+1}$$

同理可得

$$\frac{(y+1)(z+1)^2}{3\sqrt[3]{x^2y^2}+1} \geq \frac{(z+1)^2}{x+1} \cdot \frac{(z+1)(x+1)^2}{3\sqrt[3]{y^2z^2}+1} \geq \frac{(x+1)^2}{y+1}$$

从而由推论 2,有

$$\frac{(x+1)(y+1)^2}{3\sqrt[3]{z^2x^2}+1} + \frac{(y+1)(z+1)^2}{3\sqrt[3]{x^2y^2}+1} + \frac{(z+1)(x+1)^2}{3\sqrt[3]{y^2z^2}+1}$$

$$\geq \frac{(y+1)^2}{z+1} + \frac{(z+1)^2}{x+1} + \frac{(x+1)^2}{y+1}$$

$$\geq \frac{(x+y+z+3)^2}{x+y+z+3} = x+y+z+3 \geq 0$$

故原不等式获证.

15. 由 $a^2 + b^2 + c^2 = 1$ 及不等式 $\sqrt{a} + \sqrt{b} + \sqrt{c} \leq \sqrt{3(a+b+c)}$，运用推论2，有

$$\frac{1+a^2}{\sqrt{2a^2+3ab-c^2}} + \frac{1+b^2}{\sqrt{2b^2+3bc-a^2}} + \frac{1+c^2}{\sqrt{2c^2+3ca-b^2}}$$

$$= \frac{2a^2+b^2+c^2}{\sqrt{2a^2+3ab-c^2}} + \frac{a^2+2b^2+c^2}{\sqrt{2b^2+3bc-a^2}} + \frac{a^2+b^2+2c^2}{\sqrt{2c^2+3ca-b^2}}$$

$$= \frac{(\sqrt{2a^2+b^2+c^2})^2}{\sqrt{2a^2+3ab-c^2}} + \frac{(\sqrt{a^2+2b^2+c^2})^2}{\sqrt{2b^2+3bc-a^2}} + \frac{(\sqrt{a^2+b^2+2c^2})^2}{\sqrt{2c^2+3ca-b^2}}$$

$$\geq \frac{(\sqrt{2a^2+b^2+c^2} + \sqrt{a^2+2b^2+c^2} + \sqrt{a^2+b^2+2c^2})^2}{\sqrt{(2a^2+3ab-c^2)+(2b^2+3bc-a^2)+(2c^2+3ca-b^2)} \cdot \sqrt{3}}$$

$$\geq \frac{\left[\frac{2}{4}(a+a+b+c) + \frac{2}{4}(a+b+b+c) + \frac{2}{4}(a+b+c+c)\right]^2}{\sqrt{a^2+b^2+c^2+3ab+3bc+3ca} \cdot \sqrt{3}}$$

$$= \frac{4(a+b+c)^2}{3(a^2+b^2+c^2+3ab+3bc+3ca)} \quad \text{①}$$

又

$$4(a+b+c)^2 = 4(a^2+b^2+c^2+2ab+2bc+2ca)$$

$$= 3(a^2+b^2+c^2) + (a^2+b^2+c^2) + 8ab+8bc+8ca$$

$$\geq 3(a^2+b^2+c^2) + (ab+bc+ca) + 8ab+8bc+8ca$$

所以

$$2(a+b+c) \geq \sqrt{3(a^2+b^2+c^2+3ab+3bc+3ca)} \quad \text{②}$$

由①,②得

$$\frac{1+a^2}{\sqrt{2a^2+3ab-c^2}} + \frac{1+b^2}{\sqrt{2b^2+3bc-a^2}} + \frac{1+c^2}{\sqrt{2c^2+3ca-b^2}} \geq 2(a+b+c)$$

16. 由卡尔松不等式得

$$a(\sqrt{a^2+8bc} + b\sqrt{b^2+8ca} + c\sqrt{c^2+8ab})\left(\frac{a}{\sqrt{a^2+8bc}} + \frac{b}{\sqrt{b^2+8ca}} + \frac{c}{\sqrt{c^2+8ab}}\right)$$

$$\geq (a+b+c)^2$$

再由卡尔松不等式得

$$a(\sqrt{a^2+8bc} + b\sqrt{b^2+8ca} + c\sqrt{c^2+8ab})$$

$$=\sqrt{a}\sqrt{a^3+8abc}+\sqrt{b}\sqrt{b^3+8abc}+\sqrt{c}\sqrt{c^3+8abc}$$
$$\leq\sqrt{a+b+c}\sqrt{a^3+b^3+c^3+24abc}$$

所以
$$\frac{a}{\sqrt{a^2+8bc}}+\frac{b}{\sqrt{b^2+8ca}}+\frac{c}{\sqrt{c^2+8ab}}\geq\frac{\sqrt{(a+b+c)^3}}{\sqrt{a^3+b^3+c^3+24abc}}$$

只要证
$$(a+b+c)^3\geq a^3+b^3+c^3+24abc\Leftrightarrow a^2b+b^2c+c^2a+ab^2+bc^2+ca^2\geq 6abc$$

这由均值不等式得到,所以
$$\frac{a}{\sqrt{a^2+8bc}}+\frac{b}{\sqrt{b^2+8ca}}+\frac{c}{\sqrt{c^2+8ab}}\geq 1$$

17. 原不等式等价于
$$\left(\frac{x^2-x^5}{x^5+y^2+z^2}+1\right)+\left(\frac{y^2-y^5}{y^5+z^2+x^2}+1\right)+\left(\frac{z^2-z^5}{z^5+x^2+y^2}+1\right)\leq 3$$

等价于
$$\frac{x^2+y^2+z^2}{x^5+y^2+z^2}+\frac{x^2+y^2+z^2}{y^5+z^2+x^2}+\frac{x^2+y^2+z^2}{z^5+x^2+y^2}\leq 3$$

由卡尔松不等式及 $xyz\geq 1$ 得
$$(x^5+y^2+z^2)(yz+y^2+z^2)\geq(x^2+y^2+z^2)^2$$
$$\frac{x^2+y^2+z^2}{x^5+y^2+z^2}\leq\frac{yz+y^2+z^2}{x^2+y^2+z^2}$$

同理可得另外两式,将这3式叠加,得
$$\frac{x^2+y^2+z^2}{x^5+y^2+z^2}+\frac{x^2+y^2+z^2}{y^5+z^2+x^2}+\frac{x^2+y^2+z^2}{z^5+x^2+y^2}\leq\frac{2(x^2+y^2+z^2)+xy+xz+yz}{x^2+y^2+z^2}\leq 3$$

故
$$\frac{x^5-x^2}{x^5+y^2+z^2}+\frac{y^5-y^2}{y^5+z^2+x^2}+\frac{z^5-z^2}{z^5+x^2+y^2}\geq 0$$

18. 应用卡尔松不等式,得
$$\left(\sqrt{a+\frac{1}{4}(b-c)^2}+\sqrt{b}+\sqrt{c}\right)^2=\left(\sqrt{a+\frac{1}{4}(b-c)^2}+\frac{b+\sqrt{c}}{2}+\frac{\sqrt{b}+\sqrt{c}}{2}\right)^2$$
$$\leq 3\left[a+\frac{1}{4}(b-c)^2+\left(\frac{\sqrt{b}+\sqrt{c}}{2}\right)^2+\left(\frac{\sqrt{b}+\sqrt{c}}{2}\right)^2\right]$$
$$=\cdots=3\left[1-\frac{1}{2}(\sqrt{b}-\sqrt{c})^2+\frac{1}{4}(b-c)^2\right]$$

要证原不等式,只要证明
$$1-\frac{1}{2}(\sqrt{b}-\sqrt{c})^2+\frac{1}{4}(b-c)^2\leq 1$$

也就是证明 $-\frac{1}{2}(\sqrt{b}-\sqrt{c})^2+\frac{1}{4}(b-c)^2\leq 0$,等价于 $(b-c)^2-2(\sqrt{b}-\sqrt{c})^2\leq 0$,也就是
$$(\sqrt{b}-\sqrt{c})^2[(\sqrt{b}+\sqrt{c})^2-2]\leq 0 \qquad (*)$$

因为 $(\sqrt{b}+\sqrt{c})^2 = b+c+2\sqrt{bc} \leq 2(b+c) < 2(a+b+c) = 2$，所以，不等式(*)成立，结论得证.

19. 令 $a = \dfrac{x}{x+y+z}, b = \dfrac{y}{x+y+z}, c = \dfrac{z}{x+y+z}$，则 $a+b+c=1$.

于是，原不等式化为 $\dfrac{a}{\sqrt{b+c}} + \dfrac{b}{\sqrt{c+a}} + \dfrac{c}{\sqrt{a+b}} \geq \sqrt{\dfrac{3}{2}}$.

由卡尔松不等式得

$$\dfrac{a}{\sqrt{b+c}} + \dfrac{b}{\sqrt{c+a}} + \dfrac{c}{\sqrt{a+b}} = \dfrac{a^2}{a\sqrt{b+c}} + \dfrac{b^2}{b\sqrt{c+a}} + \dfrac{c^2}{c\sqrt{a+b}}$$

$$\geq \dfrac{(a+b+c)^2}{a\sqrt{b+c}+b\sqrt{c+a}+c\sqrt{a+b}}$$

$$= \dfrac{1}{a\sqrt{b+c}+b\sqrt{c+a}+c\sqrt{a+b}}$$

再由卡尔松不等式得

$$a\sqrt{b+c}+b\sqrt{c+a}+c\sqrt{a+b}$$
$$=\sqrt{a}\cdot\sqrt{ab+ca}+\sqrt{b}\cdot\sqrt{bc+ab}+\sqrt{c}\cdot\sqrt{ca+bc}$$
$$\leq \sqrt{a+b+c}\cdot\sqrt{ab+ca+bc+ab+ca+bc}$$
$$=\sqrt{2(ab+bc+ca)}$$

而 $ab+bc+ca \leq \dfrac{1}{3}(a+b+c)^2 = \dfrac{1}{3}$

所以 $\sqrt{2(ab+bc+ca)} \leq \sqrt{\dfrac{2}{3}}$

故 $\dfrac{1}{a\sqrt{b+c}+b\sqrt{c+a}+c\sqrt{a+b}} \geq \sqrt{\dfrac{3}{2}}$. 由此即证得结论.

20. 由卡尔松不等式得
$$(1+1+1)(x^2+y^2+z^2) \geq (x+y+z)^2$$

因为 $x^2+y^2+z^2 = 3$，所以
$$x^2+y^2+z^2 \geq x+y+z \qquad (*)$$

又由卡尔松不等式得
$$(x^2+y+z)(1+y+z) \geq (x+y+z)^2$$

于是，原不等式变形为
$$\dfrac{x\sqrt{1+y+z}+y\sqrt{1+z+x}+z\sqrt{1+x+y}}{x+y+z} \leq \sqrt{3}$$

再由卡尔松不等式并注意到式(*)得
$$(x\sqrt{1+y+z}+y\sqrt{1+z+x}+z\sqrt{1+x+y})^2$$

$$= (\sqrt{x} \cdot \sqrt{x+xy+zx} + \sqrt{y} \cdot \sqrt{y+yz+zy} + \sqrt{z} \cdot \sqrt{z+zx+xy})^2$$
$$\leq (x+y+z)[(x+xy+zx)+(y+yz+xy)+(z+zx+zy)]$$
$$= (x+y+z)[(x+y+z)+2(xy+yz+zx)]$$
$$\leq (x+y+z)[x^2+y^2+z^2+2(xy+yz+zx)]$$
$$= (x+y+z)^2$$

故
$$\frac{x\sqrt{1+y+z}+y\sqrt{1+z+x}+z\sqrt{1+x+y}}{x+y+z} \leq \sqrt{x+y+z}$$

由不等式(*)得
$$\sqrt{x+y+z} \leq \sqrt{x^2+y^2+z^2} = \sqrt{3}$$

因此,不等式得证.

21. 由卡尔松不等式得
$$[a^2+a^2+(b+c)^2](1+1+2^2) \geq [a+a+2(b+c)]^2$$

即
$$2a^2+(b+c)^2 \geq \frac{2}{3}(a+b+c)^2$$

从而
$$\frac{1}{2a^2+(b+c)^2} \leq \frac{3}{2(a+b+c)^2}$$

同理
$$\frac{1}{2b^2+(c+a)^2} \leq \frac{3}{2(a+b+c)^2}, \frac{1}{2c^2+(a+b)^2} \leq \frac{3}{2(a+b+c)^2}$$

注意到
$$\frac{(2a+b+c)^2}{2a^2+(b+c)^2} + \frac{(a+2b+c)^2}{2b^2+(c+a)^2} + \frac{(a+b+2c)^2}{2c^2+(a+b)^2} - 8$$
$$= \left[\frac{(2a+b+c)^2}{2a^2+(b+c)^2} - 1\right] + \left[\frac{(a+2b+c)^2}{2b^2+(c+a)^2} - 1\right] + \left[\frac{(a+b+2c)^2}{2c^2+(a+b)^2} - 1\right] - 5$$
$$= \frac{2a^2+4ab+4ac}{2a^2+(b+c)^2} + \frac{2b^2+4ab+4bc}{2b^2+(c+a)^2} + \frac{2c^2+4ac+4bc}{2c^2+(a+b)^2} - 5$$
$$\leq \frac{3[(2a^2+4ab+4ac)+(2b^2+4ab+4bc)+(2c^2+4ac+4bc)]}{2(a+b+c)^2} - 5$$
$$= \frac{-2[(a-b)^2+(b-c)^2+(c-a)^2]^2}{(a+b+c)^2} \leq 0$$

22. 设 $M = a+b+c, M = ab+bc+ca$,则原不等式等价于
$$\sum \frac{1}{a^2-bc+N+2N} \leq \frac{1}{N}$$
$$\Leftrightarrow \sum \frac{N}{aM+2N} \leq 1$$
$$\Leftrightarrow \sum \left(\frac{-N}{aM+2N} + \frac{1}{2}\right) \geq -1 + \frac{3}{2}$$
$$\Leftrightarrow \sum \frac{aM}{aM+2N} \geq 1$$

由卡尔松不等式知

$$\left[\sum aM(aM+2N)\right]\sum\frac{aM}{aM+2N}\geqslant\left(\sum aM\right)^2$$

即 $$\sum\frac{aM}{aM+2N}\geqslant\frac{\left(\sum aM\right)^2}{\sum(a^2M^2+aM\cdot 2N)}=\frac{M^4}{M^2\left(\sum a^2+2N\right)}=1$$

因此,原不等式成立.

23. 注意到配方及卡尔松不等式,有

$$(b^2-bc+c^2)(c^2-ca+a^2)=\left[\left(c-\frac{b}{2}\right)^2+\frac{3}{4}b^2\right]\left[\left(c-\frac{a}{2}\right)^2+\frac{3}{4}a^2\right]$$

$$\geqslant\left[\left(c-\frac{b}{2}\right)\left(c-\frac{a}{2}\right)+\frac{3}{4}ab\right]^2$$

有 $$\sqrt{b^2-bc+c^2}\cdot\sqrt{c^2-ca+a^2}\geqslant\left(c-\frac{b}{2}\right)\left(c-\frac{a}{2}\right)+\frac{3}{4}ab$$

同理 $$\sqrt{c^2-ca+a^2}\cdot\sqrt{a^2-ab+b^2}\geqslant\left(a-\frac{c}{2}\right)\left(a-\frac{b}{2}\right)+\frac{3}{4}bc$$

$$\sqrt{a^2-ab+b^2}\cdot\sqrt{b^2-bc+c^2}\geqslant\left(b-\frac{a}{2}\right)\left(b-\frac{c}{2}\right)+\frac{3}{4}ac$$

上述三个不等式相加,即证得原不等证成立.

24. 令 $b+c=x,c+a=y,a+b=z$,则 $x,y,z>0$,且 $x+y+z=2$. $a=1-x,b=1-y,c=1-z$.

$$\frac{1}{b+c}-a=\frac{1}{x}-(1-x)=\left(x+\frac{4}{9x}\right)+\frac{5}{9x}-1$$ ①

$$\geqslant 2\sqrt{x\cdot\frac{4}{9x}}+\frac{5}{9x}-1=\frac{1}{3}+\frac{5}{9x}=\frac{1}{9}\left(\frac{5}{x}+3\right)$$

亦即 $$\frac{1}{b+c}-a\geqslant\frac{1}{9}\left(\frac{5}{x}+3\right)$$ ①

其中等号当且仅当 $x=\frac{2}{3},a=\frac{1}{3}$.

同理

$$\frac{1}{c+a}-b\geqslant\frac{1}{9}\left(\frac{5}{y}+3\right)$$ ②

$$\frac{1}{a+b}-c\geqslant\frac{1}{9}\left(\frac{5}{z}+3\right)$$ ③

由①×②×③得

$$\left(\frac{1}{b+c}-a\right)\left(\frac{1}{c+a}-b\right)\left(\frac{1}{a+c}-c\right)\geqslant\frac{1}{9^3}\left(\frac{5}{x}+3\right)\left(\frac{5}{y}+3\right)\left(\frac{5}{z}+3\right)$$

$$\geqslant\frac{1}{9^3}\left(\sqrt[3]{\frac{5}{x}\cdot\frac{5}{y}\cdot\frac{5}{z}}+\sqrt[3]{3\cdot 3\cdot 3}\right)^3$$

$$=\frac{1}{9^3}\left(\frac{5}{\sqrt[3]{xyz}}+3\right)^3\geqslant\frac{1}{9^3}\left(\frac{5}{\frac{x+y+z}{3}}+3\right)^3=\left(\frac{7}{6}\right)^3$$

其中等号当且仅当 $a = b = c = \dfrac{1}{3}$ 时取得.

注 ① 由等号成立的条件 $x = \dfrac{4}{9x} \Leftrightarrow x = \dfrac{2}{3}$ 即 $a = b = c = \dfrac{1}{3}$.

此问题可推广为如下问题.

命题 设 $a_1, a_2, \cdots, a_n > 0, a_1 + a_2 + \cdots + a_n = 1$,则有

$$\prod_{i=1}^{n}\left(\dfrac{1}{1-a_i} - a_i\right) \geqslant \left(\dfrac{n^2 - n + 1}{n^2 - n}\right)^n$$

当且仅当 $a_1 = a_2 = \cdots = a_n = \dfrac{1}{n}$ 时取等号.

下面给出命题的证明:令 $1 - a_i = x_i, i = 1, 2, \cdots, n$,则 $x_1 + x_2 + \cdots + x_n = n - 1$.

$$\begin{aligned}
\dfrac{1}{1-a_i} - a_i &= \dfrac{1}{x_i} - (1 - x_i) \\
&= \left[x_i + \dfrac{(n-1)^2}{n^2 x_i}\right] + \dfrac{2n-1}{n^2 x_i} - 1 \\
&\geqslant 2 \cdot \dfrac{n-1}{n} + \dfrac{2n-1}{n^2 x_i} - 1 \text{(当且仅当 } x_i = \dfrac{n-1}{n} \text{时取等号)} \\
&= \dfrac{2n-1}{n^2 x_i} + \dfrac{n-2}{n}
\end{aligned}$$

于是,由卡尔松不等式变形:设 $a_i, b_i > 0, i = 1, 2, \cdots, n, n \in \mathbf{N}^*, n > 1$,则

$$\prod_{i=1}^{n}(a_i + b_i) \geqslant \left(\sqrt[n]{\prod_{i=1}^{n} a_i} + \sqrt[m]{\prod_{i=1}^{n} b_i}\right)^n$$

得

$$\begin{aligned}
\prod_{i=1}^{n}\left(\dfrac{1}{1-a_i} - a_i\right) &\geqslant \prod_{i=1}^{n}\left(\dfrac{2n-1}{n^2 x_i} + \dfrac{n-2}{n}\right) \\
&\geqslant \left[\sqrt[n]{\dfrac{(2n-1)^n}{(n^2)^n \cdot x_1 x_2 \cdots x_n}} + \sqrt[n]{\left(\dfrac{n-2}{n}\right)^n}\right]^n \\
&= \left(\dfrac{2n-1}{n^2} \cdot \dfrac{1}{\sqrt[n]{x_1 x_2 \cdots x_n}} + \dfrac{n-2}{n}\right)^n \\
&\geqslant \left(\dfrac{2n-1}{n^2} \cdot \dfrac{n}{x_1 + x_2 + \cdots + x_n} + \dfrac{n-2}{n}\right)^n \\
&= \left(\dfrac{2n-1}{n(n-1)} + \dfrac{n-2}{n}\right)^n = \left(\dfrac{n^2 - n + 1}{n^2 - n}\right)^n
\end{aligned}$$

第8章 专题培训5:一类三元不等式

8.1 舒尔不等式及一类三元不等式

舒尔(Schur)不等式 设 $x,y,z \geq 0$,则对任意 $r>0$,都有
$$x^r(x-y)(x-z) + y^r(y-x)(y-z) + z^r(z-y)(z-x) \geq 0 \tag{8.1}$$
其中等号成立当且仅当 $x=y=z$ 或者 x,y,z 中有两个相等,第三个为 0.

证明 由于不等式关于三个变元是对称的,不失一般性,我们可以假设 $x \geq y \geq z$,则不等式(8.1)可以重新写成
$$(x-y)[x^r(x-z) - y^r(y-z)] + z^r(x-z)(y-z) \geq 0$$
从而不等式(8.1)成立.

特别地当 $r=1$ 时,有
$$x(x-y)(x-z) + y(y-z)(y-x) + z(z-x)(z-y) \geq 0 \tag{8.2}$$
$r=1$ 时,舒尔不等式有如下一些变形式:

变形 1
$$x^3 + y^3 + z^3 - (x^2y + xy^2 + x^2z + xz^2 + y^2z + yz^2) + 3xyz \geq 0 \tag{8.3}$$
简记为 $\sum x^3 - \sum x^2(y+z) + 3xyz \geq 0.$

变形 2
$$(x+y+z)^3 - 4(x+y+z)(xy+yz+zx) + 9xyz \geq 0 \tag{8.4}$$
简记为 $(\sum x)^3 - 4\sum x \cdot \sum xy + 9xyz \geq 0$

变形 3 $xyz \geq (x+y-z)(y+z-x)(z+x-y) \tag{8.5}$
简记为 $xyz \geq \prod(x+y-z)$

变形 4 $x^2(y+z-x) + y^2(x+z-y) + z^2(x+y-z) \leq 3xyz \tag{8.6}$
简记为 $\sum x^2(y+z-x) \leq 3xyz$

变形 5 $2(xy+yz+zx) - (x^2+y^2+z^2) \leq \dfrac{9xyz}{x+y+z} \tag{8.7}$
简记为 $2\sum xy - \sum x^2 \leq \dfrac{9xyz}{\sum x}$

变形 6 $(x^2+y^2+z^2) + 3\sqrt[3]{(xyz)^2} \geq 2(xy+yz+zx) \tag{8.8}$
简记为 $\sum x^2 + 3\sqrt[3]{(xyz)^2} \geq 2\sum xy$

事实上,在变形 5 中,应用均值不等式得 $\dfrac{9xyz}{x+y+z} \leq 3\sqrt[3]{(xyz)^3}$,即得.

在此需指出的是:在式(8.2)中,若 $x=a,y=b,z=c$ 是三角形的三边之长,则还可推导出一系列的变形式. 如

(Ⅰ) $\sum a^3 - 2\sum a^2(b+c) + 9abc \leq 0 \tag{8.9}$

（Ⅱ） $$\sum a^3 - \sum a^2(b+c) + 2abc \leq 0 \qquad (8.10)$$
……

如上一些变形式实际上都是一些三元三次不等式. 对于 $x,y,z \in \mathbf{R}^+$，由平均值不等式还可推得有下述三元三次不等式：

（Ⅲ） $$\sum x^3 \geq 2\sum xy^2 - \sum x^2 y \qquad (8.11)$$

（Ⅳ） $$\sum x^2 \cdot \sum x \geq 3\sum xy^2 \text{ 或 } \sum x^2 \cdot \sum x \geq 3\sum x^2 y \qquad (8.12)$$

（Ⅴ） $$\left(\sum x\right)^2 \geq 3\sum xy \text{ 及 } \sum x^3 \geq 3xyz \qquad (8.13)$$

（Ⅵ） $$\sum(x+y) \geq \frac{8}{9}\sum x \cdot \sum xy \qquad (8.14)$$

事实上，由 $\sum(x+y) = \sum x \cdot \sum xy - xyz$ 及 $\sum x \cdot \sum xy \geq 9xyz$，即得式(8.14).

上述各式等号当且仅当 $x = y = z$ 时取得.

（Ⅶ）设 a,b,c 为三角形三边的长，令
$$f(a,b,c) = A(a^3 + b^3 + c^3) + B(a^2 b + b^2 c + c^2 a + ab^2 + bc^2 + ca^2) + Cabc$$
$$= A \cdot \sum a^3 + B \cdot \sum a^2(b+c) + C \cdot abc$$

(1) 若 $f(1,1,1), f(1,1,0)$ 和 $f(2,1,1)$ 都非负，则 $f(a,b,c) \geq 0$. (8.15)

(2) 若 $f(1,1,1) > 0$，而 $f(1,1,0) \geq 0, f(2,1,1) \geq 0$，则 $f(a,b,c) > 0$. (8.16)

(3) 若 $f(1,1,1) = 0$，而 $f(1,1,0) > 0, f(2,1,1) \geq 0$，则 $f(a,b,c) \geq 0$. (8.17)

其中(8.15)、(8.17)的等号当且仅当 $a = b = c$ 时取得.

证明 假设三角形中 a 边最大，不失一般性，可设 $a = x + y + z, b = x + y, c = y + z$，当 x, y, z 取遍所有非负实数时(除三角形退化为一线段外，总有 $y \neq 0$)，则 a, b, c 可以遍取所有三角形边长，当且仅当 $x = z = 0$ 时成立等号. 于是
$$f(a,b,c) = [c_1(x+z)(x-z)^2 + (c_1 + c_2)(x^2 z + xz^2)] + [c_3(x-z)^2 + (2c_3 + c_4)xz] \cdot y$$
$$+ c_5(x+z) \cdot y^2 + c_6 \cdot y^3 \qquad (*)$$

其中 $c_1 = f(1,1,0) = 2A + 2B, c_2 = 3A + 5B + C, c_3 = \frac{3}{2}c_1 + c_2 = 6A + 8B + C$

$$c_4 = -\frac{3}{2}c_1 - c_2 + 4c_6, c_5 = 2c_6, c_6 = f(1,1,1) = 3A + 6B + C$$

(1) 由题设 $c_1 = f(1,1,0) \geq 0, c_1 + c_2 = \frac{1}{2}f(2,1,1) \geq 0, c_6 = f(1,1,1) \geq 0$，可以推出 $c_5 \geq 0, c_3 = \frac{3}{2}c_1 + c_2 = \frac{1}{2}c_1 + (c_1 + c_2) \geq 0$.

即有 $2c_3 + c_4 = 2c_3 + (-c_3 + 4c_6) = c_3 + 4c_6 \geq 0$.

于是，由式$(*)$，知 $f(a,b,c) \geq 0$.

(2), (3) 同理可证(略).

下面讨论 $f(a,b,c) \geq 0$ 中等号成立的充要条件.

若 $a = b = c, f(1,1,1) = 0$，推出 $f(a,b,c) = 0$ 容易.

反之，由 $f(a,b,c) = 0$，可知 $c_1(x+z)(x-z)^2 = 0$.

又因 $c_1 = f(1,1,0) > 0$，必有 $x = z$. 这时，除三角形退化为一点外，总有 $y \neq 0$.

将条件 $f(a,b,c)=0, x=z, f(1,1,1)=0$ 代入式 $(*)$,注意到 $c_6 = f(1,1,1)=0, c_5 = 2c_6 = 0$ 和 $2c_3 + c_4 = c_3 + 4c_6 = c_3$,得 $2(c_1+c_2)x^2 + c_3 x^2 y = 0$.

若 $x \neq 0$,就必有 $c_1 + c_2 = 0$,且 $c_3 = 0$,因而有 $\frac{1}{2}c_1 = \frac{1}{2}c_1 + (c_1+c_2) = c_2 = 0$,此与 $c_1 > 0$ 矛盾,所以必有 $z = x = 0$,即 $a = b = c$. 证毕.

注 由于 $f(a,b,c) = A \cdot \sum a^3 + B \cdot \sum a^2(b+c) + C \cdot abc$,则
$$f(1,1,1) = 3A + 6B + C, f(1,1,0) = 2A + 2B, f(2,1,1) = 10A + 14B + 2C$$

(i) 取 $A = -1, B = 2, C = -9$ 时,有
$$f(1,1,1) = -3 + 12 - 9 = 0$$
$$f(1,1,0) = -2 + 4 = 2 > 0$$
$$f(2,1,1) = -10 + 28 - 18 = 0$$

于是,由式(8.17),有 $f(a,b,c) = -\sum a^3 + 2\sum a^2(b+c) - 9abc \geq 0$,即 $\sum a^3 - 2\sum a^2(b+c) + 9abc \leq 0$,此即为式(8.9).

(ii) 取 $A = -1, B = 1, C = -2$ 时,有
$$f(1,1,1) = -3 + 6 - 2 = 1 > 0$$
$$f(1,1,0) = -2 + 2 = 0$$
$$f(2,1,1) = -10 + 14 - 4 = 0$$

于是,由式(8.16),有 $f(a,b,c) = -\sum a^3 + \sum a^2(b+c) - 2abc > 0$,即 $\sum a^3 - \sum a^2(b+c) + 2abc < 0$,此即为式(8.10).

8.2 舒尔不等式及其变形式的应用

例1 (1992年加拿大数学奥林匹克试题)设 $x,y,z \geq 0$,证明:$x(x-z)^2 + y(y-z)^2 - (x-z)(y-z)(x+y-z) \geq 0$.

证明 $x(x-z)^2 + y(y-z)^2 - (x-z)(y-z)(x+y-z)$
$= x^3 - 2x^2 z + xz^2 + y^3 - 2y^2 z + yz^2 - x^2 y - xy^2 + xyz + x^2 z + xyz - xz^2 + xyz + y^2 z - yz^2 - z^2(x+y-z)$
$= \sum x^3 - \sum x^2(y+z) + 3xyz \geq 0$(注意到式(8.3)).

故原不等式获证.

例2 设 a,b,c 是 $\triangle ABC$ 的三条边长,求证:$abc \geq (-a+b+c)(a-b+c)(a+b-c)$.

证法1 由式(8.5)即证.

证法2 由
$$abc - (-a+b+c)(a-b+c)(a+b-c)$$
$$= a^3 + b^3 + c^3 - (a^2 c + a^2 b + b^2 a + b^2 c + c^2 a + c^2 b) + 3abc$$
$$= \sum a^3 - \sum a^2(b+c) + 3abc \geq 0 (注意到式(8.3))$$

得
$$abc \geq (-a+b+c)(a-b+c)(a+b-c)$$

证法3 令 $f(a,b,c) = abc - (-a+b+c)(a-b+c)(a+b-c)$,则 $f(1,1,1) = 0$,

$f(1,1,0)=0, f(2,1,1)=2>0$.

由式(8.15),知$f(a,b,c) \geq 0$,故 $abc \geq (-a+b+c)(a-b+c)(a+b-c)$.

例3 (第6届国际数学奥林匹克试题)已知 a,b,c 是任一三角形的三边. 求证: $a^2(b+c-a)+b^2(c+a-b)+c^2(a+b-c) \leq 3abc$.

证法1 由
$$3abc - a^2(b+c-a) - b^2(c+a-b) - c^2(a+b-c)$$
$$= \sum a^3 - \sum a^2(b+c) + 3abc \geq 0 (注意到式(8.3))$$

得 $a^2(b+c-a)+b^2(c+a-b)+c^2(a+b-c) \leq 3abc$

证法2 令 $f(a,b,c) = 3abc - a^2(b+c-a) - b^2(c+a-b) - c^2(a+b+c)$,则 $f(1,1,1)=0, f(1,1,0)=0, f(2,1,1)=2>0$. 由式(8.15),知 $f(a,b,c) \geq 0$.

故 $a^2(b+c-a)+b^2(c+a-b)+c^2(a+b-c) \leq 3abc$.

例4 (第25届国际数学奥林匹克试题)已知 x,y,z 为非负实数,且 $x+y+z=1$,求证:
$$0 \leq yz+zx+xy-2xyz \leq \frac{7}{27}.$$

证明 由
$$yz+zx+xy-2xyz = (yz+zx+xy)(x+y+z) - 2xyz$$
$$= \sum x^2(y+z) + xyz \geq 0$$

及
$$7 - 27(yz+zx+xy-2xyz)$$
$$= 7(x+y+z)^3 - 27[(yz+zx+xy)(x+y+z) - 2xyz]$$
$$= 7\sum x^3 - 6\sum x^2(y+z) + 15xyz$$
$$\geq 6\sum x^3 - \sum x^2(y+z) + 18xyz$$
$$\geq 0 (注意到式(8.3)及式(8.13))$$

故 $0 \leq yz+zx+xy-2xyz \leq \frac{7}{27}$

注 此问题的后一部分也可这样证:由式(8.4),可得
$$xy+yz+zx-2xyz = (x+y+z)(xy+yz+zx) - 2xyz$$
$$\leq \frac{(x+y+z)^3}{4} + \frac{9xyz}{4} - 2xyz$$
$$= \frac{(x+y+z)^3}{4} + \frac{xyz}{4}$$
$$\leq \frac{(x+y+z)^3}{4} + \frac{1}{4}\left(\frac{x+y+z}{3}\right)^3 = \frac{7}{27}(x+y+z)^3 = \frac{7}{27}$$

例5 (第41届国际数学奥林匹克试题)设 a,b,c 为非负实数,且 $abc=1$. 求证:
$$\left(a-1+\frac{1}{b}\right)\left(b-c+\frac{1}{c}\right)\left(c-1+\frac{1}{a}\right) \leq 1.$$

证法1 不失一般性,设 $a=\frac{x}{y}, b=\frac{y}{z}$,则 $c=\frac{z}{x}$(其中 $x,y,z \in \mathbf{R}^+$),则所证不等式即为
$$(x-y+z)(y+z-x)(z-x+y) \leq zyx$$

由 $xyz - (x-y+z)(y+z-x)(z-x+y) = \sum x^3 - \sum x^2(y+z) + 3xyz$

第8章 专题培训5:一类三元不等式

及式(8.3)可知
$$(x-y+z)(y+z-x)(z-x+y) \leqslant zyx$$

故
$$\left(a-1+\frac{1}{b}\right)\left(b-c+\frac{1}{c}\right)\left(c-1+\frac{1}{a}\right) \leqslant 1$$

证法2 设 $x=a, y=1, z=\frac{1}{b}=ac$,则 $a=\frac{x}{y}, b=\frac{y}{z}, c=\frac{z}{x}$,所以原不等式

$$\Leftrightarrow \left(\frac{x}{y}-1+\frac{z}{y}\right)\left(\frac{y}{z}-1+\frac{x}{z}\right)\left(\frac{z}{x}-1+\frac{y}{x}\right) \leqslant 1$$

$$\Leftrightarrow \frac{(x-y+z)(y-z+x)(z-x+y)}{xyz} \leqslant 1$$

$$\Leftrightarrow (y+z-x)(x+z-y)(x+y-z) \leqslant xyz$$

此即舒尔不等式式(8.5),故原不等式成立,当且仅当 $a=b=c$ 时等号成立.

例6 已知 $\triangle ABC$ 三边长 a,b,c,半周长 p,求证:$\sum a^3(p-a) \leqslant abcp$,等号成立当且仅当 $\triangle ABC$ 为正三角形.

证明 $\sum a^3(p-a) \leqslant abcp \Leftrightarrow \sum a^2(a-b)(a-c) \geqslant 0$(舒尔不等式(8.1)中 $r=2$ 情形)得证.

例7 (《数学通报》问题1830) $a,b,c \in \mathbf{R}^+$,且 $a+b+c=2$,证明:

$$\sum \left(\frac{1-a}{a}\right)\left(\frac{1-b}{b}\right) \geqslant \frac{3}{4}$$

证明
$$\sum \left(\frac{1-a}{a}\right)\left(\frac{1-b}{b}\right) \geqslant \frac{3}{4}$$

$$\Leftrightarrow \sum \left(\frac{1}{a}-1\right)\left(\frac{1}{b}-1\right) \geqslant \frac{3}{4}$$

$$\Leftrightarrow \sum \left(\frac{1}{ab}-\frac{2}{c}\right)+\frac{9}{4} \geqslant 0$$

$$\Leftrightarrow 8+9abc-8\sum bc \geqslant 0$$

将 $\sum a = 2$ 代入 $\left(\sum a\right)^3 + 9abc \geqslant 4\left(\sum a\right)\left(\sum bc\right)$(舒尔不等式(8.4))得证,等号成立当且仅当 $a=b=c=\frac{2}{3}$.

例8 (2005年江苏省数学奥林匹克冬令营)已知 $x,y,z \in \mathbf{R}^+, x^2+y^2+z^2=1$,求 $\frac{x^5}{y^2+z^2-yz}+\frac{y^5}{x^2+z^2-xz}+\frac{z^5}{x^2+y^2-xy}$ 的最小值.

解 由卡尔松不等式和舒尔不等式(8.3),可得

$$\frac{x^5}{y^2+z^2-yz}+\frac{y^5}{x^2+z^2-xz}+\frac{z^5}{x^2+y^2-xy} = \frac{x^6}{xy^2+xz^2-xyz}+\frac{y^6}{yx^2+yz^2-xyz}+\frac{z^6}{zx^2+zy^2-xyz}$$

$$\geqslant \frac{(x^3+y^3+z^3)^2}{xy^2+yx^2+y^2z+yz^2+xz^2+zx^2-3xyz}$$

$$\geqslant \frac{(x^3+y^3+z^3)^2}{x^3+y^3+z^3}$$

$$= (x^2)^{\frac{3}{2}}+(y^2)^{\frac{3}{2}}+(z^2)^{\frac{3}{2}}$$

$$\geq 3 \cdot \left(\frac{x^2+y^2+z^2}{3}\right)^{\frac{3}{2}} = 3^{-\frac{1}{2}} = \frac{\sqrt{3}}{3}$$

其中等号均当且仅当 $x=y=z=\frac{\sqrt{3}}{3}$ 时取得.

所以 $\frac{x^5}{y^2+z^2-yz}+\frac{y^5}{x^2+z^2-xz}+\frac{z^5}{x^2+y^2-xy}$ 的最小值为 $\frac{\sqrt{3}}{3}$.

例9　(《数学通报》问题1787)已知 a,b,c 是非负实数,求证:
$$(a^5-a^3+3)(b^5-b^3+3)(c^5-c^3+3) \geq 3(a+b+c)^2$$

证明　因为 $(a^5-a^3+3)-(a^2+2)=(a-1)^2(a+1)(a^2+a+1) \geq 0$,所以 $a^5-a^3+3 \geq a^2+2$,同理 $b^5-b^3+3 \geq b^2+2, c^5-c^3+3 \geq c^2+2$.

故下面只要证
$$(a^2+2)(b^2+2)(c^2+2) \geq 3(a+b+c)^2 \Leftrightarrow a^2b^2c^2+2(a^2b^2+b^2c^2+c^2a^2)+4(a^2+b^2+c^2)+8$$
$$\geq 3(a+b+c)^2$$

由均值不等式得
$$2(a^2b^2+b^2c^2+c^2a^2)+6=2(a^2b^2+1)+2(b^2c^2+1)+2(c^2a^2+1) \geq 4(ab+bc+ca)$$

由均值不等式和舒尔不等式(8.7)得
$$a^2b^2c^2+2=a^2b^2c^2+1+1 \geq 3\sqrt[3]{a^2b^2c^2} \geq \frac{9abc}{a+b+c} \geq 2(ab+bc+ca)-(a^2+b^2+c^2)$$

所以
$$a^2b^2c^2+2(a^2b^2+b^2c^2+c^2a^2)+4(a^2+b^2+c^2)+8 \geq 6(ab+bc+ca)+3(a^2+b^2+c^2)$$
$$= 3(a+b+c)^2$$

故原不等式成立,显然,当且仅当 $a=b=c=1$ 时,等号成立.

例10　求出所有的正整数 k,使得对任意正数 a,b,c 满足 $abc=1$,都有下面不等式成立:
$$\frac{1}{a^2}+\frac{1}{b^2}+\frac{1}{c^2}+3k \geq (k+1)(a+b+c) \qquad ①$$

解　令 $a=b=\frac{1}{n+1}, c=(n+1)^2 (n \in \mathbf{N}^*)$,由式①可得

$$k \leq \frac{n^2+2n+1+\frac{1}{(n+1)^4}-\frac{2}{n+1}}{n^2+2n+\frac{2}{n+1}-1}$$

而
$$\lim_{n \to +\infty} \frac{n^2+2n+1+\frac{1}{(n+1)^4}-\frac{2}{n+1}}{n^2+2n+\frac{2}{n+1}-1} = 1$$

故 $k \leq 1$,因为 k 是正整数,所以只能有 $k=1$,这时不等式①变成
$$\frac{1}{a^2}+\frac{1}{b^2}+\frac{1}{c^2}+3 \geq 2(a+b+c) \qquad ②$$

令 $x=\frac{1}{a}, y=\frac{1}{b}, z=\frac{1}{c}$,这样 x,y,z 也满足 $xyz=1$. 不等式②等价于

$$x^2+y^2+z^2+3 \geq 2(xy+yz+zx)$$
$$\Leftrightarrow (x+y+z)(x^2+y^2+z^2+3) \geq 2(xy+yz+zx)(x+y+z)$$
$$\Leftrightarrow x^3+y^3+z^3+3(x+y+z) \geq x^2y+xy^2+y^2z+yz^2+z^2x+zx^2+6$$

由式(8.5)知 $x+y+z \geq 3\sqrt[3]{xyz}=3$,可知上式成立.

例 11 (2008 年 IMO 中国国家集训队测试题) 设 $x,y,z \in \mathbf{R}^+$,求证:
$$\frac{xy}{z}+\frac{yz}{x}+\frac{zx}{y} > 2\sqrt[3]{x^3+y^3+z^3}$$

证明 记 $\frac{xy}{z}=a^2, \frac{yz}{x}=b^2, \frac{zx}{y}=c^2$,则 $y=ab, z=bc, x=ca$. 原不等式等价于
$$(a^2+b^2+c^2)^3 > 8(a^3b^3+b^3c^3+c^3a^3)$$

左边 $= \sum a^6 + 3\sum(a^4b^2+a^2b^4)+6a^2b^2c^2 \geq 4\sum(a^4b^2+a^2b^4)+3a^2b^2c^2$(Schur 不等式(8.5)). 而 $4\sum(a^4b^2+a^2b^4) \geq$ 右边, 所以原不等式成立.

例 12 (2004 年亚太地区数学奥林匹克试题) 设 a,b,c 是正实数,求证:
$$(a^2+2)(b^2+2)(c^2+2) \geq 9(ab+bc+ca) \qquad (*)$$

证明 式(*)等价于
$$a^2b^2c^2+2(a^2b^2+b^2c^2+c^2a^2)+4(a^2+b^2+c^2)+8 \geq 9(ab+bc+ca)$$

我们知道
$$a^2+b^2+c^2 \geq ab+bc+ca$$
$$(a^2b^2+1)+(b^2c^2+1)+(c^2a^2+1)$$
$$\geq 2(ab+bc+ca)$$
$$a^2b^2c^2+1+1 \geq 3\sqrt[3]{a^2b^2c^2} \geq \frac{9abc}{a+b+c}$$
$$\geq 4(ab+bc+ca)-(a+b+c)^2 \qquad (\text{式}(8.8))$$
$$\Rightarrow a^2b^2c^2+2 \geq 2(ab+bc+ca)-(a^2+b^2+c^2)$$

所以
$$(a^2b^2c^2+2)+2(a^2b^2+b^2c^2+c^2a^2+3)+4(a^2+b^2+c^2)$$
$$\geq 2(ab+bc+ca)+4(ab+bc+ca)+3(a^2+b^2+c^2)$$
$$\geq 9(ab+bc+ca)$$

因此式(*)得证,等号成立当且仅当 $a=b=c$.

例 13 对任意正数 a,b,c,求证:下面不等式成立
$$a^2+b^2+c^2+2abc+1 \geq 2(ab+bc+ca) \qquad ①$$

证明 注意到舒尔不等式的变式(8.8)
$$2(ab+bc+ca)-(a^2+b^2+c^2) \leq \frac{9abc}{a+b+c} \qquad ②$$

和平均值不等式
$$2abc+1 = abc+abc+1 \geq 3\sqrt[3]{a^2b^2c^2} \qquad ③$$

由②和③,不等式①转化成
$$3\sqrt[3]{a^2b^2c^2} \geq \frac{9abc}{a+b+c}$$

这等价于 $a+b+c \geq 3\sqrt[3]{abc}$. 故原不等式获证.

例 14 (2001 年罗马尼亚国家队选拔赛试题) 设 a,b,c 为正实数,证明:

$$\sum (b+c-a)(c+a-b) \leqslant \sqrt{abc}(\sqrt{a}+\sqrt{b}+\sqrt{c})$$

证法 1 通过简单的计算就可以验证

$$\sum (b+c-a)(c+a-b) = 2(ab+bc+ca) - (a^2+b^2+c^2)$$

由式(8.18),只要证明 $3\sqrt[3]{a^2b^2c^2} \leqslant \sqrt{abc}(\sqrt{a}+\sqrt{b}+\sqrt{c})$ 即可.

而这可由平均值不等式得 $\sqrt{a}+\sqrt{b}+\sqrt{c} \geqslant 3\sqrt[3]{\sqrt{abc}} = 3\sqrt[6]{abc}$. 由此即证.

证法 2 原不等式可变形为

$$2(ab+bc+ca) \leqslant a^2+b^2+c^2 + a\sqrt{bc} + b\sqrt{ca} + c\sqrt{ab}$$

令 $a=x^2, b=y^2, c=z^2$,则上式等价于

$$x^4+y^4+z^4+x^2yz+xy^2z+xyz^2 \geqslant 2(x^2y^2+y^2z^2+z^2x^2)$$

由平均值不等式可得 $2x^2y^2 \leqslant x^3y + xy^3$. 从而又要证明下述不等式即可

$$x^4+y^4+z^4+x^2yz+xy^2z+xyz^2 \geqslant x^3y+y^3z+z^3x+xy^3+yz^3+zx^3$$

这又可以写成 $x^2(x-y)(x-z) + y^2(y-z)(y-x) + z^2(z-x)(z-y) \geqslant 0$

这就是舒尔不等式式(8.1)当 $r=2$ 时情形. 故结论获证.

例 15 (2004 年罗马尼亚数学奥林匹克预选题)设 a,b,c 为正实数.

证明:$\sqrt{abc}(\sqrt{a}+\sqrt{b}+\sqrt{c}) + (a+b+c)^2 \geqslant 4\sqrt{3abc(a+b+c)}$.

证明 由例 14,有

$$\sqrt{abc}(\sqrt{a}+\sqrt{b}+\sqrt{c}) \geqslant 2(ab+bc+ca) - (a^2+b^2+c^2)$$

于是,我们又需证明

$$ab+bc+ca \geqslant \sqrt{3abc(a+b+c)}$$

这显然成立.

例 16 (Mircea Lasscu 不等式)设 x,y,z 为正实数,证明:

$$\frac{x^3+y^3+z^3}{3xyz} + \frac{3\sqrt[3]{xyz}}{x+y+z} \geqslant 2.$$

证明 在式(8.8)中,我们用 $\sqrt{x},\sqrt{y},\sqrt{z}$ 换 x,y,z,得到

$$x+y+z+3\sqrt[3]{xyz} \geqslant 2(\sqrt{xy}+\sqrt{yz}+\sqrt{zx}) \tag{8.18}$$

即有 $3\sqrt[3]{xyz} \geqslant 2(\sqrt{xy}+\sqrt{yz}+\sqrt{zx}) - (x+y+z)$

我们有

$$\frac{3\sqrt[3]{xyz}}{x+y+z} \geqslant \frac{2(\sqrt{xy}+\sqrt{yz}+\sqrt{zx}) - (x+y+z)}{x+y+z}$$

于是

$$\frac{x^3+y^3+z^3}{3xyz} + \frac{3\sqrt[3]{xyz}}{x+y+z}$$

$$\geqslant \frac{x^3+y^3+z^3}{3xyz} + \frac{2(\sqrt{xy}+\sqrt{yz}+\sqrt{zx})}{x+y+z} - 1$$

$$= \frac{x^3+y^3+z^3}{3xyz} - 1 + \frac{2(\sqrt{xy}+\sqrt{yz}+\sqrt{zx})}{x+y+z} - 2 + 2$$

$$= \frac{(x+y+z)(x^2+y^2+z^2-xy-yz-xz)}{3xyz} + \frac{2(\sqrt{xy}+\sqrt{yz}+\sqrt{zx})-2(x+y+z)}{x+y+z} + 2$$

$$= \frac{(x+y+z)[(x-y)^2+(y-z)^2+(z-x)^2]}{6xyz} - \frac{(\sqrt{x}-\sqrt{y})^2+(\sqrt{y}-\sqrt{z})^2+(\sqrt{z}-\sqrt{x})^2}{x+y+z} + 2$$

$$= \sum \left[\frac{(x+y+z)(\sqrt{x}+\sqrt{y})^2}{6xyz} - \frac{1}{x+y+z}\right](\sqrt{x}-\sqrt{y})^2 + 2$$

而由于 x,y,z 都是正实数,所以由均值不等式有

$$(x+y+z)^2(\sqrt{x}+\sqrt{y})^2 - 6xyz > 2(x+y)z(\sqrt{x}+\sqrt{y})^2 - 6xyz$$
$$\geq 8xyz - 6xyz = 2xyz > 0$$

所以
$$\frac{(x+y+z)(\sqrt{x}+\sqrt{y})^2}{6xyz} - \frac{1}{x+y+z} > 0$$

从而
$$\sum \left[\frac{(x+y+z)(\sqrt{x}+\sqrt{y})^2}{6xyz} - \frac{1}{x+y+z}\right](\sqrt{x}-\sqrt{y})^2 \geq 0$$

所以
$$\frac{x^3+y^3+z^3}{3xyz} + \frac{3\sqrt[3]{3yz}}{x+y+z} \geq 2$$

例 17 证明:对任意正实数 a,b,c,下面不等式成立
$$\frac{a+b+c}{3} - \sqrt[3]{abc} \leq \max\{(\sqrt{a}-\sqrt{b})^2, (\sqrt{b}-\sqrt{c})^2, (\sqrt{c}-\sqrt{a})^2\}$$

证法 1
$$\frac{(\sqrt{a}-\sqrt{b})^2+(\sqrt{b}-\sqrt{c})^2+(\sqrt{c}-\sqrt{a})^2}{3}$$
$$\leq \max\{(\sqrt{a}-\sqrt{b})^2+(\sqrt{b}-\sqrt{c})^2+(\sqrt{c}-\sqrt{a})^2\}$$

我们证明一个更强的不等式
$$a+b+c-3\sqrt[3]{abc} \leq (\sqrt{a}-\sqrt{b})^2+(\sqrt{b}-\sqrt{c})^2+(\sqrt{c}-\sqrt{a})^2 \quad (*)$$

剩下我们只要证明
$$a+b+c+3\sqrt[3]{abc} \geq 2(\sqrt{ab}+\sqrt{bc}+\sqrt{ca})$$

这是式(8.18),问题到此得到解决.

证法 2 我们同样证明更强的不等式$(*)$,这可以重新写成
$$\sum \left[a - 2(ab)^{\frac{1}{2}} + (abc)^{\frac{1}{3}}\right] \geq 0$$

这里的求和来自 a,b,c 的所有6个排列. 这个不等式由下列两个不等式相加得到
$$\sum \left[a - 2a^{\frac{2}{3}}b^{\frac{1}{3}} + (abc)^{\frac{1}{3}}\right] \geq 0$$

和
$$\sum \left(a^{\frac{2}{3}}b^{\frac{1}{3}} + a^{\frac{1}{3}}b^{\frac{2}{3}} - 2a^{\frac{1}{2}}b^{\frac{1}{2}}\right) \geq 0$$

第一个不等式是舒尔不等式,只要令 $x=a^{\frac{1}{3}}, y=b^{\frac{1}{3}}, z=c^{\frac{1}{3}}$,而第二不等式由平均值不等式可得:

注 一般地,对非负实数 $a_1, a_2, \cdots, a_n$,我们有
$$\frac{m}{2} \leq \frac{a_1+a_2+\cdots+a_n}{n} - \sqrt[n]{a_1 a_2 \cdots a_n} \leq \frac{(n-1)M}{2}$$

其中 $m = \min\limits_{1 \leq i < j \leq n}\{(\sqrt{a_i}-\sqrt{a_j})^2\}$ 和 $M = \max\limits_{1 \leq i < j \leq n}\{(\sqrt{a_i}-\sqrt{a_j})^2\}$.

例 18 （美国国家队训练题）证明：在任意锐角 $\triangle ABC$ 中，有
$$\cot^3 A + \cot^3 B + \cot^3 C + 6\cot A\cot B\cot C \geq \cot A + \cot B + \cot C.$$

证明 令 $\cot A = x, \cot B = y, \cot C = z$，因为 $xy + yz + zx = 1$，所以只要证明下面齐次不等式即可
$$x^3 + y^3 + z^3 + 6xyz \geq (x+y+z)(xy+yz+zx)$$

这等价于舒尔不等式的式(8.2)。

例 19 （2008 年波斯尼亚数学奥林匹克试题）设 a,b,c 是正数．求证：
$$\left(1 + \frac{4a}{b+c}\right)\left(1 + \frac{4b}{c+a}\right)\left(1 + \frac{4c}{a+b}\right) > 25$$

证明 注意到
$$\left(1 + \frac{4a}{b+c}\right)\left(1 + \frac{4b}{c+a}\right)\left(1 + \frac{4c}{a+b}\right) > 25$$
$$\Leftrightarrow (b+c+4a)(c+a+4b)(a+b+4c) > 25(a+b)(b+c)(c+a)$$
$$\Leftrightarrow a^3+b^3+c^3+7abc > a^2b+ab^2+b^2c+bc^2+c^2a+ac^2$$

由舒尔不等式(8.3)，得
$$a^3+b^3+c^3+3abc \geq a^2b+ab^2+b^2c+bc^2+c^2a+a^2c$$

从而，不等式得证．

例 20 （2009 年土耳其数学奥林匹克试题）已知 a,b,c 为任意正实数，且满足 $a+b+c=1$．证明：$\sum \dfrac{a^2b^2}{c^3(a^2-ab+b^2)} \geq \dfrac{3}{ab+bc+ca}$，其中"$\sum$"为循环和．

证明 由舒尔不等式得
$$\sum x^r(x-y)(x-z) \geq 0$$

当 $r=2$ 时
$$\sum x^4 \geq \sum x^3(y+z) - xyz\sum x$$
$$\left(\sum x^2\right)^2 \geq \sum [x(y^3+z^3) + x^2(y^2+z^2-yz)]$$
$$\left(\sum x^2\right)^2 \geq \sum [x(y^2+z^2-yz)]\sum x \qquad ①$$

令 $x = \dfrac{1}{a}, y = \dfrac{1}{b}, z = \dfrac{1}{c}$，代入式①得
$$\left(\sum \frac{1}{a^2}\right)^2 \geq \sum\left[\frac{1}{a}\left(\frac{1}{b^2}+\frac{1}{c^2}-\frac{1}{bc}\right)\right]\sum \frac{1}{a}$$

由卡尔松不等式，有
$$\sum \frac{b^2c^2}{a^3(b^2-bc+c^2)} \cdot \sum \frac{b^2-bc+c^2}{ab^2c^2} \geq \left(\sum \frac{1}{a^2}\right)^2$$

故只需证 $\sum \dfrac{1}{a} \cdot \sum ab \geq 3\sum a$，即 $\sum (ab-ac)^2 \geq 0$．

上式显然成立，故原命题成立．

例 21 （Crux2006:190-191）设 a,b,c 是非负实数，满足 $a^2+b^2+c^2=1$，证明：
$$\frac{1}{1-ab}+\frac{1}{1-bc}+\frac{1}{1-ca} \leq \frac{9}{2}$$

证明 原不等式等价于
$$3 - 5(ab + bc + ca) + 6abc(a+b+c) + abc(a+b+c-9abc) \geq 0 \qquad ①$$
由平均值不等式,我们有
$$a+b+c-9abc = (a+b+c)(a^2+b^2+c^2) - 9abc$$
$$\geq 3\sqrt[3]{abc} \cdot 3\sqrt[3]{a^2b^2c^2} - 9abc = 0 \qquad ②$$
另一方面
$$3 - 5(ab+bc+ca) + 6abc(a+b+c)$$
$$= [(a-b)^4 + (b-c)^4 + (c-a)^4] + [a^2(a-b)(a-c) +$$
$$b^2(b-c)(b-a) + c^2(c-a)(c-b)] \geq 0 \qquad ③$$
因为
$$(a-b)^4 + (b-c)^4 + (c-a)^4 \geq 0$$
$$a^2(a-b)(a-c) + b^2(b-c)(b-a) + c^2(c-a)(c-b) \geq 0$$
后一个是舒尔不等式(8.1)的特例($r=2$),且由②和③得①成立,等号成立当且仅当 $a = b = c = \dfrac{\sqrt{3}}{3}$.

例22 (1996年伊朗数学奥林匹克试题)证明:对正实数 x,y,z,下面不等式成立
$$(xy + yz + zx)\left[\frac{1}{(x+y)^2} + \frac{1}{(y+z)^2} + \frac{1}{(z+x)^2}\right] \geq \frac{9}{4}$$

证明 通过去分母,原不等式变为
$$\sum (4x^5y - x^4y^2 - 3x^3y^3 + x^4yz - 2x^3y^2z + x^2y^2z^2) \geq 0$$
由此想到舒尔不等式的式(8.2).
该不等式乘以 $2xyz$,合并对称项,得
$$\sum x^4yz - 2x^3y^2z + x^2y^2z^2 \geq 0$$
而且
$$\sum (x^5y - x^4y^2) + 3(x^5y - x^3y^3) \geq 0$$
通过两次利用平均值不等式,结合后面两个不等式即可得到所要证的不等式.

例23 (2009年希腊数学奥林匹克试题)已知 x,y,z 都是非负数,且 $x+y+z=2$,证明不等式:$x^2y^2 + y^2z^2 + z^2x^2 + xyz \leq 1$.

证明 两边齐次化,等价于证明
$$(x+y+z)^4 \geq 16(x^2y^2 + y^2z^2 + z^2x^2) + 8xyz(x+y+z) \qquad ①$$
因为
$$(x+y+z)^4 = x^4+y^4+z^4 + 4(x^3y+xy^3+y^3z+yz^3+z^3x+zx^3) +$$
$$6(x^2y^2+y^2z^2+z^2x^2) + 4xyz(x+y+z)$$
所以①等价于证明
$$x^4+y^4+z^4 + 4(x^3y+xy^3+y^3z+yz^3+z^3x+zx^3) - 10(x^2y^2+y^2z^2+z^2x^2) + 4xyz(x+y+z) \geq 0$$
$$\qquad ②$$
由舒尔不等式(8.1),当 $r=2$ 时,得
$$x^2(x-y)(x-z) + y^2(y-x)(y-z) + z^2(x-y)(z-x) \geq 0$$
即
$$x^4+y^4+z^4 - (x^3y+xy^3+y^3z+yz^3+z^3x+zx^3) + xyz(x+y+z) \geq 0$$
所以
$$x^4+y^4+z^4 \geq (x^3y+xy^3+y^3z+yz^3+z^3x+zx^3) - xyz(x+y+z)$$
从而,要证明②,只要证明

$$5(x^3y+xy^3+y^3z+yz^3+z^3x+zx^3)-10(x^2y^2+y^2z^2+z^2x^2)+3xyz(x+y+z)\geq 0 \quad ③$$

由均值不等式得
$$x^3y+xy^3\geq 2x^2y^2, y^3z+yz^3\geq 2y^2z^2, z^3x+zx^3\geq 2z^2x^2$$

所以 $5(x^3y+xy^3+y^3z+yz^3+z^3x+zx^3)-10(x^2y^2+y^2z^2+z^2x^2)\geq 0$

而 $3xyz(x+y+z)\geq 0$ 显然成立,所以不等式③成立. 等号成立的充要条件是 x,y,z 中有一个是 0,其余两个相等.

例24 （2006年乌克兰数学奥林匹克试题）已知 a,b,c 是正数,证明:
$$3(a^3+b^3+c^3+abc)\geq 4(a^2b+b^2c+c^2a).$$

证明 由舒尔不等式(8.3)得
$$a^3+b^3+c^3+3abc\geq a^2b+ab^2+b^2c+bc^2+c^2a+ca^2 \quad ①$$

由均值不等式得 $\dfrac{a^3+a^3+b^3}{3}\geq a^2b, \dfrac{b^3+b^3+c^3}{3}\geq b^2c, \dfrac{c^3+c^3+a^3}{3}\geq c^2a$

将这三个不等式相加即得
$$a^3+b^3+c^3\geq a^2b+b^2c+c^2a \quad ②$$

再由均值不等式得 $a^3+ab^2\geq 2a^2b$,即 $a^3\geq 2a^2b-ab^2$.

同理, $b^3\geq 2b^2c-bc^2, c^3\geq 2c^2a-ca^2$.

将这三个不等式相加即得
$$a^3+b^3+c^3\geq 2(a^2b+b^2c+c^2a)-(ab^2+bc^2+ca^2) \quad ③$$

将不等式①②③相加得 $3(a^3+b^3+c^3+abc)\geq 4(a^2b+b^2c+c^2a)$.

例25 （2009年数学奥林匹克试题）设 a,b,c 是正实数,证明:
$$a+b+c\leq \dfrac{ab}{a+b}+\dfrac{bc}{b+c}+\dfrac{ca}{c+a}+\dfrac{1}{2}\left(\dfrac{ab}{c}+\dfrac{bc}{a}+\dfrac{ca}{b}\right)$$

证明 令 $a=xy,b=yz,c=zx$,则原不等式化为
$$\dfrac{1}{2}(x^2+y^2+z^2)+xyz\left(\dfrac{1}{x+y}+\dfrac{1}{y+z}+\dfrac{1}{z+x}\right)\geq xy+yz+zx$$

由卡尔松不等式得
$$\dfrac{1^2}{x+y}+\dfrac{1^2}{y+z}+\dfrac{1^2}{z+x}\geq \dfrac{9}{2(x+y+z)}$$

只要证明
$$x^2+y^2+z^2+\dfrac{9xyz}{x+y+z}\geq 2(xy+yz+zx)$$

即
$$(x+y+z)^2+\dfrac{9xyz}{x+y+z}\geq 4(xy+yz+zx)$$

$$\Leftrightarrow (x+y+z)^3-4(x+y+z)(yz+zx+xy)+9xyz\geq 0.$$

此就是舒尔不等式(8.4).

例26 （2003年美国国家集训队选拔赛试题）设 $\alpha,\beta,\gamma\in\left(0,\dfrac{\pi}{2}\right)$,证明不等式:
$$\dfrac{\sin\alpha\sin(\alpha-\beta)\sin(\alpha-\gamma)}{\sin(\beta+\gamma)}+\dfrac{\sin\beta\sin(\beta-\alpha)\sin(\beta-\gamma)}{\sin(\gamma+\alpha)}+\dfrac{\sin\gamma\sin(\gamma-\alpha)\sin(\gamma-\beta)}{\sin(\alpha+\beta)}\geq 0$$

证明 因为
$$\sin(x+y)\sin(x-y)=(\sin x\cos y+\cos x\sin y)(\sin x\cos y-\cos x\sin y)$$

第8章 专题培训5：一类三元不等式

$$= \sin^2 x \cos^2 y - \sin^2 y \cos^2 y$$
$$= \sin^2 x (1 - \sin^2 y) - \sin^2 y (1 - \sin^2 y) - \sin^2 y (1 - \sin^2 x)$$
$$= \sin^2 x - \sin^2 y$$

所以，原不等式等价于

$$[\sin\alpha(\sin^2\alpha - \sin^2\beta)(\sin^2\alpha - \sin^2\gamma) + \sin\beta(\sin^2\beta - \sin^2\alpha)(\sin^2\beta - \sin^2\gamma) +$$
$$\sin\gamma(\sin^2\gamma - \sin^2\beta)(\sin^2\gamma - \sin^2\alpha)] / [\sin(\alpha+\beta)\sin(\beta+\gamma)\sin(\gamma+\alpha)] \geq 0 \qquad ①$$

因为 $\alpha, \beta, \gamma \in (0, \frac{\pi}{2})$，所以，$\sin(\alpha+\beta)\sin(\beta+\gamma)\sin(\gamma+\alpha) > 0$，只需证明

$$\sin\alpha(\sin^2\alpha - \sin^2\beta)(\sin^2\alpha - \sin^2\gamma) + \sin\beta(\sin^2\beta - \sin^2\alpha)(\sin^2\beta - \sin^2\gamma) +$$
$$\sin\gamma(\sin^2\gamma - \sin^2\beta)(\sin^2\gamma - \sin^2\alpha) \geq 0 \qquad ②$$

记 $x = \sin^2\alpha, y = \sin^2\beta, z = \sin^2\gamma$，式②化为

$$\sqrt{x}(x-y)(x-z) + \sqrt{y}(y-z)(y-x) + \sqrt{z}(z-x)(z-y) \geq 0 \qquad ③$$

这就是舒尔不等式(8.1)当 $r = \frac{1}{2}$ 时的情况．从而，原不等式成立．

例27 （2004年中国西部数学奥林匹克试题）求证：对任意正实数 a, b, c，都有

$$1 < \frac{a}{\sqrt{a^2+b^2}} + \frac{b}{\sqrt{b^2+c^2}} + \frac{c}{\sqrt{c^2+a^2}} \leq \frac{3\sqrt{2}}{2}$$

证明 先证明左边的不等式．令 $x = \frac{b^2}{c^2}, y = \frac{c^2}{a^2}, z = \frac{a^2}{b^2}$，则 $x, y, z \in \mathbf{R}^+$，$xyz = 1$，于是只需证明 $\frac{1}{\sqrt{1+x}} + \frac{1}{\sqrt{1+y}} + \frac{1}{\sqrt{1+z}} > 1$．

不妨设 $x \leq y \leq z$，令 $A = xy$，则 $z = \frac{1}{A}$，$A \leq 1$，于是

$$\frac{1}{\sqrt{1+x}} + \frac{1}{\sqrt{1+y}} + \frac{1}{\sqrt{1+z}} = \frac{1}{\sqrt{1+x}} + \frac{1}{\sqrt{1+\frac{A}{x}}} + \frac{1}{\sqrt{1+z}} > \frac{1}{\sqrt{1+x}} + \frac{1}{\sqrt{1+\frac{1}{x}}} = \frac{1+\sqrt{x}}{\sqrt{1+x}} > 1$$

再证明不等式的右边．

令 $a^2 = \frac{1}{2}(y+z-x), b^2 = \frac{1}{2}(x+z-y), a^2 = \frac{1}{2}(x+y-z)$，其中 x, y, z 是 $\triangle ABC$ 的三条边长，则

$$\frac{a}{\sqrt{a^2+b^2}} + \frac{b}{\sqrt{b^2+c^2}} + \frac{c}{\sqrt{c^2+a^2}} = \sqrt{\frac{y+z-x}{2z}} + \sqrt{\frac{x+z-y}{2x}} + \sqrt{\frac{x+y-z}{2y}}$$

原不等式转化为

$$\sqrt{\frac{y+z-x}{z}} + \sqrt{\frac{x+z-y}{x}} + \sqrt{\frac{x+y-z}{y}} \leq 3 \qquad ①$$

式① $\Leftrightarrow \sqrt{xy(y+z-x)} + \sqrt{yz(x+z-y)} + \sqrt{xz(x+y-z)} \leq 3\sqrt{xyz}$

两边平方得

$$xy(y+z-x) + yz(x+z-y) + xz(x+y-z) + 2\sqrt{xzy^2(y+z-x)(x+z-y)} +$$
$$2\sqrt{yzx^2(y+z-x)(x+y-z)} + 2\sqrt{xyz^2(x+z-y)(x+y-z)} \leq 9xyz \qquad ②$$

式②左边 $\leq xy(y+z-x) + yz(x+z-y) + xz(x+y-z) +$
$$xz(y+z-x) + y^2(x+z-y) + yz(x-y) +$$
$$x^2(y+z-x) + xy(x+z-y) + z^2(x+y-z)$$
$$= 6xyz + x^2(y+z-x) + y^2(x+z-y) + z^2(x+y-z)$$

要证明式②成立,只要证明 $x^2(y+z-x) + y^2(x+z-y) + z^2(x+y-z) \leq 3xyz$. 这正是舒尔不等式(8.6).

例28 (第17届土耳其数学奥林匹克试题)已知 a,b,c 为正实数. 证明:
$$\sum \frac{(b+c)(a^4-b^2c^2)}{ab+2bc+ca} \geq 0$$

其中,"$\sum$"表示轮换对称和.

证明 若 $\dfrac{(b+c)(a^4-b^2c^2)}{ab+2bc+ca} \geq \dfrac{a^3+abc-b^2c-bc^2}{2}$,则由舒尔不等式(8.2),得
$$\sum \frac{(b+c)(a^4-b^2c^2)}{ab+2bc+ca} \geq \frac{1}{2} \sum (a^3+abc-b^2c-bc^2)$$
$$\geq \frac{1}{2}[a(a-b)(a-c) + b(b-c)(b-a) + c(c-a)(c-b)]$$
$$\geq 0$$

接下来只需证明
$$\frac{(b+c)(a^4-b^2c^2)}{ab+2bc+ca} \geq \frac{a^3+abc-b^2c-bc^2}{2}$$
$$\Leftrightarrow (b+c)a^4 - 2bca^3 - bc(b+c)a^2 + abc(b^2+c^2) \geq 0$$

又
$$(b+c)a^3 - 2bca^2 - bc(b+c)a + bc(b^2+c^2)$$
$$\geq \frac{4bc}{b+c}a^3 - 2bca^2 - bc(b+c)a + bc\frac{(b+c)^2}{2}$$
$$= \frac{bc}{2(b+c)}(2a+b+c)(2a-b-c)^2 \geq 0$$

于是,所证不等式成立.

例29 (2008年塞尔维亚数学奥林匹克试题)设 $a,b,c>0$, $a+b+c=1$. 求证:
$$\sum \frac{1}{bc+a+\dfrac{1}{a}} \leq \frac{27}{31}$$

证明 由对称性,不妨设 $a \geq b \geq c$. 于是
$$abc + a^2 + 1 \geq abc + b^2 + 1 \geq abc + c^2 + 1$$

则
$$\frac{a}{abc+a^2+1} - \frac{b}{abc+b^2+1} = \frac{abc(a-b) + (1-ab)(a-b)}{(abc+a^2+1)(abc+b^2+1)} \geq 0$$

同理
$$\frac{b}{abc+b^2+1} - \frac{c}{abc+c^2+1} \geq 0$$

故
$$\frac{a}{abc+a^2+1} \geq \frac{b}{abc+b^2+1} \geq \frac{c}{abc+a^2+1}$$

由切比雪夫不等式得

$$\sum \frac{1}{bc+a+\frac{1}{a}} \cdot \sum (abc+a^2+1) \leq 3 \sum a = 3$$

则

$$\sum \frac{1}{bc+a+\frac{1}{a}} \leq \frac{3\sum a}{\sum (abc+a^2+1)} = \frac{3}{3abc+a^2+b^2+c^2+3}$$

于是,只需证 $\dfrac{3}{3abc+a^2+b^2+c^2+3} \leq \dfrac{27}{31}$

$$\Leftrightarrow 27abc + 9(a^2+b^2+c^2)(a+b+c) \geq 4(a+b+c)^3$$

$$\Leftrightarrow \sum a(a-b)(a-c) + 2\sum (a+b)(a-b)^2 \geq 0$$

由舒尔不等式(8.2)知

$$\sum a(a-b)(a-c) \geq 0$$

因此,原不等式得证.

例30 (2010年第13届中国香港数学奥林匹克试题)对任何正实数 a,b,c,证明:

$$\left(\sum ab\right) \sum \frac{1}{(a+b)^2} \geq \frac{9}{4}$$

其中,"$\sum$"表示轮换对称和.

证明 原式

$\Leftrightarrow 4\left(\sum bc\right)\sum (a+b)^2(a+c)^2 \geq 9\prod (a+b)(a+c)$ ($\prod$ 表示轮换对称积)

$\Leftrightarrow 4\left(\sum bc\right)\sum \left(a^2+\sum bc\right)^2 \geq 9\prod \left(a^2+\sum bc\right)$

$\Leftrightarrow 4\left(\sum bc\right)\sum \left[a^4+2a^2\sum bc+\left(\sum bc\right)^2\right] \geq$

$\quad 9\left[a^2b^2c^2+\left(\sum bc\right)\sum b^2c^2+\left(\sum a^2\right)\left(\sum bc\right)^2+\left(\sum bc\right)^3\right]$

$\Leftrightarrow 4\left(\sum a^4\right)\sum bc + 3\left(\sum bc\right)^3 \geq$

$\quad 9a^2b^2c^2 + 9\left(\sum bc\right)\sum b^2c^2 + \left(\sum a^2\right)\left(\sum bc^2\right)$

$\Leftrightarrow 4\left[abc\sum a^3 + \sum a^5(b+c)\right] + 3\left(\sum bc\right)\left(\sum a^2c^2 + 2abc\sum a\right) \geq$

$\quad 9a^2b^2c^2 + 9\left(\sum bc\right)\sum b^2c^2 + \left(\sum a^2\right)\left(\sum b^2c^2 + 2abc\sum a\right)$

$\Leftrightarrow 4abc\sum a^3 + 4\sum a^5(b+c) + 6abc\left(\sum a\right)\sum bc \geq$

$\quad 9a^2b^2c^2 + 6\left(\sum bc\right)\sum b^2c^2 + \left(\sum a^2\right)\sum b^2c^2 + 2abc\left(\sum a\right)\sum a^2$

$\Leftrightarrow 4abc\sum a^3 + 4\sum a^5(b+c) + 6abc\left[3abc + \sum a^2(b+c)\right] \geq$

$\quad 9a^2b^2c^2 + 6\left[b^3c^3 + abc\sum a^2(b+c)\right] + 3a^2b^2c^2 + \sum a^4(b^2+c^2) +$

$\quad 2abc\left[\sum a^3 + \sum a^2(b+c)\right]$

$\Leftrightarrow \left[\sum a^5(b+c) - \sum a^4(b^2+c^2)\right] + 3\left[\sum a^5(b+c) - 2\sum b^3c^3\right] +$

$\quad 2abc\left[3abc + \sum a^3 - \sum a^2(b+c)\right] \geq 0$

$$\Leftrightarrow \sum ab(a^3-b^3)(a-b) + 3\sum ab(a^2-b^2)^2 + 2abc\sum a(a-b)(a-c) \geq 0$$

由舒尔不等式(8.2)知,上式显然成立.

例31 (2014年全国高中数学联赛题)证实数 a,b,c 满足 $a+b+c=1, abc>0$. 证明:

$$ab+bc+ca < \frac{\sqrt{abc}}{2} + \frac{1}{4}$$

证法1 因为 $abc>0$,所以, a,b,c 三个数要么为一个正数和两个负数,要么均为正数. 对于前一种情形,不妨设 $a>0, b<0, c<0$. 则

$$ab+bc+ca = ab+c(a+b) = ab+c(1-c) < 0 < \frac{\sqrt{abc}}{2} + \frac{1}{4}$$

对于后一种情形,由舒尔不等式(8.2)有

$$a(a-b)(a-c) + b(b-a)(b-c) + c(c-a)(c-b) \geq 0$$

$$\Rightarrow (a+b+c)^3 - 4(a+b+c)(ab+bc+ca) + 9abc \geq 0 \qquad ①$$

记 $p = ab+bc+ca, q = abc$.

由式①及 $a+b+c=1$, 得 $1-4p+9q \geq 0$.

从而, $p \leq \frac{9q}{4} + \frac{1}{4}$.

因为 $q = abc \leq \left(\frac{a+b+c}{3}\right)^3 = \frac{1}{27}$, 所以, $\sqrt{q} \leq \frac{1}{3\sqrt{3}} < \frac{2}{9}$.

于是, $9q < 2\sqrt{q}$, 故

$$p \leq \frac{9q}{4} + \frac{1}{4} < \frac{2\sqrt{q}}{4} + \frac{1}{4} = \frac{\sqrt{q}}{2} + \frac{1}{4} \Rightarrow ab+bc+ca < \frac{\sqrt{abc}}{2} + \frac{1}{4}$$

证法2 因为 $abc>0$,所以, a,b,c 三个数要么均为正数,要么为一个正数和两个负数. 当 $a>0, b<0, c>0$ 时

$$ab+bc+ca < b(a+c) = b(1-b) < 0$$

故原不等式成立.

当 a,b,c 均为正数时,设

$$p = a+b+c, q = ab+bc+ca, r = abc$$

则

$$\sum a^3 = \left(\sum a\right)\left(\sum a^2 - \sum ab\right) + 3abc$$

$$= \left(\sum a\right)\left[\left(\sum a\right)^2 - 3\sum ab\right] + 3abc$$

$$= p^3 - 3pq + 3r$$

$$\sum a^2(b+c) = \sum ab(a+b) = \sum ab(p-c) = pq - 3r$$

其中, "$\sum$" 表示轮换对称和.

由舒尔不等式(8.2) 得

$$a(a-b)(a-c) + b(b-c)(b-a) + c(c-a)(c-b) \geq 0$$

$$\Rightarrow \sum a^3 - \sum a^2(b+c) + 3abc \geq 0$$

$$\Rightarrow p^3 - 4pq + 9r \geq 0$$

$$\Rightarrow 4r \geq \frac{4(4pq - p^3)}{9}$$

因为 $p = 1$,所以,$4r \geq \frac{4(4q - 1)}{9}$.

而原不等式 $\Leftrightarrow 2\sqrt{r} > 4q - 1$.

若 $4q - 1 < 0$,则不等式显然成立.

若 $4q - 1 \geq 0$,由

$$3\sum ab \leq \left(\sum a\right)^2 = 1 \Rightarrow q \leq \frac{1}{3}$$

所以

$$\frac{1}{4} \leq q \leq \frac{1}{3} \qquad \text{①}$$

又 $2\sqrt{r} > 4q - 1 \Leftrightarrow 4r > (4q - 1)^2$,则只需证 $\frac{4(4q - 1)}{9} \geq (4q - 1)^2$.

又需证 $(4q - 1)(36q - 13) \leq 0$.

由式①知上式恒成立.

综上,原不等式成立.

注 以上证法由哈师大附中刘利益老师给出.

例 32 (1997 年日本数学奥林匹克试题)设 a, b, c 为正实数,求证:

$$\frac{(b + c - a)^2}{(b + c)^2 + a^2} + \frac{(c + a - b)^2}{(c + a)^2 + b^2} + \frac{(a + b - c)^2}{(a + b)^2 + c^2} \geq \frac{3}{5}$$

并决定等号成立的条件.

证明 化简原不等式,得

$$\sum \frac{2ab + 2ac}{a^2 + b^2 + c^2 + 2bc} \leq \frac{12}{5}$$

记 $s = a^2 + b^2 + c^2$,通过去分母变为

$$5s^2 \sum ab + 10s \sum a^2bc + 20 \sum a^3b^2c \leq 6s^3 + 6s^2 \sum ab + 12s \sum a^2bc + 48a^2b^2c^2$$

化简得

$$6s^3 + s^2 \sum ab + 2s \sum a^2bc + 8 \sum a^2b^2c^2 \geq 20 \sum a^3b^2c$$

现在我们展开 s 的次幂,得

$$\sum 3a^6 + 2a^5b - 2a^4b^2 + 3a^4bc + 2a^3b^3 - 12a^3b^2c + 4a^2b^2c^2 \geq 0$$

证明这个不等式的棘手地方是 $a^2b^2c^2$ 的系数是正的,因为它有最多的偶次数指数. 我们利用舒尔不等式(8.3)且乘以 $4abc$,合并对称项,得

$$\sum 4a^4bc - 8a^3b^2c + 4a^2b^2c^2 \geq 0$$

这样题目的结论就可以转化成证明

$$\sum 3a^6 + 2a^5b - 2a^4b^2 - a^4bc + 2a^3b^3 - 4a^3b^2c \geq 0$$

这是四个非负加权平均值不等式的和,即

$$0 \leq 2 \sum \frac{(2a^5 + b^6)}{3} - a^4b^2$$

$$0 \le \sum \frac{(4a^6+b^6+c^6)}{6} - a^4bc$$

$$0 \le 2\sum \frac{(2a^3b^3+c^3a^3)}{3} - a^3b^2c$$

$$0 \le 2\sum \frac{2a^5b+a^5c+ab^5+ac^5}{6} - a^3b^2c$$

每种情况等号成立都是当且仅当 $a=b=c$.

注 上述例题参见了如下 4 篇文章：

[1] 朱华伟. Schur 不等式及其变式[J]. 数学通报,2009(10):54-57.

[2] 尚强、朱华伟. Schur 不等式及其变式[J]. 中学数学教学参考,2010(4):58-60.

[3] 蔡玉书. 舒尔不等式及其变形的应用[J]. 数学通讯,2010(8):62-64.

[4] 刘南山,袁平. 巧用 Schur 不等式的变式解竞赛题[J]. 中学数学研究,2010(3):41-42.

8.3 舒尔不等式变形式的演变及应用

由式(8.5),对于任意非负实数 a,b,c,有
$$abc \ge (a+b-c)(b+c-a)(c+a-b) \tag{8.19}$$
即有
$$a^3+b^3+c^3+3abc \ge a^2b+ab^2+b^2c+bc^2+a^2c+ac^2$$
$$\ge 6\sqrt[6]{a^6b^6c^6} = 6abc$$

于是,我们有以下命题.

命题 1 设 a,b,c 为非负实数,令 $P=a^3+b^3+c^3$, $Q=abc$, $R=a^2b+ab^2+b^2c+bc^2+a^2c+ac^2$,则
$$2P \ge P+3Q \ge R \ge 6Q \tag{8.20}$$

其中等号当且仅当 $a=b=c$ 时成立.

又由式(8.19),有
$$a^3+b^3+c^3+3abc \ge a^2b+ab^2+b^2c+bc^2+a^2c+ac^2$$
$$\ge 2(a^{\frac{3}{2}}b^{\frac{3}{2}}+b^{\frac{3}{2}}c^{\frac{3}{2}}+c^{\frac{3}{2}}a^{\frac{3}{2}})$$

而
$$1+2(abc)^{\frac{3}{2}} = 1+(abc)^{\frac{3}{2}}+(abc)^{\frac{3}{2}} \ge 3\sqrt[3]{[(abc)^{\frac{3}{2}}]^2} = 3abc$$

由上述两式,有
$$a^3+b^3+c^3+1+2(abc)^{\frac{3}{2}} \ge 2(a^{\frac{3}{2}}b^{\frac{3}{2}}+b^{\frac{3}{2}}c^{\frac{3}{2}}+c^{\frac{3}{2}}a^{\frac{3}{2}})$$

对上式作置换 $(a^{\frac{3}{2}}+b^{\frac{3}{2}}+c^{\frac{3}{2}}) \to (a,b,c)$,得
$$a^2+b^2+c^2+2abc+1 \ge 2(ab+bc+ca)$$

再对上式两边同时加上 $a^2+b^2+c^2$ 后,两边除以 2,又两边加上 $\frac{9}{2}$,再运用平均值不等式即
$$\frac{(a+b+c)^2}{2}+\frac{9}{2} \ge \sqrt{9(a+b+c)^2} \ge 3(a+b+c)$$

于是,又可得命题:

命题 2 对于非负实数 a,b,c,有不等式

$$a^2 + b^2 + c^2 + abc + 5 \geq 3(a+b+c) \tag{8.21}$$

其中等号当且仅当 $a=b=c=1$ 时成立.

下面,给出上述命题应用的例子. 首先看命题 1 的应用:

问题 1 (见例 4)已知 x,y,z 是非负实数,且 $x+y+z=1$. 求证:
$$0 \leq xy+yz+zx-2xyz \leq \frac{7}{27}$$

证明 由式(8.20),有
$$xy+yz+zx-2xyz = (xy+yz+zx-2xyz)(x+y+z) = Q+R$$

及
$$\frac{7}{27} = \frac{7}{27}(x+y+z)^3 = \frac{7}{27}(P+6Q+3R)$$

于是原不等式左边式即 $Q+R \geq 0$ 成立;

原不等式右边式即
$$Q+R \leq \frac{7}{27}(P+6Q+3R)$$

亦即
$$6R \leq 7P+15Q$$

这可由 $R \leq 2P$ 及 $5R \leq 5(P+3Q)$ 相加即得上式.

问题 2 设 $\triangle ABC$ 的三边分别为 a,b,c,且 $a+b+c=1$. 求证:
$$a^2+b^2+c^2+4abc \geq \frac{13}{27}$$

证明 应用式(8.20),由
$$a^2+b^2+c^2+4abc = (a^2+b^2+c^2)(a+b+c)+4abc = P+Q+R$$

及
$$\frac{13}{27} = \frac{13}{27}(a+b+c)^3 = \frac{13}{27}(P+6Q+3R)$$

于是,原不等式即
$$P+R+4Q \geq \frac{13}{27}(P+6Q+3R)$$

即
$$7P+15Q \geq 6R$$

此即为问题 1 中的问题了.

问题 3 设 a,b,c 为正实数,且 $a+b+c=2$. 求证:
$$\frac{1-a}{a} \cdot \frac{1-b}{b} + \frac{1-b}{b} \cdot \frac{1-c}{c} + \frac{1-c}{c} \cdot \frac{1-a}{a} \geq \frac{3}{4}$$

证明 上述不等式可化为 $2+\frac{9abc}{4} - 2(ab+bc+ca) \geq 0$,亦即
$$\frac{(a+b+c)^3}{4} + \frac{9abc}{4} - (a+b+c)(ab+bc+ca) \geq 0$$

亦即
$$\frac{1}{4}(P+6Q+3R) - \frac{3}{4}Q - R \geq 0$$

又亦即
$$P+3Q \geq R$$

这显然由式(8.20)即证.

注 类似于上述问题,运用命题 1 还可处理下述问题:

(1) 对于 $\triangle ABC$ 的三边 a,b,c, 满足 $a+b+c=1$, 则 $5(a^2+b^2+c^2)+18ab \geqslant \dfrac{7}{3}$.

事实上, 上述不等式可变形为 $5(P+R)+18Q \geqslant \dfrac{7}{3}(P+6Q+3R)$, 即 $4P+6Q \geqslant 3R$.

这可由 $2(P+3Q) \geqslant 2R$ 及 $2P \geqslant R$ 相加即证.

(2) 对于正实数 a,b,c 满足 $a+b+c=3$, 则 $2(a^3+b^3+c^3)+3abc \geqslant 9$.

事实上, 上述不等式可变为 $2P+3Q \geqslant \dfrac{1}{3}(P+6Q+3R)$.

下面, 再看命题 2 的应用:

问题 4 设 a,b,c 为正实数, 且 $a^2+b^2+c^2+abc=4$. 求证: $a+b+c \leqslant 3$.

证明 由式 (8.21), 即
$$a^2+b^2+c^2+abc+5 \geqslant 3(a+b+c)$$

从而, 有 $4+5 \geqslant 3(a+b+c)$, 故 $a+b+c \leqslant 3$.

注 运用问题 4, 还可以处理下述问题:

(1) 对于 $x,y,z>0$, 且 $\dfrac{1}{x^2+1}+\dfrac{1}{y^2+1}+\dfrac{1}{z^2+1}=2$, 则有 $xy+yz+zx \leqslant \dfrac{3}{2}$.

事实上, 由条件式可得 $x^2y^2+x^2z^2+y^2z^2+2x^2y^2z^2=1$.

令 $2xy=a, 2yz=b, 2zx=c$. 则上式变为 $a^2+b^2+c^2+abc=4$.

由问题 4, 有 $a+b+c \leqslant 3$, 即为 $xy+yz+zx \leqslant \dfrac{3}{2}$.

(2) 又对于 $x,y,z \geqslant 1$, 且 $\dfrac{1}{x}+\dfrac{1}{y}+\dfrac{1}{z}=1$, 则有
$$\sqrt{x+y+z} \geqslant \sqrt{x-1}+\sqrt{y-1}+\sqrt{z-1}$$

事实上, 若令 $\sqrt{x-1}=a, \sqrt{y-1}=b, \sqrt{z-1}=c$, 则条件式即为 $\dfrac{1}{a^2+1}+\dfrac{1}{b^2+1}+\dfrac{1}{c^2+1}=$

2. 结论两边平方后即变为 $ab+bc+ca \leqslant \dfrac{3}{2}$, 此即为上述 (1) 中的结论.

问题 5 (见例 12) 对任意正实数 a,b,c. 求证:
$$(a^2+2)(b^2+2)(c^2+2) \geqslant 9(ab+bc+ca)$$

证明 先证得加强式
$$(a^2+2)(b^2+2)(c^2+2) \geqslant 3(a+b+c)^2+\dfrac{1}{2}[(a-b)^2+(b-c)^2+(c-a)^2]$$

上式等价于 $a^2b^2c^2+2(a^2b^2+b^2c^2+c^2a^2)+8 \geqslant 5(ab+bc+ca)$

由式 (8.21) 得 $a^2b^2c^2+(a^2b^2+b^2c^2+c^2a^2)+5 \geqslant 3(ab+bc+ca)$

又由 $a^2b^2+1 \geqslant 2ab, a^2c^2+1 \geqslant 2ac, b^2c^2+1 \geqslant 2bc$

上述四式相加即证得加强式.

注意到
$$3(a+b+c)^2 = 3(a^2+b^2+c^2+2ab+2bc+2ca)$$
$$\geqslant 3(ab+bc+ca+2ab+2bc+2ca)$$
$$= 9(ab+ac+bc)$$

故
$$(a^2+2)(b^2+2)(c^2+2) \geq 9(ab+bc+ac)$$

问题 6 （2011 年全国高中数学联赛 B 卷题）设实数 $a,b,c \geq 1$. 且满足
$$abc + 2a^2 + 2b^2 + 2c^2 + ca - cb - 4a + 4b - c = 28$$
求 $a+b+c$ 的最大值.

解 由条件式,得 $(a-1)^2 + (b+1)^2 + c^2 + \frac{1}{2}(a-1)(b+1)c = 16$,亦即
$$\left(\frac{a-1}{2}\right)^2 + \left(\frac{b+1}{2}\right)^2 + \left(\frac{c}{2}\right)^2 + \frac{a-1}{2} \cdot \frac{b+1}{2} \cdot \frac{c}{2} = 4$$
由式(8.21),有
$$4+5 \geq 3\left(\frac{a-1}{2} + \frac{b+1}{2} + \frac{c}{2}\right)$$
从而 $a+b+c \leq 6$. 故当 $a=3, b=1, c=2$ 时, $a+b+c$ 的最大值为 6.

问题 7 设正实数 x,y,z 满足 $x+y+z+\frac{1}{2}\sqrt{xyz} = 16$. 求证：
$$\sqrt{x} + \sqrt{y} + \sqrt{z} + \frac{1}{8}\sqrt{xyz} \leq 7$$

证明 令 $x = 16a^2, y = 16b^2, z = 16c^2$,则条件式变为
$$a^2 + b^2 + c^2 + 2abc = 1$$

待证式变为 $\qquad a+b+c+2abc \leq \dfrac{7}{4}$

由问题 4 后注(1)知 $\qquad a+b+c \leq \dfrac{3}{2}$

此时 $\qquad abc \leq \left(\dfrac{a+b+c}{3}\right)^3 \leq \dfrac{1}{8}$

从而 $\qquad a+b+c+2abc \leq \dfrac{3}{2} + 2 \cdot \dfrac{1}{8} = \dfrac{7}{4}$

不等式获证.

我们继续看舒尔不等式及变形式的演变.

又对于非负实数 a,b,c 且 $a+b+c = \lambda (\lambda > 0)$,则由式(8.19)即
$$abc \geq (a+b-c)(c+a-b)(b+c-a)$$
有 $\qquad abc \geq (\lambda - 2c)(\lambda - 2b)(\lambda - 2a)$
$$= \lambda^3 - 2\lambda^2(a+b+c) + 4\lambda(ab+bc+ca) - 8abc$$
即有 $\qquad ab+bc+ca \leq \dfrac{9}{4\lambda}abc + \dfrac{\lambda^2}{4}$

注意到均值不等式,有
$$a+b+c \geq 3\sqrt[3]{abc}, \quad ab+bc+ca \geq 3\sqrt[3]{a^2b^2c^2}$$
亦有 $\qquad (a+b+c)(ab+bc+ca) \geq 9abc$
亦即 $\qquad \dfrac{9}{\lambda}abc \leq ab+bc+ca$

从而,我们得到下述命题：

命题 3 设 a,b,c 为非负实数,且 $a+b+c = \lambda$,则

$$\frac{9}{\lambda}abc \leq ab+bc+ca \leq \frac{9}{4\lambda}abc + \frac{\lambda^2}{4} \qquad (8.22)$$

其中两个符号均当且仅当 $a=b=c=\dfrac{\lambda}{3}$ 时取得.

下面,运用命题3处理几个数学问题:

问题8 已知 a,b,c 都是正数,且 $a+b+c=1$. 求证:
$$(1+a)(1+b)(1+c) \geq 8(1-a)(1-b)(1-c)$$

证明 所证不等式两边展开得
$$1+a+b+c+ab+bc+ca+abc \geq 8[1-(a+b+c)+(ab+bc+ca)-abc]$$

即
$$7(ab+bc+ca) \leq 9abc+2$$

由式(8.22),取 $\lambda=1$,有
$$7(ab+bc+ca) \leq 7\cdot\frac{9}{4}abc+7\cdot\frac{1}{4} \leq 9abc+2$$

其中两个不等式中等号当且仅当 $a=b=c=\dfrac{1}{3}$ 时取得.

应用式(8.22),也可以处理问题1,2,3及注中的一系列问题. 下面仅给出应用式(8.22)处理问题1的情形:

事实上,由式(8.22),取 $\lambda=1$,得
$$9xyz \leq xy+yz+zx \leq \frac{1}{4}(1+9xyz)$$

于是
$$xy+yz+zx-2xyz \geq 7xyz \geq 0$$

注意到
$$xyz \leq \left(\frac{x+y+z}{3}\right)^3 = \frac{1}{27}$$

从而
$$xy+yz+zx-2xyz \leq \frac{1}{4}(1+xyz) \leq \frac{1}{4}\cdot\frac{28}{27} = \frac{7}{27}$$

问题9 (第3届北方数学奥林匹克试题)设 $\triangle ABC$ 的三边长分别为 a,b,c,且 $a+b+c=3$. 求 $f(a,b,c)=a^2+b^2+c^2+\dfrac{4}{3}abc$ 的最小值.

解 由 $a+b+c=3$,有 $9=(a+b+c)^2=a^2+b^2+c^2+2(ab+bc+ca)$,从而
$$a^2+b^2+c^2+\frac{4}{3}abc = 9-2\left(ab+bc+ca-\frac{2}{3}abc\right)$$

由式(8.22),取 $\lambda=3$,则
$$ab+bc+ca \leq \frac{4}{3}abc+\frac{9}{4}$$

注意到 $a+b+c \geq 3\sqrt[3]{abc}$,有 $abc \leq 1$,从而
$$ab+bc+ca-\frac{2}{3}abc \leq \frac{1}{12}abc+\frac{9}{4} \leq \frac{7}{3}$$

于是
$$a^2+b^2+c^2+\frac{4}{3}abc \geq 9-2\cdot\frac{7}{3} = \frac{13}{3}$$

故 $f(a,b,c)=a^2+b^2+c^2+\dfrac{4}{3}abc$ 的最小值为 $\dfrac{13}{3}$,当且仅当 $a=b=c=1$ 时取得.

第8章 专题培训5：一类三元不等式

注 (1)一般地，若 a,b,c 为三角形的三边之长，且 $a+b+c=\lambda$，则有下述不等式：

$$\frac{1}{4}\lambda^2 < ab+bc+ca-\frac{2}{\lambda}abc \leq \frac{7}{27}\lambda^2 \qquad (8.23)$$

$$\frac{13}{27}\lambda^2 \leq a^2+b^2+c^2+\frac{4}{\lambda}abc < \frac{1}{2}\lambda^2 \qquad (8.24)$$

事实上，由 $\frac{\lambda}{2} > a,b,c$，则

$$0 < \frac{1}{8}\lambda^3 - \frac{1}{4}\lambda^2(a+b+c) + \frac{\lambda}{2}(ab+bc+ca) - abc \qquad (*)$$

$$= \left(\frac{\lambda}{2}-a\right)\left(\frac{\lambda}{2}-b\right)\left(\frac{\lambda}{2}-c\right)$$

$$\leq \left(\frac{\frac{\lambda}{2}-a+\frac{\lambda}{2}-b+\frac{\lambda}{2}-c}{3}\right)^3 = \frac{\lambda^3}{216} \qquad (**)$$

由式(*)整理即得 $ab+bc+ca-\frac{2}{\lambda}abc > \frac{\lambda^2}{4}$，又将 $a+b+c=\lambda$ 两边平方后代入上式有 $a^2+b^2+c^2+\frac{4}{\lambda}abc < \frac{1}{2}\lambda^2$。由式(**)化简有 $ab+bc+ca-\frac{2}{\lambda}abc \leq \frac{7}{27}\lambda^2$，又将 $a+b+c=\lambda$ 两边平方后代入上式有 $\frac{13}{27}\lambda^2 \leq a^2+b^2+c^2+\frac{4}{\lambda}abc$。

而证得结论。

此时，由式(8.24)取 $\lambda=3$，即得问题9的最小值为 $\frac{13}{3}$。

(2)在 a,b,c 是 $\triangle ABC$ 的三边之长，且 $a+b+c=\lambda$ 的条件下，来证明关于 $\alpha(a^2+b^2+c^2)+\beta(ab+bc+ca)+\gamma abc$ 形式的不等式的问题，大庆实验中学的侯典峰老师做了一些探讨，下面介绍他的成果。

先给出此条件下的几个结论。

结论1 $a^2+b^2+c^2=\lambda^2-2(ab+bc+ca)$。

由均值不等式得 $\lambda=a+b+c \geq 3\sqrt[3]{abc}$，及 $(a+b+c)^2=a^2+b^3+c^3+2(ab+bc+ca) \geq 3(ab+bc+ca)$，从而有结论：

结论2 $abc \leq \frac{\lambda^3}{27}$ 及 $ab+bc+ca \leq \frac{(a+b+c)^2}{3}=\frac{\lambda^2}{3}$。

由于在三角形中有两边之和大于第三边之限制，所以 $\lambda=a+b+c>2a$，同理，$\lambda>2b$，$\lambda>2c$，从而 $(\lambda-2a)(\lambda-2b)(\lambda-2c)>0$，可得 $\lambda^3-2\lambda^2(a+b+c)+4\lambda(ab+bc+ca)-8abc>0$，从而可知 $4\lambda(ab+bc+ca)-8abc>\lambda^3$，从而有结论：

结论3 $ab+bc+ca-\frac{2abc}{\lambda}>\frac{\lambda^2}{4}$。由

$$(\lambda-2a)(\lambda-2b)(\lambda-2c) \leq \left(\frac{\lambda-2a+\lambda-2b+\lambda-2c}{3}\right)^3 = \frac{\lambda^3}{27}$$

可得 $\lambda^3-2\lambda^2(a+b+c)+4\lambda(ab+bc+ca)-8abc \leq \frac{\lambda^2}{27}$

从而有结论：

结论 4 $ab+bc+ca \leq \dfrac{7\lambda^2}{27} + \dfrac{2abc}{\lambda}$.

根据以上几个结论,可以得到如下两个定理.

定理 1 若 a,b,c 是 $\triangle ABC$ 是三边之长,且 $a+b+c=\lambda$,当 $2\alpha-\beta>0$ 时,则有
$$\alpha(a^2+b^2+c^2)+\beta(ab+bc+ca)+\dfrac{2(2\alpha-\beta)}{\lambda}abc < \dfrac{(2\alpha+\beta)\lambda^2}{4} \tag{8.25}$$

证明
$$\alpha(a^2+b^2+c^2)+\beta(ab+bc+ca)+\dfrac{2(2\alpha-\beta)}{\lambda}abc$$
$$=\alpha\lambda^2-(2\alpha-\beta)(ab+bc+ca)+\dfrac{2(2\alpha-\beta)}{\lambda}abc$$
$$=\alpha\lambda^2-(2\alpha-\beta)\left[(ab+bc+ca)-\dfrac{2abc}{\lambda}\right]$$
$$<\alpha\lambda^2-(2\alpha-\beta)\dfrac{\lambda^2}{4}=\dfrac{(2\alpha+\beta)\lambda^2}{4}.$$

定理 2 若 a,b,c 是 $\triangle ABC$ 的三边之长,且 $a+b+c=\lambda$.

(Ⅰ) 当 $2\alpha-\beta \geq 0$ 且 $\dfrac{2\alpha-\beta}{\lambda} \geq \dfrac{\gamma}{2}$ 时,则有
$$\alpha(a^2+b^2+c^2)+\beta(ab+bc+ca)+\gamma abc \geq \dfrac{\lambda^2}{3}\alpha+\dfrac{\lambda^2}{3}\beta+\dfrac{\lambda^3}{27}\gamma \tag{8.26}$$

(Ⅱ) 当 $2\alpha-\beta<0$ 且 $\gamma \geq 0$ 时,则有
$$\alpha(a^2+b^2+c^2)+\beta(ab+bc+ca)+\gamma abc \geq \lambda^2\alpha+\dfrac{\lambda^2(\beta-2\alpha)}{3}+\dfrac{\lambda^3}{27}\gamma \tag{8.27}$$

证明 因为 $\alpha(a^2+b^2+c^2)+\beta(ab+bc+ca)+\gamma abc = \lambda^2\alpha-(2\alpha-\beta)(ab+bc+ca)+\gamma abc$,故当 $2\alpha-\beta \geq 0, \dfrac{2\alpha-\beta}{\lambda} \geq \dfrac{\gamma}{2}$ 时
$$\alpha(a^2+b^2+c^2)+\beta(ab+bc+ca)+\gamma abc$$
$$=\lambda^2\alpha-(2\alpha-\beta)(ab+bc+ca)+\gamma abc$$
$$\geq \lambda^2\alpha-(2\alpha-\beta)\left(\dfrac{7\lambda^2}{27}+\dfrac{2abc}{\lambda}\right)+\gamma abc$$
$$=\lambda^2\alpha-\dfrac{7\lambda^2}{27}(2\alpha-\beta)-\left(\dfrac{4\alpha-2\beta}{\lambda}-\gamma\right)abc$$
$$\geq \lambda^2\alpha-\dfrac{7\lambda^2}{27}(2\alpha-\beta)-\dfrac{\lambda^3}{27}\left(\dfrac{4\alpha-2\beta}{\lambda}-\gamma\right)$$
$$=\dfrac{\lambda^2}{3}\alpha+\dfrac{\lambda^2}{3}\beta+\dfrac{\lambda^2}{27}\gamma.$$

当 $2\alpha-\beta<0, \gamma \geq 0$ 时
$$\alpha(a^2+b^2+c^2)+\beta(ab+bc+ca)+\gamma abc$$
$$=\lambda^2\alpha-(2\alpha-\beta)(ab+bc+ca)+\gamma abc$$
$$\leq \lambda^2\alpha+\dfrac{\lambda^2(\beta-2\alpha)}{3}+\dfrac{\lambda^2\gamma}{27}.$$

以上两个定理的应用比较广泛,下面举例说明.

若在定理 1 中,取 $\lambda=2, \alpha=1, \beta=0$,即是 1990 年匈牙利奥林匹克试题:设 a,b,c 是三

角形的三边之长,且 $a+b+c=2$,求证: $a^2+b^2+c^2+2abc<2$.

若在定理 1 中,取 $\lambda=1,\alpha=1,\beta=0$,即是第 23 届全苏竞赛题:设 a,b,c 是三角形的三边之长,且 $a+b+c=1$,求证: $a^2+b^2+c^2+4abc<\dfrac{1}{2}$.

在定理 2 中,取 $\alpha=5,\beta=0,\gamma=18$,满足(Ⅰ),即是《数学通讯》竞赛之窗 1992 年 11 期问题: $\triangle ABC$ 的三边 a,b,c 满足 $a+b+c=1$,求证: $5(a^2+b^2+c^2)+18abc\geqslant\dfrac{7}{3}$.

同样的,在定理 1 中取 $\alpha=1,\beta=0$,在定理 2 中,取 $\alpha=1,\beta=0,\gamma=\dfrac{4}{\lambda}$,可得上述问题的一般性结论:设 a,b,c 是三角形的三边之长,且 $a+b+c=\lambda$,则

$$\dfrac{13\lambda^2}{27}\leqslant a^2+b^2+c^2+\dfrac{4}{\lambda}abc<\dfrac{\lambda^2}{2}$$

上式即为式(8.24).

再令 $\lambda=1$,则是《数学通报》1655 数学问题:设 T 是一个周长为 1 的三角形, a,b,c 是 T 的三边长,证明: $\dfrac{13}{27}\leqslant a^2+b^2+c^2+4abc<\dfrac{1}{2}$.

8.4 一类三元不等式的综合应用

例33 (参见问题 9 中的注(2))(1)设 a,b,c 是三角形的三边之长,且 $a+b+c=2$.求证: $a^2+b^2+c^2+2abc<2$.

(1990 年匈牙利奥林匹克题)

(2)设 T 是一个周长为 2 的三角形, x,y,z 是 T 的三边长,则 $xyz+\dfrac{28}{27}\geqslant xy+yz+zx$.

(2003 年爱尔兰奥林匹克题)

(3)设 a,b,c 是三角形的三边之长,且 $a+b+c=1$,求证: $a^2+b^2+c^2+4abc<\dfrac{1}{2}$.

(第 23 届全苏奥林匹克题)

(4) $\triangle ABC$ 的三边 a,b,c 满足 $a+b+c=1$.求证: $5(a^2+b^2+c^2)+18abc\geqslant\dfrac{7}{3}$.

(《数学通讯》竞赛之窗 1992 年第 11 期问题)

我们可以证明下面一般性的结论(参见问题 9 后的注(1)):

设 a,b,c 是三角形的三边之长,且 $a+b+c=\lambda(\lambda>0)$,则

$$\dfrac{1}{4}\lambda^2<ab+bc+ca-\dfrac{2}{\lambda}abc\leqslant\dfrac{7}{27}\lambda^2 \tag{8.23}$$

$$\dfrac{13}{27}\lambda^2\leqslant a^2+b^2+c^2+\dfrac{4}{\lambda}abc<\dfrac{\lambda^2}{2} \tag{8.24}$$

上述两个不等式已在问题 9 后的注中给出了一种证明,下面应用舒尔不等式证明.

证明 式(8.24)等价于

$$\dfrac{13}{27}(\sum a)^3\leqslant \sum a^2\cdot\sum a+4abc<\dfrac{1}{2}(\sum a)^3$$

由 $(\sum a)^3-2(\sum a^2\cdot\sum a+4abc)$

$$= \left[\sum a^3 + 3\sum a^2(b+c) + 6abc\right] - 2\left[\sum a^3 + \sum a^2(b+c) + 4abc\right]$$
$$= -\left[\sum a^3 - \sum a^2(b+c) + 2abc\right] > 0 (由式(8.10)可知)$$

知不等式的右端得证.

又由

$$27\left(\sum a^2 \cdot \sum a + 4abc\right) - 13\left(\sum a\right)^3$$
$$= 27\left[\sum a^3 + \sum a^2(b+c) + 4abc\right] - 13\left[\sum a^3 + 3\sum a^2(b+c) + 6abc\right]$$
$$= 14\sum a^3 - 12\sum a^2(b+c) + 30abc$$
$$\geq 12\sum a^3 - 12\sum a^2(b+c) + 36abc \left(因为 \sum a^3 \geq 3abc\right)$$
$$\geq 0 (由式(8.3)可知)$$

知不等式的左端得证. 从而

$$\frac{13}{27}\lambda^2 \leq a^2 + b^2 + c^2 + \frac{4}{\lambda}abc < \frac{\lambda^2}{2}$$

由

$$a^2 + b^2 + c^2 = \lambda^2 - 2(ab+bc+ca)$$

代入上式, 即得

$$\frac{1}{4}\lambda^2 < ab + bc + ca - \frac{2}{\lambda}abc \leq \frac{7}{27}\lambda^2$$

在式(8.23)中,分别令 $\lambda = 2, \lambda = 2, \lambda = 1$,即为例33(1)(2)(3)所要证明的结论.

在式(8.24)中,令 $\lambda = 1$,则有 $a^2 + b^2 + c^2 + 4abc \geq \frac{13}{27}$,所以

$$a^2 + b^2 + c^2 + \frac{18}{5}abc \geq \frac{13}{27} - \frac{2}{5}abc \geq \frac{13}{27} - \frac{2}{5}\left(\frac{a+b+c}{3}\right)^3 = \frac{7}{15}$$

整理即得 $5(a^2 + b^2 + c^2) + 18abc \geq \frac{7}{3}$,此即为例33(4)所要证明的结论.

例34 (第32届国际数学奥林匹克试题)已知 $\triangle ABC$ 中,设 I 是它的内心,$\angle A, \angle B, \angle C$ 的角平分线分别交其对边于 A', B', C'. 求证: $\frac{1}{4} < \frac{AI \cdot BI \cdot CI}{AA' \cdot BB' \cdot CC'} \leq \frac{8}{27}$.

证明 记 $BC = a, CA = b, AB = c$,由于 I 是 $\triangle ABC$ 的内心,则有 $\frac{AI}{IA'} = \frac{AC}{A'C}, \frac{BA'}{A'C} = \frac{AB}{AC}$,所以 $\frac{AI}{AA'} = \frac{b+c}{a+b+c}$.

同理, $\frac{BI}{BB'} = \frac{c+a}{a+b+c}, \frac{CI}{CC'} = \frac{a+b}{a+b+c}$.

令 $\frac{a}{a+b+c} = x, \frac{b}{a+b+c} = y, \frac{c}{a+b+c} = z$,则 $x + y + z = 1$,且

$$\frac{AI}{AA'} = 1 - x, \frac{BI}{BB'} = 1 - y, \frac{CI}{CC'} = 1 - z$$

于是

$$\frac{AI \cdot BI \cdot CI}{AA' \cdot BB' \cdot CC'} = (1-x)(1-y)(1-z) = xy + yz + zx - xyz$$

由 a, b, c 是 $\triangle ABC$ 的三边长知, x, y, z 也必为某个三角形的三边长,且 $x + y + z = 1$. 由

$$4[(xy + yz + zx) - xyz] - 1$$
$$= 4[\sum xy \cdot \sum x - xyz] - (\sum x)^3$$
$$= 4[\sum x^2(y+z) + 3xyz - xyz] - [\sum x^3 + 3\sum x^2(y+z) + 6xyz]$$
$$= -\sum x^3 + \sum x^2(y+z) + 2xyz > 4xyz(由式(8.10)可知)$$
$$> 0$$

知
$$xy + yz + zx - xyz > \frac{1}{4}$$

又由
$$8 - 27(xy + yz + zx - xyz)$$
$$= 8(\sum x)^3 - 27[(\sum xy \cdot \sum x) - xyz]$$
$$= 8[\sum x^3 + 3\sum x^2(y-z) + 6xyz] - 27[\sum x^2(y+z) + 3xyz - xyz]$$
$$= 8\sum x^3 - 3\sum x^2(y+z) + 6xyz$$
$$\geqslant \frac{3}{2}[\sum x^3 - 2\sum x^2(y+z) + 9xyz](注意\sum a^3 \geqslant 3abc)$$
$$\geqslant 0(由式(8.9)可知)$$

知
$$xy + yz + zx - xyz \leqslant \frac{8}{27}$$

故原不等式获证.

例35 已知 $a,b,c \in \mathbf{R}^+$,求证:$\frac{b^2}{a} + \frac{c^2}{b} + \frac{a^2}{c} \geqslant \sqrt{3(a^2+b^2+c^2)}$.

证明 由卡尔松不等式,知
$$\left(\frac{b^2}{a} + \frac{c^2}{b} + \frac{a^2}{c}\right)(ab^2 + bc^2 + ca^2) \geqslant (a^2+b^2+c^2)^2$$

及
$$3(a^2+b^2+c^2) \geqslant (a+b+c)^2$$

即
$$\sqrt{3(a^2+b^2+c^2)} \geqslant a+b+c.$$

于是,注意到式(8.12),有
$$\frac{b^2}{a} + \frac{c^2}{b} + \frac{a^2}{c} \geqslant \frac{(a^2+b^2+c^2)^2}{ab^2+bc^2+ca^2} \geqslant \frac{(a^2+b^2+c^2)^2}{\frac{1}{3}(a+b+c)(a^2+b^2+c^2)}$$
$$= \frac{\sqrt{3(a^2+b^2+c^2)}}{a+b+c} \cdot \sqrt{3(a^2+b^2+c^2)} \geqslant \sqrt{3(a^2+b^2+c^2)}$$

证毕.

例36 已知 $a,b,c \in \mathbf{R}^+$,且 $a+b+c=1$. 求证:$\frac{a}{b+c^2} + \frac{b}{c+a^2} + \frac{c}{a+b^2} \geqslant \frac{9}{4}$.

证明 由卡尔松不等式,有
$$\left(\frac{a}{b+c^2} + \frac{b}{c+a^2} + \frac{c}{a+b^2}\right)[a(b+c^2) + b(c+a^2) + c(a+b^2)] \geqslant (a+b+c)^2$$

于是,注意到式(8.12)及式(8.11),有
$$\frac{a}{b+c^2} + \frac{b}{c+a^2} + \frac{c}{a+b^2} \geqslant \frac{(a+b+c)^2}{ab+bc+ca+a^2b+b^2c+c^2a}$$

$$\geq \frac{(a+b+c)^2}{ab+bc+ca+\frac{1}{3}(a+b+c)(a^2+b^2+c^2)}$$

$$= \frac{3}{3(ab+bc+ca)+a^2+b^2+c^2}$$

$$\geq \frac{3}{(a+b+c)^2+\frac{1}{3}(a+b+c)^2}$$

$$= \frac{3}{1+\frac{1}{3}} = \frac{9}{4}$$

证毕.

例37 (第26届莫斯科奥林匹克试题)设 $a,b,c \in \mathbf{R}^+$,求证:$\frac{a}{b+c}+\frac{b}{c+a}+\frac{c}{a+b} \geq \frac{3}{2}$.

证法1 由式(8.11)或由平均值不等式,有 $ab+bc+ca \leq \frac{1}{3}(a+b+c)^2$,由柯西不等式,有

$$\left(\frac{a}{b+c}+\frac{b}{c+a}+\frac{c}{a+b}\right)[a(b+c)+b(c+a)+c(a+b)] \geq (a+b+c)^2$$

于是

$$\frac{a}{b+c}+\frac{b}{c+a}+\frac{c}{a+b} \geq \frac{(a+b+c)^2}{2(ab+bc+ca)} \geq \frac{(a+b+c)^2}{2 \cdot \frac{1}{3}(a+b+c)^2} = \frac{3}{2}$$

证毕.

证法2 原不等式可变形为

$$\sum a(c+a)(b+a) \geq \frac{3}{2} \prod (a+b) \quad (\prod \text{表循环积})$$

而

$$\sum a(c+a)(b+a) - \frac{3}{2}\prod(a+b)$$

$$= \left[\sum a^3 + \sum a^2(b+c) + 3abc\right] - \frac{3}{2}\left[\sum a^2(b+c) + 2abc\right]$$

$$= \frac{1}{2}\left[2\sum a^3 - \sum a^2(b+c)\right]$$

$$\geq \frac{1}{2}\left[\sum a^3 - \sum a^2(b+c) + 3abc\right] (\text{其中注意到式}(8.13))$$

$$\geq 0 (\text{注意到式}(8.3))$$

例38 (1992年波兰-奥地利数学奥林匹克试题)设 a,b,c 是正数,证明不等式

$$2\sqrt{ab+bc+ca} \leq \sqrt{3} \cdot \sqrt[3]{(a+b)(b+c)(c+a)}$$

证明 由均值不等式得 $(a+b+c)^2 \geq 3(ab+bc+ca)$,所以

$$a+b+c \geq \sqrt{3} \cdot \sqrt{ab+bc+ca}$$

再结合式(8.14),得

$$(a+b)(b+c)(c+a) \geq \frac{8}{9} \cdot \sqrt{3} \cdot \sqrt{(ab+bc+ca)^3}$$

对此式两边开 3 次方根并变形得
$$2\sqrt{ab+bc+ca} \leq \sqrt{3} \cdot \sqrt[3]{(a+b)(b+c)(c+a)}$$

例 39 (2005 年罗马尼亚数学奥林匹克试题) 设 a,b,c 是正数,且 $(a+b)(b+c)(c+a)=1$,求证:$ab+bc+ca \leq \dfrac{3}{4}$.

证明 在例 38 的不等式 $2\sqrt{ab+bc+ca} \leq \sqrt{3} \cdot \sqrt[3]{(a+b)(b+c)(c+a)}$ 中,只要令 $(a+b)(b+c)(c+a)=1$,代入得 $2\sqrt{ab+bc+ca} \leq \sqrt{3}$,两边平方变形得 $ab+bc+ca \leq \dfrac{3}{4}$.

例 40 (1998 年亚太地区数学奥林匹克试题) 设 a,b,c 是正数,求证:
$$\left(1+\dfrac{a}{b}\right)\left(1+\dfrac{b}{c}\right)\left(1+\dfrac{c}{a}\right) \geq 2\left(1+\dfrac{a+b+c}{\sqrt[3]{abc}}\right)$$

证明 运用式(8.14),在其式两边同除以 abc 得
$$\left(1+\dfrac{a}{b}\right)\left(1+\dfrac{b}{c}\right)\left(1+\dfrac{c}{a}\right) \geq \dfrac{8}{9} \cdot \dfrac{(a+b+c)(ab+bc+ca)}{abc}$$

因为 $ab+bc+ca \geq 3\sqrt[3]{(abc)^2}$, $a+b+c \geq 3\sqrt[3]{abc}$,所以
$$\dfrac{8}{9} \cdot \dfrac{(a+b+c)(ab+bc+ca)}{abc} \geq \dfrac{8}{3} \cdot \dfrac{a+b+c}{\sqrt[3]{abc}}$$
$$= \dfrac{2}{3} \cdot \dfrac{a+b+c}{\sqrt[3]{abc}} + 2 \cdot \dfrac{a+b+c}{\sqrt[3]{abc}}$$
$$\geq 2 + 2 \cdot \dfrac{a+b+c}{\sqrt[3]{abc}} = 2\left(1+\dfrac{a+b+c}{\sqrt[3]{abc}}\right)$$

故原不等式成立.

例 41 (2003 年波罗的海数学奥林匹克题) 已知 x,y,z 是正数,且 $xyz=1$,证明:
$$(1+x)(1+y)(1+z) \geq 2\left(1+\sqrt[3]{\dfrac{y}{x}}+\sqrt[3]{\dfrac{z}{y}}+\sqrt[3]{\dfrac{x}{z}}\right)$$

证明 在例 40 中,令 $\dfrac{a}{b}=x, \dfrac{b}{c}=y, \dfrac{c}{a}=z$,则
$$\left(1+\dfrac{a}{b}\right)\left(1+\dfrac{b}{c}\right)\left(1+\dfrac{c}{a}\right) = (1+x)(1+y)(1+z)$$
$$2\left(1+\dfrac{a+b+c}{\sqrt[3]{abc}}\right) = 2\left(1+\sqrt[3]{\dfrac{a^2}{bc}}+\sqrt[3]{\dfrac{b^2}{ac}}+\sqrt[3]{\dfrac{c^2}{ab}}\right) = 2\left(1+\sqrt[3]{\dfrac{y}{x}}+\sqrt[3]{\dfrac{z}{y}}+\sqrt[3]{\dfrac{x}{z}}\right)$$

由例 40 的结论知待证不等式成立.

例 42 (2008 年伊朗数学奥林匹克试题) 求使得不等式
$$x\sqrt{y}+y\sqrt{z}+z\sqrt{x} \leq k\sqrt{(x+y)(y+z)(z+x)}$$
对于一切正实数 x,y,z 成立的最小的实数 k 的值.

解 由对称性,令 $x=y=z$,代入不等式得 $k \geq \dfrac{3\sqrt{2}}{4}$.

下证:对于一切正实数 x,y,z,不等式 $x\sqrt{y}+y\sqrt{z}+z\sqrt{x} \leq \dfrac{3\sqrt{2}}{4}\sqrt{(x+y)(y+z)(z+x)}$ 成立.

由式(8.14)可得
$$\frac{3\sqrt{2}}{4}\sqrt{(x+y)(y+z)(z+x)} \geq \sqrt{(x+y+z)(xy+yz+zx)}$$

由卡尔松不等式得 $\sqrt{(x+y+z)(xy+yz+zx)} \geq x\sqrt{y}+y\sqrt{z}+z\sqrt{x}$

所以 $x\sqrt{y}+y\sqrt{z}+z\sqrt{x} \leq \frac{3\sqrt{2}}{4}\sqrt{(x+y)(y+z)(z+x)}$

因此，$k_{\min} = \frac{3\sqrt{2}}{4}$.

例43 设 x,y,z 是正数，且 $x+y+z=1$，求证：$(\frac{1}{x}-x)(\frac{1}{y}-y)(\frac{1}{z}-z) \geq (\frac{8}{3})^3$.

证明 因为 $x+y+z=1$，所以
$$\frac{1}{x}-x = \frac{1-x^2}{x} = \frac{(1+x)(1-x)}{x} = \frac{(y+z)(2x+y+z)}{x}$$

故
$$(\frac{1}{x}-x)(\frac{1}{y}-y)(\frac{1}{z}-z)$$
$$= \frac{1}{xyz}[(x+y)(y+z)(z+x)(2x+y+z)(x+2y+z)(x+y+2z)]$$

由均值不等式得
$$2x+y+z = (x+y)+(x+z) \geq 2\sqrt{(x+y)(x+z)}$$

同理 $x+2y+z \geq 2\sqrt{(x+y)(y+z)}$，$x+y+2z \geq 2\sqrt{(x+z)(y+z)}$

所以 $(\frac{1}{x}-x)(\frac{1}{y}-y)(\frac{1}{z}-z) \geq \frac{8(x+y)^2(y+z)^2(z+x)^2}{xyz}$

由式(8.14)得
$$\frac{8(x+y)^2(y+z)^2(z+x)^2}{xyz} \geq \frac{8^3 \cdot (xy+yz+zx)^2}{81xyz}$$

又 $(xy+yz+zx)^2 \geq 3xyz(x+y+z)$

所以 $\frac{8^3 \cdot (xy+yz+zx)^2}{81xyz} \geq \frac{8^3}{27} = (\frac{8}{3})^3$

故 $(\frac{1}{x}-x)(\frac{1}{y}-y)(\frac{1}{z}-z) \geq (\frac{8}{3})^3$

例44 (2007年国际数学奥林匹克试题)设 $x,y,z \geq 0$，求证：
$$(x+y+z)^2(xy+yz+zx)^2 \leq 3(y^2+yz+z^2)(z^2+zx+x^2)(x^2+xy+y^2)$$

证明 若 x,y,z 中至少有一个为0时，不等式显然成立.

下证：当 $x,y,z>0$ 时，不等式也成立.

对式(8.14)两边平方得
$$(x+y+z)^2(xy+yz+zx)^2 \leq \frac{81}{64}(x+y)^2(y+z)^2(z+x)^2$$

又易证得
$$\frac{3}{4}(x+y)^2 \leq x^2+xy+y^2, \frac{3}{4}(y+z)^2 \leq y^2+yz+z^2, \frac{3}{4}(z+x)^2 \leq z^2+zx+x^2$$

所以 $(x+y+z)^2(xy+yz+zx)^2 \leq 3(y^2+yz+z^2)(z^2+zx+x^2)(x^2+xy+y^2)$

例45 （2009年国际数学奥林匹克试题）已知正实数 a,b,c 满足 $\dfrac{1}{a}+\dfrac{1}{b}+\dfrac{1}{c}=a+b+c$，证明：

$$\frac{1}{(2a+b+c)^2}+\frac{1}{(a+2b+c)^2}+\frac{1}{(a+b+2c)^2}\leq\frac{3}{16}$$

证明 由均值不等式得

$$(2a+b+c)^2=[(a+b)+(c+a)]^2\geq 4(a+b)(c+a)$$

等三式，所以

$$\frac{1}{(2a+b+c)^2}+\frac{1}{(a+2b+c)^2}+\frac{1}{(a+b+2c)^2}$$

$$\leq\frac{1}{4(a+b)(c+a)}+\frac{1}{4(a+b)(b+c)}+\frac{1}{4(b+c)(c+a)}$$

$$=\frac{a+b+c}{2(a+b)(b+c)(c+a)}$$

由式(8.14)，得

$$\frac{a+b+c}{2(a+b)(b+c)(c+a)}\leq\frac{9}{16(ab+bc+ca)}$$

由于 $\dfrac{1}{a}+\dfrac{1}{b}+\dfrac{1}{c}=a+b+c$

即 $ab+bc+ca=abc(a+b+c)$

由均值不等式得

$$(ab+bc+ca)^2\geq 3abc(a+b+c)=3(ab+bc+ca)$$

所以 $ab+bc+ca\geq 3$

故 $\dfrac{9}{16(ab+bc+ca)}\leq\dfrac{3}{16}$，所以原不等式成立.

注 上述几例参考了王伯龙的文章（见《数学通讯》2014(4)）.

思 考 题

1. 设 $x,y,z\geq 0$，求证：$2(x^3+y^3+z^3)\geq x^2y+x^2z+y^2z+y^2x+z^2x+z^2y$.

2. 设 $x,y,z\geq 0$，求证：$24xyz\leq 3(x+y)(y+z)(z+x)\leq 8(x^3+y^3+z^3)$.

3. （匈牙利奥林匹克题）设 a,b,c 是三角形的三边长，求证：

$$a(b-c)^2+b(c-a)^2+c(a-b)^2+4abc>a^3+b^3+c^3$$

4. 在 $\triangle ABC$ 中，a,b,c 为三边的长，求证：

(1) $2(a+b+c)(a^2+b^2+c^2)\geq 3(a^3+b^3+c^3+3abc)$；

(2) $(a+b+c)^3\leq 5[bc(b+c)+ca(c+a)+ab(a+b)]-3abc$；

(3) $abc<a^2(p-a)+b^2(p-b)+c^2(p-c)\leq\dfrac{3}{2}abc$，其中 $p=\dfrac{1}{2}(a+b+c)$；

(4) $1<\cos A+\cos B+\cos C\leq\dfrac{3}{2}$.

5. 设 $x,y,z\geq 0$，并且 $x+y+z=1$，求证：

(1) $2(x^2+y^2+z^2)+9xyz\geq 1$；

(2) $xy + yz + zx - 3xyz \leq \dfrac{1}{4}$.

6. 在 $\triangle ABC$ 中, 记 m_a, m_b, m_c 分别为边 $BC = a, CA = b, AB = c$ 上的中线的长. 求证:

(1) $\sum \dfrac{m_a^2}{bc} \geq \dfrac{9}{4}$;

(2) $\sum \dfrac{m_a^2 + m_b^2 - m_c^2}{bc} \geq \dfrac{9}{4}$.

7. 证明: 锐角三角形的三条中线组成的三角形, 它的外接圆半径大于原三角形外接圆半径的 $\dfrac{5}{6}$.

8. (2008 年伊朗奥林匹克题) 设 $a, b, c > 0$ 且 $ab + bc + ca = 1$. 求证:
$$\sqrt{a^3 + a} + \sqrt{b^3 + b} + \sqrt{c^3 + c} \geq 2\sqrt{a + b + c}.$$

9. (2008 年波斯尼亚数学竞赛题) 设 a, b, c 是正数, 求证:
$$\left(1 + \dfrac{4a}{b+c}\right)\left(1 + \dfrac{4b}{c+a}\right)\left(1 + \dfrac{4c}{a+b}\right) > 25$$

10. (2008 年加拿大奥林匹克题) 正实数 a, b, c 满足 $a + b + c = 1$. 求证:
$$\dfrac{a - bc}{a + bc} + \dfrac{b - ca}{b + ca} + \dfrac{c - ab}{c + ab} \leq \dfrac{3}{2}.$$

11. (见例 22, 1996 年伊朗数学奥林匹克题) 设 x, y, z 是正实数, 求证:
$$(xy + yz + zx)\left[\dfrac{1}{(x+y)^2} + \dfrac{1}{(y+z)^2} + \dfrac{1}{(z+x)^2}\right] \geq \dfrac{9}{4}$$

12. (2003 年美国数学奥林匹克题) 设 a, b, c 是正实数, 求证:
$$\dfrac{(2a + b + c)^2}{2a^2 + (b+c)^2} + \dfrac{(a + 2b + c)^2}{2b^2 + (c+a)^2} + \dfrac{(a + b + 2c)^2}{2c^2 + (a+b)^2} \leq 8.$$

思考题参考解答

1. 由 $\sum x^3 - \sum x^2(y+z) + \sum x^3 \geq \sum x^3 - \sum x^2(y+z) + 3xyz \geq 0$(其中用到式(8.1)与式(8.2)), 即证.

2. 由 $x + y \geq 2\sqrt{xy}$ 知原不等式左半部分成立.

由 $8\sum x^3 - 3\prod(x+y) = 8\sum x^3 - 3\sum x^2(y+z) - 6xyz \geq 3\sum x^3 - 3\sum x^2(y+z) + 15xyz - 6xyz = 3[\sum x^2 - \sum x^2(y+z) + 3xyz] \geq 0$(其中用到式(8.2)), 即证得原不等式的右半部分.

3. 令 $f(a, b, c) = a(b-c)^2 + b(c-a)^2 + c(a-b)^2 + 4abc - a^3 - b^3 - c^3$, 则 $f(1,1,1) = 1 > 0, f(1,1,0) = 0, f(2,1,1) = 0$, 由式(8.16), 知 $f(a,b,c) > 0$. 由此即证.

4. (1) $2(\sum a)(\sum a^2) - 3(\sum a^3 + 3abc) = 2[\sum a^3 + \sum a^2(b+c)] - 3(\sum a^3 + 3abc) = -\sum a^3 + 2\sum a^2(b+c) - 9abc \geq 0$(其中用到式(8.9)), 由此即证.

(2) $5[bc(b+c) + ca(c+a) + ab(a+b)] - 3abc - (a+b+c)^3 = 5\sum a^2(b+c) - $

$3abc - [\sum a^3 + 3\sum a^2(b+c) + 6abc] = -\sum a^3 + 2\sum a^2(b+c) - 9abc \geq 0$(其中用到式(8.3)),由此即证.

(3) 原不等式等价于 $2abc < \sum a^2(b+c-a) \leq 3abc \Leftrightarrow 2abc < \sum a^2(b+c) - \sum a^3 \leq 3abc$. 由式(8.2)及式(8.10)即证.

(4) 由余弦定理,原不等式等价于 $1 < \sum \dfrac{b^2+c^2-a^2}{2bc} \leq \dfrac{3}{2} \Leftrightarrow 2abc < \sum a(b^2+c^2) - \sum a^3 \leq 3abc \Leftrightarrow 2abc < \sum a^2(b+c) - \sum a^3 \leq 3abc$. 由(3)题结论即证.

5. (1) 由
$$2(x^2+y^2+z^2) + 9xyz - 1 = 2(x+y+z)(x^2+y^2+z^2) + 9xyz - (x+y+z)^3$$
$$= 2[\sum x^3 + \sum x^2(y+z)] + 9xyz - [\sum x^3 + 3\sum x^2(y+z) + 6xyz]$$
$$= \sum x^3 - \sum x^2(y+z) + 3xyz \geq 0(\text{其中用到式}(8.3))$$

故 $2(x^2+y^2+z^2) + 9xyz \geq 1$

(2) 由
$$1 - 4(xy+yz+zx-3xyz) = (x+y+z)^2 - 4[(x+y+z)(xy+yz+zx) - 3xyz]$$
$$= [\sum x^3 + 3\sum x^2(y+z) + 6xyz] - 4[\sum x^2(y+z) + 3xyz - 3xyz]$$
$$= \sum x^3 - \sum x^2(y+z) + 6xyz \geq \sum x^3 - \sum x^2(y+z) + 3xyz \geq 0(\text{其中用到式}(8.3)).$$

6. 由中线长公式,有
$$4m_a^2 = 2(b^2+c^2) - a^2$$

不等式(1) $\Leftrightarrow \sum a(2b^2+2c^2-a^2) \geq 9abc \Leftrightarrow -\sum a^3 + 2\sum a(b^2+c^2) - 9abc \geq 0 \Leftrightarrow$
$-\sum a^3 + 2\sum a^3(b+c) - 9abc \geq 0$(其中用到式(8.9))

不等式(2) $\Leftrightarrow \sum a(5a^2-b^2-c^2) \geq 9abc \Leftrightarrow 5\sum a^3 - \sum a^2(b+c) - 9abc \geq 0 \Leftrightarrow$
$\sum a^3 - \sum a^2(b+c) + 12abc - 9abc \geq 0$(其中用到式(8.3))

7. 易知中线所成三角形的面积为原三角形面积的 $\dfrac{3}{4}$. 又 $R = \dfrac{abc}{4s_\triangle}$, 所以,只需证 $m_a, m_b, m_c \geq \dfrac{5}{8}abc$, 即
$$\prod \sqrt{2(b^2+c^2)-a^2} > 6abc \qquad (*)$$

令 $x = b^2+c^2-a^2, y = c^2+a^2-b^2, z = a^2+b^2-c^2$. 由于原三角形为锐角三角形,所以 $x, y, z > 0$, 从而式 $(*)$ 可化为
$$\prod (4x+y+z) > 25 \cdot \prod (x+y)$$

而
$$\prod(4x+y+z) - 25\prod(x+y)$$
$$= 4\sum x^3 + 21\sum x^2(y+z) + 78xyz - 25\sum x^2(y+z) - 50xyz$$
$$= 4\sum x^3 - 4\sum x^2(y+z) + 28xyz > 0 \text{(其中用到式(8.3))}$$

8. 所证不等式等价于
$$\sum \sqrt{a(a+b)(a+c)} \geq \sqrt{2(a+b+c)(ab+bc+ca)}$$
$$\Leftrightarrow \sum a(a+b)(a+c) + 2\sum(a+b)\sqrt{ab(a+b)(a+c)} \geq 4\sum ab(a+b) + 12abc$$
$$\Leftrightarrow \sum a^3 + \sum(a+b)\sqrt{ab(a+b)(a+c)} \geq 3\sum ab(a+b) + 9abc$$

由卡尔松不等式知: $ab(a+b)(a+c) = (ab+bc)(ab+ac) \geq (ab+\sqrt{ab}\cdot c)^2$, 于是只需证
$$\sum a^3 + 2\sum(a+b)(ab+\sqrt{ab}\cdot c) \geq 3\sum ab(a+b) + 9abc$$
$$\Leftrightarrow \sum a^3 + 2\sum ab(a+b) + 2\sum(a+b)\sqrt{abc} \geq 3\sum ab(a+b) + 9abc$$
$$\Leftrightarrow \sum a^3 + 2\sum(a+b)\sqrt{abc} \geq \sum ab(a+b) + 9abc.$$

因为 $a+b \geq 2\sqrt{ab}$, 故只需证 $\Leftrightarrow \sum a^3 + 12abc \geq \sum ab(a+b) + 9abc \Leftrightarrow \sum a^3 - \sum ab(a+b) + 2abc \geq 0 \Leftrightarrow \sum a(a-b)(a-c) \geq 0$ (注意到式(8.2)).

9. 不等式
$$\left(\frac{1+4a}{b+c}\right)\left(\frac{1+4b}{c+a}\right)\left(\frac{1+4c}{a+b}\right) > 25$$
$$\Leftrightarrow (a+b+4c)(b+c+4a)(c+a+4b) > 25(a+b)(b+c)(c+a)$$
$$\Leftrightarrow a^3+b^3+c^3+7abc \geq a^2b+ab^2+a^2c+ac^2+b^2c+bc^2$$

由舒尔不等式式(8.3), 得
$$a^3+b^3+c^3+3abc \geq a^2b+ab^2+a^2c+ac^2+b^2c+bc^2$$

从而不等式获证.

10. 原不等式等价于
$$3 - 2\cdot\left(\frac{bc}{a+bc} + \frac{ca}{b+ca} + \frac{ab}{c+ab}\right) \leq \frac{3}{2}$$
$$\Leftrightarrow \frac{ab}{c+ab} + \frac{bc}{a+bc} + \frac{ca}{b+ca} \geq \frac{3}{4}$$
$$\Leftrightarrow \frac{ab}{(1-a)(1-b)} + \frac{bc}{(1-b)(1-c)} + \frac{ca}{(1-c)(1-a)} \geq \frac{3}{4}$$
$$\Leftrightarrow \frac{ab}{(b+c)(c+a)} + \frac{bc}{(c+a)(a+b)} + \frac{ca}{(a+b)(b+c)} \geq \frac{3}{4}$$

11. 令 $x+y+z=p, xy+yz+zx=q, xyz=r$. 则舒尔不等式式(8.2), 得
$$x(x-y)(x-z) + y(y-x)(y-z) + z(z-y)(z-x) \geq 0$$

即
$$(x+y+z)^2 - 4(x+y+z)(yz+zx+xy) - 9xyz \geq 0.$$
亦即
$$p^2 - 4pq + qr \geq 0 \qquad ①$$

再由舒尔不等式(8.1)中 $r=2$,得
$$x^2(x-y)(x-z) + y^2(y-x)(y-z) + z^2(z-y)(z-x) \geq 0$$
即 $x^4 + y^4 + z^4 - (x^3y + xy^3) - (y^3z + yz^3) - (z^3x + zx^3) + x^2yz + y^2zx + z^2xy \geq 0$
亦即
$$p^4 - 5p^2q + 4q^2 + 6pr \geq 0 \qquad ②$$

由均值不等式,得
$$pq - qr \geq 0 \qquad ③$$

由恒等式 $(x+y)(y+z)(z+x) = (x+y+z)(xy+yz+zx) - xyz$,有
$$(x+y)(y+z)(z+x) = pq - r$$
$$(x+y)^2(y+z)^2 + (y+z)^2(z+x)^2 + (z+x)^2(x+y)^2$$
$$= [(x+y)(y+z) + (y+z)(z+x) + (z+x)(x+y)]^2 -$$
$$2(x+y)(y+z)(z+x)[(x+y) + (y+z) + (z+x)]$$
$$= [(y^2+q) + (z^2+q) + (x^2+q)]^2 - 4(x+y)(y+z)(z+x)(x+y+z)$$
$$= (p^2+q)^2 - 4p(pq-r) = p^4 - 2p^2q + 3q^2 + 4pr$$

所以
$$(xy+yz+zx)\left[\frac{1}{(x+y)^2} + \frac{1}{(y+z)^2} + \frac{1}{(z+x)^2}\right] \geq \frac{9}{4}$$
$$\Leftrightarrow 4(p^4q - 2p^2q^2 + q^3 + 4pqr) \geq q(pq-r)^2$$
$$\Leftrightarrow 4p^4q - 17p^2q^2 + 4q^3 + 34pqr - qr^2 \geq 0$$
$$\Leftrightarrow 3pq(p^2 - 4pq + qr) + q(p^4 - 5p^2q + 4q^2 + 6pr) + r(pq - qr) \geq 0 \qquad ④$$

式①两端乘以 $3pq$,式②两端乘以 q,式③两端乘以 r 后三式相加即得不等式④.

12. 对含 n 个变元的函数 f,定义它的对称和 $\sum f(x_1, x_2, \cdots, x_n) = \sum_n f(x_{\sigma(1)}, x_{\sigma(2)}, \cdots, x_{\sigma(n)})$,这是 σ 是 $1, 2, \cdots, n$ 的一个排列. sym 表示对称和,例如,将 x_1, x_2, x_3 记为 x, y, z,当 $n=3$ 时,$\sum_{sym} x^3 = 2x^3 + 2y^3 + 2z^3$,$\sum_{sym} x^2y = x^2y + y^2z + z^2x + x^2z + y^2x + z^2y$,$\sum_{sym} xyz = 6xyz$. 记
$$8 - \left[\frac{(2a+b+c)^2}{2a^2+(b+c)^2} + \frac{(a+2b+c)^2}{2b^2+(c+a)^2} + \frac{(a+b+2c)^2}{2c^2+(a+b)^2}\right] = \frac{A}{B}$$
其中 $B > 0$,$A = \sum_{sym}(4a^6 + 4a^5b + a^4b^2 + 5a^4bc + 5a^3b^3 - 26a^3b^2c + 7a^2b^2b^2)$.

下面证明 $A > 0$.

由均值不等式,得 $4a^6 + b^6 + c^6 \geq 6a^4bc$,$3a^5b + 3a^5c + b^5a + c^5a \geq 8a^4bc$,即有

$$\sum_{sym} 6a^6 \geq \sum_{sym} 6a^4bc, \quad \sum_{sym} 8a^5b \geq \sum_{sym} 8a^4bc, 于是$$

$$\sum_{sym}(4a^6+4a^5b+5a^4bc) \geq \sum_{sym} 13a^4bc$$

再由平均值不等式得

$$a^4b^2+b^4c^2+c^4a^2 \geq 3a^2b^2c^2, \quad a^3b^3+b^3c^3+c^3a^3 \geq 3a^2b^2c^2$$

从而

$$\sum_{sym}(a^4b^2+5a^3b^3) \geq \sum_{sym} 13a^2b^2c^2$$

又由舒尔不等式(8.2),得

$$a^3+b^3+c^3+3abc \geq a^2b+ab^2+a^2c+ac^2+b^2c+bc^2$$

即

$$\sum_{sym}(a^3-2a^2b+abc) \geq 0$$

于是

$$\sum_{sym}(13a^4bc-26a^3b^2c+13a^2b^2c^2) \geq 13abc \sum_{sym}(a^3-2a^2b+abc) \geq 0$$

即 $A \geq 0$.

第9章 专题培训6:利用函数特性证明不等式

9.1 利用二次函数的非负性

对于二次函数 $f(x) = ax^2 + bx + c(a \neq 0)$,有

(1)若 $a > 0$ 且 $\Delta = b^2 - 4ac \leq 0$,则 $f(x) \geq 0$ 恒成立; (9.1)

(2)若 $a > 0$,且 $f(x) \geq 0$ 恒成立,则 $\Delta = b^2 - 4ac \leq 0$; (9.2)

(3)若 $a > 0$ 且存在 x_0 使 $f(x_0) \leq 0$,则 $\Delta = b^2 - 4ac \geq 0$; (9.3)

例1 设 a, b, c 为 $\triangle ABC$ 的三条边. 求证:
$$a^2 + b^2 + c^2 < 2(ab + bc + ca)$$

证明 设函数 $f(x) = x^2 - 2(b+c)x + b^2 + c^2 - 2bc$,则
$$\Delta = -2(b+c)^2 - 4 \cdot 1 \cdot (b^2 + c^2 - 2bc)$$
$$= 4b^2 + 4c^2 + 8bc - 4b^2 - 4c^2 + 8bc = 16bc > 0$$

又由 $f(x) = 0$,解得 $x_1 = b + c - 2\sqrt{bc}, x_2 = b + c + 2\sqrt{bc}$.

在边长为 a, b, c 的三角形中,$|b - c| < a < b + c$.

因当 $b < c$ 时,有 $\sqrt{bc} > c$,故 $b - c > b + c - 2\sqrt{bc}$;

当 $b < c$ 时,有 $\sqrt{bc} > b$,故 $c - b > b + c - 2\sqrt{bc}$.

从而,当 $x_1 < a < x_2$ 时,有 $f(a) < 0$,故 $a^2 + b^2 + c^2 < 2(ab + bc + ca)$.

例2 设 $a_1, a_2, \cdots, a_n, b_1, b_2, \cdots, b_n$ 是实数,且 $a_1^2 + a_2^2 + \cdots + a_n^2 \leq A$. 求证:
$$(\sum_{i=1}^n a_i b_i - A)^2 \geq (\sum_{i=1}^n a_i^2 - A)(\sum_{i=1}^n b_i^2 - A).$$

证明 当 $\sum_{i=1}^n a_i^2 = A$ 时,原不等式显然成立.

当 $\sum_{i=1}^n a_i^2 < A$ 时,构造二次函数
$$f(t) = (\sum_{i=1}^n a_i^2 - A)t^2 - 2(\sum_{i=1}^n a_i b_i - A)t + (\sum_{i=1}^n b_i^2 - A)$$
$$= \sum_{i=1}^n (a_i t - b_i)^2 - A(t-1)^2$$

此二次函数的图像是一条开口向下的抛物线,又 $f(1) = \sum_{i=1}^n (a_i - b_i)^2 \geq 2$,所以,此抛物线一定与 x 轴有交点,从而
$$\Delta = 4(\sum_{i=1}^n a_i b_i - A)^2 - 4(\sum_{i=1}^n (a_i^2 - A)(\sum_{i=1}^n b_i^2 - A)) \geq 0$$

故
$$(\sum_{i=1}^n a_i b_i - A)^2 \geq (\sum_{i=1}^n a_i^2 - A)(\sum_{i=1}^n b_i^2 - A)$$

例3 设 $a_i, b_i \in \mathbf{R}(i=1,2,\cdots,n)$，且 $a_1^2 - a_2^2 - \cdots - a_n^2 > 0$.

试证：
$$(a_1^2 - a_2^2 - \cdots - a_n^2)(b_1^2 - b_2^2 - \cdots - b_n^2) \leqslant (a_1b_1 - a_2b_2 - \cdots - a_nb_n)^2 \tag{9.4}$$

其中等号当且仅当 $\dfrac{b_1}{a_1} = \dfrac{b_2}{a_2} = \cdots = \dfrac{b_n}{a_n}$ 时成立.

证明 若 n 个比 $\dfrac{b_1}{a_1}, \dfrac{b_2}{a_2}, \cdots, \dfrac{b_n}{a_n}$ 都相等时，则原不等式中的等号显然成立.

若上述 n 个比不全相等，且满足 $a_1^2 - a_2^2 - \cdots - a_n^2 > 0$，则有 $\dfrac{b_1}{a_1} \neq \dfrac{b_i}{a_i}(i=2,\cdots,n)$，不妨设 $\dfrac{b_1}{a_1} \neq \dfrac{b_2}{a_2}$，即有 $\dfrac{b_1}{a_1} \cdot a_2 - b_2 \neq 0$.

令 $A = a_1^2 - a_2^2 - \cdots - a_n^2$，$B = a_1b_1 - a_2b_2 - \cdots - a_nb_n$，$C = b_1^2 - b_2^2 - \cdots - b_n^2$，则欲证不等式变为 $B^2 - AC > 0$.

构造二次函数
$$f(x) = Ax^2 - 2Bx + C = (a_1x - b_1)^2 - (a_2x - b_2)^2 - \cdots - (a_nx - b_n)^2$$

由于 $f(x)$ 的二次项系数 $A > 0$，若能找到某个 x_0，使得 $f(x_0) < 0$，则知 $f(x)$ 的图像是开口向上的抛物线，且必与 x 轴相交，从而 $\Delta > 0$，即 $4B^2 - 4AC > 0$. 取 $x_0 = \dfrac{b_1}{a_1}$，则
$$f\left(\frac{b_1}{a_1}\right) = -\left(a_2 \cdot \frac{b_1}{a_1} - b_2\right)^2 - \cdots < 0$$

即有 $B^2 - AC > 0$，故
$$(a_1^2 - a_2^2 - \cdots - a_n^2)(b_1^2 - b_2^2 - \cdots - b_n^2) \leqslant (a_1b_1 - \cdots - a_nb_n)^2$$

其中等号当且仅当 $\dfrac{b_1}{a_1} = \dfrac{b_2}{a_2} \cdots = \dfrac{b_n}{a_n}$ 时取得.

例4 （第28届国际数学奥林匹克预选题）对任意正整数 $a_1, a_2, a_3, b_1, b_2, b_3$，求证：
$$(a_1b_2 + a_1b_3 + a_2b_1 + a_2b_3 + a_3b_1 + a_3b_2)^2$$
$$\geqslant 4(a_1a_2 + a_2a_3 + a_3a_1)(b_1b_2 + b_2b_3 + b_3b_1)$$

并证明当且仅当 $\dfrac{a_1}{b_1} = \dfrac{a_2}{b_2} = \dfrac{a_3}{b_3}$ 时等号成立.

证明 令二次函数
$$f(x) = (b_1x - a_1)(b_2x - a_2) + (b_2x - a_2)(b_3x - a_3) + (b_3x - a_3)(b_1x - a_1)$$

如果要证的不等式不成立，显然对任意实数 x，有 $f(x) > 0$.

由此可得
$$f\left(\frac{a_1}{b_1}\right) = b_2b_3\left(\frac{a_1}{b_1} - \frac{a_2}{b_2}\right)\left(\frac{a_1}{b_1} - \frac{a_3}{b_3}\right) > 0$$

$$f\left(\frac{a_2}{b_2}\right) = b_1b_3\left(\frac{a_2}{b_2} - \frac{a_1}{b_1}\right)\left(\frac{a_2}{b_2} - \frac{a_3}{b_3}\right) > 0$$

$$f\left(\frac{a_3}{b_3}\right) = b_1b_2\left(\frac{a_3}{b_3} - \frac{a_1}{b_1}\right)\left(\frac{a_3}{b_3} - \frac{a_2}{b_2}\right) > 0$$

从而 $-\left(\dfrac{a_1}{b_1}-\dfrac{a_2}{b_2}\right)^2\left(\dfrac{a_1}{b_1}-\dfrac{a_3}{b_3}\right)^2\left(\dfrac{a_2}{b_2}-\dfrac{a_3}{b_3}\right)^2>0$,矛盾!所以要证之不等式成立.

若$\dfrac{a_1}{b_1}=\dfrac{a_2}{b_2}=\dfrac{a_3}{b_3}=\lambda$,则$f(x)=(b_1b_2+b_2b_3+b_3b_1)(x-\lambda)^2$.

于是$f(x)$的判别式为0,即

$$(a_1b_2+a_1b_3+a_2b_1+a_2b_3+a_3b_1+a_3b_2)^2=4(a_1a_2+a_2a_3+a_3a_1)(b_1b_2+b_2b_3+b_3b_1) \quad ①$$

反之若①成立,则对任何实数x有$f(x)\geqslant 0$.

不妨设$\dfrac{a_1}{b_1}\geqslant\dfrac{a_2}{b_2}\geqslant\dfrac{a_3}{b_3}$,则$f\left(\dfrac{a_2}{b_2}\right)=b_1b_3\left(\dfrac{a_2}{b_2}-\dfrac{a_1}{b_1}\right)\left(\dfrac{a_2}{b_2}-\dfrac{a_3}{b_3}\right)=\leqslant 0$,从而$f\left(\dfrac{a_2}{b_2}\right)=0$,由此可得$\dfrac{a_1}{b_1},\dfrac{a_3}{b_3}$中至少有一个等于$\dfrac{a_2}{b_2}$,不妨设$\dfrac{a_1}{b_1}=\dfrac{a_2}{b_2}=\lambda$,由于$\lambda$是$f(x)$的二重根,所以

$$\lambda=\dfrac{a_1b_2+a_1b_3+a_2b_1+a_2b_3+a_3b_1+a_3b_2}{2(b_1b_2+b_2b_3+b_3b_1)}$$

注意到$a_1=\lambda b_1,a_2=\lambda b_2$,则$\lambda b_3(b_1+b_2)=a_3(b_1+b_2)$,从而

$$\dfrac{a_3}{b_3}=\lambda=\dfrac{a_1}{b_1}=\dfrac{a_2}{b_2}$$

例5 设$x,y,z\in\mathbf{R}^+$,且$xy+yz+zx=1$,求证:$xyz(x+y+z)\leqslant\dfrac{1}{3}$.

证明 由$1=(xy+yz+zx)^2=x^2y^2+y^2z^2+z^2x^2+2xyz(x+y+z)$,有
$$x^2y^2+y^2z^2+z^2x^2=1-2xyz(x+y+z)$$

考虑函数
$$f(t)=(x^2y^2+y^2z^2+z^2x^2)t^2-2(xy+yz+zx)t+3=(xyt-1)^2+(yzt-1)^2+(zxt-1)^2\geqslant 0$$

而$x^2y^2+y^2z^2+z^2x^2>0$,从而考虑其判断式,有
$$\Delta=(-2)^2-4\cdot 3(x^2y^2+y^2z^2+z^2x^2)\leqslant 0$$

即
$$1-3[1-2xyz(x+y+z)]\leqslant 0,$$

故
$$xyz(x+y+z)\leqslant\dfrac{1}{3}$$

例6 (1987年中国国家队集训题)设$x_1\geqslant x_2\geqslant x_3\geqslant x_4\geqslant 2$,且$x_2+x_3+x_4\geqslant x_1$. 求证:
$$(x_1+x_2+x_3+x_4)^2\leqslant 4x_1x_2x_3x_4$$

证明 令$b=x_2+x_3+x_4,c=x_2x_3x_4$,则原不等式等价于
$$x_1^2+2(b-2c)x_1+b^2\leqslant 0$$

考虑函数$f(t)=t^2+2(b-2c)t+b^2$,由$\dfrac{b}{c}=\dfrac{1}{x_3x_4}+\dfrac{1}{x_2x_4}+\dfrac{1}{x_2x_4}\leqslant 4$,知$b\leqslant\dfrac{3}{4}c$. 又
$$\Delta=4(b-2c)^2-4b^2=16c^2-16bc\geqslant 16c^2-12c^2\geqslant 0$$

而$f(t)=0$的两根为
$$\alpha=2c-b-2\sqrt{c^2-bc},\beta=2c-b+2\sqrt{c^2-bc}$$

有$\alpha=(\sqrt{c}-\sqrt{c-b})^2=\left(\dfrac{b}{\sqrt{c}+\sqrt{c-b}}\right)^2\leqslant\left(\dfrac{b}{\sqrt{\dfrac{4}{3}b}+\sqrt{\dfrac{b}{3}}}\right)^2=\dfrac{b}{3}$

$$\beta\geqslant 2c-b\geqslant b$$

再注意到 $x_1 \leq x_2 + x_3 + x_4 = b$，且 $3x_1 \geq x_2 + x_3 + x_4 = b$，有 $\alpha < \frac{b}{3} \leq x_1 \leq b < \beta$，故知 $f(x_1) \leq 0$，即有 $x_1^2 + 2(b-2c)x_1 + b^2 \leq 0$. 亦即原不等式获证.

注 此例也可用代换法证. 令 $x_1 = k(x_2 + x_3 + x_4)$，则 $\frac{x_2+x_3+x_4}{x_1} = \frac{1}{k} \geq 1$，从而 $k \leq 1$. 另一方面 $k = \frac{x_1}{x_2+x_3+x_4} \geq \frac{x_1}{3x_1} = \frac{1}{3}$，所以 $k \in [\frac{1}{3}, 1]$，将 x_1 代入原不等式，得

$$(1+k)^2(x_2+x_3+x_4)^2 \leq 4kx_2x_3x_4(x_2+x_3+x_4),$$

即

$$\frac{(1+k)^2}{4k}(x_2+x_3+x_4) \leq x_2x_3x_4$$

而

$$\frac{(1+k)^2}{4k}(x_2+x_3+x_4) = \frac{2+\frac{1}{k}+k}{4}(x_2+x_3+x_4) \leq \frac{2+3+\frac{1}{3}}{4} \cdot 3x_2$$

$$= \frac{4}{3} \cdot 3x_2 \leq x_2x_3x_4$$

故原不等式成立（其中 $k + \frac{1}{k}$ 在 $[\frac{1}{3}, 1]$ 上递减）.

例 7 设 $a, b, A, B \in \mathbf{R}^+, a < A, b < B$. 若 n 个正数 $a_1, a_2, \cdots, a_n$ 位于 a 与 A 之间，n 个正数 $b_1, b_2, \cdots, b_n$ 位于 b 与 B 之间. 求证：

$$1 \leq \frac{(a_1^2+a_2^2+\cdots+a_n^2)(b_1^2+b_2^2+\cdots+b_n^2)}{(a_1b_1+a_2b_2+\cdots+a_nb_n)^2} \leq \left(\frac{\sqrt{\frac{AB}{ab}}+\sqrt{\frac{ab}{AB}}}{2}\right)^2 \quad (9.5)$$

其中两等号分别当且仅当 $\frac{b_1}{a_1} = \frac{b_2}{a_2} = \cdots = \frac{b_n}{a_n}$，$a = a_i = A$ 且 $b = b_i = B$ 时取得.

证明 首先证明左边的柯西不等式.
构造二次函数

$$f(x) = \left(\sum_{i=1}^n a_i^2\right)x^2 - 2\left(\sum_{i=1}^n a_ib_i\right)x + \sum_{i=1}^n b_i^2$$

$$= (a_1x+b_1)^2 + (a_2x+b_2)^2 + \cdots + (a_nx+b_n)^2 \geq 0 \quad (x \in \mathbf{R})$$

由 $\sum_{i=1}^n a_i^2 > 0$，即知 $f(x)$ 的图像开口向上，于是

$$\Delta = 4\left(\sum_{i=1}^n a_ib_i\right)^2 - 4\left(\sum_{i=1}^n a_i^2\right)\left(\sum_{i=1}^n b_i^2\right) \leq 0$$

故

$$1 \leq \frac{(a_1^2+a_2^2+\cdots+a_n^2)(b_1^2+b_2^2+\cdots+b_n^2)}{(a_1b_1+a_2b_2+\cdots+a_nb_n)^2}$$

显然，其中等号当且仅当 $\frac{b_1}{a_1} = \frac{b_2}{a_2} = \cdots = \frac{b_n}{a_n}$ 时取得.

再证右边的不等式：
对任意的 $x \in \mathbf{R}$，考察二次函数

$$f(x) = \left(\sum_{i=1}^n a_i^2\right)x^2 + \left[\left(\sqrt{\frac{AB}{ab}}+\sqrt{\frac{ab}{AB}}\right)\sum_{i=1}^n a_ib_i\right]x + \sum_{i=1}^n b_i^2$$

则
$$f(x) = \sum_{i=1}^{n} \left[a_i^2 x^2 + \left(\sqrt{\frac{AB}{ab}} + \sqrt{\frac{ab}{AB}} \right) a_i b_i \cdot x + b_i^2 \right]$$
$$= \sum_{i=1}^{n} \left(a_i x + \sqrt{\frac{AB}{ab}} b_i \right) \left(a_i x + \sqrt{\frac{ab}{AB}} b_i \right)$$

取 $x_0 = -\sqrt{\dfrac{bB}{aA}} < 0$,则
$$f(x_0) = \sum_{i=1}^{n} \left(\sqrt{\frac{AB}{ab}} b_i - \sqrt{\frac{bB}{aA}} a_i \right) \left(\sqrt{\frac{ab}{AB}} b_i - \sqrt{\frac{bB}{aA}} a_i \right)$$
$$= \sum_{i=1}^{n} \sqrt{\frac{B}{abA}} (Ab_i - ba_i) \sqrt{\frac{b}{AB \cdot a}} (ab_i - Ba_i)$$
$$= \frac{1}{aA} \sum_{i=1}^{n} (Ab_i - a_i b)(ab_i - a_i B)$$

因 $0 < a \leq a_i \leq A, 0 < b \leq b_i \leq B (i=1,2,\cdots,n)$,则
$$Ab_i - a_i b \geq 0, ab_i - a_i B \leq 0$$

从而 $f(x_0) \leq 0$.

因 $f(x)$ 的二次项系数为正值,则
$$\Delta = \left[\left(\sqrt{\frac{AB}{ab}} + \sqrt{\frac{ab}{AB}} \right) \sum_{i=1}^{n} a_i b_i \right]^2 - 4\left(\sum_{i=1}^{n} a_i^2 \right)\left(\sum_{i=1}^{n} b_i^2 \right) \geq 0$$

即
$$\frac{\left(\sum\limits_{i=1}^{n} a_i^2 \right) \cdot \left(\sum\limits_{i=1}^{n} b_i^2 \right)}{\sum\limits_{i=1}^{n} a_i b_i} \leq \left(\frac{\sqrt{\dfrac{AB}{ab}} + \sqrt{\dfrac{ab}{AB}}}{2} \right)^2$$

其中等号显然当且仅当 $a = a_i = A$ 且 $b = b_i = B$ 时取得.

上述各例利用二次函数的非负性时,一般是将求证的不等式看作是判别式的模式或两边作差看作二次函数式来处理问题的. 有些不等式也可以这样利用二次函数来处理,把求证不等式的一边构作成二次函数的常数项,再利用其判别式来处理问题.

例8 (第22届国际数学奥林匹克试题) 在 $\triangle ABC$ 中, $BC=a, AC=b, AB=c, d_1, d_2, d_3$ 分别为边 BC、AC、AB 上的高, $S_{\triangle ABC}$ 为 $\triangle ABC$ 的面积. 求证: $M = \dfrac{a}{d_1} + \dfrac{b}{d_2} + \dfrac{c}{d_3} \geq \dfrac{(a+b+c)^2}{2S_{\triangle ABC}}$.

证明 构造二次函数, $f(t) = 2S_{\triangle ABC} \cdot t^2 - 2(a+b+c)t + M, t \in \mathbf{R}$,则
$$f(t) = (ad_1 + bd_2 + cd_3)t^2 - 2(a+b+c)t + M$$
$$= \left(\sqrt{ad_1}\, t - \sqrt{\frac{d}{d_1}} \right)^2 + \left(\sqrt{bd_2}\, t - \sqrt{\frac{b}{d_2}} \right)^2 + \left(\sqrt{cd_3}\, t - \sqrt{\frac{c}{d_3}} \right)^2$$

从而由 $2S_{\triangle ABC} > 0, f(t) \geq 0$ 恒成立,有
$$\Delta = 4(a+b+c)^2 - 8M \cdot S_{\triangle ABC} \leq 0$$

故
$$M = \frac{a}{d_1} + \frac{b}{d_2} + \frac{c}{d_3} \geq \frac{(a+b+c)^2}{2S_{\triangle ABC}}$$

9.2 利用函数的单调性

利用函数的单调性,可以由特殊的函数直接判断其单调性,也可以利用对函数求导来判

断其单调性.

一次函数 $f(x) = kx + b(k \neq 0)$ 是单调函数,且当 $x_1 < x_2$ 时,有如下的性质:

(1) 如果 $f(x_1) \geq 0, f(x_2) \geq 0$,则 $f(x) \geq 0 (x_1 \leq x \leq x_2)$;

(2) 如果 $f(x_1) \leq 0, f(x_2) \leq 0$,则 $f(x) \leq 0 (x_1 \leq x \leq x_2)$.

一次函数的如上性质可用于证明不等式.

例 9 (1980 年美国数学奥林匹克试题)若 $0 \leq a, b, c \leq 1$,证明:

$$\frac{a}{b+c+1} + \frac{b}{c+a+1} + \frac{c}{a+b+1} + (1-a)(1-b)(1-c) \leq 1$$

证明 设 a, b, c 中的最大者为 a,则

$$\frac{a}{b+c+1} + \frac{b}{c+a+1} + \frac{c}{a+b+1} \leq \frac{a}{b+c+1} + \frac{b}{c+b+1} + \frac{c}{a+b+1} = \frac{a+b+c}{b+c+1}$$

要证原不等式,只需证

$$\frac{a+b+c}{b+c+1} + (1-a)(1-b)(1-c) - 1 \leq 0$$

设关于变量 a 的一次函数

$$f(a) = \frac{a+b+c}{b+c+1} + (1-a)(1-b)(1-c) - 1$$

因 $f(0) = \frac{b+c}{b+c+1} - b - c + bc = \frac{-(b+c)^2}{b+c+1} + bc \leq \frac{-4bc}{b+c+1} + bc$

$\leq \frac{-4bc}{1+1+1} + bc = -\frac{1}{3}bc \leq 0$

又 $f(1) = 0$,故 $f(a) \leq 0$,原不等式得证.

例 10 (2006 年保加利亚数学奥林匹克试题)设 $x, y, z, t \in [-1, 1]$,证明:

$$t^2(xy + yz + zx) + 2t(x + y + z) + 3 \geq 0.$$

证明 为减少变量,设 $tx = a, ty = b, tz = c$,则 $-1 \leq a, b, c \leq 1$,原不等式等价于

$$ab + bc + ca + 2(a + b + c) + 3 \geq 0$$

设关于变量 a 的一次函数

$$f(a) = ab + bc + ca + 2(a + b + c) + 3, \quad -1 \leq a \leq 1$$

因

$$f(-1) = -b + bc - c + 2(-1 + b + c) + 3 = b + c + 1 + bc = (1+b)(1+c) \geq 0$$

又 $f(1) = b + bc + c + 2(1 + b + c) + 3 = (1+b)(1+c) + 2(1 + b + 1 + c) \geq 0$

故 $f(a) \geq 0$,原不等式得证.

例 11 (2006 年匈牙利-以色列数学竞赛)设 $x, y, z \geq 0$,且 $x + y + z = 1$,求 $S = x^2(y+z) + y^2(z+x) + z^2(x+y)$ 的最大值.

解 $S = x^2(1-x) + y^2(1-y) + z^2(1-z)$

$= x^2 + y^2 + z^2 - x^3 - y^3 - z^3$

$= x^2 + (y+z)^2 - 2yz - x^3 - (y+z)^3 + 3yz(y+z)$

$= x^2 + (1-x)^2 - 2yz - x^3 - (1-x)^3 + 3yz(1-x)$

$= x - x^2 + (1-3x)yz$

因 $0 \leq yz \leq \frac{(y+z)^2}{4} = \frac{(1-x)^2}{4}$,而当 $yz = 0$ 时,$S = x - x^2 = \frac{1}{4} - (x - \frac{1}{2})^2 \leq \frac{1}{4}$,故可初步

判别 S 的最大值是 $\dfrac{1}{4}$,现证明之.

设关于组合变量 yz 的一次函数
$$f(yz) = x - x^2 + (1-3x)yz - \dfrac{1}{4}$$

因
$$f(0) = x - x^2 - \dfrac{1}{4} = -\left(x - \dfrac{1}{2}\right)^2 \leqslant 0$$

又
$$f\left[\dfrac{(1-x)^2}{4}\right] = x - x^2 + (1-3x)\cdot\dfrac{(1-x)^2}{4} - \dfrac{1}{4} = \dfrac{-3x^3 + 3x^2 - x}{4}$$
$$= \dfrac{-x\left[3\left(x-\dfrac{1}{2}\right)^2 + \dfrac{1}{4}\right]}{4} \leqslant 0$$

故 $f(yz) = S - \dfrac{1}{4} \leqslant 0$,也即 S 的最大值是 $\dfrac{1}{4}$.

除了利用一次函数的单调性,还可以利用其他函数的单调性来证明不等式.

例 12 求证:$\sqrt{3} + \sqrt{7} < 2\sqrt{5}$.

证法 1 考虑函数 $f(x) = \sqrt{x+2} - \sqrt{x} = \dfrac{2}{\sqrt{x+2}+\sqrt{x}}(x \geqslant 0)$,显然当 $x \geqslant 0$ 时,函数 $f(x)$ 为减函数. 从而 $f(3) > f(6)$,即 $\sqrt{4} - \sqrt{3} > \sqrt{7} - \sqrt{6}$,亦即 $\sqrt{3} + \sqrt{7} < \sqrt{4} + \sqrt{6}$.

又 $f(4) > f(5)$,即 $\sqrt{5} - \sqrt{4} > \sqrt{6} - \sqrt{5}$,亦即 $\sqrt{4} + \sqrt{6} < \sqrt{5} + \sqrt{5} = 2\sqrt{5}$,故
$$\sqrt{3} + \sqrt{7} < \sqrt{4} + \sqrt{6} < 2\sqrt{5}$$

证法 2 考虑函数 $f(x) = \sqrt{10-x} + \sqrt{x}\,(x \geqslant 0)$,则
$$f(x) = \sqrt{(\sqrt{10-x}+\sqrt{x})^2} = \sqrt{10 + 2\sqrt{-(x-5)^2 + 25}}$$

在区间 $[0,5]$ 上递增,由 $f(3) < f(5)$,即有 $\sqrt{3} + \sqrt{7} < 2\sqrt{5}$.

注 (1)由证法 1 有 $f(1) > f(8), f(2) > f(7), f(3) > f(6), f(4) > f(5)$,或由证法 2 有 $f(1) < f(2) < f(3) < f(4) < f(5)$,均证得有
$$\sqrt{9} + \sqrt{1} < \sqrt{8} + \sqrt{2} < \sqrt{7} + \sqrt{3} < \sqrt{6} + \sqrt{4} < \sqrt{5} + \sqrt{5}$$

(2)一般地,若 $a_1, a_2, a_3, a_4 \in \mathbf{R}^+$,且满足 $a_1 < a_2 \leqslant a_3 < a_4, a_1 + a_4 = a_2 + a_3 = A$,则由函数 $\sqrt{A-x} + \sqrt{x} = \sqrt{A + 2\sqrt{-\left(x-\dfrac{A}{2}\right)^2 + \dfrac{1}{4}A^2}}\,(x \geqslant 0)$ 在区间 $\left[0, \dfrac{A}{2}\right]$ 上递增,显然 $a_1, a_2 \in \left[0, \dfrac{A}{2}\right]$,从而有 $f(a_1) < f(a_2)$.

例 13 设 $x, y, z \in \mathbf{R}^+$,求证:
$$\dfrac{x}{2x+y+z} + \dfrac{y}{x+2y+z} + \dfrac{z}{x+y+2z} \leqslant \dfrac{3}{4}$$

证明 令 $x + y + z = A$,则原不等式变形为
$$\dfrac{x}{A+x} + \dfrac{y}{A+y} + \dfrac{z}{A+z} \leqslant \dfrac{3}{4}$$

考虑函数 $F(t) = \dfrac{t}{A+t}$,则

$$F(t) = \frac{t+A-A}{A+t} = 1 - \frac{A}{A+t} = 1 - A \cdot f(t)$$

其中, $f(t) = \frac{1}{A+t}$ 在区间 $(0, +\infty)$ 上单调递减,取 $t_1 = x, t_2 = \frac{A}{3}$, 从而有

$$\left(x - \frac{A}{3}\right)\left[f(x) - f\left(\frac{A}{3}\right)\right] \leq 0$$

即
$$\left(x - \frac{A}{3}\right)\left(\frac{1}{A+x} - \frac{3}{4A}\right) \leq 0$$

亦即
$$\frac{3x-A}{3(A+x)} - \frac{3x-A}{4A} \leq 0$$

于是
$$\frac{x}{A+x} \leq \frac{A}{3(A+x)} + \frac{3x-A}{4A}$$

同理
$$\frac{y}{A+y} \leq \frac{A}{3(A+y)} + \frac{3y-A}{4A}, \frac{z}{A+z} \leq \frac{A}{3(A+z)} + \frac{3z-A}{4A}.$$

以上三式相加,并注意 $3x + 3y + 3z = 3A$, 有

$$\frac{x}{A+x} + \frac{y}{A+y} + \frac{z}{A+z} \leq \frac{1}{3}\left(\frac{A}{A+x} + \frac{A}{A+y} + \frac{A}{A+z}\right) + \frac{3A-3A}{4A}$$

$$= \frac{1}{3}\left[3 - \left(\frac{x}{A+x} + \frac{y}{A+y} + \frac{z}{A+z}\right)\right]$$

由上式整理而得原不等式.

例14 (2003年湖南省竞赛题)设 x, y, z 均取正实数,且 $x + y + z = 1$. 求证:

$$\frac{3x^2 - x}{1+x^2} + \frac{3y^2 - y}{1+y^2} + \frac{3z^2 - z}{1+z^2} \geq 0$$

证明 考虑函数 $g(t) = \frac{t}{1+t^2}$, 可知 $g(t)$ 为奇函数. 由于当 $t > 0$ 时, $\frac{1}{t} + t$ 在 $(0,1)$ 内递减, 易知 $g(t) = \frac{1}{t + \frac{1}{t}}$ 在 $(0,1)$ 内递增. 而对于 $t_1, t_2 \in (0,1)$ 且 $t_1 < t_2$ 时, 有 $(t_1 - t_2)[g(t_1) - g(t_2)] \geq 0$, 所以对任意 $x \in (0,1)$, 有

$$\left(x - \frac{1}{3}\right)\left(\frac{x}{1+x^2} - \frac{3}{10}\right) \geq 0$$

即
$$\frac{3x^2 - x}{1+x^2} \geq \frac{3}{10}(3x - 1)$$

同理 $\frac{3y^2 - y}{1+y^2} \geq \frac{3}{10}(3y - 1), \frac{3z^2 - z}{1+z^2} \geq \frac{3}{10}(3z - 1).$

以上三式相加,有

$$\frac{3x^2 - x}{1+x^2} + \frac{3y^2 - y}{1+y^2} + \frac{3z^2 - z}{1+z^2} \geq \frac{3}{10}[3(x + t + z) - 3] = 0$$

例15 已知 $x > -1$, 且 $x \neq 0, n \in \mathbf{N}^*, n \geq 2$. 求证: $(1+x)^n > 1 + nx$.

证明 设 $f(n) = \frac{1+nx}{(1+x)^n}$, 由 $x > 1$ 且 $x \neq 0$, 有

$$f(n+1) - f(n) = \frac{1+(n+1)x}{(1+x)^{n+1}} - \frac{1+nx}{(1+x)^n} = \frac{-nx^2}{(1+x)^{n+1}} < 0$$

从而,知 $f(n)$ 在 $\mathbf{N}^*$ 上单调递减.

又由 $f(2)<f(1)=\dfrac{1+x}{1+x}=1$,知 $f(x)<f(x-1)$,即 $\dfrac{1+nx}{(1+x)^n}<1$.

故 $(1+x)^n>1+nx$.

例 16 设 $a,b,c>0$,且 $a+b+c=A\leqslant 1,\alpha>0$,则
$$\left(\dfrac{1}{a}-a\right)^\alpha+\left(\dfrac{1}{b}-b\right)^\alpha+\left(\dfrac{1}{c}-c\right)^\alpha\geqslant 3\left(\dfrac{3}{A}-\dfrac{A}{3}\right)^\alpha$$

证明 由平均值不等式有 $(x+y+z)^2\geqslant 3(xy+yz+zx),x,y,z\in\mathbf{R}^+$.

从而 $ab+bc+ca\geqslant\sqrt{3(ab^2c+abc^2+a^2bc)}=\sqrt{3abc\cdot A}$,则
$$\left(\dfrac{1}{\sqrt{a}}-\sqrt{a}\right)\left(\dfrac{1}{\sqrt{b}}-\sqrt{b}\right)\left(\dfrac{1}{\sqrt{c}}-\sqrt{c}\right)$$
$$=\dfrac{1}{\sqrt{abc}}(1-a)(1-b)(1-c)=\dfrac{1}{\sqrt{abc}}[1-(a+b+c)+(ab+bc+ca-abc)]$$
$$=\dfrac{1}{\sqrt{abc}}(1-A+\sqrt{3Aabc}-abc)=-\sqrt{abc}+\dfrac{1-A}{\sqrt{abc}}+\sqrt{3A}.$$

因为 $0<A\leqslant 1\Rightarrow f(t)=-t+\dfrac{1-A}{t}+\sqrt{3A}$ 在 $(0,+\infty)$ 上是减函数,而
$$0<\sqrt{abc}\leqslant\sqrt{\left(\dfrac{a+b+c}{3}\right)^3}=\sqrt{\left(\dfrac{A}{3}\right)^3}$$

所以 $\qquad f(\sqrt{abc})\geqslant f\left(\sqrt{\left(\dfrac{A}{3}\right)^3}\right)$

即 $\qquad -\sqrt{abc}+\dfrac{1-A}{\sqrt{abc}}+\sqrt{3A}\geqslant -\sqrt{\left(\dfrac{A}{3}\right)^3}+\dfrac{1-A}{\sqrt{\left(\dfrac{A}{3}\right)^3}}+\sqrt{3A}=\left(\sqrt{\dfrac{3}{A}}-\sqrt{\dfrac{A}{3}}\right)^3$

因此
$$\left(\dfrac{1}{\sqrt{a}}-\sqrt{a}\right)\left(\dfrac{1}{\sqrt{b}}-\sqrt{b}\right)\left(\dfrac{1}{\sqrt{c}}-\sqrt{c}\right)\geqslant\left(\sqrt{\dfrac{3}{A}}-\sqrt{\dfrac{A}{3}}\right)^3 \qquad ①$$

类似地 $\qquad \left(\dfrac{1}{\sqrt{a}}+\sqrt{a}\right)\left(\dfrac{1}{\sqrt{b}}+\sqrt{b}\right)\left(\dfrac{1}{\sqrt{c}}+\sqrt{c}\right)\geqslant\sqrt{abc}+\dfrac{1+A}{\sqrt{abc}}+\sqrt{3A}$

而 $f(t)=t+\dfrac{1+A}{t}+\sqrt{3A}$ 在 $(0,\sqrt{1+A}]$ 上是减函数,而
$$0<\sqrt{abc}<\sqrt{\left(\dfrac{a+b+c}{3}\right)^3}=\sqrt{\left(\dfrac{A}{3}\right)^3}\leqslant\sqrt{\left(\dfrac{1}{3}\right)^3}<\sqrt{1+A},$$

所以 $f(\sqrt{abc})\geqslant f\left(\sqrt{\left(\dfrac{A}{3}\right)^3}\right)$,即
$$\sqrt{abc}+\dfrac{1+A}{\sqrt{abc}}+\sqrt{3A}\geqslant\sqrt{\left(\dfrac{A}{3}\right)^3}+\dfrac{1+A}{\sqrt{\left(\dfrac{A}{3}\right)^3}}+\sqrt{3A}=\left(\sqrt{\dfrac{3}{A}}+\sqrt{\dfrac{A}{3}}\right)^3$$

所以

$$\left(\frac{1}{\sqrt{a}}+\sqrt{a}\right)\left(\frac{1}{\sqrt{b}}+\sqrt{b}\right)\left(\frac{1}{\sqrt{c}}+\sqrt{c}\right) \geqslant \left(\sqrt{\frac{3}{A}}+\sqrt{\frac{A}{3}}\right)^3. \qquad ②$$

由①②相乘,即得

$$\left(\frac{1}{a}-a\right)\left(\frac{1}{b}-b\right)\left(\frac{1}{c}-c\right) \geqslant \left(\frac{3}{A}-\frac{A}{3}\right)^3$$

于是

$$\left(\frac{1}{a}-a\right)^\alpha + \left(\frac{1}{b}-b\right)^\alpha + \left(\frac{1}{c}-c\right)^\alpha \geqslant 3\sqrt[3]{\left(\frac{1}{a}-a\right)^\alpha\left(\frac{1}{b}-b\right)^\alpha\left(\frac{1}{c}-c\right)^\alpha}$$
$$\geqslant 3\left(\frac{3}{A}-\frac{A}{3}\right)^\alpha$$

注 函数 $f(x)=ax+\dfrac{b}{x}(a>0,b>0)$ 常称为"对勾"函数,在区间 $\left(-\infty,-\sqrt{\dfrac{b}{a}}\right)$ 和 $\left(\sqrt{\dfrac{b}{a}},+\infty\right)$ 上单调递增,在区间 $\left(-\sqrt{\dfrac{b}{a}},0\right)$ 和 $\left(0,\sqrt{\dfrac{b}{a}}\right)$ 上单调递减.

例17 设 $a,b \in \mathbf{R}^+, n \in \mathbf{N}^*$. 求证:

$$a\sqrt[n]{\frac{1+b^n}{1+a^n}} + b\sqrt[n]{\frac{1+a^n}{1+b^n}} \leqslant a+b \leqslant a\sqrt[n]{\frac{1+a^n}{1+b^n}} + b\sqrt[n]{\frac{1+b^n}{1+a^n}}$$

证明 不妨设 $a \leqslant b$,注意到待征不等式左端 $\Leftrightarrow a\left(\sqrt[n]{\dfrac{1+b^n}{1+a^n}}-1\right) \leqslant b\left(1-\sqrt[n]{\dfrac{1+a^n}{1+b^n}}\right) \Leftrightarrow$

$$\dfrac{a(\sqrt[n]{1+b^n}-\sqrt[n]{1+a^n})}{\sqrt[n]{1+a^n}} \leqslant \dfrac{b(\sqrt[n]{1+b^n}-\sqrt[n]{1+a^n})}{\sqrt[n]{1+b^n}} \Leftrightarrow \dfrac{a}{\sqrt[n]{1+a^n}} \leqslant \dfrac{b}{\sqrt[n]{1+b^n}} \Leftrightarrow \dfrac{a^n}{1+a^n} \leqslant \dfrac{b^n}{1+b^n}.$$

至此构造函数 $f(x)=\dfrac{x}{1+x}, x \in (0,+\infty)$,则有 $f(x)=\dfrac{1}{1+\dfrac{1}{x}}, x \in (\sigma,+\infty)$.

易知 $f(x)$ 在 $(0,+\infty)$ 上单增,故 $\dfrac{a^n}{1+a^n} \leqslant \dfrac{b^n}{1+b^n}$,故待证式左端成立. 同理可证右端亦成立.

例18 已知 $a+b=1$,且 $a,b \in \mathbf{R}^+$,求证:

$$\prod_{n=1}^{4}\left(\sqrt{a+\frac{1}{nb}}+\sqrt{b+\frac{1}{na}}\right) \geqslant 4\sqrt{70}$$

证明 令

$$T_n = \sqrt{a+\frac{1}{nb}} + \sqrt{b+\frac{1}{na}} \quad (n=1,2,3,4)$$

$$T_1^2 = a+b+\frac{1}{a}+\frac{1}{b}+2\sqrt{2+ab+\frac{1}{ab}} = 3+\frac{b}{a}+\frac{a}{b}+2\sqrt{2+ab+\frac{1}{ab}}$$

其中 $\dfrac{b}{a}+\dfrac{a}{b} \geqslant 2$(当且仅当 $a=b=\dfrac{1}{2}$ 时等号成立),由于函数 $y=x+\dfrac{1}{x}$ 在 $\left(0,\dfrac{1}{4}\right]$ 上单调递减,且 $ab \leqslant \left(\dfrac{a+b}{2}\right)^2 = \dfrac{1}{4}$,所以,$ab+\dfrac{1}{ab} \geqslant \dfrac{17}{4}$,当且仅当 $a=b=\dfrac{1}{2}$ 时取等号,所以 $T_1^2 \geqslant 10$,所以 $T_1 \geqslant \sqrt{10}$. 事实上,由于函数 $y=x+\dfrac{1}{n^2x}(n=1,2,3,4)$ 在 $\left(0,\dfrac{1}{4}\right]$ 上均为减函数,易求得:$T_2 \geqslant$

$\sqrt{6}$, $T_3 \geq 2\sqrt{\dfrac{7}{6}}$, $T_4 \geq 2$, 所以 $T_1T_2T_3T_4 \geq 4\sqrt{70}$, 当且仅当 $a=b=\dfrac{1}{2}$ 时取等号, 即 $\prod_{n=1}^{4}\left(\sqrt{a+\dfrac{1}{nb}}+\sqrt{b+\dfrac{1}{na}}\right) \geq 4\sqrt{70}$ 成立.

例19 (《数学通报》2010(2)问题1833) 已知 $a,b>0$, 且 $a+b=1$. 求证 $\left(\dfrac{1}{a^2}-a^3\right)\left(\dfrac{1}{b^2}-b^3\right) \geq \left(\dfrac{31}{8}\right)^2$.

证明 因 $a+b=1$, 则
$$a^3+b^3 = a^4(1-b)+b^4(1-a) = a^4+b^4-ab(a^3+b^3)$$
$$= [(a+b)^2-2ab]^2 - 2a^2b^2 - ab(a+b)[(a+b)^2-3ab]$$
$$= (1-2ab)^2 - 2a^2b^2 - ab(1-3ab) = 5a^2b^2 - 5ab + 1$$

从而
$$\left(\dfrac{1}{a^2}-a^3\right)\left(\dfrac{1}{b^2}-b^3\right) = \dfrac{1}{a^2b^2}+a^3b^3-\dfrac{a^5+b^5}{a^2b^2} = \dfrac{1}{a^2b^2}+a^3b^3-\dfrac{5a^2b^2-5ab+1}{a^2b^2} = a^3b^3+\dfrac{5}{ab}-5.$$

设 $ab=t$, $f(t)=t^3+\dfrac{5}{t}-5$, 其中 $t \in \left(0,\dfrac{1}{4}\right]$, 则待证不等式为 $t^3+\dfrac{5}{t}-5 \geq \left(\dfrac{31}{8}\right)^2$.

因为 $f'(t)=3t^2-\dfrac{5}{t^2}=\dfrac{1}{t^2}(3t^4-5)$, $f'(t) \leq f'\left(\dfrac{1}{4}\right)=16\left(3 \cdot \dfrac{1}{4^4}-5\right)<0$.

即知函数 $f(t)$ 在 $\left(0,\dfrac{1}{4}\right]$ 上单调减, 故 $f(t) \geq f\left(\dfrac{1}{4}\right)=\dfrac{1}{64}+15=\left(\dfrac{31}{5}\right)^2$.

例20 若 a,b,c 为满足 $a+b+c=1$ 的正数, 求证:
$$\left(\dfrac{1}{a^3}-a^2\right)\left(\dfrac{1}{b^3}-b^2\right)\left(\dfrac{1}{c^3}-c^2\right) \geq \left(\dfrac{242}{9}\right)^3 \qquad ①$$

证明 当 $a+b+c=1$ 时,
$$a^5+b^5+c^5 = 1-5(a+b)(b+c)(c+a)(a^2+b^2+c^2+ab+bc+ca)$$

式①的左端为
$$\dfrac{(1-a^5)(1-b^5)(1-c^5)}{a^3b^3c^3}$$
$$= \dfrac{1-(a^5+b^5+c^5)+a^5b^5+b^5c^5+c^5a^5-a^5b^5c^5}{a^3b^3c^3}$$
$$= \dfrac{5(a+b)(b+c)(c+a)(a^2+b^2+c^2+ab+bc+ca)}{a^3b^3c^3} + \dfrac{a^5b^5+b^5c^5+c^5a^5-a^5b^5c^5}{a^3b^3c^3}$$
$$\geq \dfrac{40abc \cdot 6\sqrt[3]{a^2b^2c^2}+3\sqrt[3]{a^{10}b^{10}c^{10}}-a^5b^5c^5}{a^3b^3c^3}$$
$$= \dfrac{240}{\sqrt[3]{a^4b^4c^4}}+3\sqrt[3]{abc}-a^2b^2c^2 = 3\left(\dfrac{80}{\sqrt[3]{a^4b^4c^4}}+\sqrt[3]{abc}\right)-a^2b^2c^3.$$

记 $f(x)=x+\dfrac{80}{x^4}$, 则

$f'(x)=1-\dfrac{320}{x^5}$, 当 $0<x<1$ 时, $f'(x)<0$, $f(x)$ 为减函数.

当 $x = \sqrt[3]{abc} \leq \dfrac{a+b+c}{3} = \dfrac{1}{3}$ 时,$f(x) \geq \dfrac{1}{3} + 3^4 \times 80$,即

$$3\left(\sqrt[3]{abc} + \dfrac{80}{\sqrt[3]{a^4b^4c^4}}\right) \geq 1 + 3^5 \times 80 \qquad ②$$

而

$$a^2b^2c^2 \leq \left(\dfrac{1}{3}\right)^6 \qquad ③$$

由②,③得

$$\dfrac{(1-a^5)(1-b^5)(1-c^5)}{a^3b^3c^3} \geq 3\left(\sqrt[3]{abc} + \dfrac{80}{\sqrt[3]{a^4b^4c^4}}\right) - a^2b^2c^2$$

$$\geq 1 + 3^5 \cdot 80 - \left(\dfrac{1}{3}\right)^6 = \left(\dfrac{242}{9}\right)^3.$$

注 (1) 此例也可这样证:由 $(1-a)(1-b)(1-c) = (b+c)(c+a)(a+b) \geq 8abc$,及 $abc \leq \left(\dfrac{a+b+c}{3}\right)^3 = 3^{-3}$,由 $a^4 + a^3 + a^2 + a + 1 = a^4 + \dfrac{a^3}{3} + \dfrac{a^3}{3} + \dfrac{a^3}{3} + \dfrac{a^2}{9} + \cdots + \dfrac{a^2}{9} + \dfrac{a}{27} + \cdots + \dfrac{a}{27} + \dfrac{1}{81} + \cdots + \dfrac{1}{81} \geq 121\left(\dfrac{a^{58}}{3^{426}}\right)^{\frac{1}{121}}$ 等三式,有

$$\left(\dfrac{1}{a^3} - a^2\right)\left(\dfrac{1}{b^3} - b^2\right)\left(\dfrac{1}{c^3} - c^2\right) \geq (abc)^{-3} \cdot 8abc \cdot 121^3 \cdot \dfrac{(abc)^{\frac{58}{121}}}{3^{\frac{1278}{121}}} = \cdots = \left(\dfrac{242}{9}\right)^3$$

(2) 此例可推广为:设 $a_i > 0 (i=1,2,\cdots,n)$,$n \geq 2 (n \in \mathbf{N})$,$\sum\limits_{i=1}^{n} a_i = 1$,则

$$\prod_{i=1}^{n}\left(\dfrac{1}{a_i^3} - a_i^2\right) \geq \left(\dfrac{n^5-1}{n^2}\right)^3$$

求函数的导函数,不仅可以判断单调性,而且有下述结论:

结论 已知函数 $f(x)$ 在定义域 (a,b) 上连续可导,令 $F(x) = f(x) - f'(x_0)(x-x_0)$ ($x_0 \in (a,b)$),若 $F'(x)$ 在 (a,b) 上单调递增,则 $F(x) \geq f(x_0)$(当 $x = x_0$ 时"="成立). (9.6)

事实上,因为 $F(x) = f(x) - f'(x_0)(x-x_0)$,所以 $F'(x) = f'(x) - f'(x_0)$,若 $F'(x)$ 在 (a,b) 上是增函数,则当 $a < x \leq x_0$ 时,$F'(x) \leq F'(x_0)$,又 $F'(x_0) = f'(x_0) - f'(x_0) = 0$,所以 $F'(x) \leq 0$,则 $F(x)$ 在 (a, x_0) 上是减函数;当 $x_0 = x < b$ 时,$F'(x) \geq F'(x_0)$,则 $F'(x) \geq 0$,即 $F(x)$ 在 (x_0, b) 上是增函数,由此知 $F(x)$ 在 $x = x_0$ 处取得最小值 $f(x_0)$,即 $F(x) \geq f(x_0)$.

例 21 (Klamkin 不等式)设 $a_i > 0 (i=1,2,\cdots,n)$,$\sum\limits_{i=1}^{n} a_i = 1$,求证:

$$\prod_{i=1}^{n}\left(1 + \dfrac{1}{a_i}\right) \geq (n+1)^n$$

证明 原不等式等价于 $\sum\limits_{i=1}^{n} \ln\left(1 + \dfrac{1}{a_i}\right) \geq n\ln(1+n)$,考虑函数

$$f(x) = \ln\left(1 + \dfrac{1}{x}\right) + \dfrac{n^2}{n+1}\left(1 - \dfrac{1}{n}\right) \quad (0 < x < 1)$$

则

$$f'(x) = \dfrac{n\left(x - \dfrac{1}{n}\right)(nx+n+1)}{(n+1)(x+1)x}$$

令 $f'(x)=0$,解得 $x=\dfrac{1}{n}$,当 $0<x<\dfrac{1}{n}$ 时,$f'(x)<0$;当 $\dfrac{1}{n}<x<1$ 时,$f'(x)>0$,则 $f(x)\geqslant f\left(\dfrac{1}{n}\right)$,又 $f\left(\dfrac{1}{n}\right)=\ln(1+n)$,所以 $f(x)\geqslant\ln(1+n)$,则当 $0<x<1$ 时,恒有 $\ln\left(1+\dfrac{1}{n}\right)+\dfrac{n^2}{n+1}\left(x-\dfrac{1}{n}\right)\geqslant\ln(1+n)$ 成立,根据 $a_i>0(i=1,2,\cdots,n)$,$\sum\limits_{i=1}^{n}a_i=1$,则有 $\ln\left(1+\dfrac{1}{a_i}\right)\geqslant\ln(1+n)(i=1,2,\cdots,n)$,即 $\sum\limits_{i=1}^{n}\ln\left(1+\dfrac{1}{a_i}\right)\geqslant n\ln(1+n)$,当 $a_i=\dfrac{1}{n}(i\in\mathbf{N}^*)$ 时,"="成立,从而原不等式成立.

例22 设 $a_i>0(i=1,2,\cdots,n)$,$\sum\limits_{i=1}^{n}a_i=1$,求证:$\prod\limits_{i=1}^{n}\left(a_i+\dfrac{1}{a_i}\right)\geqslant\left(\dfrac{1}{n}+n\right)^n$.

证明 原不等式等价于 $\sum\limits_{i=1}^{n}\ln\left(a_i+\dfrac{1}{a_i}\right)\geqslant n\ln\left(\dfrac{1}{n}+n\right)$,考虑函数

$$f(x)=\ln\left(x+\dfrac{1}{x}\right)+\dfrac{n^3-n}{n^2+1}\left(x+\dfrac{1}{n}\right)\quad(0<x<1)$$

则

$$f'(x)=\dfrac{n\left(x-\dfrac{1}{n}\right)\left[(n^2-1)x^2+2nx+1+n^2\right]}{(n^2+1)x(x^2+1)}$$

令 $f'(x)=0$,解得 $x=\dfrac{1}{n}$,当 $0<x<\dfrac{1}{n}$ 时,$f'(x)<0$;当 $\dfrac{1}{n}<x<1$ 时,$f'(x)>0$,则 $f(x)\geqslant f\left(\dfrac{1}{n}\right)$,又因为 $f\left(\dfrac{1}{n}\right)=\ln\left(\dfrac{1}{n}+n\right)$,所以 $f(x)\geqslant\ln\left(\dfrac{1}{n}+n\right)$,则当 $0<x<1$ 时,恒有 $\ln\left(x+\dfrac{1}{x}\right)+\dfrac{n^3-n}{n^2+1}\left(x-\dfrac{1}{n}\right)\geqslant\ln\left(\dfrac{1}{n}+n\right)$ 成立,由 $a_i>0(i=1,2,\cdots,n)$,$\sum\limits_{i=1}^{n}a_i=1$,有 $\sum\limits_{i=1}^{n}\ln\left(a_i+\dfrac{1}{a_i}\right)\geqslant n\ln\left(\dfrac{1}{n}+n\right)$ 成立,当 $a_i=\dfrac{1}{n}(i\in\mathbf{N}^*)$ 时,"="成立,从而原不等式成立.

例23 若 x,y,z 是正数,且 $x+y+z=1$,求证:$\left(\dfrac{1}{y+z}-x\right)\left(\dfrac{1}{z+x}-y\right)\left(\dfrac{1}{x+y}-z\right)\geqslant\left(\dfrac{7}{6}\right)^3$.

证明 原不等式等价于

$$\ln\left(\dfrac{1-x+x^2}{1-x}\right)+\ln\left(\dfrac{1-y+y^2}{1-y}\right)+\ln\left(\dfrac{1-z+z^2}{1-z}\right)\geqslant 3\ln\left(\dfrac{7}{6}\right)$$

构造函数

$$f(x)=\ln\left(\dfrac{1-x+x^2}{1-x}\right)-\dfrac{15}{14}\left(x-\dfrac{1}{3}\right)$$

则

$$f'(x)=\dfrac{(3x-1)(5x^2+13x+15)}{14(1-x+x^2)(1-x)}$$

当 $x\in\left(0,\dfrac{1}{3}\right)$ 时,$f'(x)<0$;当 $x\in\left(\dfrac{1}{3},1\right)$ 时,$f'(x)>0$,则 $f(x)\geqslant f\left(\dfrac{1}{3}\right)$,又 $f\left(\dfrac{1}{3}\right)=\ln\dfrac{7}{6}$,则当 $0<x<1$ 时,则 $\ln\left(\dfrac{1-x+x^2}{1-x}\right)-\dfrac{15}{14}\left(x-\dfrac{1}{3}\right)\geqslant\ln\left(\dfrac{7}{6}\right)$ 成立,由 $x>0,y>0,z>0$ 且 $x+y+z=1$,则有 $\ln\left(\dfrac{1-x+x^2}{1-x}\right)+\ln\left(\dfrac{1-y+y^2}{1-y}\right)+\ln\left(\dfrac{1-z+z^2}{1-z}\right)\geqslant 3\ln\left(\dfrac{7}{6}\right)$ 恒成立,当且仅当 $x=y=z=$

$\frac{1}{3}$ 时,"="成立,不等式成立.

注 此例也可这样证,令 $x+y=a, y+z=b, z+x=c$,则 $a+b+c=z$,且 $x=1-b, y=1-c, z=1-a$. 由 $\frac{1}{y+z}-x=\frac{1}{b}-(1-b)=(b+\frac{4}{9b})+\frac{5}{9b}-1 \geq 2\sqrt{b \cdot \frac{4}{9b}}-\frac{5}{9b}-1=\frac{1}{9}(\frac{5}{b}+3)$ 等三式相乘,再运用卡尔松不等式有

$$\prod(\frac{1}{y+z}-x) \geq \frac{1}{9^3}\prod(\frac{5}{b}+3) \geq \frac{1}{9^3}(\sqrt[3]{\frac{5 \cdot 5 \cdot 5}{abc}}+\sqrt[3]{3 \cdot 3 \cdot 3})^3$$

$$=\frac{1}{9^3}(\frac{5}{\sqrt[3]{abc}}+3)^3 \geq \frac{1}{9^3}(\frac{5}{\frac{a+b+c}{3}}+3)^3=(\frac{7}{6})^3$$

例 24 (Klamkin 不等式)设 $a_i>0, \sum_{i=1}^n a_i=1$,则 $\prod_{i=1}^n \frac{1+a_i}{1-a_i} \geq (\frac{n+1}{n-1})^n$.

证明 原不等式等价于 $\sum_{i=1}^n \ln\frac{1+a_i}{1-a_i} \geq n\ln\frac{n+1}{n-1}$,构造函数

$$f(x)=\ln(\frac{1+x}{1-x})-\frac{2n^2}{n^2-1}(x-\frac{1}{n}) \quad (0<x<1)$$

则

$$f'(x)=\frac{2n^2(x^2-\frac{1}{n^2})}{(n^2-1)(1-x^2)} \quad (n \geq 2)$$

令 $f'(x)=0$,解得 $x=\frac{1}{n}$,当 $0<x<\frac{1}{n}$ 时, $f'(x)<0$;当 $\frac{1}{n}<x<1$ 时, $f'(x)>0$,则 $f(x) \geq f(\frac{1}{n})$,又因为 $f(\frac{1}{n})=\ln\frac{n+1}{n-1}$,所以 $f(x) \geq \ln\frac{n+1}{n-1}$,则 $0<x<1$ 时,则 $\ln(\frac{1+x}{1-x})-\frac{2n^2}{n^2-1}(x-\frac{1}{n}) \geq \ln\frac{n+1}{n-1}$ 恒成立,当 $x=\frac{1}{n}$ 时,"="成立. 根据 $\sum_{i=1}^n a_i=1$ 有 $\sum_{i=1}^n \ln\frac{1+a_i}{1-a_i} \geq n\ln\frac{n+1}{n-1}$ 成立,则原不等式成立.

例 25 设 $a_i>0(i=1,2,\cdots,n), \sum_{i=1}^n a_i=1, k \in \mathbf{N}$,求证: $\prod_{i=1}^n(a_i^k+\frac{1}{a_i^k}) \geq (n^k+\frac{1}{n^k})^n$.

证明 原不等式等价于

$$\sum_{i=1}^n \ln(a_i^k+\frac{1}{a_i^k}) \geq n\ln(n^k+\frac{1}{n^k})$$

构造函数 $f(x)=\ln(x^k+\frac{1}{x^k})+\frac{kn(n^{2k}-1)}{n^{2k}+1}(x-\frac{1}{n}) \quad (0<x<1)$

则 $f'(x)=kn(x-\frac{1}{n})\{(nx)^{2k}+2[(nx)^{2k-1}+(nx)^{2k-2}+\cdots+nx]+$

$(1-x)^{2k}+n^{2k}\}/[(n^{2k+1})x(x^{2k}+1)]$

令 $f'(x)=0$,解得 $x=\frac{1}{n}$,当 $0<x<\frac{1}{n}$ 时, $f'(x)<0$;当 $\frac{1}{n}<x<1$ 时, $f'(x)>0$,则 $f(x) \geq f(\frac{1}{n})$,又 $f(\frac{1}{n})=\ln(n^k+\frac{1}{n^k})$,所以 $f(x) \geq \ln(n^k+\frac{1}{n^k})$,则当 $0<x<1$ 时,则 $\ln(x^k+\frac{1}{x^k})+$

$\frac{kn(n^{2k}-1)}{n^{2k}+1}\left(x-\frac{1}{n}\right) \geqslant \ln\left(n^k+\frac{1}{n^k}\right)$ 恒成立,根据 $\sum_{i=1}^{n} a_i = 1$,有 $\sum_{i=1}^{n} \ln\left(a_i^k+\frac{1}{a_i^k}\right) \geqslant n\ln\left(n^k+\frac{1}{n^k}\right)$ 成立,当 $a_i = \frac{1}{n}(i \in \mathbf{N}^*)$ 时,"="成立,则原不等式成立.

例 26 (《中等数学》2000(2)奥林匹克问题)已知 $u_1 = 1, u_n = \frac{1}{(u_1+u_2+\cdots+u_{n-1})^2}$ $(n \geqslant 2)$. 若记 $S_n = u_1+u_2+\cdots+u_n$. 求证: $\sqrt[3]{3n+2} \leqslant S_n \leqslant \sqrt[3]{3n+2}+\frac{1}{\sqrt[3]{3n+2}}(n \geqslant 2)$.

证明 首先用数学归纳法证明:
$$S_n \geqslant \sqrt[3]{3n+2} \quad (n \geqslant 2) \qquad ①$$
当 $n = 2$ 时,直接验证可知式①成立.
假设式①对 $n(n \geqslant 2)$ 成立,从 S_n 的定义易得
$$S_{n+1} = S_n + \frac{1}{S_n^2} \qquad ②$$
考虑函数 $f(x) = x+\frac{1}{x^2}$ 及 $\sqrt[3]{2} \leqslant x_1 < x_2$,通过计算知
$$f(x_2)-f(x_1) = \frac{x_2-x_1}{x_1^2 x_2^2}(x_1^2 x_2^2 - x_1 - x_2) > \frac{x_2-x_1}{x_1^2 x_2^2}(2x_1-x_2-x_3) = \frac{(x_2-x_1)^2}{x_1^2 x_2^2} > 0$$
可知 $f(x)$ 在 $[\sqrt[3]{2}, +\infty)$ 上严格单调递增.
由 $S_n \geqslant \sqrt[3]{3n+2} \geqslant 2$ 和式②,可得
$$S_{n+1} = f(S_n) \geqslant f(\sqrt[3]{3n+2}) = \sqrt[3]{3n+2}+\frac{1}{\sqrt[3]{3n+2}}$$
另一方面,从恒等式
$$\sqrt[3]{3n+5}-\sqrt[3]{3n+2} = \frac{3}{\sqrt[3]{(3n+5)^2}+\sqrt[3]{(3n+5)(3n+2)}+\sqrt[3]{(3n+2)^2}}$$
可得
$$\frac{1}{\sqrt[3]{(3n+5)^2}} < \sqrt[3]{3n+5}-\sqrt[3]{3n+2} < \frac{1}{\sqrt[3]{(3n+2)^2}}. \qquad ③$$
由式③,立即可得 $S_{n+1} > \sqrt[3]{3n+5} = \sqrt[3]{3(n+1)+2}$.
由数学归纳法原理知,式①成立.
其次用数学归纳法证明:
$$S_n \leqslant \sqrt[3]{3n+2}+\frac{1}{\sqrt[3]{3n+2}} \quad (n \geqslant 1) \qquad ④$$
考虑函数 $g(x) = x+\frac{1}{x}$ 及 $1 \leqslant x_1 < x_2$,通过计算知
$$g(x_2)-g(x_1) = (x_2-x_1)\left(1-\frac{1}{x_1 x_2}\right) > (x_2-x_1)\left(1-\frac{1}{x_1^2}\right) \geqslant 0$$
可知 $g(x)$ 在 $[1, +\infty)$ 上严格单调递增.
令 $T_n = g(\sqrt[3]{3n+2})$,则当 $n \leqslant 3$ 时

$$S_n \leq S_3 = 2.25 < \sqrt[3]{5} + \frac{1}{\sqrt[3]{5}} = T_1 \leq T_n$$

当 $4 \leq n \leq 6$ 时,$S_n \leq S_6 = 2.7607611\cdots < 2.8250566\cdots = T_4 \leq T_n$.

假设 $n \geq 6$ 时,式④成立. 由关于 $g(x)$ 的不等式,知

$$T_{n+1} - T_n > (\sqrt[3]{3n+5} - \sqrt[3]{3n+2})\left[1 - \frac{1}{\sqrt[3]{(3n+2)^2}}\right]$$

由式③可得

$$T_{n+1} - T_n > \frac{1}{\sqrt[3]{(3n+5)^2}}\left[1 - \frac{1}{\sqrt[3]{(3n+2)^2}}\right] \qquad ⑤$$

由 $f(x)$ 的单调性,可得

$$S_{n+1} = f(S_n) \leq f(T_n) = T_n + \frac{1}{T_n^2} \qquad ⑥$$

从⑤和⑥知,要证明 $S_{n+1} < T_{n+1}$,仅需证明

$$\frac{1}{\sqrt[3]{(3n+5)^2}}\left[1 - \frac{1}{\sqrt[3]{(3n+2)^2}}\right] \geq \frac{1}{T_n^2} \qquad ⑦$$

而式⑦等价于

$$\sqrt[3]{(3n+5)^2} - \sqrt[3]{(3n+2)^2} < 1 - \frac{1}{\sqrt[3]{(3n+2)^2}} - \frac{1}{\sqrt[3]{(3n+2)^4}} \qquad ⑧$$

用证明③的方法可以证明,有

$$\sqrt[3]{(3n+5)^2} - \sqrt[3]{(3n+2)^2} \leq \frac{6n+7}{\sqrt[3]{(3n+2)^4}}$$

要证明不等式⑧,仅需证明 $\dfrac{6n+8}{\sqrt[3]{(3n+2)^4}} + \dfrac{1}{\sqrt[3]{(3n+2)^2}} < 1$,即

$$\frac{2}{\sqrt[3]{3n+2}} + \frac{1}{\sqrt[3]{(3n+2)^2}} + \frac{4}{\sqrt[3]{(3n+2)^4}} < 1$$

上述不等式的左边是 n 的减函数,在 $n \geq 6$ 时,它不大于

$$\frac{2}{\sqrt[3]{20}} + \frac{1}{\sqrt[3]{400}} + \frac{4}{\sqrt[3]{160000}} = 0.9462078\cdots < 1$$

所以 $S_{n+1} < T_{n+1}$.

由数学归纳法原理,知式④成立.

9.3 利用函数的凹凸性

设连续函数 $y = f(x)$ 定义在区向 I 上,对于任意的 $x_1, x_2 \in I$,以及 $\lambda_1, \lambda_2 \in \mathbf{R}^+$,且 $\lambda_1 + \lambda_2 = 1$. 若

$$f(\lambda_1 x_1 + \lambda_2 x_2) \leq \lambda_1 f(x_1) + \lambda_2 f(x_2) \qquad (9.7)$$

则称 $f(x)$ 是区间 I 上的下凸函数(凸函数),若

$$f(\lambda_1 x_1 + \lambda_2 x_2) \leq \lambda_1 f(x_1) + \lambda_2 f(x_2) \qquad (9.8)$$

则称 $f(x)$ 是区间 I 上的上凸函数(凹函数).

以上不等式中等号均当且仅当 $x_1 = x_2$ 时取得.

定理 1 设 $f(x)$ 在 $[a,b]$ 上连续，在 (a,b) 内可导，且 $f'(x)$ 是 (a,b) 内的增函数(或 $f''(x) > 0$)，则 $f(x)$ 是 $[a,b]$ 上的严格下凸函数，当 $f'(x)$ 是 (a,b) 内的减函数(或 $f''(x) < 0$)，则 $f(x)$ 是 $[a,b]$ 上的严格上凸函数.

定理 2 函数 $y = f(x)$ 在区间 I 上可导，$x_0 \in I$，对任意 $x \in I$.

(1) 如果函数 $y = f(x)$ 是区间 I 的凸(下凸)函数，则

$$f(x) \geqslant f'(x_0) \cdot x + f(x_0) - x_0 \cdot f'(x_0) = f'(x_0)(x - x_0) + f(x_0) \tag{9.9}$$

(2) 如果函数 $y = f(x)$ 是区间 I 上的凹(上凸)函数，则

$$f(x) \leqslant f'(x_0) \cdot x + f(x_0) - x_0 \cdot f'(x_0) = f'(x_0)(x - x_0) + f(x_0) \tag{9.10}$$

当 $x = x_0$ 时以上两不等式取等号.

证明 (1) 如图 9.1，过曲线 $y = f(x)$ 上的点 $T(x_0, f(x_0))$ 作该曲线的切线 l，则切线 l 的斜率 $k = f'(x_0)$，因而 l 的方程为 $y - f(x_0) = f'(x_0) \cdot (x - x_0)$，即

$$f'(x_0) \cdot x - y + f(x_0) - x_0 \cdot f'(x_0) = 0$$

由于函数 $y = f(x)$ 是区间 I 上的下凸函数，所以曲线 $y = f(x)$ 上任意点 $(x, f(x))$ 在切线 l 上或 l 的上方，那么将曲线上任意点 $(x, f(x))$ 的坐标代入 l 的方程，有

$$f'(x_0) \cdot x - f(x) + f(x_0) - x_0 \cdot f'(x_0) \leqslant 0$$

即 $f(x) \geqslant f'(x_0) \cdot x + f(x_0) - x_0 \cdot f'(x_0) = f'(x_0)(x - x_0) + f(x_0)$.

(2) 如图 9.2，类似(1)，过曲线 $y = f(x)$ 上的点 $T(x_0, f(x_0))$ 作该曲线的切线 l，则 l 的方程为

$$f'(x_0) \cdot x - y + f(x_0) - x_0 \cdot f'(x_0) \leqslant 0$$

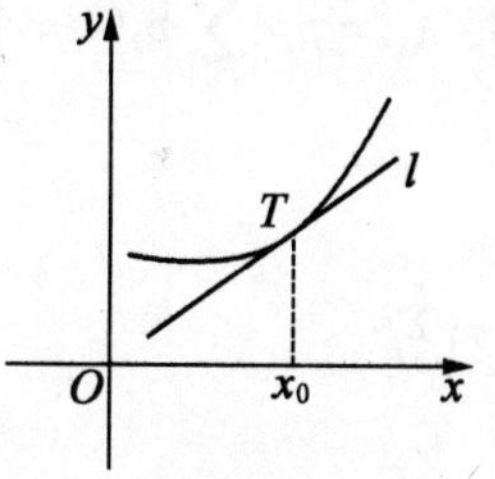

图 9.1 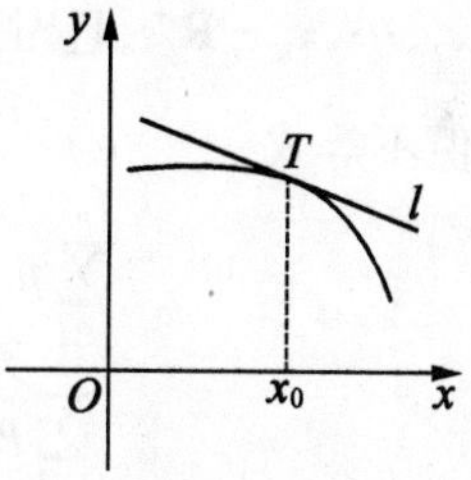　　　　图 9.2

由于函数 $y = f(x)$ 是区间 I 上的上凸函数，则曲线 $y = f(x)$ 上任意点 $(x, f(x))$ 在切线 l 上或 l 的下方，那么将该曲线上任意点 $(x, f(x))$ 的坐标代入 l 的方程，有

$$f'(x_0) \cdot x - f(x) + f(x_0) - x_0 \cdot f'(x_0) \geqslant 0$$

即 $f(x) \leqslant f'(x_0) \cdot x + f(x_0) - x_0 \cdot f'(x_0) = f'(x_0)(x - x_0) + f(x_0).$

容易验证，当 $x = x_0$ 时上述两不等式中的等号成立.

定理 3 (琴生 (Jenson) 不等式) 若连续函数 $f(x)$ 在区间 I 内下凸或上凸，则对任意的 $x_1, x_2, \cdots, x_n \in I$，以及任意 $\lambda_1, \lambda_2, \cdots, \lambda_n \in \mathbf{R}^+$，且 $\lambda_1 + \lambda_2 + \cdots + \lambda_n = 1$，必有

$$f(\lambda_1 x_1 + \lambda_2 x_2 + \cdots + \lambda_n x_n) \leqslant \lambda_1 f(x_1) + \lambda_2 f(x_2) + \cdots + \lambda_n f(x_n) \tag{9.11}$$

其中等号当且仅当 $x_1 = x_2 = \cdots = x_n$ 时取得. 或

$$f(\lambda_1 x_1 + \lambda_2 x_2 + \cdots + \lambda_n x_n) \geqslant \lambda_1 f(x_1) + \lambda_2 f(x_2) + \cdots + \lambda_n f(x_n) \tag{9.12}$$

其中等号当且仅当 $x_1 = x_2 = \cdots = x_n$ 时取得.

上述不等式可运用数学归纳法来证(略).

上述不等式还有下如推论:

推论 $f(x)$在区间I内下凸或上凸,则对$x_1,x_2,\cdots,x_n \in I$,分别有

$$f\left(\frac{x_1+x_2+\cdots+x_n}{n}\right) \leq \frac{f(x_1)+f(x_2)+\cdots+f(x_n)}{n} \tag{9.13}$$

或

$$f\left(\frac{x_1+x_2+\cdots+x_n}{n}\right) \geq \frac{f(x_1)+f(x_2)+\cdots+f(x_n)}{n} \tag{9.14}$$

上述两不等式中等号成立的充要条件均为$x_1=x_2=\cdots=x_n$.

例27(算术-几何平均值不等式) 设$x_1,x_2,\cdots,x_n \in \mathbf{R}^+$,则

$$\frac{x_1+x_2+\cdots+x_n}{n} \geq \sqrt[n]{x_1 x_2 \cdots x_n} \tag{9.15}$$

其中等号当且仅当$x_1=x_2=\cdots=x_n$时成立.

证明 考虑函数$f(x)=\log_a x(a>1,x>0)$,则$f(x)$在$(0,\infty)$上为上凸函数,于是由式(9.14)有

$$\frac{\log_a x_1+\log_a x_2+\cdots+\log_a x_n}{n} \leq \log_a \frac{x_1+x_2+\cdots+x_n}{n}$$

即

$$\log_a(x_1 x_2 \cdots x_n)^{\frac{1}{n}} \leq \log_a \frac{x_1+x_2+\cdots+x_n}{n}$$

故

$$\frac{x_1+x_2+\cdots+x_n}{n} \geq \sqrt[n]{x_1 x_2 \cdots x_n}$$

式(9.15)中等号成立条件即为式(9.14)中等号成立的条件,即$x_1=x_2=\cdots=x_n$.

注 (1)若$x_1,x_2,\cdots,x_n \in \mathbf{R}^+$,且对于$p_i>0$满足$\lambda_i=p_i/\sum_{i=1}^n p_i(i=1,2,\cdots,n)$,则由式(9.11)有加权平均值不等式

$$\frac{\sum_{i=1}^n p_i x_i}{\sum_{i=1}^n p_i} \geq \left(\prod_{i=1}^n x_i^{p_i}\right)^{\frac{1}{\sum_{i=1}^n p_i}} \tag{9.16}$$

(2)若令$|x_i|=\frac{|a_i|}{\sqrt{\sum_{k=1}^n a_k^2}}$,$|y_i|=\frac{|b_i|}{\sqrt{\sum_{k=1}^n a_k^2}}$. 由$|x_i|\cdot|y_i| \leq \frac{1}{2}(x_i^2+y_i^2)(i=1,2,\cdots,n)$. 对这$n$个不等式相加,即得柯西不等式:设$a_i,b_i \in \mathbf{R},i=1,2,\cdots,n$,则

$$\left(\sum_{i=1}^n a_k^2\right)\left(\sum_{i=1}^n b_k^2\right) \geq \left(\sum^n a_k b_k\right)^2$$

其中等号成立的充要条件为:$\frac{a_1}{b_1}=\frac{a_2}{b_2}=\cdots=\frac{a_n}{b_n}$.

例28(幂平均不等式) 设$x_1,x_2,\cdots,x_n \in \mathbf{R}^+,\alpha<\beta$,则

$$\left(\frac{x_1^\alpha+x_2^\alpha+\cdots+x_n^\alpha}{n}\right)^{\frac{1}{\alpha}} \leq \left(\frac{x_1^\beta+x_2^\beta+\cdots+x_n^\beta}{n}\right)^{\frac{1}{\beta}} \tag{9.17}$$

其中等号当且仅当$x_1=x_2=\cdots=x_n$时成立.

证明 当 $0<\alpha<\beta$,令 $\mu=\dfrac{\alpha}{\beta}$,则 $0<\mu<1$.考虑幂函数 $f(y)=y^\mu(0<\mu<1,y>0)$,则知 $f(y)$ 在区间 $(0,+\infty)$ 为上凸函数,则由式(9.14),有

$$\dfrac{y_1^\mu+y_2^\mu+\cdots+y_n^\mu}{n}\leqslant\left(\dfrac{y_1+y_2+\cdots+y_n}{n}\right)^\mu \qquad ①$$

即

$$\dfrac{y_1^{\frac{\alpha}{\beta}}+y_2^{\frac{\alpha}{\beta}}+\cdots+y_n^{\frac{\alpha}{\beta}}}{n}\leqslant\left(\dfrac{y_1+y_2+\cdots+y_n}{n}\right)^{\frac{\alpha}{\beta}} \qquad ②$$

令 $x_1^\beta=y_1,x_2^\beta=y_2,\cdots,x_n^\beta=y_n$,则

$$\dfrac{x_1^\alpha+x_2^\alpha+\cdots+x_n^\alpha}{n}\leqslant\left(\dfrac{x_1^\beta+x_2^\beta+\cdots+x_n^\beta}{n}\right)^{\frac{\alpha}{\beta}} \qquad ③$$

因 $\alpha>0$,上述不等式两边开 α 次方,有

$$\left(\dfrac{x_1^\alpha+x_2^\alpha+\cdots+x_n^\alpha}{n}\right)^{\frac{1}{\alpha}}\leqslant\left(\dfrac{x_1^\beta+x_2^\beta+\cdots+x_n^\beta}{n}\right)^{\frac{1}{\beta}} \qquad ④$$

当 $\alpha<\beta<0$ 或 $\alpha<0<\beta$ 时,令 $\mu=\dfrac{\alpha}{\beta}$,则 $\mu>1$ 或 $\mu<0$,考虑幂函数 $f(y)=y^\mu(\mu>1$ 或 $\mu<0,y>0)$,则知 $f(y)$ 在 $(0,+\infty)$ 上为下凸函数,则由式(9.13),知式①中不等号反向,由此在式②、③中不等号均反向,由于此时 $\alpha<0$,不等式两边 α 次方时,不等号又反过来,从而亦有式③成立.式③中等号成立条件由式①与式(9.13)中等号成立条件推知为 $x_1=x_2=\cdots=x_n$.

注 由式(9.12)可得加权幂平均不等式,设 $a_i,p_i\in\mathbf{R}^+(i=1,2,\cdots,n)$,$\alpha<\beta$,则

$$\left(\dfrac{\sum_{i=1}^n p_i a_i^\alpha}{\sum_{i=1}^n p_i}\right)^{\frac{1}{\alpha}}\leqslant\left(\dfrac{\sum_{i=1}^n p_i a_i^\beta}{\sum_{i=1}^n p_i}\right)^{\frac{1}{\beta}} \qquad (9.18)$$

例29(权方和不等式) 设 $a_i,b_i\in\mathbf{R}^+(i=1,2,\cdots,n)$,则:

(1)当 $m>0$ 或 $m<-1$ 时,有

$$\sum_{i=1}^n\dfrac{a_i^{m+1}}{b_i^m}\geqslant\dfrac{\left(\sum_{i=1}^n a_i\right)^{m+1}}{\left(\sum_{i=1}^n b_i\right)^m} \qquad (9.19)$$

(2)当 $-1<m<0$ 时,有

$$\sum_{i=1}^n\dfrac{a_i^{m+1}}{b_i^m}\geqslant\dfrac{\left(\sum_{i=1}^n a_i\right)^{m+1}}{\left(\sum_{i=1}^n b_i\right)^m} \qquad (9.20)$$

上述两不等式中等号且仅当 $\dfrac{a_1}{b_1}=\dfrac{a_2}{b_2}=\cdots=\dfrac{a_n}{b_n}$ 时成立.

证明 注意到

$$\left(\sum_{i=1}^{n}\frac{a_i^{m+1}}{b_i^m}\right)\left(\sum_{i=1}^{n}b_i\right)^m = \sum_{i=1}^{n}\left(\frac{\sum_{i=1}^{n}b_i}{b_i}\right)^m \cdot a_i^{m+1} = \sum_{i=1}^{n}\left[\frac{b_i}{\sum_{i=1}^{n}b_i}\left(\frac{\sum_{i=1}^{n}b_i}{b_i}\cdot a_i\right)^{m+1}\right] \tag{9.21}$$

(1) 当 $m > 0$ 或 $m < -1$ 时,考虑到幂函数 $y = x^{m+1}$ 在区间 $(0, +\infty)$ 内为下凸函数,将式 (9.21) 中的 $\dfrac{b_i}{\sum_{i=1}^{n}b_i}$ 视为 λ_i,$\dfrac{\sum_{i=1}^{n}b_i}{b_i}\cdot a_i$ 视为 x_i,则由式 (9.11) 有

$$式(9.21) \geq \sum_{i=1}^{n}\left[\frac{b_i}{\sum_{i=1}^{n}b_i}\left(\frac{\sum_{i=1}^{n}b_{i1}}{b_i}a_i\right)^{m+1}\right]^{m+1} = \left(\sum_{i=1}^{n}a_i\right)^{m+1}$$

从而式 (9.19) 获证.

(2) 当 $-1 < m < 0$ 时,考虑到幂函数 $y = x^{m+1}$ 在区间 $(0, +\infty)$ 内为上凸函数,同 (1),由式 (9.12) 有

$$式(9.21) \leq \left[\sum_{i=1}^{n}\frac{b_i}{\sum_{i=1}^{n}b_i}\left(\frac{\sum_{i=1}^{n}b_i}{b_i}\cdot a_i\right)\right]^{m+1} = \left(\sum_{i=1}^{n}a_i\right)^{m+1}$$

从而式 (9.20) 获证.

两不等式中等号成立条件由 (9.11) 与 (9.12) 中等号成立条件推导,即由

$$\frac{\sum_{i=1}^{n}b_i}{b_1}\cdot a_1 = \frac{\sum_{i=1}^{n}b_i}{b_2}\cdot a_2 = \cdots = \frac{\sum_{i=1}^{n}b_i}{b_n}\cdot a_n$$

得

$$\frac{a_1}{b_1} = \frac{a_2}{b_2} = \cdots = \frac{a_n}{b_n}$$

例 30 设 $a_i, b_i \in \mathbf{R}^+ (i = 1, 2, \cdots, n)$,且 $a_1 + a_2 + \cdots a_n = k, b_1 + b_2 + \cdots + b_n = h$.

(1) 对于实数 $m \geq 2$ 或 $m < 0$,则

$$\sum_{i=1}^{n}\frac{a_i^m}{b_i} \geq \frac{n^{2-m}\cdot k^m}{h} \tag{9.22}$$

(2) 对于实数 $0 < m < 2$ 时,则

$$\sum_{i=1}^{n}\frac{a_i^m}{b_i} \geq \frac{n^{2-m}\cdot k^m}{h} \tag{9.23}$$

证明 (1) 由柯西不等式或权方和不等式,有

$$\sum_{i=1}^{n}\frac{a_i^m}{b_i} = \sum_{i=1}^{n}\frac{(a_i^{\frac{m}{2}})^2}{b_i} \geq \frac{\left(\sum_{i=1}^{n}a_i^{\frac{m}{2}}\right)^2}{h} \quad \text{①}$$

记 $\sum = \sum_{i=1}^{n}$,有

$$\left(\sum a_i^{\frac{m}{2}}\right) \cdot \left(\sum 1\right)^{\frac{m}{2}-1} = \sum \frac{a_i^{\frac{m}{2}}}{1^{\frac{m}{2}-1}} \cdot \left(\sum 1\right)^{\frac{m}{2}-1} = \sum \left(\frac{\sum 1}{1}\right)^{\frac{m}{2}-1} \cdot a_i^{\frac{m}{2}} = \sum \frac{1}{\sum 1}\left(\frac{\sum 1}{1} \cdot a_i\right)^{\frac{m}{2}}$$
②

考虑幂函数 $f(x) = x^{\frac{m}{2}}(x \in \mathbf{R}^+)$,当 $m \geq 2$ 或 $m < 0$ 时为下凸函数,由下凸函数性质,注意到 $\sum \frac{1}{\sum 1} = 1$,有

$$\text{式②} \geq \left(\sum \frac{1}{\sum 1} \cdot \sum \frac{1}{1} a_i\right)^{\frac{m}{2}} = \left(\sum a_i\right)^{\frac{m}{2}}$$

故
$$\sum a_i^{\frac{m}{2}} \geq \frac{\left(\sum a_i\right)^{\frac{m}{2}}}{\left(\sum 1\right)^{\frac{m}{2}-1}} = \frac{\left(\sum a_i\right)^{\frac{m}{2}}}{n^{\frac{m}{2}-1}}$$

代入式①,得

$$\sum \frac{a_i^m}{b^i} \geq \frac{\left(\sum a_i^{\frac{m}{2}}\right)^2}{h} \geq \frac{\left[\frac{\left(\sum a_i\right)^{\frac{m}{2}}}{n^{\frac{m}{2}-1}}\right]^2}{h} = \frac{\left(\sum a_i\right)^m}{n^{m-2}} = \frac{n^{2-m} \cdot k^m}{h}$$

(2)只需注意到 $f(x) = x^{\frac{m}{2}}(x \in \mathbf{R}^+)$ 当 $0 < m < 2$ 时为上凸函数,则式② $\leq \left(\sum \frac{1}{\sum 1} \cdot \frac{\sum 1}{1} a_i\right)^{\frac{m}{2}} = \left(\sum a_i\right)^{\frac{m}{2}}$,即证.

例 31 设 $x_i > 0 (i = 1, 2, \cdots, n)$,且 $\sum_{i=1}^n x_i = 1, n \geq 3$,则

$$\prod_{i=1}^n \left(\frac{1}{x_i} - x_i\right) \geq \left(n - \frac{1}{n}\right)^n \tag{9.24}$$

证明 令 $f(x) = \ln\left(\frac{1}{x} - x\right)$,则 $f''(x) = \frac{5 - (x^2 + 2)^2}{x^2(1 - x^2)^2}$.

不难发现,当 $0 < x < \sqrt{\sqrt{5} - 2}$ 时,$f''(x) > 0$,即 $f(x)$ 严格下凸. 因 $n \geq 3$,取 $x_i = \frac{1}{n}$,则 $\frac{1}{n} < \sqrt{\sqrt{5} - 2}$ 且

$$\ln\left(\prod_{i=1}^n \left(\frac{1}{x_i} - x_i\right)\right) \geq n \cdot \ln\left(n - \frac{1}{n}\right) = \ln\left(n - \frac{1}{n}\right)^n$$

故
$$\prod_{i=1}^n \left(\frac{1}{x_i} - x_i\right) \geq \left(n - \frac{1}{n}\right)^n$$

注 同样可得(参见例 22):设 $x_i > 0 (i = 1, 2, \cdots, n)$,且 $\sum_{i=1}^n x_i = 1$,则

$$\prod_{i=1}^n \left(\frac{1}{x_i} + x_i\right) \geq \left(n + \frac{1}{n}\right)^n$$

事实上,令 $f(x) = \ln\left(x + \frac{1}{x}\right)$,由 $0 < x < 1$ 知 $f''(x) = \frac{5 - (x^2 - 2)^2}{x^2(1 + x^2)^2} > 0$,则 $f(x)$ 在 $(0, 1)$

内严格下凸，从而
$$\ln\left(\prod_{i=1}^{n}\left(\frac{1}{x_i}+x_i\right)\right) \geq \ln\left(n+\frac{1}{n}\right)$$
故
$$\prod_{i=1}^{n}\left(\frac{1}{x_i}+x_i\right) \geq \left(n+\frac{1}{n}\right)^n$$

例 32 （2005 年塞尔维亚数学奥林匹克试题）已知 x,y,z 是正数，求证：
$$\frac{x}{\sqrt{y+z}}+\frac{y}{\sqrt{z+x}}+\frac{z}{\sqrt{x+y}} \geq \sqrt{\frac{3}{2}(x+y+z)}.$$

证明 令 $x+y+z=s, f(t)=\dfrac{t}{\sqrt{s-t}}(t \in (0,s))$，那么
$$\text{原不等式} \Leftrightarrow f(x)+f(y)+f(z) \geq \sqrt{\frac{3}{2}s}$$

由于 $f'(t)=\dfrac{2s-t}{2(s-t)\sqrt{s-t}}, f''(t)=\dfrac{4s-t}{4(s-t)^2\sqrt{s-t}}>0$，所以，函数 $f(t)=\dfrac{t}{\sqrt{s-t}}(t \in (0,s))$ 是下凸函数.

显然，当 $x=y=z=\dfrac{s}{3}$ 时原不等式取等号，而 $f\left(\dfrac{s}{3}\right)=\sqrt{\dfrac{s}{6}}, f'\left(\dfrac{s}{3}\right)=\dfrac{5}{4\sqrt{6s}}$，根据式 (9.9)，有

$$f(x) \geq f'\left(\frac{s}{3}\right) \cdot x + f\left(\frac{s}{3}\right)-x \cdot f'\left(\frac{s}{3}\right) = \frac{5}{4\sqrt{6s}} \cdot x + \sqrt{\frac{s}{6}}-\frac{5}{4\sqrt{6s}} \cdot \frac{s}{3}$$

同理
$$f(y) \geq \frac{5}{4\sqrt{6s}} \cdot y + \sqrt{\frac{s}{6}}-\frac{5}{4\sqrt{6s}} \cdot \frac{s}{3}$$
$$f(z) \geq \frac{5}{4\sqrt{6s}} \cdot z + \sqrt{\frac{s}{6}}-\frac{5}{4\sqrt{6s}} \cdot \frac{s}{3}$$

将以上三个不等式相加，可得
$$f(x)+f(y)+f(z) \geq \frac{5}{4\sqrt{6s}}(x+y+z)+3 \cdot \sqrt{\frac{s}{6}}-3 \cdot \frac{s}{3} \cdot \frac{5}{4\sqrt{6s}}$$
$$=\frac{5}{4\sqrt{6s}} \cdot s + 3 \cdot \sqrt{\frac{s}{6}}-\frac{5}{4\sqrt{6s}} \cdot s$$
$$=3 \cdot \sqrt{\frac{s}{6}}=\sqrt{\frac{3}{2}s}=\sqrt{\frac{3}{2}(x+y+z)}$$

例 33 （等 30 届 IMO 预选题）设 $k \in \mathbf{N}^*, a_i \in \mathbf{R}^+ (i=1,2,\cdots,n)$，求证：
$$\left(\frac{a_1}{a_2+a_3+\cdots+a_n}\right)^k+\left(\frac{a_2}{a_1+a_3+\cdots+a_n}\right)^k+\cdots+\left(\frac{a_n}{a_1+a_2+\cdots+a_{n-1}}\right)^k \geq \frac{n}{(n-1)^k}$$

证法 1 令 $a_1+a_2+\cdots+a_n=s, f(x)=\left(\dfrac{x}{s-x}\right)^k (x \in (0,s))$，那么原不等式 $\Leftrightarrow f(a_1)+f(a_2)+\cdots+f(a_n) \Leftrightarrow \geq \dfrac{n}{(n-1)^k}$，显然 $a_1=a_2=\cdots=a_n=\dfrac{s}{n}$ 时等号成立，而 $f'(x)=$

$\dfrac{ksx^{k-1}}{(s-x)^{k-1}}$, $f''(x) = \dfrac{ksx^{k-2}(2x+(k-1)s)}{(s-x)^{k+2}} > 0$, 从而 $f(x) = (\dfrac{x}{s-x})^k (x \in (0,s))$ 是下凸函数, 且 $f(\dfrac{s}{n}) = \dfrac{1}{(n-1)^k}$, $f'(\dfrac{s}{n}) = \dfrac{n^2 k}{(n-1)^{k+1} s}$.

根据式(9.9), 有

$$f(a_i) \geqslant f'(\dfrac{s}{n}) \cdot a_i + f(\dfrac{s}{n}) - \dfrac{s}{n} \cdot f'(\dfrac{s}{n}), i = 1, 2, \cdots, n$$

将以上 n 个不等式相加, 得

$$f(a_1) + f(a_2) + \cdots + f(a_n)$$
$$\geqslant f'(\dfrac{s}{n}) \cdot (a_1 + a_2 + \cdots + a_n) + nf(\dfrac{s}{n}) - n \cdot \dfrac{s}{n} \cdot f'(\dfrac{s}{n})$$
$$= \dfrac{n^2 k}{(n-1)^{k+1} s} \cdot s + n \cdot \dfrac{1}{(n-1)^k} - n \cdot \dfrac{s}{n} \cdot \dfrac{n^2 k}{(n-1)^{k+1} s}$$
$$= \dfrac{n^2 k}{(n-1)^{k+1}} + \dfrac{n}{(n-1)^k} - \dfrac{n^2 k}{(n-1)^{k+1}}$$
$$= \dfrac{n}{(n-1)^k}$$

证法2 记 $s = a_1 + a_2 + \cdots + a_n$, 原不等式可写为

$$\left(\dfrac{a_1}{s-a_1}\right)^k + \left(\dfrac{a_2}{s-a_2}\right)^k + \cdots + \left(\dfrac{a_n}{s-a_n}\right)^k \geqslant \dfrac{n}{(n-1)^k}$$

由算术 - 几何平均值不等式, 有

$$\sum_{i=1}^n \dfrac{a_i}{s-a_i} = s\sum_{i=1}^n \dfrac{1}{s-a_i} - n \geqslant ns \cdot \sqrt[n]{\dfrac{1}{(s-a_1)\cdots(s-a_n)}} - n$$
$$\geqslant ns \cdot \dfrac{n}{(n-1)s} - n = \dfrac{n}{n-1}$$

由于 $k \geqslant 1$, 则知函数 $f(x) = x^k$ 在 $x \geqslant 0$ 的下凸性或运用幂平均不等式, 从而

$$\dfrac{1}{n}\sum_{i=1}^n \left(\dfrac{a_i}{s-a_i}\right)^k \geqslant \left(\dfrac{1}{n}\sum_{i=1}^n \dfrac{a_i}{s-a_i}\right)^k \geqslant \left(\dfrac{1}{n-1}\right)^k$$

故原不等式获证.

例34 (1980 年前苏联列宁格勒数学竞赛试题) 设 $a, b, c, d \in \mathbf{R}^+$, 且 $a + b + c + d = 1$, 求证: $\sqrt{4a+1} + \sqrt{4b+1} + \sqrt{4c+1} + \sqrt{4d+1} < 6$.

证明 令 $f(x) = \sqrt{4x+1}$ $(x \in (0,1))$, 则 $f'(x) = \dfrac{2}{\sqrt{4x+1}}$, $f''(x) = -\dfrac{4}{(4x+1)\sqrt{4x+1}} < 0$, 因而 $f(x) = \sqrt{4x+1}$ $(x \in (0,1))$ 是上凸函数. 我们猜测当 $a = b = c = d = \dfrac{1}{4}$ 时, $f(a) + f(b) + f(c) + f(d)$ 取最大值, 且 $f(\dfrac{1}{4}) = \sqrt{2}$, $f'(\dfrac{1}{4}) = \sqrt{2}$.

根据式(9.10), 有

$$f(a) \leqslant f'(\dfrac{1}{4}) \cdot a + f(\dfrac{1}{4}) - \dfrac{1}{4} \cdot f'(\dfrac{1}{4}) = \sqrt{2}a + \sqrt{2} - \dfrac{1}{4} \cdot \sqrt{2} = \sqrt{2}a + \dfrac{3}{4}\sqrt{2}$$

同理 $f(b) \leq \sqrt{2}b + \frac{3}{4}\sqrt{2}, f(c) \leq \sqrt{2}c + \frac{3}{4}\sqrt{2}, f(d) \leq \sqrt{2}d + \frac{3}{4}\sqrt{2}$

将以上四个不等式相加,得

$$f(a) + f(b) + f(c) + f(d) \leq \sqrt{2}(a+b+c+d) + 3\sqrt{2} = 4\sqrt{2} < 6$$

且当 $a = b = c = d = \frac{1}{4}$ 时, $f(a) + f(b) + f(c) + f(d)$ 取最大值 $4\sqrt{2}$.

故原不等式成立.

例 35 (第 31 届国际数学奥林匹克预选题)已知 a,b,c,d 都是非负实数,且 $ab+bc+cd+da=1$,求证:

$$\frac{a^3}{b+c+d} + \frac{b^3}{c+d+a} + \frac{c^3}{d+a+b} + \frac{d^3}{a+b+c} \geq \frac{1}{3}.$$

证明 令 $a+b+c+d = s, f(x) = \frac{x^3}{s-x}(x \in [0,s))$,那么原不等式 $\Leftrightarrow f(a) + f(b) + f(c) + f(d) \geq \frac{1}{3}$,由于

$$f'(x) = \frac{x^2(3s-2x)}{(s-x)^2}, f''(x) = \frac{2x(x^2 - 3sx + 3s^2)}{(s-x)^3} = \frac{2x[(x-\frac{3}{2}s)^2 + \frac{3}{4}s^2]}{(s-x)^3} \geq 0$$

所以 $f(x) = \frac{x^3}{x-s}(x \in [0,s))$ 是下凸函数,显然 $a = b = c = d = \frac{s}{4}$ 时原不等式等号成立,而 $f(\frac{s}{4}) = \frac{s^2}{48}, f'(\frac{s}{4}) = \frac{5}{18}s$,由式(9.9),有

$$f(a) \geq f'(\frac{s}{4}) \cdot a + f(\frac{s}{4}) - \frac{s}{4} \cdot f'(\frac{s}{4}) = \frac{5}{18}s \cdot a + \frac{s^2}{48} - \frac{s}{4} \cdot \frac{5}{18}s = \frac{5}{18}s \cdot a - \frac{7}{144}s^2$$

同理 $f(b) \geq \frac{5}{18}s \cdot b - \frac{7}{144}s^2, f(c) \geq \frac{5}{18}s \cdot c - \frac{7}{144}s^2, f(d) \geq \frac{5}{18}s \cdot d - \frac{7}{144}s^2$

将以上四个不等式相加,则有

$$f(a) + f(b) + f(c) + f(d) \geq \frac{5}{18}s(a+b+c+d) - 4 \cdot \frac{7}{144}s^2$$

$$= \frac{5}{18}s^2 - \frac{7}{36}s^2 = \frac{1}{12}s^2 = \frac{1}{12}(a+b+c+d)^2$$

$$= \frac{1}{12}[a^2 + b^2 + c^2 + d^2 + 2(ab+bc+cd+da) + 2ac + 2bd]$$

$$= \frac{1}{12}[(a+c)^2 + (b+d)^2 + 2] \geq \frac{1}{12}[2(a+c)(b+d) + 2]$$

$$= \frac{1}{12}[2(ab+bc+cd+da) + 2] = \frac{1}{12} \cdot 4 = \frac{1}{3}.$$

例 36 (1994 年韩国数学奥林匹克试题) α, β, γ 是一个给定三角形的三个内角. 求证:

$$\csc^2\frac{\alpha}{2} + \csc^2\frac{\beta}{2} + \csc^2\frac{\gamma}{2} \geq 12$$

并求等号成立的条件.

证明 由算术 - 几何平均值不等式,有

$$\csc^2\frac{\alpha}{2}+\csc^2\frac{\beta}{2}+\csc^2\frac{\gamma}{2}\geqslant 3\left(\csc\frac{\alpha}{2}\cdot\csc\frac{\beta}{2}\cdot\csc\frac{\gamma}{2}\right)^{\frac{2}{3}}$$

其中等号当且仅当 $\alpha=\beta=\gamma$ 时成立.

再由算术 – 几何平均值不等式及正弦函数在 $(0,\pi)$ 上的凸性,有

$$\left(\sin\frac{\alpha}{2}\cdot\sin\frac{\beta}{2}\cdot\sin\frac{\gamma}{2}\right)^{\frac{1}{3}}\leqslant\frac{\sin\frac{\alpha}{2}+\sin\frac{\beta}{2}+\sin\frac{\gamma}{2}}{3}\leqslant\sin\frac{\frac{\alpha}{2}+\frac{\beta}{2}+\frac{\gamma}{2}}{3}=\sin\frac{\alpha+\beta+\gamma}{6}=\frac{1}{2}$$

因此 $\csc^2\frac{\alpha}{2}+\csc^2\frac{\beta}{2}+\csc^2\frac{\gamma}{2}\geqslant 3\left(\sin\frac{\alpha}{2}\cdot\sin\frac{\beta}{2}\cdot\sin\frac{\gamma}{2}\right)^{-\frac{2}{3}}\geqslant 3\cdot\left(\frac{1}{2}\right)^{-2}=12$

其中等号当且仅当 $\alpha=\beta=\gamma$ 时成立.

例 37 (2000 年加拿大奥林匹克题)设 $a,b,c\in\mathbf{R}^+$,求证:$\dfrac{a^3}{bc}+\dfrac{b^3}{ac}+\dfrac{c^3}{ab}\geqslant a+b+c.$

证明 令 $abc=t$,则

$$\frac{a^3}{bc}+\frac{b^3}{ac}+\frac{c^3}{ab}=\frac{a^4}{t}+\frac{b^4}{t}+\frac{c^4}{t}$$

设 $f(x)=x^4,x\in\mathbf{R}^+$,则 $f'(x)=4x^3,f''(x)=12x^2>0$,知 $f(x)$ 下凸.

由琴生不等式,有

$$\frac{a^4}{t}+\frac{b^4}{t}+\frac{c^4}{t}\geqslant\frac{3}{t}\left(\frac{a+b+c}{3}\right)^4=\frac{3}{abc}\left(\frac{a+b+c}{3}\right)^4\geqslant\frac{3\left(\frac{a+b+c}{3}\right)^4}{\left(\frac{a+b+c}{3}\right)^3}=a+b+c$$

例 38 (2005 年罗马尼亚数学奥林匹克试题)已知 $a,b,c\in\mathbf{R}^+$,求证:

$$\frac{a+b}{c^2}+\frac{b+c}{a^2}+\frac{c+a}{b^2}\geqslant 2\left(\frac{1}{a}+\frac{1}{b}+\frac{1}{c}\right)$$

证明 令 $a+b+c=t$,则 $t\geqslant 9\left(\dfrac{1}{a}+\dfrac{1}{b}+\dfrac{1}{c}\right)^{-1}$.

设 $f(x)=x^2,x\in\mathbf{R}^+$,则 $f'(x)=2x,f''(x)=2>0$,知 $f(x)$ 下凸.

由琴生不等式,有

$$\frac{a+b}{c^2}+\frac{b+c}{a^2}+\frac{c+a}{b^2}=t\left[\left(\frac{1}{a}\right)^2+\left(\frac{1}{b}\right)^2+\left(\frac{1}{c}\right)^2\right]-\left(\frac{1}{a}+\frac{1}{b}+\frac{1}{c}\right)$$

$$\geqslant 3t\left[\frac{1}{3}\left(\frac{1}{a}+\frac{1}{b}+\frac{1}{c}\right)\right]^2-\left(\frac{1}{a}+\frac{1}{b}+\frac{1}{c}\right)$$

$$=\frac{1}{3}(a+b+c)\left(\frac{1}{a}+\frac{1}{b}+\frac{1}{c}\right)\left(\frac{1}{a}+\frac{1}{b}+\frac{1}{c}\right)-\left(\frac{1}{a}+\frac{1}{b}+\frac{1}{c}\right)$$

$$\geqslant 3\left(\frac{1}{a}+\frac{1}{b}+\frac{1}{c}\right)-\left(\frac{1}{a}+\frac{1}{b}+\frac{1}{c}\right)=2\left(\frac{1}{a}+\frac{1}{b}+\frac{1}{c}\right).$$

例 39 设 $x,y,z\in\mathbf{R}^+,x+y+z=1$. 求证:$\dfrac{x}{2x^2+y^2+z^2}+\dfrac{y}{x^2+2y^2+z^2}+\dfrac{x}{x^2+y^2+2z^2}\leqslant\dfrac{9}{4}.$

证明 注意到 $\sqrt{\dfrac{x^2+y^2+z^2}{3}}\geqslant\dfrac{x+y+z}{3}$,即 $x^2+y^2+z^2\geqslant\dfrac{1}{3}$,故

$$\frac{x}{2x^2+y^2+z^2}\leqslant\frac{x}{x^2+\frac{1}{3}},\frac{y}{x^2+2y^2+z^2}\leqslant\frac{y}{y^2+\frac{1}{3}},\frac{z}{x^2+y^2+2z^2}\leqslant\frac{z}{z^2+\frac{1}{3}}$$

待证不等式即可转化为
$$\frac{x}{x^2+\frac{1}{3}}+\frac{y}{y^2+\frac{1}{3}}+\frac{z}{z^2+\frac{1}{3}}\leq \frac{9}{4}$$

故可构造函数 $f(t)=\dfrac{t}{t^2+\dfrac{1}{3}}$, $t\in(0,1)$, 易知 $f''(x)=\dfrac{54t(t^2-1)}{(1+3t^2)^3}<0$. 故 $f(t)$ 在区间 $(0,1)$ 上为上凸函数, 由琴生不等式, 即知 $f(x)+f(y)+f(z)\leq 3f\left(\dfrac{x+y+z}{3}\right)=\dfrac{9}{4}$. 故待证不等式得证.

例 40 设 x,y,z 是正实数, 且 $xyz=1$, 求证:
$$\frac{x^3}{(1+y)(1+z)}+\frac{y^3}{(1+x)(1+z)}+\frac{z^3}{(1+x)(1+y)}\geq \frac{3}{4}.$$

证明 令 $(1+x)(1+y)(1+z)=t$, $x+y+z=u$, 则 $t\leq\left(\dfrac{3+u}{3}\right)^3=\dfrac{(3+u)^3}{27}$.

设 $f(x)=x^3(1+x)$, $x\in\mathbf{R}^+$, 则 $f'(x)=4x^3+3x^2$, $f''(x)=12x^2+6x>0$, 知 $f(x)$ 下凸. 由琴生不等式, 有
$$\frac{x^3}{(1+y)(1+z)}+\frac{y^3}{(1+x)(1+z)}+\frac{z^3}{(1+x)(1+y)}$$
$$=\frac{1}{t}[x^3(1+x)+y^3(1+y)+z^3(1+z)]\geq \frac{3}{t}\cdot\left(\frac{u}{3}\right)^3\cdot\frac{3+u}{3}$$
$$\geq \frac{27}{(3+u)^2}\cdot\left(\frac{u}{3}\right)^3=\frac{u^3}{(3+u)^2}$$

又设 $g(u)=\dfrac{u^3}{(3+u)^2}$, 则 $g'(u)=\dfrac{u^2(9+u)}{(3+u)^3}$.

注意 $u\geq \sqrt[3]{xyz}=3$, 知 $g'(u)>0$, 即 $g(u)$ 为增函数, 从而
$$\frac{x^3}{(1+y)(1+z)}+\frac{y^3}{(1+x)(1+z)}+\frac{z^3}{(1+x)(1+y)}\geq \frac{u^3}{(3+u)^2}=g(u)\geq g(3)=\frac{3}{4}.$$

例 41 设 a,b,c 为正实数, 且 $abc=1$. 求证 $\dfrac{1}{a^3(b+c)}+\dfrac{1}{b^3(c+a)}+\dfrac{1}{c^3(a+b)}\geq \dfrac{3}{2}$.

证法 1 利用 $abc=1$, 可把原不等式变形为 $\dfrac{(bc)^2}{ab+ca}+\dfrac{(ca)^2}{bc+ab}+\dfrac{(ab)^2}{ca+bc}\geq \dfrac{3}{2}$.

记 $ab+bc+ca=s$, 考虑函数 $f(x)=\dfrac{x}{s-x}$, $x\in(0,s)$, 则 $f'(x)=\dfrac{s}{(s-x)^2}>0$.

即知 $f(x)$ 在 $(0,s)$ 上为增函数, 从而, 对任意的 $x\in(0,s)$, 恒有 $\left(x-\dfrac{s}{3}\right)\cdot\left(f(x)-f\left(\dfrac{s}{3}\right)\right)\geq 0$, 由此易得 $\dfrac{x^2}{s-x}\geq \dfrac{5}{4}x-\dfrac{1}{4}s$.

由于 $ab,bc,ca\in(0,s)$, 可把上式中 x 分别换成 ab,bc,ca, 再将所得的 3 个不等式相加, 得 $\dfrac{(bc)^2}{ab+ca}+\dfrac{(ca)^2}{bc+ab}+\dfrac{(ab)^2}{ca+bc}\geq \dfrac{5}{4}\cdot s-\dfrac{3}{4}s\geq \dfrac{1}{2}s\geq \dfrac{1}{2}\cdot 3\sqrt[3]{a^2b^2c^2}=\dfrac{3}{2}$. 证毕.

证法 2 同证法 1, 原不等式变形为 $\dfrac{(bc)^2}{ab+ca}+\dfrac{(ca)^2}{bc+ab}+\dfrac{(ab)^2}{ca+bc}\geq \dfrac{3}{2}$.

记 $ab+bc+cd=s$,考虑函数 $f(x)=\dfrac{x^2}{s-x}$,$x\in(0,s)$,则 $f'(x)=\dfrac{2x(s-x)+x^2}{(s-x)^2}$,当 $x\in(0,s)$ 时,$f'(x)>0$,且 $f''(x)=\dfrac{2x(x-s)+2x}{(s-x)^2}+\dfrac{2x(s-x)^2+2x^2(s-x)}{(s-x)^4}>0$.

即知 $f(x)$ 在 $(0,s)$ 内为下凸函数,由琴生不等式
$$\frac{f(x_1)+f(x_2)+f(x_3)}{3}\geqslant f\Big(\frac{x_1+x_2+x_3}{3}\Big)$$

取 $x_1=bc$,$x_2=ca$,$x_3=ab$,有
$$\frac{(bc)^2}{ab+ca}+\frac{(ca)^2}{bc+ab}+\frac{(ab)^2}{ca+bc}\geqslant 3\cdot\frac{\big(\frac{s}{3}\big)^2}{s-\frac{s}{3}}=\frac{1}{2}s\geqslant\frac{1}{2}\cdot 3\sqrt[3]{a^2b^2c^2}=\frac{3}{2}$$

证毕.

例 42 (2006 年中国数学奥林匹克试题)实数列 $\{a_n\}$ 满足:$a_1=\dfrac{1}{2}$,$a_{k+1}=-a_k+\dfrac{1}{2-a_k}$,$k=1,2,\cdots$.证明:

$$\Big[\frac{n}{2(a_1+a_2+\cdots+a_n)}-1\Big]^n\leqslant\Big(\frac{a_1+a_2+\cdots+a_n}{n}\Big)^n\cdot\Big(\frac{1}{a_1}-1\Big)\Big(\frac{1}{a_2}-1\Big)\cdots\Big(\frac{1}{a_n}-1\Big).$$

证明 首先,用数学归纳法证明:$0<a_n\leqslant\dfrac{1}{2}$,$n=1,2,\cdots$.

当 $n=1$ 时,命题显然成立.

假设命题对 $n(n\geqslant 1)$ 成立,即有 $0<a_n\leqslant\dfrac{1}{2}$.

设 $g(x)=-x+\dfrac{1}{2-x}$,$x\in\big[0,\dfrac{1}{2}\big]$,则由 $g'(x)=-1+\dfrac{1}{(2-x)^2}<0$ 知 $g(x)$ 是减函数,于是,$a_{n+1}=g(a_n)\leqslant g(0)=\dfrac{1}{2}$,$a_{n+1}=g(a_n)\geqslant g\big(\dfrac{1}{2}\big)=\dfrac{1}{6}>0$,即命题对 $n+1$ 也成立.

从而,原不等式等价于
$$\Big(\frac{n}{a_1+a_2+\cdots+a_n}\Big)^n\cdot\Big(\frac{n}{2(a_1+a_2+\cdots+a_n)}-1\Big)^n\leqslant\Big(\frac{1}{a_1}-1\Big)\Big(\frac{1}{a_2}-1\Big)\cdots\Big(\frac{1}{a_n}-1\Big).$$

设 $f(x)=\ln\big(\dfrac{1}{x}-1\big)$,$x\in\big(0,\dfrac{1}{2}\big)$,则由 $f'(x)=\dfrac{-1}{x-x^2}<0$,且 $f''(x)=\dfrac{1-2x}{(x-x^2)^2}>0$,即知 $f(x)$ 在 $\big(0,\dfrac{1}{2}\big)$ 内为下凸函数,由琴生不等式
$$f\Big(\frac{x_1+x_2+\cdots+x_n}{n}\Big)\leqslant\frac{f(x_1)+f(x_2)+\cdots+f(x_n)}{n}$$

取 $x_i=a_i(i=1,2,\cdots,n)$,有
$$\Big(\frac{n}{a_1+a_2+\cdots+a_n}-1\Big)^n\leqslant\Big(\frac{1}{a_1}-1\Big)\Big(\frac{1}{a_2}-1\Big)\cdots\Big(\frac{1}{a_n}-1\Big).$$

另一方面,由题设及柯西不等式,可得

$$\sum_{i=1}^{n}(1-a_i) = \sum_{i=1}^{n}\frac{1}{a_i+a_{i+1}} - n$$

$$\geq \frac{n^2}{\sum_{i=1}^{n}(a_i+a_{i+1})} - n = \frac{n^2}{a_{n+1}-a_1+2\sum_{i=1}^{n}a_i} - n$$

$$\geq \frac{n^2}{2\sum_{i=1}^{n}a_i} - n = n \cdot \left(\frac{n}{2\sum_{i=1}^{n}a_i} - 1\right)$$

所以
$$\frac{\sum_{i=1}^{n}(1-a_i)}{\sum_{i=1}^{n}a_i} \geq \frac{n}{\sum_{i=1}^{n}a_i}\left(\frac{n}{2\sum_{i=1}^{n}a_i} - 1\right)$$

故
$$\left(\frac{n}{a_1+a_2+\cdots+a_n}\right)^n \cdot \left[\frac{n}{2(a_1+a_2+\cdots+a_n)} - 1\right]^n \leq \left[\frac{\sum_{i=1}^{n}(1-a_i)}{\sum_{i=1}^{n}a_i}\right]^n$$

$$= \left[\frac{(1-a_1)+(1-a_2)+\cdots+(1-a_n)}{a_1+a_2+\cdots+a_n}\right]^n = \left(\frac{n}{a_1+a_2+\cdots+a_n} - 1\right)^n$$

$$\leq \left(\frac{1}{a_1}-1\right)\left(\frac{1}{a_2}-1\right)\cdots\left(\frac{1}{a_n}-1\right)$$

命题获证.

注 对函数 $f(x)$,求它的导数 $f'(x)$ 可以它的单调性,或求它的 2 阶导数 $f''(x)$,在给定的区间上可根据 $f''(x)$ 恒正或恒负判定函数的凹凸性外,也可以由函数凹凸性的定义判定函数的凹凸性. 例如,对于函数 $f(x) = \ln\left(\frac{1}{x}-1\right)$,对于 $0 < x_1, x_2 < \frac{1}{2}$,有 $f\left(\frac{x_1+x_2}{2}\right) \leq \frac{f(x_1)+f(x_2)}{2}$. 事实上, $f\left(\frac{x_1+x_2}{2}\right) \leq \frac{f(x_1)+f(x_2)}{2}$ 等价于 $\left(\frac{2}{x_1+x_2}-1\right)^2 \leq \left(\frac{1}{x_1}-1\right)\cdot\left(\frac{1}{x_2}-1\right) \Leftrightarrow (x_1-x_2)^2 \geq 0$,从而可判定 $f(x) = \ln\left(\frac{1}{x}-1\right)$ 在 $\left(0,\frac{1}{2}\right)$ 内为下凸函数,实际上,运用琴生不等式也可看作为,当 $x_1, x_2 \in I$ 有 $f\left(\frac{x_1+x_2}{2}\right)$ 不大于或不小于 $\frac{f(x_1)+f(x_2)}{2}$,则对于 $x_1, x_2, \cdots, x_n \in I$,也有 $f\left(\frac{x_1+x_2+\cdots+x_n}{n}\right)$ 不大于或不小于 $\frac{f(x_1)+f(x_2)+\cdots+f(x_n)}{n}$.

9.4 利用切线函数

许多高难度的不等式的证明可对原不等式的等价局部中的一个代表采用构造一元函数,通过求导,找出其在某特殊点的切线函数,再判断这切线函数是否为构造的一元函数的界函数来讨论证明的. 在 9.3 中的定理 2,实际上也是利用切线函数,但在那里由于知道了函数的凸凹性,可直接判断切线函数式与原函数式所组成的不等式中的不等号方向. 在这里需要间接判断.

例43 (第2届中国北方地区奥林匹克题)已知正数 a,b,c 满足 $a+b+c=3$,求证:
$$\frac{a^2+9}{2a^2+(b+c)^2}+\frac{b^2+9}{2b^2+(c+a)^2}+\frac{c^2+9}{2c^2+(a+b)^2}\leqslant 5$$

证明 设 $f(x)=\frac{x^2+9}{3x^2-6x+9}, x\in(0,3)$,则 $f'(x)=\frac{-6(x^2+6x-9)}{(3x^2-6x+9)^2}=\frac{-2(x^2+6x-9)}{3(x^2-2x+3)^2}$.

由于 $f'(x)$ 不具单调性,不能用凹凸性来处理.注意到导数的几何意义:$f'(x_0)=\frac{f(x)-f(x_0)}{x-x_0}$,有 $f(x)=f'(x_0)(x-x_0)+f(x_0)$,可考虑函数 $f(x)$ 在 $x=x_0$ 处是否存在界函数,由于函数最值在变元 x 取平均值时取得.故可考虑当 $x=1$ 处 $f(x)$ 的切线函数
$$y=f'(1)\cdot(x-1)+f(1)=\frac{x+4}{3}$$

因为
$$\frac{x^2+9}{3x^2-6x+9}-\frac{x+4}{3}=\frac{(x^2+9)-(x+4)(x^2-2x+3)}{3x^2-6x+9}=\frac{-(x+3)(x-1)^2}{3x^2-6x+9}$$

所以,当 $0<x<3$ 时,$\frac{x^2+9}{3x^2-6x+9}\leqslant\frac{x+4}{3}$.于是
$$\frac{a^2+9}{2a^2+(b+c)^2}+\frac{b^2+9}{2b^2+(c+a)^2}+\frac{c^2+9}{2c^2+(a+b)^2}$$
$$=\frac{a^2+9}{3a^2-6a+9}+\frac{b^2+9}{3b^2-6b+9}+\frac{c^2+9}{3c^2-6c+9}\leqslant\frac{a+4}{3}+\frac{b+4}{3}+\frac{c+4}{3}=5$$

例44 (第32届国际数学奥林匹克预选题)设正实数 x,y,z 满足 $x^2+y^2+z^2=1$.求证:
$$\frac{x}{1-x^2}+\frac{y}{1-y^2}+\frac{z}{1-z^2}\geqslant\frac{3}{2}\sqrt{3}$$

解 设 $f(x)=\frac{x}{1-x^2}, x\in(0,1)$,则 $f'(x)=\frac{1+x^2}{(1-x^2)^2}, f''(x)=\frac{2x^2}{(1-x^2)^2}+\frac{4x(1+x^2)}{(1-x^2)^2}$.

虽然 $f''(x)>0$,知 $f(x)$ 在 $(0,1)$ 内为下凸函数,但应用琴生不等式时,对于条件 $x^2+y^2+z^2=1$ 不太好用.因而另辟途径,考虑函数 $g(x)=\frac{1}{1-x^2}, x\in(0,1)$,则 $g'(x)=\frac{2x}{(1-x^2)^2}$.

注意到函数 $g(x)$ 在 $x=\frac{\sqrt{3}}{3}$ 处的切线函数为 $y=g'(\frac{\sqrt{3}}{3})(x-\frac{\sqrt{3}}{3})+g(\frac{\sqrt{3}}{3})=\frac{3\sqrt{3}}{2}x$.

由 $\frac{1}{1-x^2}-\frac{3\sqrt{3}}{2}x=\frac{2-3\sqrt{3}x(1-x^2)}{2(1-x^2)}$ 及令 $h(x)=3\sqrt{3}x(1-x^2)$,且当 $0<x<\frac{\sqrt{3}}{3}$ 时,$h'(x)>0$,当 $\frac{\sqrt{3}}{3}<x<1$ 时,$h'(x)<0$,知 $x=\frac{\sqrt{3}}{3}$ 时,$h(x)$ 取最大值 2,即 $2-3\sqrt{3}x(1-x^2)\geqslant 0$,故 $\frac{1}{1-x^2}\geqslant\frac{3\sqrt{3}}{2}x^2$,亦即 $\frac{x}{1-x^2}\geqslant\frac{3\sqrt{3}}{2}x^2$.于是
$$\frac{x}{1-x^2}+\frac{y}{1-y^2}+\frac{z}{1-z^2}\geqslant\frac{3\sqrt{3}}{2}(x^2+y^2+z^2)=\frac{3\sqrt{3}}{2}$$

例 45 已知 $x,y,z>0$. 求证：$\dfrac{x^3}{y(x+y)^2}+\dfrac{y^3}{z(y+z)^2}+\dfrac{z^3}{x(z+x)^2}\geq\dfrac{3}{4}$.

证明 需对求证式进行变形处理：原不等式可变形为

$$\dfrac{(\frac{x}{y})^3}{(\frac{x}{y}+1)^2}+\dfrac{(\frac{y}{z})^3}{(\frac{y}{z}+1)^2}+\dfrac{(\frac{z}{x})^3}{(\frac{z}{x}+1)^2}\geq\dfrac{3}{4}$$

令 $\dfrac{x}{y}=a,\dfrac{y}{z}=b,\dfrac{z}{x}=1$，则 $abc=1$，从而 $a+b+c\geq 3\sqrt[3]{abc}=3$.

原不等式即为 $\dfrac{a^3}{(a+1)^2}+\dfrac{b^3}{(b+1)^2}+\dfrac{c^3}{(c+1)^2}\geq\dfrac{3}{4}$.

设 $f(x)=\dfrac{x^3}{(x+1)^2},0<x<3$，则 $f'(x)=\dfrac{2x^2(1-x)}{(x+1)^3}$.

在 $x=1$ 处的切线函数为 $g(x)=f'(1)(x-1)+f(1)=\dfrac{1}{2}x-\dfrac{1}{4}$.

当 $0<x<3$ 时，$f(x)-g(x)=\dfrac{2x^3-3x^2+1}{4(x+1)^2}=\dfrac{(x-1)^2(2x+1)}{4(x+1)^2}\geq 0$.

故 $\dfrac{a^3}{(a+1)^2}+\dfrac{b^3}{(b+1)^2}+\dfrac{c^3}{(c+1)^2}\geq\dfrac{1}{2}(a+b+c)-\dfrac{1}{4}\cdot 3\geq\dfrac{3}{4}$.

例 46 （2003 美国数学奥林匹克试题）设 a,b,c 是正实数，求证：

$$\dfrac{(2a+b+c)^2}{2a^2+(b+c)^2}+\dfrac{(a+2b+c)^2}{2b^2+(a+c)^2}+\dfrac{(a+b+2c)^2}{2c^2+(b+a)^2}\leq 8.$$

证明 为了证明此题，我们注意到以下事实，将 a,b,c 换成 $\dfrac{a}{a+b+c},\dfrac{b}{a+b+c},\dfrac{c}{a+b+c}$ 不等式不变，所以可设 $0<a,b,c<1,a+b+c=1$，则

$$\dfrac{(2a+b+c)^2}{2a^2+(b+c)^2}=\dfrac{(a+1)^2}{2a^2+(1-a)^2}=\dfrac{(a+1)^2}{3a^2-2a+1}$$

设 $f(x)=\dfrac{(x+1)^2}{3x^2-2x+1},0<x<1$，在 $x=\dfrac{1}{3}$ 点的切线函数为

$$g(x)=\dfrac{12x+4}{3}$$

$$f(x)-g(x)=\dfrac{-36x^3+15x^2+2x-1}{3(3x^2-2x+1)}=\dfrac{-(3x-1)^2(4x+1)}{3(3x^2-2x+1)}\leq 0$$

所以 $\dfrac{(2a+b+c)^2}{2a^2+(b+c)^2}\leq\dfrac{12a+4}{3}$.

同理，$\dfrac{(a+2b+c)^2}{2b^2+(a+c)^2}\leq\dfrac{12b+4}{3}$，$\dfrac{(a+b+2c)^2}{2c^2+(b+a)^2}\leq\dfrac{12c+4}{3}$.

上述三式相加便得所证.

例 47 已知 $a,b,c\geq-\dfrac{3}{4}$，且 $a+b+c=1$，求证：$\dfrac{a}{a^2+1}+\dfrac{b}{b^2+1}+\dfrac{c}{c^2+1}\leq\dfrac{9}{10}$.

证明 由于所证不等式左端三项是等价时，所以可设函数 $f(x)=\dfrac{x}{x^2+1},x\geq-\dfrac{3}{4}$，则

$$f'(x) = \frac{1-x^2}{(x^2+1)^2}.$$

注意到条件式 $a+b+c=1$,且有 $f(\frac{1}{3}) = \frac{3}{10}, f'(\frac{1}{3}) = \frac{18}{25}$. 考虑 $f(x)$ 在 $x = \frac{1}{3}$ 处的切线函数

$$g(x) = f'(\frac{1}{3})(x - \frac{1}{3}) + f(\frac{1}{3}) = \frac{18}{25}(x - \frac{1}{3}) + \frac{3}{10} = \frac{18}{25}x + \frac{3}{50}$$

当 $x \geq -\frac{3}{4}$ 时,$f(x) - g(x) = \frac{-(36x^3 + 3x^2 - 14x + 3)}{50(x^2+1)} = \frac{-(3x-1)^2(4x+3)}{50(x^2+1)} \leq 0$,

从而 $f(c) \leq g(x)$.

故 $f(a) + f(b) + f(c) \leq g(a) + g(b) + g(c) = \frac{18}{25}(a+b+c) + \frac{3}{50} \cdot 3 = \frac{9}{10}$.

即 $\frac{a}{a^2+1} + \frac{b}{b^2+1} + \frac{c}{c^2+1} \leq \frac{9}{10}$.

例48 (2005年摩尔多瓦选拔赛题)已知 $a,b,c > 0$,且 $a^4 + b^4 + c^4 = 3$. 求证:

$$\sum \frac{1}{4-ab} \leq 1 \ (\sum \text{为循环和})$$

证明 注意到

$$3 = a^4 + b^4 + c^4 = (a^2)^2 + (b^2)^2 + (c^2)^2 \geq a^2b^2 + b^2c^2 + c^2a^2$$

令 $a^2b^2 = x, b^2c^2 = y, c^2a^2 = z$,则

$$x + y + z \leq 3, 0 < x, y, z < 3, 0 < \sqrt{x}, \sqrt{y}, \sqrt{z} < 2.$$

于是,原不等式等价于

$$\sum \frac{1}{4-\sqrt{x}} \leq 1 \qquad ①$$

设 $f(x) = \frac{1}{4-\sqrt{x}} (0 < x < 3)$,易知 $f(x)$ 在 $x = 1$ 处的切线函数为

$$g(x) = \frac{1}{18}(x-1) + \frac{1}{3} = \frac{1}{18}x + \frac{5}{18}$$

下证:$\frac{1}{4-\sqrt{x}} \leq \frac{1}{18}x + \frac{5}{18} (0 < x < 3)$.

注意到上述不等式 $\Leftrightarrow 18 \leq (x+5)(4-\sqrt{x}) \Leftrightarrow x\sqrt{x} - 4x + 5\sqrt{x} - 2 \leq 0$

$$\Leftrightarrow (x - 2\sqrt{x} + 1)(\sqrt{x} - 2) \leq 0$$

$$\Leftrightarrow (\sqrt{x} - 1)^2(\sqrt{x} - 2) \leq 0$$

而最后一式显示成立. 所以,式①成立. 故

$$\sum \frac{1}{4-\sqrt{x}} \leq \frac{1}{18}\sum x + \frac{5}{18}\sum 1 \leq \frac{1}{18} \times 3 + \frac{5}{18} \times 3 = 1$$

因此,原不等式成立.

例49 (参见例23)设正数 x_1, x_2, x_3 满足 $x_1 + x_2 + x_3 = 1$. 求证:

$$(\frac{1}{x_2+x_3} - x_1)(\frac{1}{x_3+x_1} - x_2)(\frac{1}{x_1+x_2} - x_3) \geq (\frac{7}{6})^3$$

其中等号当且仅当 $x_1 = x_2 = x_3 = \dfrac{1}{3}$ 时成立.

证明 由题设,有
$$\prod \left(\dfrac{1}{1-x_1} - x_1\right) \geqslant \left(\dfrac{7}{6}\right)^3 \Leftrightarrow \prod \dfrac{1-x_1+x_1^2}{1-x_1} \geqslant \left(\dfrac{7}{6}\right)^3$$
$$\Leftrightarrow \prod \dfrac{1-x_1}{1-x_1+x_1^2} \leqslant \left(\dfrac{6}{7}\right)^3.$$

设 $f(x) = \dfrac{1-x}{1-x+x^2}(0<x<1)$,则 $f\left(\dfrac{1}{3}\right) = \dfrac{6}{7}$,$f'(x) = \dfrac{x^2-2x}{(1-x+x^2)^2}$,$f'\left(\dfrac{1}{3}\right) = -\dfrac{45}{49}$.

从而 $f(x)$ 在 $x = \dfrac{1}{3}$ 处的切线函数为 $g(x) = -\dfrac{45}{49}\left(x - \dfrac{1}{3}\right) + \dfrac{6}{7}$.

令 $h(x) = f(x) - g(x)(0<x<1)$,则 $h'(x) = f'(x) - g'(x) = \dfrac{x^2-2x}{(1-x+x^2)^2} + \dfrac{45}{49}$.

当 $x = \dfrac{1}{3}$ 时,$h'(x) = 0$;当 $x \in \left(0, \dfrac{1}{3}\right)$ 时,$h'(x) > 0$;当 $x \in \left(\dfrac{1}{3}, 1\right)$ 时,$h'(x) < 0$. 所以 $h(x)$ 在 $\left(0, \dfrac{1}{3}\right)$ 上单调递增,在 $\left(\dfrac{1}{3}, 1\right)$ 上单调递减,从而 $h(x) \leqslant h\left(\dfrac{1}{3}\right) = 0$.

故 $f(x) \leqslant g(x)$,从而
$$\prod \dfrac{1-x_1}{1-x_1+x_1^2}$$
$$\leqslant \prod \left[-\dfrac{45}{49}\left(x_1 - \dfrac{1}{3}\right) + \dfrac{6}{7}\right] \leqslant \left\{\dfrac{1}{3}\sum\left[-\dfrac{45}{49}\left(x_1 - \dfrac{1}{3}\right) + \dfrac{6}{7}\right]\right\}^3$$
$$= \left\{\dfrac{1}{3}\left[-\dfrac{45}{49}\left(\sum x_1 - 3 \cdot \dfrac{1}{3}\right) + 3 \cdot \dfrac{6}{7}\right]\right\}^3 = \left(\dfrac{6}{7}\right)^3.$$

由此即证得原不等式.

例50 (第46届国际数学奥林匹克试题)设正数 x, y, z 满足 $xyz \geqslant 1$. 求证:
$$\dfrac{x^5 - x^2}{x^5 + y^2 + z^2} + \dfrac{y^5 - y^2}{y^5 + z^2 + x^2} + \dfrac{z^5 - z^2}{z^5 + x^2 + y^2} \geqslant 0$$

证明 注意到 x, y, z 的次数在一个式中不相同,但由条件 $xyz \geqslant 1$,可用 xyz 去乘以 x^2,y^2, z^2,使 x, y, z 的次数均为 5.

$$\dfrac{x^5 - x^2}{x^5 + y^2 + z^2} \geqslant \dfrac{x^5 - x^2 \cdot xyz}{x^5 + (y^2 + z^2)xyz} = \dfrac{x^4 - x^2 yz}{x^4 + (y^2 + z^2)xy} = \dfrac{2x^4 - x^2 \cdot 2yz}{2x^4 + (y^2 + z^2)2yz}$$
$$\geqslant \dfrac{2x^4 - x^2(y^2 + z^2)}{2x^4 + (y^2 + z^2)^2} = \dfrac{2a^2 - a(b+c)}{2a^2 + (b+c)^2}(\text{其中 } x^2 = a, y^2 = b, z^2 = c)$$

又注意到上式是关于 a, b, c 的齐次式,则可令 $a+b+c=1$,于是原不等式转化证不等式
$$\dfrac{3a^2 - a}{3a^2 - 2a + 1} + \dfrac{3b^2 - b}{3b^2 - 2b + 1} + \dfrac{3c^2 - c}{3c^2 - 2c + 1} \geqslant 0$$

设 $f(x) = \dfrac{3x^2 - x}{3x^2 - 2x + 1}, 0 < x < 1$,则 $f'(x) = \dfrac{-3x^2 + 6x - 1}{(3x^2 - 2x + 1)^2}$.

在 $x = \dfrac{1}{3}$ 处的切线函数为 $g(x) = f'\left(\dfrac{1}{3}\right)\left(x - \dfrac{1}{3}\right) + f\left(\dfrac{1}{3}\right) = \dfrac{3}{2}x - \dfrac{1}{2}$.

当 $0<x<1$ 时，$f(x)-g(x)=\dfrac{-(3x-1)^2(x-1)}{2(3x^2-2x+1)} \geq 0$，所以

$$\dfrac{3a^2-a}{3a^2-2a+1}+\dfrac{3b^2-b}{3b^2-2b+1}+\dfrac{3c^2-c}{3c^2-2c+1} \geq \dfrac{3}{2}(a+b+c)-\dfrac{1}{2}\cdot 3 = 0$$

故

$$\dfrac{x^5-x^2}{x^5+y^2+z^2}+\dfrac{y^5-y^2}{y^5+z^2+x^2}+\dfrac{z^5-z^2}{z^5+x^2+y^2} \geq 0$$

例 51 已知 $a,b,c>0$，求证：$\dfrac{a}{(b+c)^2}+\dfrac{b}{(c+a)^2}+\dfrac{c}{(a+b)^2} \geq \dfrac{9}{4(a+b+c)}$.

证明 如果不等式两边同乘以 $a+b+c$，则将得到等价的齐次不等式，因此可设 $a+b+c=1$，原不等式变为：

$$\dfrac{a}{(1-a)^2}+\dfrac{b}{(1-b)^2}+\dfrac{c}{(1-c)^2} \geq \dfrac{9}{4}$$

设 $f(x)=\dfrac{x}{(1-x)^2}, 0<x<1$，则 $f\left(\dfrac{1}{3}\right)=\dfrac{3}{4}, f'(x)=\dfrac{1+x}{(1-x)^3}, f'\left(\dfrac{1}{3}\right)=\dfrac{9}{2}$.

$f(x)$ 在 $x=\dfrac{1}{3}$ 处的切线函数是

$$g(x)=\dfrac{9}{2}\left(x-\dfrac{1}{3}\right)+\dfrac{3}{4}=\dfrac{9}{2}x-\dfrac{3}{4}$$

下证

$$\dfrac{x}{(1-x)^2} \geq \dfrac{9}{2}x-\dfrac{3}{4}, 0<x<1 \tag{$*$}$$

将待证式去分母并化简，得等价的不等式：$18x^3-39x^2+20x-3 \leq 0$，用多项式的除法可得：$18x^3-39x^2+20x-3=(3x-1)^2(2x-3) \leq 0$，所以式($*$)成立.

从而 $f(a)+f(b)+f(c) \geq \dfrac{9}{2}(a+b+c)-\dfrac{3}{4}\times 3 = \dfrac{9}{4}$.

例 52 （1997 年日本数学奥林匹克试题）已知 $a,b,c>0$，求证：

$$\dfrac{(b+c-a)^2}{(b+c)^2+a^2}+\dfrac{(c+a-b)^2}{(c+a)^2+b^2}+\dfrac{(a+b-c)^2}{(a+b)^2+c^2} \geq \dfrac{3}{5}$$

证明 因不等式是齐次的不等式，可设 $a+b+c=1$，原不等式变为

$$\dfrac{(1-2a)^2}{(1-a)^2+a^2}+\dfrac{(1-2b)^2}{(1-b)^2+b^2}+\dfrac{(1-2c)^2}{(1-c)^2+c^2} \geq \dfrac{3}{5}$$

设 $f(x)=\dfrac{(1-2x)^2}{(1-x)^2+x^2}, 0<x<1$，则

$$f\left(\dfrac{1}{3}\right)=\dfrac{1}{5}, f'(x)=\dfrac{-2+4x}{[(1-x)^2+x^2]^2}, f'\left(\dfrac{1}{3}\right)=-\dfrac{54}{24}$$

$f(x)$ 在 $x=\dfrac{1}{3}$ 处的切线函数是

$$g(x)=-\dfrac{54}{25}\left(x-\dfrac{1}{3}\right)+\dfrac{1}{5}=-\dfrac{54}{25}x+\dfrac{23}{25}$$

下证

$$\dfrac{(1-2x)^2}{(1-x)^2+x^2} \geq -\dfrac{54}{25}x+\dfrac{23}{25}, 0<x<1 \tag{$*$}$$

将待证式去分母并移项、化简,得等价的不等式:$54x^3 - 27x^2 + 1 \geq 0$,用多项式除法可得 $54x^3 - 27x^2 + 1 = (3x-1)^2(6x+1) \geq 0$,所以式(*)成立. 从而
$$f(a) + f(b) + f(c) \geq -\frac{54}{25}(a+b+c) + \frac{23}{25} \times 3 = \frac{3}{5}$$

例 53 已知 a, b, c 是三角形的三边,求证:$\sum \frac{a}{\sqrt{2b^2 + 2c^2 - a^2}} \geq \sqrt{3}$.

证明 设 $a^2 = x, b^2 = y, c^2 = z$,则不等式变为:$\sum \sqrt{\frac{x}{2y+2z-x}} \geq \sqrt{3}$,由于根号里面是齐次的分式,因此可设 $x + y + z = 1$,得等价的不等式
$$\sum \sqrt{\frac{x}{2(1-x)-x}} \geq \sqrt{3}$$
即
$$\sum \sqrt{\frac{x}{2-3x}} \geq \sqrt{3}$$

设 $f(x) = \sqrt{\frac{x}{2-3x}}, 0 < x < \frac{2}{3}$,则 $f\left(\frac{1}{3}\right) = \frac{\sqrt{3}}{3}, f'(x) = \sqrt{\frac{2-3x}{x}} \cdot \frac{1}{(2-3x)^2}, f'\left(\frac{1}{3}\right) = \sqrt{3}, f(x)$ 在 $x = \frac{1}{3}$ 处的切线函数是
$$g(x) = \sqrt{3}\left(x - \frac{1}{3}\right) + \frac{\sqrt{3}}{3} = \sqrt{3}x$$

下证:
$$\sqrt{\frac{x}{2-3x}} \geq \sqrt{3}x, 0 < x < \frac{2}{3} \quad (*)$$

将待证式两边平方并去分母、简化,得等价的不等式:$9x^2 - 6x + 1 \geq 0$,因 $9x^2 - 6x + 1 = (3x-1)^2 \geq 0$,所以式(*)成立. 从而 $f(x) + f(y) + f(z) \geq \sqrt{3}(x+y+z) = \sqrt{3}$.

例 54 (1999 年白俄罗斯数学竞赛题)已知 $a, b, c > 0$,且 $a^2 + b^2 + c^2 = 3$. 求证:$\frac{1}{1+ab} + \frac{1}{1+bc} + \frac{1}{1+ca} \geq \frac{3}{2}$.

证明 $ab + bc + ca \leq a^2 + b^2 + c^2 = 3$. 设 $ab = x, bc = y, ca = z$,则 $x + y + z \leq 3$,原不等式变为:$\frac{1}{1+x} + \frac{1}{1+y} + \frac{1}{1+z} \geq \frac{3}{2}$.

设 $f(x) = \frac{1}{1+x}, 0 < x < 3$,则 $f(1) = \frac{1}{2}, f'(x) = -\frac{1}{(1+x)^2}, f'(1) = -\frac{1}{4}, f(x)$ 在 $x = 1$ 处的切线函数是:$g(x) = -\frac{1}{4}x + \frac{3}{4}$.

下证:
$$\frac{1}{1+x} \geq -\frac{1}{4}x + \frac{3}{4}, 0 < x < 3 \quad (*)$$

将待证式化简得等价的不等式:$x^2 - 2x + 1 \geq 0$,因 $x^2 - 2x + 1 = (x-1)^2 \geq 0$,所以式(*)成立,从而 $f(x) + f(y) + f(z) \geq -\frac{1}{4}(x+y+z) + \frac{3}{4} \times 3 \geq \frac{3}{2}$.

例55 (第8届中国香港数学奥林匹克试题)已知 $a,b,c,d>0$,且 $a+b+c+d=1$,求证:

$$6(a^3+b^3+c^3+d^3) \geq (a^2+b^2+c^2+d^2)+\frac{1}{8}$$

证明 不等式等价于

$$6a^3-a^2+6b^3-b^2+6c^3-c^2+6d^3-d^2 \geq \frac{1}{8}$$

设 $f(x)=6x^3-x^2, 0<x<1$,则 $f\left(\frac{1}{4}\right)=\frac{1}{32}$.

$f'(x)=18x^2-2x, f'\left(\frac{1}{4}\right)=\frac{5}{8}, f(x)$ 在 $x=\frac{1}{4}$ 处的切线函数是:$g(x)=\frac{5}{8}x-\frac{1}{8}$.

下证: $6x^3-x^2 \geq \frac{5}{8}x-\frac{1}{8}(0<x<1)$ ($*$) $\Leftrightarrow 48x^3-8x^2-5x+1=(4x-1)^2(3x+1) \geq 0$,所以式($*$)成立.

从而 $f(a)+f(b)+f(c)+f(d) \geq \frac{5}{8}(a+b+c+d)-\frac{1}{8} \times 4 \geq \frac{5}{8} \times 1-\frac{4}{8}=\frac{1}{8}$.

例56 已知 $x_1,x_2,x_3 \in \mathbf{R}^+$,且 $x_1+x_2+x_3=1$. 求证:

$$\sqrt{x_1(1-x_1)}+\sqrt{x_2(1-x_2)}+\sqrt{x_3(1-x_3)} \leq \sqrt{2}.$$

证明 易知当 $x_1=x_2=x_3=\frac{1}{3}$ 时,不等式等号成立.

设 $f(x)=\sqrt{x(1-x)}(0<x<1)$,则 $f'(x)=\frac{1-2x}{2\sqrt{x-x^2}}$,求得曲线 $f(x)$ 在 $x=\frac{1}{3}$ 处的切线函数为 $g(x)=\frac{\sqrt{2}}{4}x+\frac{\sqrt{2}}{4}$.

而 $f(x) \leq g(x) \Leftrightarrow \sqrt{x(1-x)} \leq \frac{\sqrt{2}}{4}x+\frac{\sqrt{2}}{4} \Leftrightarrow (3x-1)^2 \geq 0$ 显然成立,

所以,当 $x \in (0,1)$ 时,$f(x) \leq g(x)$,等号当且仅当 $x=\frac{1}{3}$ 时成立.

所以 $\sum_{i=1}^{3} f(x_i) \leq \sum_{i=1}^{3} g(x_i)$,即

$$\sqrt{x_1(1-x_1)}+\sqrt{x_2(1-x_2)}+\sqrt{x_3(1-x_3)} \leq \frac{\sqrt{2}}{4}(x_1+x_2+x_3)+\frac{3\sqrt{2}}{4}=\sqrt{2}$$

例57 (2003中国西部数学奥林匹克试题)设 $x_i>0(i=1,2,3,4,5)$,且 $\sum_{i=1}^{n} \frac{1}{1+x_i}=1$,求证: $\sum_{i=1}^{5} \frac{x_i}{4+x_i^2} \leq 1$.

证明 作变换设 $\frac{1}{1+x_i}=a_i$ 且 $\sum_{i=1}^{n} a_i=1(i=1,2,3,4,5)$,则不等式转化为

$$\sum_{i=1}^{5} \frac{1/a_i-1}{4+(1/a_i-1)^2} \leq 1$$

即
$$\sum_{i=1}^{5} \frac{-a_i^2 + a_i}{5a_i^2 - 2a_i + 1} \leq 1$$

设 $f(x) = \frac{-x^2 + x}{5x^2 - 2x + 1}$，计算 $f(x)$ 在 $x = \frac{1}{5}$ 处的切线函数为 $g(x) = \frac{3}{4}x + \frac{1}{20}$.

下面证明 $f(x) \leq g(x)$，即 $\frac{-x^2 + x}{5x^2 - 2x + 1} \leq \frac{3}{4}x + \frac{1}{20}$，因为 $5x^2 - 2x + 1 > 0$，此式等价于

$20(-x^2 + x) \leq (15x + 1)(5x^2 - 2x + 1) \Leftrightarrow 75x^3 - 5x^2 - 7x + 1 \geq 0 \Leftrightarrow (3x + 1)(5x - 1)^2 \geq 0$

显然成立. 所以

$$\sum_{i=1}^{5} \frac{-a_i^2 + a_i}{5a_i^2 - 2a_i + 1} \leq \sum_{i=1}^{5} \left(\frac{3}{4}a_i + \frac{1}{20} \right) = \frac{3}{4} + \frac{1}{4} = 1$$

例58 已知 $x, y, z \in \mathbf{R}^+$，且 $\frac{x^2}{1+x^2} + \frac{y^2}{1+y^2} + \frac{z^2}{1+z^2} = 1$. 求证：$\frac{x}{1+x^2} + \frac{y}{1+y^2} + \frac{z}{1+z^2} \leq \sqrt{2}$.

证明 令 $a = \frac{x^2}{1+x^2}, b = \frac{y^2}{1+y^2}, c = \frac{z^2}{1+z^2}$，则问题等价于：已知 $a, b, c \in \mathbf{R}^+$，且 $a + b + c = 1$.

求证：$\sqrt{a(1-a)} + \sqrt{b(1-b)} + \sqrt{c(1-c)} \leq \sqrt{2}$.

易知当 $a = b = c = \frac{1}{3}$ 时，不等式等号成立.

设 $f(x) = \sqrt{x(1-x)}$ $(0 < x < 1)$，因 $f'(x) = \frac{1-2x}{2\sqrt{x-x^2}}$，故曲线 $f(x)$ 在 $x = \frac{1}{3}$ 处的切线函数为 $g(x) = f'(\frac{1}{3})(x - \frac{1}{3}) + f(\frac{1}{3})$，即 $g(x) = \frac{\sqrt{2}}{4}x + \frac{\sqrt{2}}{4}$.

由 $f(x) \leq g(x) \Leftrightarrow \sqrt{x(1-x)} \leq \frac{\sqrt{2}}{4}x + \frac{\sqrt{2}}{4} \Leftrightarrow (3x - 1)^2 \geq 0$ 可知，当 $x \in (0, 1)$ 时，$f(x) \leq g(x)$，等号当且仅当 $x = \frac{1}{3}$ 时成立，故 $f(a) + f(b) + f(c) \leq g(a) + g(b) + g(c)$，即

$$\sqrt{a(1-a)} + \sqrt{b(1-b)} + \sqrt{c(1-c)} \leq \frac{\sqrt{2}}{4}(a+b+c) + \frac{3\sqrt{2}}{4} = \sqrt{2}$$

即原不等式成立.

例59 (2008年南京大学自主招生题) 若正数 a, b, c 满足 $a + b + c = 1$，求证：

$$\left(a + \frac{1}{a} \right) + \left(b + \frac{1}{b} \right) + \left(c + \frac{1}{c} \right) \geq \frac{1000}{27}$$

证明 $\left(a + \frac{1}{a} \right) + \left(b + \frac{1}{b} \right) + \left(c + \frac{1}{c} \right) \geq \frac{1000}{27}$

等价于 $\ln\left(a + \frac{1}{a} \right) + \ln\left(b + \frac{1}{b} \right) + \ln\left(c + \frac{1}{c} \right) \geq 3\ln\frac{10}{3}$

设 $f(x) = \ln\left(x + \frac{1}{x} \right)$ $(0 < x < 1)$，则 $f'(x) = \frac{x^2 - 1}{x^3 + x}$，求得曲线 $f(x)$ 在 $x = \frac{1}{3}$ 处的切线函数为 $g(x) = -\frac{12}{5}x + \frac{4}{5} + \ln\frac{10}{3}$.

令 $h(x) = f(x) - g(x) = \ln\left(x + \frac{1}{x} \right) + \frac{12}{5}x - \frac{4}{5} - \ln\frac{10}{3}$，则 $h'(x) = \frac{x^2 - 1}{x^3 + x} + \frac{12}{5} =$

$\dfrac{(3x-1)(4x^2+3x+5)}{5(x^3+x)}$,当 $x\in\left(0,\dfrac{1}{3}\right)$ 时,$h'(x)<0$,$h(x)$ 是减函数;当 $x\in\left(\dfrac{1}{3},1\right)$ 时,$h'(x)>0$,$h(x)$ 是增函数,所以 $h(x)\geqslant h\left(\dfrac{1}{3}\right)=0$,所以当 $0<x<1$ 时,$f(x)\geqslant g(x)$,等号当且仅当 $x=\dfrac{1}{3}$ 时成立,所以

$$\ln\left(a+\dfrac{1}{a}\right)+\ln\left(b+\dfrac{1}{b}\right)+\ln\left(c+\dfrac{1}{c}\right)\geqslant -\dfrac{12}{5}(a+b+c)+3\left(\dfrac{4}{5}+\ln\dfrac{10}{3}\right)=3\ln\dfrac{10}{3}$$

原式成立.

例60 (数学通报 2008 年 9 月 1752 号题)已知 $a,b,c>0$,求证:

$$\dfrac{\sqrt{a^2+3b^2}}{a}+\dfrac{\sqrt{b^2+3c^2}}{b}+\dfrac{\sqrt{c^2+3a^2}}{c}\geqslant 6.$$

证明 原不等式可化为

$$\sqrt{1+3\left(\dfrac{b}{a}\right)^2}+\sqrt{1+3\left(\dfrac{c}{b}\right)^2}+\sqrt{1+3\left(\dfrac{a}{c}\right)^2}\geqslant 6$$

令 $x_1=\dfrac{b}{a}$,$x_2=\dfrac{c}{b}$,$x_3=\dfrac{a}{c}$,则 $x_1x_2x_3=1$,于是 $x_1+x_2+x_3\geqslant 3\sqrt[3]{x_1x_2x_3}=3$,原不等式即为

$$\sqrt{1+3x_1^2}+\sqrt{1+3x_2^2}+\sqrt{1+3x_3^2}\geqslant 6.$$

设 $f(x)=\sqrt{1+3x^2}(x>0)$,则 $f'(x)=\dfrac{3x}{\sqrt{1+3x^2}}$,求得曲线 $f(x)$ 在 $x=1$ 处的切线函数为 $g(x)=\dfrac{3}{2}x+\dfrac{1}{2}$.

由 $f(x)\geqslant g(x)\Leftrightarrow \sqrt{1+3x^2}\geqslant \dfrac{3}{2}x+\dfrac{1}{2}\Leftrightarrow (x-1)^2\geqslant 0$ 显然成立,所以当 $x>0$ 时,$f(x)\geqslant g(x)$,等号当且仅当 $x=1$ 时成立,

所以 $\sqrt{1+3x_1^2}+\sqrt{1+3x_2^2}+\sqrt{1+3x_3^2}\geqslant \dfrac{3}{2}(x_1+x_2+x_3)+\dfrac{3}{2}\geqslant 6$,故原不等式成立.

例61 已知 $a,b,c>-\dfrac{1}{3}$,且 $a+b+c=3$,求证:

$$\dfrac{1}{\sqrt{3a+1}+\sqrt{3b+1}}+\dfrac{1}{\sqrt{3b+1}+\sqrt{3c+1}}+\dfrac{1}{\sqrt{3c+1}+\sqrt{3a+1}}\geqslant \dfrac{3}{4}$$

证明 由不等式 $\sqrt{x}+\sqrt{y}\leqslant \sqrt{2(x+y)}$ 得

$$\sqrt{3a+1}+\sqrt{3b+1}\leqslant \sqrt{6(a+b)+4}=\sqrt{6(3-c)+4}=\sqrt{2}\sqrt{11-3c}$$

则

$$\dfrac{1}{\sqrt{3a+1}+\sqrt{3b+1}}+\dfrac{1}{\sqrt{3b+1}+\sqrt{3c+1}}+\dfrac{1}{\sqrt{3c+1}+\sqrt{3a+1}}$$

$$\geqslant \dfrac{1}{\sqrt{2}}\left(\dfrac{1}{\sqrt{11-3c}}+\dfrac{1}{\sqrt{11-3b}}+\dfrac{1}{\sqrt{11-3a}}\right)$$

所以要证原不等式,只需证 $\dfrac{1}{\sqrt{11-3c}}+\dfrac{1}{\sqrt{11-3b}}+\dfrac{1}{\sqrt{11-3a}}\geqslant \dfrac{3\sqrt{2}}{4}$.

设 $f(x)=\dfrac{1}{\sqrt{11-3x}}\left(-\dfrac{1}{3}<x<\dfrac{11}{3}\right)$，则 $f'(x)=\dfrac{3}{2\sqrt{(11-3x)^3}}$，求得曲线 $f(x)$ 在 $x=1$ 处的切线函数为 $g(x)=\dfrac{3\sqrt{2}}{64}x+\dfrac{13\sqrt{2}}{64}$.

由 $f(x)\geqslant g(x)\Leftrightarrow \dfrac{1}{\sqrt{11-3x}}\geqslant\dfrac{3\sqrt{2}}{64}x+\dfrac{13\sqrt{2}}{64}\Leftrightarrow (x-1)^2(x+7)\geqslant 0$ 显然成立，所以 $f(x)\geqslant g(x)\left(-\dfrac{1}{3}<x<\dfrac{11}{3}\right)$，等号当且仅当 $x=1$ 时成立，所以

$$\dfrac{1}{\sqrt{11-3c}}+\dfrac{1}{\sqrt{11-3b}}+\dfrac{1}{\sqrt{11-3a}}\geqslant\dfrac{3\sqrt{2}}{64}(a+b+c)+3\times\dfrac{13\sqrt{2}}{64}=\dfrac{3\sqrt{2}}{4}$$

故不等式成立.

例62 已知 $a,b,c\in\mathbf{R}^+$，求证：

$$\dfrac{a}{2\sqrt{b^2-bc+c^2}+3a}+\dfrac{b}{2\sqrt{c^2-ca+a^2}+3b}+\dfrac{c}{2\sqrt{a^2-ab+b^2}+3c}\leqslant\dfrac{3}{5}$$

证明 先证 $\sqrt{b^2-bc+c^2}\geqslant\dfrac{b+c}{2}$ 成立. 事实上

$$\sqrt{b^2-bc+c^2}\geqslant\dfrac{b+c}{2}\Leftrightarrow 4(b^2-bc+c^2)\geqslant(b+c)^2\Leftrightarrow 3(b-c)^2\geqslant 0（显然成立）$$

于是
$$\dfrac{a}{2\sqrt{b^2-bc+c^2}+3a}\leqslant\dfrac{a}{b+c+3a}$$

故要证原不等式，只需证 $\dfrac{a}{b+c+3a}+\dfrac{b}{c+a+3b}+\dfrac{c}{a+b+3c}\leqslant\dfrac{3}{5}$，此不等式左边的每一项分子与分母均为一次齐次式，故不妨设 $a+b+c=1$，所以即证 $\dfrac{a}{1+2a}+\dfrac{b}{1+2b}+\dfrac{c}{1+2c}\leqslant\dfrac{3}{5}$.

设 $f(x)=\dfrac{x}{1+2x}(0<x<1)$，则 $f'(x)=\dfrac{1}{(1+2x)^2}$，求得曲线 $f(x)$ 在 $x=\dfrac{1}{3}$ 处的切线函数为 $g(x)=\dfrac{9}{25}x+\dfrac{2}{25}$.

由 $f(x)\leqslant g(x)\Leftrightarrow\dfrac{x}{1+2x}\leqslant\dfrac{9}{25}x+\dfrac{2}{25}\Leftrightarrow(3x-1)^2\geqslant 0$ 显然成立，所以 $f(x)\leqslant g(x)(0<x<1)$，等号当且仅当 $x=\dfrac{1}{3}$ 时成立.

所以 $\dfrac{a}{1+2a}+\dfrac{b}{1+2b}+\dfrac{c}{1+2c}\leqslant\dfrac{9}{25}(a+b+c)+3\times\dfrac{2}{25}=\dfrac{3}{5}$，故原不等式成立.

例63（2005年中国东南地区数学奥林匹克竞赛试题的加强）设 $0<\alpha,\beta,\gamma<\dfrac{\pi}{2}$，且 $\sin^3\alpha+\sin^3\beta+\sin^3\gamma=1$. 求证 $\tan^2\alpha+\tan^2\beta+\tan^2\gamma\geqslant\dfrac{3}{\sqrt[3]{9}-1}$

证明 令 $x=\sin^3\alpha,y=\sin^3\beta,z=\sin^3\gamma$，则不等式等价于在 $0<x,y,z$ 且 $x+y+z=1$ 的条件下，证明 $\dfrac{\sqrt[3]{x^2}}{1-\sqrt[3]{x^2}}+\dfrac{\sqrt[3]{y^2}}{1-\sqrt[3]{y^2}}+\dfrac{\sqrt[3]{z^2}}{1-\sqrt[3]{z^2}}\geqslant\dfrac{3}{\sqrt[3]{9}-1}$，设 $f(x)=\dfrac{\sqrt[3]{x^2}}{1-\sqrt[3]{x^2}},0<x<1$，在 $x=\dfrac{1}{3}$ 处的切

线函数,$g(x) = \dfrac{2}{3\sqrt[3]{1/3}\,[1-\sqrt[3]{(1/3)^2}\,]}\left(x-\dfrac{1}{3}\right) + \dfrac{(\sqrt[3]{1/3})^2}{1-(\sqrt[3]{1/3})^2}.$

下面证明当 $0 < x < 1$ 时

$$\dfrac{\sqrt[3]{x^2}}{1-\sqrt[3]{x^2}} \geqslant \dfrac{2}{3\sqrt[3]{1/3}\,[1-\sqrt[3]{(1/3)^2}\,]^2}\left(x-\dfrac{1}{3}\right) + \dfrac{(\sqrt[3]{1/3})^2}{1-(\sqrt[3]{1/3})^2} \qquad (*)$$

令 $p = \sqrt[3]{x},\ q = \sqrt[3]{\dfrac{1}{3}}$,则 $0 < p, q < 1$,于是

$$\begin{aligned}
式(*) &\Leftrightarrow \dfrac{p^2}{1-p^2} - \dfrac{q^2}{1-q^2} \geqslant \dfrac{2(p^3-q^3)}{3q(1-q^2)^2} \\
&\Leftrightarrow \dfrac{p^2-q^2}{(1-p^2)(1-q^2)} \geqslant \dfrac{2(p^3-q^3)}{3q(1-q^2)^2} \\
&\Leftrightarrow 3q(1-q^2)(p^2-q^2) \geqslant 2(p^3-q^3)(1-p^2)(1-q^2) \\
&\Leftrightarrow (p-q)^2(1-q^2)[(2p^3+4p^2q)+(3q^2-1)(2p+q)] \geqslant 0
\end{aligned}$$

而 $1-q^2 > 0,\ (p-q)^2 > 0,\ (2p^3+4p^2q)+(3q^2-1)(2p+q) > 0$,所以式 $(*)$ 成立,当且仅当 $p = q$ 时,等号成立,此时 $x = 1/3$,故

$$\begin{aligned}
&\dfrac{\sqrt[3]{x^2}}{1-\sqrt[3]{x^2}} + \dfrac{\sqrt[3]{y^2}}{1-\sqrt[3]{y^2}} + \dfrac{\sqrt[3]{z^2}}{1-\sqrt[3]{z^2}} \\
&\geqslant \dfrac{2}{3\sqrt[3]{1/3}\,[1-\sqrt[3]{(1/3)^2}\,]^2}\left(x+y+z-\dfrac{1}{3}\right) + \dfrac{3(\sqrt[3]{(1/3)^2})}{1-\sqrt[3]{(1/3)^2}} \\
&= \dfrac{3}{\sqrt[3]{9}-1}
\end{aligned}$$

当且仅当 $x = y = z = \dfrac{1}{3}$ 时,等号成立,从而原不等式成立.

例64 (第7届中国西部数学奥林匹克竞赛试题)设实数 a, b, c 满足 $a+b+c = 3$,求证:

$$\dfrac{1}{5a^2-4a+11} + \dfrac{1}{5b^2-4b+11} + \dfrac{1}{5c^2-4c+11} \leqslant \dfrac{1}{4}$$

证明 设 $f(x) = \dfrac{1}{5x^2-4x+11}\ (x \in \mathbf{R})$,则 $f'(x) = \dfrac{4-10x}{(5x^2-4x+11)^2}$,求得曲线 $f(x)$ 在 $x = 1$ 处的切线函数为 $g(x) = -\dfrac{1}{24}x + \dfrac{1}{8}$.

$f(x) \leqslant g(x) \Leftrightarrow \dfrac{1}{5x^2-4x+11} \leqslant -\dfrac{1}{24}x + \dfrac{1}{8} \Leftrightarrow (x-1)^2(5x-9) \leqslant 0 \Leftrightarrow x \leqslant \dfrac{9}{5}$. 到此发现 $f(x) \leqslant g(x)$ 并非对所有的 $x \in \mathbf{R}$ 都成立,下面分情形讨论:

(i) 当 a, b, c 都不大于 $\dfrac{9}{5}$ 时

$$\dfrac{1}{5a^2-4a+11} \leqslant -\dfrac{1}{24}a + \dfrac{1}{8},\ \dfrac{1}{5b^2-4b+11} \leqslant -\dfrac{1}{24}b + \dfrac{1}{8},\ \dfrac{1}{5c^2-4c+11} \leqslant -\dfrac{1}{24}c + \dfrac{1}{8}$$

三式相加得 $\dfrac{1}{5a^2-4a+11} + \dfrac{1}{5b^2-4b+11} + \dfrac{1}{5c^2-4c+11} \leqslant -\dfrac{1}{24}(a+b+c) + \dfrac{3}{8} = \dfrac{1}{4}$

(ii) 当 a,b,c 有一个大于 $\frac{9}{5}$ 时,不妨设 $a > \frac{9}{5}$,

则 $5a^2 - 4a + 11 = 5\left(a - \frac{2}{5}\right)^2 + \frac{51}{5} > 5\left(\frac{9}{5} - \frac{2}{5}\right)^2 + \frac{51}{5} = 20$,于是 $\frac{1}{5a^2 - 4a + 11} < \frac{1}{20}$;

又 $5b^2 - 4b + 11 = 5\left(b - \frac{2}{5}\right)^2 + \frac{51}{5} > 10$,于是 $\frac{1}{5b^2 - 4b + 11} < \frac{1}{10}$;

同理 $\frac{1}{5c^2 - 4c + 11} < \frac{1}{10}$;

所以 $\frac{1}{5a^2 - 4a + 11} + \frac{1}{5b^2 - 4b + 11} + \frac{1}{5c^2 - 4c + 11} < \frac{1}{20} + \frac{1}{10} + \frac{1}{10} = \frac{1}{4}$.

综上,$\frac{1}{5a^2 - 4a + 11} + \frac{1}{5b^2 - 4b + 11} + \frac{1}{5c^2 - 4c + 11} \leq \frac{1}{4}$.

当且仅当 $a = b = c = 1$ 时,等号成立.

9.5 利用函数取最(极)值的策略

例65 (第6届美国数学奥林匹克试题)设 $0 < p \leq a,b,c,d,e \leq q$. 求证:
$$(a+b+c+d+e)\left(\frac{1}{a} + \frac{1}{b} + \frac{1}{c} + \frac{1}{d} + \frac{1}{e}\right) \leq 25 + 6\left(\sqrt{\frac{p}{q}} - \sqrt{\frac{q}{p}}\right)^2$$
并且决定何时等号成立.

证明 给定正数 u,v,考虑函数
$$f(x) = (u+x)\left(v + \frac{1}{x}\right), 0 \leq p \leq x \leq q$$
可以证明:对任何 $x \in [p,q]$,有
$$f(x) \leq \max\{f(p), f(q)\} \qquad (*)$$
事实上,不妨设 $p < q$,令 $\gamma = \frac{q-x}{q-p}$,则 $0 \leq \lambda \leq 1$,且 $x = \lambda p + (1-\lambda)q$.

由于
$$pq \leq \lambda^2 pq + (1-\lambda)^2 pq + \lambda(1-\lambda)(p^2 + q^2)$$
$$= (\lambda p + (1-\lambda)q)(\lambda q + (1-\lambda)p)$$

所以
$$\frac{1}{x} = \frac{1}{\lambda p + (1-\lambda)q} \leq \frac{\lambda}{p} + \frac{1-\lambda}{p}$$

由此可得
$$f(x) = uv + 1 + ux + \frac{u}{x}$$
$$= uv + 1 + v[\lambda p + (1-\lambda)q] + \frac{u}{\lambda p + (1-\lambda)q}$$
$$\leq uv + 1 + v[\lambda p + (1-\lambda)q] + \frac{\lambda u}{p} + \frac{(1-\lambda)u}{q}$$
$$= \lambda f(p) + (1-\lambda)f(q)$$
$$\leq \max\{f(p), f(q)\}$$

即式 $(*)$ 成立.

由式（*）可知，当 a,b,c,d,e 取端点值 p 或 q 时，$(a+b+c+d+e)\cdot\left(\dfrac{1}{a}+\dfrac{1}{b}+\dfrac{1}{c}+\dfrac{1}{d}+\dfrac{1}{e}\right)$ 可取其最大值. 设 a,b,c,d,e 中有 x 个取 p，$5-x$ 个取 q，其中 x 是不大于 5 的非负整数，由于

$$(xp+(5-x)q)\left(\dfrac{x}{p}+\dfrac{5-x}{q}\right)=x^2+(5-x)^2+x(5-x)\left(\dfrac{p}{q}+\dfrac{q}{p}\right)$$
$$=25+x(5-x)\left(\sqrt{\dfrac{p}{q}}-\sqrt{\dfrac{q}{p}}\right)^2$$

又 $x(5-x)=-(x-2)(x-3)$，所以当 $x=2$ 或者 3 时，$(xp-(5-x)q)\cdot\left(\dfrac{x}{p}+\dfrac{5-x}{q}\right)$ 取到最大值 $25+6\left(\sqrt{\dfrac{p}{q}}-\sqrt{\dfrac{q}{p}}\right)^2$，于是所证不等式成立，并且当 a,b,c,d,e 中有两个或三个数等于 p，其余等于 q 时，等号成立.

例 66 （第 42 届国际数学奥林匹克试题）对所有的正实数 a,b,c，求证：
$$\dfrac{a}{\sqrt{a^2+8bc}}+\dfrac{b}{\sqrt{b^2+8ca}}+\dfrac{c}{\sqrt{c^2+8ab}}\geqslant 1$$

证法 1 不妨设 $\dfrac{a}{\sqrt{a^2+8bc}}\geqslant\dfrac{a^t}{a^t+b^t+c^t}$，其中 t 为待定指数.

特别地，当 $b=c=1$，而 a 为任意正实数时，上式变为
$$\dfrac{a}{\sqrt{a^2+8}}\geqslant\dfrac{a^t}{a^t+2}, a\in(0,+\infty)$$

构造函数 $f(x)=\dfrac{x}{\sqrt{x^2+8}}-\dfrac{x^t}{x^t+2}$，则知 $f(x)$ 在 $(0,+\infty)$ 内连续且可导，满足 $f(x)\geqslant 0$.

注意到 $x=1$ 时，函数 $f(x)$ 取得最小值 0，所以 $x=1$ 是函数 $f(x)$ 的极值点，即 $f'(1)=0$. 又

$$\left(\dfrac{x}{\sqrt{x^2+8}}\right)'\bigg|_{x=1}=\dfrac{8}{(x^2+8)\sqrt{x^2+8}}\bigg|_{x=1}=\dfrac{8}{27}$$

$$\left(\dfrac{x^t}{\sqrt{x^t+2}}\right)'\bigg|_{x=1}=\dfrac{2t\cdot x^{t-1}}{(x^t+2)^2}\bigg|_{x=1}=\dfrac{2}{9}t$$

所以 $f'(1)=\dfrac{8}{27}-\dfrac{2}{9}t=0$. 求得 $t=\dfrac{4}{3}$.

于是，由 $\dfrac{a}{\sqrt{a^2+8bc}}\geqslant\dfrac{a^{\frac{4}{3}}}{a^{\frac{4}{3}}+b^{\frac{4}{3}}+c^{\frac{4}{3}}}$ 等三式相加即证得原不等式成立.

证法 2 假设有 $\dfrac{a}{\sqrt{a^2+8bc}}\geqslant\dfrac{a^t}{a^t+b^t+c^t}$，其中 t 为待定指数，从而
$$a^2(a^t+b^t+c^t)^2\geqslant a^{2t}(a^2+8bc)$$

亦即 $\qquad\qquad(b^t+c^t)(b^t+c^t+2a^t)\geqslant 8a^{2t-2}\cdot bc \qquad\qquad$ ①

又由平均值不等式有
$$(b^t+c^t)(b^t+c^t+2a^t)\geqslant 2\sqrt{b^tc^t}\cdot 4\sqrt[4]{a^{2t}\cdot b^t\cdot c^t}=8a^{\frac{1}{2}t}\cdot b^{\frac{3}{4}t}\cdot c^{\frac{3}{4}t} \qquad$ ②

比较①,②,当且仅当 $\begin{cases} 2t-2 = \dfrac{t}{2}, \\ 1 = \dfrac{3}{4}t, \end{cases}$ 亦即 $t = \dfrac{4}{3}$ 时假设式成立.

于是,有 $\dfrac{a}{\sqrt{a^2+8bc}} \geqslant \dfrac{a^{\frac{4}{3}}}{a^{\frac{4}{3}}+b^{\frac{4}{3}}+c^{\frac{4}{3}}}$ 等三式,由此即证.

注 上述两种证法都是构造分式型指数函数而证的. 显然,此例也可运用平均值不等式、权方和不等式证明.

例67 设 $a,b,c>0$,且 $abc \geqslant 1$,求证:
$$n^3 \sum_{k=0}^{n-1} a^k \cdot \sum_{k=0}^{n-1} b^k \cdot \sum_{k=0}^{n-1} c^k \geqslant (n+1)^3 \sum_{k=0}^{n-1} a^k \cdot \sum_{k=0}^{n-1} b^k \cdot \sum_{k=0}^{n-1} c^k$$

证明 设
$$f(x) = \dfrac{\sum\limits_{k=0}^{n} x^k}{\sum\limits_{k=0}^{n-1} x^k} - \dfrac{1+n}{2n}(x+1), x \in \mathbf{R}^+, n \in \mathbf{N}^*$$

当 $x=1$ 时,有 $f(1) = 0$.

当 $x \neq 1$ 时
$$f(x) = \dfrac{x^{n+1}-1}{x^n-1} - \dfrac{1+n}{2n}(x+1)$$

令
$$g(x) = x^{n+1} - 1 - \dfrac{1+n}{2n}(x+1)(x^n-1)$$
$$= (n-1)x^{n+1} - (1+n)x^n + (1+n)x - (n-1)$$

则
$$g'(x) = (n^2-1)x^n - (n+n^2)x^{n-1} + 1 + n$$

且若 $x>1$,
$$g''(x) = (n^3-n)(x^{n-1} - x^{n-2}) \geqslant 0$$

从而 $g'(x) \geqslant g'(1) = 0$,于是 $g(x) \geqslant g(1) = 0$,此时 $f(x) \geqslant 0$.

若 $0 < x < 1$,$g''(x) = (n^3-n)(x^{n-1}-x^{n-2}) \leqslant 0$,从而有 $g'(x) \leqslant g'(1) = 0$,于是 $g(x) \leqslant g(1) = 0$,此时,亦有 $f(x) \geqslant 0$.

故当 $a=b=c=1$ 时,原不等式显然成立. 当 a,b,c 有一个不是1时,有

$$\dfrac{\sum\limits_{k=0}^{n} a^k}{\sum\limits_{k=0}^{n-1} a^k} \geqslant \dfrac{1+n}{2n}(a+1),\ \dfrac{\sum\limits_{k=0}^{n} b^k}{\sum\limits_{k=0}^{n-1} b^k} \geqslant \dfrac{1+n}{2n}(b+1),\ \dfrac{\sum\limits_{k=0}^{n} c^k}{\sum\limits_{k=0}^{n-1} c^k} \geqslant \dfrac{1+n}{2n}(c+1)$$

上述三式相乘得

$$\dfrac{\sum\limits_{k=0}^{n} a^k}{\sum\limits_{k=0}^{n-1} a^k} \cdot \dfrac{\sum\limits_{k=0}^{n} b^k}{\sum\limits_{k=0}^{n-1} b^k} \cdot \dfrac{\sum\limits_{k=0}^{n} c^k}{\sum\limits_{k=0}^{n-1} c^k} \geqslant \left(\dfrac{1+n}{2n}\right)^3 (a+1)(b+1)(c+1)$$

$$\geqslant \left(\dfrac{1+n}{n}\right)^3 \cdot \dfrac{1}{8} \cdot 2\sqrt{a} \cdot 2\sqrt{b} \cdot 2\sqrt{c}$$

$$\geqslant \left(\frac{1+n}{n}\right)^2$$

故 $$n^3 \sum_{k=0}^{n} a^k \cdot \sum_{k=0}^{n} b^k \cdot \sum_{k=0}^{n} c^k \geqslant (n+1)^3 \sum_{k=0}^{n-1} a^k \cdot \sum_{k=0}^{n-1} b^k \cdot \sum_{k=0}^{n-1} c^k$$

注 此例可推广为：设 $a_i > 0 (i=1,2,\cdots,n), m, n \in \mathbf{N}^*$，且 $n \geqslant 2$，$\prod_{i=1}^{n} a_i \geqslant 1$，则

$$n^m \prod_{i=1}^{n} \sum_{k=0}^{n} a^k \geqslant (n+1)^m \prod_{i=1}^{n} \sum_{k=0}^{n-1} a^k$$

9.6 利用构造的预测函数的性质

例 68 （参见例 44）设正实数 x, y, z 满足 $x^2 + y^2 + z^2 = 1$. 求证：

$$\frac{x}{1-x^2} + \frac{y}{1-y^2} + \frac{z}{1-z^2} \geqslant \frac{3\sqrt{3}}{2}$$

证明 注意到条件 $x^2 + y^2 + z^2 = 1$，考虑是否有预测函数 $g(x) = \lambda x^2$，使 $\frac{x}{1-x^2} \geqslant \lambda x^2$.

假设不等式 $\frac{x}{1-x^2} \geqslant \lambda x^2$（$\lambda$ 为待定系数）对任意 $x \in (0,1)$ 恒成立，则 $\lambda \leqslant \left[\frac{1}{x(1-x^2)}\right]_{\min}, x \in (0,1)$.

由于对 $x \in (0,1)$，

$$\left[\frac{1}{x(1-x^2)}\right]^2 = \frac{2}{2x^2(1-x^2)(1-x^2)}$$

$$\geqslant \frac{2}{\left(\frac{2x^2+1-x^2+1-x^2}{3}\right)^3} = \frac{27}{4}$$

从而，即有 $\frac{1}{x(1-x^2)} \geqslant \frac{3\sqrt{3}}{2}$，当且仅当 $2x^2 = 1-x^2$，即 $x^2 = \frac{1}{3}$ 时不等式取到等号，即有 $\frac{x}{1-x^2} \geqslant \frac{3\sqrt{3}}{2} x^2$，其中 $\lambda = \frac{3\sqrt{3}}{2}$.

同理，有其他两式. 此三式相加，即证得原不等式.

例 69 （参见例 57）设 $x_i > 0 (i=1,2,3,4,5)$ 且 $\sum_{i=1}^{n} \frac{1}{1+x_i} = 1$. 求证：$\sum_{i=1}^{5} \frac{x_i}{4+x_i^2} \leqslant 1$.

证明 注意到求证式右边为 1，而左边有 5 个分式的和. 每个分式的平均值不超过 $\frac{1}{5}$. 又注意到条件式右边为 1，而左边也是 5 个分式的和. 每个分式的平均值为 $\frac{1}{5}$. 希望有预测函数 $g(x) = \lambda\left(\frac{1}{1+x} - \frac{1}{5}\right) + \frac{1}{5}$，使得 $\frac{x}{4+x^2} \leqslant \lambda\left(\frac{1}{1+x} - \frac{1}{5}\right) + \frac{1}{5}$（其中 λ 为待定常数）.

此时 $\frac{x}{4+x^2} - \frac{1}{5} \leqslant \lambda\left(\frac{1}{1+x} - \frac{1}{5}\right) \Leftrightarrow \frac{-(x-4)(x-1)}{x^2+4} \leqslant -\lambda \frac{(x-4)}{x+1}$，考虑此式等号成立，

应有 $\dfrac{-(x-4)(x-1)}{x^2+4} = -\lambda \dfrac{(x-4)}{x+1}$，约去 $x-4$，并令 $x=4$，得 $\lambda = \dfrac{3}{4}$.

下面再证明：而
$$\dfrac{x}{4+x^2} - \dfrac{1}{5} \leq \dfrac{3}{4}\left(\dfrac{1}{1+x} - \dfrac{1}{5}\right) \quad \text{①}$$

因 ① $\Leftrightarrow \dfrac{-(x-4)(x-1)}{x^2+4} \leq -\dfrac{3}{4}\dfrac{(x-4)}{x+1} \Leftrightarrow (x-4)^2(x+4) \geq 0$，显然成立，所以 ① 成立.

在 ① 中分别取 $x = x_i (i=1,2,3,4,5)$，并将这些不等式相加，得
$$\sum_{i=1}^{5}\left(\dfrac{x_i}{4+x_i^2} - \dfrac{1}{5}\right) \leq \dfrac{3}{4}\sum_{i=1}^{5}\left(\dfrac{1}{1+x_i} - \dfrac{1}{5}\right) = 0$$

即
$$\sum_{i=1}^{5}\dfrac{x_i}{4+x_i^2} \leq 5 \times \dfrac{1}{5} = 1$$

例 70 设 $a,b,c > 0$，且 $a^2 + b^2 + c^2 = 3$，求证：$\dfrac{a^3}{a^4+2} + \dfrac{b^3}{b^4+2} + \dfrac{c^3}{c^4+2} \leq 1$.

证明 由于 $a^2 + b^2 + c^2 = 3$，则 $0 \leq a,b,c \leq \sqrt{3}$.

类似上例，引进预测函数使得 $\dfrac{x^3}{x^4+2} \leq \lambda(x^2-1) + \dfrac{1}{3}$，其中 λ 为待定系数.

记 $h(x) = \dfrac{x^3}{x^4+2} - \lambda(x^2-1) - \dfrac{1}{3} (0 < x \leq \sqrt{3})$，希望 $h(x)$ 在 $x = 1$ 时取得最大值 0. $h'(x) = \dfrac{6x^2 - x^6}{(x^4+2)^2} - 2\lambda x$，由 $h'(1) = 0$ 解得 $\lambda = \dfrac{5}{18}$.

下面，先证明辅助不等式
$$\dfrac{x^3}{x^4+2} \leq \dfrac{5x^2+1}{18} \quad (0 < x \leq \sqrt{3})$$

当 $0 < x \leq \sqrt{3}$ 时，$f(x) = \dfrac{x^3}{x^4+2} - \dfrac{5x^2+1}{18} = \dfrac{-(x-1)^2(5x^4+10x^3+16x^2+4x+2)}{18(x^4+2)} \leq 0$，当且仅当 $x = 1$ 时取得等号.

从而 $\dfrac{a^3}{a^4+2} \leq \dfrac{5a^2+1}{18}, \dfrac{b^3}{b^4+2} \leq \dfrac{5b^2+1}{18}, \dfrac{c^3}{c^4+2} \leq \dfrac{5c^2+1}{18}$.

上述三式相加，$\dfrac{a^3}{a^4+2} + \dfrac{b^3}{b^4+2} + \dfrac{c^3}{c^4+2} \leq \dfrac{5(a^2+b^2+c^2)+3}{18} = 1$，不等式得证.

例 71 （参见例 48，2005 年摩尔多瓦数学奥林匹克试题）已知 $a,b,c \geq 0$，$a^4+b^4+c^4 = 3$，求证：$\dfrac{1}{4-ab} + \dfrac{1}{4-bc} + \dfrac{1}{4-ca} \leq 1$.

证明 不等式左边每一项是一个二元函数，不便构造预测函数 $g(x)$. 但发现，通过柯西不等式和均值不等式有 $\dfrac{1}{4-a^2} + \dfrac{1}{4-b^2} \geq \dfrac{4}{8-(a^2+b^2)} \geq \dfrac{2}{4-ab}$，即将二元函数 $y = \dfrac{2}{4-ab}$ 变量分离，其不大于两个一元函数之和.

同理，$\dfrac{2}{4-bc} \leq \dfrac{1}{4-b^2} + \dfrac{1}{4-c^2}, \dfrac{2}{4-ca} \leq \dfrac{1}{4-c^2} + \dfrac{1}{4-a^2}$.

上面三式相加,得 $\dfrac{1}{4-ab}+\dfrac{1}{4-bc}+\dfrac{1}{4-ca}\leqslant\dfrac{1}{4-a^2}+\dfrac{1}{4-b^2}+\dfrac{1}{4-c^2}$.

要使得原不等式成立,即只要证明一个加强的不等式:

$$\dfrac{1}{4-a^2}+\dfrac{1}{4-b^2}+\dfrac{1}{4-c^2}\leqslant 1 \qquad (*)$$

此时式($*$)左边每一项是一元函数,由上分析,希望引进预测函数 $g(x)=\lambda(x^4-1)+\dfrac{1}{3}$,使得 $\dfrac{1}{4-x^2}\leqslant\lambda(x^4-1)+\dfrac{1}{3}$. 由于 $a^4+b^4+c^4=3$,则 $0\leqslant a,b,c\leqslant\sqrt[4]{3}$.

记 $h(x)=\dfrac{1}{4-x^2}-\lambda(x^4-1)-\dfrac{1}{3}(x\in[0,\sqrt[4]{3}])$,且 $h(x)$ 在 $x=1$ 时取得最大值 0. $h'(x)=\dfrac{2x}{(4-x^2)^2}-4\lambda x^3$,由 $h'(1)=0$ 解得 $\lambda=\dfrac{1}{18}$.

下面证明辅助不等式

$$\dfrac{1}{4-x^2}\leqslant\dfrac{x^4+5}{18}\quad(x\in[0,\sqrt[4]{3}])$$

当 $x\in[0,\sqrt[4]{3}]$ 时,$h(x)=\dfrac{1}{4-x^2}-\dfrac{x^4+5}{18}=\dfrac{(x^2-2)(x-1)^2(x+1)^2}{18(4-x^2)}\leqslant 0$ 恒成立,当且仅当 $x=1$ 时取得等号.

从而 $\dfrac{1}{4-a^2}\leqslant\dfrac{a^4+5}{18}$,$\dfrac{1}{4-b^2}\leqslant\dfrac{b^4+5}{18}$,$\dfrac{1}{4-c^2}\leqslant\dfrac{c^4+5}{18}$.

三式相加,得 $\dfrac{1}{4-a^2}+\dfrac{1}{4-b^2}+\dfrac{1}{4-c^2}\leqslant\dfrac{a^4+b^4+c^4+15}{18}=1$,不等式得证.

思 考 题

1. (2011 年波罗的海数学奥林匹克试题)设 a,b,c,d 是满足 $a+b+c+d=4$ 的非负实数,证明不等式: $\dfrac{a}{a^3+8}+\dfrac{b}{b^3+8}+\dfrac{c}{c^3+8}+\dfrac{d}{d^3+8}\leqslant\dfrac{9}{4}$.

2. (《数学通报》2009(9)问题 1808) 已知正数 a,b 满足 $a+b=1$. 求证:

$$\left(\dfrac{1}{a^3}-a^2\right)\left(\dfrac{1}{b^3}-b^2\right)\geqslant\left(\dfrac{31}{4}\right)^2$$

3. 设 $a_i>0(i=1,2,\cdots,n)$,$n\geqslant 2$,$n\in\mathbf{N}^*$,$\sum\limits_{i=1}^{n}a_i=1$,则 $\prod\limits_{i=1}^{n}\left(\dfrac{1}{a_i^2}-a_i\right)\geqslant\left(\dfrac{n^3-1}{n}\right)^n$.

4. 设 $n\geqslant 3$,$n\in\mathbf{N}^*$,$x,y,z\in\mathbf{R}^+$,$x+y+z=1$,则

$$\left(\dfrac{1}{x^{n-1}}-x\right)\left(\dfrac{1}{y^{n-1}}-y\right)\left(\dfrac{1}{z^{n-1}}-z\right)\geqslant\left(\dfrac{3^n-1}{3}\right)^3$$

5. (第 50 届莫斯科奥林匹克题)求证:对于任何实数 $a_1,a_2,\cdots,a_{1987}$ 和任何正数 $b_1,b_2,\cdots,b_{1987}$ 都有 $\dfrac{(a_1+a_2+\cdots+a_{1987})^2}{b_1+b_2+\cdots+b_{1987}}\leqslant\dfrac{a_1^2}{b_1}+\dfrac{a_2^2}{b_2}+\cdots+\dfrac{a_{1987}^2}{b_{1987}}$.

6. (第 14 届全苏数学奥林匹克题)设长方体的棱长分别是 x,y 和 z,且 $x<y<z$,记 $p=4(x+y+z)$,$s=2(xy+yz+zx)$,$d=\sqrt{x^2+y^2+z^2}$. 求证:

$$x<\dfrac{1}{3}\left(\dfrac{1}{4}p-\sqrt{d^2-\dfrac{1}{2}s}\right),z>\dfrac{1}{3}\left(\dfrac{1}{4}p+\sqrt{d^2-\dfrac{1}{2}s}\right)$$

7. (第4届普特南竞赛题)设 $0 < x < a$. 求证:$(a-x)^6 - 3a(a-x)^5 + \frac{5}{2}a^2(a-x)^4 - \frac{1}{2}a^4(a-x)^2 < 0$.

8. (《中等数学》2002年第5期奥林匹克问题)设 $n \geq 2$,实数 $k \geq 1, a_i \geq 0, i = 1, 2, \cdots, n$, $\sum_{i=1}^{n} a_i = n$. 证明:$\sum_{i=1}^{n} \frac{(a_i+1)^{2k}}{(a_{i+1}+1)^k} \geq n \cdot 2^k (a_{n+1} = a_1)$,并确定等号成立的条件.

9. (第37届国际数学奥林匹克预选题)给定 $a > 2, \{a_n\}$ 归纳定义如下:$a_0 = 1, a_1 = a$, $a_{n+1} = \left(\frac{a_n^2}{a_{n-1}^2} - 2\right) a_n$. 证明:对任何 $k \in \mathbf{N}$,有 $\frac{1}{a_0} + \frac{1}{a_1} + \cdots + \frac{1}{a_k} < \frac{1}{2}(2 + a - \sqrt{a^2-4})$.

10. (2006年中国国家集训测试题)设 $x_k > 0 (k = 1, 2, \cdots, n)$, $\sum_{k=0}^{n} x_k = 1$,求证:
$$\prod_{k=1}^{n} \frac{1 + x_k}{x_k} \geq \prod_{k=1}^{n} \frac{n - x_k}{1 - x_k}$$

11. 设 $a, b, c \geq 0$,且 $a^2 + b^2 + c^2 = 3$. 求证:$\frac{a}{3-bc} + \frac{b}{3-ac} + \frac{c}{3-ab} \leq \frac{3}{2}$.

12. 设 a, b, c 为正实数,求证:$\sqrt{\frac{c}{a+b}} + \sqrt{\frac{a}{b+c}} + \sqrt{\frac{b}{c+a}} > 2$.

13. (2010年全国高中数学联赛试题)给定整数 $n > 2$,设正实数 $a_1, a_2, \cdots, a_n$ 满足 $a_k \leq 1, k = 1, 2, \cdots, n$. 记 $A_k = \frac{a_1 + a_2 + \cdots + a_k}{k}, k = 1, 2, \cdots, n$. 求证:$\left|\sum_{i=1}^{n} a_i - \sum_{i=1}^{n} A_i\right| \leq \frac{n-1}{2}$.

14. 设 $a, b, c > 0$,求证:$a^5 + b^5 + c^5 \geq 5ab(b^2 - ac)$.

15. 若 $a_i (i = 1, 2, \cdots, n, 且 n \geq 3)$ 为满足 $a_1 a_2 \cdots a_n = 1$ 的正数,求证:
$$\sqrt{a_1^2 + 1} + \sqrt{a_2^2 + 1} + \cdots + \sqrt{a_n^2 + 1} \leq \sqrt{2}(a_1 + a_2 + \cdots + a_n).$$

16. (2009年全国高中联赛题)求证:不等式 $-1 < \sum_{k=1}^{n} \frac{k}{k^2-1} - \ln n < \frac{1}{2} (n = 1, 2, 3, \cdots)$.

思考题参考解答

1. 证法1 设 $f(x) = \frac{x}{x^3+8} (x \geq 0)$,则 $f'(x) = \frac{2(4-x^3)}{(x^3+8)^2}$. 于是 $f'(1) = \frac{2}{27}$,从而,求得 $f(x)$ 在 $x = 1$ 处的切线函数为 $g(x) = f'(1)(x-1) + f(1) = \frac{2x+1}{27}$,比较 $f(x)$ 与 $g(x)$ 的大小. 而

$$\frac{x}{x^3+8} \leq \frac{2x+1}{27} \Leftrightarrow (x^3+8)(2x+1) - 27x \geq 0 \Leftrightarrow (2x^2+5x+8)(x-1)^2 \geq 0$$

则

$$\frac{a}{a^3+8} + \frac{b}{b^3+8} + \frac{c}{c^3+8} + \frac{d}{d^3+8} \leq \frac{2a+1}{27} + \frac{2b+1}{27} + \frac{2c+1}{27} + \frac{2d+1}{27} = \frac{4}{9}.$$

证法2 当 $x \geq 0$ 时,$x^3 + 8 = (x^3 + 1 + 1) + 6 \geq 3\sqrt[3]{x^3} + 6 = 3x + 6$,则 $\frac{x}{x^3+8} \leq \frac{x}{3x+6}$. 设

$h(x) = \dfrac{x}{3x+6}(x \geq 0)$，则 $h''(x) = -\dfrac{4}{3(x+2)^2} < 0$，从而 $h(x)$ 是上凸函数. 由琴生不等式，有

$$\dfrac{a}{3a+6} + \dfrac{b}{3b+6} + \dfrac{c}{3c+6} + \dfrac{d}{3d+6} \leq 4 \cdot \dfrac{\dfrac{a+b+c+d}{4}}{3 \cdot \dfrac{a+b+c+d}{4} + 6} = \dfrac{4}{9}$$

从而 $\dfrac{a}{a^3+8} + \dfrac{b}{b^3+8} + \dfrac{c}{c^3+8} + \dfrac{d}{d^3+8} \leq \dfrac{a}{3a+6} + \dfrac{b}{3b+6} + \dfrac{c}{3c+6} + \dfrac{d}{3d+6} \leq \dfrac{4}{9}$

证法 3 同证法 2 有 $\dfrac{x}{x^3+8} \leq \dfrac{x}{3x+6}$.

由 $\dfrac{1}{a+2} + \dfrac{a+2}{9} \geq 2\sqrt{\dfrac{1}{a+2} \cdot \dfrac{a+2}{9}} = \dfrac{2}{3}$，即得 $\dfrac{1}{a+2} \geq \dfrac{2}{3} - \dfrac{a+2}{9} = \dfrac{4-a}{9}$.

同理 $\dfrac{1}{b+2} \geq \dfrac{4-b}{9}$，$\dfrac{1}{c+2} \geq \dfrac{4-c}{9}$，$\dfrac{1}{d+2} \geq \dfrac{4-d}{9}$.

于是 $\dfrac{1}{a+2} + \dfrac{1}{b+2} + \dfrac{1}{c+2} + \dfrac{1}{d+2} \geq \dfrac{4-a+4-b+4-c+4-d}{9} = \dfrac{4}{3}$.

即知

$$\dfrac{a}{3a+6} + \dfrac{b}{3b+6} + \dfrac{c}{3c+6} + \dfrac{d}{3d+6}$$

$$= \dfrac{1}{3}\left[\left(1 - \dfrac{2}{a+2}\right) + \left(1 - \dfrac{2}{b+2}\right) + \left(1 - \dfrac{2}{c+2}\right) + \left(1 - \dfrac{2}{d+2}\right)\right]$$

$$= \dfrac{4}{3} - \dfrac{2}{3}\left(\dfrac{1}{a+2} + \dfrac{1}{b+2} + \dfrac{1}{c+2} + \dfrac{1}{d+2}\right) \leq \dfrac{4}{3} - \dfrac{8}{9} = \dfrac{4}{9}$$

证法 4 当 $x \geq 0$ 时，有 $x^3 + 8 = x^3 + 1 + 1 + 1 + 1 + 1 + 1 + 1 + 1 \geq 9\sqrt[9]{x^3 \cdot 1^9} = 9x^{\frac{1}{3}}$，即 $\dfrac{x}{x^3+8} \leq \dfrac{x^{\frac{2}{3}}}{9}$.

设 $l(x) = x^{\frac{2}{3}}(x \geq 0)$，设 $l''(x) = -\dfrac{2}{9x^{\frac{4}{3}}} < 0$，即 $l(x)$ 为上凸函数.

由琴生不等式，有 $(a^{\frac{2}{3}} + b^{\frac{2}{3}} + c^{\frac{2}{3}} + d^{\frac{2}{3}}) \leq 4\left(\dfrac{a+b+c+d}{4}\right)^{\frac{2}{3}} = 4$.

于是 $\dfrac{a}{a^3+8} + \dfrac{b}{b^3+8} + \dfrac{c}{c^3+8} + \dfrac{d}{d^3+8} \leq \dfrac{1}{9}(a^{\frac{2}{3}} + b^{\frac{2}{3}} + c^{\frac{2}{3}} + d^{\frac{2}{3}}) \leq \dfrac{4}{9}$.

2. 证法 1 原不等式两边取对数变为

$\ln(1-a)(1-b) + \ln(a^4+a^3+a^2+a+1) + \ln(b^4+b^3+b^2+b+1) - 3\ln a - 3\ln b \geq 2\ln\dfrac{31}{4}$

亦即 $\left(a^2 + a + 1 + \dfrac{1}{a} + \dfrac{1}{a^2}\right)\left(b^2 + b + 1 + \dfrac{1}{b} + \dfrac{1}{b^2}\right) \geq \left(\dfrac{31}{4}\right)^2$

注意到 $\dfrac{b}{a} + \dfrac{a}{b} = \dfrac{1}{ab} - 2$，$\dfrac{1}{a^2} + \dfrac{1}{b^2} = \dfrac{1}{a^2b^2} - \dfrac{2}{ab}$，$\dfrac{b}{a^2} + \dfrac{a^2}{b} = \dfrac{1}{a^2b^2} - \dfrac{3}{ab}$ 等.

原不等式变为 $a^2b^2 + \dfrac{5}{a^2b^2} - \dfrac{2}{ab} \geq \left(\dfrac{31}{4}\right)^2$.

令 $f(t) = t^2 + \dfrac{5}{t^2} - \dfrac{5}{t}$,且 $t \in (0, \dfrac{1}{4}]$,求导得 $f'(t) = \dfrac{2t^4 + 5t - 10}{t^3} \leq 0$.

所以 $f(t)$ 单调递减,总有 $f(t) \geq f(\dfrac{1}{4}) = \dfrac{1}{16} + 80 - 20 = (\dfrac{31}{4})^2$.

证法 2 原不等式等价于 $\ln(a^2 + a + 1 + \dfrac{1}{a} + \dfrac{1}{a^2}) + \ln(b^2 + b + 1 + \dfrac{1}{b} + \dfrac{1}{b^2}) \geq 2\ln\dfrac{31}{4}$.

令 $f(x) = \ln(x^2 + x + 1 + \dfrac{1}{x} + \dfrac{1}{x^2})$, $x \in (0, \dfrac{1}{4}]$,则

$$f''(x) = \dfrac{2}{x^2} + \dfrac{(x^5-1)(16x^3 - 3x^2 - 2x - 1) + 5x^4(1 + x + x^2 + x^3 - 4x^4)}{(x^5 - 1)^2} \leq 0$$

即知 $f(x)$ 为下凸函数,则有 $f(a) + f(b) \geq 2f(\dfrac{1}{2})$,即为式(*).

注 此题有下述推广:

(1) 若 $a, b, c \in \mathbf{R}^+$, $a + b + c = 1$,则 $(\dfrac{1}{a^3} - a^2)(\dfrac{1}{b^3} - b^2)(\dfrac{1}{c^3} - c^2) \geq (\dfrac{242}{9})^3$;

(2) 若 $a, b, c \in \mathbf{R}^+$,且 $a + b = 1$,则 $(\dfrac{1}{a^2} - b)(\dfrac{1}{b^2} - a) \geq (\dfrac{7}{2})^2$; $(\dfrac{1}{a^3} - b^2)(\dfrac{1}{b^3} - a^2) \geq (\dfrac{31}{4})^2$;

(3) 若 $a_i \in \mathbf{R}^+$, $i = 1, 2, \cdots, n$,且 $\sum_{i=1}^{n} a_i = 1$,则 $\prod_{i=1}^{n}(\dfrac{1}{a_i^3} - a_i^2) \geq (\dfrac{n^5 - 1}{n^2})^n$; $(\dfrac{1}{a^k + 1} - a^k)(\dfrac{1}{b^k + 1} - b^k) \geq (\dfrac{2^{2k+1} - 1}{2^k})^2$.

3. 令 $A = \prod_{i=1}^{n}(\dfrac{1}{a_i^2} - a_i)$,则 $\ln A = \prod_{i=1}^{n} \ln(\dfrac{1}{a_i^2} - a_i)$,设 $f(x) = \ln(\dfrac{1}{x^2} - x) (0 < x < 1)$,则

$$f'(x) = \dfrac{x^3 + 2}{x^4 - x}, f''(x) = -\dfrac{x^6 + 10x^3 - 2}{(x^4 - x)^2} = \dfrac{[x^3 + (5 + \sqrt{27})][x^3 + (5 - \sqrt{27})]}{(x^4 - x)^2} > 0$$

从而, $f(x)$ 在 $(0,1)$ 上是下凸的,所以有

$$f(a_1) + f(a_2) + \cdots + f(a_n) \geq nf(\dfrac{a_1 + a_2 + \cdots + a_n}{n}) = nf(\dfrac{1}{n}), \ln A \geq nf(\dfrac{1}{n}) = \ln(\dfrac{n^3 - 1}{n})^n$$

所以 $A \geq (\dfrac{n^3 - 1}{n})^n$,即所证不等式成立.

4. 令 $A = (\dfrac{1}{x^{n-1}} - x)(\dfrac{1}{y^{n-1}} - y)(\dfrac{1}{z^{n-1}} - z)$,则

$$\ln A = \ln(\dfrac{1}{x^{n-1}} - x) + \ln(\dfrac{1}{y^{n-1}} - y) + \ln(\dfrac{1}{z^{n-1}} - z)$$

设 $f(x) = \ln(\dfrac{1}{x^{n-1}} - x)(0 < x < 1)$,则

$$f'(x) = \dfrac{x^{2n-3} + (n-1)x^{n-3}}{x^{2n-2} - x^{n-2}}$$

$$f''(x) = \dfrac{x^{4n-6} + (n^2 + n - 2)x^{3n-6} - (n-1)x^{2n-6}}{(x^{2n-2} - x^{n-2})^2}$$

$$= -\frac{x^{2n-6}[x^{2n} + (n^2+n-2)x^n - (n-1)]}{(x^{2n-2} - x^{n-2})^2}$$

$$= -\frac{x^{2n-6}[x^n + \frac{(n^2+n-2) - \sqrt{(n^2+n-2)^2 + 4(n-1)}}{2}]}{(x^{2n-2} - x^{n-2})^2}$$

$$[x^n + \frac{(n^2+n-2) + \sqrt{(n^2+n-2)^2 + 4(n-1)}}{2}] > 0$$

从而，$f(x) = \ln(\frac{1}{x^{n-1}} - x)$ 在 $(0,1)$ 上是下凸的，于是，$f(x) + f(y) + f(z) \geq 3f(\frac{x+y+z}{3})$，

即 $\ln A \geq 3f(\frac{1}{3}) = 3\ln(\frac{3^n - 1}{3}) = \ln(\frac{3^n - 1}{3})^3$，所以 $A \geq (\frac{3^n - 1}{3})^3$。

即所证不等式成立.

5. 记 $s = b_1 + b_2 + \cdots + b_{1987}$，则原不等式左端为

$$s \cdot (\frac{b_1}{s} \cdot \frac{a_1}{b_1} + \frac{b_2}{s} \cdot \frac{a_2}{b_2} + \cdots + \frac{b_{1987}}{s} \cdot \frac{a_{1987}}{b_{1987}})^2$$

注意到函数 $f(x) = x^2$ 的下凸性，知

$$原不等式 \leq S \cdot (\frac{b_1}{s} \cdot \frac{a_1^2}{b_1^2} + \frac{b_2}{s} \cdot \frac{a_2^2}{b_2^2} + \cdots + \frac{b_{1987}}{s} \cdot \frac{a_{1987}^2}{b_{1987}^2}) = \frac{a_1^2}{b_1} + \frac{a_2^2}{b_2} + \cdots + \frac{a_{1987}^2}{b_{1987}}$$

注 可运用权方和不等式更简捷获证.

6. 令 $\alpha = \frac{1}{3}(\frac{1}{4}p - \sqrt{d^2 - \frac{1}{2}s})$，$\beta = \frac{1}{3}(\frac{1}{4}p + \sqrt{d^2 - \frac{1}{2}s})$，以 α, β 为两个根的二次函数

为 $f(t) = t^2 - \frac{1}{6}pt + \frac{1}{6}s$，显然，有 $x < \frac{\alpha+\beta}{2} = \frac{1}{3}(x+y+z) < z$. 又

$$f(x) = x^2 - \frac{1}{6}px + \frac{1}{6}s = \frac{1}{3}(x^2 - xy - xz + yz) = \frac{1}{3}(y-x)(z-x) > 0$$

$$f(z) = z^2 - \frac{1}{6}pz + \frac{1}{6}s = \frac{1}{3}(z^2 - xz - yz + xy) = \frac{1}{3}(z-x)(z-y) > 0$$

所以 $x < \alpha < \beta < z$。

7. 令 $y = \frac{1}{a}(a-x)$，则 $0 < y < 1$，且只需证 $f(y) = a^6 y^6 - 3a^6 y^5 + \frac{5}{2}a^6 y^4 - \frac{1}{2}a^6 y^2 < 0$. 由

于 $f(y) = a^6 y^2(y^4 - 3y^3 + \frac{5}{2}y^2 - \frac{1}{2}) = a^6 y^2 (y-1)(y^3 - 2y^2 + \frac{1}{2}y + \frac{1}{2}) = a^6 y^2 (y-1)^2 \cdot$

$(y^2 - y - \frac{1}{2})$. 又当 $0 < y < 1$ 时，$y^2 - y - \frac{1}{2} = (y - \frac{1}{2})^2 - \frac{3}{4} < -\frac{1}{2}$，所以 $f(y) < 0$，对任意

$0 < y < 1$.

8. 利用均值不等式，得

$$\sum_{i=1}^{n} \frac{(a_i + 1)^{2k}}{(a_{i+1} + 1)^k} + \sum_{i=1}^{n} (a_{i+1} + 1)^k \geq 2n \sum_{i=1}^{n} (a_i + 1)^k$$

因 $\sum_{i=1}^{n} (a_{i+1} + 1)^k = \sum_{i=1}^{n} (a_i + 1)^k$

从而
$$\sum_{i=1}^{n} \frac{(a_i+1)^{2k}}{(a_{i+1}+1)^k} \geq \sum_{i=1}^{n} (a_i+1)^k$$

又 $k \geq 1$,利用函数 $f(x) = x^k$ 是 $(0, +\infty)$ 上的下凸函数,有
$$\left[\frac{\sum_{i=1}^{n}(a_i+1)}{n}\right]^k \leq \frac{1}{n}\sum_{i=1}^{n}(a_i+1)^k$$

即
$$\sum_{i=1}^{n}(a_i+1)^k \geq n^{1-k}(\sum_{i=1}^{n}(a_i+1))^k = n^{1-k}(n+n)^k = n \cdot 2^k$$

其中等号当且仅当 $a_1 = a_2 = \cdots = a_n = 1$ 时成立.

9. 设 $f(x) = x^2 - 2$,则
$$\frac{a_{n+1}}{a_n} = f(\frac{a_n}{a_{n-1}}) = f^{(2)}(\frac{a_{n-1}}{a_{n-1}}) = \cdots = f^{(n)}(\frac{a_1}{a_0}) = f^{(n)}(a)$$

于是
$$a_n = \frac{a_n}{a_{n-1}} \cdot \frac{a_{n-1}}{a_{n-2}} \cdot \cdots \cdot \frac{a_1}{a_0} \cdot a_0 = f^{(n-1)}(a) \cdot f^{(n-2)}(a) \cdot \cdots \cdot f^{(0)}(a)$$

其中 $f^{(0)}(a) = a$.

下面证明对任何 $k \in \mathbf{N} \cup \{0\}$,本题结论成立.

$k = 0$ 时,$\frac{1}{a_0} = 1 < \frac{1}{2}(2 + a - \sqrt{a^2 - 4})$,结论成立.

假设结论对 $k = m$ 成立,即
$$1 + \frac{1}{f^{(0)}(a)} + \frac{1}{f^{(1)}(a) \cdot f^{(0)}(a)} + \cdots + \frac{1}{f^{(m-1)}(a) \cdot f^{(m-2)}(a) \cdot \cdots \cdot f^{(0)}(a)}$$
$$< \frac{1}{2}(2 + a - \sqrt{a^2 - 4}) \qquad ①$$

由于 $a > 2$ 时,$f(a) = a^2 - 2 > 2$,且式①对所有的 $a > 2$ 都成立,因此可用 $f(a)$ 代替式①中的 a,得
$$1 + \frac{1}{f^{(1)}(a)} + \frac{1}{f^{(2)}(a) \cdot f^{(1)}(a)} + \cdots + \frac{1}{f^{(m)}(a) \cdot f^{(m-1)}(a) \cdot \cdots \cdot f^{(1)}(a)}$$
$$< \frac{1}{2}(2 + f(a) - \sqrt{f^2(a) - 4})$$
$$= \frac{1}{2}(a^2 - \sqrt{a^4 - 4a^2}) = \frac{1}{2}a(a - \sqrt{a^2 - 4})$$

于是,我们有
$$\frac{1}{a_0} + \frac{1}{a_1} + \cdots + \frac{1}{a_{m+1}}$$
$$= 1 + \frac{1}{f^{(0)}(a)} + \frac{1}{f^{(1)}(a) \cdot f^{(0)}(a)} + \cdots + \frac{1}{f^{(m)}(a) \cdot f^{(m-1)}(a) \cdot \cdots \cdot f^{(0)}(a)}$$
$$= 1 + \frac{1}{f^{(0)}(a)} \cdot [1 + \frac{1}{f^{(1)}(a)} + \cdots + \frac{1}{f^{(m)}(a) \cdot f^{(m-1)}(a) \cdot \cdots \cdot f^{(1)}(a)}]$$
$$< 1 + \frac{1}{a} \cdot \frac{1}{2}a(a - \sqrt{a^2 - 4}) = \frac{1}{2}(2 + a - \sqrt{a^2 - 4})$$

即 $k = m+1$ 时结论也成立. 由数学归纳法原理,对所有 $k \in \mathbf{N} \cup \{0\}$,结论成立.

10. 设 $f(x) = \ln(1 + \dfrac{1}{x}), 0 < x < 1$，则

$$f'(x) = -\dfrac{1}{x+x^2}, f''(x) = \dfrac{2x+1}{(x+x^2)^2} > 0$$

知 $f(x)$ 在 $(0,1)$ 上为下凸函数，由琴生不等式，有

$$\dfrac{\sum\limits_{i=1,i\neq k}^{n} \ln(1+\dfrac{1}{x_i})}{n-1} \geq \ln\left(1+\dfrac{n-1}{\sum\limits_{i=1,i\neq k}^{n} x_i}\right)$$

即

$$\prod\limits_{i=1,i\neq k}^{n}(1+\dfrac{1}{x_i}) \geq \left(1+\dfrac{n-1}{\sum\limits_{i=1,i\neq k}^{n} x_i}\right)^{n-1}$$

将 $k=1,2,\cdots,n$ 这几个不等式相乘即得

$$\prod\limits_{i=1,i\neq k}^{n}(1+\dfrac{1}{x_i})^{n-1} \geq \prod\limits_{k=1}^{n}\left(1+\dfrac{n-1}{\sum\limits_{i=1,i\neq k}^{n} x_i}\right)^{n-1}$$

所以

$$\prod\limits_{k=1}^{n} \dfrac{1+x_k}{x_k} \geq \prod\limits_{k=1}^{n} \dfrac{n-x_k}{1-x_k}$$

11. 因为 $\dfrac{a}{3-bc} = \dfrac{a}{a^2+b^2+c^2-bc} \leq \dfrac{2a}{2a^2+b^2+c^2} = \dfrac{2a}{a^2+3}$，所以我们只需证明：已知 $a^2 + b^2 + c^2 = 3$，求证：$\dfrac{a}{a^2+3} + \dfrac{b}{b^2+3} + \dfrac{c}{c^2+3} \leq \dfrac{3}{4}$。

设 $f(x) = \dfrac{x}{x^2+3}, x \in [0,\sqrt{3}]$，则 $f(1) = \dfrac{1}{4}, f'(1) = \dfrac{1}{8}$，其 $x=1$ 处的切线函数为 $g(x) = \dfrac{1}{8}x + \dfrac{1}{8}$。

下面证明：

$$\dfrac{x}{x^2+3} \leq \dfrac{1}{8}x + \dfrac{1}{8}, x \in [0,\sqrt{3}] \Leftrightarrow (x+1)(x^2+3) - 8x \geq 0$$

$$\Leftrightarrow x^3 + x^2 - 5x + 3 \geq 0 \Leftrightarrow (x-1)^2(x+3) \geq 0 \text{ 显然成立}$$

所以

$$\dfrac{a}{a^2+3} + \dfrac{b}{b^2+3} + \dfrac{c}{c^2+3} \leq \dfrac{1}{8}(a+b+c) + \dfrac{3}{8}$$

$$\leq \dfrac{1}{8}\sqrt{3(a^2+b^2+c^2)} + \dfrac{3}{8} = \dfrac{3}{4}$$

12. 设 $\sqrt{\dfrac{c}{a+b}} \geq \dfrac{2c^x}{a^x+b^x+c^x}$，则有 $(a^x+b^x+c^x)^2 \geq 4c^{2x-1}(a+b)$。

又 $(a^x+b^x+c^x)^2 = [(a^x+b^x)+c^x]^2 \geq [2\sqrt{(a^x+b^x)c^x}]^2 = 4c^x(a^x+b^x)$。

令 $\begin{cases} 2x-1 = x \\ x = 1 \end{cases}$，解得 $x=1$，所以 $\sqrt{\dfrac{c}{a+b}} \geq \dfrac{2c}{a+b+c}$。

同理可得

$$\sqrt{\frac{a}{b+c}} \geq \frac{2a}{a+b+c}, \sqrt{\frac{b}{c+a}} \geq \frac{2b}{a+b+c}$$

上述 3 式相加即得

$$\sqrt{\frac{c}{a+b}} + \sqrt{\frac{a}{b+c}} + \sqrt{\frac{b}{c+a}} \geq 2$$

显然等号不能同时取到,故

$$\sqrt{\frac{c}{a+b}} + \sqrt{\frac{a}{b+c}} + \sqrt{\frac{b}{c+a}} > 2$$

13. 视 $\sum_{i=1}^{n} a_i - \sum_{i=1}^{n} A_i$ 为 a_1 的函数,记 $\sum_{i=1}^{n} a_i - \sum_{i=1}^{n} A_i = f(a_1)$,则 $f(a_1)$ 是关于 a_1 的一次函数,故

$$\left| \sum_{i=1}^{n} a_i - \sum_{i=1}^{n} A_i \right| \leq \max\{|f(0)|, |f(1)|\}$$

由于对每一个 i, $\sum_{i=1}^{n} a_i - \sum_{i=1}^{n} A_i$ 均为 a_i 的一次函数,故 $\left| \sum_{i=1}^{n} a_i - \sum_{i=1}^{n} A_i \right|$ 的最大值只能在 $a_i = 0$ 或 $a_i = 1(1 \leq i \leq n)$ 时取到.

(1)若 $a_i = 1(1 \leq i \leq n)$,则 $\left| \sum_{i=1}^{n} a_i - \sum_{i=1}^{n} A_i \right| = 0 < \frac{n-1}{2}$;

(2)若 $a_i = 0(1 \leq i \leq n)$,则 $\left| \sum_{i=1}^{n} a_i - \sum_{i=1}^{n} A_i \right| = 0 < \frac{n-1}{2}$;

(3)设 $a_i(1 \leq i \leq n)$ 中有 $m(1 \leq m \leq n-1)$ 个取 1,其余取 0,则 $\sum_{i=1}^{n} a_i = m$,并且当 $a_i = 1(1 \leq i \leq m)$, $a_j = 0(m+1 \leq j \leq n)$ 时, $\sum_{i=1}^{n} A_i$ 最大;当 $a_i = 0(1 \leq i \leq n-m)$, $a_j = 1(n-m+1 \leq j \leq n)$ 时, $\sum_{i=1}^{n} A_i$ 最小,即

$$\frac{1}{n-m+1} + \frac{2}{n-m+2} + \cdots + \frac{m}{n} \leq \sum_{i=1}^{n} A_i \leq m + \frac{m}{m+1} + \frac{m}{m+2} + \cdots + \frac{m}{n}$$

因为

$$\frac{1}{n-m+1} + \frac{2}{n-m+2} + \cdots + \frac{m}{n} = m - \frac{n-m}{n-m+1} - \frac{n-m}{n-m+2} - \cdots - \frac{n-m}{n}$$

所以

$$\left| \sum_{i=1}^{n} a_i - \sum_{i=1}^{n} A_i \right| \leq \frac{k}{k+1} + \frac{k}{k+2} + \cdots + \frac{k}{n}$$

其中 $k = m$ 或 $k = n - m$.

因 $a_i > 0(1 \leq i \leq n)$,故上式等号不能成立,即 $\left| \sum_{i=1}^{n} a_i - \sum_{i=1}^{n} A_i \right| < \frac{k}{k+1} + \frac{k}{k+2} + \cdots + \frac{k}{n}$,

从而

$$\left| \sum_{i=1}^{n} a_i - \sum_{i=1}^{n} A_i \right| < \frac{k}{k+1} + \frac{k}{k+2} + \cdots + \frac{k}{n}$$

$$\leq \frac{n-1}{n} + \frac{n-2}{n} + \cdots + \frac{k}{n} = \frac{(n-k)(n+k-1)}{2n}$$

$$= \frac{-k^2 + k + n^2 - n}{2n} \leq \frac{n-1}{2}.$$

故
$$\left|\sum_{i=1}^{n} a_i - \sum_{i=1}^{n} A_i\right| < \frac{n-1}{2}$$

14. 视 $a^5 + b^5 + c^5 - 5abc(b^2 - ac)$ 为 b 的函数.

(i) 当 $b^2 \leq ac$ 时, $a^5 + b^5 + c^5 \geq 5abc(b^2 - ac)$ 成立.

(ii) 当 $b^2 > ac$ 时, 设 $f(b) = a^5 + b^5 + c^5 - 5abc(b^2 - ac)$, 则

$$f'(b) = 5b^4 - 15ab^2c + 5a^2c^2 = 5\left(b^2 - \frac{3-\sqrt{5}}{2}ac\right)\left(b^2 - \frac{3+\sqrt{5}}{2}ac\right)$$

当 $ac < b^2 < \frac{3+\sqrt{5}}{2}ac$, 即 $\sqrt{ac} < b < \frac{1+\sqrt{5}}{2}\sqrt{ac}$ 时, $f'(b) < 0$;

当 $b^2 > \frac{3+\sqrt{5}}{2}ac$, 即 $b > \frac{1+\sqrt{5}}{2}\sqrt{ac}$ 时, $f'(b) > 0$.

故 $f(b) \geq f\left(\frac{1+\sqrt{5}}{2}\sqrt{ac}\right) = a^5 - 2a^{\frac{5}{2}}c^{\frac{5}{2}} + c^5 \geq 0$.

即 $a^5 + b^5 + c^5 \geq 5abc(b^2 - ac)$.

15. 设 $a_i = e^{x_i}(i = 1, 2, \cdots, n)$, 则问题转化为: 已知 $x_1 + x_2 + \cdots + x_n = 0$, 求证:

$$\sqrt{e^{2x_1} + 1} + \sqrt{e^{2x_2} + 1} + \cdots + \sqrt{e^{2x_n} + 1} \leq \sqrt{2}(e^{x_1} + e^{x_2} + \cdots + e^{x_n})$$

设 $g(x) = \sqrt{e^{2x} + 1} - \sqrt{2}e^x$, 其在点 $(0,0)$ 处的切线函数为 $y = -\frac{\sqrt{2}}{2}x$.

则要证明 $\sqrt{e^{2x} + 1} - \sqrt{2}e^x \leq -\frac{\sqrt{2}}{2}x$.

于是, 设 $f(x) = \sqrt{x^2 + 1} - \sqrt{2}x + \frac{\sqrt{2}}{2}\ln x (x > 0)$, 则 $f'(x) = \frac{x}{\sqrt{x^2+1}} + \frac{\sqrt{2}}{2x} - \sqrt{2}$.

当 $x > 1$ 时, $f'(x) < 0$, 当 $0 < x < 1$ 时, $f'(x) > 0$,

故 $f(x) \leq f(1)$, 即 $\sqrt{x^2 + 1} - \sqrt{2}x + \frac{\sqrt{2}}{2}\ln x \leq 0$, 从而

$$\sqrt{a_1^2 + 1} + \sqrt{a_2^2 + 1} + \cdots + \sqrt{a_n^2 + 1}$$
$$= \sqrt{2}(a_1 + a_2 + \cdots + a_n) - \frac{\sqrt{2}}{2}\ln(a_1 a_2 \cdots a_n)$$
$$= \sqrt{2}(a_1 + a_2 + \cdots + a_n)$$

16. (1) $\sum_{k=1}^{n} \frac{k}{k^2 + 1}$ 为图 1 中各矩形的面积之和, 由图 1 知

$$\sum_{k=1}^{n} \frac{k}{k^2 + 1} > \int_{1}^{n+1} \frac{x}{x^2 + 1} dx = \frac{1}{2}\ln[1 + (n+1)^2] - \frac{1}{2}\ln 2$$

从而
$$\sum_{k=1}^{n} \frac{k}{k^2 + 1} - \ln n > \frac{1}{2}\ln[1 + (n-1)^2] - \frac{1}{2}\ln 2 - \ln n$$
$$= \frac{1}{2}\ln\frac{1 + (n+1)^2}{n^2} - \frac{\ln 2}{2} > -\frac{\ln 2}{2} > -1$$

(2) 当 $n \geq 2$ 时, $\sum_{k=2}^{n} \frac{k}{k^2 + 1}$ 为图 2 中各矩形的面积之和, 由图 2 知

$$\sum_{k=2}^{n} \frac{k}{k^2+1} < \int_1^n \frac{x}{x^2+1} dx = \frac{1}{2}[\ln(1+n^2) - \ln 2]$$

从而 $\sum_{k=1}^{n} \frac{k}{k^2+1} - \ln n = \frac{1}{2} + \sum_{k=2}^{n} \frac{k}{k^2+1} - \ln n < \frac{1}{2} + \frac{1}{2}[\ln(1+n^2) - \ln 2] - \ln n$

$$= \frac{1}{2} + \frac{1}{2}\ln\frac{1+n^2}{2n^2} < \frac{1}{2}$$

又当 $n = 1$ 时,得

$$\sum_{k=1}^{n} \frac{k}{k^2+1} - \ln n = \frac{1}{2}$$

综上所述 $-1 < \sum_{k=1}^{n} \frac{k}{k^2+1} - \ln n \leq \frac{1}{2}.$

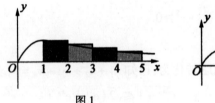
图 1

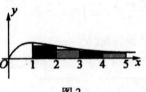
图 2

参考文献

[1] 沈文选. 奥林匹克数学研究与数学奥林匹克教育[J]. 数学教育学报,2003(3):21-25.
[2] 朱华伟. 试论数学奥林匹克的教育价值[J]. 数学教育学报,2007(2):12-15.
[3] 2008IMO 中国国家集训队教研组. 数学奥林匹克试题集锦[M]. 上海:华东师范大学出版社,2008.
[4] 王梓坤. 今日数学及其应用[J]. 数学通报,1994(7):3-8.
[5] 波利亚. 怎样解题[M]. 涂泓,等译. 上海:上海科学技术出版社,2002.
[6] 沈文选. 走进教育数学[M]. 北京:科学出版社,2009.
[7] 徐红. 对第 46 届(2005 年)IMO 第 5 题的探究[J]. 中学教研(数学),2006(7):39-40.
[8] 卫福山. 对一道西部数学竞赛试题的深入研究[J]. 数学教学,2011(7):19-20.
[9] 沈文选. 数学竞赛解题策略. 几何分册[M]. 杭州:浙江大学出版社,2012.
[10] 沈文选. 奥林匹克数学中的几何问题[M]. 长沙:湖南师范大学出版社,2015.
[11] 沈文选. 角的内切圆的性质及应用[J]. 中等数学,2014(7):2-5.
[12] 朱华伟. 从数学竞赛到竞赛数学[M]. 北京:科学出版社,2009.
[13] 朱华伟. Schur 不等式及其变式[J]. 数学通报,2009(10):54-57.
[14] 高强,朱华伟. Schur 不等式及其应用[J]. 中学数学教学参考,2010(4):58-60.
[15] 蔡玉书. 舒尔不等式及其变形的应用[J]. 数学通讯,2010(8):62-64.
[16] 刘南山,袁平. 巧用 Schur 不等式的变式解竞赛题[J]. 中学数学研究,2010(3):41-42.
[17] 沈文选. 有约束条件的完全四边形与数学竞赛(上、下)[J]. 中等数学,2007(2,3):17-22.13-15.
[18] 沈文选,邹宇. 含 60°内角的三角形的一个图形性质与竞赛题的命制[J]. 中学数学研究,2009(2):28-30.
[19] 沈文选,羊明亮. 线段的调和分割在证明两角相等中的应用[J]. 中学数学研究,2009(8):31-33.
[20] 沈文选,肖登鹏. 调和点列的性质与一类竞赛题的证明[J]. 数学通讯,2009(6):43-46.
[21] 沈文选. 三角形内切圆的一条性质及应用[J]. 中学数学教学,2009(4):54-55.
[22] 沈文选. 垂心组的性质及应用[J]. 数学通讯,2010(2):60-62.
[23] 沈文选. 相交两圆的性质及应用[J]. 数学通讯,2010(7):56-58.
[24] 沈文选. 再谈相交两圆的性质及应用[J]. 数学通讯,2010(11):56-58.
[25] 沈文选. 牛顿定理的证明、应用及其他[J]. 中学教研,2010(4):26-29.
[26] 沈文选. 论调和四边形的性质及应用[J]. 中学教研,2010(10):35-39.
[27] 沈文选. 再谈调和四边形的性质及应用[J]. 中学教研,2010(12):31-34.
[28] 沈文选. 两圆内切的性质及应用[J]. 中学数学教学参考,2010(1,2):121-123.
[29] 沈文选. 两圆外切的性质及应用[J]. 中学数学教学参考,2010(3):47-49.
[30] 沈文选. 三角形的密克定理及应用[J]. 中等数学,2011(11):7-11.

[31] 沈文选. 等腰三角形的一条性质及应用[J]. 中等数学, 2011(6):6-10.
[32] 沈文选. 三角形内切圆的几个结论及应用[J]. 中等数学, 2012(6):3-5.
[33] 沈文选. 一组对边相等的四边形的性质及应用[J]. 中等数学, 2013(1):4-6.
[34] 沈文选. 高中数学竞赛中的秘密[M]. 长沙:湖南师范大学出版社, 2014.
[35] 沈文选. 圆弧的中点的性质及应用[J]. 中等数学, 2013(7):4-6.
[36] 沈文选. 三角形内切圆的几个性质及应用[J]. 中学教研, 2011(5):28-32.
[37] 沈文选. 再谈三角形内切圆的几个性质及应用[J]. 中学教研, 2011(7):31-35.
[38] 沈文选. 戴维斯定理及应用[J]. 中等数学, 2014(2):5-7.
[39] 沈文选. 三角形共轭中线的性质及应用[J]. 中等数学, 2015(2):2-9.
[40] 沈文选. 线段调和分割的性质及应用[J]. 中学教研, 2009(9):28-33.
[41] 沈文选. 高中数学竞赛解题策略——代数分册[M]. 杭州:浙江大学出版社, 2012.
[42] 沈文选, 等. 奥林匹克数学中的数论问题[M]. 2版. 长沙:湖南师范大学出版社, 2015.
[43] 王伯龙. 一个代数恒等式背景下一组代数不等式[J]. 数学通讯, 2014(4):封三-封底.

作者出版的相关书籍与发表的相关文章目录

书籍类

[1] 走进教育数学. 北京:科学出版社,2015.

[2] 单形论导引. 哈尔滨:哈尔滨工业大学出版社,2015.

[3] 奥林匹克数学中的几何问题. 长沙:湖南师范大学出版社,2015.

[4] 奥林匹克数学中的代数问题. 长沙:湖南师范大学出版社,2015.

[5] 奥林匹克数学中的真题分析. 长沙:湖南师范大学出版社,2015.

[6] 走向 IMO 的平面几何试题诠释. 哈尔滨:哈尔滨工业大学出版社,2007.

[7] 三角形——从全等到相似. 上海:华东师范大学出版社,2005.

[8] 三角形——从分解到组合. 上海:华东师范大学出版社,2005.

[9] 三角形——从全等到相似. 台北:九章出版社,2006.

[10] 四边形——从分解到组合. 台北:九章出版社,2006.

[11] 中学几何研究. 北京:高等教育出版社,2006.

[12] 几何课程研究. 北京:科学出版社,2006.

[13] 初等数学解题研究. 长沙:湖南科学技术出版社,1996.

[14] 初等数学研究教程. 长沙:湖南教育出版社,1996.

文章类

[1] 关于"切已知球的单形宽度"一文的注记. 数学研究与评论,1998(2):291-295.

[2] 关于单形宽度的不等式链. 湖南数学年刊,1996(1):45-48.

[3] 关于单形的几个含参不等式(英). 数学理论与学习,2000(1):85-90.

[4] 非负实数矩阵的一条运算性质与几个积分不等式的证明. 湖南数学年刊,1993(1):140-143.

[5] 数学教育与教育数学. 数学通报,2005(9):27-31.

[6] 数学问题 1151 号. 数学通报,2004(10):46-47.

[7] 再谈一个不等式命题. 数学通报,1994(12):26-27.

[8] 数学问题 821 号. 数学通报,1993(4):48-49.

[9] 数学问题 782 号. 数学通报,1992(8):48-49.

[10] 双圆四边形的一些有趣结论. 数学通报,1991(5):28-29.

[11] 数学问题 682 号. 数学通报,1990(12):48.

[12] 数学解题与解题研究的重新认识. 数学教育学报,1997(3):89-92.

[13] 高师数学教育专业《初等数学研究》教学内容的改革尝试. 数学教育学报,1998(2):95-99.

[14] 奥林匹克数学研究与数学奥林匹克教育. 数学教育学报,2002(3):21-25.

[15] 数学奥林匹克中的几何问题研究与几何教育探讨. 数学教育学报,2004(4):78-81.

[16] 涉及单形重心的几个几何不等式. 湖南师大学报,2001(1):17-19.

[17] 平面几何定理的证明教学浅谈. 中学数学,1987(9):5-7.

[18] 两圆相交的两条性质及应用. 中学数学,1990(2):12-14.

[19] 三圆两两相交的一条性质. 中学数学,1992(6):25.
[20] 卡尔松不等式是一批著名不等式的综合. 中学数学,1994(7):28-30.
[21] 直角三角形中的一些数量关系. 中学数学,1997(7):14-16.
[22] 关联三个正方形的几个有趣结论. 中学数学,1999(4):45-46.
[23] 广义凸函数的简单性质. 中学数学,2000(12):36-38.
[24] 中学数学研究与中学数学教育. 中学数学,2002(1):1-3.
[25] 含60°内角的三角形的性质及应用. 中学数学,2003(1):47-49.
[26] 角格点一些猜想的统一证明. 中学数学,2002(6):40-41.
[27] 完全四边形的一条性质及应用. 中学数学,2006(1):44-45.
[28] 完全四边形的 Miquel 点及其应用. 中学数学,2006(4):36-39.
[29] 关于两个著名定理联系的探讨. 中学数学,2006(10):44-46.
[30] 一类旋转面截线的一条性质. 数学通讯,1985(7):31-33.
[31] 一道平面几何问题的再推广及应用. 数学通讯,1989(1):8-9.
[32] 一类和(或积)式不等式函数最值的统一求解方法. 数学通讯,1993(6):18-19.
[33] 正三角形的连接. 中等数学,1995(6):8-11..
[34] 关联正方形的一些有趣结论与数学竞赛命题. 中等数学,1998(1):10-15.
[35] 关于2003年中国数学奥林匹克第一题. 中等数学,2003(6):9-14.
[36] 完全四边形的优美性质. 中等数学,2006(8):17-22.
[37] 椭圆焦半径的性质. 中等数学,1984(11):45-46.
[38] 从一道竞赛题谈起. 湖南数学通讯,1993(1):30-32.
[39] 概念复习课之我见. 湖南数学通讯,1986(3):2-4.
[40] 单位根的性质及应用举例. 中学数学研究,1987(4):17-20.
[41] 题海战术何时了. 中学数学研究,1997(3):5-7.
[42] 一道高中联赛平面几何题的新证法. 中学教研(数学),2005(4):37-40.
[43] 平行六面体的一些数量关系. 数学教学研究,1987(3):23-26.
[44] 浅谈平面几何定理应用的教学. 数学教学研究,1987(5):14-16.
[45] 对"欧拉不等式的推广"的简证. 数学教学研究,1991(3):11-12.
[46] 正四面体的判定与性质. 数学教学研究,1994(3):29-31.
[47] 矩阵中元素的几条运算性质与不等式的证明. 数学教学研究,1994(3):39-43.
[48] 逐步培养和提高学生解题能力的五个层次. 中学数学(苏州),1997(4):29-31.
[49] 数学教师专业化与教育数学研究. 中学数学,2004(2):1-4.
[50] 中学数学教师岗位成才与教育数学研究. 中学数学研究,2006(7):封二-4.
[51] 2005年全国高中联赛加试题另解. 中学数学研究,2005(12):10-12.
[52] 2002年高中联赛平面几何题的新证法. 中学数学杂志,2003(1):40-43.
[53] 2001年高中联赛平面几何题的新证法. 中学数学杂志,2002(2):33-34.
[54] 构造长方体数的两个法则. 数学教学通讯,1988(2):36.
[55] 抛物线弓形的几条有趣性质. 中学数学杂志,1991(4):9-12.
[56] 空间四边形的一些有趣结论. 中学数学杂志,1990(3):37-39.
[57] 关于求"异面直线的夹角"公式的简证. 中学数学教学(上海),1987(2):25.

[58] 发掘例题的智能因素. 教学研究,1989(4):26-30.
[59] 数学创新教育与数学教育创新. 现代中学数学,2003(1):2-7.
[60] 剖析现实. 抓好新一轮课程改革中的高中数学教学. 现代中学数学,2004(4):2-7.
[61] 基础+创新=优秀的教育. 现代中学数学,2005(2):1-3.
[62] 平面几何内容的教学与培训再议. 现代中学数学,2005(4):封二.
[63] 运用"说课"这一教学研究和教学交流形式的几点注意. 现代中学数学,2006(1):封二-1.
[64] 二议数学教育与教育数学. 现代中学数学,2006(3):封二-3.
[65] 直角四面体的旁切球半径. 中学数学报,1986(8).
[66] 析命题立意,谈迎考复习. 招生与考试,2002(2).

编后语

沈文选先生是我多年的挚友,我又是这套书的策划编辑,所以有必要在这套书即将出版之际,说上两句.

有人说:"现在,书籍越来越多,过于垃圾,过于商业,过于功利,过于弱智,无书可读."

还有人说:"从前,出书难,总量少,好书就像沙滩上的鹅卵石一样显而易见,而现在书籍的总量在无限扩张,而佳作却无法迅速膨化,好书便如埋在沙砾里的金粉一样细屑不可寻,一读便上当,看书的机会成本越来越大."(无书可读——中国图书业的另类观察,侯虹斌《新周刊》,2003,总 166 期)

但凡事总有例外,摆在我面前的沈文选先生的大作便是一个小概率事件的结果.文如其人,作品即是人品,现在认认真真做学问,老老实实写著作的学者已不多见.沈先生算是其中一位,用书法大师教育家启功给北京师范大学所题的校训"学为人师,行为世范"来写照,恰如其分.沈先生"从一而终",从教近四十年,除偶有涉及 n 维空间上的单形研究外将全部精力都投入到初等数学的研究中.不可不谓执着,成果也是显著的,称其著作等身并不为过.

目前,国内高校也开始流传美国学界历来的说法"不发表则自毙(Publish or Perish)".于是大量应景之作迭出,但沈先生已近退休,并无此压力,只是想将多年研究做个总结,可算封山之作.所以说这套丛书是无书可读时代的可读之书,选读此书可将读书的机会成本降至无穷小.

编后语

这套书非考试之用,所以切不可抱功利之心去读.中国最可怕的事不是大众不读书,而是教师不读书,沈先生的书既是给学生读的,又是给教师读的.2001 年陈丹青在上海《艺术世界》杂志开办专栏时,他采取读者提问他回答的互动方式.有一位读者直截了当地问:"你认为在艺术中能够得到什么?"陈丹青答道:"得到所谓'艺术':有时自以为得到了,有时发现并没得到."(陈丹青.与陈丹青交谈.上海文艺出版社,2007,第 12 页).读艺术如此读数学也如此,如果非要给自己一个读的理由,可以用一首诗来说服自己,曾有人将古代五言《神童诗》扩展成七言.

古今天子重英豪,学内文章教尔曹.
世上万般皆下品,人间唯有读书高.

沈先生的书涉猎极广,可以说只要对数学感兴趣的人都会开卷有益,可自学,可竞赛,可教学,可欣赏,可把玩,只是不宜远离.米兰·昆德拉在《小说的艺术》中说:"缺乏艺术细胞并不可怕,一个人完全可以不读普鲁斯特,不听舒伯特,而生活得很平和.但一个蔑视艺术的人不可能平和地生活."(米兰·昆德拉.小说的艺术.董强,译.上海译文出版社,2004,第169 页)将艺术换以数学结论也成立.

本套书是旨在提高公众数学素养的书,打个比方说它不是药但是营养素与维生素.缺少它短期似无大碍,长期缺乏必有大害.2007 年 9 月初,法国中小学开学之际,法国总统尼古拉·萨科奇发表了长达 32 页的《致教育者的一封信》,其中他严肃指出:当前法国教育中的普通文化日渐衰退,而专业化学习经常过细、过早.他认为:"学者、工程师、技术员不能没有文学、艺术、哲学素养;作家、艺术家、哲学家不能没有科学、技术、数学素养."

最后我们祝沈老师退休生活愉快,为数学工作了一辈子,教了那么多学生,写了那么多论文和书,你太累了,也该歇歇了.

刘培杰
2017 年 5 月 1 日

刘培杰数学工作室
已出版(即将出版)图书目录——初等数学

书　　名	出版时间	定　价	编号
新编中学数学解题方法全书(高中版)上卷	2007—09	38.00	7
新编中学数学解题方法全书(高中版)中卷	2007—09	48.00	8
新编中学数学解题方法全书(高中版)下卷(一)	2007—09	42.00	17
新编中学数学解题方法全书(高中版)下卷(二)	2007—09	38.00	18
新编中学数学解题方法全书(高中版)下卷(三)	2010—06	58.00	73
新编中学数学解题方法全书(初中版)上卷	2008—01	28.00	29
新编中学数学解题方法全书(初中版)中卷	2010—07	38.00	75
新编中学数学解题方法全书(高考复习卷)	2010—01	48.00	67
新编中学数学解题方法全书(高考真题卷)	2010—01	38.00	62
新编中学数学解题方法全书(高考精华卷)	2011—03	68.00	118
新编平面解析几何解题方法全书(专题讲座卷)	2010—01	18.00	61
新编中学数学解题方法全书(自主招生卷)	2013—08	88.00	261
数学奥林匹克与数学文化(第一辑)	2006—05	48.00	4
数学奥林匹克与数学文化(第二辑)(竞赛卷)	2008—01	48.00	19
数学奥林匹克与数学文化(第二辑)(文化卷)	2008—07	58.00	36'
数学奥林匹克与数学文化(第三辑)(竞赛卷)	2010—01	48.00	59
数学奥林匹克与数学文化(第四辑)(竞赛卷)	2011—08	58.00	87
数学奥林匹克与数学文化(第五辑)	2015—06	98.00	370
世界著名平面几何经典著作钩沉——几何作图专题卷(上)	2009—06	48.00	49
世界著名平面几何经典著作钩沉——几何作图专题卷(下)	2011—01	88.00	80
世界著名平面几何经典著作钩沉(民国平面几何老课本)	2011—03	38.00	113
世界著名平面几何经典著作钩沉(建国初期平面三角老课本)	2015—08	38.00	507
世界著名解析几何经典著作钩沉——平面解析几何卷	2014—01	38.00	264
世界著名数论经典著作钩沉(算术卷)	2012—01	28.00	125
世界著名数学经典著作钩沉——立体几何卷	2011—02	28.00	88
世界著名三角学经典著作钩沉(平面三角卷Ⅰ)	2010—06	28.00	69
世界著名三角学经典著作钩沉(平面三角卷Ⅱ)	2011—01	38.00	78
世界著名初等数论经典著作钩沉(理论和实用算术卷)	2011—07	38.00	126
发展你的空间想象力	2017—06	38.00	785
走向国际数学奥林匹克的平面几何试题诠释(上、下)(第1版)	2007—01	68.00	11,12
走向国际数学奥林匹克的平面几何试题诠释(上、下)(第2版)	2010—02	98.00	63,64
平面几何证明方法全书	2007—08	35.00	1
平面几何证明方法全书习题解答(第1版)	2005—10	18.00	2
平面几何证明方法全书习题解答(第2版)	2006—12	18.00	10
平面几何天天练上卷·基础篇(直线型)	2013—01	58.00	208
平面几何天天练中卷·基础篇(涉及圆)	2013—01	28.00	234
平面几何天天练下卷·提高篇	2013—01	58.00	237
平面几何专题研究	2013—07	98.00	258

刘培杰数学工作室
已出版（即将出版）图书目录——初等数学

书　名	出版时间	定　价	编号
最新世界各国数学奥林匹克中的平面几何试题	2007—09	38.00	14
数学竞赛平面几何典型题及新颖解	2010—07	48.00	74
初等数学复习及研究（平面几何）	2008—09	58.00	38
初等数学复习及研究（立体几何）	2010—06	38.00	71
初等数学复习及研究（平面几何）习题解答	2009—01	48.00	42
几何学教程（平面几何卷）	2011—03	68.00	90
几何学教程（立体几何卷）	2011—07	68.00	130
几何变换与几何证题	2010—06	88.00	70
计算方法与几何证题	2011—06	28.00	129
立体几何技巧与方法	2014—04	88.00	293
几何瑰宝——平面几何500名题暨1000条定理（上、下）	2010—07	138.00	76,77
三角形的解法与应用	2012—07	18.00	183
近代的三角形几何学	2012—07	48.00	184
一般折线几何学	2015—08	48.00	503
三角形的五心	2009—06	28.00	51
三角形的六心及其应用	2015—10	68.00	542
三角形趣谈	2012—08	28.00	212
解三角形	2014—01	28.00	265
三角学专门教程	2014—09	28.00	387
图天下几何新题试卷.初中（第2版）	2017—11	58.00	855
圆锥曲线习题集（上册）	2013—06	68.00	255
圆锥曲线习题集（中册）	2015—01	78.00	434
圆锥曲线习题集（下册·第1卷）	2016—10	78.00	683
圆锥曲线习题集（下册·第2卷）	2018—01	98.00	853
论九点圆	2015—05	88.00	645
近代欧氏几何学	2012—03	48.00	162
罗巴切夫斯基几何学及几何基础概要	2012—07	28.00	188
罗巴切夫斯基几何学初步	2015—06	28.00	474
用三角、解析几何、复数、向量计算解数学竞赛几何题	2015—03	48.00	455
美国中学几何教程	2015—04	88.00	458
三线坐标与三角形特征点	2015—04	98.00	460
平面解析几何方法与研究（第1卷）	2015—05	18.00	471
平面解析几何方法与研究（第2卷）	2015—06	18.00	472
平面解析几何方法与研究（第3卷）	2015—07	18.00	473
解析几何研究	2015—01	38.00	425
解析几何学教程.上	2016—01	38.00	574
解析几何学教程.下	2016—01	38.00	575
几何学基础	2016—01	58.00	581
初等几何研究	2015—02	58.00	444
十九和二十世纪欧氏几何学中的片段	2017—01	58.00	696
平面几何中考.高考.奥数一本通	2017—07	28.00	820
几何学简史	2017—08	28.00	833

刘培杰数学工作室
已出版(即将出版)图书目录——初等数学

书 名	出版时间	定 价	编号
俄罗斯平面几何问题集	2009—08	88.00	55
俄罗斯立体几何问题集	2014—03	58.00	283
俄罗斯几何大师——沙雷金论数学及其他	2014—01	48.00	271
来自俄罗斯的5000道几何习题及解答	2011—03	58.00	89
俄罗斯初等数学问题集	2012—05	38.00	177
俄罗斯函数问题集	2011—03	38.00	103
俄罗斯组合分析问题集	2011—01	48.00	79
俄罗斯初等数学万题选——三角卷	2012—11	38.00	222
俄罗斯初等数学万题选——代数卷	2013—08	68.00	225
俄罗斯初等数学万题选——几何卷	2014—01	68.00	226
463个俄罗斯几何老问题	2012—01	28.00	152
谈谈素数	2011—03	18.00	91
平方和	2011—03	18.00	92
整数论	2011—05	38.00	120
从整数谈起	2015—10	28.00	538
数与多项式	2016—01	38.00	558
谈谈不定方程	2011—05	28.00	119
解析不等式新论	2009—06	68.00	48
建立不等式的方法	2011—03	98.00	104
数学奥林匹克不等式研究	2009—08	68.00	56
不等式研究(第二辑)	2012—02	68.00	153
不等式的秘密(第一卷)	2012—05	28.00	154
不等式的秘密(第一卷)(第2版)	2014—02	38.00	286
不等式的秘密(第二卷)	2014—01	38.00	268
初等不等式的证明方法	2010—06	38.00	123
初等不等式的证明方法(第二版)	2014—11	38.00	407
不等式·理论·方法(基础卷)	2015—07	38.00	496
不等式·理论·方法(经典不等式卷)	2015—07	38.00	497
不等式·理论·方法(特殊类型不等式卷)	2015—07	48.00	498
不等式探究	2016—03	38.00	582
不等式探秘	2017—01	88.00	689
四面体不等式	2017—01	68.00	715
数学奥林匹克中常见重要不等式	2017—09	38.00	845
同余理论	2012—05	38.00	163
[x]与{x}	2015—04	48.00	476
极值与最值.上卷	2015—06	28.00	486
极值与最值.中卷	2015—06	38.00	487
极值与最值.下卷	2015—06	28.00	488
整数的性质	2012—11	38.00	192
完全平方数及其应用	2015—08	78.00	506
多项式理论	2015—10	88.00	541
奇数、偶数、奇偶分析法	2018—01	98.00	876

刘培杰数学工作室
已出版(即将出版)图书目录——初等数学

书　名	出版时间	定　价	编号
历届美国中学生数学竞赛试题及解答(第一卷)1950—1954	2014—07	18.00	277
历届美国中学生数学竞赛试题及解答(第二卷)1955—1959	2014—04	18.00	278
历届美国中学生数学竞赛试题及解答(第三卷)1960—1964	2014—06	18.00	279
历届美国中学生数学竞赛试题及解答(第四卷)1965—1969	2014—04	28.00	280
历届美国中学生数学竞赛试题及解答(第五卷)1970—1972	2014—06	18.00	281
历届美国中学生数学竞赛试题及解答(第六卷)1973—1980	2017—07	18.00	768
历届美国中学生数学竞赛试题及解答(第七卷)1981—1986	2015—01	18.00	424
历届美国中学生数学竞赛试题及解答(第八卷)1987—1990	2017—05	18.00	769
历届IMO试题集(1959—2005)	2006—05	58.00	5
历届CMO试题集	2008—09	28.00	40
历届中国数学奥林匹克试题集(第2版)	2017—03	38.00	757
历届加拿大数学奥林匹克试题集	2012—08	38.00	215
历届美国数学奥林匹克试题集:多解推广加强	2012—08	38.00	209
历届美国数学奥林匹克试题集:多解推广加强(第2版)	2016—03	48.00	592
历届波兰数学竞赛试题集.第1卷,1949~1963	2015—03	18.00	453
历届波兰数学竞赛试题集.第2卷,1964~1976	2015—03	18.00	454
历届巴尔干数学奥林匹克试题集	2015—05	38.00	466
保加利亚数学奥林匹克	2014—10	38.00	393
圣彼得堡数学奥林匹克试题集	2015—01	38.00	429
匈牙利奥林匹克数学竞赛题解.第1卷	2016—05	28.00	593
匈牙利奥林匹克数学竞赛题解.第2卷	2016—05	28.00	594
历届美国数学邀请赛试题集(第2版)	2017—10	78.00	851
全国高中数学竞赛试题及解答.第1卷	2014—07	38.00	331
普林斯顿大学数学竞赛	2016—06	38.00	669
亚太地区数学奥林匹克竞赛题	2015—07	18.00	492
日本历届(初级)广中杯数学竞赛试题及解答.第1卷(2000~2007)	2016—05	28.00	641
日本历届(初级)广中杯数学竞赛试题及解答.第2卷(2008~2015)	2016—05	38.00	642
360个数学竞赛问题	2016—08	58.00	677
奥数最佳实战题.上卷	2017—06	38.00	760
奥数最佳实战题.下卷	2017—05	58.00	761
哈尔滨市早期中学数学竞赛试题汇编	2016—07	28.00	672
全国高中数学联赛试题及解答:1981—2015	2016—08	98.00	676
20世纪50年代全国部分城市数学竞赛试题汇编	2017—07	28.00	797
高中数学竞赛培训教程:整除与同余以及不定方程	2018—01	88.00	869
高考数学临门一脚(含密押三套卷)(理科版)	2017—01	45.00	743
高考数学临门一脚(含密押三套卷)(文科版)	2017—01	45.00	744
新课标高考数学题型全归纳(文科版)	2015—05	72.00	467
新课标高考数学题型全归纳(理科版)	2015—05	82.00	468
洞穿高考数学解答题核心考点(理科版)	2015—11	49.80	550
洞穿高考数学解答题核心考点(文科版)	2015—11	46.80	551

刘培杰数学工作室
已出版(即将出版)图书目录——初等数学

书　名	出版时间	定　价	编号
高考数学题型全归纳:文科版.上	2016—05	53.00	663
高考数学题型全归纳:文科版.下	2016—05	53.00	664
高考数学题型全归纳:理科版.上	2016—05	58.00	665
高考数学题型全归纳:理科版.下	2016—05	58.00	666
王连笑教你怎样学数学:高考选择题解题策略与客观题实用训练	2014—01	48.00	262
王连笑教你怎样学数学:高考数学高层次讲座	2015—02	48.00	432
高考数学的理论与实践	2009—08	38.00	53
高考数学核心题型解题方法与技巧	2010—01	28.00	86
高考思维新平台	2014—03	38.00	259
30 分钟拿下高考数学选择题、填空题(理科版)	2016—10	39.80	720
30 分钟拿下高考数学选择题、填空题(文科版)	2016—10	39.80	721
高考数学压轴题解题诀窍(上)(第 2 版)	2018—01	58.00	874
高考数学压轴题解题诀窍(下)(第 2 版)	2018—01	48.00	875
北京市五区文科数学三年高考模拟题详解:2013~2015	2015—08	48.00	500
北京市五区理科数学三年高考模拟题详解:2013~2015	2015—09	68.00	505
向量法巧解数学高考题	2009—08	28.00	54
高考数学万能解题法(第 2 版)	即将出版	38.00	691
高考物理万能解题法(第 2 版)	即将出版	38.00	692
高考化学万能解题法(第 2 版)	即将出版	28.00	693
高考生物万能解题法(第 2 版)	即将出版	28.00	694
高考数学解题金典(第 2 版)	2017—01	78.00	716
高考物理解题金典(第 2 版)	即将出版	68.00	717
高考化学解题金典(第 2 版)	即将出版	58.00	718
我一定要赚分:高中物理	2016—01	38.00	580
数学高考参考	2016—01	78.00	589
2011~2015 年全国及各省市高考数学文科精品试题审题要津与解法研究	2015—10	68.00	539
2011~2015 年全国及各省市高考数学理科精品试题审题要津与解法研究	2015—10	88.00	540
最新全国及各省市高考数学试卷解法研究及点拨评析	2009—02	38.00	41
2011 年全国及各省市高考数学试题审题要津与解法研究	2011—10	48.00	139
2013 年全国及各省市高考数学试题解析与点评	2014—01	48.00	282
全国及各省市高考数学试题审题要津与解法研究	2015—02	48.00	450
新课标高考数学——五年试题分章详解(2007~2011)(上、下)	2011—10	78.00	140,141
全国中考数学压轴题审题要津与解法研究	2013—04	78.00	248
新编全国及各省市中考数学压轴题审题要津与解法研究	2014—05	58.00	342
全国及各省市 5 年中考数学压轴题审题要津与解法研究(2015 版)	2015—04	58.00	462
中考数学专题总复习	2007—04	28.00	6
中考数学较难题、难题常考题型解题方法与技巧.上	2016—01	48.00	584
中考数学较难题、难题常考题型解题方法与技巧.下	2016—01	58.00	585
中考数学较难题常考题型解题方法与技巧	2016—09	48.00	681
中考数学难题常考题型解题方法与技巧	2016—09	48.00	682

Ｖ

刘培杰数学工作室
已出版（即将出版）图书目录——初等数学

书　名	出版时间	定　价	编号
中考数学选择填空压轴好题妙解 365	2017—05	38.00	759
中考数学小压轴汇编初讲	2017—07	48.00	788
中考数学大压轴专题微言	2017—09	48.00	846
北京中考数学压轴题解题方法突破（第3版）	2017—11	48.00	854
助你高考成功的数学解题智慧：知识是智慧的基础	2016—01	58.00	596
助你高考成功的数学解题智慧：错误是智慧的试金石	2016—04	58.00	643
助你高考成功的数学解题智慧：方法是智慧的推手	2016—04	68.00	657
高考数学奇思妙解	2016—04	38.00	610
高考数学解题策略	2016—05	48.00	670
数学解题泄天机（第2版）	2017—10	48.00	850
高考物理压轴题全解	2017—04	48.00	746
高中物理经典问题25讲	2017—05	28.00	764
高中物理教学讲义	2018—01	48.00	871
2016年高考文科数学真题研究	2017—04	58.00	754
2016年高考理科数学真题研究	2017—04	78.00	755
初中数学、高中数学脱节知识补缺教材	2017—06	48.00	766
高考数学小题抢分必练	2017—10	48.00	834
高考数学核心素养解读	2017—09	38.00	839
高考数学客观题解题方法和技巧	2017—10	38.00	847
十年高考数学精品试题审题要津与解法研究.上卷	即将出版		872
十年高考数学精品试题审题要津与解法研究.下卷	2018—01	58.00	873
新编640个世界著名数学智力趣题	2014—01	88.00	242
500个最新世界著名数学智力趣题	2008—06	48.00	3
400个最新世界著名数学最值问题	2008—09	48.00	36
500个世界著名数学征解问题	2009—06	48.00	52
400个中国最佳初等数学征解老问题	2010—01	48.00	60
500个俄罗斯数学经典老题	2011—01	28.00	81
1000个国外中学物理好题	2012—04	48.00	174
300个日本高考数学题	2012—05	38.00	142
700个早期日本高考数学试题	2017—02	88.00	752
500个前苏联早期高考数学试题及解答	2012—05	28.00	185
546个早期俄罗斯大学生数学竞赛题	2014—03	38.00	285
548个来自美苏的数学好问题	2014—11	28.00	396
20所苏联著名大学早期入学试题	2015—02	18.00	452
161道德国工科大学生必做的微分方程习题	2015—05	28.00	469
500个德国工科大学生必做的高数习题	2015—06	28.00	478
360个数学竞赛问题	2016—08	58.00	677
德国讲义日本考题.微积分卷	2015—04	48.00	456
德国讲义日本考题.微分方程卷	2015—04	38.00	457
二十世纪中叶中、英、美、日、法、俄高考数学试题精选	2017—06	38.00	783

刘培杰数学工作室
已出版(即将出版)图书目录——初等数学

书　名	出版时间	定　价	编号
中国初等数学研究　2009卷(第1辑)	2009—05	20.00	45
中国初等数学研究　2010卷(第2辑)	2010—05	30.00	68
中国初等数学研究　2011卷(第3辑)	2011—07	60.00	127
中国初等数学研究　2012卷(第4辑)	2012—07	48.00	190
中国初等数学研究　2014卷(第5辑)	2014—02	48.00	288
中国初等数学研究　2015卷(第6辑)	2015—06	68.00	493
中国初等数学研究　2016卷(第7辑)	2016—04	68.00	609
中国初等数学研究　2017卷(第8辑)	2017—01	98.00	712
几何变换(Ⅰ)	2014—07	28.00	353
几何变换(Ⅱ)	2015—06	28.00	354
几何变换(Ⅲ)	2015—01	38.00	355
几何变换(Ⅳ)	2015—12	38.00	356
初等数论难题集(第一卷)	2009—05	68.00	44
初等数论难题集(第二卷)(上、下)	2011—02	128.00	82,83
数论概貌	2011—03	18.00	93
代数数论(第二版)	2013—08	58.00	94
代数多项式	2014—06	38.00	289
初等数论的知识与问题	2011—02	28.00	95
超越数论基础	2011—03	28.00	96
数论初等教程	2011—03	28.00	97
数论基础	2011—03	18.00	98
数论基础与维诺格拉多夫	2014—03	18.00	292
解析数论基础	2012—08	28.00	216
解析数论基础(第二版)	2014—01	48.00	287
解析数论问题集(第二版)(原版引进)	2014—05	88.00	343
解析数论问题集(第二版)(中译本)	2016—04	88.00	607
解析数论基础(潘承洞,潘承彪著)	2016—07	98.00	673
解析数论导引	2016—07	58.00	674
数论入门	2011—03	38.00	99
代数数论入门	2015—03	38.00	448
数论开篇	2012—07	28.00	194
解析数论引论	2011—03	48.00	100
Barban Davenport Halberstam 均值和	2009—01	40.00	33
基础数论	2011—03	28.00	101
初等数论100例	2011—05	18.00	122
初等数论经典例题	2012—07	18.00	204
最新世界各国数学奥林匹克中的初等数论试题(上、下)	2012—01	138.00	144,145
初等数论(Ⅰ)	2012—01	18.00	156
初等数论(Ⅱ)	2012—01	18.00	157
初等数论(Ⅲ)	2012—01	28.00	158

刘培杰数学工作室
已出版（即将出版）图书目录——初等数学

书　　名	出版时间	定　价	编号
平面几何与数论中未解决的新老问题	2013—01	68.00	229
代数数论简史	2014—11	28.00	408
代数数论	2015—09	88.00	532
代数、数论及分析习题集	2016—11	98.00	695
数论导引提要及习题解答	2016—01	48.00	559
素数定理的初等证明. 第2版	2016—09	48.00	686
数论中的模函数与狄利克雷级数（第二版）	2017—11	78.00	837
数论：数学导引	2018—01	68.00	849
数学眼光透视（第2版）	2017—06	78.00	732
数学思想领悟	2008—01	38.00	25
数学应用展观（第2版）	2017—08	68.00	737
数学建模导引	2008—01	28.00	23
数学方法溯源	2008—01	38.00	27
数学史话览胜（第2版）	2017—01	48.00	736
数学思维技术	2013—09	38.00	260
数学解题引论	2017—05	48.00	735
从毕达哥拉斯到怀尔斯	2007—10	48.00	9
从迪利克雷到维斯卡尔迪	2008—01	48.00	21
从哥德巴赫到陈景润	2008—05	98.00	35
从庞加莱到佩雷尔曼	2011—08	138.00	136
博弈论精粹	2008—03	58.00	30
博弈论精粹. 第二版（精装）	2015—01	88.00	461
数学　我爱你	2008—01	28.00	20
精神的圣徒　别样的人生——60位中国数学家成长的历程	2008—09	48.00	39
数学史概论	2009—06	78.00	50
数学史概论（精装）	2013—03	158.00	272
数学史选讲	2016—01	48.00	544
斐波那契数列	2010—02	28.00	65
数学拼盘和斐波那契魔方	2010—07	38.00	72
斐波那契数列欣赏	2011—01	28.00	160
数学的创造	2011—02	48.00	85
数学美与创造力	2016—01	48.00	595
数海拾贝	2016—01	48.00	590
数学中的美	2011—02	38.00	84
数论中的美学	2014—12	38.00	351

刘培杰数学工作室
已出版（即将出版）图书目录——初等数学

书　　名	出版时间	定　价	编号
数学王者　科学巨人——高斯	2015—01	28.00	428
振兴祖国数学的圆梦之旅：中国初等数学研究史话	2015—06	98.00	490
二十世纪中国数学史料研究	2015—10	48.00	536
数字谜、数阵图与棋盘覆盖	2016—01	58.00	298
时间的形状	2016—01	38.00	556
数学发现的艺术：数学探索中的合情推理	2016—07	58.00	671
活跃在数学中的参数	2016—07	48.00	675
数学解题——靠数学思想给力(上)	2011—07	38.00	131
数学解题——靠数学思想给力(中)	2011—07	48.00	132
数学解题——靠数学思想给力(下)	2011—07	38.00	133
我怎样解题	2013—01	48.00	227
数学解题中的物理方法	2011—06	28.00	114
数学解题的特殊方法	2011—06	48.00	115
中学数学计算技巧	2012—01	48.00	116
中学数学证明方法	2012—01	58.00	117
数学趣题巧解	2012—03	28.00	128
高中数学教学通鉴	2015—05	58.00	479
和高中生漫谈：数学与哲学的故事	2014—08	28.00	369
算术问题集	2017—03	38.00	789
自主招生考试中的参数方程问题	2015—01	28.00	435
自主招生考试中的极坐标问题	2015—04	28.00	463
近年全国重点大学自主招生数学试题全解及研究．华约卷	2015—02	38.00	441
近年全国重点大学自主招生数学试题全解及研究．北约卷	2016—05	38.00	619
自主招生数学解证宝典	2015—09	48.00	535
格点和面积	2012—07	18.00	191
射影几何趣谈	2012—04	28.00	175
斯潘纳尔引理——从一道加拿大数学奥林匹克试题谈起	2014—01	28.00	228
李普希兹条件——从几道近年高考数学试题谈起	2012—10	18.00	221
拉格朗日中值定理——从一道北京高考试题的解法谈起	2015—10	18.00	197
闵科夫斯基定理——从一道清华大学自主招生试题谈起	2014—01	28.00	198
哈尔测度——从一道冬令营试题的背景谈起	2012—08	28.00	202
切比雪夫逼近问题——从一道中国台北数学奥林匹克试题谈起	2013—04	38.00	238
伯恩斯坦多项式与贝齐尔曲面——从一道全国高中数学联赛试题谈起	2013—03	38.00	236
卡塔兰猜想——从一道普特南竞赛试题谈起	2013—06	18.00	256
麦卡锡函数和阿克曼函数——从一道前南斯拉夫数学奥林匹克试题谈起	2012—08	18.00	201
贝蒂定理与拉姆贝克莫斯尔定理——从一个拣石子游戏谈起	2012—08	18.00	217
皮亚诺曲线和豪斯道夫分球定理——从无限集谈起	2012—08	18.00	211
平面凸图形与凸多面体	2012—10	28.00	218
斯坦因豪斯问题——从一道二十五省市自治区中学数学竞赛试题谈起	2012—07	18.00	196

Ⅸ

刘培杰数学工作室
已出版(即将出版)图书目录——初等数学

书　名	出版时间	定　价	编号
纽结理论中的亚历山大多项式与琼斯多项式——从一道北京市高一数学竞赛试题谈起	2012—07	28.00	195
原则与策略——从波利亚"解题表"谈起	2013—04	38.00	244
转化与化归——从三大尺规作图不能问题谈起	2012—08	28.00	214
代数几何中的贝祖定理(第一版)——从一道 IMO 试题的解法谈起	2013—08	18.00	193
成功连贯理论与约当块理论——从一道比利时数学竞赛试题谈起	2012—04	18.00	180
素数判定与大数分解	2014—08	18.00	199
置换多项式及其应用	2012—10	18.00	220
椭圆函数与模函数——从一道美国加州大学洛杉矶分校(UCLA)博士资格考题谈起	2012—10	28.00	219
差分方程的拉格朗日方法——从一道 2011 年全国高考理科试题的解法谈起	2012—08	28.00	200
力学在几何中的一些应用	2013—01	38.00	240
高斯散度定理、斯托克斯定理和平面格林定理——从一道国际大学生数学竞赛试题谈起	即将出版		
康托洛维奇不等式——从一道全国高中联赛试题谈起	2013—03	28.00	337
西格尔引理——从一道第 18 届 IMO 试题的解法谈起	即将出版		
罗斯定理——从一道前苏联数学竞赛试题谈起	即将出版		
拉克斯定理和阿廷定理——从一道 IMO 试题的解法谈起	2014—01	58.00	246
毕卡大定理——从一道美国大学数学竞赛试题谈起	2014—07	18.00	350
贝齐尔曲线——从一道全国高中联赛试题谈起	即将出版		
拉格朗日乘子定理——从一道 2005 年全国高中联赛试题的高等数学解法谈起	2015—05	28.00	480
雅可比定理——从一道日本数学奥林匹克试题谈起	2013—04	48.00	249
李天岩—约克定理——从一道波兰数学竞赛试题谈起	2014—06	28.00	349
整系数多项式因式分解的一般方法——从克朗耐克算法谈起	即将出版		
布劳维不动点定理——从一道前苏联数学奥林匹克试题谈起	2014—01	38.00	273
伯恩赛德定理——从一道英国数学奥林匹克试题谈起	即将出版		
布查特—莫斯特定理——从一道上海市初中竞赛试题谈起	即将出版		
数论中的同余数问题——从一道普林南竞赛试题谈起	即将出版		
范·德蒙行列式——从一道美国数学奥林匹克试题谈起	即将出版		
中国剩余定理:总数法构建中国历史年表	2015—01	28.00	430
牛顿程序与方程求根——从一道全国高考试题解法谈起	即将出版		
库默尔定理——从一道 IMO 预选试题谈起	即将出版		
卢丁定理——从一道冬令营试题的解法谈起	即将出版		
沃斯滕霍姆定理——从一道 IMO 预选试题谈起	即将出版		
卡尔松不等式——从一道莫斯科数学奥林匹克试题谈起	即将出版		
信息论中的香农熵——从一道近年高考压轴题谈起	即将出版		
约当不等式——从一道希望杯竞赛试题谈起	即将出版		
拉比诺维奇定理	即将出版		
刘维尔定理——从一道《美国数学月刊》征解问题的解法谈起	即将出版		
卡塔兰恒等式与级数求和——从一道 IMO 试题的解法谈起	即将出版		
勒让德猜想与素数分布——从一道爱尔兰竞赛试题谈起	即将出版		
天平称重与信息论——从一道基辅市数学奥林匹克试题谈起	即将出版		
哈密尔顿—凯莱定理:从一道高中数学联赛试题的解法谈起	2014—09	18.00	376
艾思特曼定理——从一道 CMO 试题的解法谈起	即将出版		

X

刘培杰数学工作室
已出版(即将出版)图书目录——初等数学

书　名	出版时间	定　价	编号
一个爱尔特希问题——从一道西德数学奥林匹克试题谈起	即将出版		
有限群中的爱丁格尔问题——从一道北京市初中二年级数学竞赛试题谈起	即将出版		
贝克码与编码理论——从一道全国高中联赛试题谈起	即将出版		
帕斯卡三角形	2014—03	18.00	294
蒲丰投针问题——从2009年清华大学的一道自主招生试题谈起	2014—01	38.00	295
斯图姆定理——从一道"华约"自主招生试题的解法谈起	2014—01	18.00	296
许瓦兹引理——从一道加利福尼亚大学伯克利分校数学系博士生试题谈起	2014—08	18.00	297
拉姆塞定理——从王诗宬院士的一个问题谈起	2016—04	48.00	299
坐标法	2013—12	28.00	332
数论三角形	2014—04	38.00	341
毕克定理	2014—07	18.00	352
数林掠影	2014—09	48.00	389
我们周围的概率	2014—10	38.00	390
凸函数最值定理:从一道华约自主招生题的解法谈起	2014—10	28.00	391
易学与数学奥林匹克	2014—10	38.00	392
生物数学趣谈	2015—01	18.00	409
反演	2015—01	28.00	420
因式分解与圆锥曲线	2015—01	18.00	426
轨迹	2015—01	28.00	427
面积原理:从常庚哲命的一道CMO试题的积分解法谈起	2015—01	48.00	431
形形色色的不动点定理:从一道28届IMO试题谈起	2015—01	38.00	439
柯西函数方程:从一道上海交大自主招生的试题谈起	2015—02	28.00	440
三角恒等式	2015—02	28.00	442
无理性判定:从一道2014年"北约"自主招生试题谈起	2015—01	38.00	443
数学归纳法	2015—03	18.00	451
极端原理与解题	2015—04	28.00	464
法雷级数	2014—08	18.00	367
摆线族	2015—01	38.00	438
函数方程及其解法	2015—05	38.00	470
含参数的方程和不等式	2012—09	28.00	213
希尔伯特第十问题	2016—01	38.00	543
无穷小量的求和	2016—01	28.00	545
切比雪夫多项式:从一道清华大学金秋营试题谈起	2016—01	38.00	583
泽肯多夫定理	2016—03	38.00	599
代数等式证题法	2016—01	28.00	600
三角等式证题法	2016—01	28.00	601
吴大任教授藏书中的一个因式分解公式:从一道美国数学邀请赛试题的解法谈起	2016—06	28.00	656
易卦——类万物的数学模型	2017—08	68.00	838
幻方和魔方(第一卷)	2012—05	68.00	173
尘封的经典——初等数学经典文献选读(第一卷)	2012—07	48.00	205
尘封的经典——初等数学经典文献选读(第二卷)	2012—07	38.00	206
初级方程式论	2011—03	28.00	106
初等数学研究(Ⅰ)	2008—09	68.00	37
初等数学研究(Ⅱ)(上、下)	2009—05	118.00	46,47

刘培杰数学工作室
已出版(即将出版)图书目录——初等数学

书　名	出版时间	定　价	编号
趣味初等方程妙题集锦	2014—09	48.00	388
趣味初等数论选美与欣赏	2015—02	48.00	445
耕读笔记(上卷):一位农民数学爱好者的初数探索	2015—04	28.00	459
耕读笔记(中卷):一位农民数学爱好者的初数探索	2015—05	28.00	483
耕读笔记(下卷):一位农民数学爱好者的初数探索	2015—05	28.00	484
几何不等式研究与欣赏.上卷	2016—01	88.00	547
几何不等式研究与欣赏.下卷	2016—01	48.00	552
初等数列研究与欣赏.上	2016—01	48.00	570
初等数列研究与欣赏.下	2016—01	48.00	571
趣味初等函数研究与欣赏.上	2016—09	48.00	684
趣味初等函数研究与欣赏.下	即将出版		685
火柴游戏	2016—05	38.00	612
智力解谜.第1卷	2017—07	38.00	613
智力解谜.第2卷	2017—07	38.00	614
故事智力	2016—07	48.00	615
名人们喜欢的智力问题	即将出版		616
数学大师的发现、创造与失误	即将出版		617
异曲同工	即将出版		618
数学的味道	即将出版		798
数贝偶拾——高考数学题研究	2014—04	28.00	274
数贝偶拾——初等数学研究	2014—04	38.00	275
数贝偶拾——奥数题研究	2014—04	48.00	276
钱昌本教你快乐学数学(上)	2011—12	48.00	155
钱昌本教你快乐学数学(下)	2012—03	58.00	171
集合、函数与方程	2014—01	28.00	300
数列与不等式	2014—01	38.00	301
三角与平面向量	2014—01	28.00	302
平面解析几何	2014—01	38.00	303
立体几何与组合	2014—01	28.00	304
极限与导数、数学归纳法	2014—01	38.00	305
趣味数学	2014—03	28.00	306
教材教法	2014—04	68.00	307
自主招生	2014—05	58.00	308
高考压轴题(上)	2015—01	48.00	309
高考压轴题(下)	2014—10	68.00	310
从费马到怀尔斯——费马大定理的历史	2013—10	198.00	I
从庞加莱到佩雷尔曼——庞加莱猜想的历史	2013—10	298.00	II
从切比雪夫到爱尔特希(上)——素数定理的初等证明	2013—07	48.00	III
从切比雪夫到爱尔特希(下)——素数定理100年	2012—12	98.00	III
从高斯到盖尔方特——二次域的高斯猜想	2013—10	198.00	IV
从库默尔到朗兰兹——朗兰兹猜想的历史	2014—01	98.00	V
从比勃巴赫到德布朗斯——比勃巴赫猜想的历史	2014—02	298.00	VI
从麦比乌斯到陈省身——麦比乌斯变换与麦比乌斯带	2014—02	298.00	VII
从布尔到豪斯道夫——布尔方程与格论漫谈	2013—10	198.00	VIII
从开普勒到阿诺德——三体问题的历史	2014—05	298.00	IX
从华林到华罗庚——华林问题的历史	2013—10	298.00	X

刘培杰数学工作室
已出版(即将出版)图书目录——初等数学

书　名	出版时间	定　价	编号
美国高中数学竞赛五十讲.第1卷(英文)	2014—08	28.00	357
美国高中数学竞赛五十讲.第2卷(英文)	2014—08	28.00	358
美国高中数学竞赛五十讲.第3卷(英文)	2014—09	28.00	359
美国高中数学竞赛五十讲.第4卷(英文)	2014—09	28.00	360
美国高中数学竞赛五十讲.第5卷(英文)	2014—10	28.00	361
美国高中数学竞赛五十讲.第6卷(英文)	2014—11	28.00	362
美国高中数学竞赛五十讲.第7卷(英文)	2014—12	28.00	363
美国高中数学竞赛五十讲.第8卷(英文)	2015—01	28.00	364
美国高中数学竞赛五十讲.第9卷(英文)	2015—01	28.00	365
美国高中数学竞赛五十讲.第10卷(英文)	2015—02	38.00	366
三角函数	2014—01	38.00	311
不等式	2014—01	38.00	312
数列	2014—01	38.00	313
方程	2014—01	28.00	314
排列和组合	2014—01	28.00	315
极限与导数	2014—01	28.00	316
向量	2014—09	38.00	317
复数及其应用	2014—08	28.00	318
函数	2014—01	38.00	319
集合	即将出版		320
直线与平面	2014—01	28.00	321
立体几何	2014—04	28.00	322
解三角形	即将出版		323
直线与圆	2014—01	28.00	324
圆锥曲线	2014—01	38.00	325
解题通法(一)	2014—07	38.00	326
解题通法(二)	2014—07	38.00	327
解题通法(三)	2014—05	38.00	328
概率与统计	2014—01	28.00	329
信息迁移与算法	即将出版		330
IMO 50年.第1卷(1959—1963)	2014—11	28.00	377
IMO 50年.第2卷(1964—1968)	2014—11	28.00	378
IMO 50年.第3卷(1969—1973)	2014—09	28.00	379
IMO 50年.第4卷(1974—1978)	2016—04	38.00	380
IMO 50年.第5卷(1979—1984)	2015—04	38.00	381
IMO 50年.第6卷(1985—1989)	2015—04	58.00	382
IMO 50年.第7卷(1990—1994)	2016—01	48.00	383
IMO 50年.第8卷(1995—1999)	2016—06	38.00	384
IMO 50年.第9卷(2000—2004)	2015—04	58.00	385
IMO 50年.第10卷(2005—2009)	2016—01	48.00	386
IMO 50年.第11卷(2010—2015)	2017—03	48.00	646

刘培杰数学工作室
已出版(即将出版)图书目录——初等数学

书　名	出版时间	定　价	编号
方程(第2版)	2017—04	38.00	624
三角函数(第2版)	2017—04	38.00	626
向量(第2版)	即将出版		627
立体几何(第2版)	2016—04	38.00	629
直线与圆(第2版)	2016—11	38.00	631
圆锥曲线(第2版)	2016—09	48.00	632
极限与导数(第2版)	2016—04	38.00	635
历届美国大学生数学竞赛试题集.第一卷(1938—1949)	2015—01	28.00	397
历届美国大学生数学竞赛试题集.第二卷(1950—1959)	2015—01	28.00	398
历届美国大学生数学竞赛试题集.第三卷(1960—1969)	2015—01	28.00	399
历届美国大学生数学竞赛试题集.第四卷(1970—1979)	2015—01	18.00	400
历届美国大学生数学竞赛试题集.第五卷(1980—1989)	2015—01	28.00	401
历届美国大学生数学竞赛试题集.第六卷(1990—1999)	2015—01	28.00	402
历届美国大学生数学竞赛试题集.第七卷(2000—2009)	2015—08	18.00	403
历届美国大学生数学竞赛试题集.第八卷(2010—2012)	2015—01	18.00	404
新课标高考数学创新题解题诀窍:总论	2014—09	28.00	372
新课标高考数学创新题解题诀窍:必修1~5分册	2014—08	38.00	373
新课标高考数学创新题解题诀窍:选修2-1,2-2,1-1,1-2分册	2014—09	38.00	374
新课标高考数学创新题解题诀窍:选修2-3,4-4,4-5分册	2014—09	18.00	375
全国重点大学自主招生英文数学试题全攻略:词汇卷	2015—07	48.00	410
全国重点大学自主招生英文数学试题全攻略:概念卷	2015—01	28.00	411
全国重点大学自主招生英文数学试题全攻略:文章选读卷(上)	2016—09	38.00	412
全国重点大学自主招生英文数学试题全攻略:文章选读卷(下)	2017—01	58.00	413
全国重点大学自主招生英文数学试题全攻略:试题卷	2015—07	38.00	414
全国重点大学自主招生英文数学试题全攻略:名著欣赏卷	2017—03	48.00	415
劳埃德数学趣题大全.题目卷.1:英文	2016—01	18.00	516
劳埃德数学趣题大全.题目卷.2:英文	2016—01	18.00	517
劳埃德数学趣题大全.题目卷.3:英文	2016—01	18.00	518
劳埃德数学趣题大全.题目卷.4:英文	2016—01	18.00	519
劳埃德数学趣题大全.题目卷.5:英文	2016—01	18.00	520
劳埃德数学趣题大全.答案卷:英文	2016—01	18.00	521
李成章教练奥数笔记.第1卷	2016—01	48.00	522
李成章教练奥数笔记.第2卷	2016—01	48.00	523
李成章教练奥数笔记.第3卷	2016—01	38.00	524
李成章教练奥数笔记.第4卷	2016—01	38.00	525
李成章教练奥数笔记.第5卷	2016—01	38.00	526
李成章教练奥数笔记.第6卷	2016—01	38.00	527
李成章教练奥数笔记.第7卷	2016—01	38.00	528
李成章教练奥数笔记.第8卷	2016—01	48.00	529
李成章教练奥数笔记.第9卷	2016—01	28.00	530

刘培杰数学工作室
已出版(即将出版)图书目录——初等数学

书 名	出版时间	定 价	编号
第19~23届"希望杯"全国数学邀请赛试题审题要津详细评注(初一版)	2014—03	28.00	333
第19~23届"希望杯"全国数学邀请赛试题审题要津详细评注(初二、初三版)	2014—03	38.00	334
第19~23届"希望杯"全国数学邀请赛试题审题要津详细评注(高一版)	2014—03	28.00	335
第19~23届"希望杯"全国数学邀请赛试题审题要津详细评注(高二版)	2014—03	38.00	336
第19~25届"希望杯"全国数学邀请赛试题审题要津详细评注(初一版)	2015—01	38.00	416
第19~25届"希望杯"全国数学邀请赛试题审题要津详细评注(初二、初三版)	2015—01	58.00	417
第19~25届"希望杯"全国数学邀请赛试题审题要津详细评注(高一版)	2015—01	48.00	418
第19~25届"希望杯"全国数学邀请赛试题审题要津详细评注(高二版)	2015—01	48.00	419
物理奥林匹克竞赛大题典——力学卷	2014—11	48.00	405
物理奥林匹克竞赛大题典——热学卷	2014—04	28.00	339
物理奥林匹克竞赛大题典——电磁学卷	2015—07	48.00	406
物理奥林匹克竞赛大题典——光学与近代物理卷	2014—06	28.00	345
历届中国东南地区数学奥林匹克试题集(2004~2012)	2014—06	18.00	346
历届中国西部地区数学奥林匹克试题集(2001~2012)	2014—07	18.00	347
历届中国女子数学奥林匹克试题集(2002~2012)	2014—08	18.00	348
数学奥林匹克在中国	2014—06	98.00	344
数学奥林匹克问题集	2014—01	38.00	267
数学奥林匹克不等式散论	2010—06	38.00	124
数学奥林匹克不等式欣赏	2011—09	38.00	138
数学奥林匹克超级题库(初中卷上)	2010—01	58.00	66
数学奥林匹克不等式证明方法和技巧(上、下)	2011—08	158.00	134,135
他们学什么:原民主德国中学数学课本	2016—09	38.00	658
他们学什么:英国中学数学课本	2016—09	38.00	659
他们学什么:法国中学数学课本.1	2016—09	38.00	660
他们学什么:法国中学数学课本.2	2016—09	28.00	661
他们学什么:法国中学数学课本.3	2016—09	38.00	662
他们学什么:苏联中学数学课本	2016—09	28.00	679
高中数学题典——集合与简易逻·函数	2016—07	48.00	647
高中数学题典——导数	2016—07	48.00	648
高中数学题典——三角函数·平面向量	2016—07	48.00	649
高中数学题典——数列	2016—07	58.00	650
高中数学题典——不等式·推理与证明	2016—07	38.00	651
高中数学题典——立体几何	2016—07	48.00	652
高中数学题典——平面解析几何	2016—07	78.00	653
高中数学题典——计数原理·统计·概率·复数	2016—07	48.00	654
高中数学题典——算法·平面几何·初等数论·组合数学·其他	2016—07	68.00	655

刘培杰数学工作室
已出版(即将出版)图书目录——初等数学

书　名	出版时间	定　价	编号
台湾地区奥林匹克数学竞赛试题.小学一年级	2017—03	38.00	722
台湾地区奥林匹克数学竞赛试题.小学二年级	2017—03	38.00	723
台湾地区奥林匹克数学竞赛试题.小学三年级	2017—03	38.00	724
台湾地区奥林匹克数学竞赛试题.小学四年级	2017—03	38.00	725
台湾地区奥林匹克数学竞赛试题.小学五年级	2017—03	38.00	726
台湾地区奥林匹克数学竞赛试题.小学六年级	2017—03	38.00	727
台湾地区奥林匹克数学竞赛试题.初中一年级	2017—03	38.00	728
台湾地区奥林匹克数学竞赛试题.初中二年级	2017—03	38.00	729
台湾地区奥林匹克数学竞赛试题.初中三年级	2017—03	28.00	730
不等式证题法	2017—04	28.00	747
平面几何培优教程	即将出版		748
奥数鼎级培优教程.高一分册	即将出版		749
奥数鼎级培优教程.高二分册	即将出版		750
高中数学竞赛冲刺宝典	即将出版		751
初中尖子生数学超级题典.实数	2017—07	58.00	792
初中尖子生数学超级题典.式、方程与不等式	2017—08	58.00	793
初中尖子生数学超级题典.圆、面积	2017—08	38.00	794
初中尖子生数学超级题典.函数、逻辑推理	2017—08	48.00	795
初中尖子生数学超级题典.角、线段、三角形与多边形	2017—07	58.00	796
数学王子——高斯	2018—01	48.00	858
坎坷奇星——阿贝尔	2018—01	48.00	859
闪烁奇星——伽罗瓦	2018—01	58.00	860
无穷统帅——康托尔	2018—01	48.00	861
科学公主——柯瓦列夫斯卡娅	2018—01	48.00	862
抽象代数之母——埃米·诺特	2018—01	48.00	863
电脑先驱——图灵	2018—01	58.00	864
昔日神童——维纳	即将出版		865
数坛怪侠——爱尔特希	即将出版		866

联系地址:哈尔滨市南岗区复华四道街10号　哈尔滨工业大学出版社刘培杰数学工作室
网　　址:http://lpj.hit.edu.cn/
邮　　编:150006
联系电话:0451—86281378　　13904613167
E-mail:lpj1378@163.com